世界の淡水産紅藻

Taxonomy of Freshwater Rhodophyta

熊野 茂 著

内田老鶴圃

本書の全部あるいは一部を断わりなく転載または
複写(コピー)することは，著作権および出版権の
侵害となる場合がありますのでご注意下さい．

はじめに

　地球環境の中でも，特に水圏環境はあらゆる生命を支える根源であり，人類最古の文明も，メソポタミア文明はチグリス，ユーフラテス河，エジプト文明はナイル河，中国文明は黄河の水系に起源をもっている．近年，人類の活発な諸活動が地球的規模での水圏環境に変化をもたらし，人類の生存を，直接，間接に脅かす深刻な要因の一つとなっている．安全な水の確保こそ人類生存の基本的要件であって，日本でも名水100選などが選定され，清澄な水の大切さについての関心が深まってきつつある．

　清澄な水域に生息している淡水産紅藻は，環境汚染に極めて敏感であるので，空気中の有毒ガスの存在を人類に知らせるカナリアのように，地球的規模での水の汚染の危険を人類に知らせる有効な指標としての役割を担っている．

　先に述べたように，人類の活動が地球環境に少なからず影響を与え，比較的清澄な水域に生息している淡水産紅藻種の幾つかの種は既に絶滅し，多くの種の絶滅が危惧されている．このような事態を重視した環境庁はレッドデータブックの中で，淡水産紅藻の多くの種を絶滅危惧種，または，それに準ずる種に指定している．

　このように，淡水産紅藻という分類群への人々の関心が高まっているけれども，淡水産紅藻の同定が難しいことも事実である．したがって，淡水産紅藻の分類群に関する研究をまとめておくことは，現時点で極めて重要なことである．

　日本でも，例えば新撰日本植物図説下等陰花部（松村・三好編 1901），日本藻類図譜（岡村 1915 など），日本海藻誌（岡村 1936），陰花植物図鑑（朝比奈編 1939），藻類学総説（広瀬 1959），日本淡水藻図鑑（広瀬・山岸編著 1977），藻類の生活史集成第2巻褐藻，紅藻類（堀編 1993），淡水藻類写真集 1-20巻（山岸・秋山編 1984-1998）のような，日本語で書かれた優れた藻類に関する書籍も多く出版されている．

　特に，藻類多様性の生物学（千原編著 1997）と藻類の多様性と系統（千原編著 1999）は，最新の知識を盛った現在求め得る最適の藻類学の教科書であり，新日本海藻誌（吉田 1998）は，1400種もの日本の海産藻類について学名の検討，種の記載を行った大著であり，淡水藻類入門（山岸編著 1999）も優れた啓蒙書である．しかし，日本淡水藻図鑑は発刊後20年以上，淡水藻類写真集も 1-15 年が経過して，その間に，淡水産紅藻に関する多くの研究が世界各地で多くの研究者によって蓄積され，上記の2書や淡水藻類入門の記述にも世界の現状と合わない箇所が多くなってきている．

　優れた研究活動が活発に行われ，多くの分類群で分類系の見直しが提案されている現在の状況下で，淡水産紅藻の分類に関する書物をまとめる試みは至難な業であり，筆者のような非才な研究者が，単独でまとめる限界を越えていることは承知している．

　「環境庁のレッドデータブックにも掲載されている淡水産紅藻の学名が混乱しているようでは困る」とのお叱りを受けた．指摘された通り，淡水産紅藻，特にカワモズク属の学名（ラテン名）は，この数年の間にすっかり変わってしまった．非合法名が排除され，多くの種名が異名として整理されたからである．

はじめに

そこで，最新の研究成果を踏まえ，まず日本産の淡水産紅藻の学名と和名を標準化するため，世界の淡水産紅藻の実用的な分類書をまとめることにした．本書には，世界で現在認められている淡水産紅藻の大部分の分類群が，種，変種のランクまで収録されており，前記の淡水藻類入門の各論に相当する．

幸いにして，Dr. Paul C. Silva と Dr. Richard Moe（Herbarium, University of California, Berkeley, 米国）には，本書の英語版の原稿に目を通して頂き，英文原稿の校閲と諸般にわたる助言を頂くことができた．また千原光雄博士（千葉県立中央総合博物館），山岸高旺博士（日本プランクトン研究所）からは，本書の出版に至るまでの要所要所で，有益な助言を頂戴することができた．さらに吉田忠生博士（北海道大学名誉教授）からは，学名（ラテン名，和名）の取り扱いに関して，川井浩史博士（神戸大学教授）からは分子系統解析についてご教示を頂いた．

さらに幾つかの分類群については，永年専門に研究されてきた方々や，現在着々と成果を挙げていられる中堅の方々など，内外の研究者の好意あるご協力を得ることができた．例えば，オオイシソウ属やチスジノリ属については瀬戸良三博士（元神戸女学院大学），アヤギヌ属とコケモドキ属については田中次郎博士（東京水産大学），神谷充伸博士（神戸大学），オージュイネラ属，レマネア属や，南北アメリカ大陸の淡水産紅藻については Dr. Necchi（UNESP，ブラジル），オーストラリア，ニュージーランドの淡水産紅藻については Dr. Entwisle（Botanical Gardens in Sydney，オーストラリア），中国の淡水産紅藻の最新情報，産地の漢字表記については施之新博士（中国科学院水生生物研究所，中華人民共和国）からお教えを頂いた．内田老鶴圃の内田悟，笠井千代樹，内藤林三氏には注意深く筆者の不備を指摘して，内容の充実に努力して頂いた．

原著の図版の転載を快諾して頂いた内外の研究者，出版者，私自身の淡水産紅藻の研究の過程において，また本書をまとめるにあたり，直接，間接に御指導，御助力頂いた方々に心から感謝を申し上げる．

日本の藻学の歴史的大著，日本海藻誌を始め，日本淡水藻類図鑑，藻類の生活史集成，淡水藻類写真集，藻類多様性の生物学，新日本海藻誌，さらに淡水藻類入門など，数多くの藻学書を世に出した内田老鶴圃から本書が出版されることにより，人類生存の基本的要件である水域，特に清澄な水域の環境指標である淡水産紅藻の分類群に対する理解が，少しでも深まれば幸いである．

2000年6月

熊野　茂

凡　例

　本書は淡水産紅藻の分類群を対象としたが，本来は海産種，汽水産種とされている分類群であっても，淡水域に生育することが報告されている分類群はこれを加え，本書には9目，16科，28属，218分類群が収録されている．

　目以上のランクの分類群の取り扱いは，藻類多様性の生物学（千原編著 1997），新日本海藻誌（吉田 1998）に準拠し，さらに，淡水藻類入門（山岸編著 1999）も参考にした．

　淡水産紅藻の分類系は藻学の進歩とともに改変されてきている．研究者の間で解釈の異なる分類群も多く，これらの分類群の取り扱いについては共通の理解の得られるようにしたが，それのできない分類群については著者の判断で，いずれかの説を選んだ．したがって，主としてBourrelley（1970）に準拠した上記の淡水藻類入門（山岸 1999）とは枠組みまたは見解が多少異なっている．

　原則として既存の分類系にしたがったが，国際植物命名規約上はまだ認められていないが，暫定的に提案されている分類系をも併記した．それらは現段階では非合法であるが，正式の発表を待つことにする．本書では現在認められている淡水産紅藻の分類群に加えて，新しい組合せが提案された結果，国際植物命名規約上は異名となった歴史的重要種の幾つかも収録した．

　学名のラテン語のカナ表記は，日本植物学会 科名仮名文字化小委員会（1953）のラテン語発音の取り決めに従い，ラテン語とラテン語化されたギリシア語以外の固有名詞は，知り得る限りその語本来の発音によった．

　外国の著者名を正確にカナ表記することは困難なので，これらの著者名のカナ表記は避け，中国の著者以外は，それぞれの国語で表記するようにした．

　分類群の命名に関する文献引用は，植物名とその分類群の命名に直接関係する原著に留め，学名（ラテン名）の著者名（発表年，頁，図版の番号）と，異名の著者名（発表年，頁数）を示した．日本産の種については和名の著者名（発表年）も示した．日本産の種のうち，内田老鶴圃から出版された日本淡水藻図鑑（広瀬・山岸編著 1977），藻類の生活史集成 第2巻 褐藻，紅藻類（堀編著 1993），淡水総類写真集 1-20巻（山岸・秋山編著 1984-1998），淡水総類写真集ガイドブック（山岸，1998），淡水藻類入門（山岸 1999）に掲載されている分類群については，特に上記の書を発表年，頁を含めて異名の引用文献として明記し，混乱をさけた．

　巻末の文献表には，著者をアルファベット順に配列し，文献を詳細に示し，参考文献もできるだけ多く収録した．

　分類群を記載するに当たり，原則として原著者の記載，図版（写真）を収録し，原図版の雰囲気を伝えるため，図版のトーンが不統一になることは承知の上で，書き直しをせず，原図版をそのまま掲載した．原図版が得られない場合，後年，別の著者が作成した図版を，特に淡水総類写真集 1-20巻（秋山・山岸編著 1984-1998）掲載の記載，図版を使用した．

　収録した図版に関しては，著作権をもつ著者，発行権をもつ出版者の許諾を得るように努めた．

　基準標本に関する情報も収録するようにした．基準標本，分布に関連する産地はできるだけ詳

しく示した．固有名詞のうち，大陸名や国名のような周知の地名はカナ表記した．外国内の産地名を正確にカナ表記することは困難なので，これらの産地名のカナ表記を避け，原記載に従ってそれぞれの国語で表記するようにした．

　文献中の産地の水温をできるだけ集録したが，採集時の水温と生育時の水温を区別しないで，ただ水温と記した．

　基準標本の保存されている標本室は，本文中では国際的に登録されている略号（Index Herbariorum, ed. 8）で示し，標本番号がわかったものはこれを引用した．不明の場合は空欄となっている．標本室の所属もカナ表記を避け，原則として，それぞれの国語で示し，別項に略号の一覧表を掲載した．

目　　次

はじめに ……………………………………………………………………………… i
凡　例 ………………………………………………………………………………… iii

淡水産紅藻研究の略史 ……………………………………………………………… 1
本書に収録した属の検索表 ………………………………………………………… 7
淡水産紅藻の分類群 ………………………………………………………………… 9

Class **Rhodophyceae** Ruprecht in Middendorff　紅藻綱
Order **Porphyridiales** Kylin　チノリモ目
Family **Porphyridiaceae** Kylin ex Skuja　チノリモ科
Genus *Porphyridium* Nägeli　チノリモ属

1) *Porphyridium purpureum* (Bory) Drew et Ross　チノリモ ……………………10

Family **Cyanidiaceae** *emend.* Chapman　イデユコゴメ科
Genus *Cyanidioschyzon* De Luca *et al.*　キアニジオスキゾン属

1) *Cyanidioschyzon melolae* De Luca, Taddei et Varano ……………………………11

Genus *Cyanidium* Geitler　イデユコゴメ属

1) *Cyanidium caldarium* (Tilden) Geitler　イデユコゴメ ……………………………14

Genus *Galdieria* Merola　ガルジエリア属

1) *Galdieria sulphuraria* (Galdieri) Merola …………………………………………14

Order **Goniotrichiales** Skuja　ベニミドロ目
Family **Goniotrichiaceae** G. M. Smith　ベニミドロ科
Genus *Chroodactylon* Hansgirg　タマツナギ属

1) *Chroodactylon ramosum* (Thwaites) Hansgirg ……………………………………16
2) *C. ornatum* (C. Agardh) Basson ……………………………………………………17

Family **Phragmonemataceae** Skuja　フラグモネマタ科
　　Genus *Kyliniella* Skuja　キリニエラ属
1) *Kyliniella latvica* Skuja ··19

Order **Compsopogonales** Skuja　オオイシソウ目
　Family **Compsopogonaceae** Schmitz　オオイシソウ科
　　Genus *Compsopogonopsis* Krishnamurthy　オオイシソウモドキ属
1) *Compsopogonopsis japonica* Chihara　オオイシソウモドキ ·······················21
2) *Cs. leptoclados* (Montagne) Krishnamurthy ···21
3) *Cs. fruticosa* (Jao) Seto ···23

　　Genus *Compsopogon* Montagne　オオイシソウ属
1 a) *Compsopogon aeruginosus* (J. Agardh) Kützing　イバラオオイシソウ ···········24
1 b) *C. aeruginosus* var. *catenatum* Yadava et Pandey ······································26
2) *C. prolificus* Yadava et Kumano　ムカゴオオイシソウ ·······························26
3) *C. chalybeus* Kützing ···26
4) *C. corticrassus* Chihara et Nakamura　アツカワオオイシソウ ·····················28
5) *C. tenellus* Ling et Xie ···29
6) *C. minutus* Jao ··31
7) *C. sparsus* Xie et Ling ··31
8) *C. hookeri* Montagne　インドオオイシソウ ··31
9) *C. coeruleus* (Balbis) Montagne　オオイシソウ ··33

Order **Bangiales** Schmitz　ウシケノリ目
　Family **Bangiaceae** Engler　ウシケノリ科
　　Genus *Bangia* Lyngbye　ウシケノリ属
1) *Bangia atropurpurea* (Roth) C. Agardh　タニウシケノリ ·····························35

　Family **Boldiaceae** Herndon　ボルジア科
　　Genus *Boldia* Herndon　ボルジア属
1) *Boldia erythrosiphon* Herndon ··37

Order **Acrochaetiales** Feldmann　アクロカエチウム目
　Family **Acrochaetiaceae** Fritsch ex Taylor　アクロカエチウム科
　　Genus *Audouinella* Bory　オージュイネラ属
1) *Audouinella amahatana* (Kumano) Kumano ··41

2)	*A. tenella* (Skuja) Papenfuss	42
3 a)	*A. eugenea* (Skuja) Jao	42
3 b)	*A. eugenea* var. *secundata* Jao	47
4)	*A. hermannii* (Roth) Duby	48
5)	*A. lanosa* Jao	48

以下の青色の種はカワモズク属の種のシャントランシア世代である可能性があるが，これらの種も本書に収録することにした

1)	*Audouinella serpens* Israelson	49
2)	*A. macrospora* (Wood) Sheath et Burkholder	50
3)	*A. subtilis* (Möbius) Jao	52
4)	*A. pygmaea* (Kützing) Weber van Bosse	52
5)	*A. chalybea* (Roth) Bory	52
6)	*A. sinensis* Jao	55
7)	*A. cylindrica* Jao	55
8)	*A. glomerata* Jao	57

以下のインドから記載された *Acrochaetium* 属の種は，Lee, Y. P. & Lee, I. K. (1988) の分類に従えば，*A. amahatanum* と同様にオージュイネラ属に帰属させられる

1)	*Acrochaetium godwardense* Patel	57
2)	*A. indica* Raikwar	57
3)	*A. sarmaii* Khan	59

Order **Balbianales** Sheath et Müller バルビアナ目
Genus ***Balbiana*** Sirodot バルビアナ属

1)	*Balbiana meiospora* Skuja	61
2)	*B. investiens* (Lenormand) Sirodot	62

Genus ***Rhododraparnaldia*** Sheath, Whittick et Cole ロドドラパルナルジア属

1)	*Rhododraparnaldia oregonica* Sheath, Whittick et Cole	64

Order **Batrachospermales** Pueschel et Cole カワモズク目
Family **Batrachospermaceae** C. Agardh カワモズク科
Genus ***Batrachospermum*** Roth カワモズク属
I. Subgenus ***Acarposporophytum*** Necchi 無果胞子体亜属

1)	*Batrachospermum brasiliense* Necchi	70

viii 目　次

II. Subgenus *Batrachospermum* Necchi　カワモズク亜属
1. Section *Batrachospermum sensu* Necchi et Entwisle　カワモズク節

1) *Batrachospermum skujae* Geitler *emend*. Vis *et al*. ································73
2) *B. lochmodes* Skuja ································75
3) *B. involutum* Vis et Sheath ································75
4) *B. confusum*（Bory）Hassal *emend*. Vis *et al*. ································75
5) *B. pulchrum* Sirodot *emend*. Vis *et al*. ································77
6) *B. spermatoinvolucrum* Vis et Sheath ································80
7) *B. trichofurcatum* Sheath et Vis ································80
8) *B. trichocontortum* Sheath et Vis ································80
9) *B. carpocontortum* Sheath, Morison, Cole et Vanalstyne ································83
10) *B. szechwanense* Jao ································83
11) *B. heteromorphum* Shi, Hu et Kumano ································86
12) *B. cylindrocellulare* Kumano ································86
13) *B. sinense* Jao ································86
14) *B. gelatinosum*（Linnaeus）De Candolle *emend*. Vis *et al*.　カワモズク ································87
15) *B. anatinum* Sirodot *emend*. Vis *et al*.　ナツノカワモズク ································91
16) *B. fluitans* Kerner *emend*. Vis *et al*. ································91
17) *B. nova-guineense* Kumano et Johnstone ································94
18) *B. arcuatum* Kylin *emend*. Vis *et al*. ································95
19) *B. longipedicellatum* Hua et Shi ································96
20) *B. carpoinvolucrum* Sheath et Vis ································96
21) *B. boryanum* Sirodot *emend*. Vis *et al*. ································98
22) *B. heterocorticum* Sheath et Cole ································99

Entwisle & Foard が豪州とニュージーランドから記載した種
（1）*Batrachospermum arcuatum* group　アーキュアツム群
1) *B. discorum* Entwisle et Foard ································105（112頁を参照）
2) *B. arcuatum* Kylin ································105（95頁を参照）
3) *B. anatinum* Sirodot ································105（91頁を参照）

（2）*Batrachospermum gelatinosum* group　ゲラチノスム群
1) *B. theaquum* Skuja ex Entwisle et Foard ································105
2) *B. debilis* Entwisle et Foard ································107
3) *B. gelatinosum*（Linnaeus）De Candolle ································109（87頁を参照）
4) *B. campyloclonum* Skuja ex Entwisle et Foard ································110

（3）*Batrachospermum antipodites* group　アンチポジテス群
1) *B. antipodites* Entwisle ································111
2) *B. discorum* Entwisle et Foard ································112
3) *B. kraftii* Entwisle et Foard ································115

4) *B. ranuliferum* Entwisle et Foard ……………………………………………………116
5) *B. antiquum* Entwisle et Foard ……………………………………………………118
   （4） ***Batrachospermum prominens*** group プロミネンス群
1) *B. prominens* Entwisle et Foard …………………………………………………120
2) *B. terawhiticum* Entwisle et Foard ………………………………………………120
   （5） ***Batrachospermum wattsii*** group ワッツイ群
1) *B. wattsii* Entwisle et Foard ………………………………………………………124
   （6） ***Batrachospermum cayennense*** group カイエネンセ群……………126（167頁を参照）

   2. Section ***Setacea*** De Toni セタケア節
1) *B. androinvolucrum* Sheath, Vis et Cole …………………………………………127
2) *B. latericiuum* Entwisle……………………………………………………………128
3) *B. diatyches* Entwisle ………………………………………………………………130
4) *B. atrum*（Hudson）Harvey イシカワモズク ……………………………130
5) *B. puiggarianum* Grunow …………………………………………………………135

   3. Section ***Turfosa*** *sensu* Necchi ツルフォサ節
1) *B. tapirense* Kumano et Phang ……………………………………………………137
2) *B. orthostichum* Skuja ………………………………………………………………139
3) *B. keratophytum* Bory *emend*. Sheath, Vis et Cole ……………………………140
4) *B. periplocum*（Skuja）Necchi …………………………………………………140
5) *B. turfosum* Bory *emend*. Sheath, Vis et Cole ホソカワモズク …………143

   4. Section ***Virescentia*** Sirodot ヴィレスケンチア節
1) *B. crispatum* Kumano et Ratnasabapathy …………………………………………147
2) *B. gombakense* Kumano et Ratnasabapathy ………………………………………148
3) *B. vogesiacum* Schultz ex Skuja……………………………………………………149
4) *B. gulbenkianum* Reis ………………………………………………………………149
5) *B. bakarense* Kumano et Ratnasabapathy …………………………………………150
6) *B. azeredoi* Reis ……………………………………………………………………151
7) *B. ferreri* Reis ………………………………………………………………………152
8) *B. elegans* Sirodot *emend*. Sheath, Vis et Cole ミドリカワモズク ………153
9) *B. transtaganum* Reis ………………………………………………………………153
10) *B. helminthosum* Bory *emend*. Sheath, Vis et Cole アオカワモズク ……155
11) *B. desikacharyi* Sankaran …………………………………………………………157

   5. Section ***Gonimopropagulum*** Sheath et Whittick ゴニモプロパグルム節
1) *B. breutelii* Rabenhorst ……………………………………………………………160

6. Section *Hybrida* De Toni　ヒブリダ節

1) *B. virgato-decaisneanum* Sirodot ································161
2) *B. abilii* Reis ································165

7. Section *Aristata* Skuja　アリスタタ節
7-1. Subsection *Aristata* Kumano　アリスタタ亜節

1) *B. cayennense* Montagne ································167
2) *B. longiarticulatum* Necchi ································167
3) *B. turgidum* Kumano ································167
4) *B. beraense* Kumano ································171

7-2. Subsection *Macrosporum* Kumano　マクロスポルム亜節

1) *B. macrosporum* Montagne ································171
2) *B. equisetifolium* Montagne ································174
3) *B. hypogynum* Kumano et Ratnasabapathy ································174

8. Section *Contorta* Skuja　コントルタ節
8-1. Subsection *Intortum* Kumano　イントルツム亜節

1) *B. intortum* Jao ································178
2) *B. pseudocarpum* Reis ································180
3) *B. woitapense* Kumano ································180
4) *B. lusitanicum* Reis ································180

8-2. Subsection *Torridum* Kumano　トリズム亜節

1) *B. heriquesianum* Reis ································182
2) *B. tortuosum* Kumano ································183
3) *B. tortuosum* var. *majus* ································184
4) *B. torridum* Montagne ································185
5) *B. faroense* Kumano et Bowden-Kerby ································185
6) *B. curvatum* Shi ································189

8-3. Subsection *Procarpum* Kumano　プロカルプム亜節

1) *B. trailii* (Dickie) Kumano et Necchi ································189
2) *B. procarpum* Skuja ································191
3) *B. procarpum* var. *americanum* Sheath, Vis & Cole ································191

8-4. Subsection *Kushiroense* Kumano　クシロエンセ亜節

1) *B. spermatiophorum* Vis et Sheath ································193
2) *B. kushiroense* Kumano et Ohsaki ································193
3) *B. iriomotense* Kumano ································196
4) *B. louisianae* Skuja ································196
5) *B. breviarticulatum* (Necchi et Kumano) Necchi ································196
6) *B. tabagatense* Kumano et Bowden-Kerby ································198
7) *B. guyanense* (Montagne) Kumano ································198

8) *B. nonocense* Kumano et Liao ··200
9) *B. globosporum* Israelson ···200
10) *B. nechochoense* Kumano et Bowden-Kerby ··········202
11) *B. capense* Starmach ex Necchi et Kumano ··········202
12) *B. skujanum* Necchi ··205

8-5. Subsection *Ambiguum* Kumano　アムビグウム亜節

1) *B. gibberosum* (Kumano) Kumano ······························205
2) *B. deminutum* Entwisle et Foard ·································210
3) *B. vittatum* Entwisle et Foard ·····································210
4) *B. hirosei* Kumano et Ratnasabapathy ·······················211
5) *B. australicum* Entwisle et Foard ································211
6) *B. mahlacense* Kumano et Bowden-Kerby ···············212
7) *B. dasyphillum* Skuja ··212
8) *B. nodiflorum* Montagne ··213
9) *B. gracillimum* W. West et G. S. West *emend.* Necchi ·······214
10) *B. torsivum* Shi ··217
11) *B. iyengarii* Skuja ···217
12) *B. tiomanense* Kumano et Ratnasabapathy ·············219
13) *B. zeylanicum* Skuja ··220
14) *B. kylinii* Balakrishnan et Chaugule ···························223
15) *B. mahabaleshwarensis* Balakrishnan et Chaugule ·······223
16) *B. omobodense* Kumano et Bowden-Kerby ············225
17) *B. ambiguum* Montagne ··225

Genus *Sirodotia* Kylin　ユタカカワモズク属

1) *Sirodotia yutakae* Kumano　ユタカカワモズク ············227
2) *S. segawae* Kumano　ニセカワモズク ···························227
3) *S. sinica* Jao ···229
4) *S. geobelii* Entwisle et Foard ···229
5) *S. suecica* Kylin ··232
6) *S. huillensis* (Welw. ex W. et G. S. West) Skuja ········236
7) *S. delicatula* Skuja ··237
8) *S. gardneri* Skuja ex Flint ··240

Genus *Tuomeya* Harvey　ツオメヤ属

1) *Tuomeya americana* (Harvey) Papenfuss ··················240

Genus *Nothocladus* Skuja　ノトクラズス属

1) *Nothocladus afroaustralis* Skuja ···································245

2) *N. lindaueri* Skuja ··245
  3) *N. nodosus* Skuja ··248

Family **Psilosiphonaceae** Entwisle *et al.*　プシロシフォン科
Genus ***Psilosiphon*** Entwisle　プシロシフォン属

  1) *Psilosiphon scoparium* Entwisle ··251

Family **Lemaneaceae** C. Agardh　レマネア科
Genus ***Lemanea*** Bory　レマネア属

  1) *Lemanea borealis* Atkinson ··255
  2) *L. simplex* Jao ··255
  3) *L. condensata* Israelson ··258
  4) *L. fluviatilis* (Linnaeus) C. Agardh ···260
  5) *L. sudetica* Kützing ··260
  6) *L. ciliata* (Sirodot) De Toni ··261
  7) *L. sinica* Jao ···262
  8) *L. rigida* (Sirodot) De Toni ··262
  9) *L. mamillosa* Kützing ··264
 10) *L. fucina* (Bory) Atkinson ···264
 11) *L. fucina* var. *parva* Vis et Sheath ··265

Genus ***Paralemanea*** (Silva) Vis et Sheath　パラレマネア属

  1) *Paralemanea mexicana* (Kützing) Vis et Sheath ····································265
  2) *P. catenata* (Kützing) Vis et Sheath ··266
  3) *P. annulata* (Kützing) Vis et Sheath ··266
  4) *P. grandis* (Wolle) Kumano ··269

Blum がカリフォルニア州とインジアナ州から記載したパラレマネア属の種

  1) *Paralemanea deamii* Blum ···272
  2) *P. gardnerii* Blum ··272
  3) *P. parishii* Blum ···272
  4) *P. tulensis* Blum ···275
  5) *P. californica* Blum ··275
  6) *P. brandegeei* Blum ···275

Family **Thoreaceae** (Reichenbach) Hassal　チスジノリ科
Genus ***Thorea*** Bory　チスジノリ属

  1) *Thorea clavata* Seto et Ratnasabapathy　ボウチスジノリ ·······························279

2) *T. zollingeri* Schmitz *emend*. Sheath, Vis et Cole ……………………………281
 3) *T. violacea* Bory ……………………………281
 4) *T. hispida* (Thore) Desvaux *emend*. Sheath, Vis et Cole ……………………………283
 5) *T. conturba* Entwisle et Foard ……………………………283
 6) *T. okadae* Yamada　チスジノリ ……………………………285
 7) *T. bachmannii* Pujals ex Pujals ……………………………286
 8) *T. riekei* Bischoff ……………………………286
 9) *T. prowsei* Ratnasabapathy et Seto　ヒメチスジノリ ……………………………286
10) *T. gaudichaudii* C. Agardh　シマチスジノリ ……………………………291
11) *T. brodensis* Klas ……………………………291

Genus *Nemalionopsis* Skuja　オキチモズク属
 1) *Nemalionopsis tortuosa* Yoneda et Yagi　オキチモズク ……………………………292
 2) *N. shawii* Skuja ……………………………293

Order **Hildenbrandiales** Pueschel et Cole　ベニマダラ目
Family **Hildenbrandiaceae** Rosenvinge　ベニマダラ科
Genus *Hildenbrandia* Nardo　ベニマダラ属
 1) *Hildenbrandia rivularis* (Liebman) J. Agardh　タンスイベニマダラ ……………………………294
 2) *H. angolensis* Welwitsch ex W. West et G. S. West ……………………………296

Order **Ceramiales** Oltmanns　イギス目
Family **Ceramiaceae** Dumortier　イギス科
Genus *Ballia* Harvey　バリア属
 1) *Ballia pinnulata* Kumano ……………………………299
 2) *B. prieurii* Kützing ……………………………300

Genus *Ptilothamnion* Thuret　イトヒビダマ属
 1) *Ptilothamnion richardsii* Skuja ……………………………301

Family **Delesseriaceae** Bory　コノハノリ科
Genus *Caloglossa* J. Agardh　アヤギヌ属
 1) *Caloglossa ogasawaraensis* Okamura　ホソアヤギヌ ……………………………305
 2) *C. beccarii* (Zanardini) De Toni ……………………………305
 3) *C. leprieurii* (Montagne) J. Agardh　ササバアヤギヌ ……………………………308
 4) *C. continua* (Okamura) King et Puttock　アヤギヌ ……………………………311
 5) *C. saigonensis* Tanaka et Pham-Hoàng Hô ……………………………312

Family **Rhodomelaceae** Areschoug　フジマツモ科
Genus *Bostrychia* Montagne　コケモドキ属

1) *Bostrychia moritziana* (Sonder) J. Agardh　エダネコケモドキ ……………………314
2) *B. radicans* (Montagne) Montagne　ヒメコケモドキ ……………………316
3) *B. simpliciuscula* Harvey ex J. Agardh　タニコケモドキ ……………………317
4) *B. flagellifera* Post　フサコケモドキ ……………………320
5) *B. tenella* (Lamouroux) J. Agardh　コケモドキ ……………………320
6) *B. scorpioides* (Hudson) Montagne ……………………324

Genus *Polysiphonia* Greville　イトグサ属

1) *Polysiphonia subtilissima* Montagne ……………………324

命名に関する略語 ……………………327
本書に収録された標本室略号 ……………………329
淡水産紅藻に関連する学術用語集（日本語→英語）……………………331
淡水産紅藻に関連する学術用語集（英語→日本語）……………………337
引用および参考文献 ……………………345
学名索引 ……………………385
和名索引 ……………………393

淡水産紅藻研究の略史

　Linnaeus（1753）は顕花植物を23の綱に分け，藻類を菌類，苔類，羊歯類とともに24番目の綱，陰花植物綱にまとめた．彼は藻類に次の14属を認めた．すなわち *Jaumgermannia, Targionia, Marchantia, Blasia, Riccia, Antoceros, Lichen, Chara, Tremella, Fucus, Ulva, Conferva, Byssus* と *Spongia* である．これらの14属のうち，*Conferva, Ulva, Fucus* と *Chara* の四つの属と，さらに他の二つの属 *Byssus* と *Tremella* には，現在，藻類とされている植物が含まれている．彼は紅藻を *Conferva, Ulva* と *Fucus* 属の中で取り扱っている．

　Roth（1797）は藻類として以下の10の属，すなわち *Fucus, Ceramium, Batrachospermum, Conferva, Mertensia, Hydrodictyon, Ulva, Rivularia, Linkia* と *Tremella* を認め，3番目の *Batrachospermum* 属を記載し，1880年には，*Batrachospermum dichotomum, Conferva gelatinosa* の種を再確認している．

　Vaucher（1803）は *Conferva* をさらに *Ectosperma, Conjugata, Hydrodictyon, Polyspermum, Prolifera* と *Batrachospermum* のような属に細分した．

　藻類の色彩に基づいて Lamouroux（1813）は，紅藻とされている藻類を外部形態では似ている他の藻類から初めて区別し，現在の紅藻綱の分類の基礎を築いた．

　Agardh, C. A.（1824）は藻類を Diatoma, Nostochinae, Confervoideae, Ulvaceae と Florideae の5綱に分けた．Nostochinae 綱には多くの藍藻の種が，Confervoideae 綱には糸状の緑藻が含まれる．彼は紅藻の分類に嚢果の重要性を強調し，紅藻は Confervoideae 綱に置かれ，そこに次の10の科を認めた．すなわち Funginae, Lichenoideae, Byssoideae, Leptomistzae, Batrachospermeae, Oscillatorinae, Converveae, Characeae, Ceramieae と Ectocarpeae である．

　藻類の色彩に基づいて Harvey（1836）は，すべての藻類の属を Rhodospermeae（紅藻綱），Melanospermeae（褐藻綱），Chlorospermeae（緑藻綱）と Diatomaceae（珪藻綱）の四つの綱に分けた．彼の区分けの大部分は妥当であるが，藻類の示す様々な色彩は藻類の分類に様々な混乱をもたらした．

　例えば *Porphyra* アマノリ属，*Bangia* ウシケノリ属と大部分の淡水産紅藻は Rhodospermeae（紅藻綱）ではなくて Chlorospermeae（緑藻綱）に置かれた．その理由はこれらの藻類の色が，しばしば緑色を帯びていたからである．

　Kützing（1843）は藻類を Isocarpeae 綱（Tribe Gymnospermeae と Tribe Angiospermeae を含む）と Heterocarpeae 綱（紅藻を含む）とに分けたが，淡水産の紅藻は Isocarpeae 綱に属する Tribe Gymnospermeae の2番目の Cryptospermeae 目に残され，Cryptospermeae 目には Lemanieae, Chaetophoreae, Batrachospermeae, Liagoreae と Mesogloeacaea の五つの科が含まれる．

　Bornet & Thuret（1866, 1867）は多くの紅藻の雌性生殖器官と有性生殖とを初めて明確に記載し，Nägeli（1861）が観察はしたが解釈を誤っていた雌性生殖器官の性質を正しく認識した．彼らは *Ceramium, Didesnaya* と *Nemalion* を含む数種の紅藻で，精子が造果器と融合し受精す

ること，受精後引き続いて囊果が形成されることを観察した．この観察は，ある紅藻では胞子をつける糸状体（造胞糸）が受精した造果器から直接発達するが，別の種では果胞子囊を形成する前にこの糸状体（連絡糸）が雌性配偶体の他の細胞（助細胞）と融合するという Schmitz (1883) の観察に引き継がれてゆく．後の節で述べるように，この細胞を Schmitz (1883) は助細胞と呼んだ．

　Rabenhorst (1868) は Batrachospermaceae カワモズク科と幾つかの淡水産の種を緑藻綱から紅藻綱へと移した．彼は藻類を Phycochromophyceae（藍藻綱），Chlorophyllophyceae（緑藻綱），Melanophyceae（褐藻綱）と Rhodophyceae（紅藻綱）の四つの綱に分けた．最後の紅藻綱には五つの科，すなわち Porphyraceae アマノリ科（*Porphyridium* チノリモ属，*Porphyra* アマノリ属，*Bangia* ウシケノリ属），Chantransiaceae シャントランシア科（*Chantransia* シャントランシア属），Batrachospermaceae カワモズク科（*Batrachospermum* カワモズク属，*Thorea* チスジノリ属），Hildenbrandiaceae ベニマダラ科（*Hildenbrandia* ベニマダラ属）と Lemaneaceae レマネア科（*Lemaea* レマネア属，*Compsopogon* オオイシソウ属）が含まれる．

　Schmitz (1883) は，上述のように，紅藻のある種では受精した造果器が近辺の細胞と融合する糸（連絡糸）を出すことを観察し，そこから造胞糸を出す細胞を助細胞と命名した．現在の紅藻の分類の基礎はこの観察に基づいている．

　造胞糸（果胞子体）の発生形式の基本的な相違，特に助細胞の機能に基づいて，Schmitz (1883) は紅藻を次の四つの目に区分することを提案した．（1）Nemalionales ウミゾウメン目，この目の特徴は受精した接合子から直接造胞糸が形成される（助細胞が存在しない），（2）Gigartinales スギノリ目，この目の特徴は造果器と助細胞が対で造果枝の一部として存在し，内側に発達する造胞糸である，（3）Rhodymeniales マサゴシバリ目，この目の特徴は造果器と助細胞が対で造果枝の一部として存在し，外側に発達する造胞糸である，（4）Cryptonemiales カクレイト目，この目の特徴は造果器（造果枝）と助細胞（助細胞糸）が造果枝の一部としてでなく配偶体内に別々に散在し，外側または内側に発達する造胞糸である．

　Cooke (1882-1884) は淡水産紅藻に Porphyraceae アマノリ科（*Bangia* ウシケノリ属），Chantransiaceae シャントランシア科（*Chantransia* シャントランシア属），Batrachospermaceae カワモズク科（*Batrachospermum* カワモズク属と *Thorea* チスジノリ属）と，Lemaneaceae レマネア科（*Lemanea* レマネア属）の四つの科を認めた．

　Batrachospermaceae カワモズク科の分類学的研究は，Sirodot (1884) の "Les Batrachospermes" が出版されて大きく進展した．この書で彼は藻体の色，造果器(受精毛)の形態，果胞子体の位置に基づいて，カワモズク科を *Moniliformes*，*Helminthoides*，*Setaces*，*Turficoles*，*Verts* と *Hybride* の 6 節に分けた．

　Oltmanns (1904) は Schmitz の分類体系の Rhodymeniales マサゴシバリ目のあるものに，造果器が受精する以前に助細胞が形成されることから，Ceramiales イギス目を創設し，Kylin (1923) は Gelidiales テングサ目を創設した．

　Pascher (1925) は "Die Süsswasser-Flora, Deutschlands, Österreichs und der Schweiz" を出版し，当時までに知られていた欧州の淡水藻，特に Heterokontae，Phaeophyta（褐藻），Rhodophyta（紅藻），Charophyta（車軸藻）の種を収録した．この書で，Pascher & Schiller (1925) は淡水産紅藻を Bangiaceae ウシケノリ科（*Bangia* ウシケノリ属，*Phragmonema* フラグモネマ属，*Asterocystis* アステロキスチス属，*Chroothece* クロオテケ属，*Porphyridium* チノ

リモ属, *Vanhoeffenia* ヴァンホエフェニア属) を含む Bangiales 原始紅藻亜綱と Thoreaceae チスジノリ科 (*Thorea* チスジノリ属), Helminthocladiaceae ベニモズク科 (*Chantransia* シャントランシア属, *Batrachospermum* カワモズク属, *Sirodotia* ユタカカワモズク属), Lemaneaceae レマネア科 (*Lemanea* レマネア属), Ceramiaceae イギス科 (*Ceramium* イギス属), と *Hildenbrandia* ベニマダラ属を含む Florideae 真性紅藻亜綱とに分けた．

多くの英国産淡水産藻類の形態と生殖法について，"A treatise on the British algae" が West & Fritsch (1927) により出版され, Helminthocladiaceae ベニモズク科に *Chantransia* シャントランシア属と *Batrachospermum* カワモズク属とが, Lemaneaceae レマネア科には *Lemanea* レマネア属が所属するとされたが, *Thorea* チスジノリ属, *Compsopogon* オオイシソウ属と *Hildenbrandia* ベニマダラ属については，所属未定とされていた．

Smith (1933, 1950) は "The freshwater algae of the United States" を出版し，多くの種の形態と生殖とを論じ，淡水紅藻の Nemalionales ウミゾウメン目を Chantransiaceae シャントランシア科, Batrachospermaceae カワモズク科, Thoreaceae チスジノリ科と Lemaneaceae レマネア科の4科に分けた．

Skuja (1931 etc.) は，疑いもなく淡水産藻類の分野での最も著名な研究者であり, "Untersuchungen über die Rhodophyceen des Süsswassers. 1-XII" などの多くの著作がある．

Post (1936 etc.) は熱帯，亜熱帯域の *Bostrychia-Caloglossa* コケモドキ-アヤギヌ群落の分類学的，植物地理学的研究に貢献した．

Israelson (1938) はスウェーデンの淡水産紅藻について研究し, Jao (1941) は中国の淡水産紅藻の *Bangia* ウシケノリ属, *Compsopogon* オオイシソウ属, *Audouinella* オージュイネラ属, *Batrachospermum* カワモズク属, *Sirodotia* ユタカカワモズク属, *Lemanea* レマネア属, *Hildenbrandia* ベニマダラ属と *Caloglossa* アヤギヌ属の八つの属の種を, Flint (1948 etc.) は北米の *Batrachospermum* カワモズク属, *Sirodotia* ユタカカワモズク属と *Tuomeya* ツオメヤ属など多くの淡水産紅藻を報告している．

Prescott (1951) は "The algae of the Western Great Lakes Area" を, Tiffany & Britton (1951) は "Algae of Illinois" を著した．

Krishnamurthy (1961) は *Compsopogon* オオイシソウ属のモノグラフを著し, Chihara (1977 etc.) は日本産 *Compsopogon* オオイシソウ属と *Compsopogonopsis* オオイシソウモドキ属の多くの種を報告している．

レマネア型の生活史が Magne (1967) により発見された．次いで Balakrishnan & Chaugule (1980 a, 1980 b) は，インド産の *Batrachospermum* カワモズク属の多くの新種を記載し，カワモズク属の2種については，同じくレマネア型の生活史をもつことを報告した．

Bourrelly もまた "Les Algues D'eau Douce" と題する3巻からなる大著を出版し，第3巻は "Algues rouges et Algues bleues, les Eugléniens, Peridiniens et Cryptomonadines (1970)" で，彼はこの中で当時までに知られている種を概説している．淡水産紅藻を Bangiophycidees 原始紅藻亜綱と Florideophycidees 真性紅藻亜綱とに2分して, Bangiophycidees 原始紅藻亜綱に Porphyridiales チノリモ目 (Porphyridiacees チノリモ科), Goniotrichiales ベニミドロ目 (Goniotrichiacees ベニミドロ科, Phragmonematacees フラグモネマ科), Bangiales ウシケノリ目 (Bangiacees ウシケノリ科, Boldiacees ボルジア科), Compsopogonales オオイシソウ目 (Compsopogonacees オオイシソウ科) の4目を含めている．Florideophycidees 真性紅藻亜綱

には Acrochaetiales アクロカエチウム目（Audouinellacees オージュイネラ科，Acrochaetiacees アクロカエチウム科），Nemalionales ウミゾウメン目（Batrachospermacees カワモズク科，Lemaneacees レマネア科，Thoreacees チスジノリ科），Cryptonemiales カクレイト目（Hildenbrandiacees ベニマダラ科），Ceramiales イギス目（Ceramiacees イギス科，Rhodomelacees フジマツモ科，Delesseriacees コノハノリ科）の諸目を含めている．

　他方，以前にバンギア亜綱に属していた分類群間の目内，目間の類縁関係が現在のところ未解明であるので，一つの綱，紅藻綱のみを認めるのがよいと Garbary & Gabrielson（1990）が述べている．したがって，本書でもこの見解に従い，バンギア亜綱，真正紅藻亜綱を認めない方向で記述する．

　Reis（1970 etc.）はポルトガルの，Mori（1975）は日本の *Batrachospermum* カワモズク属の多くの種を記載している．

　Starmach（1977）は "Phaeophyta（Brunatnice）and Rhodophyta（Krasnorosty）" と題する著書を出版し，当時，全世界から報告されている多くの種を概説，図示しており，ポーランド語で書かれてはいるが英文の検索表がついており，大変に重要で便利な書である．

　Kumano（1977 etc.）は，日本，マレーシア，フィリピン，ミクロネシア，パプアニューギニアなど，それぞれの国の共同研究者との共著で，それぞれの地方の淡水産紅藻の種の記載を行ってきた．

　Pueschel & Cole（1982）は，紅藻のピットコネクションの形態とピットプラグを覆うキャップ層の数が異なること，そして，この相違が明らかに高次の目などの分類群を区別するのに役立つことを発見して，二つの新しい目，Hildenbrandales ベニマダラ目（Hildenbrandiaceae ベニマダラ科のみが含まれる）と Batrachospermales カワモズク目（Batrachospermaceae カワモズク科，Lemaneaceae レマネア科と Thoreaceae チスジノリ科が含まれる）を提唱した．この結果，Batrachospermales カワモズク目は4分胞子形成時に減数分裂を行わず，粒状または布状の色素体をもち，2層のキャップ層があり，外側のキャップ層はドーム形に膨らむ型のピットプラグをもつ，などの特徴を示すことになる．

　Sheath（1984）は淡水産紅藻の生物学について概説し，当時まで記載された淡水産紅藻のすべての種のリストを挙げ，28の属の検索表も示している．

　以来，Sheath と彼の共同研究者（1983 etc.），Vis *et al.*（1996 etc.）は北米のカワモズク目を中心として，広く淡水産紅藻全般の再吟味と分布に関する優れた研究を，現在までずっと継続している．

　Entwisle & Kraft（1984 etc.），Entwisle（1989 etc.），Entwisle & Foard（1997 etc.）も豪州，ニュージーランドの淡水産紅藻の種の記載と分布についての優れた研究を，そして，Kumano & Necchi（1985 etc.），Necchi（1986 etc.），Necchi & Zucchi（1987 etc.）は南米の淡水産紅藻の種の記載と分布についての優れた研究を現在まで行っている．

　Blum（1993，1994）は米国のインジアナ州とカリフォルニア州から *Lemanea* レマネア属の6新種を記載している．

　King & Puttock には *Bostrychia* コケモドキ属と *Stictosiphonia* フタマタコケモドキ属（1989）と *Caloglossa* アヤギヌ属（1994）の形態学的分類学的研究がある．

　Shi, Wie, Li, Hua, Xie と Ling は *Compsopogon* オオイシソウ属（1998），*Batrachospermum* カワモズク属（1994，1996）の新種を中国から記載している．

最近，これまで共通の見解が得られていなかった（Papenfuss 1945, 1947, Woelkerling 1971, Lee, Y. P. 1980, Lee, Y. P. & Lee, I. K. 1988）Acrochaetiaceae アクロカエチウム科分類群に関する新しい分類体系を，Lee, Y. P. & Yoshida（1997）が提案している．

　RuBisCo 遺伝子，18 S rRNA 遺伝子の分析結果から，北米や欧州の淡水産 *Bangia* ウシケノリ属の種は海産種と異なることが判明した（Müller *et al*. 1998）．分子レベルと形態的形質に基づいて北米の *Batrachospermum gelatinosum* カワモズク（Vis & Sheath 1997），*Sirodotia* ユタカカワモズク属の種（Vis & Sheath 1998, 1999）の系統学植物地理学の研究がなされている．さらに RuBisCo 遺伝子，18 S rRNA 遺伝子分析によって，Batrachospermales カワモズク目内（Vis *et al*. 1998），Compsopogonales オオイシソウ目内（Rintoul, T. L., Sheath, R. G. & Vis, M. L. 1998, 1999）の系統が論じられている．

　これらの遺伝子は *Porphyra* アマノリ属（Brodie *et al*. 1996），*Bostrychia* コケモドキ属（Zuccarelo & West 1997），*Porphyra* アマノリ属と *Bangia* ウシケノリ属（Brodie *et al*. 1998），*Caloglossa* アヤギヌ属（Kamiya *et al*. 1999）などの属，種，群落ランクの系統や植物地理を論ずるのにも効果的に使用されている．

本書に収録した属の検索表

本書に収録した淡水産紅藻綱の属の検索表を，
便宜的にウシケノリ亜綱とウミゾウメン亜綱に分けて以下に示す．

ウシケノリ亜綱

1. 単細胞または緩やかな群体 ………………………………………………………………… 2
1. 糸状体または嚢状体 ………………………………………………………………………… 5
2. 色素体は，青色，側壁性で布状 …………………………………………………………… 3
2. 色素体は1個，赤色，中心性で星形 ……………………………… *Porphyridium* チノリモ属
3. 無性生殖は藻体の2分裂による ……………………… *Cyanidioschyzon* キアニジオスキゾン属
3. 無性生殖は内生胞子による ………………………………………………………………… 4
4. 内生胞子は4個 ……………………………………………………… *Cyanidium* イデユコゴメ属
4. 内生胞子は4–32個 ……………………………………………………… *Galdieria* ガルジエリア属
5. 偽糸状体は緩やかな1列の細胞，ゼラチン状の基質に包まれる ………………………… 6
5. 糸状体または嚢状の組織 …………………………………………………………………… 7
6. 色素体は1個，中心性，ピレノイドがある ……………………… *Chroodactylon* タマツナギ属
6. 色素体は数個，側壁性，ピレノイドがない ……………………… *Kyliniella* キリニエラ属
7. 1層性の嚢状体 ………………………………………………………… *Boldia* ボルジア属
7. 糸状体 ……………………………………………………………………………………… 8
8. 無分枝，単軸性または多軸性 ………………………………………… *Bangia* ウシケノリ属
8. 分枝，中軸性，皮層がある ………………………………………………………………… 9
9. 仮根は基部に限定，粗い糸状体 ……………………………… *Compsopogon* オオイシソウ属
9. 仮根は藻体全体に，皮層を形成，滑らかな糸状体 ……… *Compsopogonopsis* オオイシソウモドキ属

ウミゾウメン亜綱

1. 藻体は殻状 …………………………………………………………… *Hildenbrandia* ベニマダラ属
1. 藻体は単純な糸状体から偽柔組織状の密集した糸状 …………………………………… 2
2. 藻体は皮層のない単列糸状体 ……………………………………………………………… 3
2. 主軸は多列性または皮層のある単列性 …………………………………………………… 4
3. 側枝は有限成長 ……………………………………………………………………………… 5
3. 側枝は不規則，無限成長 …………………………………………………………………… 6
4. 主軸は単基的成長 …………………………………………………………… *Ballia* バリア属
4. 主軸は連基的成長 …………………………………………………… *Ptilothamnion* イトヒビダマ属
5. 他藻に着生，匍匐部と垂直部があり，仮根なし …………………… *Balbiana* バルビアナ属
5. 自生，仮根あり ……………………………………………………… *Audouinella* オージュイネラ属
6. 中軸は単列性 ………………………………………………………………………………… 7

6. 中軸は多列性 ··8
 7. 皮層なし，受精毛は線形 ································*Rhododraparnaldia* ロドドラパルナルジア属
 7. 皮層あり，受精毛は太い ···9
 8. 偽柔組織，平たい葉状の節あり ······································*Caloglossa* アヤギヌ属
 8. 密集した糸状体，円柱形 ··10
 9. 胞子は側枝の基部，側枝は共通の基質に包まれず，毛状の外観をみせる ·········*Thorea* チスジノリ属
 9. 胞子は側枝の頂部，側枝は共通の基質に包まれる ···············*Nemalionopsis* オキチモズク属
10. 糸状体は密集して偽柔組織状とならない ··11
10. 偽柔組織状 ···12
11. 果胞子体は糸状，分枝，主軸に沿って伸長，造果器は基部に突起あり
          ···*Sirodotia* ユタカカワモズク属
11. 果胞子体は顕著，密集した糸の団塊，造果器は左右対称形 ···········*Batrachospermum* カワモズク属
12. 側枝は共通の粘質物に包まれ，明瞭な皮層なし ······················*Nothocladus* ノトクラズス属
12. 石灰化した偽柔組織，明瞭な皮層あり ···13
13. 節が肉眼的に明瞭，膨らみの連続，ほとんど分枝せず ···14
13. 節は不明瞭，分枝が多い ··16
14. 中軸細胞が不明瞭，精子嚢突起なし ································*Psilosiphon* プシロシフォン属
14. 中軸細胞が明瞭，精子嚢突起あり ···15
15. 放射細胞は T- または Y- 形 ··*Lemanea* レマネア属
15. 放射細胞は単純な形 ···*Paralemanea* パラレマネア属
16. 節部で輪生枝が明瞭 ··*Tuomeya* ツオメヤ属
16. 節部で輪生枝は不明瞭 ···17
17. 毛状枝を形成しない ···*Bostrychia* コケモドキ属
17. 毛状枝を形成する ···*Polysiphonia* イトグサ属

淡水産紅藻の分類群

Class **Rhodophyceae** Ruprecht in Middendorff (1851: 205)
紅藻綱

　紅藻綱には，藻類のほかの綱とは異なって三つの世代，すなわち，有性世代（配偶体），接合子から発達した世代（果胞子体），果胞子から発達した胞子形成世代（4分胞子体）の交代がある．有性生殖は一貫して卵配偶であり，雄性生殖器官（精子嚢）内で形成される運動性のない雄性配偶子（精子）と雌性配偶子（造果器）・とが存在する．造果器は，比較的太い基部と，先端に向かい伸長し，精子が付着する突起（受精毛）とからなる長い細胞である．精子により造果器が受精すると，造果器は直接または間接に，果胞子体と呼ばれる複相世代を形成する．果胞子体は果胞子嚢とそれをつける造胞糸からなる．造胞糸という術語は基本的には，果胞子体と同義語である．典型的な紅藻綱の生活史では，放出された果胞子は，発芽して成熟すると4分胞子嚢を形成する複相世代（4分胞子体）に発達する．これらの4分胞子嚢は減数分裂の行われる場所であり，4個の単相核は4個の単相生成物（4分胞子）に取り込まれる．このように，生活史において紅藻綱は三つの異なる世代，配偶体，果胞子体，4分胞子体をもつ．このうち，配偶体と4分胞子体との2世代は独立，自立している．一方，果胞子体は，有性生殖の行われた配偶体内に付着し，依存し，実質的に寄生している．

　Lemanea レマネア属（Magne 1967）と *Batrachospermum* カワモズク属（Balakrishnan & Chaugule 1980 a, 1980 b）で報告されたレマネア型の生活史では，果胞子は発芽して，小型のシャントランシア世代と呼ばれる複相の糸状体になる．この世代の藻体の頂端細胞で減数分裂が行われる．2回の核分裂の後，形成された核のうち1個の核を含む細胞質の小部分が細胞壁により切り出され，残りの3核を含む細胞は分解する．このようにして1個の核のみが生き残る．外見は変わらないまま，単相世代になった頂端細胞は新しい配偶体へと発達する．

　ピットプラグは細胞間の原形質連絡の構造で，コアの部分とそれを包むキャプ膜，そしてキャップ層とからなり，大別して次に示す六つの型がある（Pueschel & Cole 1982）．1型：コアのみのもの，2型：コアをキャップ膜のみが包むもの，3型：コアを1層のキャップ層が冠るもの，4型：コアを1層のキャップ層が冠り，キャップ膜が包むもの，5型：コアを2層のキャップ層が冠り，キャップ膜がその間を通るもの，6型：コアを2層のキャップ層が冠り，キャップ膜がその間を通り，外側のキャップ層がドーム形に膨らむもの．これらの形質は目の階級の分類形質として有用である．

　紅藻綱の200以上の分類群が淡水域から報告されており，主として流水中の岩などの基物に付着して生育している．

　淡水域に生育する紅藻綱には生殖器官が報告されていない分類群も多く，それらの分類群では，内生胞子，単胞子などによる無性生殖や，無性芽による増殖が通常に行われる．

Order **Porphyridiales** Kylin (1937 : 122)　チノリモ目
Type: family Porphyridiaceae Kylin ex Skuja

　藻体は単細胞で遊離生活をするか，粘質基質または鞘に埋まり，不定形群体または偽糸状群体を形成する．偽糸状群体は付着細胞を分化しない1列または多列細胞からなる．細胞には通常，中央にピレノイドをもつ星形色素体が1個，またはピレノイドをもたない側壁性色素体が多数含まれる．生殖は，細胞分裂，内生胞子形成または共通の鞘からの栄養細胞の離脱によって行われる．有性生殖は知られていない．

Family **Porphyridiaceae** Kylin ex Skuja (1939 : 38)　チノリモ科
Type: genus *Porphyridium* Nägeli nom. cons.

　藻体には，通常1個のピレノイドをもつ1個の星形または変形星形の色素体が含まれる．無性生殖は藻体の2分裂，または胞子としての栄養細胞の離脱によって行われる．ピットプラグをもたない．

Genus *Porphyridium* Nägeli (1849 : 139. pl. 41, fig. 9) nom. cons.　チノリモ属
Type: *Porphyridium cruentum* Nägeli

1) ***Porphyridium purpureum*** (Bory) Drew et Ross (1965 : 93)
チノリモ（大野1901）；（熊野1977，紅藻綱．*In* 広瀬・山岸（編），日本淡水藻図鑑．160-161）；（山岸1999，淡水藻類入門．98）
異名：*Porphyridium cruentum* Nägeli (1849 : 139, pl. 41, fig. 9)
（図版1(a), figs. 1-4, 原1993．*In* 堀（編），藻類の生活史集成．2 : 182-183)
　単細胞の藻体は多数集まり，暗赤色の粘質膜となり，陰湿で富栄養な地面，溝壁，石垣などを広く覆う．細胞は球形で直径 7-12(-15) μm，中心にピレノイドのある星形の色素体を含む．細胞は2分裂により増殖する．
　タイプ産地：
　タイプ標本：
　分布：日陰の富栄養な湿った地面に，血糊のような形状をして，広く世界各地に分布する．日本では屋外の炊事場，和式便所汲み取り口近くなどに分布する．

Family **Cyanidiaceae** *emend.* Chapman (1974 : 673)　イデユコゴメ科
Type: genus *Cyanidium* Geitler

　単細胞の藻体には1個またはそれ以上の側壁性の色素体が含まれ，ピレノイドはない．無性生殖は藻体の2分裂またはオートスポア（内生胞子）によって行われる．
　ノート：*Cyanidium caldarium* イデユコゴメには，ミトコンドリアが1個，梶棒形の核様体が1個，色素体が1個存在し，液胞と脂肪酸が含まれない，窒素酸化物の利用などの性質をも

つ．これらの性質は2次的な分類上の重要性しかもたず，属や科を区別する基礎としての意味がないとする意見がある（Ott *et al.* 1994）．しかし，電子顕微鏡などによる知見（長島・福田 1981，長島 1993, 1995, 1997）や分子系統解析（近藤ら 1998，横山ら 1998）の結果からも，両属間の差異が明瞭であるので，*Cyanidium* イデユコゴメ属と *Galdieria* ガルジエリア属の2属はそのまま存続させる方がよいと考える．

Cyanidiaceae イデユコゴメ科の属の検索表

1. 無性生殖は藻体の2分裂による……………………………………………………キアニジオスキゾン属
1. 無性生殖は内生胞子による ……………………………………………………………………………2
2. 内生胞子は4個…………………………………………………………………………イデユコゴメ属
2. 内生胞子は4-32個 ……………………………………………………………………ガルジエリア属

Genus *Cyanidioschyzon* De Luca *et al.* (1978 : 37) キアニジオスキゾン属

Type : *Cyanidioschyzon melolae* De Luca *et al.*

単細胞の藻体は棍棒形で，ピレノイドをもたない卵形の色素体を含む．無性生殖は細胞の2分裂によって行われる．

1) ***Cyanidioschyzon melolae*** De Luca, Taddei et Varano (1978 : 37).
   (**図版1（b）**, **figs. 1-3,** 長島 1993 a. *In* 堀（編），藻類の生活史集成．2：188-189)
   藻体は青緑色の単細胞性．細胞は長さ3-4 μm，太さ1-2 μmの棍棒形で，ピレノイドをもたない1個の細長い色素体を含む．細胞壁はないか，極めて薄い．細胞分裂に際して，まず細長い色素体が縦に分裂し，細胞は核を中心にV字形に括れた後，直線状になる．核分裂の後，細胞分裂が起こり2細胞となる．細胞は2分裂のみにより無性生殖を行い，内生胞子形成や有性生殖は知られていない．
   タイプ産地：
   タイプ標本：
   分布：イタリアや日本の酸性温泉中の石上に生育する．日本では草津温泉や登別温泉に分布する．

Genus *Cyanidium* Geitler (1933 : 622) イデユコゴメ属

異名：genus *Rhodococcus* Hirose (1958 : 347),
non genus *Rhodococcus* Hansgirg (1885 : 19, pl. 41, figs. 14-16).
Type : *Cyanidium caldarium* (Tilden) Geitler

球形の細胞には，ピレノイドをもたない1個の卵形の色素体が含まれる．無性生殖は内生胞子によって行われる．

12　Porphyridiales　チノリモ目

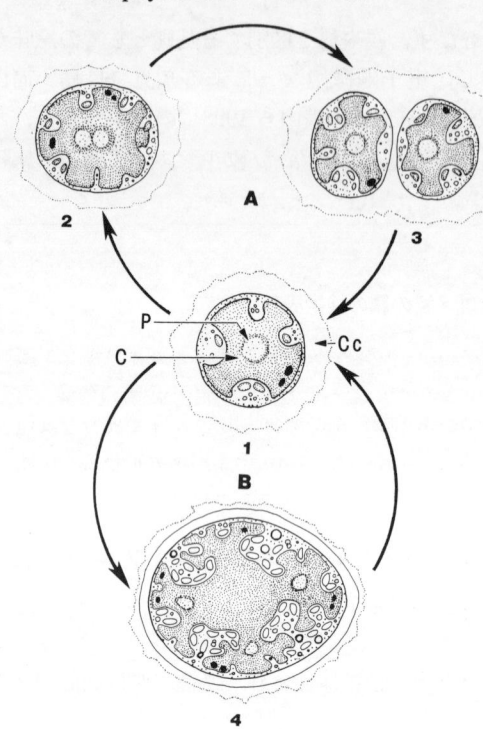

図版 1(a)

Porphyridium purpureum, figs. 1-4
(原 1993)
A. 無性生殖（2分裂），B. 無性生殖（多核大形細胞形成）.
1. 栄養細胞，2. 色素体が分裂を始める細胞，3. 分裂中の細胞，4. 巨大細胞.
C: 色素体，Cc: 細胞外膜，P: ピレノイド.

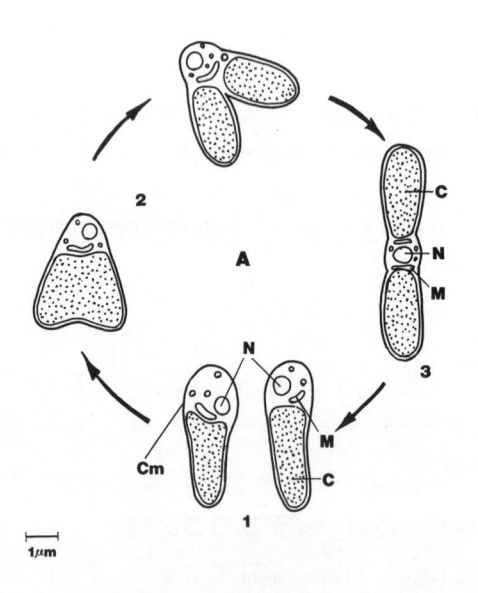

図版 1(b)

Cyanidioschyzon melorae, figs. 1-3
(長島 1993 c)
A. 生活史，B. YR-89株の各ステージを示す光学顕微鏡写真.
1. 栄養細胞，2. 細胞分裂の初期，3. 細胞分裂の後期.
C: 色素体，Cm: 細胞膜，M: ミトコンドリア，N: 細胞核.

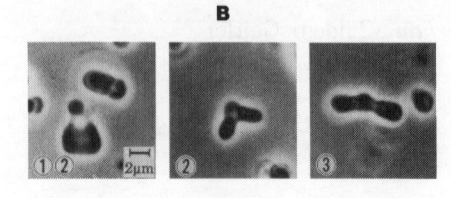

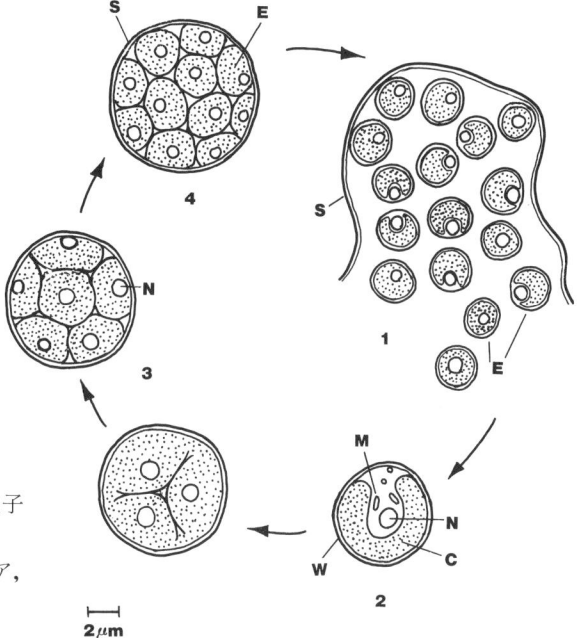

Cyanidium イデユコゴメ属　13

図版 1（c）
　Galdieria sulphuraria, figs. 1-4
　（長島　1993 b）
1. 内生胞子の放出, 2. 栄養細胞, 3. 内生胞子の形成, 4. 胞子嚢.
C: 色素体, E: 内生胞子, M: ミトコンドリア, N: 細胞核, S: 内生胞子嚢の壁, W: 細胞壁.

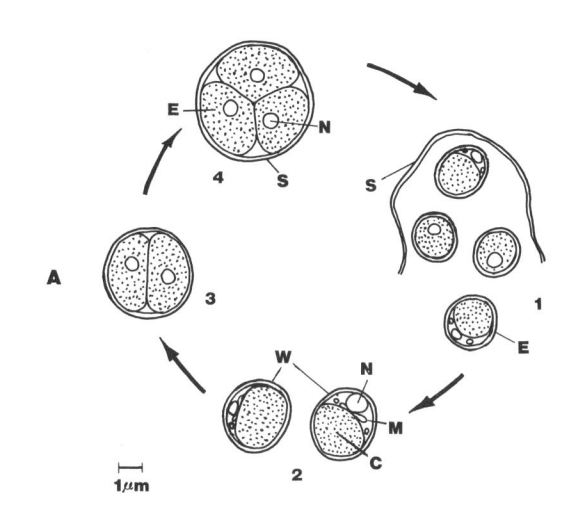

図版 1（d）
　Cyanidium caldarium, figs. 1-4
　（長島　1993 a）
A. 生活史, B. ステージ2の電子顕微鏡写真.
1. 内生胞子の放出, 2. 栄養細胞, 3. 内生胞子の形成, 4. 胞子嚢.
C: 色素体, E: 内生胞子, M: ミトコンドリア, N: 細胞核, S: 内生胞子嚢の壁, W: 細胞壁.

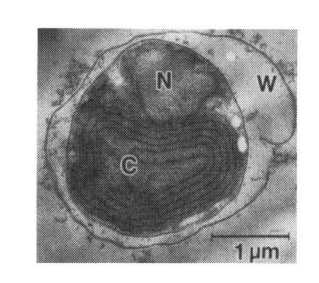

1) ***Cyanidium caldarium*** (Tilden) Geitler (1933 : 622)

イデユコゴメ（広瀬 1950）：(熊野 1977, 紅藻綱. *In* 広瀬・山岸（編）, 日本淡水藻図鑑. 160-161)；(山岸 1999, 淡水藻類入門. 98)

異名：*Protococcus botryoides* f. *caldaria* Tilden (1898 : 94, pl. VII, fig. 18)；*Rhodcoccus caladarius* (Tilden) Hirose (1958 : 351, figs. 1, 4-5)

（図版1(d), figs. 1-4, 長島 1993 c. *In* 堀（編）, 藻類の生活史集成. 2：184-185）

藻体は単細胞性であるが, 必ず多数群集するので, 全体として肉眼的には白緑色の微細粉末を撒き散らしたようにみえる. 細胞は球形または丸みを帯びた三角錐形, 太さは 2-5 µm, 側壁性の1個の卵形の色素体をもつ. 細胞は十分に成長すると胞子嚢となる. 内生胞子が形成されるとき, まず色素体, 次に細胞核が分裂し, 細胞膜が形成されて 2 細胞となり, それらが, さらに同様に分裂して 4 細胞となり, 三角錐状に並ぶ. 後に胞子嚢壁が破壊して 4 個の内生胞子が胞子嚢外に放出される. 内生胞子は直径 2-3 µm.

タイプ産地：

タイプ標本：

分布：イタリアや日本の酸性温泉中の石上に生育する. 日本では草津温泉や登別温泉などに分布する.

Genus ***Galdieria*** Merola in Merola *et al*. (1981 : 191) ガルジエリア属

Type：*Galdieria sulphuraria* (Galdieri) Merola in Merola *et al*.

球形の細胞には, ピレノイドをもたない側壁性の1枚の布形（掌形）の色素体が含まれる. 無性生殖は内生胞子によって行われる.

1) ***Galdieria sulphuraria*** (Galdieri) Merola in Merola *et al*. (1981 : 191)

異名：*Pleurococcus sulphurarius* Galdieri (1899 : 162, figs. A-I)；*Cyanidium sulphuraria* (Galdieri) Ott in Ott *et al*. (1994 : 149).

誤用名：*Chroococcidiopsis thermalis* Geitler var. *nipponica sensu* Negoro (1943 : 310, fig. 9)；(熊野 1977, 紅藻綱. *In* 広瀬・山岸（編）, 日本淡水藻図鑑. 160-161)；(山岸 1999, 淡水藻類入門. 98)

（図版1(c), figs. 1-4, 長島 1993 b. *In* 堀（編）, 藻類の生活史集成. 2：186-187）

藻体は球形の単細胞. 多数が密集して粉末状に広がっている. 細胞の2分裂による無性生殖はしない. 細胞は1枚の側壁性布形（掌形）の色素体を含む. 成熟した細胞は内生胞子嚢となり, 胞子嚢は球形, 直径 7-14 µm. 内生胞子が形成されるとき, 色素体と核が分裂し, 次いで細胞膜が形成されて 2 細胞となり, それがさらに分裂を繰り返し, 4 細胞, 8 細胞, 16 細胞となり, 最終的に 4-16(-32) 個の内生胞子が作られる. 内生胞子の放出後, 胞子嚢である母細胞の膜は明らかに残っている. 内生胞子の直径は 2-5 µm.

タイプ産地：

タイプ標本：

分布：北米, インドネシアや日本の酸性温泉中の石上に生育する. 日本では草津温泉や登別温泉などに分布する.

ノート：本種を根来 (1943) が *Chroococcidiopsis thermalis* Geitler var. *nipponica* と誤まっ

て同定し，これを広瀬（1977）が *Chroococcidiopsis thermalis* Geitler の異名とし紅藻の Porphyridiales チノリモ目に所属をかえた．本属が藍藻の属として残ることになったため，種名が表記の *Galdieria sulphuraria* (Galdieri) Merola に変更された．

Order **Goniotrichiales** Skuja（1939：31）　ベニミドロ目
Type：family Goniotrichiaceae G. M. Smith

藻体は成長する単列性または偽組織状の糸状体を形成する．無性生殖は，通常の栄養細胞から直接，または2分裂を繰り返した結果生じたゴニジア，または厚膜性の細胞によって行われる．

Family **Goniotrichiaceae** G. M. Smith（1933：121-122）　ベニミドロ科
Type：genus *Goniotrichum* Kützing

細胞はややはっきりした糸状に配列する．細胞は1個のピレノイドをもつ1個の星形の色素体を含む．無性生殖は細胞膜をもたない単胞子によって行われる．

Genus *Chroodactylon* Hansgirg（1885：14）　タマツナギ属
異名：genus *Asterocystis* (Hansg.) Gobi et Schmitz in Engler et Prantl
（1896：314, pl. 42, figs. 1 a 3, pl. 45, figs. 1-2）
Type：*Chroodactylon wolleanum* Hansgirg

藻体は不規則に分枝した房状，または厚いゼラチン状の基質に取り巻かれた細長い楕円形から扁平な球形の細胞からなる糸状体．細胞は1個のピレノイドをもつ1個の星形の色素体を含む．無性生殖は単胞子によって行われる．

1)　***Chroodactylon ramosum*** (Thwaites) Hansgirg（1885：19）
（山岸1998，淡水藻類写真集ガイドブック．42）；（山岸1999，淡水藻類入門．98）
異名：*Asterocystis ramosa* (Thwaites) Gobi（1877：85）
　(図版2(b), figs. 1-6, 渡辺1994．*In* 山岸・秋山（編），淡水藻類写真集．12：5）
　藻体は枝分かれする糸状体．基部で水中の基物に付着して，長さ数mmの房を作るか，またはパルメラ状の塊を作る．糸状体は1列に並ぶ細胞と，それを取り巻く無色透明の厚いゼラチン状の基質からできていて，太さ9-15 μm，基部では約20 μm．分枝は細胞の分裂の変更を伴わない偽分枝．細胞は細長い楕円形，糸状体の基部やパルメラ状の藻体では不定形，太さ5-7 μm，長さ5-24 μm，糸状体の基部の細胞は太さ6-9 μm，長さ3-13 μm．細胞は，中央にピレノイドをもった1個の星形の色素体を含む．
　タイプ産地：
　タイプ標本：
　分布：欧州やアジアの水生維管束植物上または水中の石上にみられる．
　日本では北海道の阿寒湖に見られる．
　ノート：北米から Sheath & Hymes（1980）が本種として報告している藻は，Vis & Sheath（1993）は *Chroodactylon ornatum* の誤りであるとしている．また，Entwisle & Kraft（1983）は本種を *Chroodactylon ornataum* の異名としている．

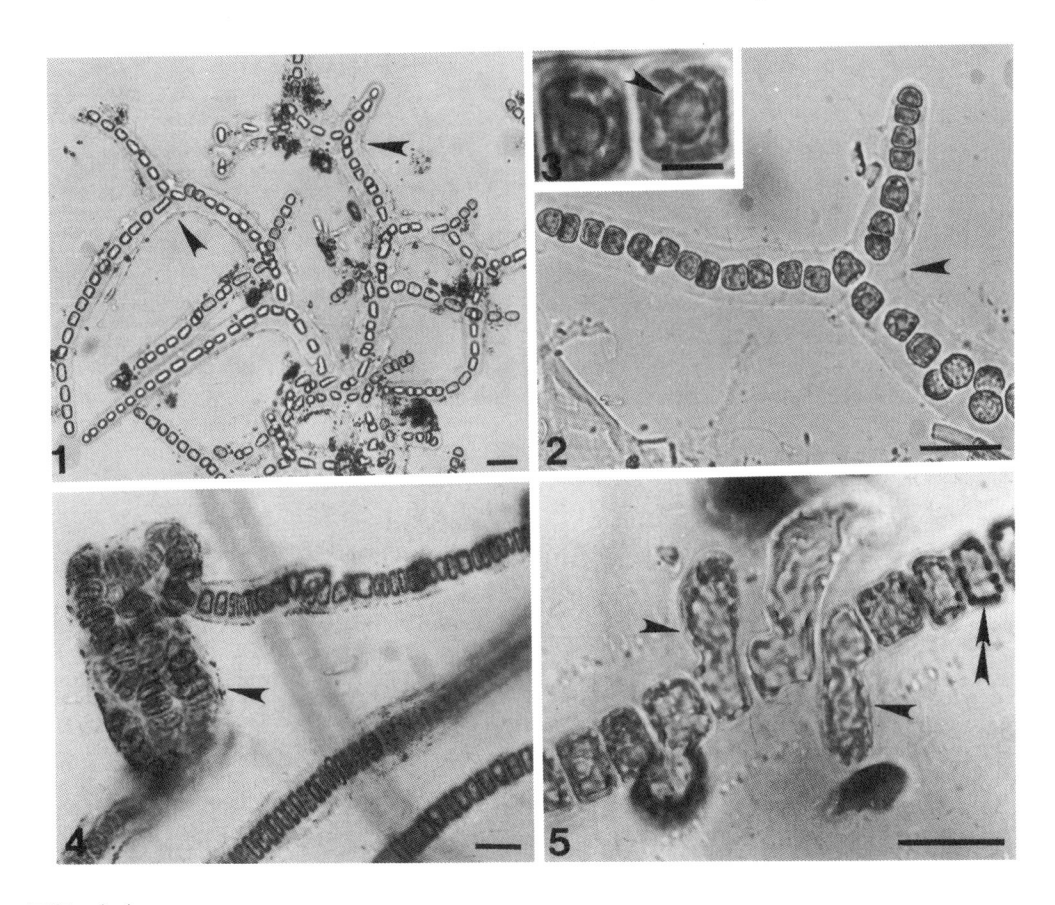

図版 2 (a)

Chroodactylon ornatum, figs. 1-3（Vis & Sheath 1993）
1. 偽分枝（矢頭）する偽糸状体集合，2. 偽分枝（矢頭）する幅広い粘質性被覆内に1列に配列する細胞，3. 明瞭な中心性ピレノイド（矢頭）をもつ中軸性星形色素体を示す2細胞．（縮尺＝20 μm for figs. 1-2 ; 5 μm for fig. 3）

Kyliniella latvica, figs. 4-5（Vis & Sheath 1993）
4. 盤状の基部（矢頭）から生じる偽糸状体，5. 側壁性円盤形色素体（二重矢頭）をもつ密集細胞，ある細胞は仮根状の突起（矢頭）を形成する．（縮尺＝20 μm for figs. 4-5）

2) ***Chroodactylon ornatum*** (C. Agardh) Basson（1979 : 67）
異名：*Conferva ornata* C. Agardh（1824 : 104）
(**図版2(a)**, **figs. 1-3**, Vis & Sheath 1993)

多くの偽分枝をもつ偽糸状体は，線状にゼラチン状の基質の中にルーズに配列する，多角形から楕円形の細胞からなる．細胞は，中心に1個のピレノイドをもつ青色の色素体を含む．細胞の太さは5.8-11.6 μm，長さは7.1-16.6 μm，糸状体の長さは24-1240 μm．

タイプ産地：スウェーデン，Lake Maelaren, Taneberg.
タイプ標本：PC herb. Thuret no. 69.

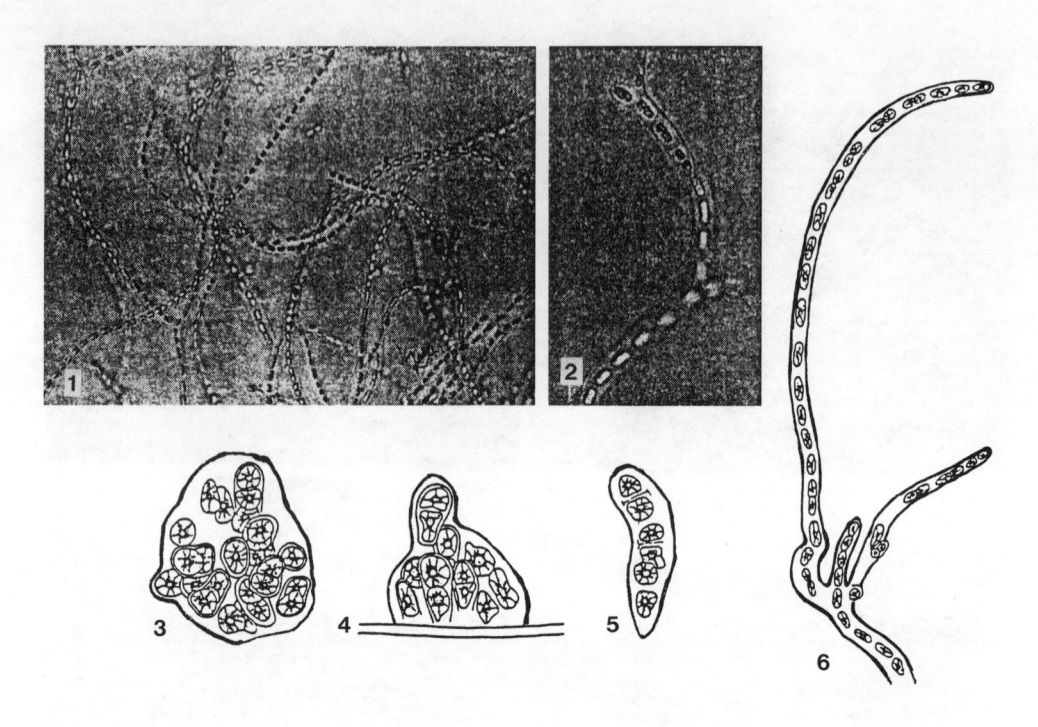

図版 2(b)
Chroodactylon ramosum, figs. 1-6（渡辺 1994）
1-2, 6. 1列に配列する細胞からなる糸状体，そして偽分枝する粘質性被覆，3-5. 糸状体基部またはパルメラ状の藻体内に中心性ピレノイドをもつ星形色素体を1個含み，楕円形または不規則な形態の細胞．

分布：欧州．豪州：Victoria 州, Mornington Peninsula, Spitters Creek, Warburton, Yarra River．北米ではアルカリ性の暖かい流水中の *Cladophora* シオグサ属や *Rhizoclonium* ネダシグサ属の植物上に着生している（Vis & Sheath 1993）．カナダの Ontario 州では，*Cladophora glomerata* カワシオグサ上にのみ着生し，Manitoba 州ではネダシグサ属の一種 *Rhizoclonium hookeri* 上にのみ着生している（Sheath & Hymes 1980, Daily 1943）（水温 15.5-24°C）．しかし，米国 Wisconsin 州ではどんな藻上にでも着生している（Prescott 1962, *Asterocystis smaragdina* (Reinsch) Forti として）．ほかに New York 州, Arizona 州にも生育する（Vis & Sheath 1993）．

ノート：Vis & Sheath (1993) は *Asterocystis smaragdina* (Reinsch) Forti を本種の異名としている．

Family **Phragmonemataceae** Skuja (1939: 23)　フラグモネマタ科
Type: genus *Phragmonema* Zopf

藻体は真または偽の分枝をする糸状の群体を形成する．1個の側壁性の色素体を含み，ピレノイドはない．無性生殖は小胞子（ミクロゴニジア）によって行われる．

Genus *Kyliniella* Skuja（1926：4） **キリニエラ属**

Type：*Kyliniella latvica* Skuja

藻体は偽組織状の基部から出る糸状体である．

1) ***Kyliniella latvica*** Skuja（1926：4, pl. 42, figs. 4-6, pl. 43, pl. 70, fig. 1）
 （**図版 2(a)**, **figs. 4-5**, Vis & Sheath 1993）

偽組織状の基部から出る偽糸状体は，広いゼラチン状の基質内で糸状にしっかりと配列する多角形の細胞から構成されている．細胞には，数個の側壁性の青色の円盤形の色素体が含まれる．細胞の太さは 7.4-14.8 µm, 長さは 4.9-17.3 µm, 糸状体の長さは 12.4-32.1 µm．

 タイプ産地：欧州：Latvia, Usma 湖，*Phragmite* アシ上に付着．
 タイプ標本：RIG．

 分布：タイプ産地のほか，欧州：オーストリア，フランスなどから稀に報告がある．北米：米国では Rhode Island 州（Sheath & Burkholder 1985, Sheath & Cole 1992），New Hampshire 州（Flint 1953）の針葉樹林帯中の 2 河川の水際に稀に分布する．

Order **Compsopogonales** Skuja (1939 : 23)　オオイシソウ目
Type: family Compsopogonaceae Schmitz in Engler et Prantl

　単列性糸状体は最終的には，中軸細胞列を取り巻く小細胞をもつ皮層を形成する．若い細胞は側壁性色素体を1個含むが，後に多数の小さい円盤形の色素体に分裂する．母細胞が斜めにまたは湾曲した細胞膜によって不等分裂して，単胞子が形成される．オオイシソウ目にはオオイシソウ科のみが含まれる．ピットプラグは1型で，コアのみがある．さらにRuBisCo遺伝子，18S rRNA遺伝子分析によって，Compsopogonales オオイシソウ目内（Rintoul, T. L., Sheath, R. G. & Vis, M. L. 1998, 1999）の分類地理や系統が論じられている．

Family **Compsopogonaceae** Schmitz in Engler et Prantl (1897)
オオイシソウ科
Type: genus *Compsopogon* Montagne in Bory et Durieaux

　オオイシソウ科はオオイシソウ属とオオイシソウモドキ属の2属を含む．
　ノート：Vis *et al.* (1992) はタイプ標本などの調査から *Compsopogon* オオイシソウ属の2種，*Compsopogonopsis* オオイシソウモドキ属の1種のみしか認めていない．同様の形態分析を行って，ブラジルから *Compsopogon coeruleus* が報告されている（Necchi & Pascoaloto 1995）．彼らが認めた種に加えて，Seto & Kumano (1993) に従ってほかの種の記載も掲載する．

Compsopogonaceae オオイシソウ科の属と種の検索表

1. 中軸から伸びた仮根状糸が，中軸細胞の全表面を覆って皮層を形成する
　　　　　　　　　　　　　　　　　　　　　　　　　　　　　　オオイシソウモドキ属…2
1. 中軸から伸びた仮根状糸は，中軸細胞の基部に限定される …………オオイシソウ属…4
2. 最外層の皮層細胞の大きさは30 μmまで，1層の皮層をもつ
　　　　　　　　　　　　　　　　　　　　　　　　　　　　　2) *Compsopogonopsis leptoclados*
2. 最外層の皮層細胞の大きさは50 μmまで，2層の皮層をもつ ………………………3
3. 仮根状糸は中軸細胞の両側の細胞から形成される ……………1) オオイシソウモドキ
3. 仮根状糸は中軸細胞の管状の突起から形成される　…………………3) *Cs. fruticosa*
4. 主軸に刺状小枝を生じる …………………………………………1) イバラオオイシソウ
4. 主軸に刺状小枝を生じない ……………………………………………………………5
5. 成熟した藻体にムカゴ状の結節あり ……………………………2) ムカゴオオイシソウ
5. 成熟した藻体にムカゴ状の結節なし ……………………………………………………6
6. 単胞子は直径<20 μm ……………………………………3) *Compsopogon chalybeus*
6. 単胞子は直径>20 μm ………………………………………………………………7
7. 皮層は5層の細胞に達する ……………………………………4) アツカワオオイシソウ
7. 皮層は3層以下の細胞からなる ………………………………………………………8

8.	皮層は1層（稀に2層）の細胞からなる …………………………………………	9
8.	皮層は2-3層の細胞からなる ………………………………………………………	11
9.	主軸は直径＜200 μm ……………………………………………………	5) *C. tenellus*
9.	主軸は直径＞200 μm ………………………………………………………	10
10.	藻体は長さ2 cm ……………………………………………………………	6) *C. minutus*
10.	藻体は長さ15-20 cm ………………………………………………………	7) *C. sparsus*
11.	直立枝の分枝は疎ら ……………………………………………………	8) インドオオイシソウ
11.	直立枝はよく分枝する …………………………………………………	9) オオイシソウ

Genus *Compsopogonopsis* Krishnamurthy（1962：219）
オオイシソウモドキ属

Type：*Compsopogonopsis leptoclados*（Montagne）Krishnamurthy

藻体は糸状，円柱形，豊かに分枝する．皮層細胞はほとんど球形，単軸性の中軸細胞から出る仮根様細胞糸に起源をもつ．十分に発達した皮層は概して1層，時に2層からなる．無性生殖は，皮層の最外層細胞と単軸性の中軸細胞から形成される単胞子によって行われる．有性生殖は知られていない．

1) ***Compsopogonopsis japonica*** Chihara（1976：289, figs. 1, 2 A-I）
オオイシソウモドキ（千原 1976）；（山岸 1998，淡水藻類写真集ガイドブック．42）；（山岸 1999，淡水藻類入門．100）
（**図版3（a），figs. 1-9**，中村 1984 e．*In* 山岸・秋山（編），淡水藻類写真集．1：28）

藻体は匍匐部と直立糸状体部とからなり，青緑色．付着器は円盤形または管状の仮根で基質に付着し，1-2本の直立糸状体が出る．直立糸状体は太さ約0.2-1 mm，長さ約8-40 cm，豊かに分枝する．主軸は中軸細胞と皮層細胞に分化し，皮層は，中軸細胞から伸びた仮根様の突起が中軸細胞を覆うように発達する．皮層細胞は表面観が多角形で，太さ15-40 μm，長さ30-50 μm，成熟した糸状体の皮層は1-2層．単胞子嚢は皮層細胞の不等分裂により形成され，球形，直径17-23 μmである．

タイプ産地：東アジア：日本，群馬県境町近傍の利根川河川敷，小さい砂利人工池中．
タイプ標本：TNS Al-24051．
分布：タイプ産地のほか，東アジア：日本では，埼玉県行田市さきたま古墳の平地性の用水路（関東では夏期に最も繁茂する），沖縄県石垣島川平近傍の小さい泉フーガカー（水温22℃）に分布する．

2) ***Compsopogonopsis leptoclados***（Montagne）Krishnamurthy（1962：219）
異名：*Compsopogon leptoclados* Montagne（1850：298）
（**図版3（b），figs. 1-4**，Bourrelly 1970，*Compsopogon leptoclados* Montagne として）

藻体は匍匐部と直立糸状体部とからなる．仮根様細胞糸は藻体のすべてでみられ，皮層を形成する．主枝は太さ130-400 μm，十分に発達した皮層は1層の細胞からなる．最外層の細胞は，幅4-15 μm，長さ9-31 μm．単胞子嚢は直径12-16 μm．

タイプ産地：南米：French Guiana，Cayenne 近傍の淡水流水中．

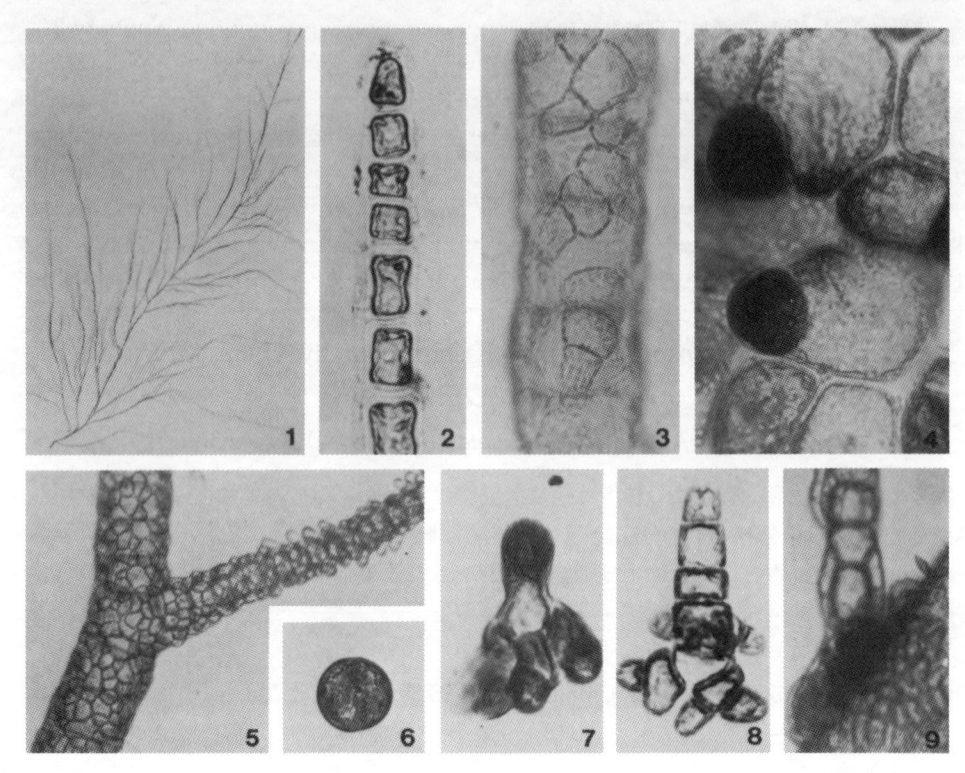

図版 3(a)　*Compsopogonopsis japonica*, figs. 1-9（中村 1984 e）
1. 成熟藻体の性状, 2. 単列の頂端細胞を示す若い藻体の先端部, 3. 仮根状の突起として生じる皮層の原基細胞の発達, 4. 単胞子嚢を示す成熟藻体の表面, 5. 十分に発達した皮層を示す成熟藻体, 6. 単胞子の放出, 7-9. 発芽した単胞子から円盤形基部と直立糸状体の発達過程.

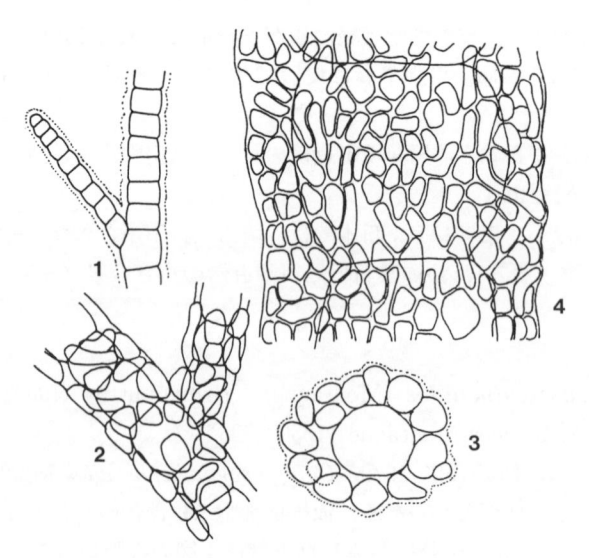

図版 3(b)　*Compsopogonopsis leptoclados* as *Compsopogon leptoclados*, figs. 1-4（Bourrelly 1970）
1. 単列の頂端細胞を示す藻体の先端部, 2. 仮根状の突起として生じる皮層の原基細胞の発達, 3. 中軸細胞と皮層部を示す藻体の横断面, 4. 中軸細胞と十分に発達した皮層部を示す成熟藻体.

タイプ標本：L 94028440.

分布：タイプ産地のほか，太平洋：ハワイ諸島，Kauai Island, Oahu Island, Maui Island, Hawai Island，そして中米：カリブ海，小アンチル諸島，Guadeloupe Island（仏）に分布する．

3) ***Compsopogonopsis fruticosa*** (Jao) Seto (1987：265)
異名：*Compsopogon fruticosus* Jao (1941：248, pl. II, figs. 10-14)
（図版 4，**figs. 1-4**，原著者，Jao 1941, *Compsopogon fruticosus* として）

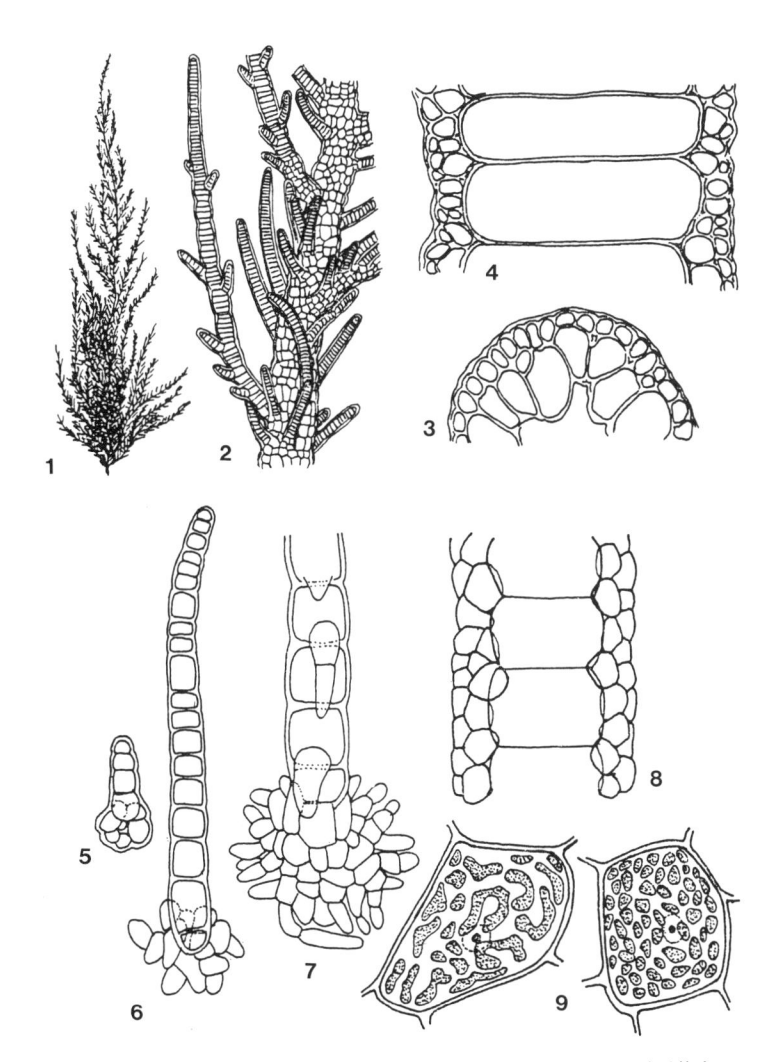

図版 4 *Compsopogonopsis fruticosa* as *Compsopogon fruticosus*, figs. 1-4 （原著者，Jao 1941）
1. 藻体の性状，2. 主軸と枝の分枝と括れを示す藻体の部分，3. 十分発達した藻体の横断面，4. 中軸細胞と皮層細胞を示す十分に成熟した藻体の縦断面．
　Compsopogon hookeri, figs. 5-9 (Friedrich 1966)
5-6. 単列の頂端細胞を示す直立糸状体と円盤形基部の発達段階，7. 円盤形基部と仮根細胞の発達初期段階を示す直立糸状体の下部，8. 中軸細胞と2層の皮層細胞を示す藻体の縦断面，9. 不規則な形の色素体．

24　Compsopogonales　オオイシソウ目

　藻体は匍匐部と直立糸状体部とからなる．藻体は大変密集し，叢生する．外形は長いピラミッド形，長さ15cmに達し，濃青緑色．大変大量に分枝し，そこここで明瞭に括れ，若い藻体は繊細な糸状．成熟した藻体の部分は不規則に太くなり，太さ200-500 μmに達する．枝と小枝は不規則に配列する．中軸細胞は大変短く，長さは太さの3-5分の1，円盤形．皮層細胞は3-5角形，仮根様皮層細胞糸は藻体のすべてでみられ，皮層を形成する．十分に発達した皮層は2層の細胞からなる．最外層の細胞は，幅12-35 μm，長さ14-55 μm．単胞子嚢は直径15-22 μm．
　タイプ産地：東アジア：中国，四川省重慶市北碚の南東，約5マイル，乾洞子の石灰岩洞窟から流出する早い流れの，水車のコンクリート壁上に分布する．
　タイプ標本：SC 1145．
　分布：タイプ産地のみに分布する．
　ノート：*Compsopogon fruticosus* Jao の重複標本の観察から，本種の皮層細胞の始原細胞は，*Compsopogonopsis leptoclados* で観察されたと同様に中軸細胞の下部から形成され，斜めまたは水平の隔壁で切り出される．このような理由から，本種は *Compsopogon* オオイシソウ属から *Compsopogonopsis* オオイシソウモドキ属に移された（Seto 1987）．

Genus *Compsopogon* Montagne in Bory et Durieaux (1846 : 152)
オオイシソウ属

Type: *Compsopogon coeruleus* (Balbis) Montagne

　藻体は糸状，円柱形，しばしば豊かに分枝する．藻体は初め単列糸状体で，分裂を繰り返して，中軸細胞が多数の皮層細胞により取り囲まれた複列糸状体に発達する．皮層は1-2層の細胞からなり，中軸は大きい中軸細胞が1列に連なる．無性生殖は多くは，皮層細胞が斜めまたは湾曲した隔壁で不等分裂することで形成される単胞子によって行われるが，時に，単軸性の中軸細胞や皮層の最外層細胞から形成される小胞子によって行われる．様々な小胞子形成の方法も報告されている．有性生殖は知られていない．

1 a)　　*Compsopogon aeruginosus* (J. Agardh) Kützing (1849 : 433)
　　イバラオオイシソウ（中村・千原1983）
異名：*Pericystis aeruginosa* J. Agardh (1847 : 6)
　（図版5(a)，figs. 1-7，中村1984 a．*In* 山岸・秋山（編），淡水藻類写真集．1：24）
　藻体は付着器と直立糸状体部とからなり，暗青緑色．付着器には太さ180-390 μmの，円盤形の仮根がよく発達し，1-数本の直立糸状体が出る．直立糸状体は，太さ0.7 mm，長さ25-50 cm，分枝は多い．成熟した直立糸状体の主軸には，長さ130-550 μm，太さ80-300 μmの刺状小枝が多数生じる．主軸は中軸細胞と皮層細胞に分化し，皮層細胞は表面観で太さ12-30 μm，長さ16-40 μm，成熟した糸状体の皮層は1-2層細胞で，厚さ50-150 μm．単胞子嚢は，皮層細胞の不等分裂により形成され，球形，直径10-15 μm である．
　タイプ産地：中米：カリブ海，大アンチル諸島，Cuba，Havana 近傍の流水中．Liebman が採集．
　タイプ標本：L 940284410．
　分布：タイプ産地のほか，欧州，東アジア，東南アジア：フィリピン，インドネシア，アジア：インド，北米，中米，南米の流水中に分布する．

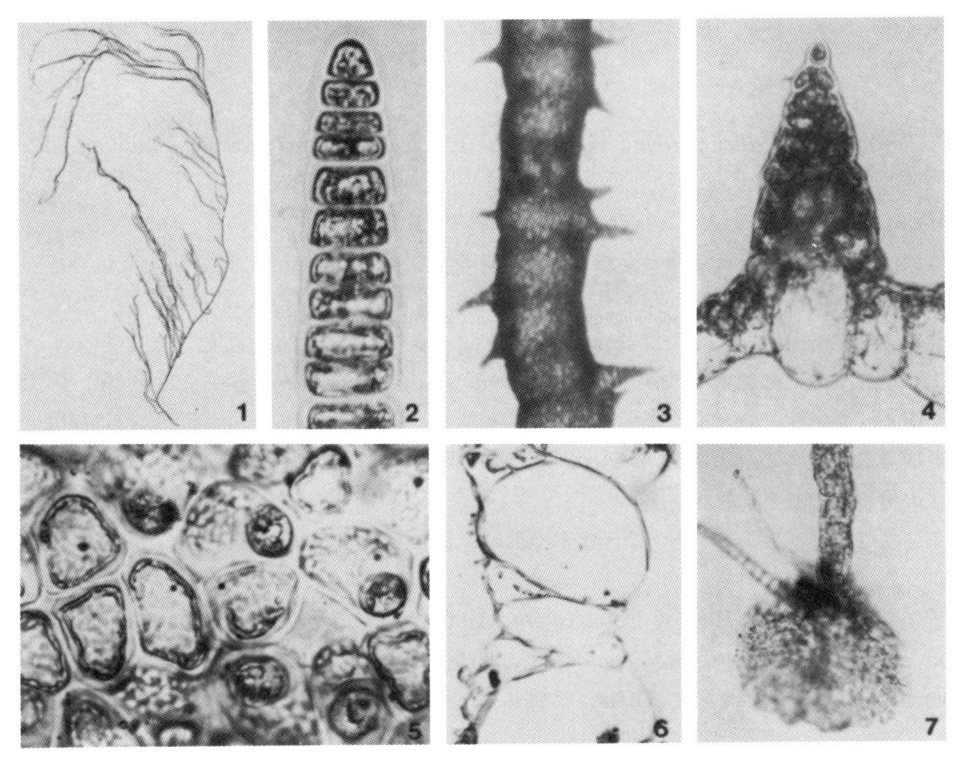

図版 5(a) *Compsopogon aeruginosus*, figs. 1-7（中村 1984 a）
1. 分枝の形状，2. 単列の若い藻体の先端部，3. 刺状短枝をもつ成熟した藻体，4. 刺状短枝の横断面，5. 皮層細胞と単胞子嚢の表面観，6. 単胞子嚢の横断面観，7. 円盤形の基部から生じる直立糸状体．

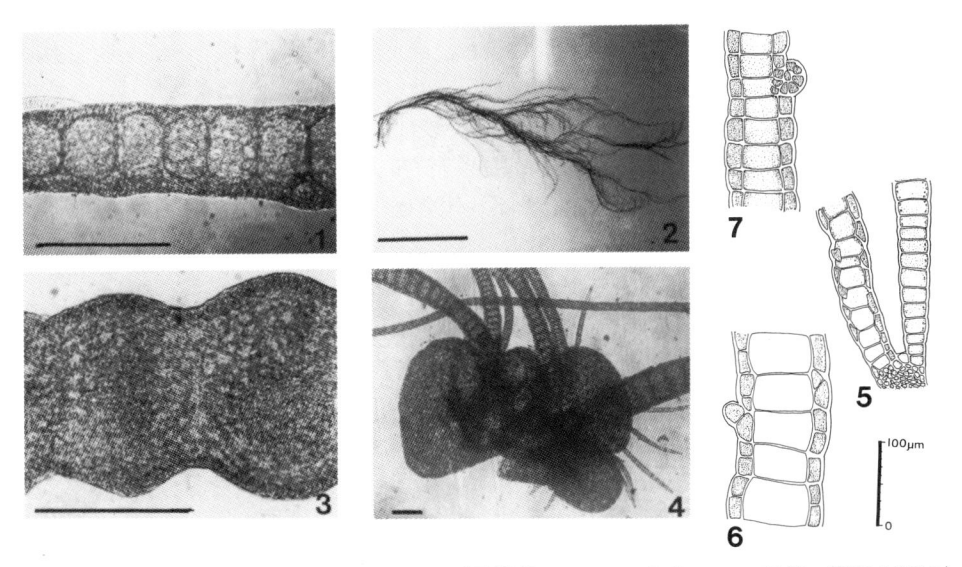

図版 5(b) *Compsopogon prolificus*, figs. 1-7（原著者，Yadava & Kumano 1985，熊野 1997 k）
1. 中軸細胞と 2-3 層の皮層細胞を示す直立糸状体，2. 藻体の性状，3. 主軸の括れ，4. 藻体の結節，5. 円盤形の基部から生じる直立糸状体，6. 中軸細胞と 1 層の皮層細胞からなる多列の藻体，7. 皮層部に形成された小胞子嚢．（縮尺＝10 cm for fig. 2；100 μm for figs. 1, 3-4）

日本では，島根県，汽水域宍道湖畔のアシの根方など，松江市秋鹿町秋鹿港，平田市園町に分布する．

1 b) ***Compsopogon aeruginosus*** (J. Agardh) Kützing **var. *catenatum*** Yadava et Pandey (1980：20, figs. 1-9)

（図版6，figs. 1-4，Seto, Yadava & Kumano 1991）

藻体は付着器と直立糸状体部とからなり，青暗紫色，太さ約1 mm，長さ40 cmに達する．節くれだった波状の縁辺部と括れがあり，よく分枝する．枝は30度から60度の角度で出る．成熟した藻体の中軸細胞は太さ25-36 μm，長さ40-58 μm．側枝は互生，細胞は太さ20-38 μm，長さ6-18 μm．主軸には刺状小枝がある．周囲の細胞は太さ8-12 μm，長さ10-18 μm．色素体は側壁性の布形．単胞子嚢と小胞子嚢の両方が存在する．単胞子嚢は，皮層細胞または周囲の細胞から形成され，直径13 μmに達する．小胞子嚢は群状に形成され，直径10 μmに達する．藻体は盤状の付着器で基物に付着する．

タイプ産地：アジア：インド，Uttar Pradesh, Rohilkhand Division, Bareilly市，Dorania河．

タイプ標本：DCP 37, Botany Department, Allahabad University, Allahabad, India.

分布：タイプ産地のほか，アジア：インド，Uttar Pradesh, Rohilkhand Division, Shahjahanpur市近傍のNakatia河とKhannaut河に分布する．

2) ***Compsopogon prolificus*** Yadava et Kumano (1985：19, figs. 1-7)
ムカゴオオイシソウ（吉崎1998）

（図版5(b)，figs. 1-7，原著者，Yadava & Kumano 1985，熊野1997 k. *In* 山岸・秋山（編），淡水藻類写真集．18：22）

藻体は付着器と直立糸状体部とからなり，暗緑色．直立糸状体部は多様で，付着器は円盤形，または，管状の仮根で基質に付着し，1-2本の直立糸状体が出る．直立糸状体は，太さ約200 μm，長さ約42 cm，疎らにまたは豊かに分枝する．枝は主枝に対して30-70度の角度で出る．成熟した糸状体の中軸細胞は太さ44-50 μm，長さ58-70 μmで，皮層細胞は太さ6-16 μm，長さ16-30 μm，若い糸状体では1層，成熟した糸状体では3層である．単胞子嚢は皮層細胞の不等分裂により形成され，直径15-20 μm．小胞子嚢は8-16個ずつ集まり，球形で，直径10-18 μm．成熟した糸状体の結び目状の構造は，栄養繁殖のために形成される．

タイプ産地：アジア：インド，Uttar Pradesh, Allahabadの掘抜き井戸からの用水路中のレンガ，泥底上の *Cladophora* sp. シオグサ属植物上に着生する（水温16-27℃）．

タイプ標本：DCP no. 38.

分布：タイプ産地のほか，東アジア：日本では，千葉県木戸川に分布する．

3) ***Compsopogon chalybeus*** Kützing (1849：432, 1849：tab. 89, fig. II)
異名：*Compsopogon corinaldii* (Meneghini) Kützing (1857：35, tab. 88, fig. I a, a'-b, b')；*Lemanea corinaldii* Meneghini (1841：186)

（図版8，figs. 1-2，原著者，Kützing 1849，*Compsopogon chalybeus*として）；（図版8，**figs. 6-8**，Kützing 1857，*Compsopogon corinaldii*として）

Compsopogon オオイシソウ属　27

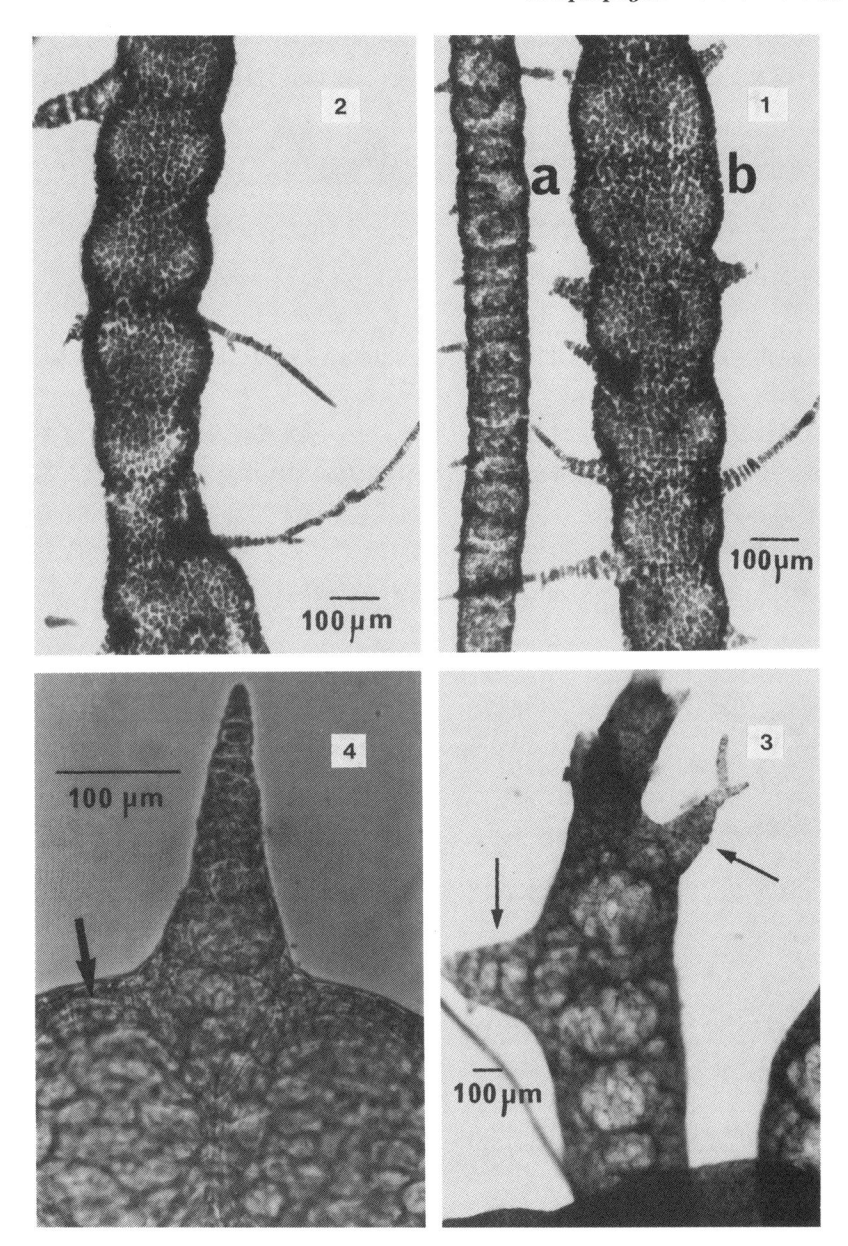

図版 6　*Compsopogon aeruginosus* var. *catenatum*，figs. 1-4（Seto, Yadava & Kumano 1991）
1. 刺状小枝の様々な発達の段階，a：多数の刺状小枝をもつ皮層をもつ藻体，b：多数の十分に発達した刺状小枝をもつ括れをもつ藻体，2. 2本の単列の糸状枝と3本の刺状小枝をもつ藻体，3. 古い刺状小枝の中軸細胞の分裂により新たに形成された2本の刺状小枝（矢印），4. 中軸細胞（矢印）の分裂により形成された刺状小枝の発達．

28   Compsopogonales　オオイシソウ目

藻体は基部で分枝し，中軸細胞の横断する細胞膜の部分で藻体に切れ込みがある．皮層を形成している部分の太さ 100-250 μm，皮層細胞は太さ 12-19 μm，長さ 16-28 μm，単胞子嚢は直径 12-16 μm．

タイプ産地：南米：French Guiana, Cayenne 近傍．

タイプ標本：L 940284409．

分布：タイプ産地のほか，欧州：シシリー．アジア：インド，ウクライナ，北米：フロリダなどの川や，流水中に分布する．

4) *Compsopogon corticrassus* Chihara et Nakamura (1980: 136, figs. 1, 2 A-J, 3 A-L, 4 A-C)

アツカワオオイシソウ（千原 & 中村 1980）；（山岸 1998, 淡水藻類写真集ガイドブック．42）

（**図版 7(a)**, **figs. 1-8**, 中村 1984 b. *In* 山岸・秋山（編），淡水藻類写真集．1：25）

藻体は付着器と直立糸状体部とからなり，暗青緑色．付着器は太さ 300-400 μm，長さ 170-250 μm の円錐状または半球形の仮根で基質に付着し，ここから多数の直立糸状体が出る．直立糸状体は太さ 2-3 mm，長さ 50-80 cm，よく分枝する．成熟した直立糸状体は，中軸細胞と皮

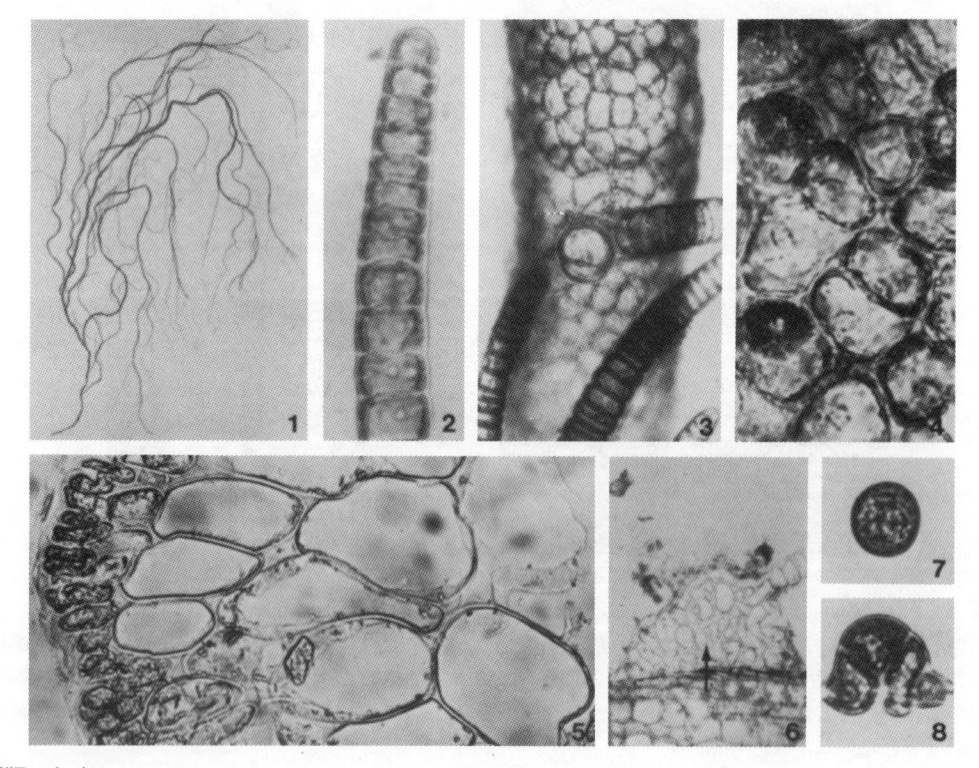

図版 7(a)

Compsopogon corticrassus, figs. 1-8（中村 1984 b）

1. 分枝の性状, 2. 単列の頂端細胞を示す若い藻体の先端部, 3. 十分に発達した皮層部をもつ成熟藻体, 4. 皮層細胞と単胞子嚢を示す成熟した藻体の表面観, 5-6. 数層の皮層部を示す藻体の横縦断面, 7-8. 単胞子とその発芽．

層細胞部に分化し，老成した藻体では皮層細胞部が厚くなり，中軸細胞は崩れて中空となる．皮層細胞は表面観で太さ 7-20 μm，長さ 14-36 μm，成熟した糸状体の皮層細胞部は 3-5 層．単胞子嚢は，皮層細胞の不等分裂により形成され，球形，直径 16-22 μm である．

タイプ産地：東アジア：日本，埼玉県行田市見沼代用水中，コンクリート川底に付着する．
タイプ標本：TNS Al-35602．
分布：日本では，タイプ産地では夏から秋にかけて最も繁茂し（水温は 15-22°C），水温が 10°C 以下になる初冬に消滅する．中栄養だが汚濁の少ない灌漑用水路に生育する．タイプ産地のほかに，千葉県神崎川，師土川，鹿島川，尾羽川，群馬県太田市八瀬川，鹿児島県湯の尾滝，江川橋に分布する．

5) ***Compsopogon tenellus*** Ling et Xie in Xie & Ling (1998：81, pl. 1, figs. 1-7)
 (**図版 9 (a)**, **figs. 1-7**, 原著者, Xie & Ling 1998)
藻体は小さく，緑色，長さ 1-2 cm，太さ 90-120 μm，密集し叢生する．一般に，仮根を形成する基部に向かい，わずかに細くなる．分枝はわずかで，小枝は非常に稀，先端部に向かい次第にわずかに細くなる．中軸は圧縮された球形，太さ 70-90 μm，長さ 30-60 μm．皮層細胞は多角

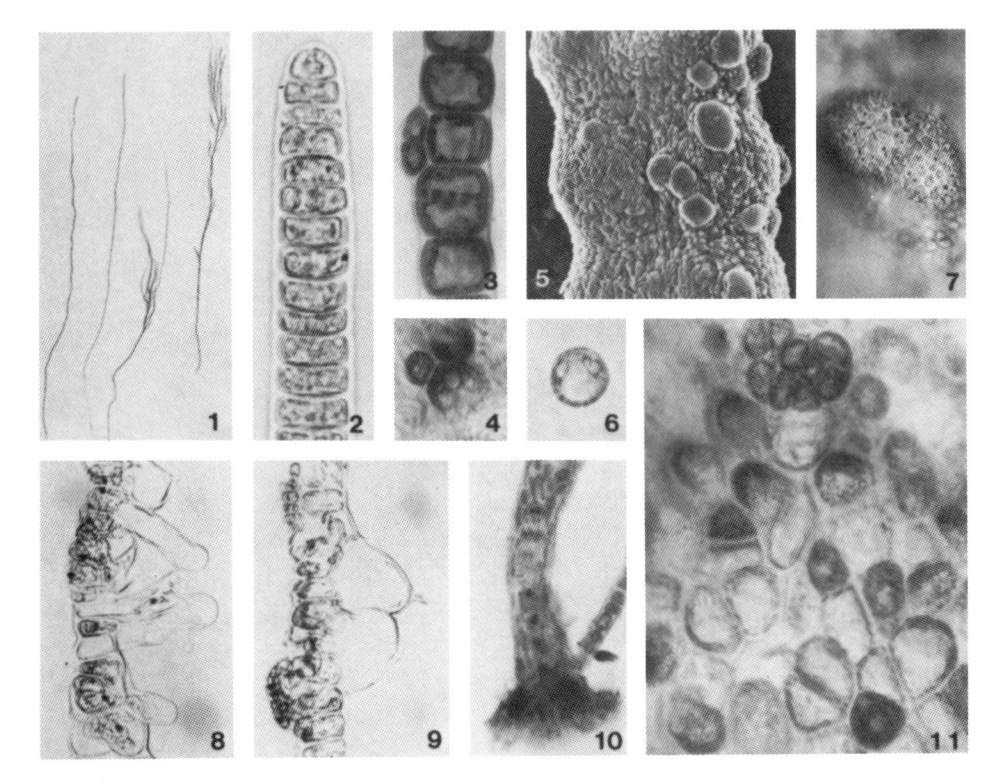

図版 7 (b)

Compsopogon hookeri, figs. 1-11（中村 1984 c）
1．分枝の性状，2．単列の頂端細胞を示す若い藻体の先端部，3．小胞子嚢形成の縦断面観，4．小胞子嚢形成の表面観，5．小胞子嚢群を示す藻体の表面観，6．単胞子，7．小胞子嚢群，8-9．1-2 層の皮層，伸びて髄層を埋める内側の皮層細胞，10．糸状仮根で覆われる小円盤形の基部，11．皮層細胞と単胞子嚢を示す藻体の表面観．

30   **Compsopogonales** オオイシソウ目

形または卵形，1層，直径 10-25 μm．単胞子嚢は，稀に藻体下部の皮層細胞から形成され，三角卵形．

 タイプ産地：東アジア：中国，山西省太原．
 タイプ標本：SAS 92086．
 分布：タイプ産地にのみ分布する．

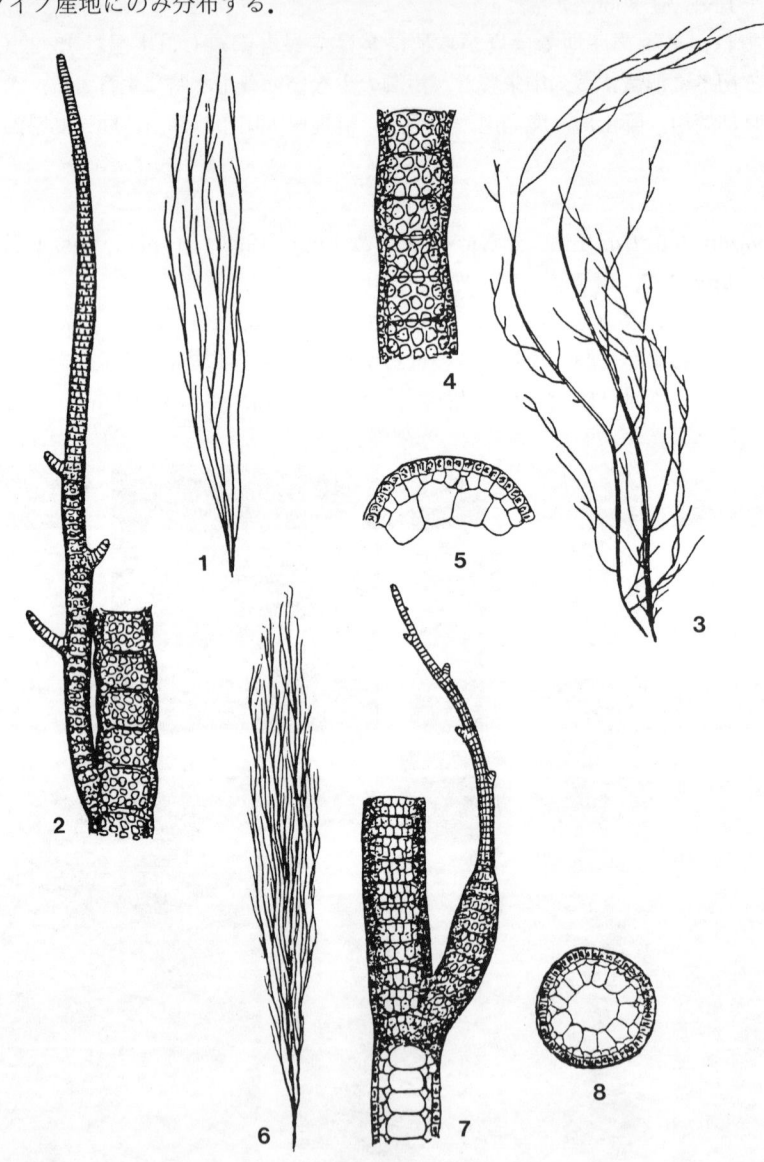

図版 8
 Compsopogon chalybeus，figs. 1-2（原著者，Kützing 1849）
1．分枝を示す藻体の性状，2．枝の先端部．
 Compsopogon coeruleus，figs. 3-5（Kützing 1849）
3．分枝を示す藻体の性状，4．中軸細胞と皮層細胞を示す藻体の一部，5．皮層部の横断面．
 Compsopogon chalybeus as *C. corinaldii*，figs. 6-8（原著者，Kützing 1857）
6．分枝を示す藻体の性状，7．枝の先端部と中軸細胞と皮層細胞を示す縦断面，8．皮層部の横断面．

6) ***Compsopogon minutus*** Jao (1941: 249, pl. I, figs. 2-8)
 (**図版10(b)**, **figs. 1-5**, 原著者, Jao 1941)
 　藻体は小さく, 長さ2 cmまで, 太さ300 μm, 密集したクッション状, オリーブ緑色, 枝や小枝は側生で, 2又分枝ではなく, 直角に, 通常は基部で大量に分枝する. 基部と先端部に向かい, やや細くなる. 小枝は極めて稀. 中軸細胞は圧縮された球形, 通常は長さは直径の半分. 皮層細胞は3-5角形, 通常は1層, ごく稀に, 部分的に2層からなる.
 　タイプ産地：東アジア：中国, 四川省重慶市江津県華蓋山の山地性流水中の維管束植物の根や葉上に着生する.
 　タイプ標本：SC 1010.
 　分布：タイプ産地にのみ分布する.

7) ***Compsopogon sparsus*** Xie et Ling (1998: 81, pl. 2, figs. 1-9)
 (**図版9(b)**, **figs. 1-9**, 原著者, Xie & Ling 1998)
 　藻体は, 長さ15-20 cm, 直径300 μm, 緩く集合し叢生する. 青緑色, 明瞭に括れ, 一般に基部の仮根部に向かい細くなる. よく分枝するが, 藻体先端部では疎らである. 小枝は互生, 主軸から直角に出て, 先端部に向かい次第に細く, 先端部で急に括れる. 中軸細胞は圧縮した球形, 太さ240-250 μm, 長さ約200 μm. 皮層細胞は多角卵形, 1層, 太さ20-40 μm, 長さ20-30 μm. 単胞子嚢は知られていない.
 　タイプ産地：東アジア：中国, 広西壮族自治区百色県.
 　タイプ標本：GX 89035.
 　分布：タイプ産地にのみ分布する.

8) ***Compsopogon hookeri*** Montagne (1846: 157, pl. 46, figs. 3, 10; pl. 47, fig. 1)
 インドオオイシソウ (中村・千原1983); (中村 1993b. *In* 堀(編), 藻類の生活史集成. 2: 174-175)
 (**図版4**, **fig. 5-9**, Friedrich 1966); (**図版7(b)**, **figs. 1-11**, 中村 1984c. *In* 山岸・秋山(編), 淡水藻類写真集. 1: 26)
 　藻体は付着器と直立糸状体部とからなり, 暗青緑色. 付着器は直径140-250 μmの円盤形または平らな円錐状の仮根で, 主軸の基部から外生的に伸びる糸状根によって覆われ, 基質に付着する. 直立糸状体は太さ0.5-2 mm, 長さ20-50 cm, 分枝は少ない. 成熟した直立糸状体は中軸細胞と皮層細胞部に分化し, 老成した内側の皮層細胞が棍棒状に伸びて中軸部を埋めることがある. 皮層細胞は表面観で太さ10-21 μm, 長さ15-35 μm, 成熟した糸状体の皮層は1-2層. 主軸や小枝に単胞子嚢と小胞子嚢を形成する. 単胞子嚢は, 皮層細胞の不等分裂により形成され, 球形, 直径13-19 μmである. 小胞子嚢は太さ8-12 μm, 半球状の小胞子嚢群を形成する.
 　タイプ産地：アジア：インド, Madras地方.
 　タイプ標本：
 　分布：タイプ産地のほか, 欧州：フランス, Erth川 (Rhone河の支流), 東アジアに分布する.
 　日本では, 千葉県木戸川, 島根県松江市白潟公園, 平田市園町園灘川, 八束郡宍道湖小松, そのほか, 汽水性の宍道湖岸の多数の産地のアシの根元などに分布する.

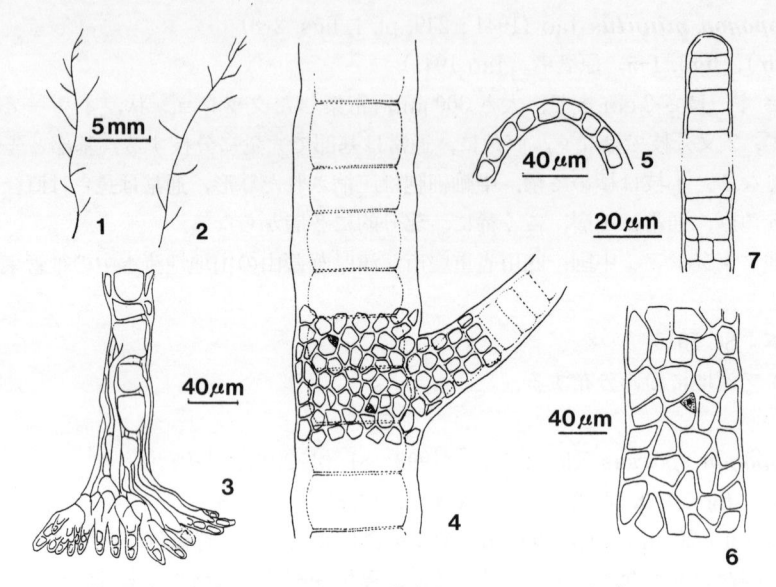

図版 9(a)　*Compsopogon tenellus*，figs. 1-7（原著者，Xie & Ling 1998）
1-2. 分枝を示す藻体の性状，3. 仮根糸を示す藻体の基部，4. 中軸細胞と皮層細胞の上に形成された単胞子嚢，5. 1層の皮層細胞を示す横断面，6. 皮層の表面観，7. 枝の先端部．

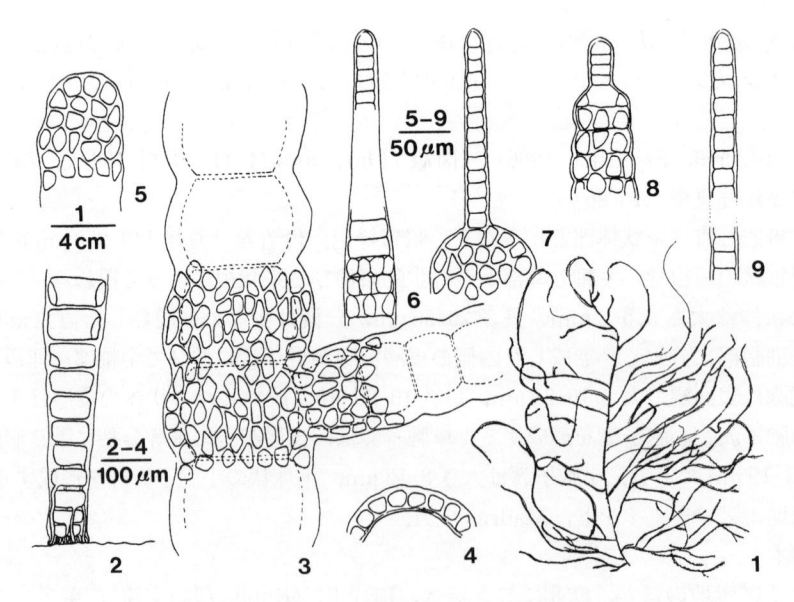

図版 9(b)　*Compsopogon sparsus*，figs. 1-9（原著者，Xie & Ling 1998）
1. 分枝を示す藻体の性状，2. 仮根糸を示す藻体の基部，3. 中軸細胞と皮層細胞を示す括れた藻体の部分，4. 1層の皮層細胞を示す藻体の横断面，5-9. 丸く(5)，急激に括れた(6-8) 単列細胞性(9) 藻体の先端部．

9) ***Compsopogon coeruleus*** (Balbis) Montagne (1846: 154)

オオイシソウ（岡村 1915）

異名：*Conferva coerulea* Balbis in C. Agardh (1824: 122); *Compsopogon oishii* Okamura (1915: 128, pl. 132-133) オオイシソウ（岡村 1915）;（熊野 1977, 紅藻綱. *In* 広瀬・山岸（編）, 日本淡水藻図鑑. 162-163）;（瀬戸 1993 a. *In* 堀（編）, 藻類の生活史集成. 2: 170-171）;（山岸 1999, 淡水藻類入門. 100）

（**図版 8, figs. 3-5**, Kützing 1849）;（**図版 10(a), figs. 1-9**, 中村 1984 d. *C. oishii* として. *In* 山岸・秋山（編）, 淡水藻類写真集. 1: 27）

藻体は付着器と直立糸状体部とからなり，暗青緑色．付着器は直径 300-500 μm の円盤形または平らな円錐状の仮根で基質に付着し，1-数本の直立糸状体が出る．直立糸状体は太さ 1-3 mm，長さ 10-80 cm，豊かに分枝する．成熟した直立糸状体は，中軸細胞と皮層細胞部に分化し，中軸細胞は崩れて中空となる．皮層細胞は，表面観で太さ 10-27 μm，長さ 15-36 μm，成熟した直立糸状体の皮層細胞部は 2 層，稀に 3 層で，厚さ 130-180 μm．単胞子嚢は皮層細胞の不等分裂により形成される．単胞子嚢は球形で，直径 15-21 μm である．

タイプ産地：中米：大アンチル諸島, Puerto Ricco, Bertero (*C. coeruleus* として).

タイプ標本：L 940284413.

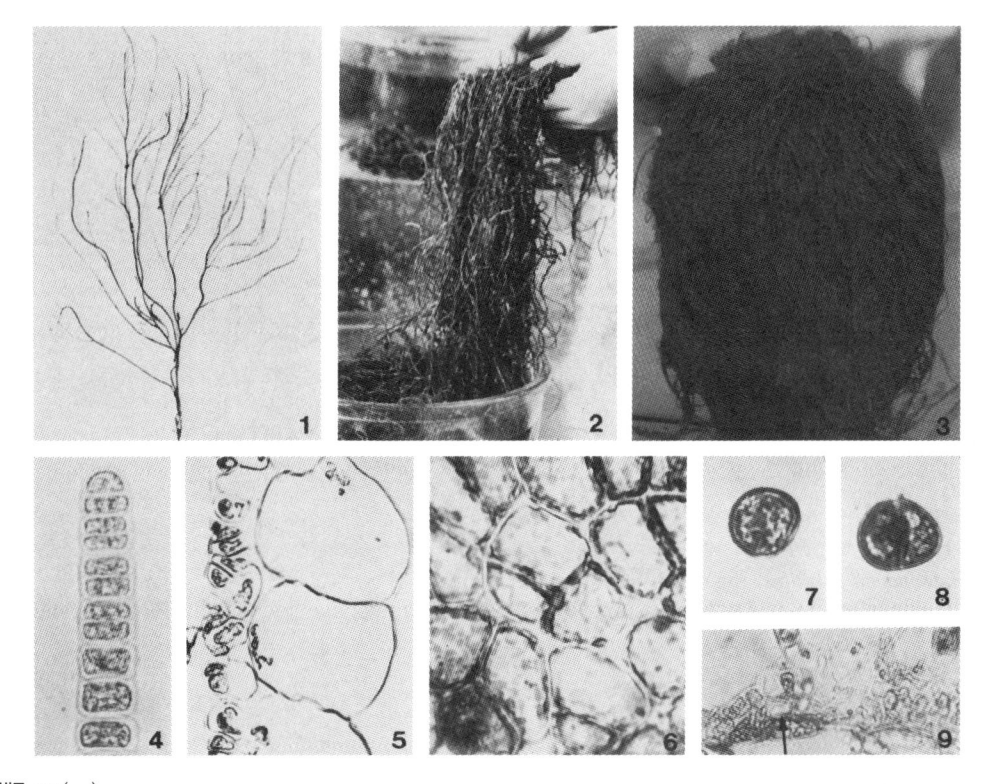

図版 10(a)

Compsopogon coeruleus as *C. oishii*, figs. 1-9（中村 1984 d）

1．分枝の性状，2-3．基物に付着し叢生する藻体の性状，4．ドーム形の頂端細胞を示す藻体の先端部，5．2 層性の皮層細胞を示す藻体の横断面，6．皮層細胞の表面観，7-9．単胞子の発芽．

34 **Compsopogonales** オオイシソウ目

Isotype: PC herb. Balbisii.

分布：タイプ産地のほかに，欧州：マルタ．東アジア：中国，広西省陽朔近郊の流水中，泉からの緩流とつながった井戸中のセキショウモや，ほかの水生維管束植物上に分布する．豪州：Queensland 州，New South Wales 州，熱帯地方に分布する．

日本では，*Compsopogon oishii* として，東京都多摩川矢の口（タイプ産地），泉からの流水中，礫や材木上の，セキショウモの茎や葉上に着生，北海道阿寒湖セセキモイ（本種の北限地），福島県裏磐梯川上湯沼以南の，埼玉県本庄市備前堀川，群馬県館林市矢場川，千葉県香取郡大栄町一坪田，栗源町助沢，印旛郡富里町根木名川など北総一帯，愛知県，滋賀県近江八幡，大阪府枚方市，兵庫県姫路市網干の中栄養だが汚濁の少ない灌漑用水路（初秋から早春まで，水温 9.0-9.5℃），岡田，神戸市西区，香川県坂出市綾川，宮崎県西諸県郡高原町広原後谷，鹿児島県などの流水や，川中の水生維管束植物上にもみられる．

汽水域では河口など感潮域にも生育する．

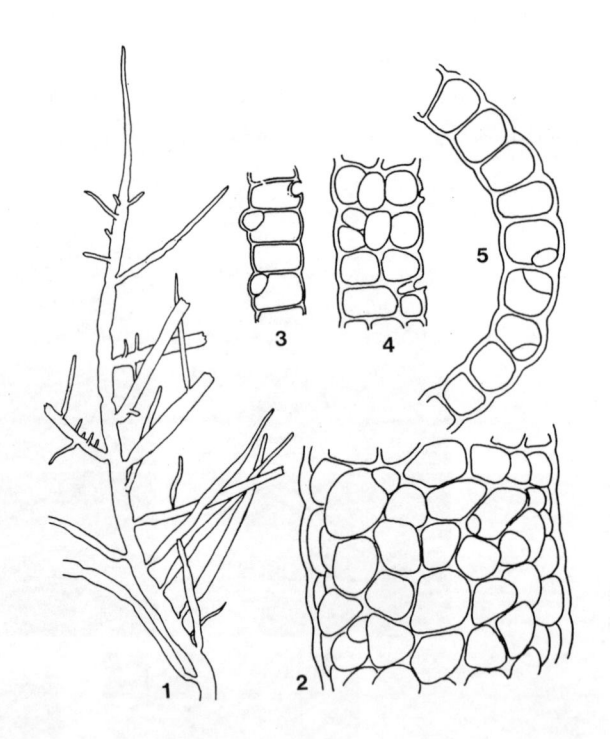

図版 **10(b)**

Compsopogon minutus, figs. 1-5（原著者，Jao 1941）
1. 藻体の性状，2. 十分に発達した藻体の表面観，3-4. 枝の上部，5. よく発達した藻体の横断面．

Order **Bangiales** Schmitz in Engler (1892: 15) ウシケノリ目
Type: family Bangiaceae Engler nom. cons.

　ウシケノリ目の藻体は単細胞，分枝した単列（複列）糸状体または1細胞の厚さの布状体である．有性生殖は，海産の分類群で知られているが，淡水産の種では単胞子による無性生殖のみが知られている．ピットプラグは，コアが1層のキャップ層で覆われる3型である．

Family **Bangiaceae** Engler (1892: 12) nom. cons. ウシケノリ科
Type: genus *Bangia* Lyngbye

　Bangiales ウシケノリ目には Bangiaceae ウシケノリ科のみが含まれる（Garbary *et al.* 1980）．Bangiaceae ウシケノリ科は *Bangia* ウシケノリ属と *Porphyra* アサクサノリ属の2属を含み，生活史と藻体の構造とから，ほかの科からはっきりと識別できる．この科の淡水産種では，有性生殖は未知で，単胞子による無性生殖のみが知られている．

Genus *Bangia* Lyngbye (1819: 82) ウシケノリ属
Type: *Bangia fuscopurpurea* (Dillw.) Lyngbye

　藻体は無分枝直立糸状で，藻体下部の細胞から伸長する仮根糸により基質に付着する．藻体の上部はやや太くなり，円柱形，時に不規則に括れ，または中空になることもある．藻体は始め1列細胞で，介生分裂により多列細胞となる．色素体は星形で，1個のピレノイドをもつ．無性生殖は，栄養細胞から変成する単胞子嚢内に形成される単胞子によって行われる．
　ウシケノリ属の1種が淡水産として報告されている．日本の淡水産の種では，単胞子による無性生殖のみが知られている．
　ノート：淡水産種を *Bangia atropurpurea*，海産種を *Bangia fuscopurpurea* として区別してきたが，Geesink（1973）はこれを1種にまとめた．しかし RuBisCo（spacer, rbcL）遺伝子と18S RNA 遺伝子分析の結果は，欧州と北米5大湖産の淡水産 *Bangia* ウシケノリ群落間はほぼ同じであるが，北米の海産 *Bangia* ウシケノリ群落とはかなり異なることを示している（Müller *et al.* 1998, Müller, Gutell & Sheath 1998）．Woolcott & King（1998）は，豪州東部海岸に各地の *Bangia atropurpurea* 群落の RuBisCo（spacer, rbcL-S）遺伝子塩基配列は近似しているが，南半球と北半球産の群落間の相違などを検討した上で，本種の分類は再検討する必要があると述べている．
　このことからも，上記の *Bangia atropurpurea* と *Bangia fuscopurpurea* とは，別種のままにしておく方がよいと考える．

1) ***Bangia atropurpurea*** (Roth) C. Agardh (1824: 76)
タニウシケノリ（岡田 1944）；（熊野 1977, 紅藻綱. *In* 広瀬・山岸（編），日本淡水藻図鑑. 160-161）；（山岸 1998，淡水藻類写真集ガイドブック. 42）；（山岸 1999，淡水藻類入門. 98）
異名：*Conferva atropurpurea* Roth (1816: 208. pl. 6)

(図版 11, figs. 1-8, 熊野 1998 a, *In* 山岸・秋山（編），淡水藻類写真集．19：9)

藻体は直立し，無分枝の単純な糸状体で叢生し，暗紫褐色，長さ 2-4.5 cm，太さ 20-98 μm．若い藻体の細胞は長さ 8-20 μm，太さ 18-20 μm．成熟した藻体の細胞は長さ 5-15 cm，太さ 35-50 μm．単胞子をつける藻体では，太さ 50-98 μm．付着器で岩などに着生する．付着器は，基部近くの細胞が共通の細胞膜の中を下方に伸長して形成される．最初は単列糸状体で，若い細胞は円柱形，太さ約 6 μm，長さ約 8 μm，後に平円盤形で，太さ約 6 μm，長さ約 20 μm になる．糸状体はやがて長軸方向の細胞分裂により複列糸状体となり，細胞は円柱形，太さ約 6 μm，長さ約 10 μm となる．各細胞には，中心にピレノイドをもつ星形の色素体が含まれている．無性生殖は単胞子による．成熟した藻体の全細胞が単胞子嚢になり，単胞子は細胞膜がなく，アメーバ状で，球形，星形の色素体をもち，直径約 10 μm．淡水産タニウシケノリの有性生殖は知られていない．

タイプ産地：欧州：ドイツ，Bremen．

タイプ標本：多分失われた（Koster 1969）．

分布：欧州：ベルギー，オランダなど．東アジア：中国，四川省北碚近傍の嘉陵江の瀬の岩上．北米：Superior 湖，Michigan 湖以外の 5 大湖．

日本では，山梨県雨畑川支流の奥沢谷の渓流中に分布する．

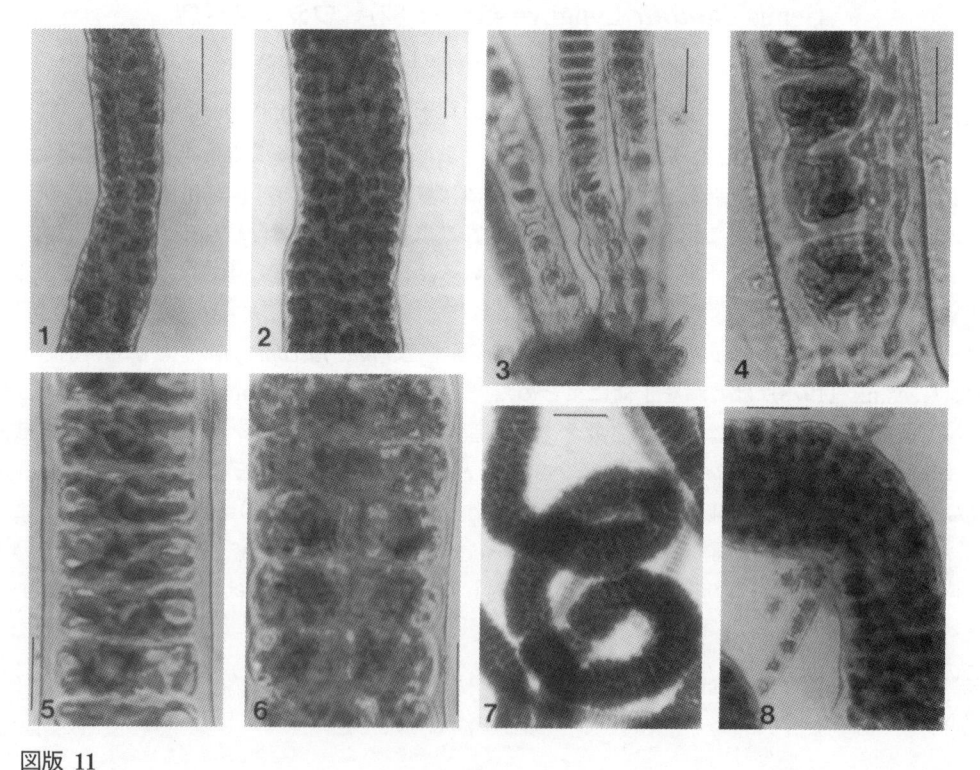

図版 11

Bangia atropurpurea，figs. 1-8（熊野 1998 a)
1-2, 6. 成熟した多列糸状体，2, 7-8. 単胞子嚢をもつ糸状体，3-4. 仮根部，5-6. 未成熟糸状体．

Family **Boldiaceae** Herndon (1964: 576)　ボルジア科

Type: genus *Boldia* Herndon

　緑藻綱 *Enteromorpha* アオノリ属の種にみられるように，藻体は嚢状で，無性生殖は，特別の糸状部に形成される単胞子により行われる．

Genus ***Boldia*** Herndon (1964: 576)　ボルジア属

Type: *Boldia erythrosiphon* Herndon

1)　***Boldia erythrosiphon*** Herndon (1964: 576, pl. 45, fig. 4; pl. 46, figs. 1-2; pl. 50, fig. 1) *emend.* Howard et Parker (1980: 413, figs. 1-26)
異名：*Boldia angustata* Deason et Nichols (1970: 40, pl. 1; figs. 1-6, 9-11; pl. 2, figs. 12-17)
　（**図版 12, figs. 1-4,**　Sheath 1984）

　藻体は長さ 0.2-12.5(-20) cm，太さ 0.1-1.3(-1.5) cm，ピンク色または赤色の1層細胞性の嚢状体または管状体で，単独または房状に，顕微鏡的大きさの多細胞性の円盤から出る．太さ 5-8 μm，長さ 5-13 μm の等径，多角形の細胞からなる成熟した藻体は，Herndon (1964) と Nichols (1964) が記載しているように，長い仮根状の細胞で円盤状の基部に付着している．2次細胞糸状部は，栄養細胞からの分枝する突起として形成され，分裂し，等径の細胞の間または上の平面に伸長する．2次細胞糸状部は，究極には直径 1.4-5 μm の小さい単胞子嚢を形成する．若い藻体はクッション状の基部から発出し，2層の等径の細胞からなる成熟した藻体には存在しない突出した先端細胞の分裂が明瞭である．各栄養細胞には，少数の円盤形またはリボン形の色素体が含まれている．

　タイプ産地：北米：米国，Virginia 州，採集 Herndon．
　タイプ標本：
　分布：岩の下流側の瀬や川側の淵に分布する．北米：カナダ，Ontario 州の川では *Lemanea fucina* と共生するようである (Sheath 1984, 水温 19.5-22.5°C)．また米国南東部，Missouri 州からも報告がある (Prescott 1978)．

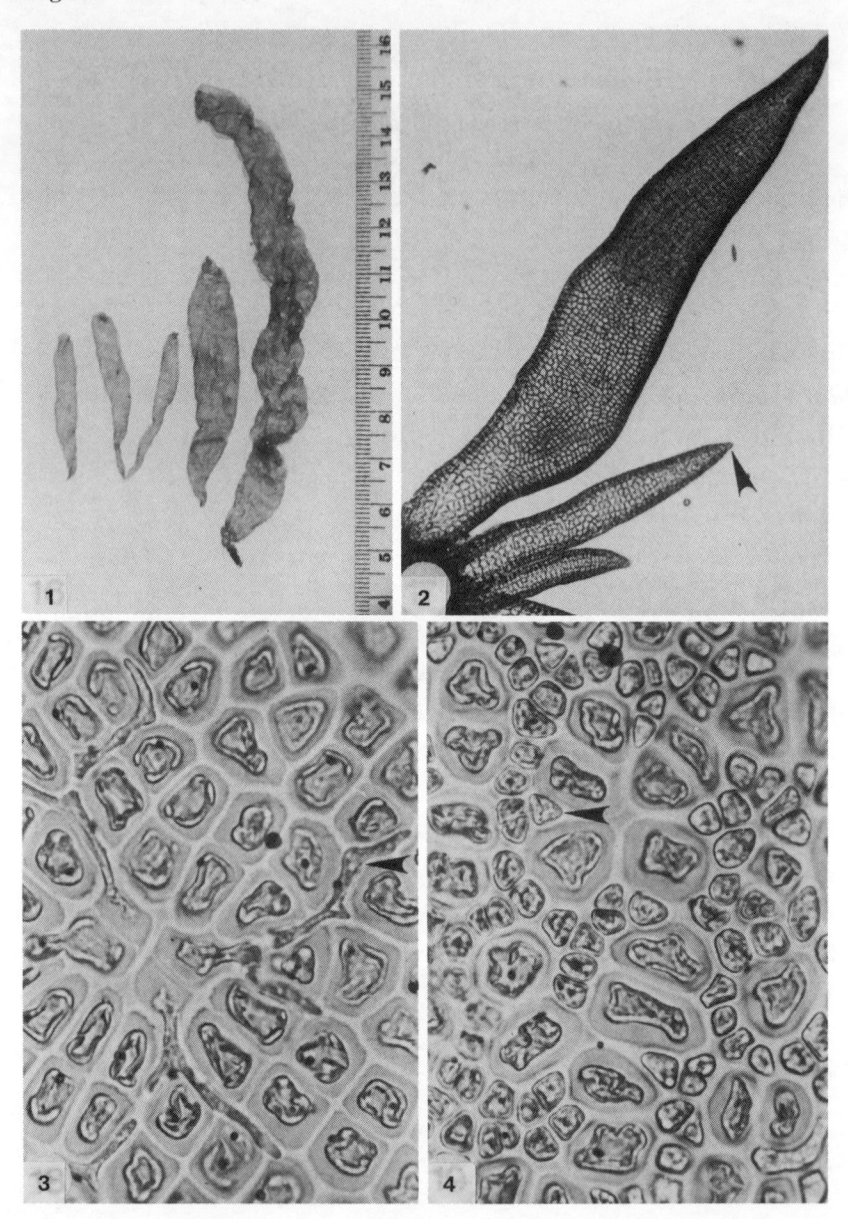

38　**Bangiales**　ウシケノリ目

図版 12
Boldia erythrosiphon, figs. 1-4 (Sheath 1984)
1. 嚢状の藻体，2. 顕著な頂端細胞（矢頭）をもつ若い藻体，3. 2次細胞糸状部（矢頭）を形成する大きい1次細胞を示す藻体の表面，4. 大きい1次細胞の間を伸びる2次細胞糸状部に形成される小さい単胞子嚢（矢頭）．

Order **Acrochaetiales** Feldmann (1953: 12)　アクロカエチウム目

Type: family Acrochaetiaceae Fritsch ex Taylor nom. cons.

　藻体は1細胞性の付着部または多細胞性の匍匐部と，それから直立する1列細胞糸からなり，様々に分枝する．直立糸の細胞は円柱形から樽形で，単核性である．色素体は側壁性または中軸性，板形，帯形，星形，円盤形で，細胞に1個から数個含まれる．ピレノイドはあったりなかったり．ピットプラグは5型，キャップ膜と2層のキャップ層をもつ．外側のキャップ層はドーム形に膨らむものもある（6型）．有性生殖は，幾つかの種で知られており，造果器は栄養細胞糸または1-2細胞性の，造果器をつける枝の先端に付く．受精した造果器から直接または造果器が横か縦に分裂した後に，造胞糸が形成され，果胞子体へと発達する．4分胞子嚢は十字状に分裂し，単胞子を形成する種もある．

Family **Acrochaetiaceae** Fritsch ex Taylor (1957: 209-210) nom. cons.
アクロカエチウム科

異名：family Rhodochortaceae Nasr (1947: 92); family Audouinellaceae Feldmann (1962: 220)

Type: genus *Acrochaetium* Nägeli

　藻体は単列性で分枝し，匍匐部と直立部からなる糸状体で，頂端成長を行う．単細胞性の基部をもつ配偶体の藻体が，着生する植物体上を斜めまたは平行に匍匐する幾つかの種があるけれども，通常には配偶体の藻体の直立糸状部は上方に伸長する．色素体の形は，布形，星形，盤形，リボン形など様々で，側壁性または中心性である．一般に，布形色素体には周縁部に，星形のものには中心部にピレノイドが存在する傾向がある．多くの淡水産種の無性生殖は，ある種では単胞子で，ほかの種では十字型に分裂した4分胞子で行われる．雌雄同株，または雌雄異株で，比較的単純な形の受精した造果器から直接または分裂した造果器から，造胞糸が生じ，やがて果胞子体へと発達する．

　Rhodochortaceae ロドコルトン科（Nasr 1947）の方が発表年次は先行するが，Acrochaetiaceae アクロカエチウム科は保留名（Greuter *et al.* 1994）である．Acrochaetiaceae アクロカエチウム科に含まれる属の範囲については多くの見解があり（Woelkerling 1971, Lee 1980, Lee & Lee 1988），どの属を認めるかについての合意はない．本書では，Lee, Y. P. & Lee, I. K. (1988), Lee, Y. P. & Yoshida (1997) の見解に従って，以下の検索表を示す．

Acrochaetiaceae アクロカエチウム科の属の検索表
（＊印は本書に収録されていない）

1. 単胞子は配偶体と胞子体の両方に形成される ··2
1. 単胞子は配偶体と胞子体の両方に形成されない ···································*Rhodocorton*＊

Acrochaetiales　アクロカエチウム目

2.　色素体は布形またはリボン形 ……………………………………………………*Audouinella*
2.　色素体は星形 ……………………………………………………………………*Acrochaetium*

Genus *Audouinella* Bory (1823 : 340)　オージュイネラ属
Type: *Audouinella hermannii* (Roth) Duby in De Candolle

　藻体は1列細胞の直立細胞糸をもち，多細胞性の付着器または1個の細胞から出る仮根糸で基物に付着する．色素体は板形またはリボン形で，ピレノイドはあったりなかったりする．単胞子嚢は，配偶体にも胞子体にも形成される．受精後，造果器は分裂しない．果胞子は造胞糸の先端に形成される．*A. hermannii* などのわずかな種を除いて，有性生殖は知られていない．果胞子体は配偶体上に形成され，少数の造胞糸からなる．

　ノート：*Balbiana* バルビアナ属は Garbary (1987) により *Audouinella* オージュイネラ属の異名とされており，*Acrochaetium* アクロカエチウム属の淡水産種のある種は *Audouinella* オージュイネラ属へ移された．Sheath & Müller (1998) は，*Balbiana* バルビアナ属と *Rhododraparnaldia* ロドドラパルナルジア属とを含む新目 Balbianales バルビアナ目を提案しているが，正式な分類規約に則ったものではない．

　Audouinella オージュイネラ属の本当の種と *Batrachospermum* カワモズク属や *Lemanea* レマネア属のシャントランシア世代の藻体とを区別することは，現在のところ，培養しない限り大変困難である．Skuja (1934) は本属の種を，*Batrachospermum* カワモズク属のシャントランシア世代の藻体から区別する基準として，*Audouinella* オージュイネラ属の種は赤みを帯びているが *Batrachospermum* カワモズク属のシャントランシア世代の藻体は青色であると述べている．Necchi *et al*. (1993 a, 1993 b), Necchi & Zucchi (1995) によれば，現在，西半球で認められている6種のうちの4種，*A. eugenea* (Skuja) Jao, *A. hermannii* (Roth) Duby, *A. tenella* (Skuja) Papenfuss, *A. meiospora* (Skuja) Garbary は赤みを帯びた種であり，2種，*A. macrospora* (Wood) Sheath et Burkholder, *A. pygmaea* (Kütz.) Weber-van Bosse は青色の種である．

　また Necchi & Zucchi (1997) は，北米の群落で，最初 *A. macrospora* と同定されていた藻体が，最終的には *Batrachospermum* カワモズク属の配偶体に発達し，その藻体から放出された果胞子がシャントランシア世代と解釈される藻体に発達する事実を見出した．このことから彼らは，*A. macrospora* のような青色の藻体は *Batrachospermum* カワモズク属のシャントランシア世代であり，赤色の藻体が本当の *Audouinella* オージュイネラ属の種であろうとの見解を発表している．

　本書には，彼らの認める6種のほかに，未確認の青色在来種も加えた *Audouinella* オージュイネラ属の種の暫定的な分類を示すことにする．

***Audouinella* オージュイネラ属の種の検索表**
A.　藻体は赤紫色 ……………………………………………………………………………1
1.　細胞は太さ<7 μm ………………………………………………………………………2
1.　細胞は太さ>7 μm ………………………………………………………………………3

2. 細胞は太さ 4-7 μm，4 分胞子をもつ	1) *A. amahatana*
2. 細胞は太さ 3-3.5 μm，4 分胞子なし	2) *A. tenella*
3. 単胞子嚢は太さ＜16 μm	4
3. 単胞子嚢は太さ＞16 μm	3) *A. eugenea*
4. 単胞子嚢は太さ 8.5-11 μm	4) *A. hermannii*
4. 単胞子嚢は太さ 10-14 μm	5) *A. lanosa*

以下の青色の種は，*Batrachospermum* カワモズク属の種のシャントランシア世代の藻体である可能性があるが，これらの種の検索表も示すことにする．

B. 藻体は灰青色（鋼鉄色）または紫褐色で明らかに赤色ではない	1
1. 側枝は 90 度に広がる	1) *A. serpens*
1. 側枝は主枝に沿って鋭角に出る	2
2. 単胞子は直径 30 μm 以上に達する	2) *A. macrospora*
2. 単胞子嚢はより小さい	3
3. 主枝は 1 平面に，対生または互生に分枝	3) *A. subtilis*
3. 主枝は多方面に分枝	4
4. 主枝は太さ 15 μm まで	5
4. 主枝は太さ 10 μm まで	6
5. 主枝は太さ 10-12 μm，細胞の長さは太さの 1-3 倍	4) *A. pygmaea*
5. 主枝は太さ 8-12 μm，細胞の長さは太さの 3-7 倍	5) *A. chalybea*
6. 藻体は長さ 2 mm まで，細胞は太さ 8-10 μm，長さ 16-42 μm	6) *A. sinensis*
6. 藻体は長さ 0.5 mm，細胞は太さ 4-7 μm，長さ 11.7-13.5 μm，単胞子嚢は，太さ 7-9 μm，長さ 13-18 μm	7) *A. cylindrica*
6. 藻体は小さい，細胞は太さ 4-9 μm，長さは太さの 2-4 倍，単胞子嚢は 8-12.6 μm，長さ 11.7-14.4 μm	8) *A. glomerata*

以下の，インドから記載された *Acrochaetium* アクロカエチウム属の種は，Lee, Y. P. & Lee, I. K. (1988) の分類に従えば，*Audouinella* オージュイネラ属に帰属させられる．

1. 細胞にピレノイドが存在する	1) *Acrochaetium godwardense*
1. 細胞にピレノイドが存在しない	2
2. 頂生の単胞子嚢は直径 14.5-15 μm	2) *A. indica*
2. 頂生の単胞子嚢は直径 6-12 μm	3) *A. sarmaii*

1) ***Audouinella amahatana*** (Kumano) Kumano

異名：*Acrochaetium amahatanum* Kumano (1978: 105, figs. 1-6)

（**図版 13, figs. 1-6**，原著者，Kumano 1978, *Acrochaetium amahatanum* として）

　藻体は微小，長さ 500 μm まで，匍匐部と直立糸状部とからなる．互生的，稀に側生的に分枝し，端毛は欠如する．匍匐糸状部の細胞は樽形，太さ，4-6 μm，長さ 5-12 μm．直立糸状部の細胞は円柱形，太さ 4-7 μm，長さ 5-15 μm．各細胞には不規則な襞があり，ピレノイドのない側壁性の 1 個の色素体が含まれる．無性生殖は単胞子と 4 分胞子による．単胞子嚢は，直立糸状部の短い側枝上に単独または房状に形成され，倒卵形，太さ 5-8 μm，長さ 7-10 μm．4 分胞子

囊は，垂直糸状部の短い側枝上に単独または房状に形成され，単胞子囊と混在し，太さ7-9 μm，長さ11-14 μm，十字型に分裂する．有性生殖は知られていない．

タイプ産地：東アジア：日本の山梨県雨畑川の支流，奥沢谷の山地性小流に，水中の苔や *Bangia atropurpurea* (Roth) Ag. タニウシケノリ上に付着して分布する．

タイプ標本：Kobe University, Kumano 1/XI, 1973．

分布：タイプ産地のみに分布する．

2) ***Audouinella tenella*** (Skuja) Papenfuss (1945：326)

異名：*Chantransia tenella* Skuja (1934：177)

(図版14, figs. 1-2，原著者，Skuja 1945, *Chantransia tenella* として)；(図版19, fig. 1，Necchi *et al*. 1993)；(図版20, figs. 11-12，Necchi & Zucchi 1995)

藻体は長さ0.5-0.75 mm，赤紫色，匍匐する仮根部をもち，クッション状．直立糸状部の藻体は単軸性，皮層がなく，中庸の硬さをもち，互生，対生的に分枝する．枝は長さの変化に富み，やや曲がり，先端に向かって細くなる．最初，中軸は硬く付着し，後に分離する．細胞は太さ3-5.5 μm，長さは太さの2-6倍．多くの細胞壁の部分は括れ，先端細胞は丸く，頂毛を欠く．細胞壁は大変薄く，透明．色素体は1-2個，側壁性，らせん状，リボン形で，そこここに襞がある．単胞子囊は，中ぐらいの多さ，単独，短い小枝，または，しばしば曲がった側枝につき，丸い倒卵形，太さ7-8 μm，長さ9-11 μm，4分胞子囊と混在する．

タイプ産地：北米：米国，California 州，Mariubo, Tamalpais Mountains．

タイプ標本：UC 395493．

分布：北米のタイプ産地のほか，南米：ブラジル，Amazonas 州，Manaus と Caracarai との間 (Route BR-174) 115 km, Pres. Figueiredo に分布する．

3 a) ***Audouinella eugenea*** (Skuja) Jao (1940：362)

異名：*Chantransia eugenea* Skuja (1934：177, pl. 1, figs. 3-5)

(図版14, figs. 3-4，原著者，Skuja 1934 a, *Chantransia eugenea* として)；(図版19, fig. 2，Necchi *et al*. 1993)

藻体は長さ1-3 mm，赤紫色，初めに形成される匍匐する偽組織状の基部と，房状か，集合してベルベット状，クッション状の直立糸状部とからなる．藻体は単軸性，皮層がなく，一般に互生的，対生的に分枝する．枝は中ぐらいの長さ，真っすぐで，単独．細胞は太さ7-8 μm，長さは太さの4-8倍，円柱形，隔壁部は括れない．端毛を欠く．細胞壁は透明，厚さ1 μm まで．色素体は，らせん形，リボン形で，やや襞のある縁をもち，ピレノイドはない．単胞子囊は大変多く，大抵は側枝の内側に，しばしば1-2細胞性の短い側枝に1個ずつ，または数個，1列に着生し，倒卵形，太さ14-15 μm，長さ16-19 μm．

タイプ産地：アジア：インド，Penjab．

タイプ標本：

分布：タイプ産地のほか，太平洋：ハワイ諸島，Kauai Island, 北米：熱帯域の池中，水生維管束植物に付着する．

Audouinella オージュイネラ属 · 43

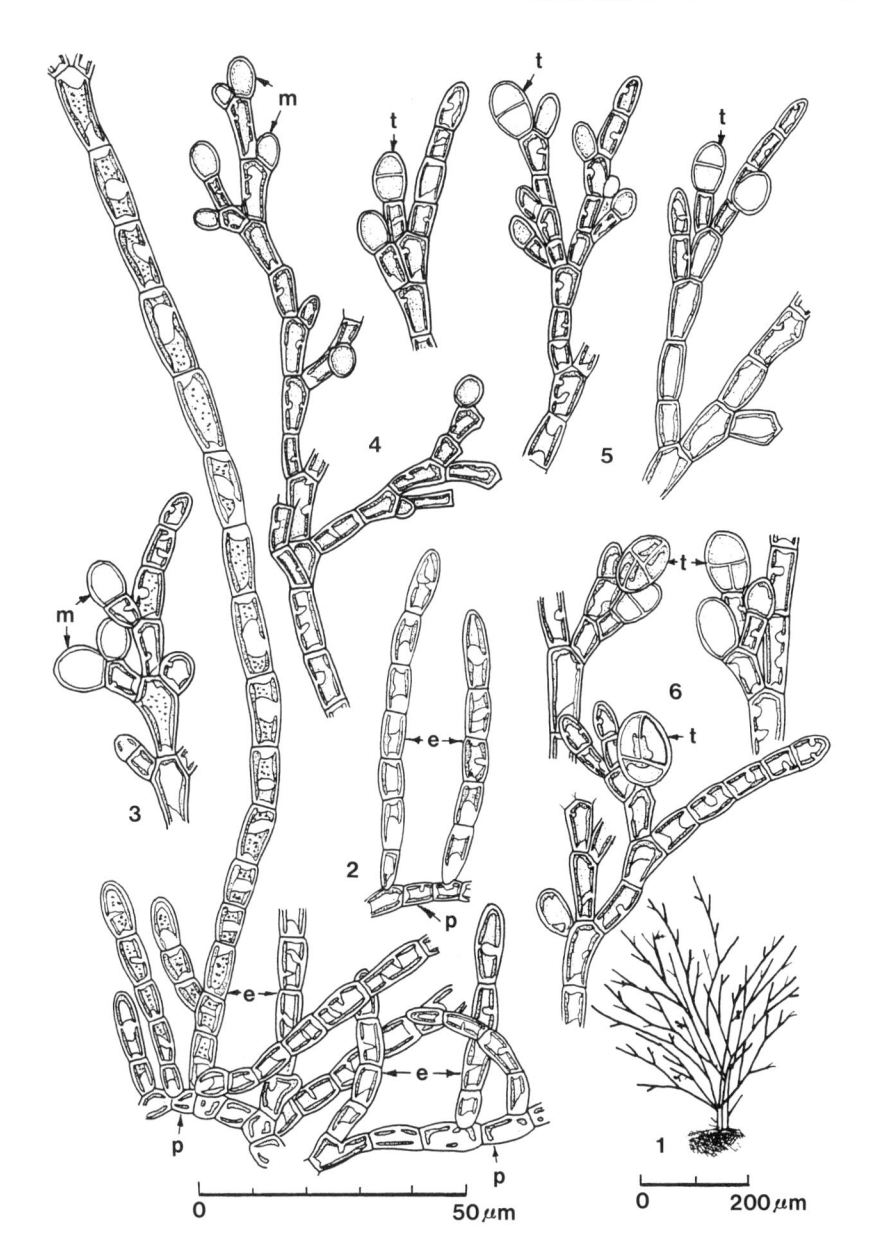

図版 13

Audouinella amahatana as *Acrochaetium amahatanum*, figs. 1-6（原著者，Kumano 1978）
1. 匍匐部と直立部を示す藻体の性状，2. 匍匐部と直立部，各細胞には不規則に括れた1個の側壁性の色素体がある，3-4. 単胞子嚢，5. 直立部の短側枝上の若い四分胞子嚢，四分胞子の最初の分裂が始まる，6. 十字分裂した成熟した四分胞子，第2分裂は第1分裂と直角に起こる，各胞子は1個の側壁性の色素体を含む．p: 匍匐部，e: 直立部，m: 単胞子嚢，t: 四分胞子嚢．

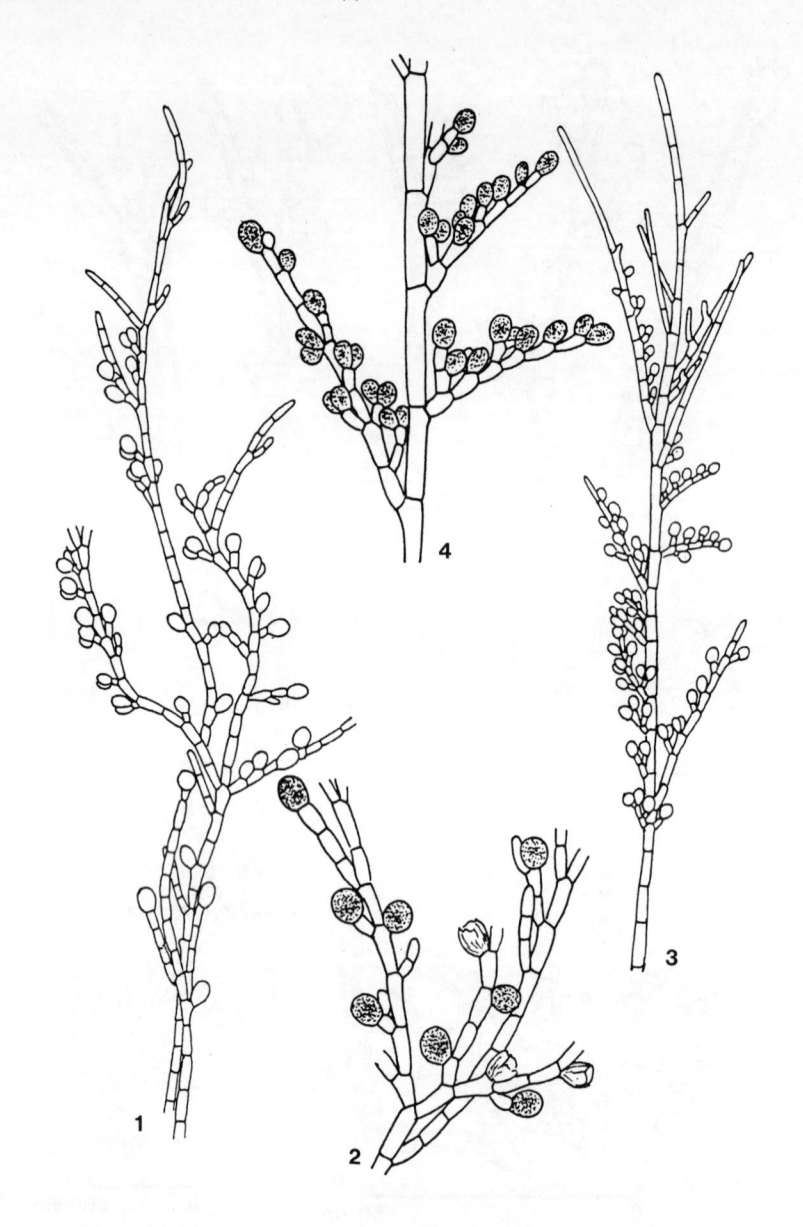

図版 14

Audouinella tenella as *Chantransia tenella*, figs. 1-2 （原著者，Skuja 1934）
1. 単胞子嚢をつける枝の性状を示す藻体の部分，2. 単胞子嚢をつける短い側枝をもつ糸状体．
Audouinella eugenea as *Chantransia eugenea*, figs. 3-4 （原著者，Skuja 1938 a）
3. 単胞子嚢をつける枝の性状を示す藻体の部分，4. 単胞子嚢をつける短い側枝をもつ糸状体．

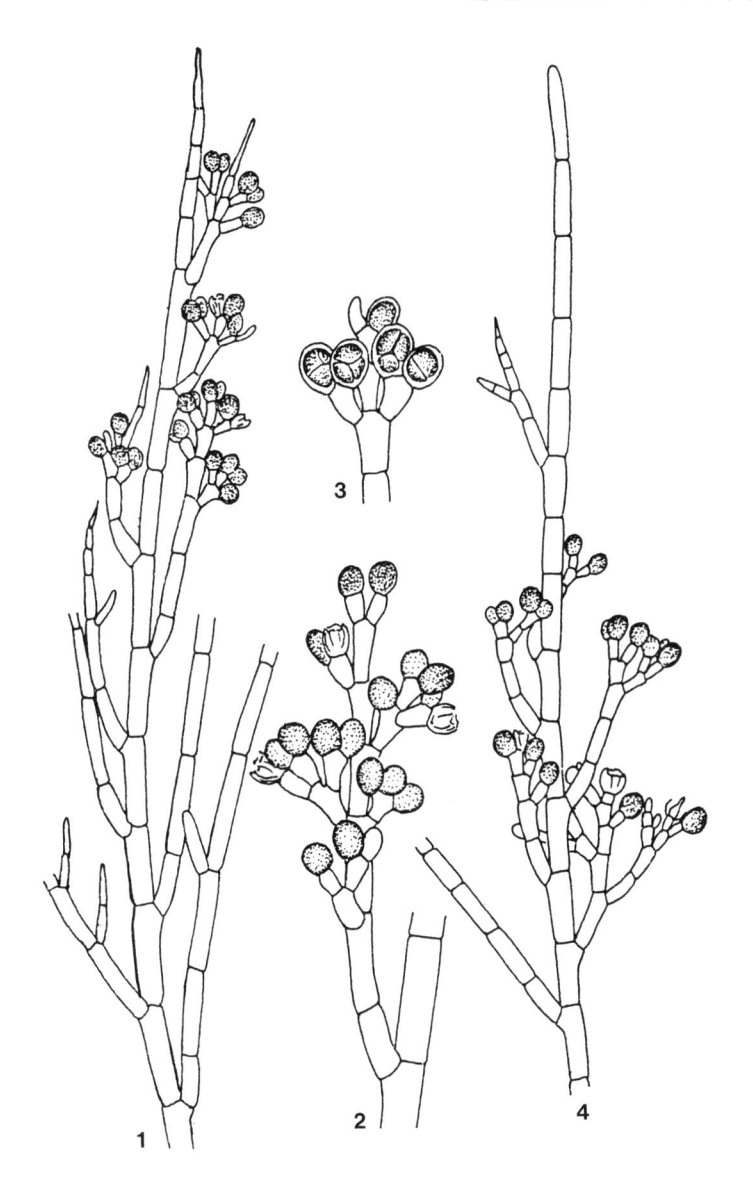

Audouinella オージュイネラ属   45

図版 15
Audouinella hermannii as *Chantransia hermannii*, figs. 1-4 (Starmach 1977)
1. 単胞子嚢をつける糸状体，2. 側枝に房状につく単胞子嚢，3. 4分胞子嚢，4. 単胞子嚢をつける側枝をもつ糸状体．

Acrochaetiales アクロカエチウム目

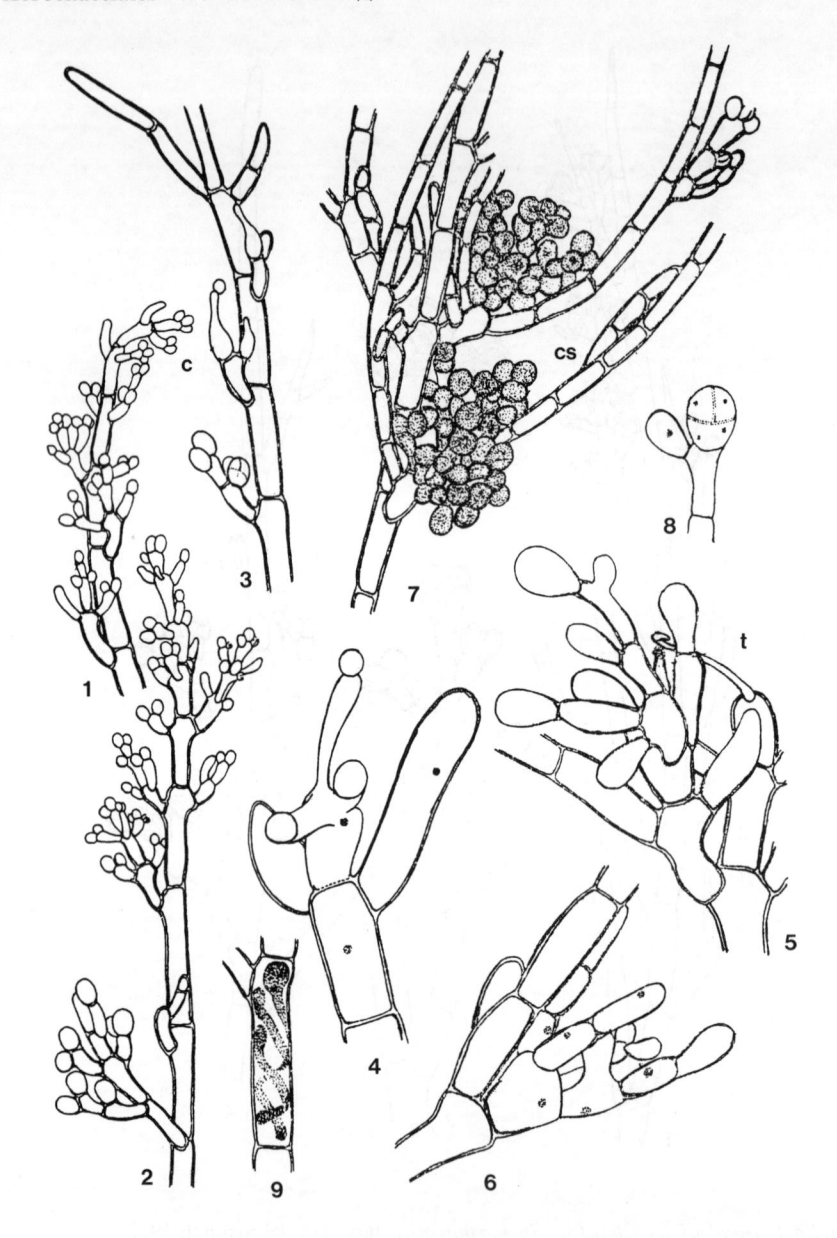

図版 16

Audouinella hermannii as *Rhodochorton violaceum* (Kütz.) Drew, figs. 1-9 (Drew 1935)
1. 雄株の先端部, 2. 精子嚢と単胞子嚢の両方をつける糸状体, 3. 造果器と単胞子嚢（4分胞子嚢）をつける雌株, 4. 受精毛に2個の精子をつけた成熟した無柄の造果器, 5. 精子が受精毛に付着, 2本の造胞糸が造果器基部の頂端から, 2本の造胞糸が造果器の下部細胞から生じる, 6. 3本の造胞糸と縮んだ受精毛を示す後の発達段階, 7. 2個の果胞子体をつける枝, 8. 単胞子嚢（4分胞子嚢）, 9. らせん状リボン形の色素体. c: 造果器, cs: 果胞子嚢, t: 受精毛.

3 b)　***Audouinella eugenea*** (Skuja) Jao **var. *secundata*** Jao (1941：254, pl. 3, figs. 21-22)

　藻体は通常，半球形，長さ3 mmまで，暗鋼青色．不規則に分枝した偽柔組織状の匍匐部と，直立糸状部とからなる．直立糸状部は長く，先端に向かって細くなる枝が多量に互生に分枝し，端毛はない．細胞は円柱形，太さは9-12 μm，長さ30-63 μm，わずかに襞のある布形の色素体が3-5個含まれ，ピレノイドは不明瞭．単胞子嚢をつける短枝は1-5（通常2-3）細胞の長さ，散在か対生．単胞子嚢は，無柄か1細胞性の柄に1-2個ずつ着生し，卵形，太さ9-14 μm，長さ16-20 μm．

　タイプ産地：東アジア：中国，四川省重慶市巴県清涼庵の傍，石灰岩の洞窟に由来する緩やかな流れのある山地性小流中，水中の岩や根の上に，オージュイネラ属の一種 *Audouinella cylindrica* Jao と一緒に付着する．

　タイプ標本：SK 9．

　分布：タイプ産地にのみ分布する．

　ノート：中国種は，インド産の *A. eugenea* (Skuja) Jao に大変似ているが，後者とは主として不規則な半球形の外観，片側だけに付着し，より細い単胞子嚢，そして単胞子嚢をつける枝だけが対生的に分枝することが異なる．

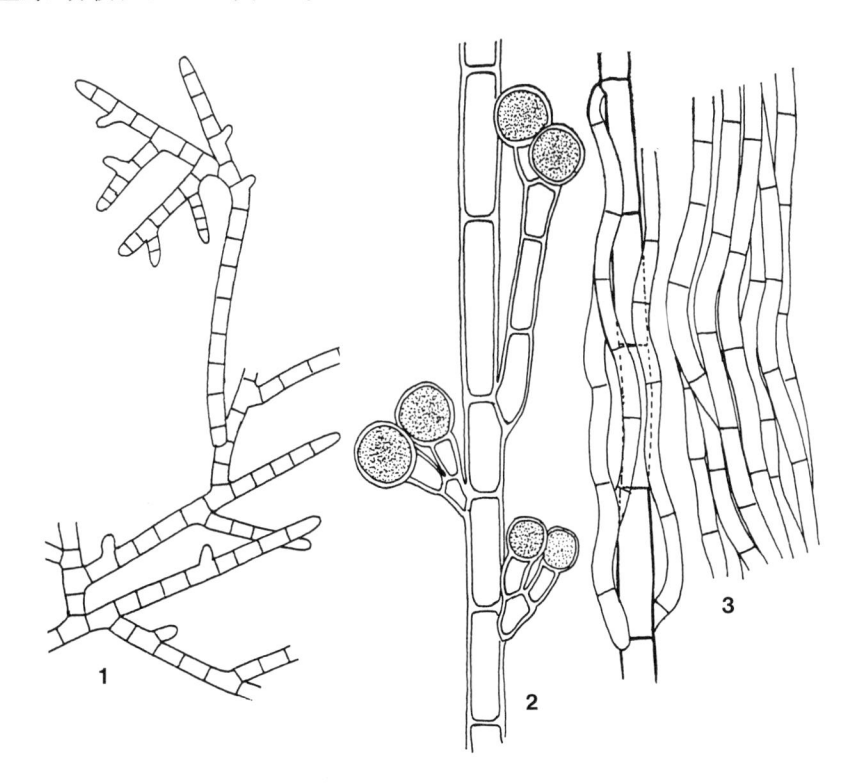

図版 17

　Audouinella serpens as Pseudochantransia serpens, fig. 1（原著者，Israelson 1942）
1．分枝性状を示す藻体の部分．
　Audouinella macrospora as *Chantransia macrospora*, figs. 2-3（Starmach 1977）
2．単胞子嚢をつける短い側枝をもつ枝，3．仮根糸．

4) ***Audouinella hermannii*** (Roth) Duby in De Candolle (1830: 972)
(熊野 1977,紅藻綱.*In* 広瀬・山岸(編),日本淡水藻図鑑.162-163)
異名:*Conferva hermannii* Roth (1806: 180);*Chantransia hermannii* (Roth) Desv. (1809: 310);*Ch. violacea* Kütz. (1845: 231);*Ch. violacea* (Kütz.) Hamel (1925: 46);*Rhodochorton violaceum* (Kütz.) Drew (1935: 439, figs. 1-19)

(**図版 15. figs. 1-4**,Starmach 1977,*Chantransia hermannii* として);(**図版 16, figs. 1-9**,Drew 1935,*Rhodochorton violaceum* (Kütz.) Drew として);(**図版 19, figs. 3-7**,Necchi *et al.* 1993);(**図版 20, fig. 1**,Necchi & Zucchi 1995);(**図版 169, figs. 1-2**,Entwisle & Kraft 1984)

藻体は長さ 1-3(-5) mm,赤色,時に褐色を帯び,孤立するかカーペット状.藻体は不規則に分枝し錯綜する匍匐糸状部と,互生,時に対生,不規則に豊かに分枝する房状の直立糸状部からなる.枝と側枝とは 45 度の角度をなす.主枝の細胞は,円筒形で,長さ (7-)9-12(-15) μm,太さ 7-10 μm(有性株ではより細く,太さ 4-7 μm),長さは太さの 2.5-5 倍.細胞には中央に 1 個の核と,らせん状になったリボン状の 1 個の側壁性の色素体がある.細胞壁は,厚さ 1.7-3 μm,古い藻体では,しばしば層状をなす.頂毛は,欠如から量も長さも様々.単胞子嚢は,しばしば多量で,1-2(-3) 個ずつ 2-4 細胞の長さの側枝に頂生し,楕円形,太さ 7-10 μm,長さ 8-13(-16) μm,有性株ではより小さい.4 分胞子嚢は側枝に頂生し,楕円形,太さ 9-10 μm,長さ 10-13 μm.雌雄多株であるが,両性株は単性株より稀である.精子嚢は 1-4 個ずつ短枝に頂生し,楕円形,太さ,3.5-4 μm,長さ 4.5-5.5 μm.造果器は無柄,または通常,短枝に頂生し,瓶形,基部の太さ 4-6 μm,長さ 9-13.5 μm.受精毛は頂端部がわずかに太く,受精前は,基部に仕切りの細胞膜のないことから頂毛と区別できる.果胞子体は不規則な球形,直径 50-70 μm,果胞子嚢は楕円形,倒卵形または西洋梨形,太さ 9-11 μm,長さ 10-15 μm.

タイプ産地:欧州:ドイツ,Molendinas, Bremen 近傍.
Neotype: B 28258,Necchi *et al.* (1993) が選定.

分布:ドイツのタイプ産地のほか,通常,*Lemanea* レマネア属や *Batrachospermum* カワモズク属の植物と一緒に,欧州:英国,River Goyt,ベルギー,スウェーデン,豪州,北米:カナダ,British Columbia 州 (Hymes & Cole 1983),米国,Connecticut 州 (Hylander 1928, Wolle 1887),中米:São Roque de Minas, Mexico Montejano-Zurita,南米:ブラジル,Minas Gerais 州,Serra da Canastra National Park, São Roque de Minas (Necchi & Zuchi 1995) などに分布する.

5) ***Audouinella lanosa*** Jao (1941: 256, pl. 3, figs. 16-17)
(**図版 23, figs. 2-3**,原著者,Jao 1941)

藻体は長さ 3 mm まで,密集し,広く伸張し,濃紫色,匍匐部と直立糸状部とからなる.枝は長く,下部の枝は上部の枝より長い.細胞は円柱形,太さ 9-12 μm,長さ 42-72 μm,頂端細胞の先端はわずかに細くなる.端毛は単胞子嚢をつける短枝,通常の枝の先端にあり,無色で,長く,350 μm に達する.単胞子嚢をつける短枝は短く,1-5 細胞性,互生または散在する.単胞子嚢は,無柄または単細胞性の柄に対生し,倒卵形,太さ 10-14 μm,長さ 14-17 μm.

タイプ産地:東アジア:中国,四川省重慶市北碚の南東,約 5 マイル,乾洞子,水車のダムのコンクリート壁に付着.
タイプ標本:SC 1146.

分布：タイプ産地にのみ分布する．

以下の青色の種は *Audouinella* オージュイネラ属の種であることが確認されておらず，*Batrachospermum* カワモズク属の種のシャントランシア世代の藻体であるかも知れないが，参考までに記載と，それが可能な種については原著者の図を示す．

1) ***Audouinella serpens*** Israelson (1942: 59, pl. 1 b)

異名：*Pseudochantransia serpens* Israelson

（図版 17, fig. 1，原著者，Israelson 1942，*Pseudochantransia serpens* として）

藻体は青緑色，泥上に緩やかな網目状の長さ 5 mm の被覆を形成，非常に不規則に，ほとんど 90 度の角度で分枝する．細胞は円筒形，太さ 16-18 μm，長さ 30-60(-90) μm．頂毛はなく，頂端細胞の先端は丸い．細胞には 1 個の中心核，不規則ならせん状，リボン形の 1 個の側壁性の色素体がある．単胞子などの繁殖方法は知られていない．

タイプ産地：欧州：スウェーデン，Jämtland, Hällesjö, in Lake Våntjärn, 湖の渚帯．

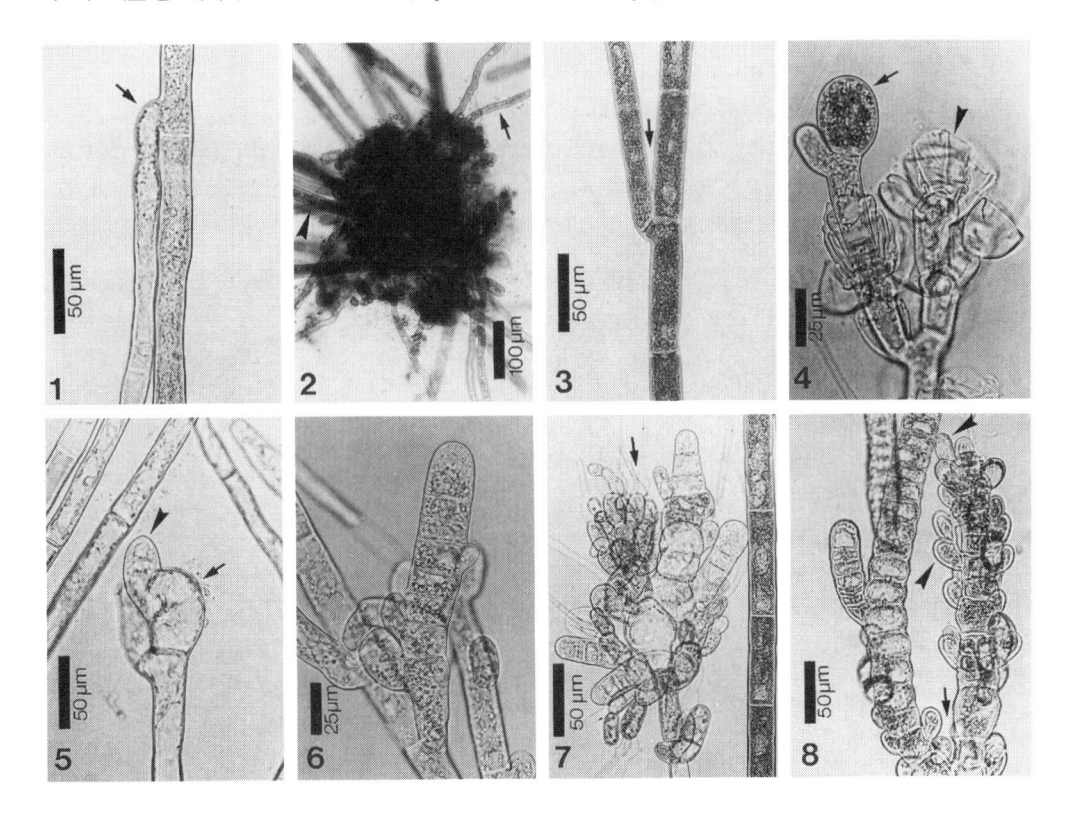

図版 18(a)

Audouinella macrospora as chantransia-phase of *Batrachospermum*, figs. 1-8（Necchi & Zucchi 1997）

1. 仮根（矢印）を示す基部，2. 仮根（矢印）と直立部（矢頭），3. 枝（矢印）をもつ糸状体，4. 単胞子嚢（矢印）と空の単胞子嚢（矢頭），5. 大細胞（矢印）と消失細胞（矢頭），6. カワモズク配偶体形成初期，7. 端毛（矢印），8. 枝（矢印）と若い輪生枝（矢頭）．

タイプ標本：
分布：タイプ産地にのみ分布する．

2) ***Audouinella macrospora*** (Wood) Sheath et Burkholder (1985: 111)
異名：*Chantransia macrospora* Wood (1972: 216)

（図版 17, figs. 2-3, Starmach 1977, *Chantransia macrospora* として）；（図版 18(a), figs. 1-8, Necchi & Zucchi 1997, *Batrachospermum* 属の植物のシャントランシア世代の藻体として）；（図版 18(b), figs. 3-4, Necchi *et al*. 1993）；（図版 20, figs. 2-3, Necchi & Zucchi 1995）

藻体は灰，青，緑色，時に黄褐色，長さ 15 mm（Wolle は 25 mm）まで．匍匐部の藻体は，太さ 15-15 μm，通常，茶黄色の下部は藻体に沿って下降する仮根に取り巻かれ，基物に付着する．直立糸状部の藻体はブラシ状の房で，池中の石や水生維管束植物に着生する．単胞子嚢は太さ 30 μm に達する．枝は疎らで，互生または対生に主枝に鋭角に分枝する．細胞は円柱形，太さ 15-25 μm，長さ 72-104 μm，長さは太さの 3-6 倍，細胞壁は厚さ 2.5 μm．細胞は硬く，丸く，端毛はない．色素体は側壁性，襞がある．単胞子嚢は，1-2 細胞（3 細胞以下）性の短い側枝に 1 個または 2 個ずつ形成され，球形，直径 21-38（多くは 34）μm．

タイプ産地：北米，South Carolina, Aiken.
選定標本：PH, Necchi *et al*. 1993 が選定．
分布：タイプ産地のほかに，北米の 13 地点（Necchi *et al*. 1993），米国，New Jersey 州，Rhodoe Island 州，中米：コスタリカ，南米：ブラジル 27 地点（Necchi & Zucchi 1995）などの池中の水生維管束植物に付着して分布する．

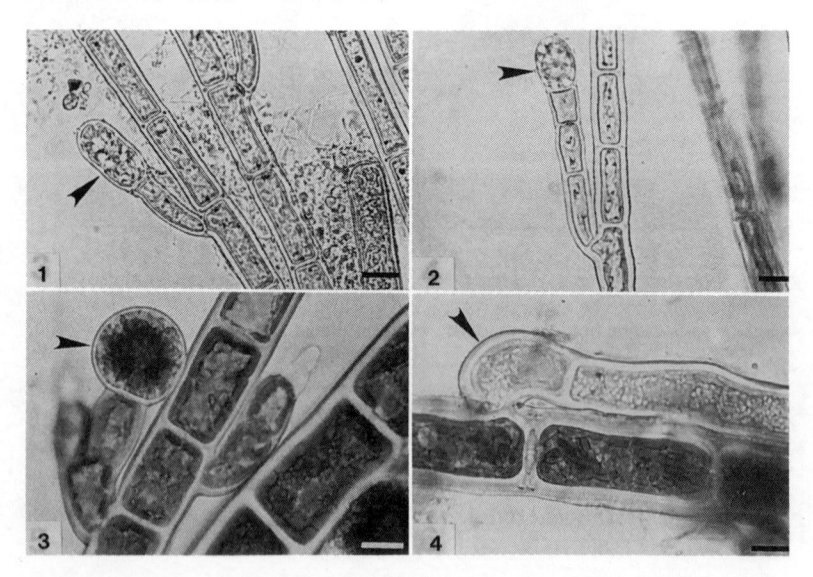

図版 18(b)
Audouinella pygmaea, figs. 1-2 (Necchi *et al*. 1993)
1. 細長い単胞子嚢をもつ糸状体（矢頭），2. 卵形の単胞子嚢をもつ糸状体（矢頭）．
Audouinella macrospora, figs. 3-4 (Necchi *et al*. 1993)
3. 単胞子嚢をもつ糸状体（矢頭），4. 仮根をもつ基部（矢頭）．（縮尺＝10 μm for figs. 1-4）

ノート：Necchi, O. Jr. & Zucchi, M. R. (1997) は，最初 *Audouinella macrospora* と同定される北米群落が，最終的に若い *Batrachospermum* カワモズクの配偶体を形成したことから，本種は *Batrachospermum* カワモズク属のシャントランシア世代であろうと解釈した．この事実から，*A. macrospora* のような青色をした淡水産の幾つかの藻類は *Batrachospermum* カワモズク属のシャントランシア世代であり，赤色の種のあるものだけが *Audouinella* オージュイネラ属の真の種であろう，という意見が生じてきている．

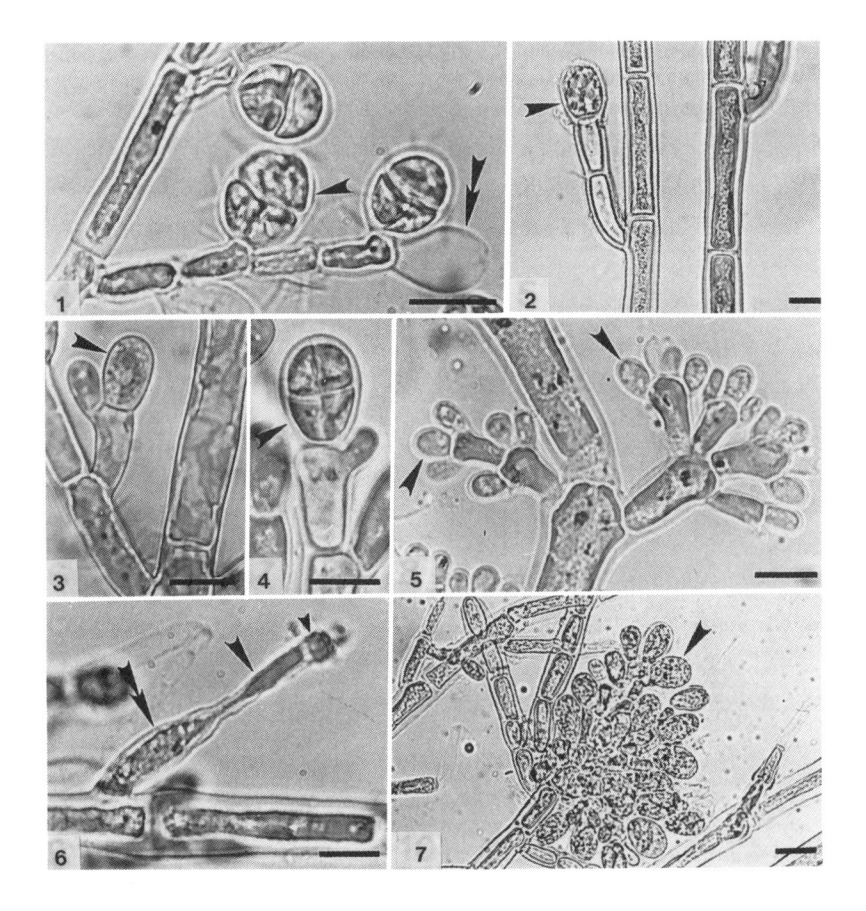

図版 19

Audouinella tenella, fig. 1 (Necchi *et al*. 1993)
1. 4分胞子嚢（矢頭）と空の4分胞子嚢（二重矢頭）をもつ糸状体．
Audouinella eugenea, fig. 2 (Necchi *et al*. 1993)
2. 空の4分胞子嚢（矢頭）をもつ糸状体．
Audouinella hermannii, figs. 3-7 (Necchi *et al*. 1993)
3. 単胞子嚢（矢頭），4. 4分胞子嚢（矢頭），5. 精子嚢（矢頭），6. 細長い受精毛（矢頭），膨れた基部（二重矢頭）と付着した精子（小矢頭）をもつ受精した造果器，7. 果胞子嚢（矢頭）をもつ果胞子体．（縮尺＝10 μm for figs. 3-7）

3) ***Audouinella subtilis*** (Möbius) Jao
異名：*Chantransia subtilis* Möbius (1894：309) non *C. subtilis* (C. Agardh) Steudel
　　藻体は長さ 1-3 mm，直立部の藻体は房状，灰，青，緑色またはオリーブ緑色．主枝は1平面的に対生，互生に分枝する．細胞は太さ 6-10 μm，単胞子嚢は短い側枝に着生する．
　　タイプ産地：大洋州：豪州の *Nitella* 上に付着する．
　　タイプ標本：
　　分布：タイプ産地にのみ分布する．

4) ***Audouinella pygmaea*** (Kütz.) Weber van Bosse (1921：191)
異名：*Chantransia pygmaea* Kütz. (1843：285)；*Pseudochantransia pygmaea* (Kütz.) Brand (1909：118)；*Chantransia leibleinii* Kütz. (1845：229)；*Pseudochantransia leibleinii* (Kütz.) Israelson (1942：58, Tab. 1 a)；*Audouinella leibleinii* (Kütz.) Palmer in Hirsch et Palmer (1958：378)
　　(**図版 18(b), figs. 1-2,** Necchi *et al.* 1993)；(**図版 20, figs. 8-10,** Necchi & Zucchi 1995)；(**図版 21, figs. 1, 3-4,** 原著者, **fig. 2,** Israelson 1942, Kützing 1845, *Chantransia leibleinii* として)；(**図版 22, fig. 1,** Starmach 1977. **fig. 2,** 原著者, Kützing 1843, *Chantransia pygmaea* として)
　　藻体は長さ 1-2 mm，オリーブ色，褐色がかったオリーブ色，濃緑色，乾燥すると赤みを帯び，密集した糸状体からなり，所々石灰化する．直立糸状部は半球形，しばしば扁平になる．疎らに，不規則に，互生に，時に対生に分枝し，側枝は主枝の長さに達する．細胞は太さ 10-12(-14) μm，長さ 11-30(-40) μm，長さは太さの 1-3 倍．頂端細胞の先端は丸く，時に細くなる．頂毛はあったり，なかったりする．細胞には1個の核と，円盤形をなす，ピレノイドのない1個の側壁性の色素体があり，細胞壁は比較的厚く，厚さ 1.5-2 μm．単胞子嚢は多量だったり少量だったりする．3-6細胞性の短い側枝に 1-2 個ずつ頂生し，ほとんど球形，丸い楕円形，太さ 9-11 μm，長さ 10-13 μm．
　　タイプ産地：
　　選定標本：L Schleusingen, herb. Kützing, Necchi *et al.* (1993) が選定．
　　分布：欧州：スウェーデン．太平洋：ハワイ諸島，Kauai Island, Oahu Island, Hawai Island. 北米．
　　ノート：Israelson (1942) は，本種の *Batrachospermum* カワモヅク配偶体への発達は，頻繁には観察されず，スウェーデンでは *Pseudochantransia leibleinii* (Kütz.) Israelson も観察されていないと述べている．

5) ***Audouinella chalybea*** (Roth) Bory (1823：340)
(熊野 1977，紅藻綱．*In* 広瀬・山岸(編)，日本淡水藻図鑑．162-163)；(山岸 1999，淡水藻類入門．101)
異名：*Conferva chalybea* Roth (1806：286, Tab. 8, fig. 2)；*Trentepohlia pulchella β chalybea* Agardh (1824：37)；*Trentepohlia aeruginosa* Agardh (1824：38)；*Chantransia chalybea* (Lyngb.) Fries (1825：338)；*Pseudochantransia chalybea* (Roth) Brand (1909：118)
　　(**図版 21, figs. 5-6,** Kützing 1845, *Chantransia chalybea* として)

Audouinella オージュイネラ属   53

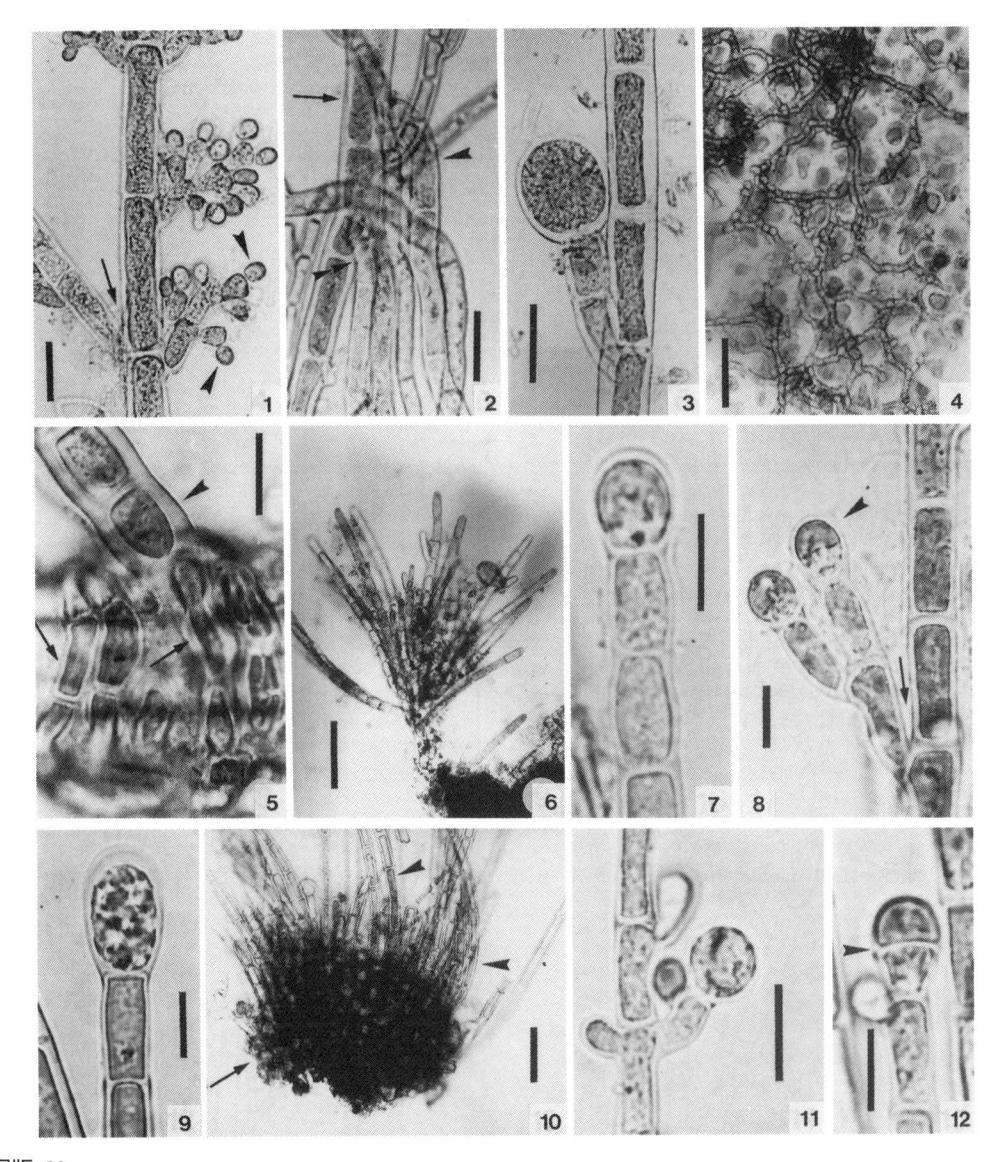

図版 20

Audouinella hermannii, fig. 1（Necchi & Zucchi 1995）
1. 角度≧25°（矢印）で分岐する枝を示す糸状体と側枝上の単胞子（矢頭）.
　Audouinella macrospora, figs. 2-3（Necchi & Zucchi 1995）
2. 仮根（矢頭）と仮根の束（二重矢頭）をもつ糸状体（矢印）の基部, 3. 亜球形の単胞子嚢と単胞子嚢をつける側枝をもつ糸状体.
　Balbiana meiospora as *Audouinella meiospora*, figs. 4-7（Necchi & Zucchi 1995）
4. *Compsopogonopsis leptoclados* の上に付着し匍匐する糸状体からなる基部, 5. *A. macrospora*（矢頭）の周りを這う糸状体（矢印）, 6. 叢状の直立糸, 7. 単胞子嚢と単胞子嚢をつける側枝.
　Audouinella pygmaea, figs. 8-10（Necchi & Zucchi 1995）
8. <25°（矢印）の角度で分岐する枝と単胞子嚢（矢頭）を示す糸状体, 9. 細長い単胞子嚢と単胞子嚢をつける枝, 10. 直立糸（矢頭）をもつ不規則な匍匐部（矢印）からなる基部.
　Audouinella tenella, figs. 11-12（Necchi & Zucchi 1995）
11. 胞子嚢をつける短枝と, 未分裂の球形4分胞子嚢をもつ糸状体, 12. 分裂後の4分胞子嚢をもつ胞子嚢をつける短枝（矢頭）.（縮尺＝50 μm for figs. 4, 6, 10；20 μm for figs. 1-3；10 μm for figs. 5, 7-9, 11-12）

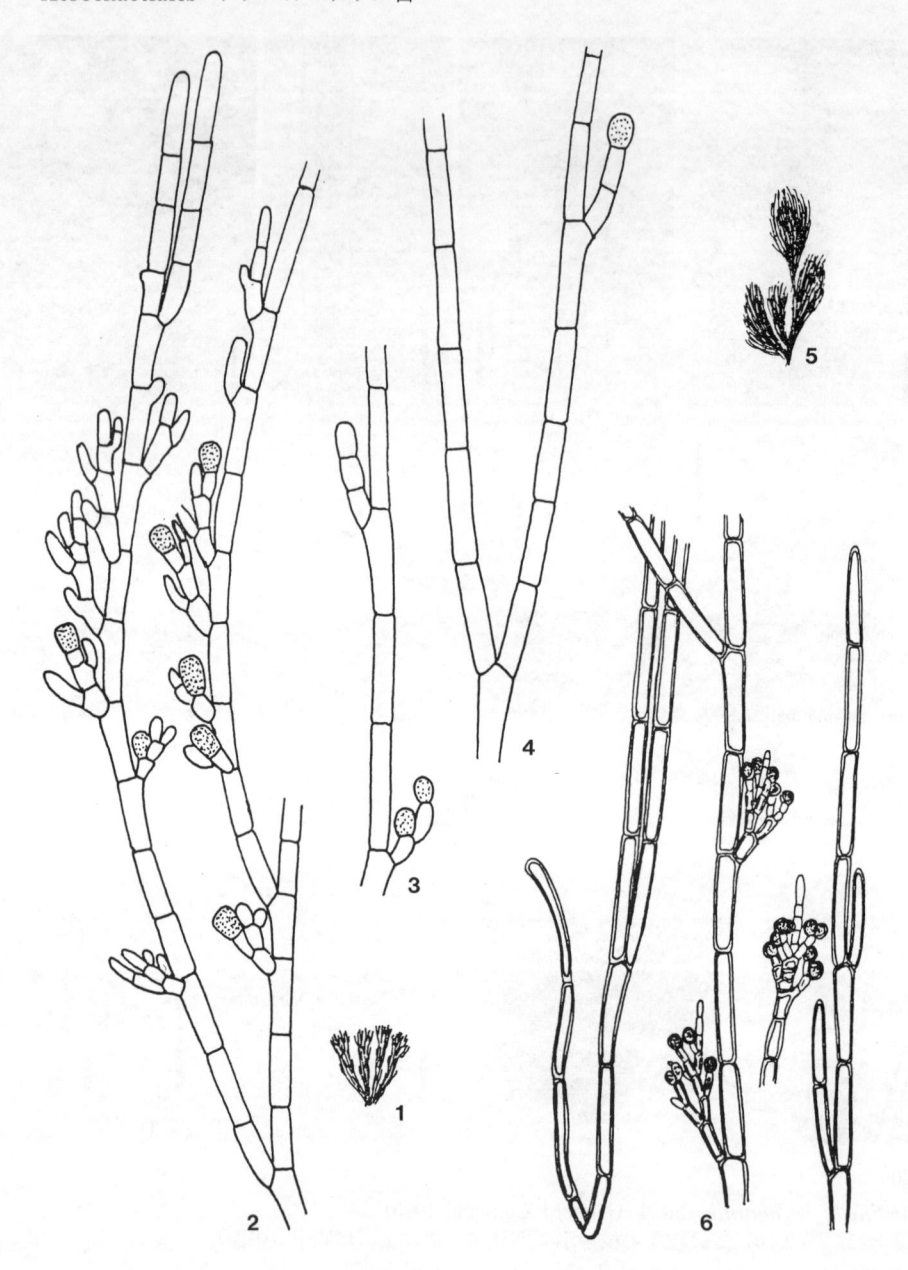

図版 21

Audouinella pygmaea as *Chantransia leibleinii*, figs. 1, 3-4（原著者，Kützing 1845），fig. 2 (Israelson 1942)

1. 分枝の性状を示す藻体の部分，2. 単胞子嚢をつける普通の短い側枝をもつ枝，3-4. 少数の単胞子嚢をつける普通でない短い側枝をもつ枝．

Audouinella chalybea as *Chantransia chalybea*, figs. 5-6（Kützing 1845）

5. 分枝の性状を示す藻体の部分，6. 房状に単胞子嚢をつける短い側枝をもつ糸状部．

藻体は房状，孤立または融合してカーペット状になり，長さ 2-5 mm，青みがかった明緑色または褐色，暗所では時に濃褐色．豊かに，不規則に，互生，対生，時に側生的に分枝，側枝は主枝の長さに達する．細胞は太さ (6-)8-12(-13) μm，長さ 30-80 μm，長さは太さの 3-7 倍．頂端細胞の先端は丸く，稀に細くなる．細胞には 1 個の核と，しばしば，らせん状をなすリボン形の 1 個の側壁性の色素体がある．細胞壁は薄く，厚さ 0.8-1.3(-1.8) μm．端毛はないか，稀に多量．単胞子嚢は多量だったり，少量だったりするが，時に欠如．4-7 細胞性の短い側枝に 1-2 個ずつ頂生し，あるレベルに群がり，ほとんど球形，楕円形，太さ (7.5-)8-11 μm，長さ 9-12(-13) μm．

タイプ産地：欧州：ドイツ，Bremen，Leesum 近傍．

タイプ標本：

分布：タイプ産地のほか，欧州：ベルギー，中部スウェーデンの泉や β-中腐水性の流れに分布する．

ノート：Israelson (1942) は，本種から *Batrachospermum* カワモヅク配偶体の藻体への発達が稀に起こると述べている．

6) ***Audouinella sinensis*** Jao (1941: 361, pl. 1, figs. 5-6)

(**図版 22, figs. 3-4**，原著者，Jao 1941)

藻体は長さ 2 mm まで，房状，濃オリーブ色，匍匐部と直立糸状部とからなる．匍匐部の藻体は短く，不規則に分枝し，細胞壁の部分でやや括れがある．直立糸状部の藻体は長く，互生または不規則に分枝し，下部の枝は上部の枝より長い．短い側枝は通常，非常に短い．細胞は円柱形，太さ 8-10 μm，長さ 16-42 μm，長さは太さの 2-4 倍，細胞の隔壁部分に括れはなく，細胞壁は薄い．端毛は欠如する．各細胞には，縁が不規則にうねる布状の側壁性の色素体が 2-4 個存在し，ピレノイドは不明瞭．単胞子嚢には 1 細胞性の柄があり，極めて稀に無柄，各柄に 2-3 個ずつ，単胞子嚢をつける短い側枝に対生する．単胞子嚢は卵形，太さ 7-8 μm，長さ 9-13.5 μm．

タイプ産地：東アジア：中国，湖南省衡山，木陰の池中の岩上に付着する．

タイプ標本：HN 121: B.

分布：タイプ産地にのみ分布する．

7) ***Audouinella cylindrica*** Jao (1941: 252, pl. 3, fig. 15)

(**図版 23, fig. 1**，原著者，Jao 1941)

藻体は非常に小さく，長さ 0.5 mm 以下，半球形，藍色．*Vallisneria* セキショウモ属などの水生維管束植物上に着生する．藻体は不規則に分枝する匍匐部と放射状に分枝する直立糸状部からなる．直立部の上部では長い枝が互生に分枝する．枝の中間の細胞は円筒形で，太さ 4-7 μm，長さ 11.7-13.5 μm．枝の先端に毛状細胞はなく，枝の頂端細胞は丸いが，稀に次第に細くなる．色素体は 1-2 個で，不規則に括れた布状，ピレノイドは不明瞭である．単胞子嚢をつける側枝は，枝の上部に散在し，稀に対生する．単胞子嚢は無柄か，1-2 細胞性の柄の先に 1-2 個ずつ頂生する．単胞子嚢は，円柱形または（長い）卵形，太さ 7-9 μm，長さ 13-18 μm．

タイプ産地：東アジア：中国，広西壮族自治区陽朔県近傍，流水中の *Vallisneria spiralis* の茎や葉上に付着する．

Acrochaetiales アクロカエチウム目

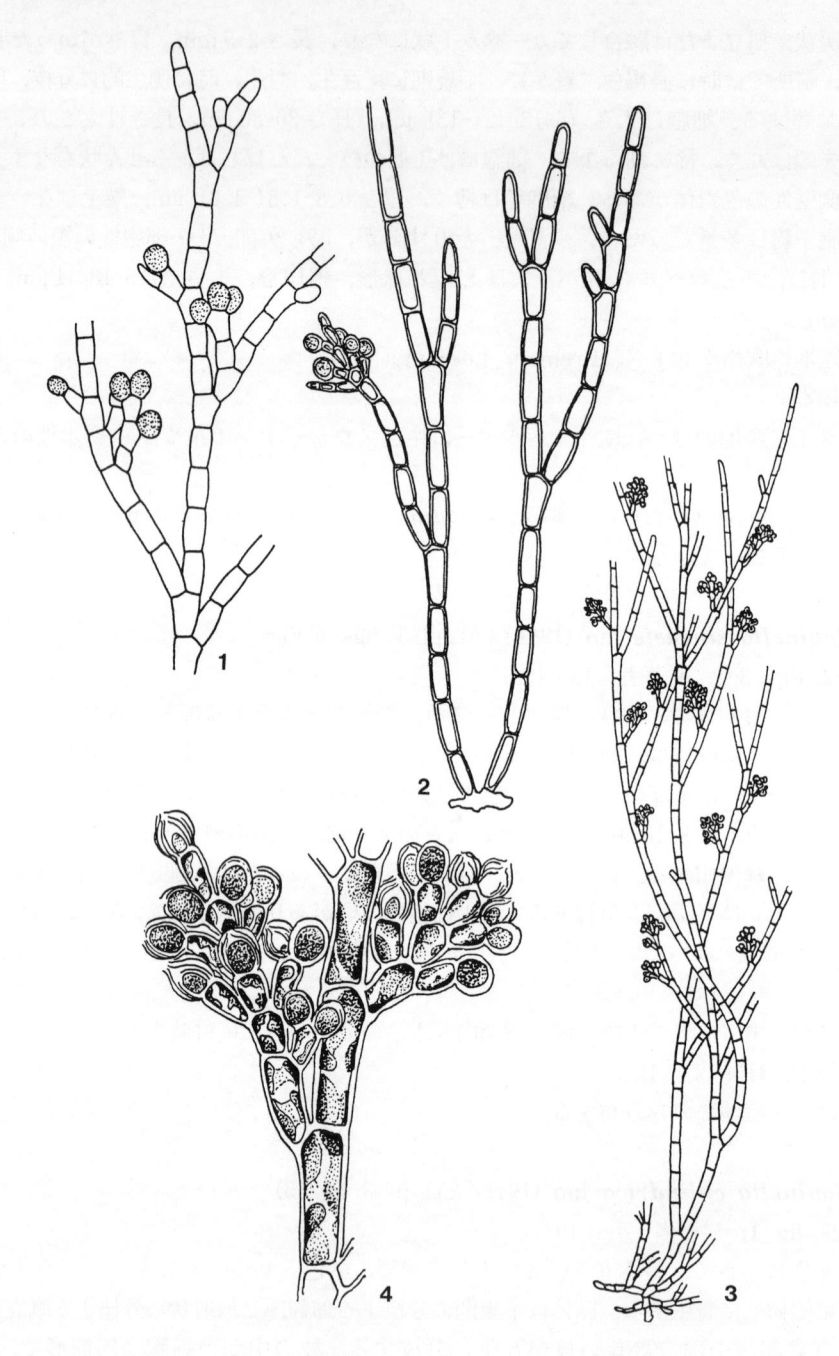

図版 22

Audouinella pygmaea as *Chantransia pygmaea*, fig. 1 (Starmach 1977), fig. 2 (原著者, Kützing 1843)

1-2. 単胞子嚢をつける短い側枝をもつ糸状部.

Audouinella sinensis, figs. 3-4 (原著者, Jao 1941)

3. 生育状況と，単胞子嚢をつける短い側枝を示す藻体の部分，4. 房状に単胞子嚢をつける短い側枝をもつ糸状部.

タイプ標本：KS 9：B.
分布：タイプ産地にのみ分布する．

8) ***Audouinella glomerata*** Jao (1941：254, pl. 3, figs. 18-20)
(**図版23, figs. 4-5,** 原著者, Jao 1941)

藻体は微小，濃鋼青色，側生的に分枝する匍匐部と直立糸状部とからなる．匍匐部の細胞は，やや小さく，長さは太さの1.5-2倍．直立部は密生し，無分枝か，ほとんど分枝せず，極めて稀に長い枝をもつ．細胞は円柱形，太さ7-9 μm，長さ16-36 μm. 1次枝の先端には偽の端毛があり，真の無色の端毛は欠如する．各細胞には，不規則でわずかに襞のある，楕円，円盤形の色素体が2-4個含まれる．単胞子嚢をつける短い側枝は，長さが通常1-3細胞性，散在または対生，細胞は通常の1次枝の細胞より短い．単胞子嚢は無柄か1細胞性の柄があり，2-4個ずつ，時に単独で，単胞子嚢をつける側枝の細胞に，通常，散形状に配列し，卵形，太さ8-12.6 μm，長さ11.7-14.4 μm.

タイプ産地：東アジア：中国，四川省重慶市北碚，北温泉公園近傍の山地性小流中の岩や維管束植物に付着する．
タイプ標本：SC 1080：B.
分布：タイプ産地にのみ分布する．

インドから*Acrochaetium*アクロカエチウム属の種として記載された以下の種はLee, Y. P. & Lee, I. K. (1988)の見解に従うならば，*A. amahatanum*と同様に*Audouinella*オージュイネラ属に帰属させるのがよいと考える．

1) ***Acrochaetium godwardense*** Patel (1970：33, figs. 1-12)
(**図版24, figs. 1-12,** 原著者, Patel 1970)

藻体は匍匐部と直立糸状部とからなり，密集した房状，長さ4.5 mmに達し，匍匐部で基物に付着する．直立糸状部の主枝は太さ13.0-15.0 μm，長さは太さの3-5倍．枝細胞は太さ7.5-11.3 μm，細胞膜は厚さ1.9-3.77 μm．細胞には1個の核と，1-2個のピレノイドをもつ，1個の切れ込みのある側壁性の色素体を含む．端毛がある．単胞子嚢は，分枝または無分枝の短い側枝に1-2個ずつつき，長く，太さ16.0-17.0 μm，長さ18.0-24.3 μm．単胞子嚢壁が溶解してできた先端の開口部から，単胞子は放出される．単胞子は球形または準球形で，薄い膜があり，太さ13.0-16.0 μm，長さ10-20 μm．単胞子による無性生殖のみが知られている．

タイプ産地：アジア：インド，Gujarat State, Palanpur近傍，Balaram河岸沿いの壁に付着する．
タイプ標本：Patel 645, Sardar Patel University.
分布：タイプ産地にのみ分布する．

2) ***Acrochaetium indica*** Raikwar (1962：102, figs. 1-18)
(**図版25(a), figs. 1-10,** 原著者, Raikwar 1962)

藻体は，匍匐部と直立糸状部とからなり，密集した房状．太さ13.0-15.0 μmの匍匐部で基物に付着する．直立糸状部の細胞は太さ7.2-7.6 μm，長さ54-72 μm．細胞には1個，時には数個

の核と，ピレノイドのない，1個の切れ込みのある側壁性の色素体を含む．端毛はない．単胞子嚢は，頂生で，長く，太さ 16.0-17.0 μm，長さ 20.5-26 μm のものと，側生で，倒卵形，直径 21.6-23.4 μm のものとの2型がある．単胞子嚢壁が溶解してできた先端の開口部から，単胞子は放出される．単胞子による無性生殖のみが知られている．

タイプ産地：アジア：インド，Uttar Pradesh, Bahraich District, Anarkai Tal 中の死んだ

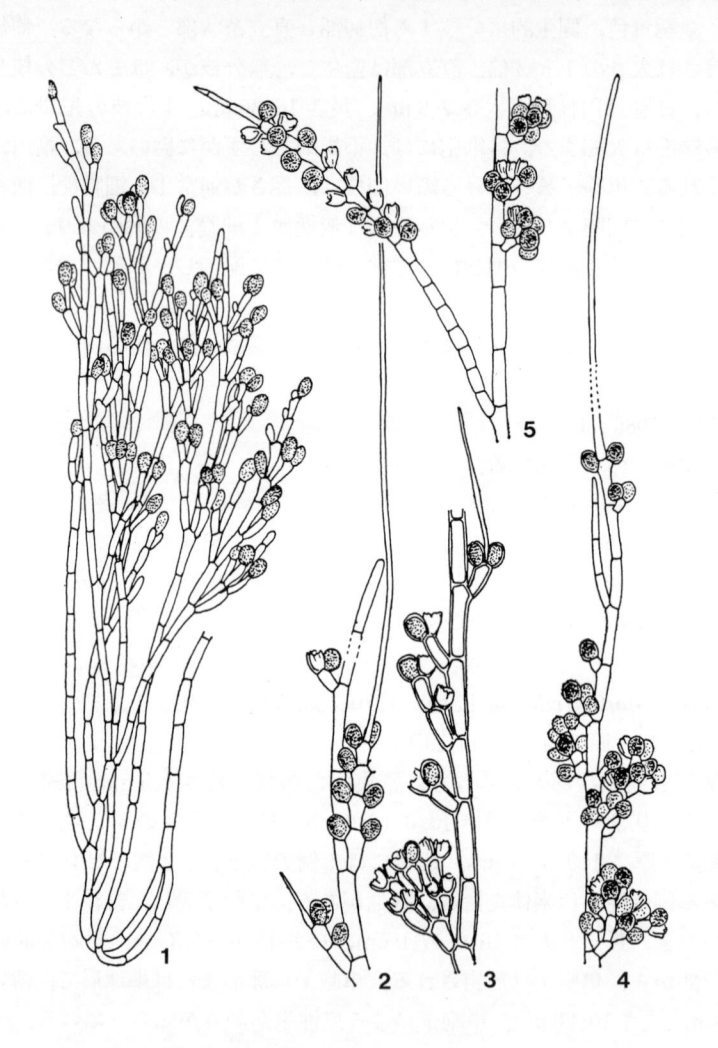

図版 23

Audouinella cylindrica, fig. 1 （原著者，Jao 1941）
1．分枝の状況と，単胞子嚢をつける短い側枝を示す藻体の上部．
Audouinella lanosa, figs. 2-3 （原著者，Jao 1941）
2-3．分枝の状況，単胞子嚢をつける短い側枝と端毛を示す藻体の部分．
Audouinella glomerata, figs. 4-5 （原著者，Jao 1941）
4．集塊状の単胞子嚢と，偽端毛を示す枝の部分，5．3本の典型的な側枝と1本の異常な側枝を示す藻体の部分．

水生維管束植物上に付着する．
　タイプ標本：Banaras Hindu University．
　分布：タイプ産地にのみ分布する．

3) *Acrochaetium sarmaii* Khan (1970：250, figs. 1-6)
　(図版 25(b), figs. 1-6, 原著者, Khan 1970)
　藻体は匍匐部と直立糸状部とからなり，密集した房状．太さ 10-12 μm の匍匐部で基物に付着する．直立糸状部の細胞は長く，太さ 10-12 μm，長さ 40-60 μm．細胞には1個の核と，ピレノイドのない，1個の切れ込みのある側壁性の色素体を含む．単胞子嚢は，頂生で細長く，太さ 6-12 μm，長さ 9-18 μm のものと，側生で，倒卵形，直径 10-12 μm のものとの2型がある．単胞子嚢壁が溶解してできた先端の開口部から，単胞子は放出される．単胞子による無性生殖のみが知られている．
　タイプ産地：アジア：インド，Dehradum，Dehradum 用水路の出口の苔上に付着する．
　タイプ標本：D. A. V. Post graduate College．
　分布：タイプ産地にのみ分布する．

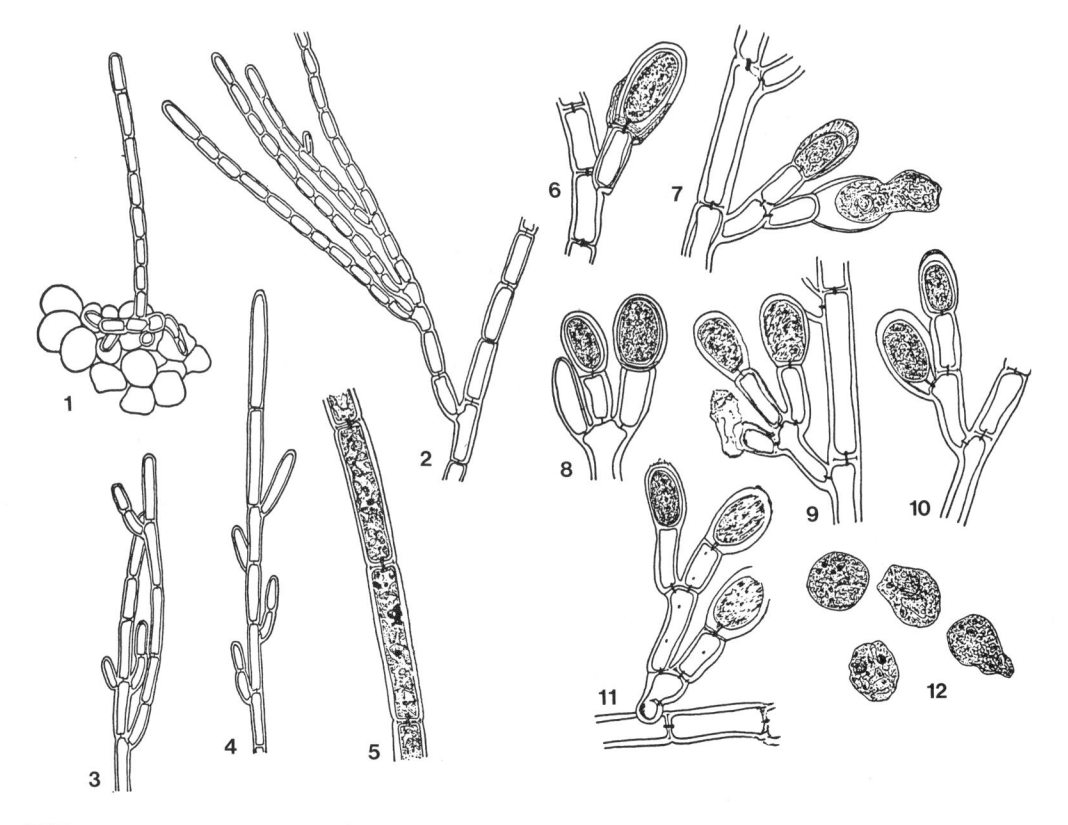

図版 24
　Acrochaetium godwardense, figs. 1-12 (原著者, Patel 1970)
1. *Compsopogon* 上で単胞子から発達した若い藻体，匍匐部と直立部を示す，2-4. 分枝の性状を示す，5. 細胞の構造を示す糸状体の一部，6-11. 異なった分岐をする枝上の単胞子嚢を示す，7. 単胞子の放出を示す，12. 単胞子．

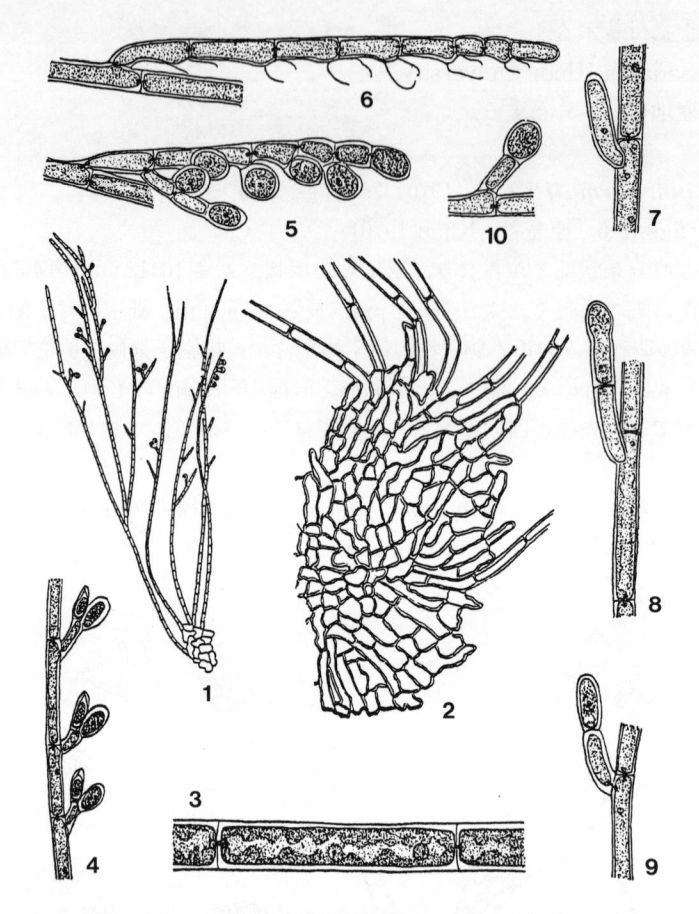

図版 25(a)　*Acrochaetium indica*, figs. 1-10（原著者, Raikwar 1962）
1. 成熟した藻体の性状, 2. 匍匐部, 3. 色素体を示す栄養細胞, 4. 有限成長をする側枝の先端につく単胞子嚢, 5. さらに分岐し, 側生で無柄の単胞子嚢をつける側枝, 6. 側枝と無柄の単胞子嚢を示す有限成長をする側枝, 7-10. 有限成長をする側枝の先端につく異なる発達段階の単胞子嚢.

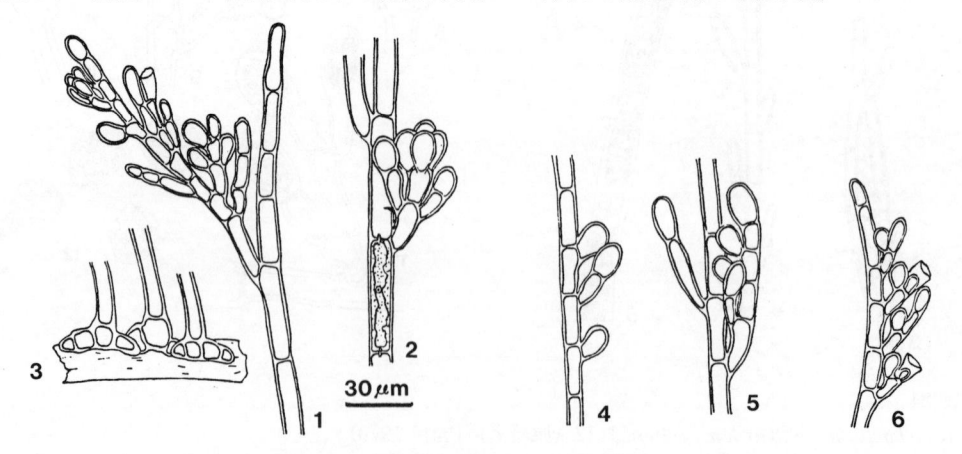

図版 25(b)　*Acrochaetium sarmaii*, figs. 1-6（原著者, Kahn 1970）
1. 優勢な匍匐部, 2. 房状の単胞子嚢をもつ側枝の分枝を示す, 3. 房状の単胞子嚢をもつ側枝と, 色素体の性質を示す基部の細胞, 4. 頂生の細長い単胞子嚢と, 同様に無柄の倒卵形の単胞子嚢をつける無限成長をする側枝, 5. 有限成長をする側枝の先端につく単胞子嚢, 6. 有限成長をする側枝の先端に, 単胞子放出が既に終わった単胞子嚢内に, 新たな単胞子嚢が形成されたことを示す.

Order **Balbianales** Sheath et Müller nom. illeg.
バルビアナ目

　Balbiana バルビアナ属は Garbary (1987) により *Audouinella* オージュイネラ属の異名とされており，*Acrochaetium* アクロカエチウム属の淡水産種のある種は *Audouinella* オージュイネラ属へ移された．Sheath & Müller (1998) は，*Balbiana* バルビアナ属と *Rhododraparnaldia* ロドドラパルナルジア属とを含む新目 Balbianales バルビアナ目を提案している．英語，ラテン語による目の記載もされておらず，正式な分類規約に則ったものではないことは承知の上で，本書は上記の 2 属を暫定的にバルビアナ目として採録することにする．

Genus ***Balbiana*** Sirodot (1876: pl. 47, fig. 10, pl. 48, figs. 2-3)
バルビアナ属

Type: *Balbiana investiens* (Lenormand) Sirodot

Balbiana バルビア属の種の検索法

1. 単胞子は長さ 8-11 µm ··· 1) *B. meiospora*
1. 単胞子は長さ 15-18 µm ·· 2) *B. investiens*

---

1) ***Balbiana meiospora*** Skuja (1944: 10, tab. 1, figs. 1-11)
異名：*Audouinella meiospora* (Skuja) Garbary (1987: 112)
　(**図版 20, figs. 4-7**, Necchi & Zucchi 1995，*Audouinella meiospora* として)；(**図版 26, figs. 1-3**, 原著者，Skuja 1944)
　藻体は雌雄同株，赤紫色，単軸性．Nothocladus lindaueri の生きた藻体の輪生枝内の粘質物中に着生する．藻体は，最初は低いクッション状，後に赤紫色の被覆状に発達し，匍匐部と直立部からなる．匍匐部の細胞は，やや円柱形，太さ 1.5-5 µm，長さ 25 µm，長さは太さの 5-6 倍．直立部は長さ 350 µm，側生的に分枝，細胞は太さ 4-7 µm，長さ 8-16 µm．細胞には偏在的な赤紫色の不規則な板形，リボン形で，ピレノイドをもたない色素体がらせん状に配列する．細胞膜は薄く，無色である．単胞子囊，精子囊，造果器が同一の藻体に存在する．単胞子囊は楕円形から倒卵形で，太さ 6-8 µm，長さ 8-11 µm，1-2 細胞性の短い側枝に形成される．精子囊は球形，太さ 3-5 µm，短い側枝に 1-3 個ずつ頂生または側生する．造果器は図示(図版 13, fig. 3 参照)されているが，果胞子体は知られていない．
　タイプ産地：ニュージーランド，北島，Russel 近傍，Waitangi 河．
　タイプ標本：ニュージーランドのタイプ産地では *Nothocladus lindaueri* 上に着生する．
　分布：タイプ産地のほか，南米：ブラジル，São Paulo 州，国道 SP-55 線から 16 km，Rio Branco，Itanhaém では *Compsopogonopsis leptoclados* 上に着生している．

2) ***Balbiana investiens*** (Lenormand) Sirodot (1876: 146, Tab. 13-15)
異名：*Chantransia investiens* Lenormand in Kützing (1849: 431); *Rhodochorton investiens* (Lenormand) Swale et Belcher (1963: 288, figs. 1-26), *Audouinella investiens* (Sirodot) Garbary (1978: 122): *Batrachospermum rubrum* Hassal (1845: 113, Tab. 15, figs. 2-3)

(**図版 27, figs. 1-4**，原著者，Sirodot 1876)

藻体は赤紫色，匍匐性，単軸性．カワモズク属の種の藻体の輪生枝叢上に着生する．細胞の長さは太さの10-15倍，端毛はしばしば発達するが，容易に脱落する．色素体はリボン形で，らせん状に配列する．無性生殖は単胞子により，単胞子嚢は側枝に頂生し，球形または卵形，太さ7-9 μm，長さ15-18 μm．放出後，単胞子は発芽し，直接，細長い糸状体（仮根）に，次いでカワモズクの藻体を取り巻くランナーに発達する．有性生殖は夏に起こる．精子嚢は側枝に頂生し，2-5個ずつ房状に形成される．造果器が受精し果胞子体が形成される．造果器は，短い2-3細胞性の側枝に頂生し，卵形，細長い受精毛をもつ．雄性配偶子（精子）は細胞膜がなく，無色，水流により受動的に受精毛へ到達し，細胞膜を形成する．受精後，造果器は丸くなり横に2分裂，さらに分裂し，そこから4-6細胞の長さの短い造胞糸が発達する．造胞糸の先端の細胞は，1個の細胞膜のない果胞子を形成する．果胞子はカワモズクの藻体上で発芽し，単胞子もつけないシャントランシア世代の藻体へと発達する．

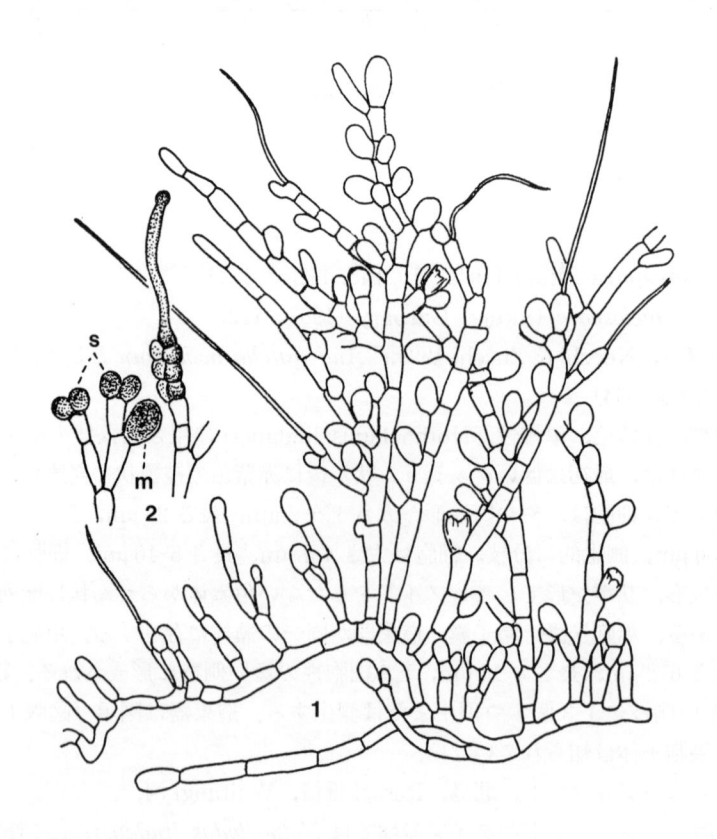

図版 26
Balbiana meiospora, figs. 1-3（原著者，Skuja 1944）
1. *Nothocladus* ノトクラズスの皮層部に沿って匍匐する藻体の部分，2. 精子嚢と単胞子嚢をつける短い側枝，3. 造果器の形成．s：精子嚢，m：単胞子嚢．

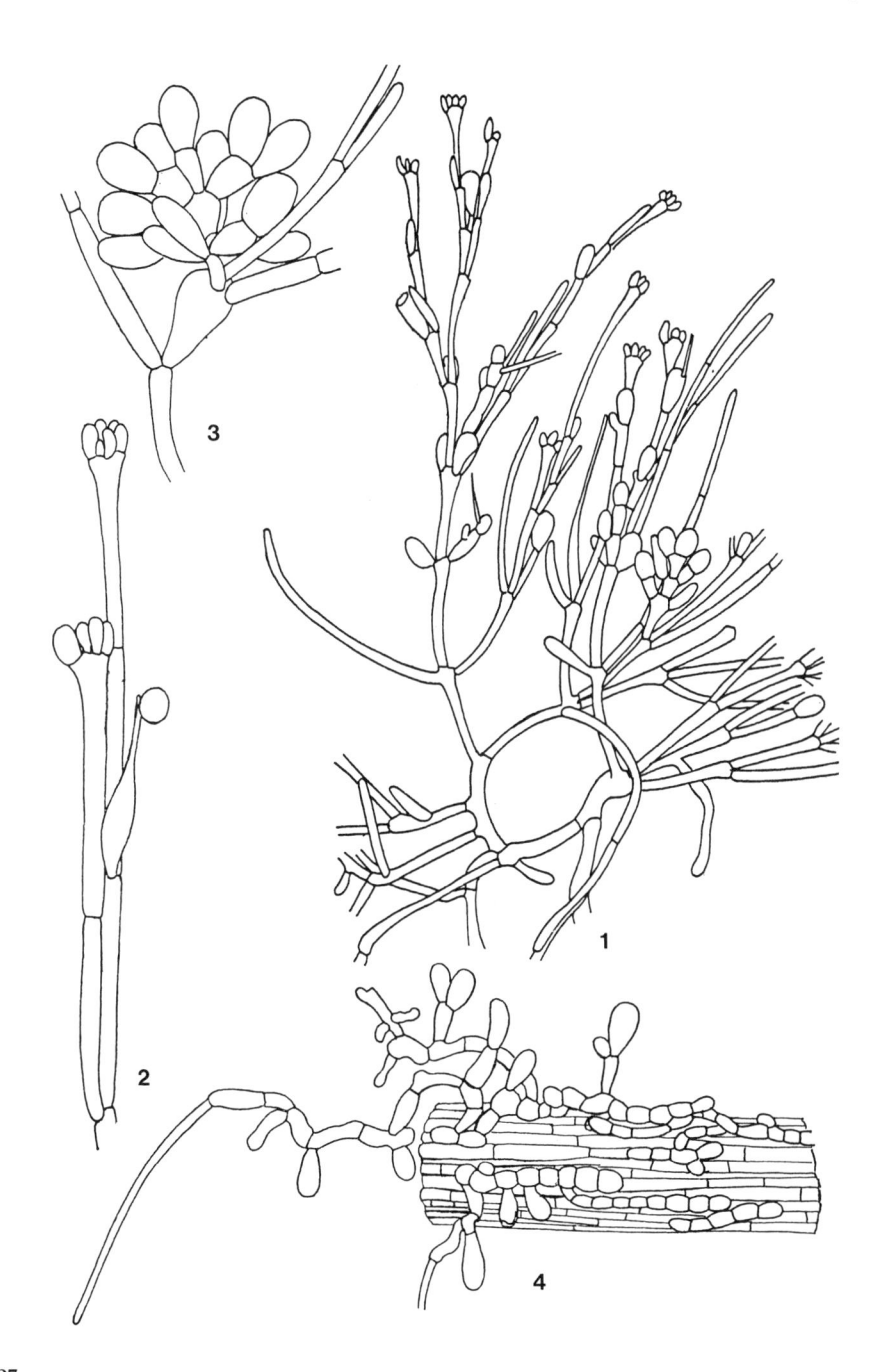

図版 27

Balbiana investiens, figs. 1-4 (原著者, Sirodot 1876)
1. 分枝，精子嚢と若い果胞子体を示す藻体の部分，2. 栄養枝の側枝の先端につく精子嚢，短い側枝につく造果器と受精毛に付着する精子，3. 造胞糸の先端につく果胞子嚢をもつ若い果胞子体，4. *Batrachospermum* カワモズクの皮層部に沿って匍匐する藻体の部分．

タイプ産地：欧州：英国，Penzance in Cornwall．

タイプ標本：

分布：タイプ産地のほか，欧州：英国，Devon の Princetown，Westmorland の Blake Beek，Ambleside，フランス各地，ポルトガル各地，ドイツの Harz 山地の小流で，カワモズク *Batrachospermum gelatinosum* やアオカワモズク *B. helminthosum* の藻体上に着生して発見されている．

Genus *Rhododraparnaldia* Sheath, Whittick et Cole（1994：1）
ロドドラパルナルジア属
Type：*Rhododraparnaldia oregonica* Sheath *et al.*

本属名は，緑藻綱の *Draparnaldia* ツルギミドロ属にみられるように，主軸と側枝の細胞間の太さが大変に異なり，他方，藻体は濃紅色であるという性質から Sheath, Whittick & Cole (1994) により名づけられた．

造果器は，基部が膨らんだ円柱形で，細長い受精毛をもつという典型的な Acrochaetiales アクロカエチウム目の性質を示すのに，Batrachospermales カワモズク目のように，果胞子は発芽してシャントランシア世代の藻体になり，これから直接，配偶体が発達する．ピットプラグは 2 層のキャップ層をもち，外側は典型的なドーム形の 6 型である．このように，本属は Acrochaetiales アクロカエチウム目と Batrachospermales カワモズク目との両方の形質を併せもっているので，本属の分類上の所属は未確定である．

Vis *et al.* (1998) の RuBisCo 遺伝子と 18 S rRNA 遺伝子の分析結果によれば，*Rhododraparnaldia oreginica* は Acrochaetiales アクロカエチウム目と Parlmariales ダルス目の最初の分岐に位置している．したがって，本種が Batrachospermales カワモズク目の構成員であるか否かは明らかではない．

1) ***Rhododraparnaldia oregonica*** Sheath, Whittick et Cole（1994：1）
（図版 28，figs. 1-10，原著者，Sheath, Whittick et Cole 1994）

藻体は雌雄同株．先端の 2/3 の部分に密に分枝し，基部ではほとんど分枝しない有限成長をする側枝をもち，赤みを帯びた単列性の糸状体で，最下部の細胞から出る仮根で基質に付着する．中軸細胞は樽形，太さ 17.3-30.1 μm，長さ 15.1-38.7 μm．有限成長をする側枝は，対生または互生で，中軸細胞の真ん中の部分から出て，細胞は太さ 4.3-8.5 μm で，主軸の中軸細胞よりやや小さい．複合精子嚢は，長さ 24.2-43.7 μm の，長い，無色の柄の先端に 2-3 細胞が形成され，中央の細胞は通常の精子嚢のように球形であるが，外側の 1-2 個の細胞は円柱形である．造果器は複合精子嚢と同じ枝に形成され，造果器の基部は円柱形，太さ 5.2-7.9 μm，長さ 19.4-29.3 μm，受精毛は細く，先端がやや膨らむ．球形と円柱形のどちらの精子も，受精毛の先端に付着する．受精後の初期発生で造果器の基部は大きく成長し，受精毛の周りに肩が形成される．果胞子体は，短い造胞糸と，太さ 5.5-7.9 μm，長さ 7.4-10.8 μm の多数の球形の果胞子嚢とからなる．果胞子は，発芽してシャントランシア世代の藻体に発達する．

タイプ産地：北米：米国，Oregon 州，Wilamette National Forest, River Blue Ranger District の北東 2.3 km．

タイプ標本：UBC A 80770．

Rhododraparnaldia ロドドラパルナルジア属　65

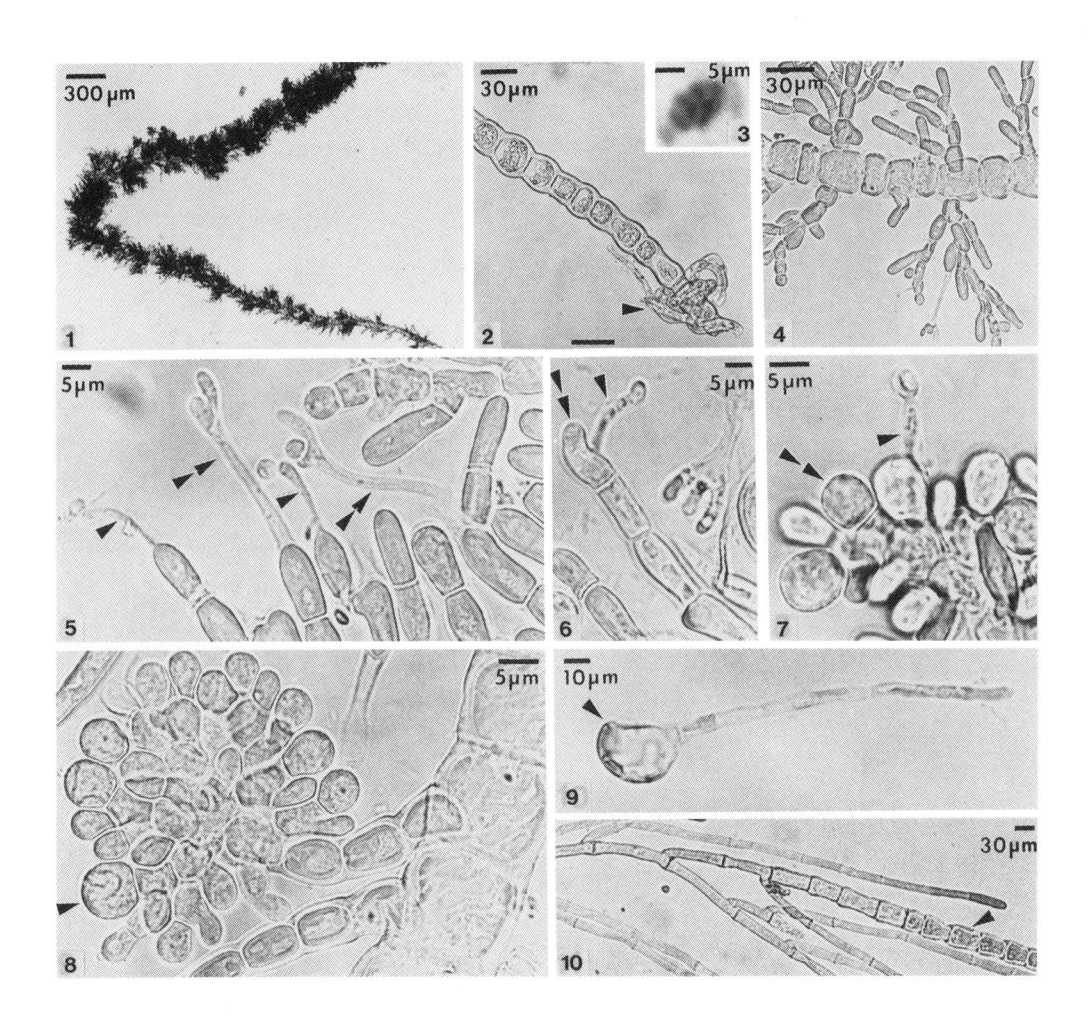

図版 28

　Rhododraparnaldia oregonica, figs. 1-10（原著者，Sheath, Whittick & Cole 1994）
1. 上部の密集した側枝と基部の疎らな側枝を示す藻体，2. 基部細胞から生じる仮根をもつ藻体の基部（矢頭），3. 輪生枝細胞の染色体，4. 対生と互生で，大きい樽形の中軸細胞から生じる有限成長をする側枝をもつ藻体の先端部，5. 球形，円柱形の精子が付着する細長い受精毛（矢頭）をもつ造果器と，長い柄の先端につく精子嚢（二重矢頭），6. 受精した受精毛（矢頭）と，肩（二重矢頭）を形成した造果器の基部，7. 不明瞭な受精毛（矢頭）をもつ若い果胞子体と，数個の果胞子嚢（二重矢頭），8. 大きい球形の果胞子嚢（矢頭）をもつ成熟した果胞子体，9. シャントランシア世代を形成するため発芽した果胞子（矢頭），10. 配偶体の原基細胞（矢頭）を形成したシャントランシア世代．

Balbianales　バルビアナ目

分布：北米：米国，Oregon 州，海岸山脈とカスケード山脈にある二つの流れに分布する（水温 8-11°C）．

Order **Batrachospermales** Pueschel et Cole (1982: 717)　カワモズク目
Type: family Batrachospermaceae C. Agardh

　Batrachospermales カワモズク目は，レマネア型の生活史と，内側と外側の2層のキャップ層が存在し，外側のキャップ層がドーム形であるという6型のプラグキャップをもつ（Pueschel & Cole 1982）．

　Lemanea レマネア属（Magne 1967）と *Batrachospermum* カワモズク属（Balakrishnan & Chaugule 1980 a, 1980 b）で報告されたレマネア型の生活史では，果胞子は発芽して，小さいシャントランシア世代と呼ばれる複相の糸状体になる．この複相世代の藻体の頂端細胞で減数分裂が行われる．2回の核分裂の後，形成された核のうち，1個の核を含む細胞質の小部分が細胞壁により切り出され，残りの3個の核は分解する．このようにして，1個の核のみが生き残る．外見は変わらないまま単相になった頂端細胞は，新しい単相の配偶体に発達する．

　RuBisCo 遺伝子と 18 S rRNA 遺伝子塩基配列の分析結果から Vis *et al.* (1998) は以下のように述べている．*Batrachospermum* カワモズク属は，形態的に類似するが，分類学上の位置について今後の研究にまたねばならぬ多くの分類群から構成されている．*Tuomeya* ツオメヤ属，*Sirodotia* ユタカカワモズク属，*Nothocladus* ノトクラズス属を，属のランクで残すか否かは，再考の余地がある．*Psilosiphon scoparium* が Lemaneaceae レマネア科の種と密接な関係にないことは，新科 Psilosiphonaceae プシロシフォン科（Sheath *et al.* 1996）の提案が正しかったことを示している．分子系統学的にみて，*Thorea violacea* が Batrachospermales カワモズク目のほかの分類群と密接な関係にないことが判明したが，Thoreaceae チスジノリ科を Batrachospermales カワモズク目内に含めてよいのかどうかは，まだ判然としない．

　現在のところ，Batrachospermales カワモズク目に四つの科，Batrachospermaceae カワモズク科，Lemaneaceae レマネア科，Psilosiphonaceae プシロシフォン科と Thoreaceae チスジノリ科とを含めている．

Batrachospermales カワモズク目の科の検索表

1. 藻体は多軸構造……………………………………………………………………チスジノリ科
1. 藻体は単軸構造 ………………………………………………………………………………2
2. ビーズ状の外観を示す……………………………………………………………カワモズク科
2. 藻体は規則的に括れ(節)のある管状 ………………………………………………………3
3. 有性生殖はみられない……………………………………………………………プシロシフォン科
3. 果胞子体は管状の藻体内部に，精子嚢斑は節部に形成される………………………レマネア科

Family **Batrachospermaceae** C. Agardh (1824: p. XXIII)
カワモズク科
as family Batrachospermeae
Type: genus *Batrachospermum* Roth

　Batrachospermaceae カワモズク科には四つの属，*Batrachospermum* カワモズク属，*Sirodotia* ユタカカワモズク属，*Nothocladus* ノトクラズス属，そして *Tuomeya* ツオメヤ属とが含まれる．藻体は不規則に分枝する．造果器をつける枝は，周心細胞，輪生枝または皮層細胞糸の細胞から生じる．造果器は，左右対称または左右非対称で，長い円錐形または短い棍棒形の受精毛をもつ．果胞子体は定形または不定形．造胞糸は受精した造果器から直接または融合細胞から生じる．放射状に分枝して有限成長をする造胞糸と，または分散して無限成長をして伸びる造胞糸とがある．

Batrachospermaceae カワモズク科の属の検索表

1. 果胞子体は団塊状 ……………………………………………………………………2
1. 果胞子体は団塊状でない ……………………………………………………………3
2. 果胞子体は球形で，造果糸は受精した造果器から直接生じ，放射状に有限伸長する
 ……………………………………………………………………………カワモズク属
2. 果胞子体は球形で，造果糸は受精した造果器，器下細胞などの融合した塊状のプラセンタから生じ，放射状に有限伸長する………………………………………………ツオメヤ属
3. 造胞糸は造果糸は受精した造果器から直接生じ，皮層細胞糸に沿って無限伸長し，果胞子嚢は中軸部に形成される………………………………………………ユタカカワモズク属
3. 造胞糸は造果糸は受精した造果器から直接生じ，外側皮層細胞糸中を無限伸長し，果胞子嚢は皮層外部の藻体表面部に形成される………………………………………ノトクラズス属

Genus *Batrachospermum* Roth (1797: 36)　カワモズク属（斎田 1910）
Type: *Batracpospermum gelatinosum* (Linnaeus) De Candolle

　藻体は不規則に分枝する．造果器をつける枝は，周心細胞または輪生枝の細胞から生じる．*B. involutum*（*Batrachospermum* カワモズク節）の造果器をつける枝は，大量の澱粉粒や，数個の側壁性のよく発達した色素体をもつ単核性の細胞で構成され，近接の輪生枝と微細構造において類似している（Sheath & Müller 1997）．*B. helminthosum*（*Virescentia* ヴィレスケンチア節）の短い造果器をつける枝の細胞は，これに反して澱粉粒が認められず，チラコイドのほとんどない退化した型の色素体をもっている．造果器をつける枝の細胞の隔壁の崩壊は，*B. helminthosum* ではふつうであるが，*B. involutum* では認められない．造果器は，左右対称またはやや左右非対称で，長い円錐形または短い棍棒形の受精毛をもつ．果胞子体は定まった形をもつ．放射状に分枝し有限成長する造胞糸のみをもつ分類群，または放射状に分枝し有限成長する造胞糸と，分散して伸び無限成長する造胞糸の両方をもつ分類群とがある．両方の分類群の造胞糸は，いずれも受精した造果器から直接形成される．

カワモズク属の節のランクの分類は近い将来，大きく改定されると思われる．何人かの研究者が，多くの新事実を報告しているからである．Kumano (1993) は，わずかにカーブする造果器をつける枝をもつ *Batrachospermum* カワモズク節の *B. nova-guineense*, *Virescentia* ヴィレスケンチア節の *B. bakarense* を，上記の二つの節と *Contorta* コントルタ節とをつなぐ鎖ではないかと考えている．比較的長い造果器をつける枝をもつ *B. cylindricellulare* は，造果器をつける枝の発達の初期段階で，*Aristata* アリスタタ節の *B. cayennense* と大変よく似ている．有限成長をする造胞糸と，無限成長をする造胞糸との両方をもつ *Turfosa* ツルフォサ節（*sensu* Necchi 1990 a）の *B. tapirense* のような種は，有限成長をする造胞糸のみをもつ *Batrachospermum* カワモズク属と，無限成長をする造胞糸のみをもつ *Sirodotia* ユタカカワモズク属とをつなぐ鎖であると考えている．

Sheath *et al*. (1994 a, 1994 b) は，造果器の形態の一部を *Virescenta* ヴィレスケンチア節と *Turfosa* ツルフォサ節とを区別する形質としたが，このような造果器の形態を，節のランクの分類形質として用いるのには疑問があるとする説がある．*Aristata* アリスタタ節と *Batrachospermum* カワモズク節とを分離することにも，Entwisle (1995) や Sheath *et al*. (1994 b) が疑問を投げかけている．

また，豪州とニュージーランドから最近に記載された種は，*Batrachospermum* カワモズク節，*Turfosa* ツルフォサ節，*Virescentia* ヴィレスケンチア節の中間的な性質をもつことや，*Hybrida* ヒブリダ節の種は，*Contorta* コントルタ節に帰属させたほうがよいのではないかという疑問を，Entwisle & Foard (1997) が報告している．例えば，*B. terawhiticum* が，無限成長をする造胞糸と，有限成長をする造胞糸との両方の造胞糸をもつことなどは，現在の分類体系がこれらの新事実に対応できていないことを示している．

形態的な形質を用いる場合は，長さなどを計測した結果を使用する場合より，研究者の主観が入りやすいので，*Virescentia* ヴィレスケンチア節を *Turfosa* ツルフォサ節から分ける基準として一部で使用している造果器の形態は，節のランクの分類に用いるには，適当な形質ではないと Sheath *et al*. (1994 c) は考えている．

Entwisle & Foard (1997) によれば，*B. prominens, B. terawhiticum* のような種は，*Turfosa* ツルフォサ節と *Virescentia* ヴィレスケンチア節との中間に位置し，"sessile"（無柄）または "axial"（中軸性）の果胞子体と，"pedicellate"（有柄）の果胞子体とを厳密に区別することが困難になってきている．

Entwisle (1995) や Sheath *et al*. (1994 b) は，*Aristata* アリスタタ節と *Batrachospermum* カワモズク節とを分離することを疑問視し，Entwisle & Foard (1997) が最近記載した種がこの両節の中間に位置することから，この両節を分離する根拠がさらに薄くなっている．

Aristata アリスタタ節を区別する形質と従来考えられてきた，造果器をつける枝の長さは，節のランクで使用する形質として不適当であることを Sheath *et al*. (1994 b) が指摘した．Entwisle & Foard (1997) は，フランス産の歴史的重要種 *B. sporulans*（Vis *et al*. 1995 によれば *B. skujae* の異名）の造果器をつける枝が，Vis *et al*. (1995) が報告しているように 5-10 個の未分化の細胞で構成されているのではなくて，15-18 個の分化した細胞から構成されていることを示し，本種は *Batrachospermum cayennense* group（*Aristata* 節）に入れたほうがよいことを示唆している．RuBisCo 遺伝子の分析結果から，Vis & Sheath (1998) は *B. spermatoinvolucrum* を *B. gelatinosum* の変種に格下げすることを提案している．

以上のように、カワモズク属の分類には様々な意見が錯綜している。したがって、どのように節や種を取り扱っても、すべての研究者を満足させる結果となるとは思えない。そこで本書では、大部分の種を、まず既存の節に分類し、豪州、ニュージーランドの種については、Entwisle & Foard (1997) の提起した暫定的なグループに分類することにする。

Batrachospermum カワモズク属の亜属と節の検索表

1. 果胞子体は1細胞の接合子に退化 …………………………………………… I. 無果胞子体亜属
1. 果胞子体は多細胞構造……………………………………………… II. カワモズク亜属…2
2. 果胞子体は有限成長造胞糸と無限成長造胞糸からなる ……………………… 3. ツルフォサ節
2. 果胞子体は有限成長造胞糸のみからなる …………………………………………………3
3. 果胞子体は増殖胞子をつける……………………………………… 5. ゴニモプロパグルム節
3. 果胞子体は果胞子をつける ……………………………………………………………4
4. 造果器をつける枝はらせん状に湾曲する……………………………………… 8. コントルタ節
4. 造果器をつける枝はらせん状に湾曲しない …………………………………………………5
5. 造果器をつける枝は非常に長い（12細胞以上）………………………………… 7. アリスタタ節
5. 造果器をつける枝は短い（2-12細胞）………………………………………………………6
6. 輪生枝叢は非常に退化する……………………………………………………… 2. セタケア節
6. 輪生枝叢は通常に発達する ……………………………………………………………7
7. 果胞子体は大きく、1-2個が輪生枝叢の中位に位置する ……………………………………8
7. 果胞子体は小さく、多数が輪生枝叢内に位置する………………………………… 1. カワモズク節
8. 受精毛は円柱形で長く、明瞭な柄がある……………………………… 4. ヴィレスケンチア節
8. 受精毛は円柱形でも長くもなく、明瞭な柄もない………………………………… 6. ヒブリダ節

I. Subgenus *Acarposporophytum* Necchi (1987: 446) 無果胞子体亜属

Type: *Batrachospermum brasiliense* Necchi

果胞子体は、1細胞性の接合子にまで退化している。したがって、造胞糸、果胞子体、果胞子が存在しない。シャントランシア世代の藻体の細胞糸は、受精した造果器から直接生じて、配偶体の藻体（カワモズクの藻体）に発達する。

1) *Batrachospermum brasiliense* Necchi (1987: 442, figs. 2-28)

(**図版29(a), figs. 1-6**, 熊野 1996 f. *In* 山岸・秋山(編), 淡水藻類写真集. 16: 12, **figs. 7-8**, 原著者, Necchi 1987)

藻体は雌雄同株、粘性は中程度、長さ3-6 cm、太さ450 μm。輪生枝叢は樽形で、圧縮して互いに接触する。輪生枝は2-4、1次輪生枝は2-3又で6-10回分枝する、下部細胞は円筒形、太さ6-12 μm、長さ40-80 μm、上部細胞は倒卵形または球形、太さ8-12 μm、長さ14-20 μm、端毛は多数で短い。皮層細胞糸はよく発達する。2次輪生枝は多数で、節間を覆う。精子嚢は球形から倒卵形で、輪生枝の末端に生ずる。造果器をつける枝は周心細胞から生じ、短く、長さ15-30 μm、3-6個の円盤形または樽形の細胞からなる。上部の被覆枝はロゼット状、下部被覆枝は多数。造果器は長さ30-45 μm、受精毛は棍棒形または卵形で有柄。果胞子体は1細胞性の接合子

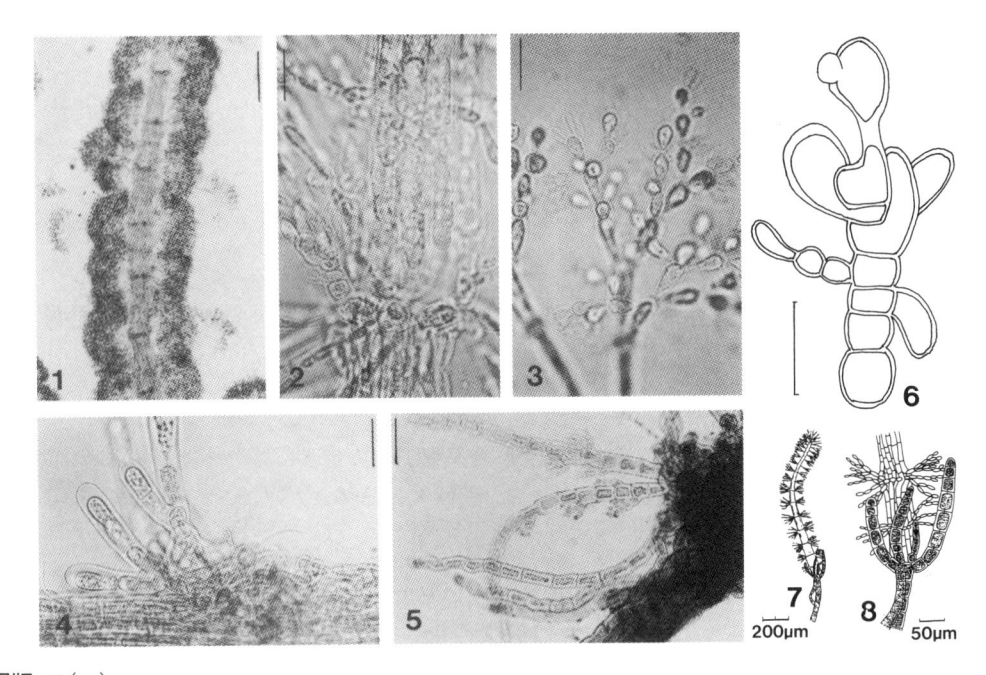

I. *Acarposporophytum* 無果胞子体亜属　71

図版 29(a)
Batrachospermum brasiliense, figs. 1-6 (熊野 1996 f), figs. 7-8 (原著者, Necchi 1987)
1. 密着し融合する樽形の輪生枝叢をもつ主軸, 2, 6. 卵形の受精毛をもつ造果器とロゼット状の上部被覆枝をもち, 周心細胞から生じる造果器をつける枝, 3. 輪生枝の先端につく精子嚢, 4-5. 1細胞性の果胞子体から生じるシャントランシア世代の糸状体, 7-8. シャントランシア世代の糸状体から形成された配偶体. (縮尺=200 μm for fig. 1 ; 100 μm for fig. 5 ; 40 μm for figs. 2,4 ; 20 μm for fig. 3)

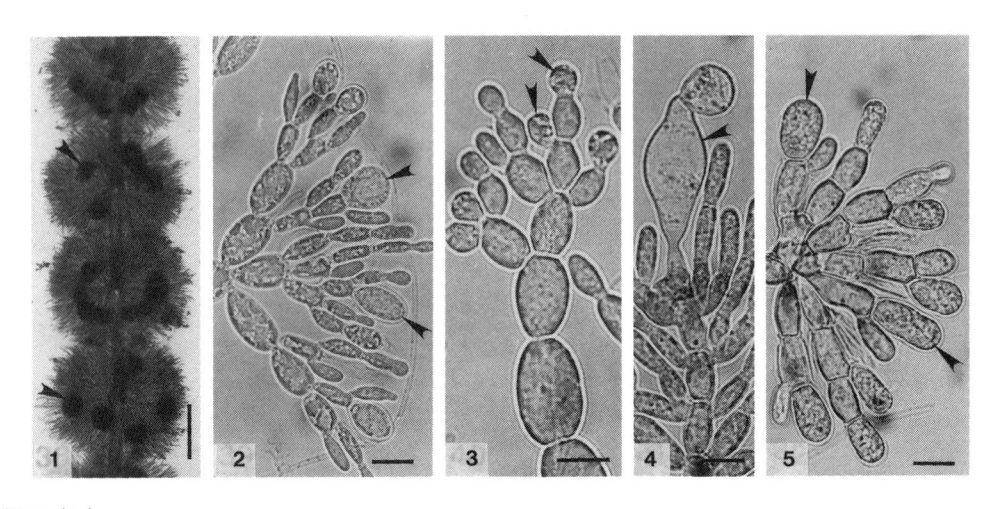

図版 29(b)
Batrachospermum skujae, figs. 1-5 (Vis *et al.* 1996 a)
1. 球形の果胞子体 (矢頭) がある融合する樽形の輪生枝叢をもつ主軸, 2. 輪生枝の先端につく単胞子嚢 (矢頭), 3. 輪生枝の先端につく精子嚢 (矢頭), 4. 膨れた棍棒形, 杓子形の受精毛 (矢頭) をもつ受精した造果器, 5. 頂生する果胞子嚢 (矢頭) をつける短い密集した3-4細胞性の造胞糸. (縮尺=300 μm for fig. 1 ; 10 μm for figs. 2-5)

にまで退化．シャントランシア世代の藻体の細胞糸は，1細胞性の接合子，果胞子体から直接生ずる．

タイプ産地：南米：ブラジル，São Paulo 州，Biritiba Mirim，Boracéia Biological Station，Rio Claro．

タイプ標本：SP 187180．

分布：タイプ産地のほか，南米：ブラジル，São Paulo 州，Rio Negro など数か所に分布する．

II. Subgenus *Batrachospermum* Necchi（1990 a：25）　カワモズク亜属

異名：genus *Batrachospermum* Roth（1797：36）

Type：*Batrachospermum gelatinosum*（Linnaeus）De Candolle

造胞糸，果胞子体，果胞子が存在する．発芽した果胞子から発達したシャントランシア世代の藻体の糸状体は，栄養細胞での減数分裂を経て，配偶体の藻体（カワモズクの藻体）に発達する．

1. Section *Batrachospermum* sensu Necchi et Entwisle（1990：483）　カワモズク節

異名：section *Moniliformia* Sirodot（1873），section "*Moniliformes*" Sirodot，
section *Helminthoidea* Sirodot ex De Toni（1897），
section *Carpocontorata* Sheath *et al.*（1986）．

Type：*Batrachospermum gelatinosum*（Linnaeus）De Candolle

多変量形態計測などの分析を行った結果，Vis，Sheath & Entwisle（1995），そして Vis & Sheath（1996）は次の種を認め，記載を改定（Vis *et al.* 1995）している．これらの種の検索表を示す．

***Batrachospermum* カワモズク節**
(*emend*. Necchi et Entwisle 1990) の種の検索表

1. 単胞子が存在する………………………………………………………………………2
1. 単胞子は欠如する………………………………………………………………………3
2. 藻体は雌雄同株……………………………………………………………1) *B. skujae*
2. 藻体は雌雄異株…………………………………………………………2) *B. lochmodes*
3. 精子嚢は造果器の被覆枝につく………………………………………………………4
3. 精子嚢は造果器の被覆枝につかない…………………………………………………7
4. 輪生枝の先端は内側に巻く，輪生枝中間細胞から仮根状の枝を生ずる………3) *B. involutum*
4. 輪生枝の先端は内側に巻かず，輪生枝中間細胞から仮根状の枝を生じない……………5
5. 主軸は膨れた細胞と円柱形の細胞からなる異質皮層をもつ………………4) *B. confusum*
5. 主軸は円柱形の細胞のみからなる皮層をもつ…………………………………………6
6. 輪生枝はよくカールし，造果器は長さ<23 μm ………………………5) *B. pulchrum*
6. 輪生枝は真っすぐで，造果器は長さ>39 μm ……………………6) *B. spermatoinvolucrum*
7. 造果器はねじれる………………………………………………………………………8
7. 造果器は対称形…………………………………………………………………………11

8.	造果器は分岐する受精毛をもつ	7) *B. trichofurcatum*
8.	造果器は分岐しない受精毛をもつ	9
9.	ねじれや分岐は受精毛の先端に限定され，雌雄同株	8) *B. trichocontortum*
9.	湾曲やねじれは受精毛の様々な場所にあり，雌雄異株	10
10.	多量のねじれをもつ受精毛	9) *B. carpocontortum*
10.	ねじれがなくカーブまたは湾曲する受精毛	10) *B. szechwanense*
11.	藻体は雌雄同株	12
11.	藻体は雌雄異株	17
12.	藻体は球形西洋梨形の輪生枝叢をもつ	11) *B. heteromorphum*
12.	藻体は球形の輪生枝叢のみをもつ	13
13.	輪生枝の細胞は円柱形	12) *B. cylindrocellulare*
13.	輪生枝の細胞は倒卵形または楕円形	14
14.	主軸は円柱形の細胞からなる皮層をもつ	15
14.	主軸は膨れた細胞と円柱形の細胞からなる異質皮層をもつ	16
15.	受精毛は成熟すると膨張し，逆西洋梨形になる	13) *B. sinense*
15.	受精毛は成熟すると膨張し，逆西洋梨形にならない	14) カワモズク
16.	造果器は長さ≦41 μm，受精毛は太さ≦10 μm	15) ナツノカワモズク
16.	造果器は長さ≧51 μm，受精毛は太さ≧11 μm	16) *B. fluitans*
17.	造果器をつける枝の被覆枝は片側から生じる	17) *B. nova-guineense*
17.	造果器をつける枝の被覆枝は片側に限定されない	18
18.	主軸は円柱形の細胞からなる皮層をもつ	19
18.	主軸は膨れた細胞と円柱形の細胞からなる異質皮層をもつ	20
19.	造果器をつける枝は輪生枝細胞から生じる	18) *B. arcuatum*
19.	造果器をつける枝は皮層細胞からも生じる	19) *B. longipedicellatum*
20.	造果器をつける枝の被覆枝の先端には造果器がある	20) *B. carpoinvolucrum*
20.	造果器をつける枝の被覆枝の先端には造果器がない	21
21.	主軸は明瞭な輪生枝叢があり，2次輪生枝がほとんどない	21) *B. boryanum*
21.	主軸は明瞭な輪生枝叢があり，2次輪生枝は大量	22) *B. heterocorticum*

1)　***Batrachospermum skujae*** Geitler (1944 : 127) *emend*. Vis *et al.* (1995 : 52)

異名：*B. sporulans* Sirodot (1884 : 216, tab. 11), nom. illeg.；(森 1984．*In* 山岸・秋山(編)，淡水藻類写真集．1 : 11)

　(図版 29(b)，**figs. 1-5,** Vis *et al.* 1996 a)；(**図版 30, figs. 1-5,** 原著者，Sirodot 1884, *B. sporulans* として)

　藻体は雌雄同株．輪生枝叢は融合し，または離れ，樽形，太さ 554-1003 μm，主軸には皮層があり，円筒形の細胞のみからなる．造果器をつける枝は分化せず，長さ 5-10 細胞．造果器は長さ 33-59 μm，太さ 7-13 μm の披針形，または，枸子形の受精毛をもつ．1-6 個の果胞子体は輪生枝叢内に散在する．果胞子体は球形，有柄，太さ 50-152 μm．造胞糸は 2-4 個の円筒形の細胞．果胞子嚢は倒卵形，長さ 9-19 μm，太さ 8-14 μm．単胞子嚢は長さ 7-10 μm，太さ 7-10 μm．

　タイプ産地：欧州：フランス，Betton, Fontaine et doué de Bas-Champs.
　タイプ標本：PC, for *B. sporulans* Sirodot.

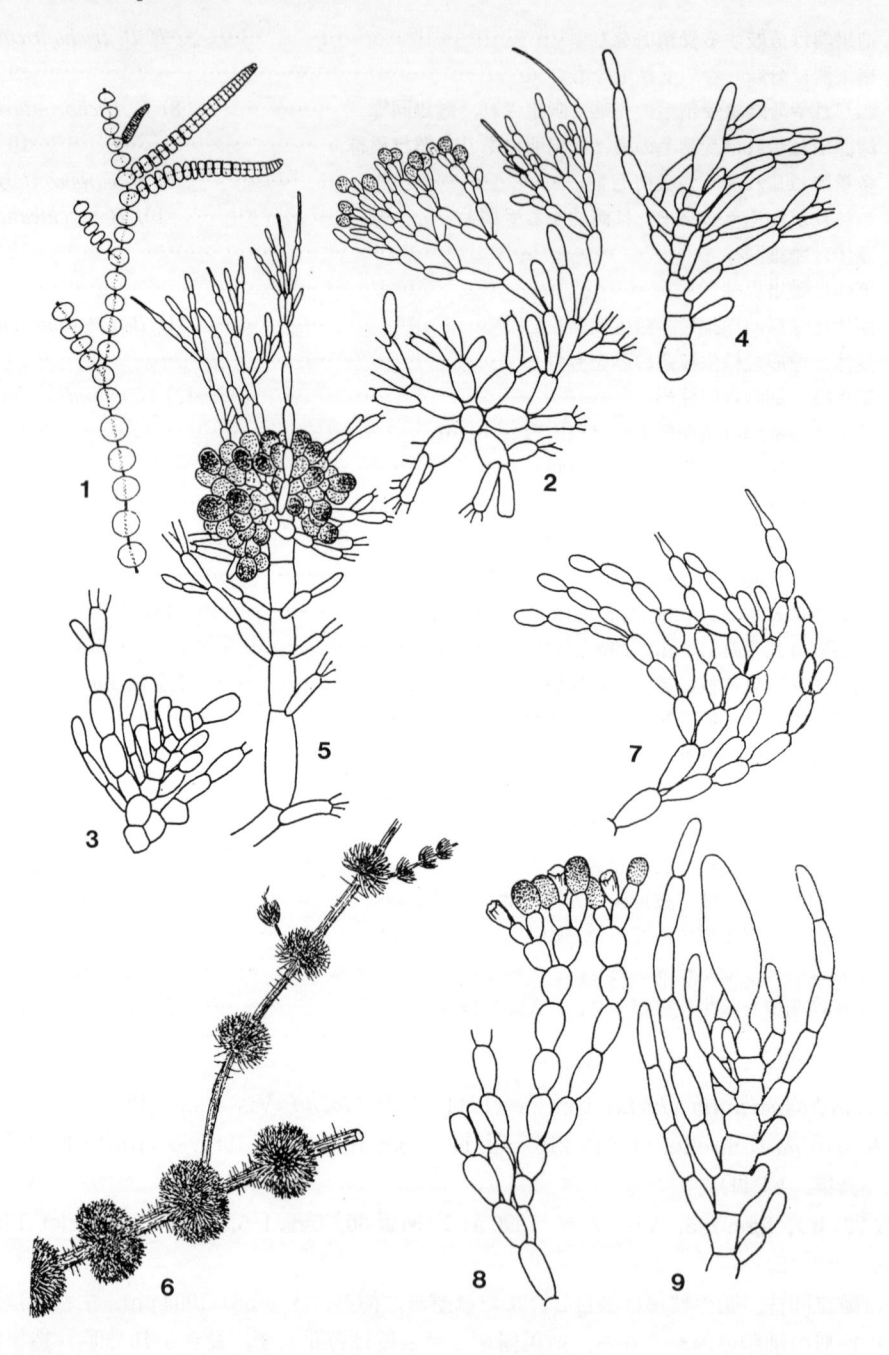

図版 30

Batrachospermum skujae as *B. sporulans*, figs. 1-5 （原著者, Sirodot 1884）
1. 球形の輪生枝叢をもつ主軸, 2. 単胞子嚢をもつ, 周心細胞から生じる輪生枝, 3-4. 分化した造果器をつける枝, 披針形の受精毛, 5. 果胞子嚢をつける短い造胞糸をもつ果胞子体.

Batrachospermum lochmodes, figs. 6-9 （原著者, Skuja 1938）
6. 分離した球形の輪生枝叢をもつ主軸, 7. 1次輪生枝, 8. 1次輪生枝の先端につく単胞子嚢, 9. 樽形の細胞で構成され, 分化した造果器をつける枝と披針形, 杓子形受精毛.

分布：欧州：ポルトガル（水温17°C），ポーランド（水温8-11°C），クリミア，ラトヴィア，スウェーデン，東アジア，北米：西部針葉樹林帯，ツンドラ帯に分布する（水温0-12°C）．

日本では，愛知県豊川の北，一の宮，豊橋の近傍，向山，広島県能美島などに（森1975，*B. sporulans* として）分布する．

2)　***Batrachospermum lochmodes*** Skuja（1938：620, pl. 33, figs. 1-11）
　（図版30, figs. 6-9, 原著者，Skuja 1938）
　藻体は雌雄異株．やや粘性あり，長さ2-3 cm，太さ500 μm，短い枝が直角に大変密に分枝する．暗黒茶色から赤色．輪生枝叢は楕円形から球形で離れる．端毛は稀で短く，長さ30 μm．精子嚢は知られていない．造果器をつける枝は13個の細胞からなり，周心細胞から生じる．造果器は長さ50 μm，受精毛は，若いときは倒円錐から棍棒形，杓子形，太さ14 μm，長さ41 μm．単胞子は卵形，倒卵形，1次，2次輪生枝，そして造果器をつける枝の先端につく．
　タイプ産地：東南アジア：インドネシア，中部Java，標高約2000 mのDijeng高原，Seraju Spring Area．
　タイプ標本：
　分布：タイプ産地のみに分布する．

3)　***Batrachospermum involutum*** Vis et Sheath（1996：128, figs. 25-34）
　（図版31, figs. 1-10, 原著者，Vis & Sheath 1996）
　藻体は雌雄同株．不明瞭な輪生枝叢をもち，太さ627-1405 μm，輪生枝は8-12細胞からなる．1対の輪生枝の先端は内側に巻き込む．皮層細胞糸状の突起が輪生枝の中間細胞から生じる．造果器をつける枝は未分化，3-8細胞からなり，長いまたは短い被覆枝をもち，時にその先端に1個以上の造果器をつける．造果器は太さ7-10 μm，長さ30-54 μm，受精毛は典型的な披針形，円柱形，時にカーブまたは分岐する．精子嚢は造果器をつける枝から出る1細胞性の被覆枝にのみ頂生する．果胞子体は球形，輪生枝叢に1-3個，輪生枝叢内または突出する．成熟した果胞子体は直径112-237 μm．果胞子嚢は太さ7-11 μm，長さ12-18 μm，3-4細胞の長さの造胞糸の先端につく．
　タイプ産地：北米：米国，Taxas州，San Marcos，泉に由来する小流（水温21°C）．
　タイプ標本：UBC A 81614．
　分布：タイプ産地にのみ分布する．

4)　***Batrachospermum confusum*** (Bory) Hassall（1845：105）*emend*. Vis *et al.*（1995：54）
　以下の異名はVis *et al.*（1995）に従った．
異名：*B. ludibundum* var. *confusum* ('*Batrachosperma ludibunda* [alpha] *confusa*') Bory（1808：320, pl. 29, fig. 3）；*B. alpestre* Shuttleworth ex Hassal（1845：111, pl. XIV, fig. 2）；*B. setigerum* Rabenhorst（1859, no 854）；*B. helminthosum* Sirodot（1884：240, pls. XXVI-XXVIII）, nom. illeg.（non *B. helminthosum* Bory 1808）；*B. crouanianum* Sirodot（1884：244, pls. XXIV, XXV）；*B. distensum* Kylin（1912：26, fig. 9 a-g）；*B. fruticulosum* Drew（1946：340, pl. viii）；*B. confusum* f. *spermatogloberatum* Reis（1962：62, pl. II）．

　（図版32, figs. 1-5, 熊野1996 i. *In* 山岸・秋山（編），淡水藻類写真集．16：15. figs. 6-7,

76　**Batrachospermales**　カワモズク目

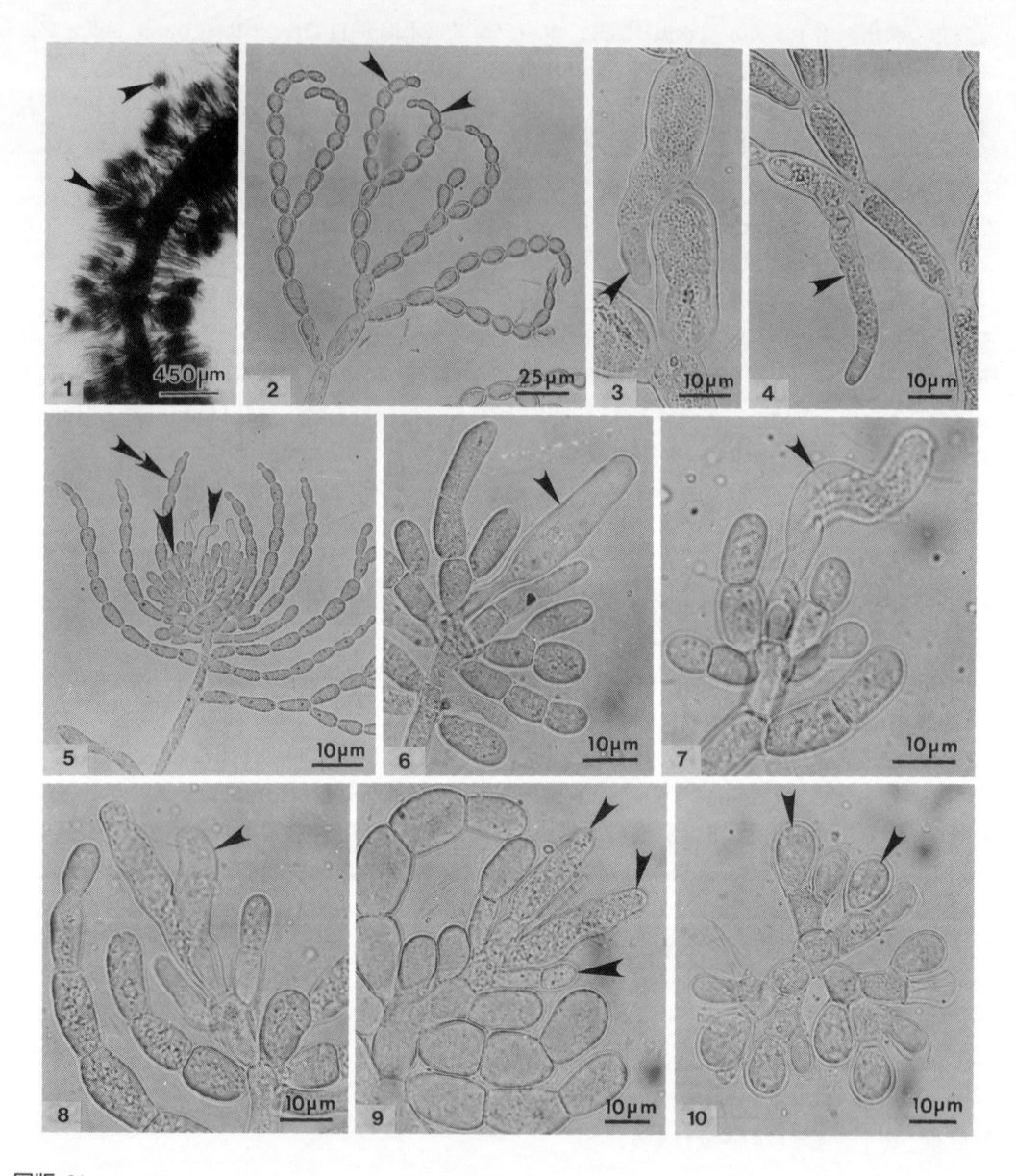

図版 31

Batrachospermum involutum, figs. 1-10（原著者，Vis & Sheath 1996）
1. 不明瞭な輪生枝叢と，輪生枝叢から突出する小球形の果胞子体（矢頭）をもつ主軸，2. 2又分枝で内旋する先端部（矢頭）をもつ輪生枝，3. 皮層糸突起（矢頭）をもつ輪生枝の中間細胞，4. 比較的長い皮層糸突起（矢頭）形成をもつ輪生枝の中間細胞，5. 3個の造果器（矢頭）をもつ造果器をつける枝，短い被覆枝（大矢頭）と長い被覆枝（二重矢頭），6. 披針形，円柱形の受精毛（矢頭）をもつ造果器，7. 湾曲した披針形の受精毛（矢頭）をもつ造果器，8. 分枝した披針形の受精毛（矢頭）をもつ造果器，9. 2個の造果器（矢頭）をもつ造果器をつける枝，先端に精子嚢（大矢頭）をもつ1細胞性の被覆枝，10. 先端に果胞子嚢（矢頭）をつける短い造胞糸をもつ果胞子体．

1. ***Batrachospermum*** カワモズク節　77

原著者，Sirodot 1884，*B. crouanianum* として）；(**図版 33, figs. 1-7**，原著者，Sirodot 1884，*B. crouanianum* として）；(**図版 33, figs. 8-12**，原著者，Kylin 1912，*B. distensum* として）；(**図版 48, figs. 8-13**，Vis *et al.* 1996)

　藻体は雌雄同株．主軸は平たい不規則な皮層をもち，融合する．輪生枝叢は球形または樽形，太さ 412-955 μm．造果器をつける枝は分化せず，長さ 4-9 細胞，被覆枝は先端に精子嚢をつける．造果器は長さ 14-34 μm，太さ 5-11 μm の楕円形，壺形の受精毛をもつ．1-19 個の果胞子体は輪生枝叢内に散在する．果胞子体は球形，太さ 56-112 μm，造胞糸は 2-4 個の円筒形の細胞，果胞子嚢は卵形，長さ 8-14 μm，太さ 6-11 μm．

　タイプ産地：欧州：フランス，Brittany，Fougères 近傍，*B. crouanianum* として．

　選定標本：PC herb Thuret, Vis *et al.* 1995 が選定した．

　分布：タイプ産地のほか，欧州：ポルトガル（水温 15-16°C），英国，フランス，ベルギー，スウェーデン，ポーランド（水温 11°C），北米：西部針葉樹林，亜寒帯林，広葉樹林の流水中（水温 10-17°C）に分布する．

5) ***Batrachospermum pulchrum*** Sirodot (1884：225) *emend.* Vis *et al.* (1995：54)
　(**図版 34, figs. 7-12**，Vis *et al.* 1996)

　藻体は雌雄同株．輪生枝はわずかにねじれた輪生枝からなり，分離し，球形，太さ 307-485

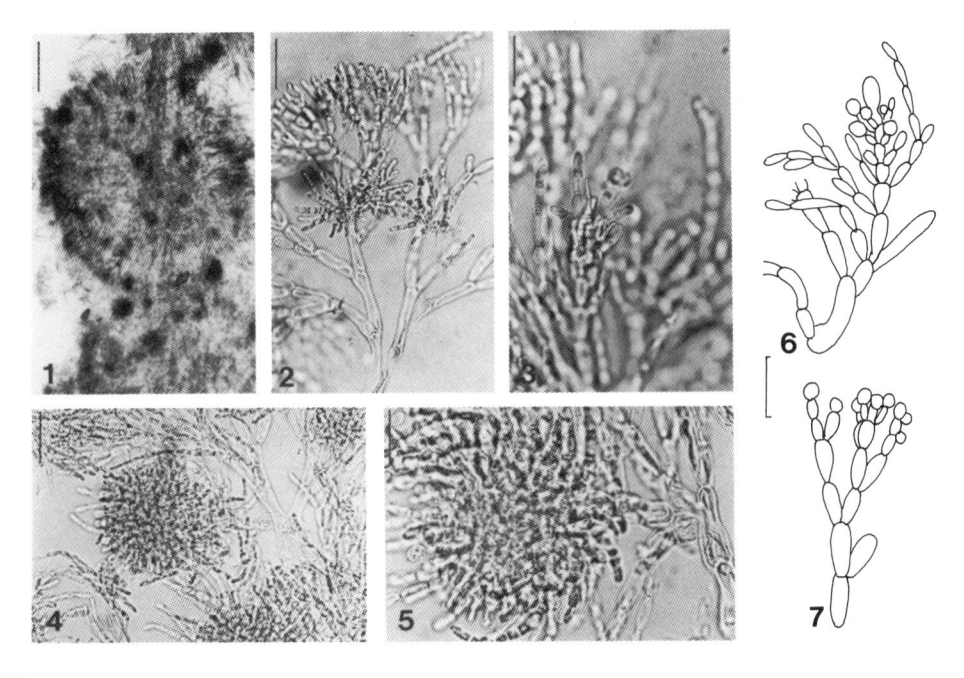

図版 32

Batrachospermum confusum as *B. crouanianum*, figs. 1-5（熊野 1996 i），figs. 6-7（原著者，Sirodot 1884）

1. 球形，楕円形，樽形または円盤形で，一般に融合，時に分離し，多数の小球形の果胞子体をつける輪生枝叢をもつ主軸，2-3, 6. 多数の被覆枝をもつ未分化の造果器をつける枝と，造果器，4-5. 果胞子体，7. 輪生枝の先端につく精子嚢．（縮尺＝200 μm for fig. 1；40 μm for figs. 2, 4；20 μm for figs. 3, 5-7)

78 Batrachospermales カワモズク目

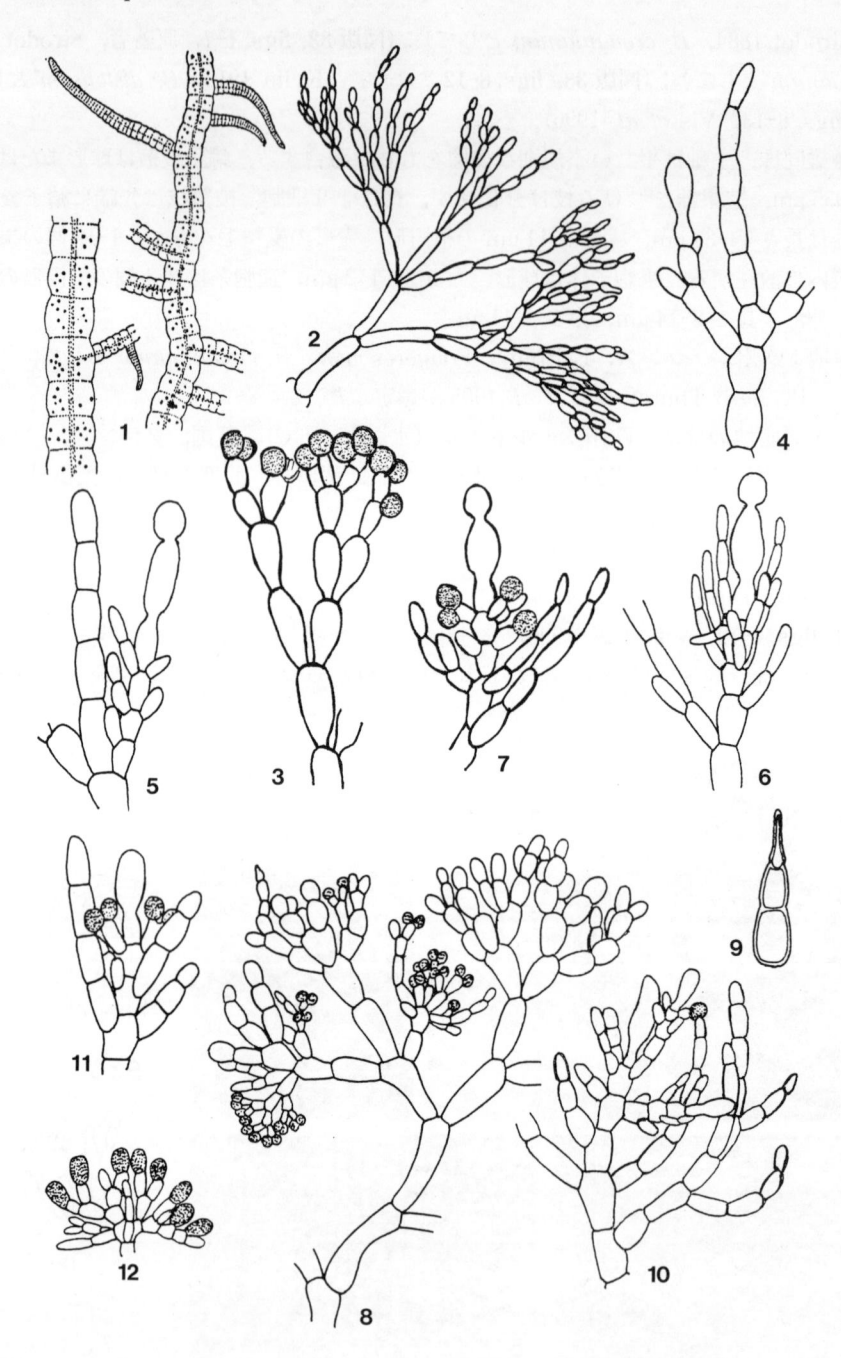

図版 33

Batrachospermum confusum as *B. crouanianum*, figs. 1-7 （原著者，Sirodot 1884）
1. 内部に多数の小球形の果胞子体をつける不明瞭な輪生枝叢をもつ中軸，2. 輪生枝，3. 輪生枝の先端につく精子嚢，4-6. 造果器と，短い被覆枝をもつ未分化の造果器をつける枝，7. 短い被覆枝の先端につく精子嚢．

Batrachospermum confusum as *B. distensum*, figs. 8-12 （原著者，Kylin 1912）
8. 輪生枝の側枝につく精子嚢，9. 端毛，10-11. 3個の造果器をもつ造果器をつける枝と，短い被覆枝の先端につく精子嚢，12. 短い造胞糸の先端につく果胞子嚢．

1. ***Batrachospermum*** カワモズク節

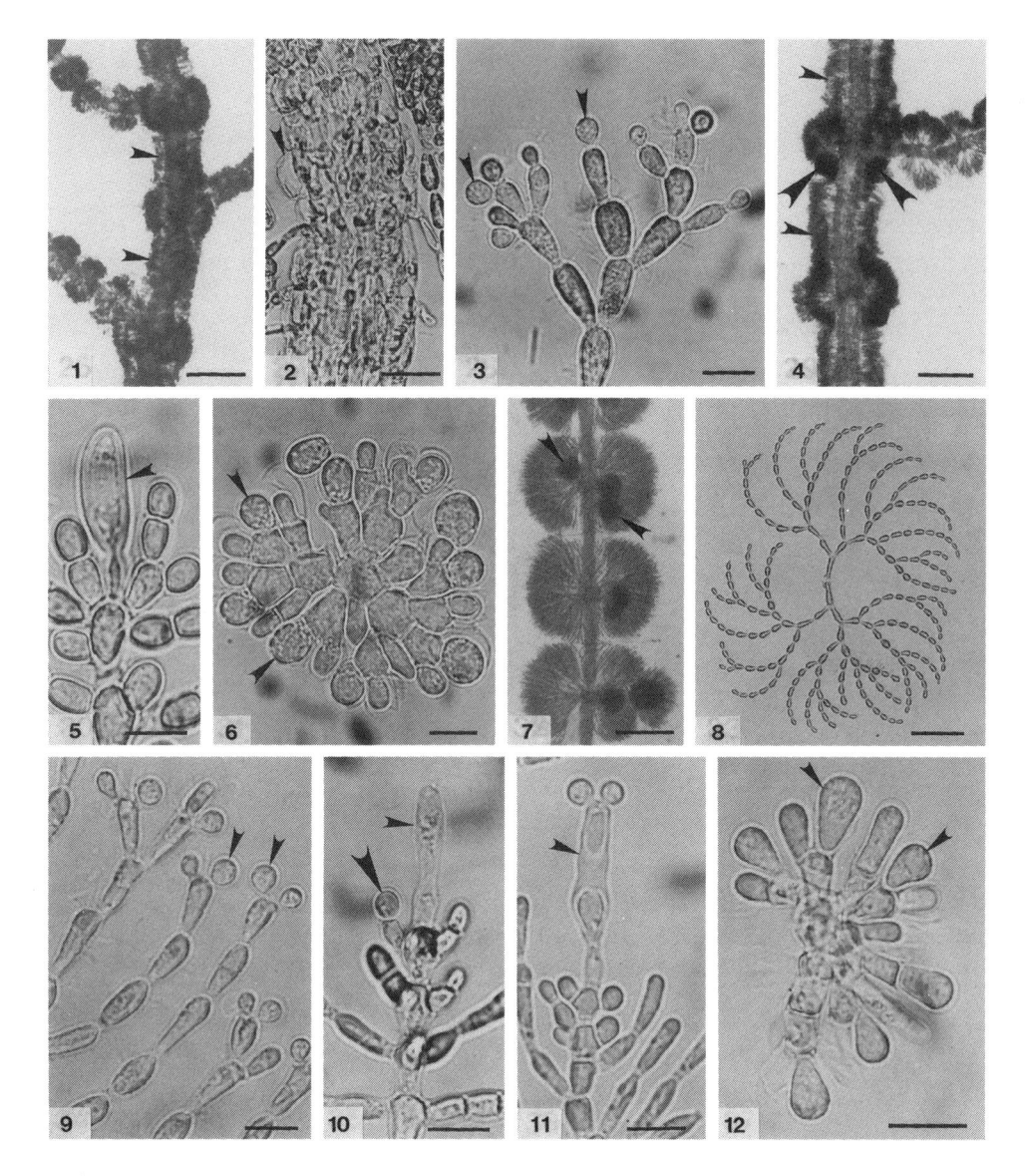

図版 34

Batrachospermum heterocorticum, figs. 1-6 (Vis *et al.* 1996)
1. 雄株，樽形の輪生枝叢，2次輪生枝（矢頭），2. 膨れた細胞（矢頭）をもつ皮層，3. 輪生枝の先端につく精子嚢（矢頭），4. 大量の2次輪生枝（小矢頭），球形果胞子体（大矢頭）を含む，樽形輪生枝叢をもつ雌株，5. 披針形，杓子形受精毛（矢頭）をもつ造果器，6. 頂生果胞子嚢（矢頭）をもつ，短い，密集した2-3細胞性の造胞糸をもつ果胞子体.

Batrachospermum pulchrum, figs. 7-12 (Vis *et al.* 1996)
7. 果胞子体（矢頭）を含む樽形の輪生枝叢，8. 一方向に湾曲する輪生枝，9. 精子嚢（矢頭），10. 披針形受精毛（小矢頭）と精子嚢（大矢頭）を頂生する被覆枝，11. 披針形受精毛（矢頭）をもつ受精造果器，12. 果胞子嚢（矢頭），短い造胞糸からなる果胞子体．(縮尺＝350 μm for figs. 1-4；200 μm for fig. 7；150 μm for fig. 8；100 μm for fig. 12；10 μm for figs. 5-6, 9-11).

μm，主軸には皮層があり，円筒形の細胞のみからなる．造果器をつける枝は分化せず，長さ4-8細胞，被覆枝の先端に精子嚢をつける．造果器は長さ23-32 μm，太さ6-10 μmの披針形の受精毛をもつ．1-2個の果胞子体は輪生枝叢内に散在する．果胞子体は球形，有柄，太さ59-108 μm．造胞糸は2-3個の円筒形の細胞，果胞子嚢は倒卵形，長さ8-17 μm，太さ7-14 μm．

タイプ産地：中米：小アンチル諸島，Guadeloupe（仏），Matouba，Ecrevsses河．
タイプ標本：PC herb. Thuret．
分布：中米：Martinique島（仏），Grenadaの熱帯カリブ海，小アンチル諸島に局在分布する（水温21-23°C）．

6) ***Batrachospermum spermatoinvolucrum*** Vis et Sheath（1996：124, figs. 2-8）
（図版35, figs. 1-7，原著者，Vis & Sheath 1996）

藻体は雌雄同株．輪生枝叢は融合，球形，果胞子体をもつ成熟した輪生枝叢は太さ239-846 μm，輪生枝は5-18細胞からなり，皮層細胞は円柱形．精子嚢は栄養輪生枝と，造果器をつける枝の被覆枝の先端につく．造果器は大きさ，形ともに多様で，太さ8-17 μm，長さ40-86 μm．果胞子体は球形，輪生枝叢に1-10個，中軸から様々な距離に位置し，直径44-158 μm．果胞子は2-4細胞性の造胞糸に頂生し，太さ6-14 μm，長さ6-16 μm．

タイプ産地：北米：カナダ，Newfoundland州，Labrador，Nain．
タイプ標本：UBC A 81615．
分布：タイプ産地のほか，北米では19の産地がある．
ノート：RuBisCo遺伝子の分析結果から，Vis & Sheath（1998：231）は*B. spermatoinvolucrum*を*B. gelatinosum*の品種に格下げすることを提案している．

7) ***Batrachospermum trichofurcatum*** Sheath et Vis in Vis & Sheath（1996：128, figs. 9-15）
（図版35, figs. 8-14，原著者，Sheath & Vis 1996）

藻体は雌雄同株．輪生枝叢は融合，球形．果胞子体をもつ成熟した輪生枝叢は，太さ448-1220 μm，輪生枝は10-14細胞からなる．精子嚢は輪生枝に房状の先端につく．造果器をつける枝は未分化，3-8細胞からなる．造果器は太さ5-9 μm，長さ18-27 μm．未成熟な受精毛はわずかな突起をもち，成熟した受精毛は分岐，再分岐する．果胞子体は球形，輪生枝叢に1-8個，中軸から様々な距離に位置し，直径78-156 μm．果胞子嚢は3-4細胞性の造胞糸に頂生し，太さ6-9 μm，長さ8-12 μm．

タイプ産地：北米：米国，California州，Prairie Creek Park，Redwood National Park中の101号線（水温10°C）．
タイプ標本：UBC A 81617．
分布：タイプ産地にのみ分布する．

8) ***Batrachospermum trichocontortum*** Sheath et Vis in Vis & Sheath（1996：131, figs. 35-44）
（図版36, figs. 1-10，原著者，Sheath & Vis 1996）

藻体は雌雄異株．雄株，雌株は大量の2次輪生枝により分離された球形の輪生枝叢をもつ．輪生枝の中間細胞は大変に長く伸長する仮根状の突起を形成する．精子嚢は密集した房状となり，輪生枝の先端につく．成熟した雌株の輪生枝叢は比較的大きく，太さ1110-1970 μm，12-18細

1. ***Batrachospermum*** カワモズク節　81

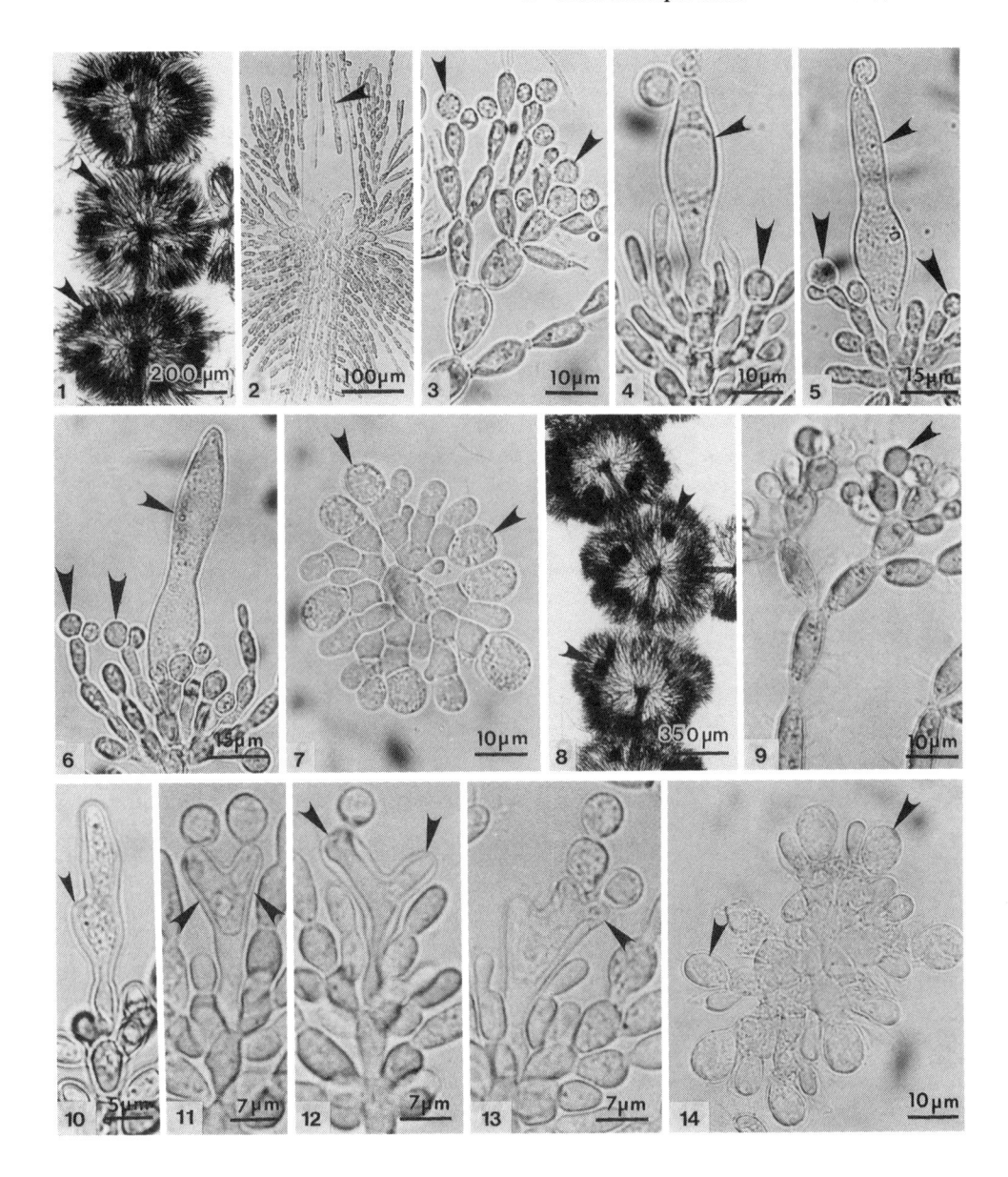

図版 35

Batrachospermum spermatoinvolucrum, figs. 1-7 （原著者，Vis & Sheath 1996）
1. 多数の球形の果胞子体（矢頭），融合する球形の輪生枝叢，2. 円柱形の細胞（矢頭）からなる皮層細胞糸，3. 精子嚢（矢頭），4. 杓子形受精毛（小矢頭）をもつ受精造果器と，頂生の精子嚢（大矢頭）をもつ被覆枝，5. 長い受精毛（小矢頭）をもつ受精造果器と，頂生精子嚢（大矢頭）をもつ被覆枝，造果器をつける枝，6. 披針形受精毛（小矢頭），頂生の精子嚢（大矢頭）をもつ被覆枝，造果器をつける枝，7. 果胞子嚢（矢頭）を頂生する造胞糸からなる果胞子体．

Batrachospermum trichofurcatum, figs. 8-14 （原著者，Vis & Sheath 1996）
8. 多数の果胞子体（矢頭），球形の輪生枝叢，9. 輪生枝の先端につく精子嚢（矢頭），10. わずかの膨らみ（矢頭）を形成する受精毛，11. 精子の付着した分岐受精毛（矢頭），12. よく分岐した受精毛（矢頭）をもつ受精造果器，13. 分岐受精毛と，再分岐した受精毛（矢頭）をもつ造果器，14. 果胞子嚢（矢頭）を頂生する，密集した 2-3 細胞性の造胞糸からなる果胞子体．

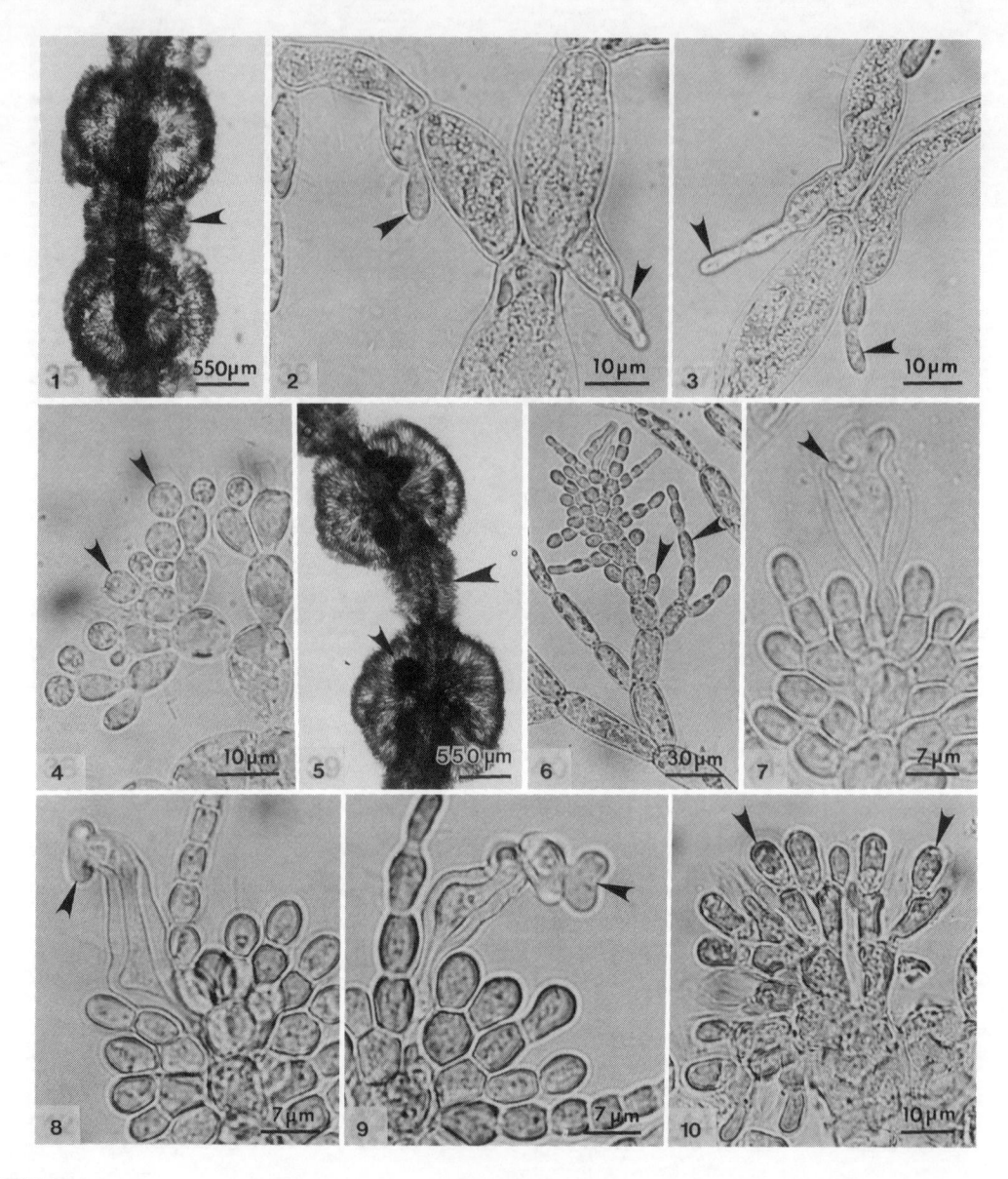

図版 36

Batrachospermum trichocontortum, figs. 1-10 （原著者, Vis & Sheath 1996）
1. 雄株, 密集した2次輪生枝の発達により分離した球形の輪生枝叢（矢頭）, 2. 皮層状突起（矢頭）をもつ輪生枝の中間細胞, 3. 十分に発達した皮層状突起（矢頭）をもつ輪生枝の中間細胞, 4. 輪生枝の先端につく多数の精子嚢, 5. 雌株, 密集した2次輪生枝の発達（大矢頭）により分離した球形の果胞子体（小矢頭）を含む球形の輪生枝叢, 6. 密集した様々の長さの被覆枝（矢頭）をもつ, 未分化の7細胞性の枝につく造果器, 7. 波うつ受精毛の先端（矢頭）をもつ造果器と, 密集した被覆枝で取り巻かれた基部, 8. 糸状の受精毛の先端（矢頭）をもつ造果器と, 密集した被覆枝で取り巻かれた基部, 9. らせん状にねじれる受精毛先端（矢頭）をもつ造果器と, 密集した被覆枝で取り巻かれた基部, 10. 頂生の果胞子嚢（矢頭）をつける短い造胞糸をもつ果胞子体.

胞からなる．造果器をつける枝は未分化，4-8細胞からなり，長いまたは短い被覆枝をつける．造果器は太さ7-10 μm，長さ23-39 μm．受精毛の先端は波うち，頭状またはらせん状にねじれる．果胞子体は輪生枝叢に1-4個，中軸から様々な距離に位置する．成熟した果胞子体は球形，直径135-304 μm．果胞子嚢は太さ5-9 μm，長さ9-14 μm，2-4細胞性の造胞糸の先端につく．

タイプ産地：北米：米国，California州の南部，Newburyの周辺，76号線の北5 km，121号線（水温15℃）．

タイプ標本：UBC A 81616．

分布：本種はタイプ産地にのみ分布する．

9) ***Batrachospermum carpocontortum*** Sheath, Morison, Cole et Vanalstyne（1986：325, figs. 2-15）

（**図版37, figs. 1-6,** 原著者，Sheath *et al.* 1986）

藻体は雌雄異株．オリーブ緑色，褐色，長さ3-8 cm，雌株の太さ736-1660 μm，雄株の太さ486-960 μm．輪生枝叢は樽形で融合する．輪生枝は2又，3又に5-7回分枝する．2次輪生枝は大量に発達し，下部細胞は円柱形，太さ5.3-9 μm，端毛は稀．精子嚢は輪生枝に頂生し，球形，卵形，太さ3.9-6 μm．造果器をつける枝は3-5個の細胞からなり，周心細胞から生じ，真っすぐで，被覆枝は長く，受精毛より長く伸びる．造果器は太さ4.4-8.1 μm，長さ22.6-36.6 μm，受精毛は突起状で曲がり，無柄．果胞子体は輪生枝叢内の中位または外側部に位置し，1個または2個．果胞子体は通常は球形，直径100-249 μm，果胞子嚢は短い被覆枝に着生し，卵形，太さ7.1-10.3 μm．

タイプ産地：北米：米国，Washington州，Snake Riverの小さな支流，Cascade River，20号線の南方，Rockportの東5.9 km（水温10℃）．

タイプ標本：WA 109, UBC A 67724．

分布：タイプ産地のほか，北米：米国，Washington州，Skagit Riverに分布する．

10) ***Batrachospermum szechwanense*** Jao（1941：264, tab. IV, figs. 25-27）

（**図版38(a), figs. 1-2,** 原著者，Jao 1941）

藻体は雌雄異株．粘性強い，茶色を帯びた紫色，長さ4 cmまで，太さ1000 μmまで，交互に，不規則に，よく分枝する．輪生枝叢はよく発達し，融合してみえる．皮層細胞糸は欠如．端毛は稀で短い．精子嚢は球形で，太さ5.5-8.0 μm，輪生枝の末端に頂生または側生する．造果器をつける枝は，周心細胞または輪生枝の細胞から生じ，4-9細胞からなり，2次的造果器をつける枝が側生する．造果器の受精毛は楕円形，成熟すると，やや湾曲する．果胞子体は知られていない．

タイプ産地：東アジア：中国，四川省北碚の南東約5マイル，乾洞子の石灰岩洞窟から流出する早い流れの水車のコンクリート壁上に分布する．

タイプ標本：SC 1150．

分布：タイプ産地のみに分布する．

ノート：本種は *B. boryanum* Sirodotと類似点があるが，主として，外見上よく似た雄株，雌株であること，皮層細胞糸が欠如する点，カーブする受精毛をもつことなどで後者と異なるとJao（1941）は述べている．

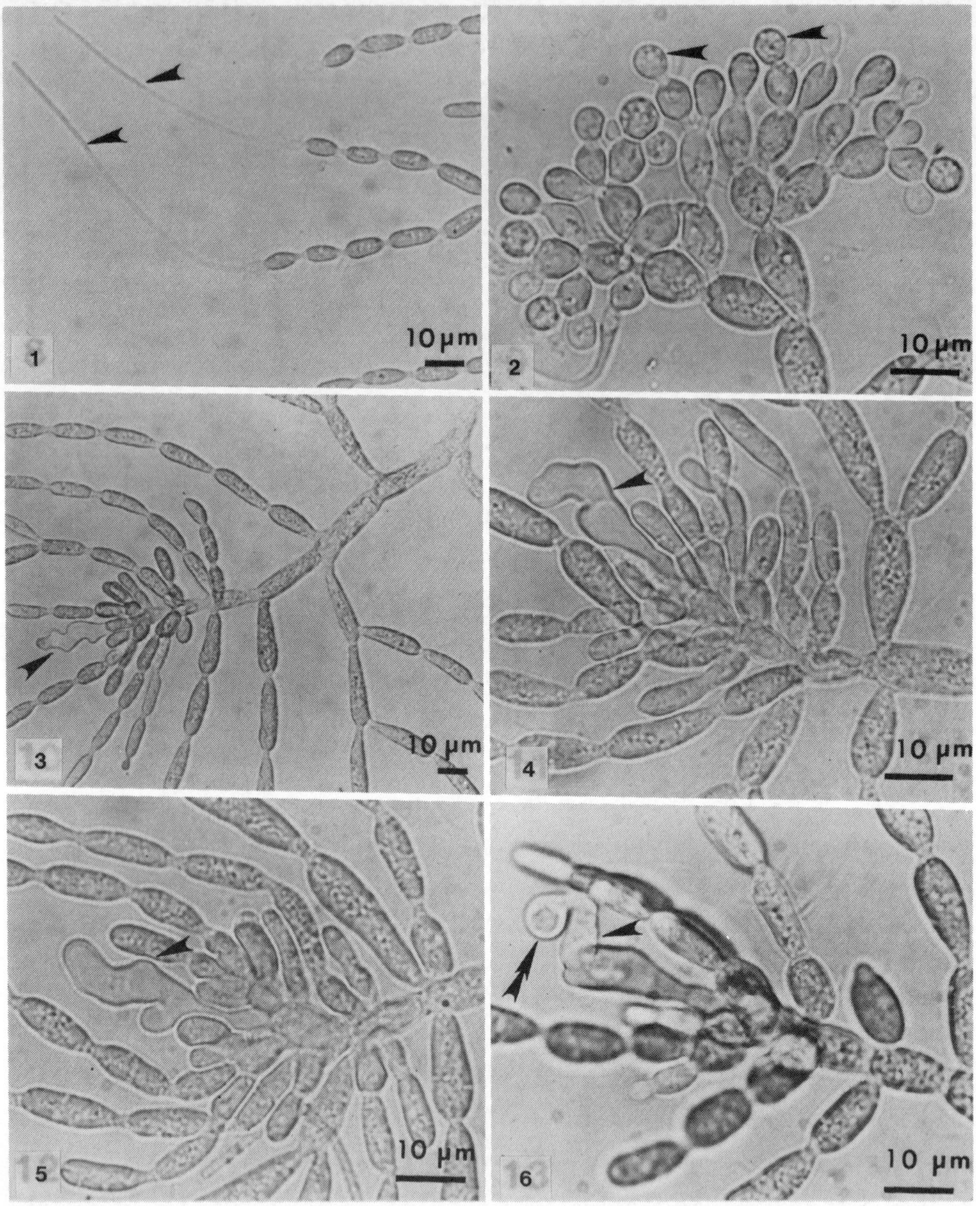

84　Batrachospermales　カワモズク目

図版 37

Batrachospermum carpocontortum, figs. 1-6（原著者, Sheath *et al*. 1986）
1. 端毛（矢頭）, 2. 輪生枝の先端につく精子嚢（矢頭）, 3. 成熟した造果器（矢頭）と長い被覆枝をもつ6細胞性の未分化な造果器をつける枝, 4-5. 突起を示し湾曲した造果器（矢頭）, 受精毛の基部は部分的に隣接の輪生枝細胞で覆われる, 6. 湾曲した受精した造果器（矢頭）と付着する精子（二重矢頭）.

1. ***Batrachospermum*** カワモズク節　85

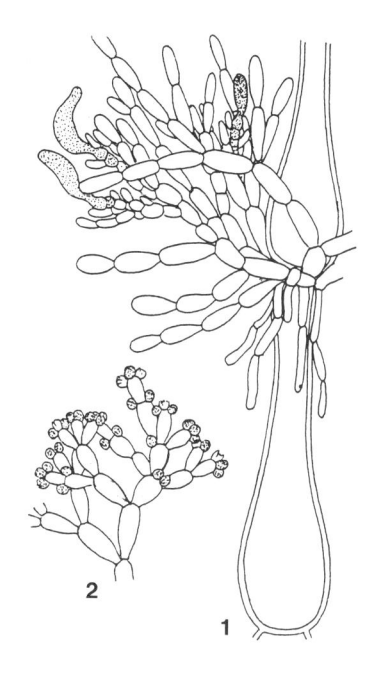

図版 38(a)

Batrachospermum szechwanense, figs. 1-2 (原著者, Jao 1941)
1. 3個の造果器をもつ未分化の造果器をつける枝, 2. 輪生枝の先端につく精子嚢.

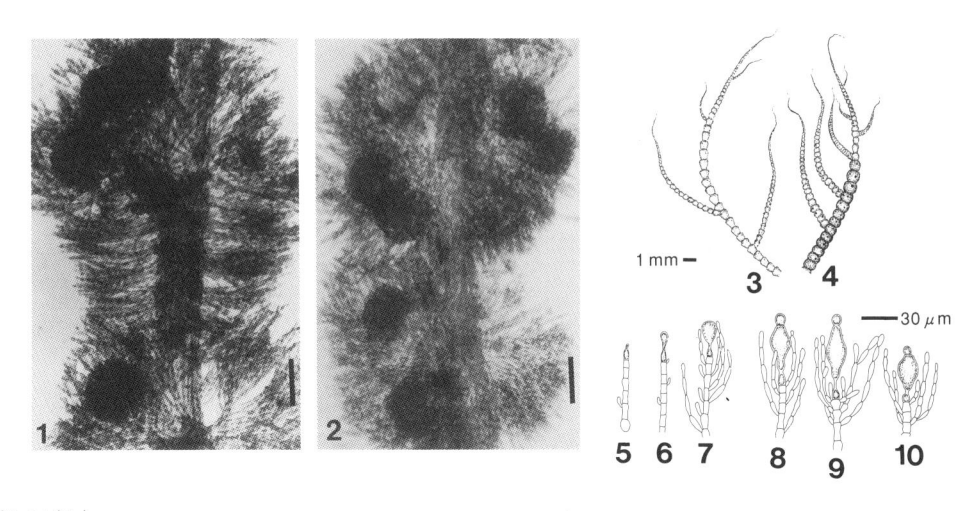

図版 38(b)

Batrachospermum heteromorphum, figs. 1-2 (熊野 1997 e), figs. 3-10 (原著者, Shi *et al.* 1993)
1,3. 数個の果胞子体をもつ倒円錐形または西洋梨形の輪生枝叢, 2,4. 数個の果胞子体をもつ球形輪生枝叢, 5. 棒形受精毛原基をもつ造果器, 6-7. 薬匙形受精毛をもつ若い造果器, 8-9. 角張った倒卵形, 杓子形受精毛をもつ成熟した造果器, 10. 楕円形受精毛をもつ成熟した造果器. (縮尺＝1 mm for figs. 3-4；30 μm for figs. 5-10；10 μm for figs. 1-2)

11) ***Batrachospermum heteromorphum*** Shi, Hu et Kumano (1993 : 295, figs. 1-21)
non *B. helminthosum* Bory var. *heteromorphum* Reis (1972 : 209)

(**図版 38(b)**, **figs. 1-2**, 熊野 1997 e. *In* 山岸・秋山(編), 淡水藻類写真集. 18：11. **figs. 3-10**, 原著者, Shi *et al.* 1993)

藻体は雌雄同株．叢状，粘性は中庸，長さ 5-9 cm，密に不規則分枝．輪生枝叢は 2 型．半球型の輪生枝叢はよく融合し，太さ 900-1050 μm，1 次輪生枝は 2 又分枝，11-16 細胞からなり，細胞は長い倒卵形，2 次輪生枝は稀，無分枝または 2 又分枝，4-10 細胞からなる．円錐形，西洋梨型の輪生枝叢は融合し，太さ 600-800 μm，1 次輪生枝は 2 又分枝，12-16 細胞からなり，下部細胞は円柱形，被針形，楕円形，上部細胞は被針形，倒卵形．2 次輪生枝は多数，全節間を覆い，無分枝または 2 又分枝，4-14 細胞からなる．端毛は稀で，短い．精子嚢は，球形，倒卵形，太さ 6-8 μm，輪生枝の先端につく．造果器をつける枝は真っすぐ，5-12 個の円柱形または樽形細胞からなり，周心細胞から生じる．被覆枝は多数で短い．造果器は基部で太さ 5-7.5 μm，頂部で太さ 6-10 μm，長さ 22-65 μm，若い受精毛は薬匙形，成熟した受精毛は角ばった卵形，杓子形，太さ 15-20 μm，長さ 30-52 μm，不明瞭な柄あり．果胞子体は 1-数個，球形または準球形，太さ 70-160 μm，長さ 80-175 μm．果胞子嚢は倒卵形，太さ 7-10 μm，長さ 13-18 μm．

タイプ産地：東アジア：中国，湖北省，大別山，山地性小流中の岩や石上に付着する．

タイプ標本：HP 541．

分布：本種はタイプ産地のみに分布する．

12) ***Batrachospermum cylindrocellulare*** Kumano (1978 : 100, fig. 3)

(**図版 39, figs. 1-5**, 熊野 1996 k. *In* 山岸・秋山（編），淡水藻類写真集．16：17．**figs. 6-9**, 原著者, Kumano 1978)

藻体は雌雄同株，大変粘性あり，青みを帯びた濃い緑色，長さ 2-7 cm，太さ 300 μm，密に，不規則に分枝する．輪生枝叢は球形，楕円形で，やや離れてみえる．1 次輪生枝は疎らに，7-11 回分枝する．細胞は円筒形，太さ 4-7 μm，長さ 7-15 μm．端毛は欠如する．2 次輪生枝は多数，疎らに分枝する．精子嚢は球形で，太さ 4-6 μm，被覆枝，短縮した枝の末端に生ずる．造果器をつける枝は長さ 25-40 μm，6-8 個の樽形細胞からなり，周心細胞から生じる．造果器は基部で太さ 4-6 μm，頂部で太さ 6-9 μm，長さ 17-25 μm，受精毛は卵形，壷形，有柄．果胞子体は 2-3，球形，輪生枝叢内の中心に位置する．果胞子嚢は楕円形または球形，太さ 8-11 μm，長さ 13-15 μm．

タイプ産地：東南アジア：マレーシア，Pahang 州，Fort Iskander，Tasek Bera，湿地林に覆われた小流中の水生維管束植物，*Pandanus heriocopus* と *Cryptocoryne griffithii* の水中の葉上に付着する．

タイプ標本：Kobe University, Kumano 16/IV 1971．

分布：本種はタイプ産地のみに分布する．

13) ***Batrachospermum sinense*** Jao (1941 : 263, tab. IV, figs. 28-30)

(**図版 40, figs. 6-8**, 原著者, Jao 1941)

藻体は雌雄同株，大変粘性あり，紫を帯びた緑色，長さ 10 cm まで，太さ 750 μm，密に，互生，片側にだけ分枝．輪生枝叢は球形，融合する．1 次輪生枝は，密に，7-10 回分枝，細胞は長

く，端毛は少ない．2次輪生枝は稀．精子嚢は球形，太さ 6-8 μm．造果器をつける枝は 4-8 個の細胞からなり，周心細胞から生じる．造果器は太さ 24 μm まで，受精毛は，若いときは楔形，倒卵形，成熟時は長い西洋梨形．果胞子体は 1-2，準球形，太さ 200 μm まで，輪生枝叢内の中頃に位置する．果胞子嚢は倒卵形，太さ 10-11 μm，長さ 24-27 μm．

タイプ産地：東アジア：中国，四川省重慶市北碚黄桷樹の南，約 4 マイル，山地性小流中の石に付着する．

タイプ標本：SC 1148．

分布：タイプ産地のみに分布する．

ノート：本種の若い受精毛は楔形であるが，成熟すると丸く倒卵形に，時々風船状に膨らむ．造果器をつける枝は，樽形の細胞で構成され，多くの被覆枝をつける．Jao (1941) は本種を *Turfosa* ツルフォサ節に入れたが，これらの性質は *Batrachospermum* カワモズク節の種にみられるものであるので，本種は *Turfosa* ツルフォサ節よりはむしろ，*Batrachospermum* カワモズク節に入れる方が適当であると考える（熊野 1984 b）．

14) ***Batrachospermum gelatinosum*** (Linnaeus) De Candolle (1801：21) *emend.* Vis *et al.* (1995：52)

カワモズク（大野 1899）

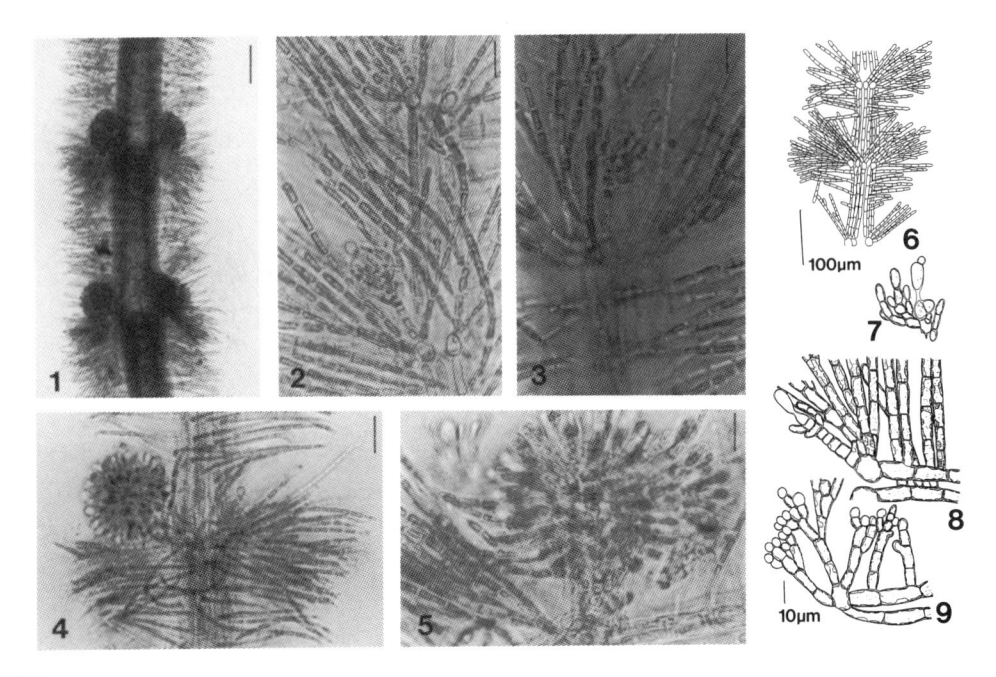

図版 39
Batrachospermum cylindrocellulare，figs. 1-5（熊野 1996 k），figs. 6-9（原著者，Kumano 1978）
1. 中軸性の果胞子体をつける，多少分離した，球形，楕円形の輪生枝叢をもつ主軸，2,6. 円柱形の細胞からなる1次輪生枝，樽形の細胞からなる，分化した造果器をつける枝を示す輪生枝叢，3,9. 短い側枝に房状の先端につく精子嚢，4-5. 若い果胞子体と，果胞子嚢を頂生する成熟した果胞子体，7-8. 造果器をつける枝と受精した造果器．（縮尺＝100 μm for figs. 1,6；40 μm for figs. 2-4；20 μm for fig. 5；10 μm for figs. 7-9）

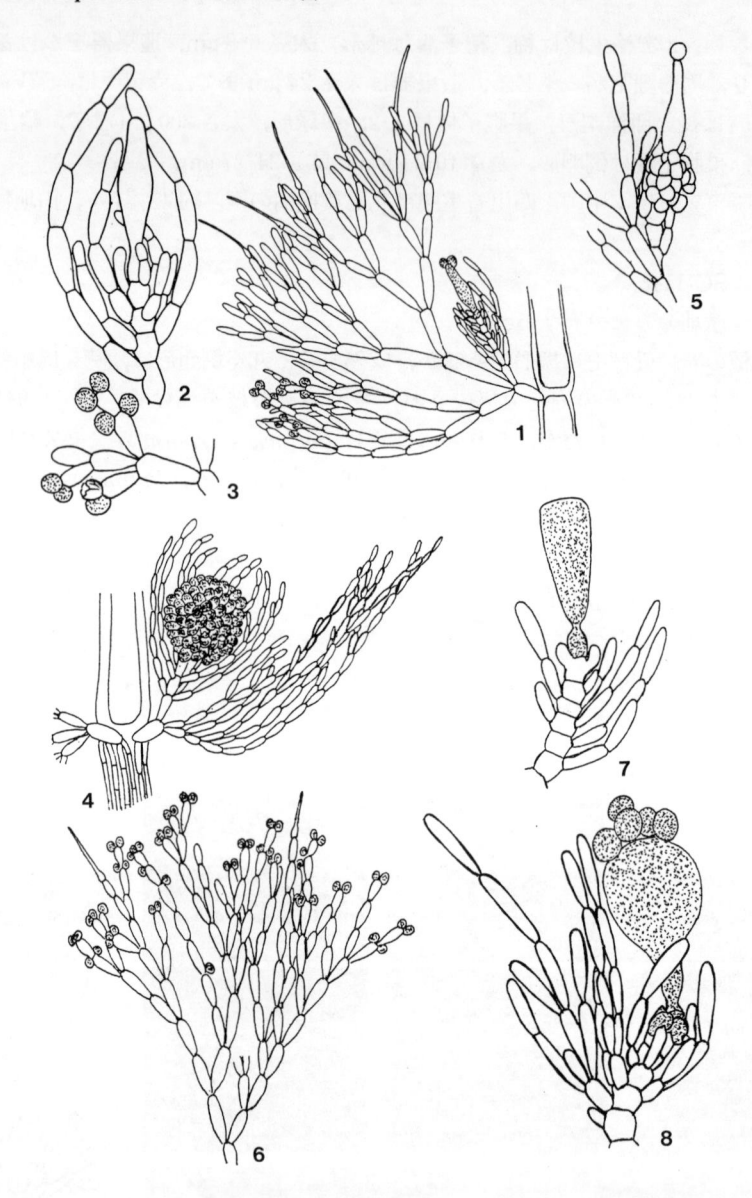

図版 40

Batrachospermum gelatinosum as *B. moniliforme*, figs. 1-4 (Sirodot 1884)
1. 1次輪生枝の先端につく精子嚢と，樽形の細胞からなる分化した造果器をつける枝を示す，輪生枝叢の部分，2. 受精毛をもつ造果器，3. 1次輪生枝に亜頂生する精子嚢，4. 輪生枝叢内に挿入される果胞子体．

Batrachospermum gelatinosum as *B. densum*, fig. 5 (原著者，Sirodot 1884)
5. 精子の付着した受精した造果器．

Batrachospermum sinense, figs. 6-8 (原著者，Jao 1941)
6. 輪生枝に亜頂生する精子嚢，7. 楔形の受精毛と造果器をつける枝，8. 膨れた受精毛と，受精した造果器から生じる造胞糸をもつ造果器をつける枝．

1. ***Batrachospermum*** カワモズク節   89

以下の異名は Vis *et al.* (1995) に従った．
異名：*Conferva gelatinosa* Linnaeus (1753：1166)；*B. ludibundum* var. *pulcherrimum* Bory (1808：323)；*B. ludibundum* var. *caerulescens* Bory (1808：324)；*B. stagnale* (Bory) Hassal (1845), *B. ludibundum* var. *stagnale* Bory (1808：325)；*B. hybridum* Bory (1823：222)；*B. moniliforme* f. *lipsiensis* Rabenhorst (1868：405)；*B. moniliforme* var. *pisanum* Arcangeli (1882：156)；*B. moniliforme* var. *chlorosum* Sirodot (1884：211, pl. I, fig. 3)；*B. moniliforme typicum* Sirodot (1884：211, pl. III, fig. 1), nom. illeg. カワモズク（大野 1899）；(熊野 1977, 紅藻綱．*In* 広瀬・山岸（編）．日本淡水藻図鑑．164-165), (山岸 1999, 淡水藻類入門．102)；*B. moniliforme* var. *rubescens* Sirodot (1884：212, pl. I, fig. 1-2)；(森 1985, *In* 山岸・秋山（編）, 淡水藻類写真集．4：7) *B. moniliforme* var. *helminthoideum* Sirodot (1884：212, pl. IV, figs. 1-2)；*B. moniliforme* var. *scopula* Sirodot (1884：213, pl. IX, figs. 1-5)；*B. decaisneanum* Sirodot (1884：214, pl. I, fig. 4, pl. X, figs. 1-10) ヒラカワモズク（森 1975, 1985．*In* 山岸・秋山（編）, 淡水藻類写真集．3：7)；*B. radians* Sirodot (1884：218, pl. I, fig. 5, pl. II, fig. 4, 6-13)；(森 1984．*In* 山岸・秋山（編）, 淡水藻類写真集．1：10)；*B. reginense* Sirodot (1884：219, pl. XV, fig. 5, pl. XVI, figs. 6-10) ベニカワモズク（森 1975）；*B. corbula* Sirodot (1884：226, pl. V, figs. 1-3, pl. VI, figs. 9-11)；*B. densum* Sirodot (1884：228, pl. XII, figs. 1-2, pl. XIII, figs. 1-11, pl. XIV, figs. 1-8)；*B. pygmaeum* Sirodot (1884：230, pl. XIX, figs. 1-7)；*B. pyramidale* Sirodot (1884：232, pl. XV, figs. 1-4, pl. XVI, figs. 1-5, pl. XVII, figs. 1-6), nom. illeg. 非合法名；*B. godronianum* Sirodot (1884：235, pl. XVIII, figs. 1-9) コカワモズク（森 1975, 1985．*In* 山岸・秋山（編）, 淡水藻類写真集．3：8)；*B. moniliforme* var. *isoeticola* Skuja (1928：205)；*B. corbula* var. *alcoense* Reis (1954：70)；*B. arcuatoideum* Reis (1973：139, tab. I, a-c)；*B. japonicum* Mori (1975：470, pl. III, 1-12) ニホンカワモズク（森 1975, 1985．*In* 山岸・秋山（編）, 淡水藻類真集．4：6), (山岸 1998, 淡水藻類写真集ガイドブック．43)；*B. polycarpum* Mori (1975：474, pl. I, 15, pl. II, 8, 11-12, pl. V, 1-11, pl. VI, 4) フサナリカワモズク（森 1975）；*B. moniliforme* var. *obtrullatum* Kumano et Watanabe (1983：89, figs. 14-17, 18-27)；*B. moniliforme* var. *trullatum* Shi *et al.* (1994：211, pl. 1, 1-4, pl. II, 1-6)

(**図版 40, figs. 1-4**, 原著者, Sirodot 1884, *B. moniliforme* として．**fig. 5**, 原著者, Sirodot 1884, *B. densum* として)；(**図版 41, figs. 1-12**, Vis *et al.* 1996, *B. moniliforme* として)

藻体は雌雄同株．輪生枝は融合し，時々球形，樽形，太さ 257-972 μm，主軸には皮層があり，円筒形の細胞のみからなる．造果器をつける枝は分化せず，長い．造果器は長さ 20-68 μm，太さ 5-17 μm の棍棒形，杓子形または披針形の受精毛をもつ．1-11 個の果胞子体は輪生枝叢内に，または外の様々な位置に散在する．果胞子体は球形，有柄，太さ 40-139 μm，造胞糸は 2-4 個の円筒形の細胞，果胞子嚢は倒卵形，長さ 8-16 μm，太さ 6-12 μm．

タイプ産地：

選定標本：OXF Dillenius herbarium, Dillenius が Historia Muscorum, tab. 7, fig. 42 の図を描くために用いた標本を Compère (1991) が選定した．

分布：欧州：フランス，ドイツ，イタリア，ポーランド，ポルトガル，ベルギー，スウェーデン．アジア：インド，イラク．東アジア：中国，湖南省，南岳，遼寧省旅大，韓国，光陵，慶南．大洋州：豪州．南米．北米：北は，米国，Alaska 州，カナダ（水温 16-24.5℃），Yukon 地方，Newfoundland 州，米国，Rhode Island 州や Baffin Island，南は Texas 州や Louisiana

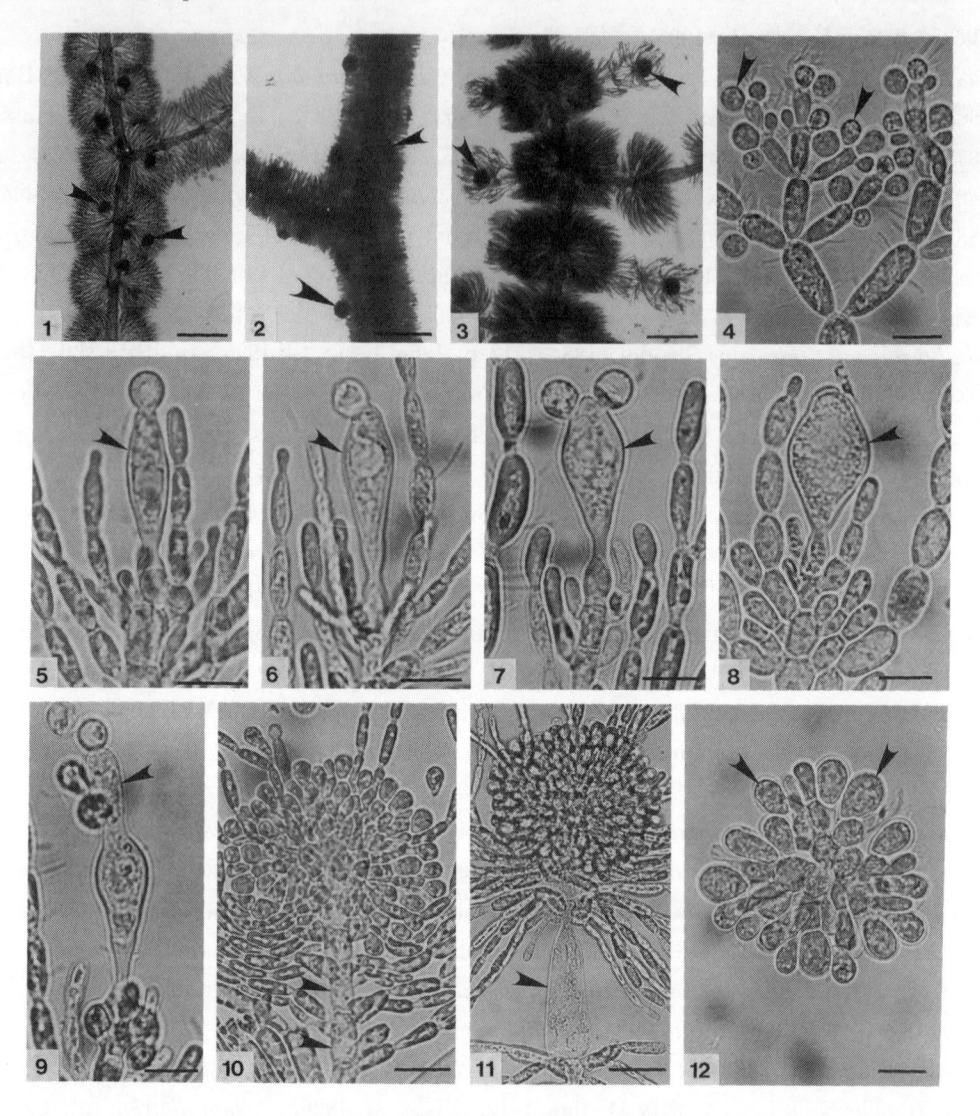

図版 41

Batrachospermum gelatinosum as *B. moniliforme*, figs. 1-12 (Vis *et al.* 1996)

1. 多数の果胞子体（矢頭）を含む樽形輪生枝叢をもつ主軸，Connecticut 州産，2. 褐色の皮層と明瞭な輪生枝叢から突出する果胞子体（大矢頭）と内部果胞子体（矢頭）とをもつ主軸，カナダ Northwest Territories 州産，3. 突出する果胞子体（矢頭）を含む樽形輪生枝叢をもつ主軸，Missouri 州産，4. 多数の精子嚢の発達する（矢頭）輪生枝，カナダ Northwest Territories 州産，5. 披針形受精毛（矢頭）をもつ受精造果器，Virginia 州産，6. 杓子形，披針形受精毛（矢頭）をもつ受精造果器，Maine 州産，7. やや膨らんだ梶棒形受精毛（矢頭）をもつ受精造果器，カナダ Nova Scotia 州産，8. 膨らんだ楕円形受精毛（矢頭）をもつ受精造果器，Northwest Territories 州産，9. 長い杓子形受精毛（矢頭）をもつ受精造果器，Alaska 州，10. 円柱形断細胞（矢頭）をもつ枝上の果胞子体，Missouri 州産，11. 膨れた長い細胞（矢頭）をもつ枝上の果胞子体，Missouri 州産，12. 倒卵形果胞子嚢（矢頭）をもつ密集した果胞子体．（縮尺＝300 µm for figs. 1-2；250 µm for fig. 3；25 µm for fig. 11；20 µm for fig. 10；10 µm for figs. 4-9, 12）

州に分布する．

　日本では，東京都井の頭，石神井，国分寺，千葉県北総の谷津田，愛知県賀茂，福井県大野市扇谷旅館など，兵庫県姫路市岡田，今宿，町の坪，林田川，夢前川，龍野，新宮，お玉の清水，岡山県久世，愛媛県玉淵泉，南土居など各地に分布する．晩秋から早春の時期に，平地の湧泉付近など，周囲の気温より高温の清冽な流水（例えば，水温 16.5-18°C）に生育する．

15)　***Batrachospermum anatinum*** Sirodot (1884: 249, pl. XXXII, fig. 1-7, pl. XXXIII, figs. 1-4) *emend*. Vis *et al.* (1995: 54)

ナツノカワモズク（松村 1895）

以下の異名は Vis *et al.* (1995) に従った．

異名：*B. ectocarpum* Sirodot (1884: 222, pl. VII, figs. 1-5, pl. VIII, figs. 1-7) nom. illeg. ナツノカワモズク（松村 1895）；（熊野 1977，紅藻綱．*In* 広瀬・山岸（編），日本淡水藻図鑑．164-165）；（森 1984 c．*In* 山岸・秋山（編），淡水藻類写真集．1: 9)．

　（**図版 42, figs. 1-5**，原著者，Sirodot 1884，*B. ectocarpum* として)；（**図版 43, figs. 1-6**，Vis *et al.* 1996)

　雌雄同株．主軸は平らで，不規則な皮層をもつ．輪生枝叢は融合し，滑らか，または離れ，球形，太さ 479-994 µm，造果器をつける枝は分化せず，長さ 3-8 細胞．造果器は，長さ 17-41 µm，太さ 6-10 µm の平らな杓子形または披針形の受精毛をもつ．1-11 個の果胞子体は輪生枝叢内にまたは外に散在する．果胞子体は球形，有柄，太さ 69-140 µm，造胞糸は 2-4 個の円筒形の細胞，果胞子嚢は倒卵形，長さ 8-16 µm，太さ 7-14 µm．

　タイプ産地：フランス，Monfort 近傍，Vau-de-Mau の流れ．

　選定標本：PC, Vis *et al.* (1995) が選定，*B. ectocarpum* として．

　分布：欧州：フランス，ベルギー，スウェーデン，ラトヴィア，ポルトガル（水温 10-12°C)．アジア：インド．東アジア：中国，徐州瑯珂山酔翁亭，大洋州：豪州，北米：カナダ，米国，Missouri 州，Arkansas 州，Virginia 州（水温 13°C）の多くの産地に分布する．

　日本では，福井県大野市裁判所湧泉，千葉県千葉市若葉区金親町の谷津田，四街道市吉岡（*B. stagnale* として)，兵庫県姫路市，須賀院，宮崎県東臼杵郡北川町日向長井川坂など各地に分布する．夏の時期に，周囲の水温より低温の清冽な流水（例えば，水温 13.5-15°C）に生育する．

　ノート：かって著者は，Compère (1991) の説を受け入れて本種の学名として *B. stagnale* (Bory) Hassal 1845 (= *B. ludibonda* Bory var. *stagnale* Bory 1808) を使用してきた．しかし，Vis *et al.* (1995: 54) は，上記の学名を *B. gelatinosum* の異名としている．本書ではカワモズク節の従来の森 (1975), Compère (1991), 熊野 (1993 a) の定義を捨て，Vis *et al.* (1995: 54) の定義に従った．したがって日本における本種の分布は再吟味が必要である．

16)　***Batrachospermum fluitans*** Kerner (1882: 362) *emend*. Vis *et al.* (1995: 54)

　藻体は雌雄同株．輪生枝は融合し，球形，太さ 466-664 µm，主軸には膨れた不規則な皮層がある．造果器をつける枝は分化せず，長さ 4-6 細胞．造果器は，長さ 52-65 µm，太さ 11-15 µm の披針形の受精毛をもつ．1-30 個の果胞子体は輪生枝叢内に散在する．果胞子体は球形，有柄，太さ 64-93 µm．

　タイプ産地：欧州：オーストリア，Innsbruck, Mühlau 近傍．

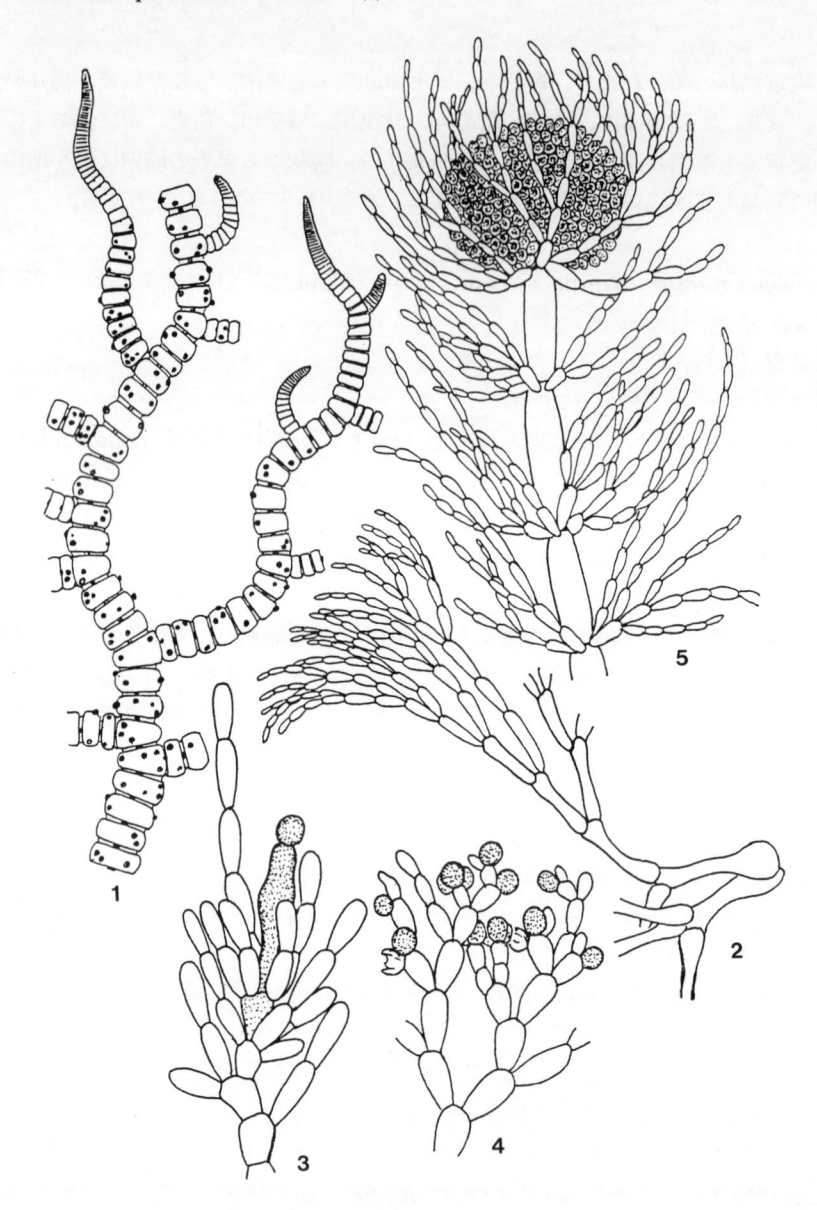

図版 42

Batrachospermum anatinum as *B. ectocarpum*, figs. 1-5 (原著者, Sirodot 1884)
1. 輪生枝叢の内部または外側に突出する多数の果胞子体をつける, 密着する樽形の輪生枝叢をもつ主軸, 2. 周心細胞から生じる輪生枝, 3. 輪生枝細胞と似た形態の細胞からなる未分化の造果器をつける枝と, 披針形の受精毛をもつ造果器, 4. 輪生枝の先端につく精子嚢, 5. 頂生の果胞子嚢をつける造胞糸をもつ有柄の果胞子体.

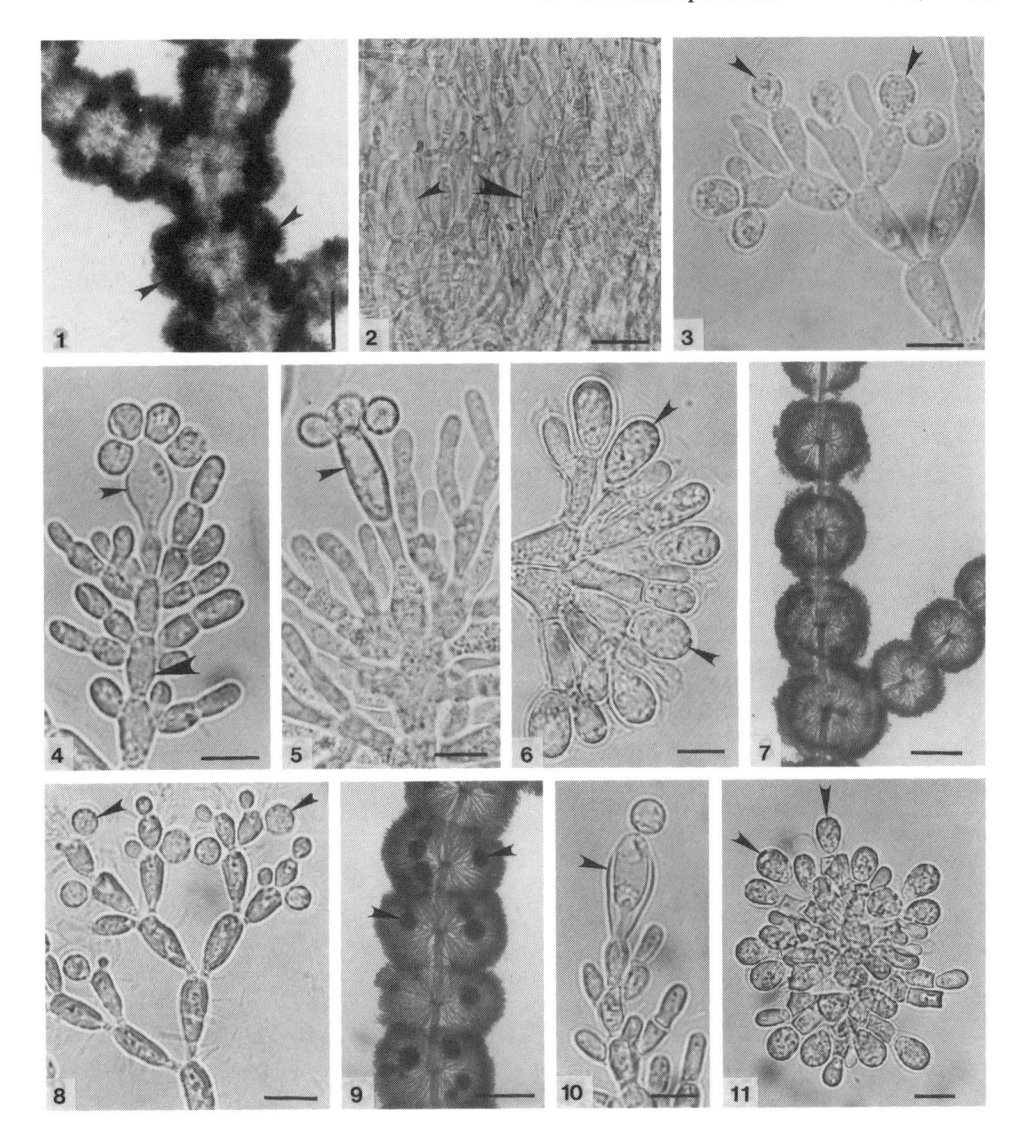

1. ***Batrachospermum*** カワモズク節 93

図版 43
Batrachospermum anatinum, figs. 1-6 (Vis *et al.* 1996)
1. 多数の球形の果胞子体（矢頭）を含む，融合する球形の輪生枝叢をもつ主軸，2. 円柱形（大矢頭）と膨らんだ（小矢頭）細胞をもつ主軸の皮層部，3. 輪生枝の先端につく精子嚢（矢頭），4. 分化していない造果器をつける枝（大矢頭）上の，杓子形の受精毛（小矢頭）をもつ受精した造果器，5. 披針形の受精毛（矢頭）をもつ受精した造果器，6. 頂生の果胞子嚢（矢頭）をつける，2細胞性の造胞糸をもつ果胞子体．

Batrachospermum arcuatum, figs. 7-11 (Vis *et al.* 1996)
7. 融合する球形輪生枝叢をもつ雄株，8. 輪生枝の先端につく精子嚢（矢頭），9. 球形の果胞子体（矢頭）を含む，融合する樽形の輪生枝叢をもつ雌株の主軸，10. 杓子形の受精毛（矢頭）をもつ受精した造果器，11. 先端に果胞子嚢（矢頭）をつける 2-3 細胞性の造胞糸をもつ果胞子体．（縮尺＝300 μm for figs. 1, 7, 9; 50 μm for fig. 2; 10 μm for figs. 3-6, 8, 10-11)

Syntype: BM.
分布：欧州に分布する．

17) ***Batrachospermum nova-guineense*** Kumano et Johnstone (1983: 66, figs. 1-20)

(**図版 44(b)**, **figs. 1-5**, 熊野 1996 ze. *In* 山岸・秋山（編），淡水藻類写真集．17：14. **figs. 6-9**, 原著者，Kumano & Johnstone 1983)

藻体は雌雄異株．大変粘性あり，濃い緑色，灰色を帯びた青色，茶色，長さ 2-5 cm，太さ 300-50 μm，不規則に分枝する．輪生枝叢は楕円形で，やや分離し，時々密着してみえる．1次輪生枝は密に，8-18 回分枝する．細胞は被針形，楕円形または卵形．端毛は欠如する．皮層細胞はよく発達する．2次輪生枝は稀．精子嚢は球形で，太さ 6-7 μm．造果器をつける枝は長さ 20-100 μm，2-7 個の樽形細胞からなり，周心細胞または輪生枝細胞から生じ，わずかに湾曲する．被覆枝は長く，多数，片側からのみ生じる．造果器は，基部で太さ 3-5 μm，頂部で太さ 4-8 μm，長さ 16-24 μm．受精毛は楕円形，有柄．果胞子体は 1-2，球形，太さ 80-150 μm，輪生枝叢内に位置する．果胞子嚢は楕円形または球形，太さ 9-12 μm，長さ 12-17 μm．

タイプ産地：大洋州：パプアニューギニア，低地，Port Moresby の北西，約 50 km，Veimauri River の支流，Ove Ove Creek（水温 26℃）．

タイプ標本：UPNG 413 a．

分布：本種はタイプ産地のみに分布する．

ノート：Johnstone *et al.* (1980) は，本種を初め *Hybrida* ヒブリダ節に入れていたが，Kumano & Johnstone (1983) は本種を *Batrachospermum* カワモズク節に帰属させる方がよい

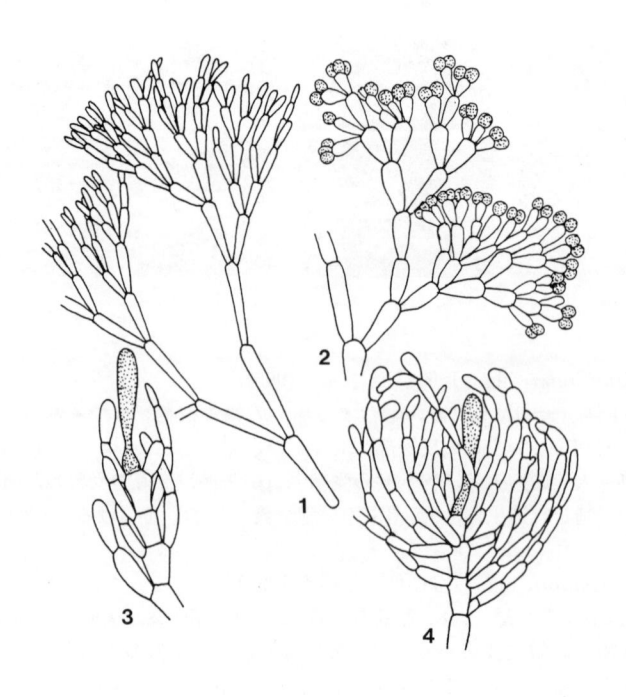

図版 44(a)
Batrachospermum arcuatum, figs. 1-4 (原著者，Kylin 1912)
1. 1次輪生枝，2. 輪生枝の先端につく精子嚢，3-4. 造果器をつける枝．

1. ***Batrachospermum*** カワモズク節　95

と考えた．

18)　***Batrachospermum arcuatum*** Kylin (1912：22, fig. 7 a-e) *emend.* Vis *et al.* (1995：52) (熊野 1977, 紅藻綱. *In* 広瀬・山岸 (編), 日本淡水藻図鑑. 164-165)：(森 1984 c. *In* 山岸・秋山 (編), 淡水藻類写真集. 1：9)

　(図版 43, figs. 7-11, Vis *et al.* 1996)；**(図版 44(a), figs. 1-4,** 原著者, Kylin 1912)

　藻体は雌雄異株．輪生枝はくっつきあい，樽形，太さ 428-727 μm，主軸には皮層があり，円筒形の細胞のみからなる．造果器をつける枝は分化せず，長さ 5-9 細胞．造果器は長さ 28-39 μm，太さ 6-12 μm の棍棒形の受精毛をもつ．1-3 個の果胞子体は輪生枝叢の縁に散在する．果胞子体は球形，有柄，太さ 92-129 μm，造胞糸は 2-4 個の円筒形の細胞，果胞子囊は倒卵形，長さ 10-15 μm，太さ 7-12 μm．

　タイプ産地：欧州：スウェーデン, Skane：Hör.

　選定標本：PC；S Wittrock & Norstedt, Algae exsiccatae no. 1356 b (Entwisle & Foard 1997 参照).

　分布：欧州：スウェーデン，ベルギー，クリミア，ポーランド (水温 7-8°C)，ポルトガル

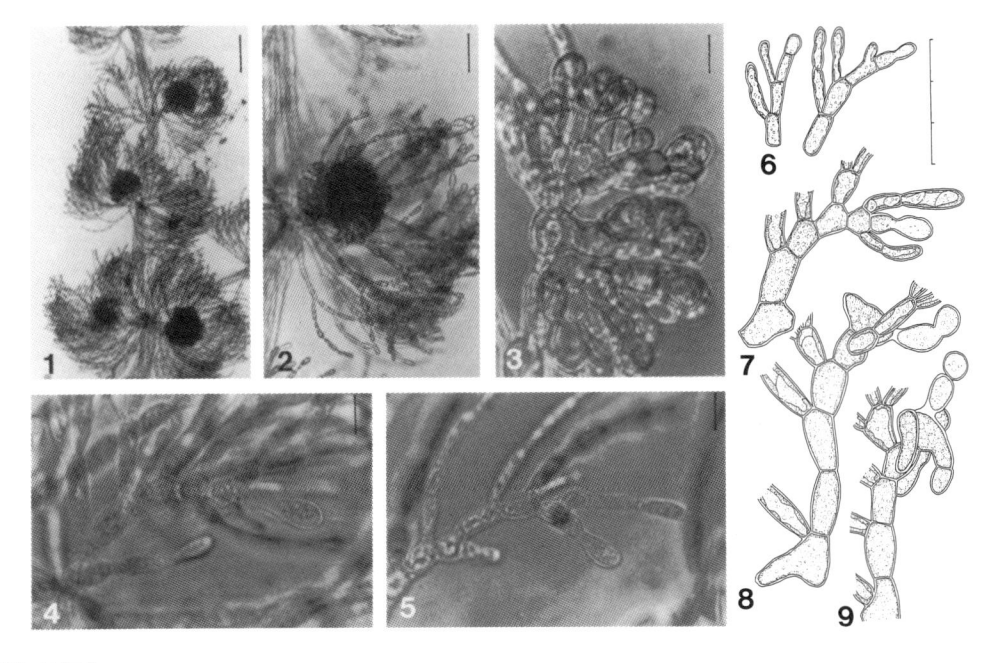

図版 44(b)

　Batrachospermum nova-guineense, figs. 1-5 (熊野 1996 ze), figs. 6-9 (原著者, Kumano & Johnstone 1983)

1. 果胞子体を示す輪生枝叢，2. 果胞子体，3. 放射状に分枝し有限成長する造胞糸の先端につく果胞子囊，4-5. 側生の被覆枝，わずかに湾曲する造果器をつける枝，6. 多数の長い側生の被覆枝をもつ，わずかに湾曲する造果器をつける枝，7. 楕円形，壺形受精毛をもつ，成熟造果器をつける枝，8. 受精受精毛をもつ造果器をつける枝，9. 造胞糸原基の発達．(縮尺＝100 μm for fig. 1；40 μm for fig. 2；30 μm for figs. 6-9；20 μm for figs. 3-5)

(水温 12-15°C), 東アジア, 豪州, 北米：米国, Iowa 州, Woodman Hollow Creek（水温 3-5°C）, Alaska 州から中米：メキシコまで分布する.

日本では, 北海道, 札幌市眞駒内, 東京都関, 茨城県つくば市小和田, 福井県大野市大清水, 大阪府岩湧山, 兵庫県上郡町, 姫路市岡田, 野村厄神, 西宮市門戸厄神, 香川県善通寺, 丸亀, 愛媛県玉淵泉などに分布する. 晩秋から早春の時期に, 平野の河岸湧泉, 湧水からの潅漑用水路など, 周囲の気温より高温の清冽な流水（例えば, 水温 14°C）に生育する.

ノート：Entwisle & Foard (1997) は *B. arcuatum* を *B. anatium* とともに, 造果器が, 未分化な細胞で構成された比較的短い枝につく *Batrachospermum arcuatum* group に入れている. 本書で著者は, 従来の森 (1975), 熊野 (1993a) の定義を改め, Vis *et al.* (1995:54) の定義に従った. したがって日本における本種の分布は再吟味が必要である.

19) ***Batrachospermum longipedicellatum*** Hua et Shi (1996: 324, pl. I, 1-10, pl. II, 1-4, pl. III, 1-6)

（図版 45, figs. 1-10, 図版 46, figs. 1-10, 原著者, Hua & Shi 1996）

藻体は雌雄同株. 長さ 8-10 cm, 叢状, 密に, 不規則に分枝. 枝は, 周心細胞のみならず, 皮層細胞からも生じる. 輪生枝叢は, 球形または楕円形, 通常は分離し, 太さ 600-1000 μm. 1 次輪生枝は 10-14 細胞からなり, 2 又, 稀に 3 又分枝する. 細胞は倒卵形または楕円形, 太さ 7.5-15 μm, 長さ 20-150 μm. 皮層細胞糸はよく発達する. 2 次輪生枝は大量, 時に疎ら. 精子嚢は球形, 直径 7-9 μm, 1-2 次輪生枝に頂生または側生する. 造果器をつける枝は真っすぐで, 周心細胞, 輪生枝下部細胞と皮層細胞からも生じる. 受精毛は太さ 4.5-6 μm, 長さ 20-30 μm, 若いときは楕円形, 細長い円柱形, 半月形または鈷具（ドッコ）形, 成熟時は多様な形態を示す. 果胞子体は 1 個以上, 被覆糸は大量, 通常, 輪生枝叢から突出し, 輪生枝叢半径の 1-2 倍. 果胞子嚢は倒卵形, 太さ 8-9 μm, 長さ 10-11 μm.

タイプ産地：東アジア：中国, 江蘇省徐州抜剣泉の石灰岩性の泉中（水温 16-17°C）.

タイプ標本：XZTC 9102.

分布：タイプ産地のみに分布する.

20) ***Batrachospermum carpoinvolucrum*** Sheath et Vis in Vis & Sheath (1996: 128, figs. 16-24)

（図版 47 (a), figs. 1-9, 原著者, Vis & Sheath 1996）

藻体は雌雄異株. 雄株と雌株は, 樽形の連続する輪生枝叢をもつ. 主軸は円柱形と, 膨れた細胞からなる異質性の皮層で覆われる. 精子嚢は輪生枝の先端につく. 成熟した雌株の輪生枝叢は太さ 489-853 μm, 輪生枝は 12-14 細胞からなる. 造果器をつける枝は未分化, 4-10 細胞からなり, 造果器を頂生する長い被覆枝を生じる. 造果器の発達後, 造果器をつける枝は明らかに成長を続け, それを越えて伸長する. 造果器は太さ 6-8 μm, 長さ 15-26 μm, 無柄, 棍棒形の受精毛をもつ. 果胞子体は球形, 輪生枝叢に 1-3 個, 輪生枝叢から突出する. 成熟した果胞子体は直径 128-232 μm. 果胞子嚢は太さ 7-11 μm, 長さ 10-14 μm, 3-4 細胞性の造胞糸の先端につく.

タイプ産地：北米：米国, Arizona 州, Montezuma Well に由来する流れ（水温 24°C）.

タイプ標本：UBC A 81613.

分布：本種はタイプ産地のみに分布する.

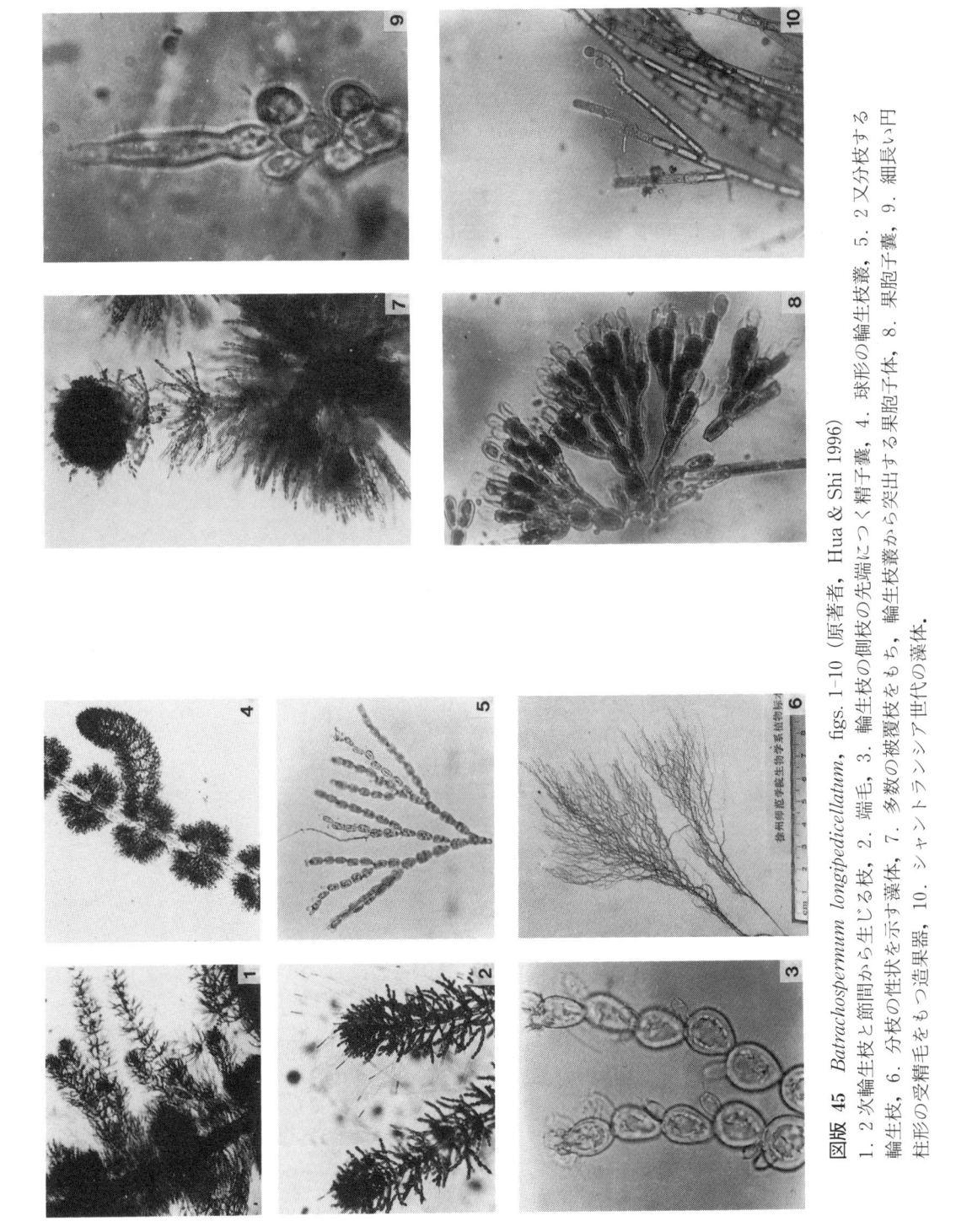

1. *Batrachospermum* カワモズク節 97

図版 45 *Batrachospermum longipedicellatum*, figs. 1-10（原著者，Hua & Shi 1996）
1. 2次輪生枝と節間から生じる枝，2. 端毛，3. 輪生枝の側枝の先端につく精子嚢，4. 球形の輪生枝叢，5. 2又分枝する輪生枝，6. 分枝の性状を示す藻体，7. 多数の被覆枝をもち，輪生枝叢から突出する果胞子体，8. 果胞子嚢，9. 細長い円柱形の受精毛をもつ造果器，10. シャントランシア世代の藻体．

21) ***Batrachospermum boryanum*** Sirodot (1874：136, 1884：246, pl. XXIX, figs. 1-3, pl. XXX, figs. 3-5, pl. XXXI, figs. 1-6) *emend*. Vis *et al*. (1995：54)

異名：*B. ectocarpoideum* Skuja ex Flint (1949：552)

（**図版 47(b)**, **figs. 1-6**, 熊野 1996 e. *In* 山岸・秋山（編），淡水藻類写真集. 16：11. **figs. 7-8**, 原著者，Sirodot 1884)；(**図版 48, figs. 1-7**, Vis *et al*. 1996)；(**図版 49, figs. 1, 5**, 原著者，Sirodot 1884. **figs. 2-4**, Starmach 1976)

雌雄異株．主軸は平らで，不規則な皮層をもつ．輪生枝叢は融合し，球形，太さ 337-1034 µm．造果器をつける枝は分化せず，長さ 4-8 細胞，被覆枝の先端に精子嚢をつける．造果器は長さ 16-35 µm，太さ 6-10 µm の棍棒形の受精毛をもつ．1-30 個の果胞子体は輪生枝叢内に散在する．果胞子体は球形，有柄，太さ 68-139 µm，造胞糸は 2-3 個の円筒形の細胞，果胞子嚢は倒卵形，長さ 8-17 µm，太さ 7-14 µm．

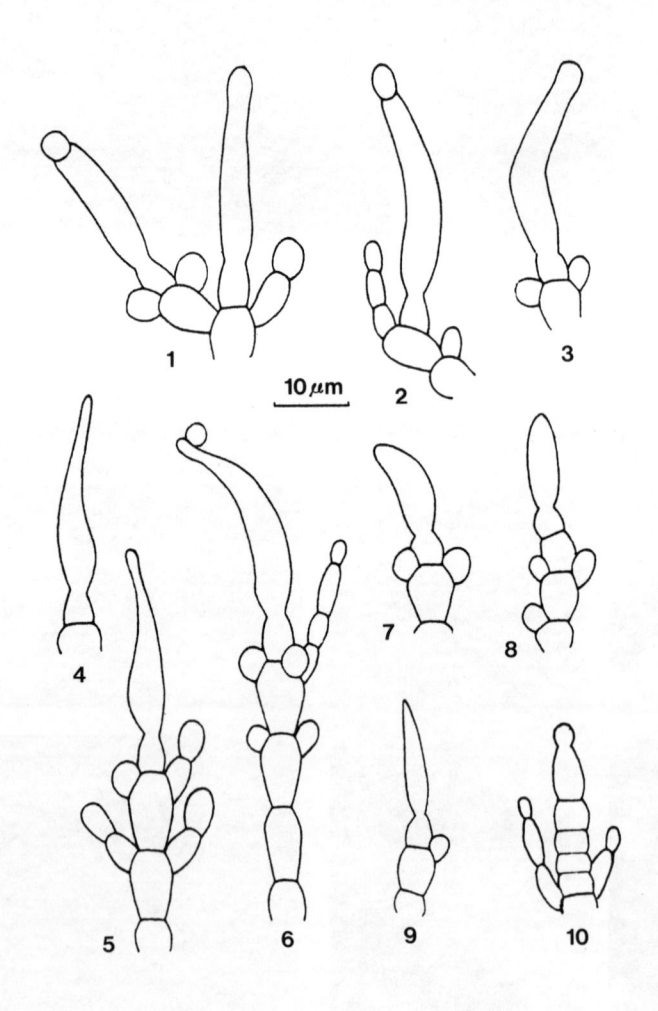

図版 46

Batrachospermum longipedicellatum, figs. 1-10 （原著者，Hua & Shi 1996）
1-3, 6. 細長い円柱形，三か月形に湾曲する受精毛をもつ造果器, 4-5. 披針形の受精毛, 7-9. 若い三か月形の受精毛(7)，楕円形(8)，半月形(9)，10. 発達初期の受精毛の糸状の始原突起をもつ造果器.

1. *Batrachospermum* カワモズク節   99

タイプ産地：欧州：フランス，Rennes の南，Bourg-des-Comptes 近傍．
タイプ標本：PC herb. Thuret．
分布：欧州：ベルギー，クリミア，フランス，ポーランド，ルーマニア，スウェーデン，ポルトガル（水温 2-12°C），豪州，南米：ブラジル，北米：カナダ，Newfoundland 州，British Colunbia 州，米国，Georgia 州，Michigan 州，ツンドラから熱帯降雨林にまでに分布する（水温 3-18°C）．

22) ***Batrachospermum heterocorticum*** Sheath et Cole（1990：566, figs. 9-18）
（**図版 34, figs. 1-6,** Vis *et al*. 1996）；（**図版 50, figs. 1-10,** 原著者，Sheath & Cole 1990）
藻体は，多分，雌雄異株，オリーブ緑色，長さ 2-6 cm，太さ 385-647 μm．輪生枝叢は先端で明瞭，古い藻体では2次輪生枝が発達するため明らかでない．輪生枝はカーブせず，2又，3又

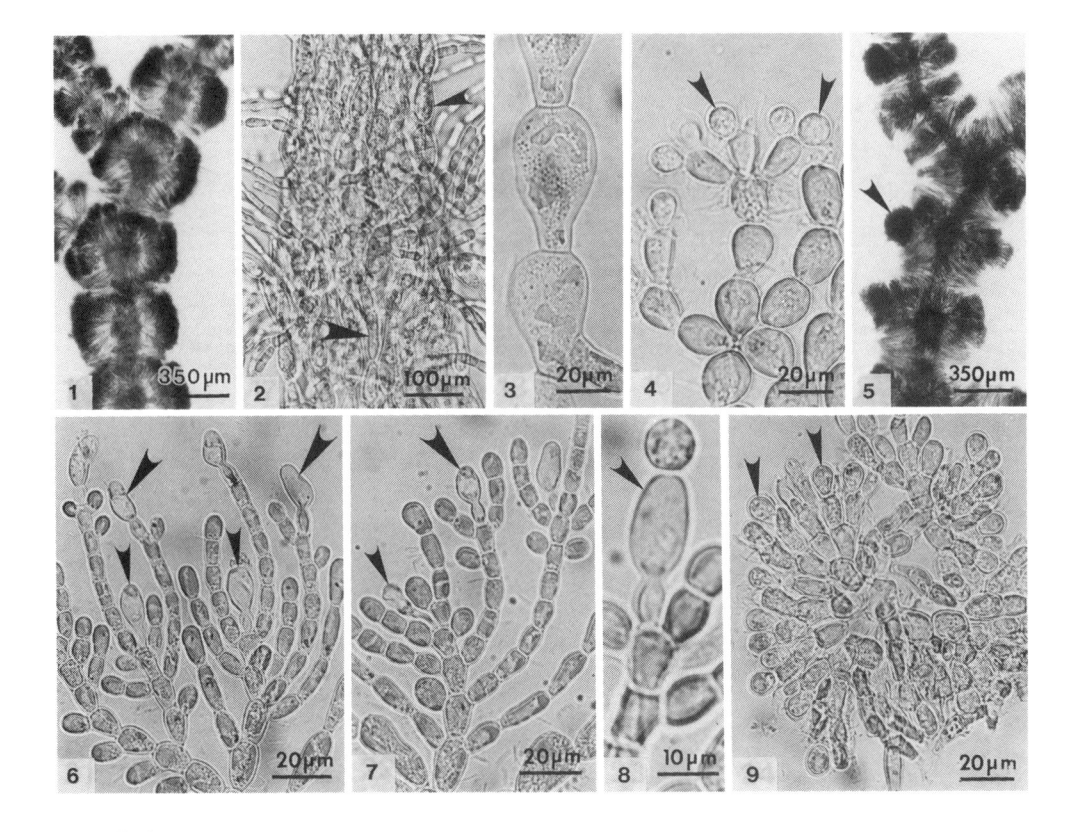

図版 47(a)
Batrachospermum carpoinvolucrum, figs. 1-9（原著者，Vis & Sheath 1996）
1. 雄株，融合した樽形の輪生枝叢をもつ主軸，2. 円柱形（大矢頭）と球根形の細胞（小矢頭）をもつ皮層化した主軸，3. 球根形の皮層細胞，4. 輪生枝の先端につく多数の精子嚢（矢頭），5. 雌株，中軸性の大球形の果胞子体（矢頭）をつける，融合する樽形の輪生枝叢をもつ主軸，6. 先端に造果器（大矢頭）をつける長い被覆枝をもつ造果器（小矢頭），7. 長くなった造果器をつける枝により，横に押し付けられた（小矢頭）退化した造果器と，頂生の造果器（大矢頭）をつける被覆枝，8. 卵形の受精毛をもつ受精した造果器（矢頭），9. 頂生の果胞子嚢（矢頭）をつける2-4細胞性の造胞糸をもつ果胞子体．

に 4-7 回分枝する．初期の皮層細胞は円柱形で，太さ 5-7.9 μm，古い藻体では顕著に長くなり，楕円形で，太さ 12.9-24.1 μm，大部分は長い細胞に，少数の円筒形の細胞とが混じる．異質的な皮層細胞の存在が最も特徴的な性質である．精子嚢は知られていない．造果器をつける枝は長さ 20-100 μm，1-4 個の細胞からなり，周心細胞から生じ，真っすぐ．造果器は太さ 7.3-12.4 μm，長さ 31-46 μm，受精毛は披針形，杓子形，円柱形，不明瞭な柄がある．果胞子体は球形，太さ 109-198 μm，輪生枝叢内の中位または外側部に位置する．果胞子嚢は，短い被覆枝に着生し，卵形，太さ 6.3-9.4 μm，長さ 9.2-15 μm．

タイプ産地：北米，米国，Florida 州，Marion，40 号線の 3 km 北，19 号線，Morman Branch．

タイプ標本：UBC A 70042．

分布：本種はタイプ産地のほか，南は米国，Florida 州から，北は Arkansas 州，西は Arizona 州まで，米国の南東部，そして南中央部温帯域の 5 地点に分布する（水温 11-19°C）．

ノート：造果器をつける枝が真っすぐで，大きい被覆枝をつけ，数個の果胞子体が輪生枝叢の中位から外側に形成されることから，本種は *Batrachospermum* カワモズク節に属するが，他方，受精毛の形態は *Virescentia* ヴィレスケンチア節の *B. sirodotii* Skuja ex Reis (1974) に似ていると Sheath & Cole (1990) は述べている．

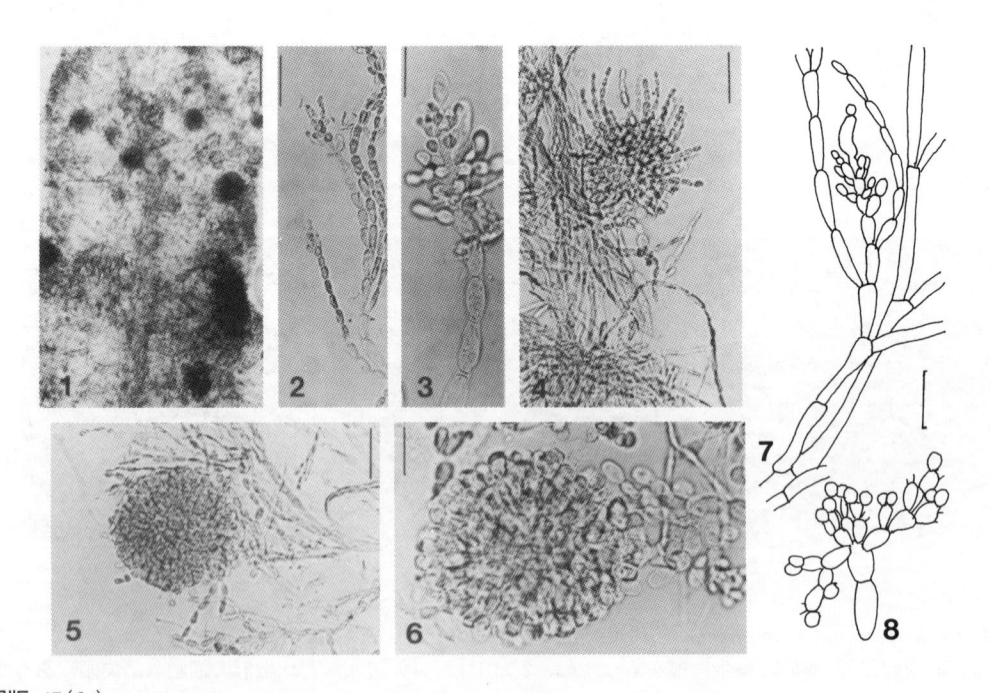

図版 47(b)

Batrachospermum boryanum, figs. 1-6 (熊野 1996 e), figs. 7-8 (原著者，Sirodot 1884)
1,4-6. 球形の輪生枝叢をもつ主軸，輪生枝叢内の多数の小さい果胞子体を示す，2,8. 1 次輪生枝の先端につく精子嚢，3,7. 造果器，未分化な造果器をつける枝，頂生の果胞子嚢をもつ若い果胞子体と成熟果胞子体．

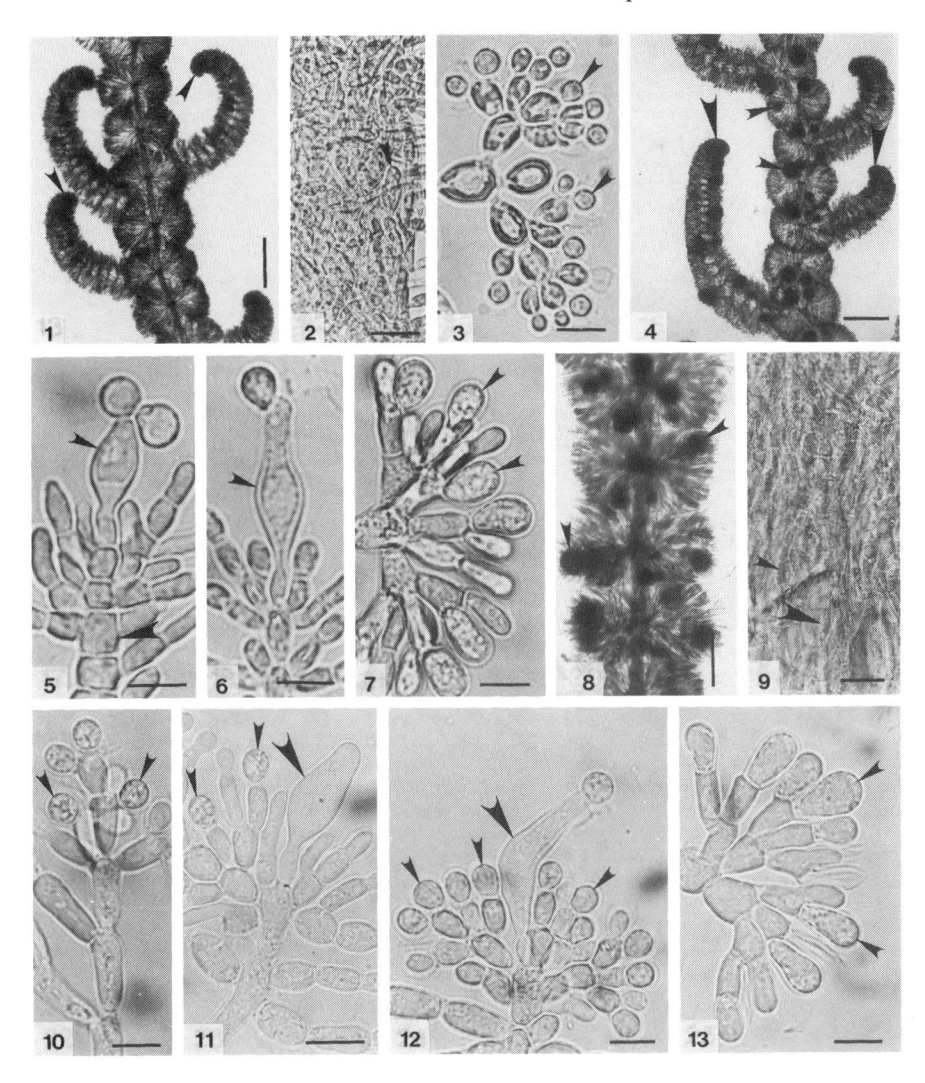

図版 48

Batrachospermum boryanum, figs. 1-7 (Vis *et al.* 1996)
1. 融合した輪生枝叢をもつ雄株の藻体と，先端部（矢頭）が湾曲する2次枝，2. 膨れた細胞（矢頭）を含む主軸皮層部，3. 輪生枝の先端につく精子嚢（矢頭），4. 融合した輪生枝叢をもち，果胞子体（小矢頭）を含む雌株の藻体と，先端部（矢頭）が湾曲する2次枝，5. 未分化造果器をつける枝（大矢頭）上の，杓子形受精毛（小矢頭）をもつ受精造果器，6. 膨れた披針形受精毛（矢頭）をもつ受精造果器，7. 先端に果胞子嚢（矢頭）をつける，短い2-3細胞性の造胞糸をもつ果胞子体．

Batrachospermum confusum, figs. 8-13 (Vis *et al.* 1996)
8. 球形の果胞子体（矢頭）を含む，融合した輪生枝叢をもつ主軸，9. 円柱形（大矢頭）と膨れた（小矢頭）細胞をもつ主軸皮層部，10. 輪生枝の先端につく精子嚢（矢頭），11. 杓子形の受精毛（大矢頭）をもつ造果器と，先端に精子嚢（矢頭）をもつ被覆枝，12. 湾曲する披針形の受精毛（大矢頭）をもつ造果器と，先端に多数の精子嚢（小矢頭）をもつ被覆枝，13. 先端に果胞子嚢（矢頭）をつける，短い密集した造胞糸をもつ果胞子体．（縮尺＝400 μm for fig. 4；350 μm for fig. 8；300 μm for fig. 1；50 μm for figs. 2, 9；10 μm for figs. 3, 5-7, 10-13）

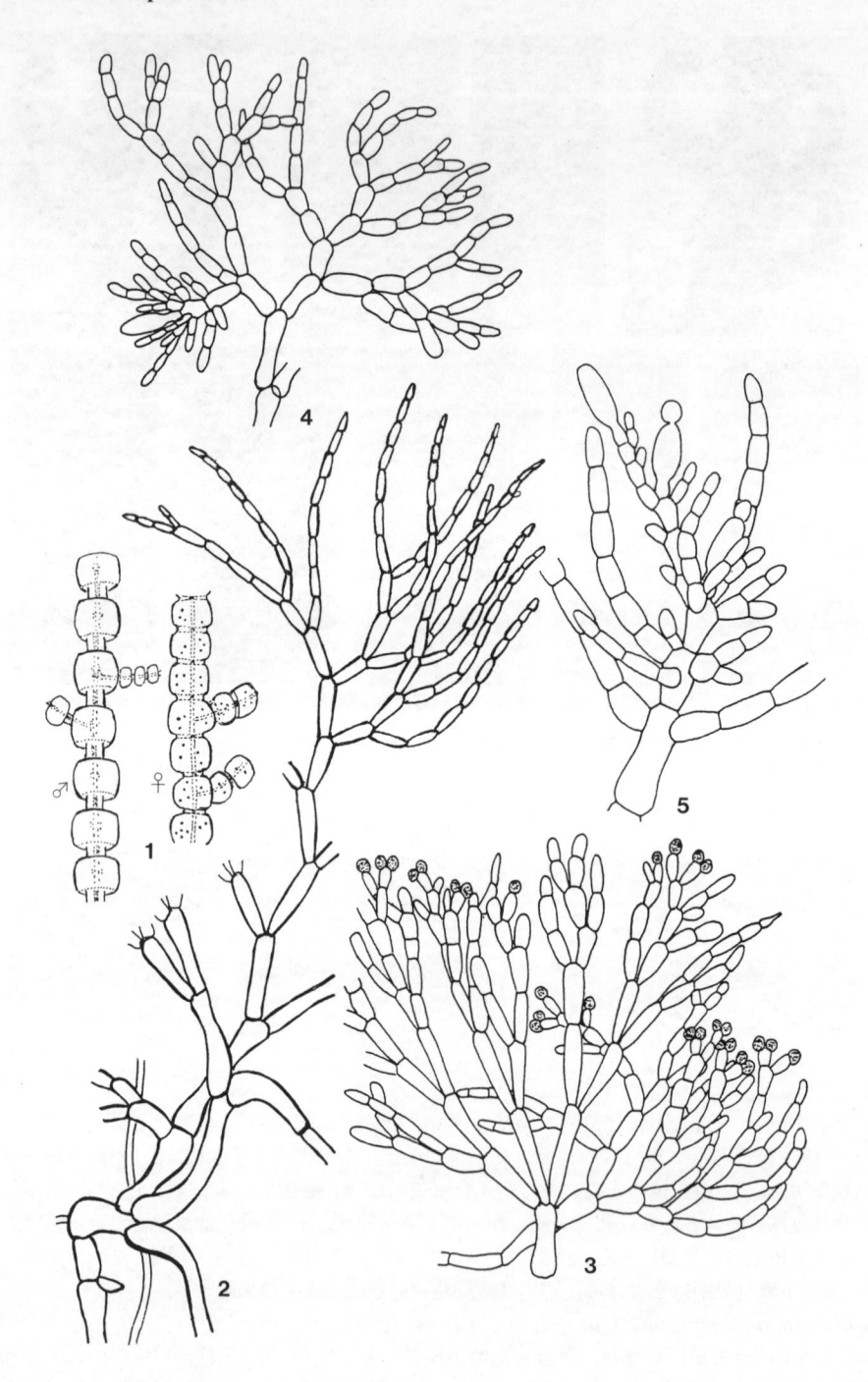

図版 49

Batrachospermum boryanum, figs. 1,5（原著者, Sirodot 1884）, figs. 2-4（Starmach 1976）
1. 分離した樽形の輪生枝叢（雄株）, やや融合した輪生枝叢（雌株）をもつ主軸, 2. 1次輪生枝, 3. 1次輪生枝の先端につく精子嚢, 4-5. 造果器と未分化な造果器をつける枝.

1. *Batrachospermum* カワモズク節

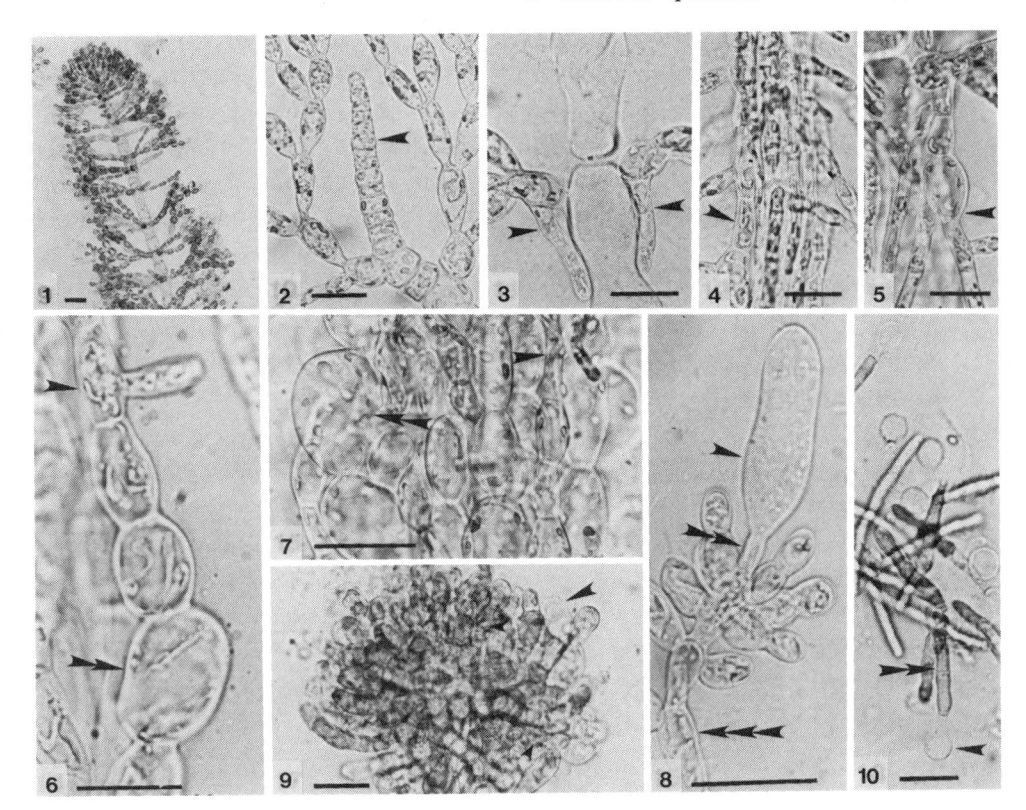

図版 50

Batrachospermum heterocorticum, figs. 1-10（原著者，Sheath & Cole 1990）
1. 皮層がなく，ほとんど密に分枝しない輪生枝をもつ先端部，2. 分枝しない輪生枝の原基（矢頭），3. 皮層細胞の原基（矢頭），4. 2次輪生枝（矢頭）を出す円柱形の細胞をもつ皮層細胞の発達初期，5. 皮層細胞の伸長（矢頭）の発達初期と分枝，6. 円柱形の細胞（矢頭）と，次第に膨らむ細胞（二重矢頭）とを示す皮層細胞糸，7. 少数の円柱形の細胞（矢頭）と，大部分の膨らんだ細胞（二重矢頭）が混合する，成熟した皮層細胞糸，8. 4細胞性の造果器をつける枝（三重矢頭）上の，明瞭な柄（二重矢頭）をもつ楕円形の受精毛（矢頭）をもつ造果器，9. 空の果胞子嚢（矢頭）をもつ成熟した果胞子体，10. 発芽した果胞子（矢頭）はシャントランシア世代の藻体（二重矢頭）を形成する．

Entwisle & Foard （1997）は，在来の *Helminthoidea* ヘルミントイデア節，*Batrachospermum* カワモズク節に関連が深く，両節の中間的な形質をもつ，大洋州：豪州，ニュージーランド産の種を，次に示す幾つかの群に分けている．

Batrachospermum カワモズク属の群（Entwisle & Foard 1997）の検索表

1. 輪生枝は6細胞の長さ，主軸に密着し，果胞子体は輪生枝叢から突出し，造果器は周心細胞から2-3細胞の位置にある ……………*Batrachospermm atrum* および近縁種（130頁を参照）
1. 輪生枝は3-22細胞の長さ，主軸に密着せず，果胞子体は輪生枝叢内から突出し，造果器は周心細胞から3-17細胞の位置にある ……………………………………………………2
2. 果胞子体は準球形（稀に球形）または分散し，主軸に隣接（稀に主軸から離れ，果胞子体は

常に球形），造果器は 2-7 個の分化した細胞枝につく．東豪州 ………………………3
2. 果胞子体は球形（稀に準球形），主軸に隣接せず（稀に輪生枝叢内），造果器は 3-17 個の分化しない細胞枝につく．豪州，ニュージーランド ……………………………………………4
3. 藻体はやや硬く，中軸細胞は太さ 9-23 μm，皮層細胞は膨れ，太さ 6-23 μm，上部細胞は球形または円錐球形 ……………………………………（5）*Batrachospermum wattsii* 群
3. 藻体は柔軟で，中軸細胞は太さ 18-80 μm，皮層細胞は円柱形，太さ 4-13 μm，上部細胞は球形でない ………………………………………（2）*Batrachospermum gelatinosum* 群（一部）
4. 輪生枝細胞は上部の膨らむ円柱形，輪生枝は片側分枝，2 次輪生枝はない（稀に存在し，過熟藻体では疎ら），受精毛は棍棒形 …………（3）*Batrachospermum antipodites* 群（一部）
4. 輪生枝細胞と分枝はほかの形態，2 次輪生枝はないか，存在し，受精毛は様々な形 ……5
5. 輪生枝叢は倒円錐形（少なくとも藻体のある部分では），分枝は 2-5 回 ……………6
5. 輪生枝叢は球形，樽形，円盤形，分枝は 3-11 回 …………………………………7
6. 造果器は 7-22 細胞の枝につく，受精毛は有柄，皮層細胞糸は太さ 5-6 μm，果胞子体は輪生枝叢の半径より小さい ……………………………（6）*Batrachospermum cayennense* 群
6. 造果器は 6-11 細胞の枝につく，受精毛は無柄，皮層細胞糸は太さ 5-12 μm，果胞子体は輪生枝叢の半径と同じ，無限成長造胞糸をもつ ……（4）*Batrachospermum prominens* 群（一部）
7. 受精毛は左右非対称 ……………………………（3）*Batrachospermum antipodites* 群（一部）
8. 造果器をつける枝の細胞は輪生枝細胞と形態が似る ……（1）*Batrachospermum arcuatum* 群
8. 造果器をつける枝の細胞は輪生枝細胞から大きさ形態が分化する．豪州，ニュージーランド …………………………………………………………………………………………9
9. 輪生枝に内側の細胞は外側の細胞と大きさ形態が全く異なる（両者の移行形はない），皮層細胞糸は太さ 7-26 μm，円柱形と膨れた細胞からなる，果胞子嚢は太さ 8-11 μm ……………………………………………（3）*Batrachospermum antipodites* 群（一部）
9. 輪生枝に内側の細胞は外側の細胞と大きさ形態が明瞭に異ならない，皮層細胞糸は太さ 2-11 μm，円柱形細胞からなる，果胞子嚢は太さ 6-26 μm ………………………………10
10. 輪生枝叢は直径 300 μm 以下，果胞子体は輪生枝叢の半径の 2 倍以上，受精毛は楕円形 ……………………………………………（4）*Batrachospermum prominens* 群（一部）
10. 輪生枝叢は直径 300 μm 以上，果胞子体は輪生枝叢の半径の 1.6 倍まで，受精毛は稀に楕円形 …………………………………………（2）*Batrachospermum gelatinosum* 群（一部）

（1） *Batrachospermum arcuatum* group　アーキュアツム群

造果器をつける枝は比較的短く，分化しない細胞からなる群．

Batrachospermum arcuatum アーキュアツム群の種の検索表

1. 造果器をつける細胞は形態，大きさで分化している．豪州またはニュージーランド産 ………………………………………………………………………………1) *B. discorum*
1. 造果器をつける細胞の形態は輪生枝細胞と同じ．ニュージーランド産 ………………2
2. 皮層細胞は常に円柱形，太さ 4-7 μm，被覆枝は 2-3 細胞の長さ，造果器を越えて伸長しない，雌雄異株 ……………………………………………………………………2) *B. arcuatum*

2. 皮層細胞は成熟すると膨らむ，太さ 6-32 μm，被覆枝は 4-11 細胞の長さ，造果器を越えて伸長する，雌雄同株 ·· 3) *B. anatinum*

1) *Batrachospermum discorum* Entwisle et Foard (1997: 341) (112 頁を参照)
2) *Batrachospermum arcuatum* Kylin (1912: 22) (95 頁を参照)
3) *Batrachospermum anatinum* Sirodot (1884: 249) (91 頁を参照)

（2） *Batrachospermum gelatinosum* group ゲラチノスム群

造果器をつける枝は比較的短く，分化した細胞で構成される群．

ノート：Entwisle & Foard (1997) は，造果器が，分化した細胞で構成される比較的短い枝につき，果胞子体の大きさ，輪生枝叢内の位置は極端に変化すると述べている．北半球の *B. gelatinosum* から北半球の *B. turfosa* に似た種までの，中間型を含む変異の広がりをもち，豪州とニュージーランド産の種は，分類学的に難しい群である．

Batrachospermum gelatinosum ゲラチノスム群の種の検索表

1. 果胞子体は準球形（稀に球形）または放散型，中心は藻体の中軸に隣接（稀に離れ，果胞子体は常に準球形），造果器をつける枝は 2-7 個の分化した細胞からなる．東豪州 ················ 2
1. 果胞子体は球形（稀に準球形），中心は藻体の中軸に隣接しない，造果器をつける枝は 3-17 個の分化した細胞からなる．豪州またはニュージーランド ································· 3
2. 受精毛は棍棒形（時に細い棍棒形），太さ 7-14 μm，果胞子囊は常に造胞糸に頂生し，長さ 17-30 μm，太さ 10-18 μm ··· 1) *B. theaquum* （一部）
2. 受精毛は線形，太さ 3-5 μm，果胞子囊は造胞糸に並んで側生し，長さ 10-16 μm，太さ 7-9 μm ·· 2) *B. debilis*
3. 受精毛は棍棒形，造果器の基部は太さ 5-11 μm，果胞子体は常に中軸に隣接または重複し，輪生枝は 2-5 回分枝する．東豪州 ································· 1) *B. theaquum* （一部）
3. 受精毛は様々な形態をもつ（時に棍棒形），造果器の基部は太さ 2-7 μm，果胞子体は様々な位置にあり（時に中軸に隣接または重複），輪生枝は 4-8 回分枝する．東豪州，ニュージーランド ··· 4
4. 受精毛は太さ 4-6 μm，果胞子体は直径 190 μm 以下，輪生枝叢半径の 0.2-0.5 倍，内側の皮層部に位置する．豪州 ··· 3) *B. gelatinosum*
4. 受精毛は太さ 4-12 μm，果胞子体は直径 60-345 μm 以下，輪生枝叢半径の 0.4-1.8 倍，時に外側の皮層部に突出する．ニュージーランド ······························· 4) *B. campyloclonum*

1) *Batrachospermum theaquum* Skuja ex Entwisle et Foard (1997: 357, fig. 12, A-G, fig. 13, A-D)

（**図版 51, figs. 1-7**，原著者，Entwisle & Foard 1997）

藻体は雌雄同株，稀に雌雄異株．長さ 2-5 cm，草緑色，乾燥時に黄緑色，単軸性，先端は尖か鈍頭，頂端細胞は輪生枝から突出または埋没する．輪生枝叢は，通常，円錐形または円柱形，時に球形または樽形，太さ 102-759 (-2000) μm，融合または分離し，節間は長さ 125-540 μm．

図版 51

Batrachospermum theaquum variant 1, figs. 1-2 (原著者, Entwisle & Foard 1997)
1. 藻体の先端部, 2. 1次輪生枝上の精子嚢.
Batrachospermum theaquum variant 2, figs. 3-5 (原著者, Entwisle & Foard 1997)
3. 果胞子体, 4. 造果器（矢印は受精毛）, 5. 果胞子嚢.
Batrachospermum theaquum variant 4, figs. 6-7 (原著者, Entwisle & Foard 1997)
6. 果胞子体をもつ成熟した藻体, 7. その場で発芽した果胞子に由来するシャントランシア世代の藻体がみられる果胞子体. (縮尺＝500 μm for fig. 6；200 μm for fig. 7；100 μm for figs. 1-3；20 μm for figs. 4-5)

中軸部は無色，稀に褐色，中軸細胞は太さ 18-57 µm，皮層細胞は円柱形，2次輪生枝の生じる箇所のみ膨らみ，太さ 6-14 µm，古い藻体では数層，時に，中軸細胞から離れ，輪生枝中を伸長する．2次輪生枝は，稀に，時に1次輪生枝と同長．1次輪生枝は，周心細胞から3-4本，やや先端で真っすぐ，4-26細胞からなり，2-3又に2-5回分枝する．下部細胞は円柱形，楕円形または倒卵形，長さ 11-43 µm，太さ 3-15 µm，中間細胞は楕円形，紡錘形または倒卵形，稀に円柱形，長さ 7-44 µm，太さ 4-11 µm，上部細胞は楕円形または倒卵形，長さ 5-15 µm，太さ 4-9 µm．単胞子囊は欠如．精子囊は1次，2次輪生枝に，時に短く分化した枝，不稔の造果器をつける枝，稀に被覆枝に，房状に散在し，球形，太さ 5-10 µm．造果器をつける枝は1次輪生枝の周心細胞から，通常3-7細胞の位置，稀に輪生枝の14細胞の位置の，中間細胞から生じる，分化した樽形，楕円形，円柱形または円盤形の，長さ 5-14 µm，太さ 6-12 µm，2-6個以上の細胞からなり，稀にわずかにカーブする．被覆枝はすべての分化した細胞から生じ，1-5細胞の長さ，造果器を越えて伸長しない．造果器はやや真っすぐ，長さ 30-78 µm，基部の太さ (3-)5-11 µm，受精毛は無柄，放射対称，通常棍棒形，時に塊形，最も太い部分の太さ 6-15 µm．果胞子体は輪生枝叢に1-2個，輪生枝叢の内側，外側，時に突出し，通常準球形，時に球形，密集または緩やかに集合する，太さ 115-348 µm，輪生枝叢の半径の 0.3-2.3倍，中心は節部から 0-130 µm に位置する．造胞糸は通常シャントランシアのよう．受精後，造果器をつける枝の細胞は，球形，樽形または幾分，独楽形，受精後すぐ，しばしば皮層細胞糸を形成する．果胞子囊は倒卵形，稀に球形またはお玉杓子形，長さ 17-33 µm，太さ 10-18 µm．

タイプ産地：大洋州：豪州，New South Wales 州，Sydney，Middle Harbour，Gordon．
タイプ標本：NSW A 008816．
分布：大洋州：豪州東海岸の腐植栄養性の流れ中に分布する．

2) ***Batrachospermum debilis*** Entwisle et Foard (1997 : 362, fig. 14, A-E)
(**図版 52, figs. 1-5**，原著者，Entwisle & Foard 1997)
藻体は雌雄同株．長さ 2-3 cm，緑色から濃褐色，軟弱または硬い，2又分枝が優勢，先端は鈍頭，頂端細胞は輪生枝内に埋没する．輪生枝叢は樽形から円盤形，太さ 300-550 µm，融合し，節間は長さ 110-180 µm．中軸細胞は太さ 24-30 µm，皮層細胞は円柱形，太さ 4-6 µm．2次輪生枝は通常1次輪生枝と同長．1次輪生枝は周心細胞から3本，先端はやや真っすぐ，6-12細胞からなり，2-3又に3-4回分枝する．下部細胞は紡錘形，長さ 24-40 µm，太さ 4-6 µm，中間細胞は紡錘形または倒卵形，長さ 10-30 µm，太さ 3-6 µm，上部細胞は長い倒卵形，長さ 8-12 µm，太さ 2-5 µm．端毛は長さ 5-80 µm．単胞子囊は欠如．精子囊は1次，2次輪生枝に散在，球形，太さ 5-6 µm．造果器をつける枝は周心細胞から生じ，5-7細胞からなり，すべて分化した，円盤形の，長さ 4-7 µm，太さ 4-5 µm の細胞からなる．被覆枝はすべての細胞から生じ，約3細胞の長さ，造果器を越えて伸長しない．造果器はやや真っすぐ，長さ 32-60 µm，基部の太さ 3-4 µm，受精毛は無柄．しかし造果器の基部は次第に細くなり，細く，放射対称またはカーブし，細い棍棒形から線形，太さ 3-5 µm．果胞子体は輪生枝叢に1個，輪生枝の内側または外側，準球形，緩やかに集合し，太さ 160-200 µm，輪生枝叢の半径の 0.6-1倍，中心は節部から 60-80 µm の位置．造胞糸は 4-11 細胞の長さ，果胞子囊を次々と側生的に，それから1個を先端に形成する．受精後，造果器をつける枝の細胞は樽形，皮層細胞糸で覆われる．果胞子囊は倒卵形，長さ 10-16 µm，太さ 7-9 µm．

108   **Batrachospermales** カワモズク目

タイプ産地：大洋州：豪州，Tasmania, Southwestern National Park, Bathurst Narrows に流入する，Mt. Rug 南側の creek.

タイプ標本：dry MEL 2033517, wet MEL 2033518.

分布：本種はタイプ産地のみに分布する．

ノート：Entwisle & Foard (1997) によれば，側生的に次々と形成される果胞子嚢は，本種のみにみられる形質である．

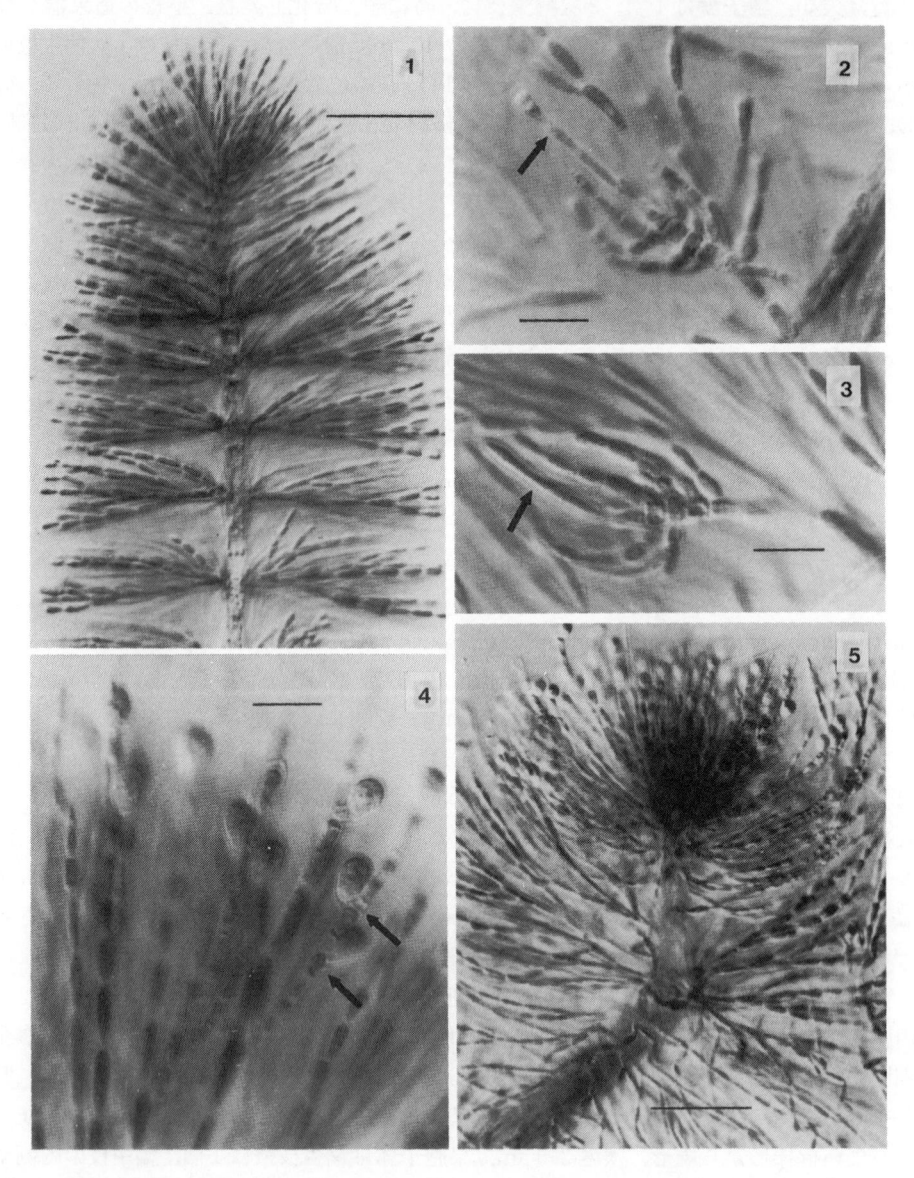

図版 52

Batrachospermum debilis, figs. 1-5（原著者，Entwisle & Foard 1997）
1. 藻体の先端部，2-3. 造果器（矢印は受精毛）と造果器をつける枝，4. 側生の果胞子嚢（矢印）をつける造胞糸，5. 果胞子体をもつ輪生枝叢．（縮尺＝200 μm for figs. 1,5；50 μm for figs. 2-4）

(2) ***Batrachospermum gelatinosum*** ゲラチノスム群　109

3)　***Batrachospermum gelatinosum*** (Linnaeus) De Candolle (1801 : 21) *sensu* Entwisle & Foard (1997)

Entwisle & Foard (1997) が示した本種の異名は以下の通り．

異名：*Conferva gelatinosa* Linnaeus (1753 : pl. 1166)；*B. helminthoideum* (Sirodot) Mori (1975 : 474)．(89 頁の Vis *et al.* 1995 の異名も参照のこと)

図版 53
　Batrachospermum campyloclonum，figs. 1-5（原著者，Entwisle & Foard 1997)
1．藻体の先端部，2．精子の付着した造果器（矢印は受精毛），3．輪生枝叢から突出する果胞子体，4-5．果胞子体．(縮尺＝200 μm for figs. 1,3；100 μm for figs. 4-5；20 μm for fig. 2)

4) ***Batrachospermum campyloclonum*** Skuja ex Entwisle et Foard (1997 : 364, fig. 17, A-E)

(**図版 53, figs. 1-5,** 原著者, Entwisle & Foard 1997)

藻体は雌雄同株，稀に雌雄異株．赤色，褐色または緑色，単軸性，先端は尖頭または鈍頭，頂端細胞は1次輪生枝から突出または埋没する．輪生枝叢は樽形から円盤形または球形，太さ 170 670(-920) μm, 融合し, 節間は長さ 58-440 μm. 中軸細胞は太さ 7-54 μm, 皮層細胞糸は時に潤沢，11層に達し，細胞は円柱形，太さ 2-9 μm. 2次輪生枝は通常または稀，1次輪生枝より短い．1次輪生枝は周心細胞から2-6本，やや真っすぐまたは先端でわずかにカーブし，7-16(-25) 細胞からなり，2-4又に，4-8回分枝する．下部細胞は紡錘形，骨形，円柱形または楕円形，長さ 12-91 μm, 太さ 3-11 μm, 中間細胞は同形，長さ 6-27(-63) μm, 太さ 3-12 μm, 上部細胞は倒卵形，楕円形または円柱形，長さ 6-16(-21) μm, 太さ 2-7 μm. 端毛は時に存在し，長さ 5-30 μm. 単胞子嚢は欠如．精子嚢は1次輪生枝に散在，球形，太さ 4-9 μm. 造果器をつける枝は周心細胞，稀に2次輪生枝の下部細胞から生じ，4-11 細胞，すべて分化した円柱形，円盤形または樽形の，長さ 3-9 μm, 太さ 4-11 μm の細胞からなる．または稀に輪生枝の外側の栄養枝から造果器が生じる．被覆枝はすべて，または大抵の細胞から生じ，1-6 細胞の長さ，時に造果器を越えて伸長する．造果器は通常真っすぐ，長さ 21-60 μm, 基部の太さ 3-9 μm, 受精毛は無柄，放射対称または塊形（多分保存状態の悪さによる），紡錘形から円柱形または棍棒形，最も太い部分の太さ 4-9(-12) μm. 果胞子体は輪生枝叢に 1-2 個，しかし時に5個に達し，輪生枝の内側，外側，時に突出し，球形または明らかに準球形，密集または緩やかに集合，太さ 60-280(-345) μm, 輪生枝叢半径の 0.4-1.8 倍，中心は節から 0-203 μm の位置．造胞糸は 2-12 細胞の長さ（多分非常に古い藻体ではもっと長い），受精後，造果器をつける枝の細胞は，大部分が球形，円柱形または楕円形，時に皮層細胞糸で覆われる．果胞子嚢は倒卵形から楕円形または長い（稀にお玉杓子形），長さ 7-32 μm, 太さ 6-17 μm.

タイプ産地：大洋州：ニュージーランド, South Island, Nelson の北西, Takaka, Waikoropupu Springs.

タイプ標本：MEL 2026362.

分布：大洋州：ニュージーランドに広く分布する．

ノート：Entwisle & Foard (1997) によれば，古い藻体の個々の果胞子体は，時に融合して1個の大変大きい果胞子体の塊を形成する．この形質と，果胞子体の大きさの変異性は，この分類の困難な種の特徴である．本種は *B. gelatinosum* と豪州の *B. theaquum* に似ているか，その中間のようである．*B. gelatinosum-campyloclonum* complex の内部の関係を明らかするために，一層の採集と研究とが必要であろう．両種の両極端の形態をもつ個体は明らかに区別できるが，中間的な形態変異が多様であるので，この種を確定することが極端に難しい．

（3） *Batrachospermum antipodites* group　アンチポジテス群

この群では造果器が分化した細胞で構成される比較的短い枝につく，種の多様性に富む．

Batrachospermum antipodites アンチポジテス群の種の検索表

1. 輪生枝細胞は上部の膨らむ円柱形，片側分枝，2次輪生枝は欠如（稀に過成熟した藻体で疎らに存在），受精毛は棍棒形 ………………………………………………………………1) *B. antipodites*
1. 輪生枝細胞，分枝が異なる，2次輪生枝は存在または欠如，受精毛は様々な形態をもつ
　………………………………………………………………………………………………2
2. 受精毛は左右対称形……………………………………………………………2) *B. discorum*
2. 受精毛は左右非対称形 …………………………………………………………………………3
3. 受精毛は斜めの楕円形から円楯形，果胞子嚢は長さ<30 μm ………………3) *B. kraftii*
3. 受精毛は足形またはソーセージ形，果胞子嚢は長さ>30 μm …………………………3
4. 受精毛は曲がるソーセージ形，太さ8-10 μm，輪生枝叢は密集する ………4) *B. ranuliferum*
4. 受精毛は足形，最も広い太さ10-16 μm，輪生枝叢は比較的解放的 …………5) *B. antiquum*

---

1) ***Batrachospermum antipodites*** Entwisle (1995: 291, fig. 1, a-e, fig. 2, a-d)

誤用名：*Batrachospermum ectocarpum* auct. non Sirodot; Entwisle & Kraft (1984: 228); *B. boryanum* auct. non Sirodot, Entwisle (1989: 42). Entwisle & Kraft (1984: 254) も参照のこと

（図版54, **figs. 1-5**, 原著者，Entwisle & Foard　1995）；（図版55, **figs. 1-4**, 原著者，Entwisle & Foard 1997）

藻体は雌雄同株．長さ1-5 cm, 紅色，濃灰色，乾燥すると紫色．輪生枝叢は球形，樽形，円盤形，融合するか，分離し，太さ330-800 μm, 節間の長さ230-400 μm, 中軸細胞は太さ34-120 μm, 皮層細胞糸は太さ5-8 μmで中軸細胞を覆う．1次輪生枝は周心細胞に2-3本，ややシャントランシア状，先端はやや真っすぐ，8-13回，側生的，2又，時々3又に分枝する．周心細胞は卵形，円柱形，下部細胞は枝分かれ部で膨らんだ円柱形，長さ16-30 μm, 太さ3-5 μm, 中間細胞は下部細胞と同じ形で，長さ11-13 μm, 太さ2-5 μm, 上部細胞は円柱形，倒卵形，長さ6-9 μm, 太さ3-4 μm. 端毛はない．2次輪生枝は欠如または古い藻体では稀に存在する．精子嚢は1次輪生枝または古い藻体では，稀に2次輪生枝上に形成され，球形，太さ5-8 μm. 造果器をつける枝はやや真っすぐ，周心細胞から生じ，4-7個の樽形，楕円形，長さ6-7 μm, 太さ4-7 μmの細胞からなり，被覆枝は長さ1-2細胞．造果器はやや真っすぐ，長さ19-39 μm, 基部は対称形，太さ3-5 μm, 受精毛は無枝，棍棒形，最も広い部分の太さ4-8 μm. 果胞子体は有柄，輪生枝叢の内側，外側に1個，稀に2個，球形，太さ70-200 μm, 輪生枝叢の太さの半分から同径．造胞糸は有限，長さ4-5細胞，受精後，細胞は球形または樽形，中央部でやや括れる．果胞子嚢は倒卵形，長さ10-18 μm, 太さ6-12 μm.

タイプ産地：大洋州：豪州，Queensland州，Kondalilla National Park, Skene Creek, Kondalilla Falls.

112   Batrachospermales   カワモズク目

タイプ標本：MEL 2020014.
分布：タイプ産地のみに分布する．

2) ***Batrachospermum discorum*** Entwisle et Foard (1997 : 341, fig. 5, A-E)
 (**図版 56, figs. 1-5,** 原著者，Entwisle & Foard 1997)

藻体は雌雄異株．長さ 2-4 cm，乾燥時に黄緑色，柔軟または硬い，単軸性，先端は鈍頭．頂端細胞は1次輪生枝中に埋没する．輪生枝叢は樽形から円盤形，太さ 620-1080 μm，融合し，節間は長さ 460-600 μm．中軸は無色，中軸細胞は太さ 28-32 μm，皮層細胞糸は，中軸細胞の周り

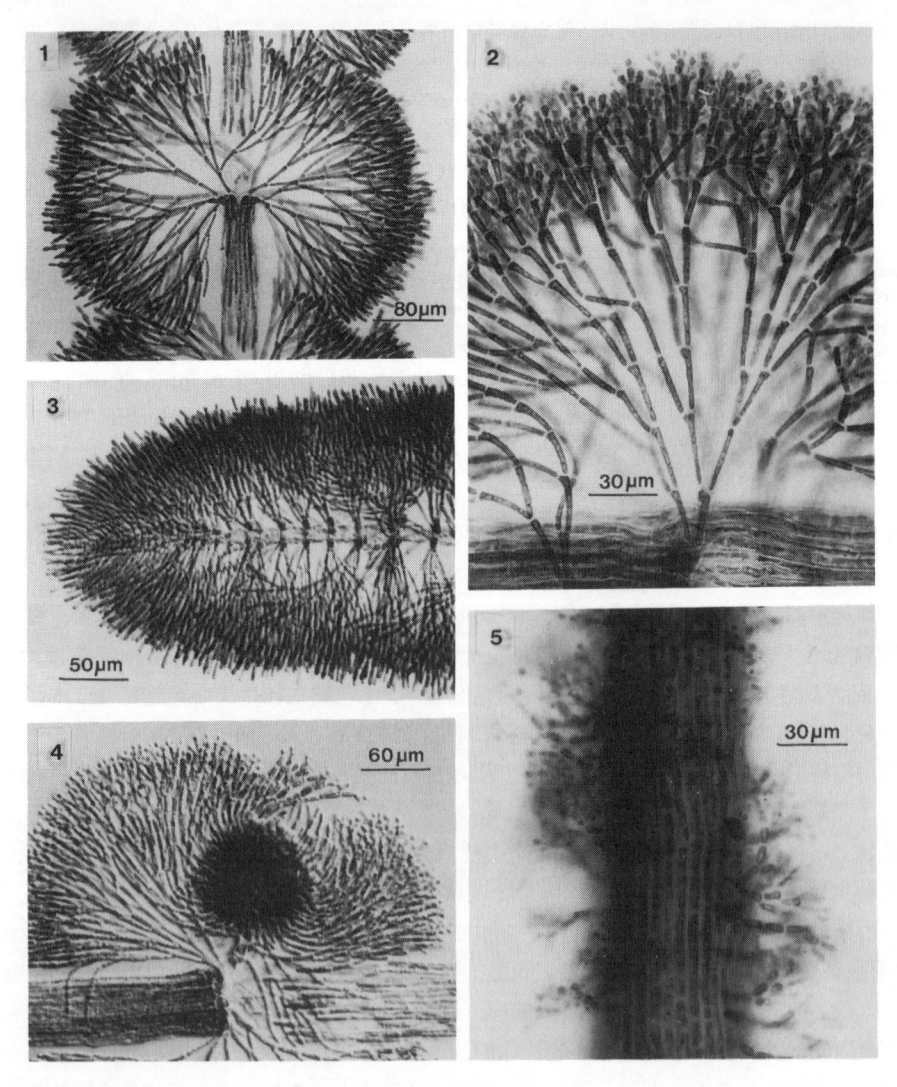

図版 54
Batrachospermum antipodites, figs. 1-5（原著者，Entwisle & Foard 1995）
1. 輪生枝叢，2. 先端に精子嚢をもつ輪生枝，3. 藻体の先端部，4. 輪生枝叢内の果胞子体，5. 過成熟した藻体上にみられる精子嚢をつける2次輪生枝．

(3) *Batrachospermum antipodites* アンチポジテス群

に2-3層，皮層細胞は円柱形または膨れ，太さ7-26 μm．2次輪生枝は，通常1次輪生枝と同長．1次輪生枝は周心細胞から3-4本，内側の細胞は外側の細胞と形態，大きさが異なり，変化しない，やや先端が真っすぐ，12-22細胞からなる．分枝は2-4又に6-11回分枝する．下部細胞は骨形（しかし下部のみが膨らむ），長さ14-64 μm，太さ6-10 μm，中間細胞は紡錘形から倒卵形，長さ10-60 μm，太さ4-10 μm，先端細胞は倒卵形から球形，長さ6-15 μm，太さ15-12 μm，端毛は長さ14-40 μm，または欠如する．単胞子嚢は欠如する．精子嚢は1次そして2次輪生枝に着生し，多量，球形，太さ7-9 μm．造果器は，1次そして2次輪生枝の，周心細胞から5

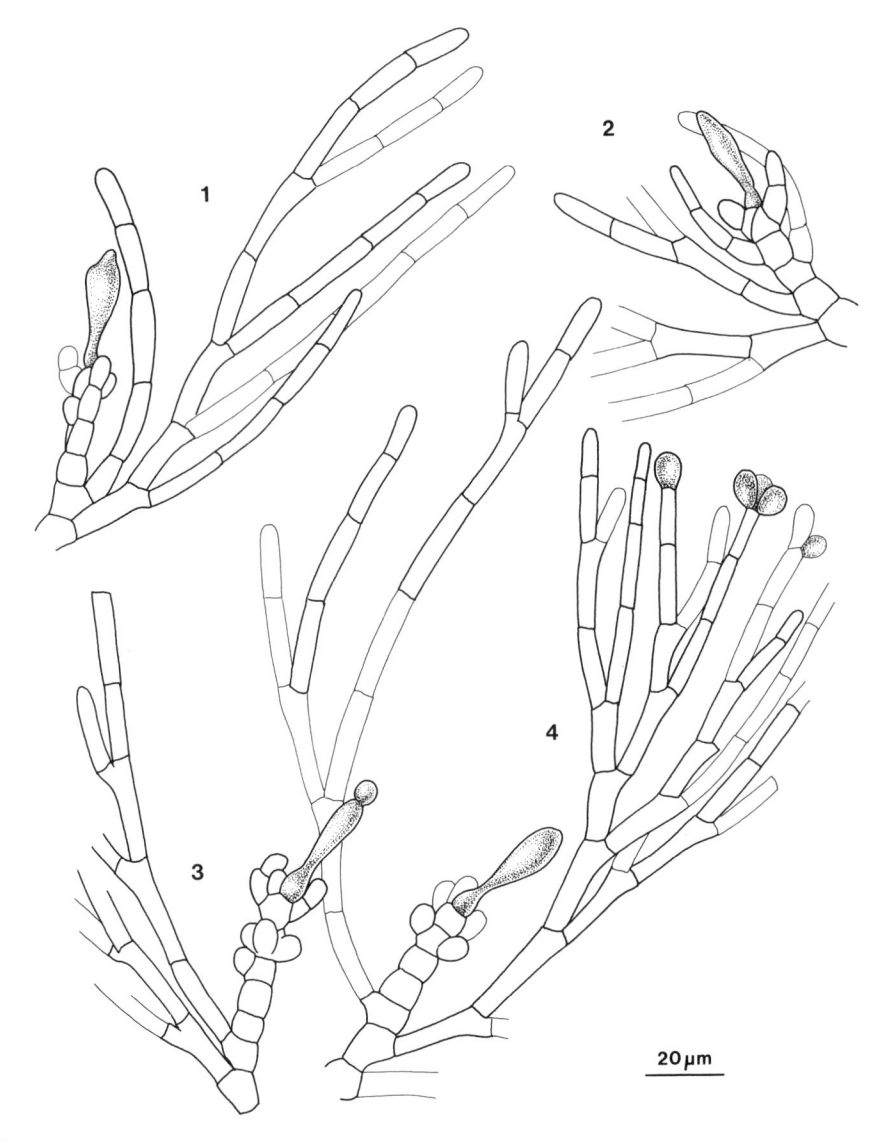

図版 55
Batrachospermum antipodites, figs. 1-4 （原著者，Entwisle & Foard 1997）
1. 造果器をつける輪生枝，2. 造果器をもつ造果器をつける枝，3. 造果器に付着した精子をもつ，造果器をつける枝，4. 先端に精子嚢をもつ輪生枝と，造果器をもつ造果器をつける枝．

114 **Batrachospermales** カワモズク目

-14 細胞の距離に着生する．造果器をつける枝はカーブし，長さ 8-21 μm，太さ 10-23 μm の樽形から円盤形の分化した 1-14 細胞からなる．被覆枝は枝のすべての細胞から生じ，1-5 細胞の長さ，造果器を越えて伸長せず，しばしば 1-数個の余分の造果器をつける．造果器はやや真っすぐ，長さ (30-)44-60 μm，基部の太さ 5-8 μm，受精毛は無柄，棍棒形，楕円形または紡錘形，最も広い部分の太さ 8-14 μm．果胞子体は 1 輪生枝叢に 1-2 個，輪生枝の内側に，球形，緻

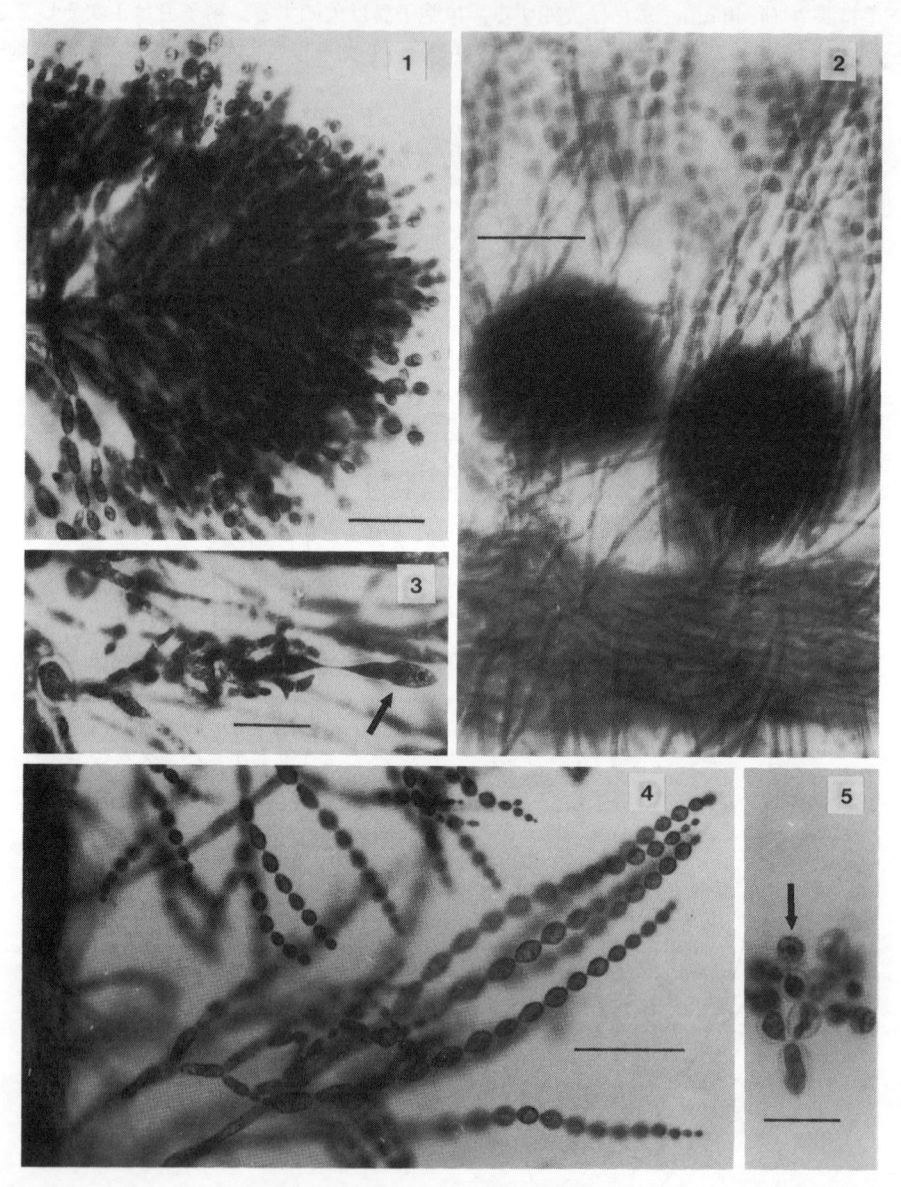

図版 56

Batrachospermum discorum, figs. 1-5（原著者, Entwisle & Foard 1997）
1. 藻体先端, 2. 果胞子体をもつ輪生枝叢, 3. 造果器（矢印は受精毛）と造果器をつける枝, 4. 球形の外側細胞（右）と細長い内側細胞（左）を示す輪生枝, 5. 1 次輪生枝の断片上の精子嚢（矢印）．
（縮尺＝100 μm for figs. 1,3,5; 200 μm for figs. 2,4）

密, 太さ 120-185 μm, 輪生枝叢の半径の 0.2-0.4 倍. 造胞糸はおよそ 4 または 5 細胞の長さ, 受精後, 造果器をつける枝の細胞は円柱形または樽形. 果胞子嚢は倒卵形から西洋梨形, 長さ 17-22 μm, 太さ 8-11 μm.

タイプ産地：大洋州：豪州, Queensland 州, Lamington National Park, Green Mountains, Box Forest Circuit, Canungra Creek.

タイプ標本：MEL 2019946.

分布：大洋州：ニュージーランド, North Island 中央, 豪州, New South Wales 州と, Queensland 州の境界付近とに, 非連続分布をする.

ノート：Entwisle & Foard (1997) は以下のように述べている. 本種は *B. arcuatum sensu* Vis *et al.* (1995) に類似するが, 大きな造果器, 大きな果胞子体をもち, 栄養的形質が, ほとんど確定的に異なる. 膨らんだ皮層細胞をもつので, *B. heterocorticum* Sheath et Cole と混同されるが, *B. discorum* は 1 輪生枝叢当たりの果胞子体の数がより少なく, 造果器をつける枝の細胞が分化し, 無柄の受精毛をもつ. *B. gelatinosum sensu* Entwisle et Foard (1997) と比較して, *B. discorum* は常に雌雄異株で, 概して長い節間, 太く, 時々膨らんだ皮層細胞糸, しばしば球形で, 一般に太い先端細胞, 大きい精子嚢, 太い受精毛をもつことで *B. gelatinosum* と区別できる.

3) ***Batrachospermum kraftii*** Entwisle et Foard (1997：344, fig. 7, A-E)
 (**図版 57, figs. 1-6**, 原著者, Entwisle & Foard 1997)

藻体は雌雄異株, または稀に造果器をつけ, 精子嚢をほとんどつけない個体がある. 長さ 1-10 cm, オリーブ緑色または褐色, 乾燥時は赤または紫色, 柔軟または硬い, 単軸性, 頂端は丸く, 頂端細胞は突出, 不揃いまたは 1 次輪生枝内に埋没する. 1 次輪生枝は樽形から円盤形, 太さ 420-1300 μm, 融合し, 節間は長さ 200-530 μm. 中軸は無色, 中軸細胞は太さ 23-52 μm, 皮層細胞は円柱形, 太さ 4-9 μm, 時々輪生枝の中間細胞から生じる. 2 次輪生枝は欠如またはほとんどなく, 常に 1 次輪生枝より短い. 1 次輪生枝は周心細胞から 3-4 本, やや先端で真っすぐ, 11-20 細胞からなり, 2-3 又に 4-8 回分枝する. 下部細胞は骨形, 長さ 25-50 μm, 太さ 2-6 μm, 中部細胞は骨形, 円柱形, 紡錘形または倒卵形, 長さ 60-90 μm, 太さ 3-4 μm, 端毛は長さ 4-200 μm. 単胞子嚢は欠如. 精子嚢は 1 次輪生枝に散在し, 球形, 太さ 5-8 μm. 造果器は 1 次輪生枝の下部細胞より 5-14 細胞の位置に着生し, 造果器をつける枝は, 通常は楕円形, 時々樽形, 円柱形, 倒卵形, 長さ 7-22 μm, 太さ 6-13 μm の分化した 5-9 細胞からなり, わずかにカーブする. 被覆枝は大量, すべての分化した細胞から生じ, 2-5 細胞の長さ, 上部の被覆枝は造果器を越えて伸長しない. 造果器はやや真っすぐで, 長さ 20-40 μm, 基部の太さ 3-5 μm, 受精毛は無柄または有柄, 曲がるか, ほとんど真っすぐ, 歪んだ楕円形, 時々面皰 (にきび) 状の先端, 湾曲刀形, 最も広い部分で太さ 6-11 μm. 果胞子体は 1 輪生枝叢に 1-2(-3) 個, 輪生枝の内側, 大きいときには外側に突出, 球形, 密集, 太さ 85-260 μm, 輪生枝叢の半径の 0.1-0.9 倍, 節部からの距離 90-180 μm, 造胞糸は 2-4 細胞の長さ, 受精後, 造果器をつける枝の細胞は円柱形または樽形. 果胞子嚢は倒卵形またはお玉杓子形, 長さ 18-26 μm, 太さ 7-14 μm.

タイプ産地：大洋州：豪州, Tasmania, Hartz Mountain area, Arve River.

タイプ標本：MEL 2027351.

分布：大洋州：豪州南西部, Victoria 州中央高地, Tasmania 北西部, そして南部, New

116　Batrachospermales　カワモズク目

Zealand に分布する．

4)　***Batrachospermum ranuliferum*** Entwisle et Foard（1997：347, fig. 8, A-F）
　（**図版 58, figs. 1-6,** 原著者，Entwisle & Foard 1997）
　藻体は雌雄同株．長さ2-3 cm，オリーブ色，乾燥時は青緑色，軟弱，単軸性，先端は突出，頂端細胞は1次輪生枝から突出する．輪生枝叢は球形，樽形または円盤形，太さ 270-330 μm，融合し，節間は長さ 180-230 μm．中軸部は無色，中軸細胞は太さ 12-22 μm，皮層細胞は円柱

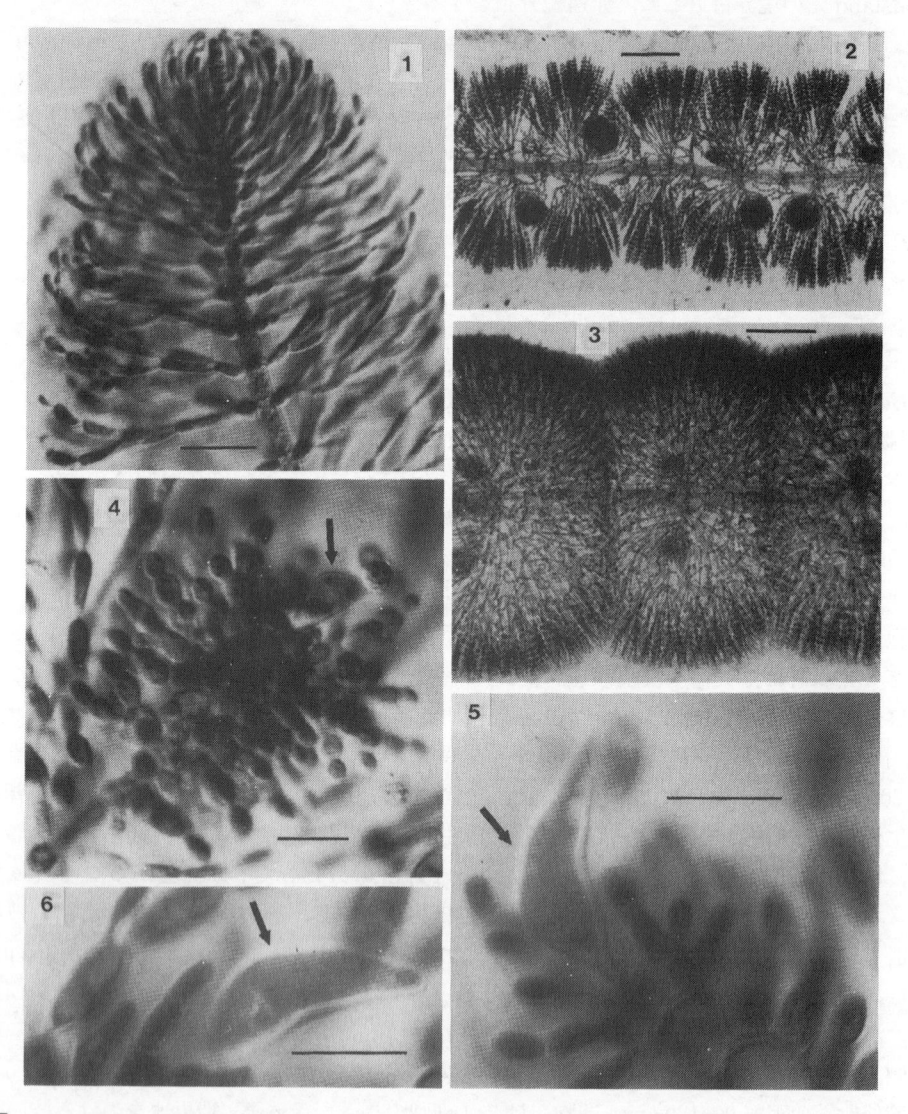

図版 57
Batrachospermum kraftii, figs. 1-6（原著者，Entwisle & Foard 1997）
1. 藻体の先端，2-3. 果胞子体をもつ成熟藻体，4. 精子の付着した造果器（矢印は受精毛）と，大量の被覆枝をもつ造果器をつける枝，5-6. 受精毛（矢印）．（縮尺＝500 μm for figs. 2-3；100 μm for fig. 1；50 μm for figs. 4-6）

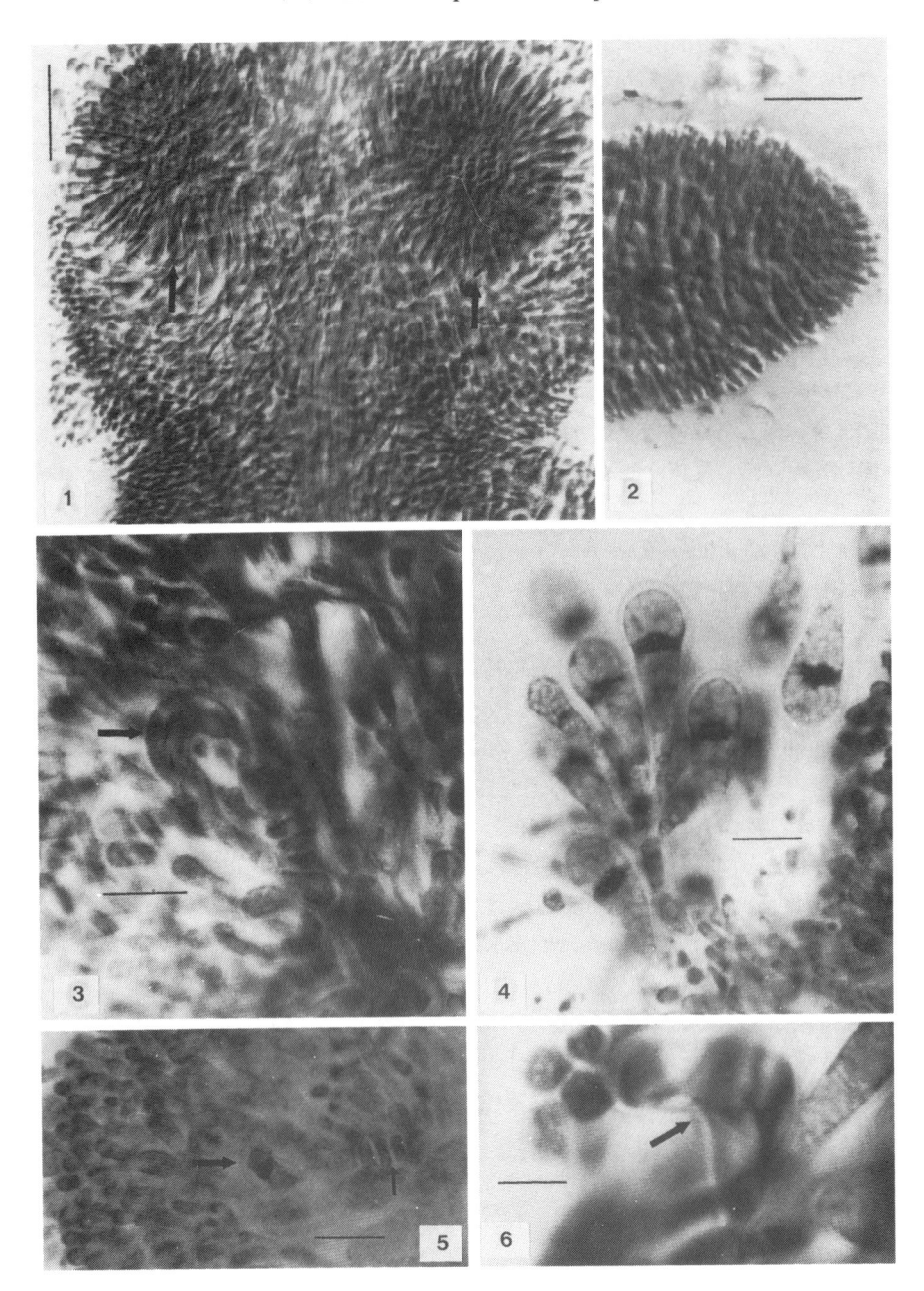

(3) *Batrachospermum antipodites* アンチポジテス群　117

図版 58
Batrachospermum ranuliferum, figs. 1-6 (原著者, Entwisle & Foard 1997)
1. 果胞子体 (矢印) をもつ密集した藻体, 2. 藻体の先端, 3. 造果器 (矢印は受精毛) と造果器をつける枝, 4. お玉杓子形の果胞子嚢, 5. 造果器 (矢印は受精毛) と造果器をつける枝 (小矢印), 6. 付着した精子をもつ受精毛 (矢印は受精毛の曲がり). (縮尺=200μm for fig. 1; 100μm for fig. 2; 50μm for figs. 3-5; 20μm for fig. 6)

形，太さ 7-10 μm．2 次輪生枝は通常 1 次輪生枝と同長．1 次輪生枝は周心細胞から 3 本，7-9 細胞からなり，2-3 又に 5-6 回分枝する．下部細胞は円柱形，しかし，しばしば基部がわずかに太く，長さ 27-35 μm，太さ 8-9 μm，中部細胞は長い倒卵形，長さ 8-28 μm，太さ 2-8 μm，上部細胞は倒卵形，長さ 4-11 μm，太さ 2-4 μm，端毛は疎ら，長さ約 15 μm．単胞子嚢は欠如．精子嚢は確認の必要があるが，1 次輪生枝につき，球形，太さ 3-5 μm．造果器をつける枝は 1 次輪生枝の周心細胞から生じ，4-5 細胞からなり，構成する細胞は分化し，長さ 2-5 μm，太さ 5-8 μm，被覆枝はすべての細胞から生じ，3-4 細胞の長さ．造果器は長さ 25-46 μm，基部の太さ 3-7 μm，受精毛は無柄，カーブし，ソーセージ形，太さ 8-10 μm．果胞子体は 1 輪生枝叢に 1-4 個，輪生枝叢の内側と外側に位置し，球形，密集，太さ 130-160 μm，輪生枝叢の半径の 0.6-1 倍，中心が節部から 75-90 μm の距離にある．造胞糸は 2-3 細胞の長さ．受精後，造果器をつける枝の細胞は円柱形．果胞子嚢はお玉杓子形，棍棒形，長さ 36-46 μm，太さ 12-18 μm．

　タイプ産地：大洋州：豪州，Tasmania, Gordon River に流入する Adam River に流入する Eve Creek としての Eve River．

　タイプ標本：NSW A 008809．

　分布：Tasmania 南西部のタイプ産地のみに分布する．

5) ***Batrachospermum antiquum*** Entwisle et Foard (1997: 349, figs. A-F)
　（図版 59, figs. 1-6，原著者，Entwisle & Foard 1997）

　藻体は雌雄同株．長さ 2-3 cm，草緑色，軟弱，単軸性，頂端は突出，先端細胞はわずかに輪生枝内に埋没する．輪生枝叢は樽形から円盤形，太さ 400-500 μm，融合する．節間は長さ 200-300 μm．中軸部は無色，中軸細胞は太さ 15-18 μm，皮層細胞は円柱形，太さ 4-9 μm．2 次輪生枝は通常 1 次輪生枝と同じ長さ．1 次輪生枝は周心細胞から 3 本，7-12 細胞からなり，やや先端は真っすぐ，4-6 回 2 又に分枝．下部細胞は楕円形または紡錘形，長さ 30-60 μm，太さ 6-9 μm，中部細胞は楕円形，紡錘形または倒卵形，長さ 12-45 μm，太さ 6-9 μm，上部細胞は倒卵形，長さ 9-12 μm，太さ 3-6 μm，端毛は稀，長さ 24-30 μm．単子胞は欠如．精子嚢は 1 次輪生枝と被覆枝に着生，散在し，球形，太さ 5-6 μm．造果器は 1 次輪生枝の周心細胞から 4-6 細胞に位置に着生し，造果器をつける枝は真っすぐ，細胞はすべて分化し，円盤形，長さ 3-10 μm，太さ 6-10 μm，すべての細胞から生じる被覆枝は 2-4 細胞の長さ，受精前は造果器を越えて伸長しないが，受精後造果器を遙かに越えて伸長し，栄養枝に似る．造果器はカーブし，長さ 44-53 μm，基部の太さ 4-6 μm，受精毛は有柄，付着点で曲がり，足形または見る方向により基部に突起をもつ円錐形，最も太い部分の太さ 10-16 μm．果胞子体は輪生枝叢に 1-2 個，輪生枝叢の内側，球形，密集，太さ 120-175 μm，輪生枝叢の半径の 0.4-0.5 倍，中心は節部から 90-125 μm に位置する．造胞糸は 1-2 細胞の長さ．受精後，造果器をつける枝の細胞は球形または円柱形，皮層細胞糸で覆われる．果胞子嚢はお玉杓子形または長倒卵形，長さ 30-45 μm，太さ 18-20 μm．

　タイプ産地：大洋州：豪州，Tasmania, Southwest National Park, Bathurst Harbor に流入する，Old River．

　タイプ標本：MEL 2033387．

　分布：Tasmania 南西部の一つの川にのみ分布する．

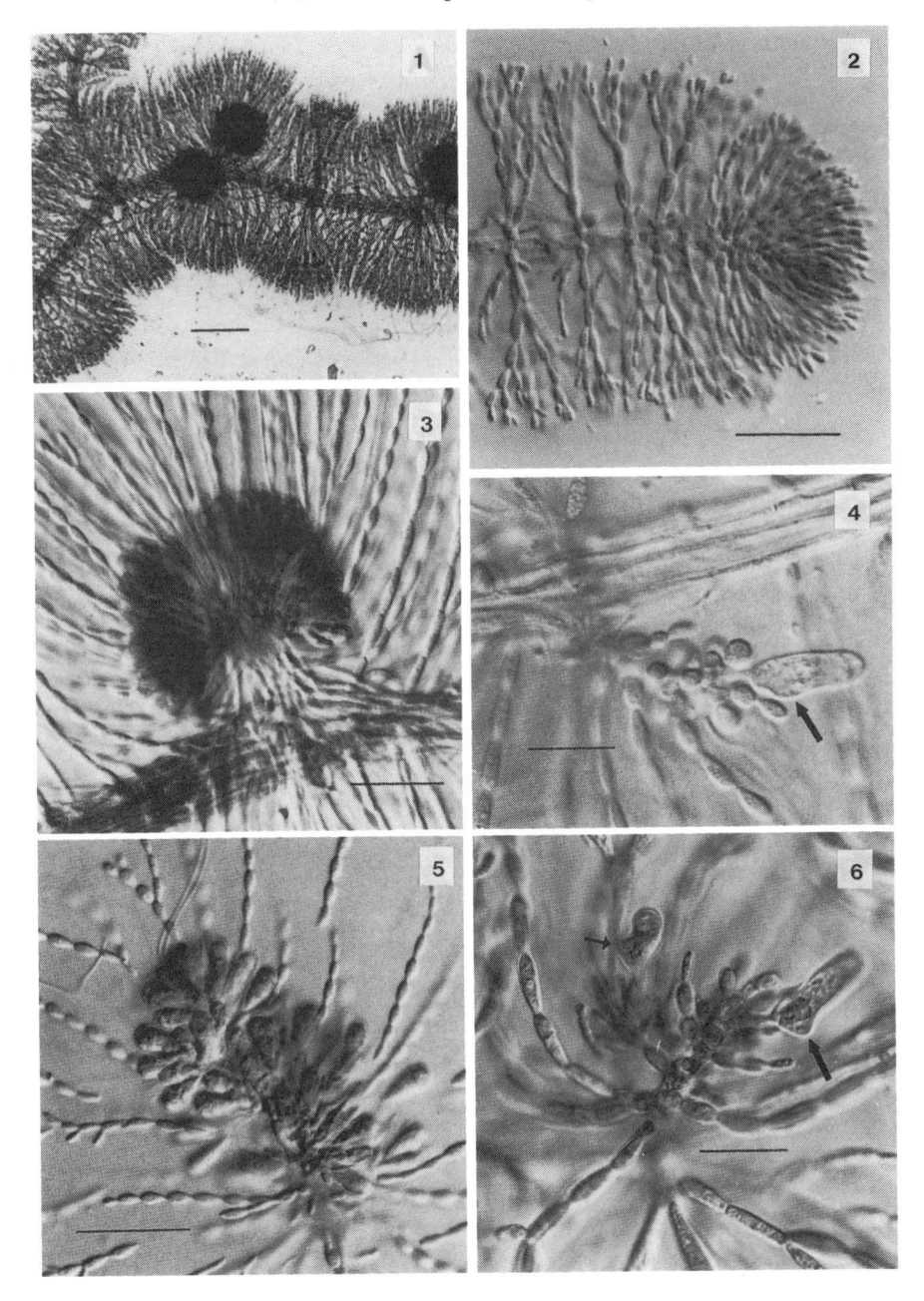

(3) *Batrachospermum antipodites* アンチポジテス群   119

図版 59
Batrachospermum antiquum, figs. 1-6 (原著者，Entwisle & Foard 1997)
1. 果胞子体をもつ成熟藻体，2. 藻体の先端，3. 輪生枝叢内の果胞子体，4. 造果器をつける枝と造果器（矢印），5. 長卵形の果胞子嚢をもつ果胞子体，6. 果胞子体（矢印は受精毛の'踵'）と造果器をつける枝．(縮尺＝500 μm for fig. 1；200 μm for figs. 2-3,5；100 μm for figs. 4,6)

（4） *Batrachospermum prominens* group　プロミネンス群

大きく突出する果胞子体をもつ対極的な群．形態的には *B. atrum* と *Turfosa* ツルフォサ節または *Virescentia* ヴィレスケンチア節の中間的な形質をもつ．

1) ***Batrachospermum prominens*** Entwisle et Foard (1997：367, fig. 18, A-G)
（図版 60, figs. 1-7, 原著者，Entwisle & Foard 1997）

藻体は雌雄異株．長さ 1-2 cm，草緑色，乾燥時はオリーブ色から青緑色，軟弱，単軸性，先端は鈍頭，頂端細胞は 1 次輪生枝からやや突出する．輪生枝叢は樽形から円盤形，太さ 200-250 μm，融合したり分離したり．節間は長さ 180-350 μm，中軸は無色から淡色，中軸細胞は太さ 22-30 μm，皮層細胞は円柱形，太さ約 7 μm．2 次輪生枝は通常，1 次輪生枝と同長．1 次輪生枝は周心細胞から 4 本，やや上部で真っすぐ，4-6 細胞からなる．2-3 又に 3-5 回分枝する．下部細胞は楕円形または紡錘形，太さ 8-12 μm，長さ 19-44 μm，中間細胞は楕円形または倒卵形，太さ 6-12 μm，長さ 9-28 μm，上部細胞は楕円形，倒卵形または球形，太さ 7-10 μm，長さ 3-13 μm．端毛は長さ 14-18 μm．単胞子嚢は欠如．精子嚢は 1 次輪生枝につき，散在，球形，太さ 7-8 μm．造果器をつける枝はカーブするかまたは真っすぐ，周心細胞から発出し，3-5 細胞からなり，細胞はすべて分化した円盤形から立方体，太さ 8-11 μm，長さ 8-15 μm．被覆枝はすべての細胞から発出し，3-4 細胞の長さ，造果器を越えて伸長しない．造果器はやや真っすぐ，長さ 35-40 μm，基部の太さ約 7 μm．受精毛は無柄，放射相称，楕円形，最も太い部分の太さ 8-13 μm．果胞子体は輪生枝叢に 1 個，輪生枝叢内から外側に伸長し，球形，緩やかに集合し，太さ 160-300 μm，輪生枝叢半径の 2-2.5 倍，中心は節部から 72-135 μm に位置する．造胞糸は 2-5 細胞の長さ．受精後，造果器をつける枝の細胞は円柱形．果胞子嚢は倒卵形または楕円形，太さ 19-22 μm，長さ 22-34 μm，果胞子はその場で発芽する．

タイプ産地：大洋州：豪州，Western Australia, Fernhook Falls, Deep River.
タイプ標本：MEL 2020289．
分布：豪州南西部の 1 河川のみに分布する．

ノート：Entwisle & Foard (1997) は以下のように述べている．大きく 1 個の果胞子体をもつことで，本種は *Virscentia* ヴィレスケンチア節と *Turfosa* ツルフォサ節の種と近縁である．本種は *Virscentia* ヴィレスケンチア節の種とは，無柄の造果器，楕円形の受精毛，輪生枝から果胞子体の中心までの距離，雌雄異株であることで，異なる．たった 4-6 細胞からなる輪生枝，果胞子体が輪生枝叢の太さにほぼ等しいことで，本種は *B. atrum* complex のある種に似ている．

2) ***Batrachospermum terawhiticum*** Entwisle et Foard (1997：371, fig. 19, A-F)
（図版 61, figs. 1-6, 原著者，Entwisle & Foard 1997）

藻体は雌雄同株．長さ 4 cm に達し，赤色または乾燥時に紫色，単軸性，先端は鈍頭，頂端細胞は輪生枝からやや突出する．輪生枝叢は円錐形または，ある部分は幾分，球形，太さ 232-437 μm，分離したり融合したり．節間は長さ 130-460 μm．中軸部は無色から褐色，中軸細胞は太さ 25-58 μm，皮層細胞は円柱形，太さ 5-12 μm．2 次輪生枝は通常，常に 1 次輪生枝より短い．1 次輪生枝は周心細胞から 3 本，やや真っすぐまたはわずかに先端がカーブし，6-10 細胞からな

(4) ***Batrachospermum prominens*** プロミネンス群　　121

図版 60

Batrachospermum prominens, figs. 1-7（原著者，Entwisle & Foard 1997）
1. 藻体の先端，2. 造果器と突出する輪生枝叢，3. 輪生枝叢，4. 造果器と造果器をつける枝，5. 顕微鏡の焦点面にみえる膨れた受精毛，6. 主軸の上方の果胞子体と下方の輪生枝叢，7. 精子嚢をもつ輪生枝叢．（縮尺＝200 μm for fig. 6-7；150 μm for fig. 2；100 μm for figs. 1, 3-5）

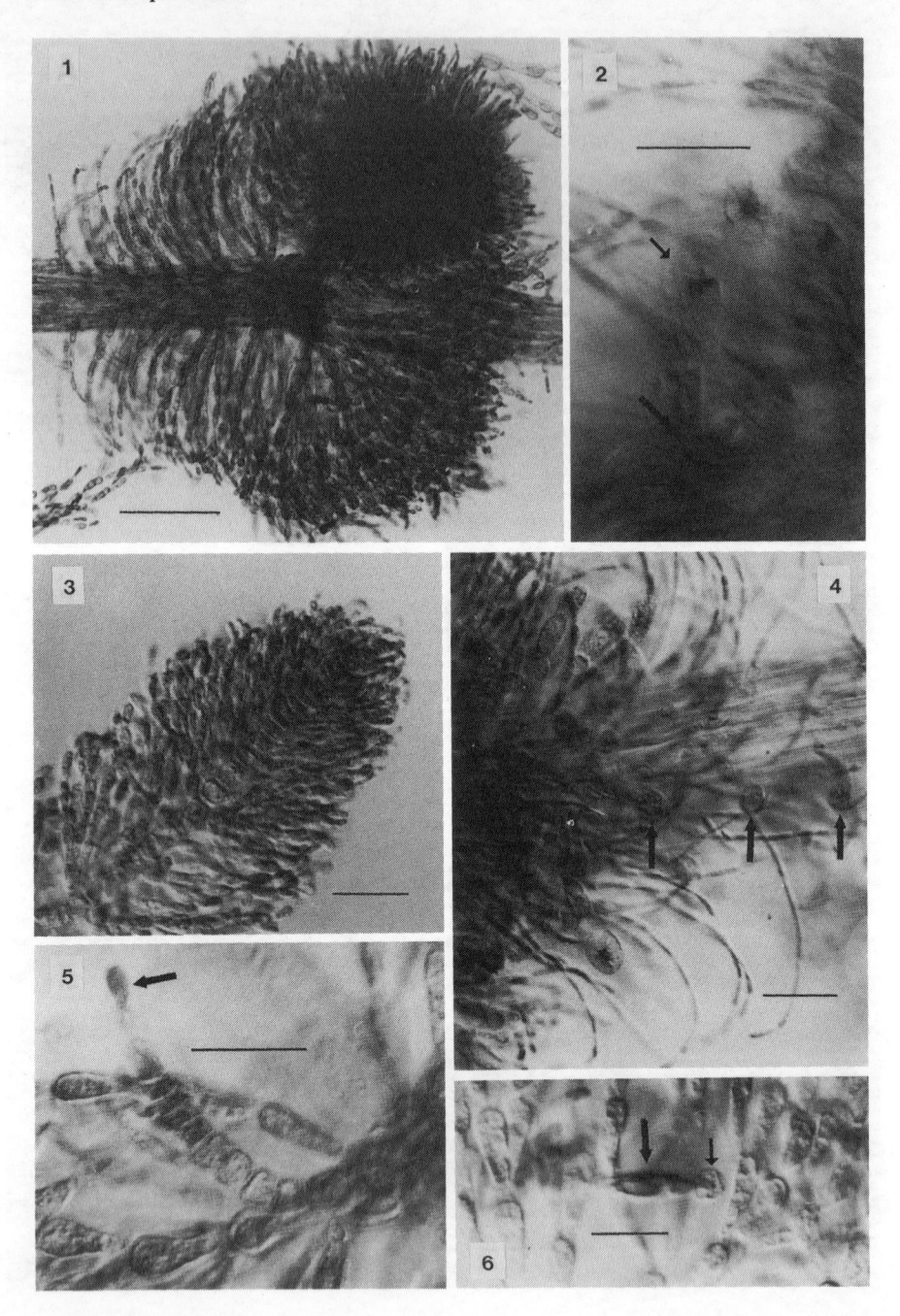

図版 61

Batrachospermum terawhiticum, figs. 1-6 (原著者, Entwisle & Foard 1997)
1. 輪生枝叢, 2. 無限成長をする造胞糸に側生する（小矢印）短枝にある果胞子嚢（矢印）, 3. 藻体の先端, 4. 顕微鏡の焦点面にみえる, 果胞子嚢（矢印）をつける短枝をもつ無限成長をする造胞糸, 5. 未成熟の造果器（矢印は発達中の受精毛）と造果器をつける枝, 6. 精子（小矢印）が付着する受精毛（矢印）. (縮尺＝200 μm for fig. 1; 100 μm for figs. 2-4,6; 50 μm for fig. 5)

(4) *Batrachospermum prominens* プロミネンス群

り, 2-3 又に 3-5 回分枝する. 下部細胞は骨形, 倒卵形または紡錘形, 太さ 4-10 μm, 長さ 12-30 μm, 中間細胞は骨形から倒卵形, 長さ 4-10 μm, 上部細胞は倒卵形, 紡錘形または円柱形, 太さ 3-6 μm, 長さ 6-13 μm, 端毛は長さ 5-6 μm, または欠如. 単胞子嚢は欠如. 精子嚢は 1 次輪生枝につき, 散在, 球形, 太さ 5-7 μm. 造果器をつける枝は時にカーブし, 周心細胞から発出し, 6-11 細胞からなり, 細胞は分化し, 樽形から円盤形, 太さ 6-11 μm, 長さ 4-11 μm. 被覆枝はすべての細胞から発出し, 1-4 細胞の長さ, 造果器を越えて伸長しない. 造果器は通常, 真っすぐ, 長さ 23-42 μm, 基部の太さ 4-7 μm. 受精毛は無柄, 棍棒形または円柱形, 最も太い部分の太さ 5-8 μm. 果胞子体は輪生枝叢に 1-2 個, 輪生枝叢の内側と外側に時々突出する, 球形, 稀に準球形, 密集し, 太さ 90-232 μm, 輪生枝叢半径の 0.7-1.3 倍, 中心は節部から (0-) 75-120 μm の距離, すなわち通常, 柄が中軸に向かってカーブするときだけ, 稀にほとんど, 無柄. 造胞糸は 2-6 細胞の長さ, または無限成長をし, 中軸に沿って這って伸長する. 受精後, 造果器をつける枝の細胞は球形から円柱形. 果胞子嚢は倒卵形から球形, 長さ 18-31 μm, 太さ 11-18(-22) μm.

　タイプ産地：大洋州：ニュージーランド, North Island, Bay of Island, Te Rawhiti Creek.
　タイプ標本：AKU 101795.
　分布：大洋州：ニュージーランド, North Island, Bay of Island 地域に通常にみられる.
　ノート：*B. terawhiticum* は, 有限成長をし先端に果胞子をつける造胞糸で形成される明瞭な輪郭をもつ果胞子体の塊と, その塊を越えて外側に突出し無限成長する（しかし比較的短い）造胞糸との両方をもつ. この形質は *B. terawhiticum* を, 豪州, ニュージーランド, そして, すべての海外の種から区別するものである. 豪州の *B. wattsii* はやや無限成長し発散する果胞子体をもつが, 本種は栄養, 生殖構造において *B. terawhiticum* とは異なる. Necchi (1990) は, 有限成長をする造胞糸と, 無限成長をする造胞糸との両方をもつ種を列記している. すなわち *B. orthostichum* Skuja, *B. periplocum* (Skuja) Necchi, *B. vagum sensu* Kumano *et al.* (1970), *B. tapirense* Kumano et Phang, *B. keratophytum sensu* Necchi (1990). しかし Sheath *et al.* (1993, 1994c) は, *B. orthostichum*, *B. keratophytum* または *B. vagum* のタイプ標本で, 無限成長をする造胞糸を発見していない. 無限成長をする造胞糸の形質評価と分類上の重要性は, 一層の研究が必要であるが, *B. terawhiticum* を Necchi (1990) が列記した種と対比すべきである. 本種は *B. orthostichum sensu* Necchi (1990) と最もよく似ている. しかし, 概して発達の少ない輪生枝叢 (cf. 3-6 細胞からなり, 分枝は 1-3 回), 概して太い受精毛 (cf. 太さ 6-12 μm), 球形よりはむしろ準球形の, そして中軸に近く中心のある果胞子体, 小さい果胞子嚢 (cf. 長さ 10-14 μm, 太さ 7-11 μm) をもつことで, 後者と異なる.

(5) *Batrachospermum wattsii* group ワッツイ群

造胞糸の発達が曖昧だが,特異的であり,輪生枝の形態にも特徴がある群.

1) ***Batrachospermum wattsii*** Entwisle et Foard (1997 : 374, fig. 21, A-F)
誤用名:*Batrachospermum keratophytum sensu* Entwisle et Kraft (1984 : 234); Entwisle (1989 : 45), non Bory (1808 : 328)

(**図版 62, figs. 1-6**, 原著者, Entwisle & Foard 1997)

藻体は雌雄異株.濃褐色,硬い.先端は鈍頭,頂端細胞は 1 次輪生枝から突出する.輪生枝叢は卵形から西洋梨形(時には樽形または古い藻体で円柱形),太さ 150-450 μm,融合し,節間は長さ 200-500 μm.中軸部は無色から褐色,中軸細胞は太さ 9-23 μm,皮層細胞糸は太さ 6-34 μm,多くは膨れた楕円形の細胞からなる.2 次輪生枝は通常 1 次輪生枝の長さに達しない.1 次輪生枝は周心細胞から 2-6 本(細胞の先端から 2-3 本,側部から 2-4 本が生じる),先端でやや真っすぐ,3-6 細胞からなり,2-4 又に 3-7 回分枝する.下部細胞は不規則な円柱形,楕円形または倒卵形,太さ 4-16 μm,長さ 12-65 μm,中部細胞は円柱形,または,楕円形から倒卵球形,太さ 5-13 μm,長さ 8-60 μm,上部細胞は円柱球形から球形,太さ 3-14 μm,長さ 3-15 μm.端毛は短いかまたは欠如.精子嚢は大量,1 次,2 次輪生枝につき,散在,球形,太さ 5-6 μm.造果器をつける枝は,時にわずかにカーブし,周心細胞から発出し,3-7 細胞からなり,細胞はすべて(または時には下部の 1-2 細胞でない)分化した,円盤形から立方体(時には独楽形),長さ約 6 μm.被覆枝は通常 1-3 細胞の長さ,造果器を越えて伸長しない.造果器は通常やや真っすぐ,対称形の基部,長さ 20-56 μm,基部の太さ 3-6 μm,受精毛は無柄,放射対称,棍棒形から長い楕円形,最も太い部分の太さ 5-8 μm.果胞子体は放散し,観察困難,明らかに有限成長をする 5-12 細胞の長さの造胞糸からなる.果胞子嚢は稀,明らかに倒卵形または楕円形,太さ 5-9 μm,長さ 8-15 μm.シャントランシア世代の藻体は常に大量.付着性の *Audouinella* の種(細胞の太さ 3 μm,長さ 25 μm)が,ある標本で観察された.

タイプ産地:大洋州:豪州, Victoria 州, Maroondah Reservoir 取水域, 1 号線, Slip Creek.

タイプ標本:MEL 2026652.

分布:大洋州:豪州, Victoria 州 中南部.

ノート:Entwisle & Foard (1997) によれば,すべての標本を集中的に研究したにもかかわらず,受精後の発達の詳細が不明確のままであるし,果胞子嚢の形成もまだよくわかっていない.造果器をつける枝と造果器は, *Turfosa* ツルフォサ節の種のそれによく似ているが,緩やかに放散する(すべて幾分,無限成長的な)造胞糸は,さらに *Nothocladus* ノトクラズス属の種に似ているが,決してそのようによく発達しない.

(5) *Batrachospermum wattsii* ワッツイ群 125

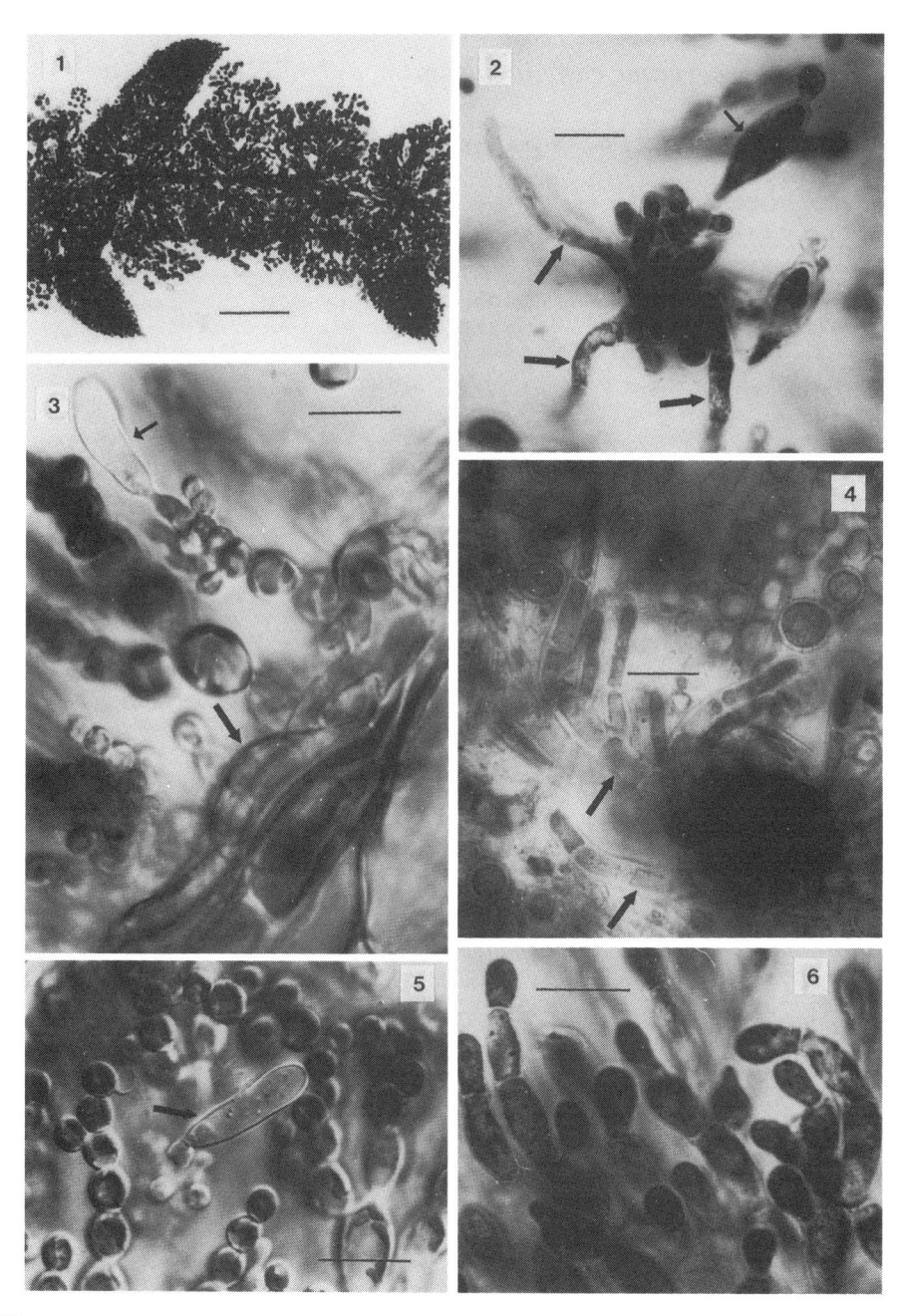

図版 62

Batrachospermum wattsii, figs. 1-6 (原著者, Entwisle & Foard 1997)
1. 若く短い枝をもつ藻体, 2. 受精した造果器(小矢頭は受精毛)から生じる造胞糸(矢印), 3. 造果器(小矢頭は受精毛), 造果器をつける枝と膨れた皮層細胞(矢印), 4. 造胞糸(矢印), 5. 造果器(矢印は受精毛の基部)と輪生枝の上部細胞, 6. 膨れた頂端細胞と比較的緻密に配列する造胞糸がみえる. (縮尺=100 μm for figs. 1,4; 20 μm for figs. 2-3,5-6)

(6) *Batrachospermum cayennense* group　カイエネンセ群（167頁を参照）

造果器が分化した細胞からなる比較的長い枝につく群.

ノート：Entwisle & Foard（1997）によれば，豪州の群落は *Batrachospermum cayennense sensu* Sheath *et al.*（1994 b）に似ているが，輪生枝叢が一般に細い．*B. cayennense* のタイプ標本はわずかに長い（19-22 μm）造果器をもつが，外観でよく一致する．多くの著者（e. g. Necchi & Entwisle 1990, Kumano 1993, Sheath *et al.* 1994 b）は *B. cayennense* を *Aristata* アリスタタ節に入れているが，造果器をつける細胞の数と形態の変異などの理由から，Entwisle & Foard（1997）は *Aristata* アリスタタ節のこの従来の定義をそのままは使用していない．

2. Section *Setacea* De Toni（1897：57）　セタケア節

異名：section *Moniliformia* subsection *Capillacea* Sirodot（1873）；
section *Moniliformia* subsection *Setacea* Sirodot（1875）；
section '*Setaces*' Sirodot（1884：253）.
Type：*Batrachospermum dillenii* Bory

輪生枝は退化し，大変に短い．周心細胞から出る造果器をつける枝はよく分化し，大変に短く，数細胞にまで退化する．造果器は小型から大型まで，棍棒形または壺形の受精毛をもつ．果胞子体は中軸部から瘤状に突出する．

ノート：Necchi & Entwisle（1990）は *Setacea* セタケア節を *Virescentia* ヴィレスケンチア節に含めているが，この二つの節は別々に分けておく方がよいと考える．*B. atrum* イシカワモズクと *B. puiggarianum* の再吟味，豪州産の2新種，*B. diatyches* Entwisle（1992）と *B. latericiuum* Entwisle（1998）との記載がなされた．北米の *Virescentia* ヴィレスケンチア節の6群落と8タイプ標本を調査して，Sheath, Vis & Cole（1993 c）は，この節の種を再吟味している．しかし，*B. atrum* イシカワモズクの項のノートで指摘したように，*B. atrum* イシカワモズクの異名について著者は別の見解をもっている．

***Setacea* セタケア節の種の検索表**

1. 精子嚢は造果器をつける枝の被覆枝に限定される ……………………1) *B. androinvolucrum*
1. 精子嚢は1次，2次輪生枝の先端につく ……………………………………2
2. 中軸細胞は皮層細胞糸の太さの2.5倍より小さい ………………………3
2. 中軸細胞は皮層細胞糸の太さの2.5倍より大きい ………………………4
3. 1次輪生枝は2(-4) 細胞からなる ……………………………………2) *B. latericiuum*
3. 1次輪生枝は4-6 細胞からなる ………………………………………3) *B. diatyches*
4. 輪生枝叢は主軸に密着しない ……………………………………4) イシカワモズク
4. 輪生枝叢は主軸に密着する…………………………………………5) *B. puiggarianum*

2. *Setacea* セタケア節

1) ***Batrachospermum androinvolucrum*** Sheath, Vis et Cole（1993 c：722, figs. 3-7）
（**図版 63(a), figs. 1-6**, 原著者，Sheath, Vis & Cole 1993 c）

藻体は雌雄同株．輪生枝叢は融合しない，太さ 70-164 μm．輪生枝は 3-6 個の細胞からなる．造果器をつける枝の被覆枝に精子嚢を形成する．造果器は太さ 3.2-6.4 μm，長さ 13-8-32.6 μm．受精毛は棍棒形，倒卵形で無柄．造果器をつける枝は 1-3 細胞の長さ．果胞子体は太さ 124-142 μm，長さ 33-103 μm，1-3 個の造胞糸細胞からなる．果胞子嚢は太さ 5.3-8.4 μm，長さ 7.0-13.0 μm．

タイプ産地：北米：カナダ，British Columbia 州，Vancouver Island，Ucluletの北東 8 km，4 号線，Last Shoe Creek（水温 12°C）．

タイプ標本：UBC A 80771．

分布：タイプ産地のほか，北米：カナダ，British Columbia 州，Vancouver Island，Ucluletの北 17 km，Grice Bay Road，Staghorn Creek（水温 15°C），米国，Washington 州，Skagit 河，Alabama 州，Swift Creek に分布する．

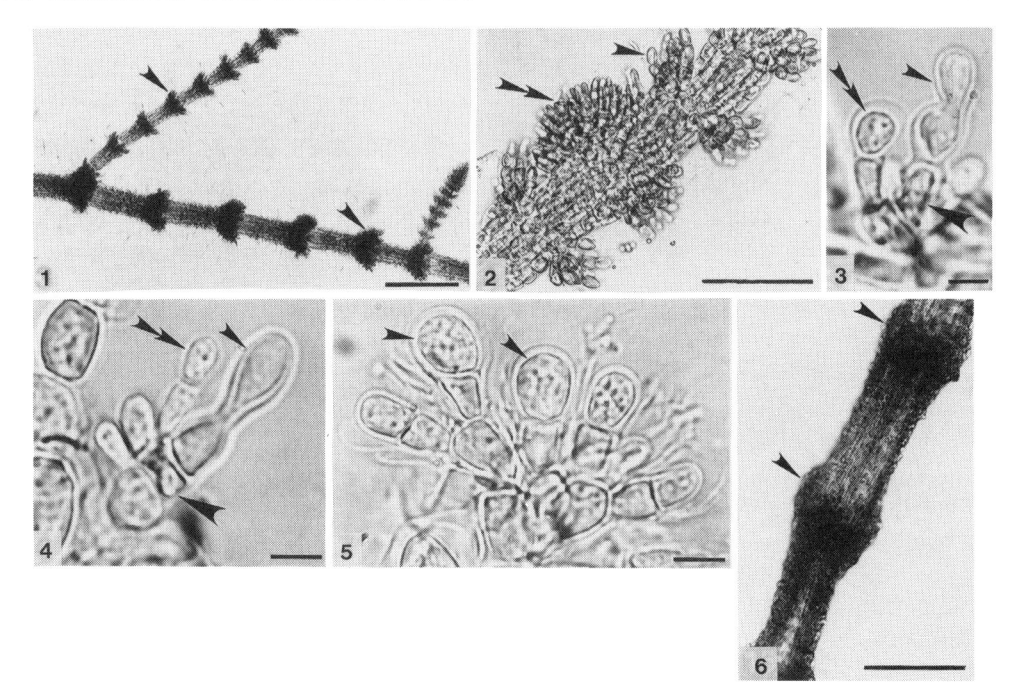

図版 63(a)

Batrachospermum androinvolucrum, figs. 1-6（原著者，Sheath, Vis & Cole 1993 c）.
1. 輪生枝叢（矢頭），2. 3-4 個の輪生枝の細胞（矢頭）と輪生枝叢（二重矢頭）から突出する果胞子体，3. 被覆枝（二重矢頭）の先端につく精子嚢をもつ，2 細胞性の造果器をつける枝（大矢頭），未成熟造果器（矢頭），4. 被覆枝（二重矢頭）頂生精子嚢，造果器をつける枝（大矢頭），成熟造果器（小矢頭），5. 果胞子嚢（矢頭），果胞子体，6. 融合する輪生枝叢（矢頭）をもつ *B. anglense*．（縮尺＝200 μm for figs. 1,6；100 μm for fig. 2；5 μm for figs. 3-5）

2) ***Batrachospermum latericiuum*** Entwisle (1998 : 28, fig. 1, a-i, fig. 2, a)
異名：*B. nothogeae* Skuja nom. nud., pro parte
(図版 64, figs. 1-9, 原著者, Entwisle 1998)

藻体は雌雄同株. 長さ1-5cm, 太さ99-180μm. オリーブ緑色, 頂端細胞は太さ11-15μm, 長さ6-12μm, 1次輪生枝から突出する. 輪生枝叢は分離し, 円錐形, 大変小さく, 時に皮層細胞糸上に裸出し, 節間は長さ120-170μm. 1次輪生枝は周心細胞に2-3,2(-4) 細胞からなり, 無分枝または2又分枝. 下部細胞は倒卵形から球形, 直径約8μm, 長さ約8μm. 上部細胞は球形から準球形またはドーム形, 太さ約6μm, 長さ約6-10μm. 端毛は藻体の若い部分には通常, 太さ約12μmまで, 長さ約8μm. 中軸は無色, 中軸細胞は太さ40-80μm, 皮層細胞はレンガ状, 太さ8-15μm, 長さ7-12μm, 古い藻体には細い2次皮層細胞糸が1次皮層細胞糸の間の存在する. 2次輪生枝は, 皮層細胞糸から切り出された単独の細胞か, 2次皮層細胞糸から出る短い枝のいずれかである. 単胞子嚢は形成されない. 精子嚢は1次, 2次輪生枝上に房状につき, 球形, 直径約8μm. 造果器をつける枝は, ほとんど分化していない1-2細胞からなり, 太さ6-8μm, 長さ4-5μm, 周心細胞から出る. 被覆枝は1-2細胞の長さ, 造果器をつける枝の全部の細胞から出て, 造果器を越えて伸びない. 造果器はやや真っすぐ, 長さ約22-24μm, 左右対称またはわずかに斜め, 基部で太さ約6μm, 受精毛は無柄, 倒卵形から披針形, 最も広い部分で太さ7-10μm. 果胞子体は単独, 輪生枝叢から突出, 準球形, 緻密, 直径約160μm, 節部中心に存在, 造胞糸は長さ2-3細胞. 果胞子嚢は倒卵形または球形, 太さ16-18μm, 長さ20-26μm. シャントランシア世代の藻体は稀に観察され, 疎らに分枝. 細胞は円柱形, 太さ8-10μm, 長さ38-56μm.

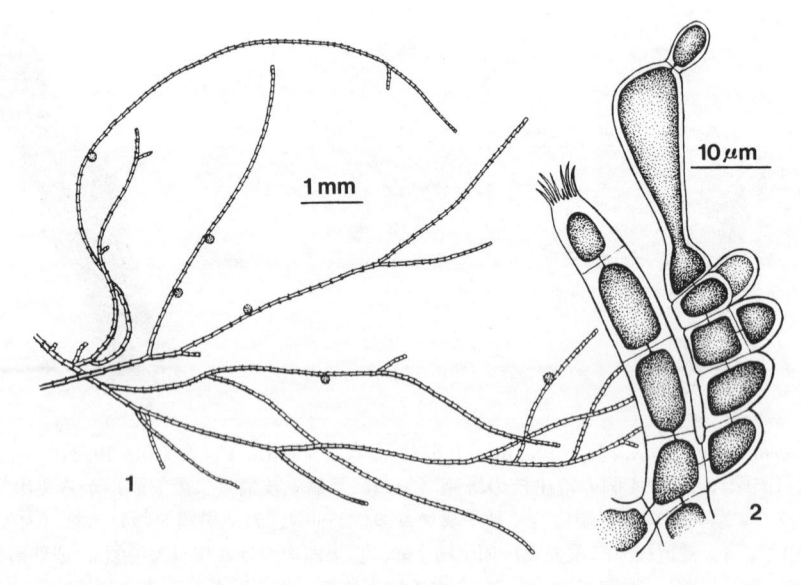

図版 63(b)

Batrachospermum diatyches, figs. 1-2 (原著者, Entwisle 1992)
1. 側性, 球形の果胞子体を示す藻体の性状, 2. 無性の側枝の下部細胞から生じる造果器(右)をつける枝と, 精子の付着する造果器.

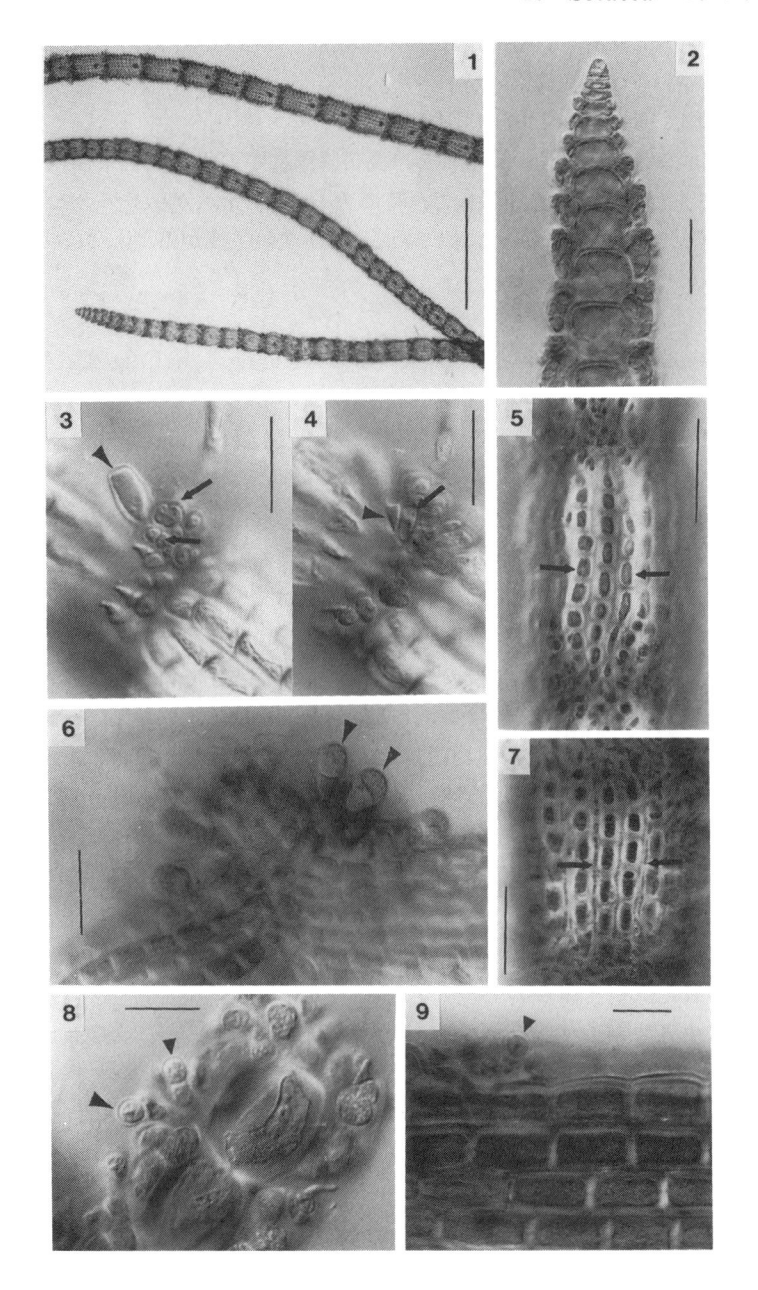

2. *Setacea* セタケア節   129

図版 64

Batrachospermum latericiuum, figs. 1-9 (原著者, Entwisle 1998)
1. 退化した輪生枝叢と, 規則的な皮層細胞を示す藻体, 2. 輪生枝の始原細胞と藻体の先端部, 3. 受精毛 (矢頭), 被覆枝 (矢印) と退化した輪生枝を示す藻体の節部, 4. 図3と同じだが, 造果器の基部 (矢頭) と造果器をつける枝 (矢印) に顕微鏡の焦点を合わせてある, 5. レンガ状の皮層細胞 (矢頭), 6. 果胞子嚢 (矢印) をもつ造胞糸, 7. レンガ状の皮層細胞と, 藻体の古い部分の細長い2次皮層細胞糸 (矢印), 8. 藻体の若い部分の1次輪生枝上の精子嚢 (矢頭), 9. レンガ状の皮層細胞から出る2次輪生枝上 (図8より古い藻体の部分) の精子嚢 (矢頭). (縮尺=1400 μm for fig. 1; 200 μm for fig. 7; 150 μm for figs. 2-6; 100 μm for fig. 8; 50 μm for fig. 9)

タイプ産地：大洋州：豪州，Tasmania, Southwest National Park, Old River, Bathurst Harbour の上の一番目の大きい崖．

タイプ標本：MEL, Entwisle 2507, 4/III, 1996.

分布：Tasmania の南西はずれのヒースと冷温帯降雨林中の水生維管束植物 *Gymnoschoenus sphaerocephalus* の生育する流れに局限して，時に *B. atrum* イシカワモズクとともに分布する．

ノート：本種の形態は *B. diatyches* に似ているが，1次輪生枝が1(-4) からなり，後者は4-6細胞からなる．

3) ***Batrachospermum diatyches*** Entwisle (1992: 426, fig. 1, a-f, fig. 2, a-b)

異名：*B. nothogeae* Skuja nom. nud., pro parte

（図版63(b), figs. 1-2, 原著者，Entwisle 1992)；(図版65, figs. 1-6, 原著者，Entwisle 1992)

藻体は雌雄同株．濃い茶色，やや硬く，針金状，長さ6 cm まで，太さ70-110μm，不規則に疎らに分枝する．輪生枝叢はやや分離し，皮層細胞糸で覆われる．輪生枝は2, 1次輪生枝は4-6細胞からなり，分枝せず，下部細胞は円柱形，中間細胞はやや円柱形，長い端毛をもつ．2次輪生枝は稀で，通常は単細胞．精子嚢は楕円形，太さ8-10 μm，輪生枝の先端につく．造果器をつける枝は2-3個の細胞からなり，輪生枝の基部近くの細胞から生じ，真っすぐか湾曲する．被覆枝は密生し，数細胞からなる．造果器は長さ8-32 μm，受精毛は長いか丸い紡錘形，倒卵形，太さ5-10 μm，長さ32-38 μm．果胞子体は通常，疎らで，球形，太さ80-220 μm，輪生枝叢から瘤状に突出する．果胞子嚢は倒卵形から球形，太さ6-18 μm，長さ15-19 μm．

タイプ産地：大洋州：豪州，Tasmania 北中部，Lake Meston, 湖の北部，渚帯の岩や石に付着する．

タイプ標本：MEL 1587821.

分布：Tasmania 西部の標高300 m 以上の比較的高地に分布する．すべての標本は夏から初秋にかけて採集された．

ノート：本種は生息地や形態で *B. atrum* イシカワモズクに似るが，次の数点で異なる．すなわち，鈍頭の先端をもつこと，先端には埋め込まれた太さ10 μm 以上の大きい頂端細胞があること，頂端細胞は太さ9 μm 以上の皮層細胞の太さの2.5倍以下であること，そして，次第に細くなるが隔壁部に括れがない輪生枝であること，などである．

4) ***Batrachospermum atrum*** (Hudson) Harvey (1841: 120)

イシカワモズク（松村1895）

以下の異名は主として Kumano (1980) に従った．

異名：*Conferva atra* Hudson (1898: 597); *B. tenuissimum* Bory (1823: 227); *B. dillenii* Sirodot (1884: 254, pl. 20, figs. 1-2, pl. 21, figs. 1-12, pl. 22, figs. 8-13) イシカワモズク（松村1895)；*B. gallaei* Sirodot (1884: 256, pl. 22, figs. 1-7) ヒメカワモズク（大石1901）；（熊野1977, 紅藻綱．*In* 広瀬・山岸（編），日本淡水藻図鑑．168-169)；*B. angolense* W. West et G. S. West (1897: 2): *Sirodotia angolensis* (W. West et G. W. West) Skuja in Reis (1960: 53)

（図版66, figs. 1-9, 熊野1997 b. *In* 山岸・秋山（編），淡水藻類写真集．18：8)；(図版67, figs. 1-8, Entwisle 1992)；(図版68, figs. 1-3, Entwisle 1992. figs. 4-7, 原著者，Sirodot

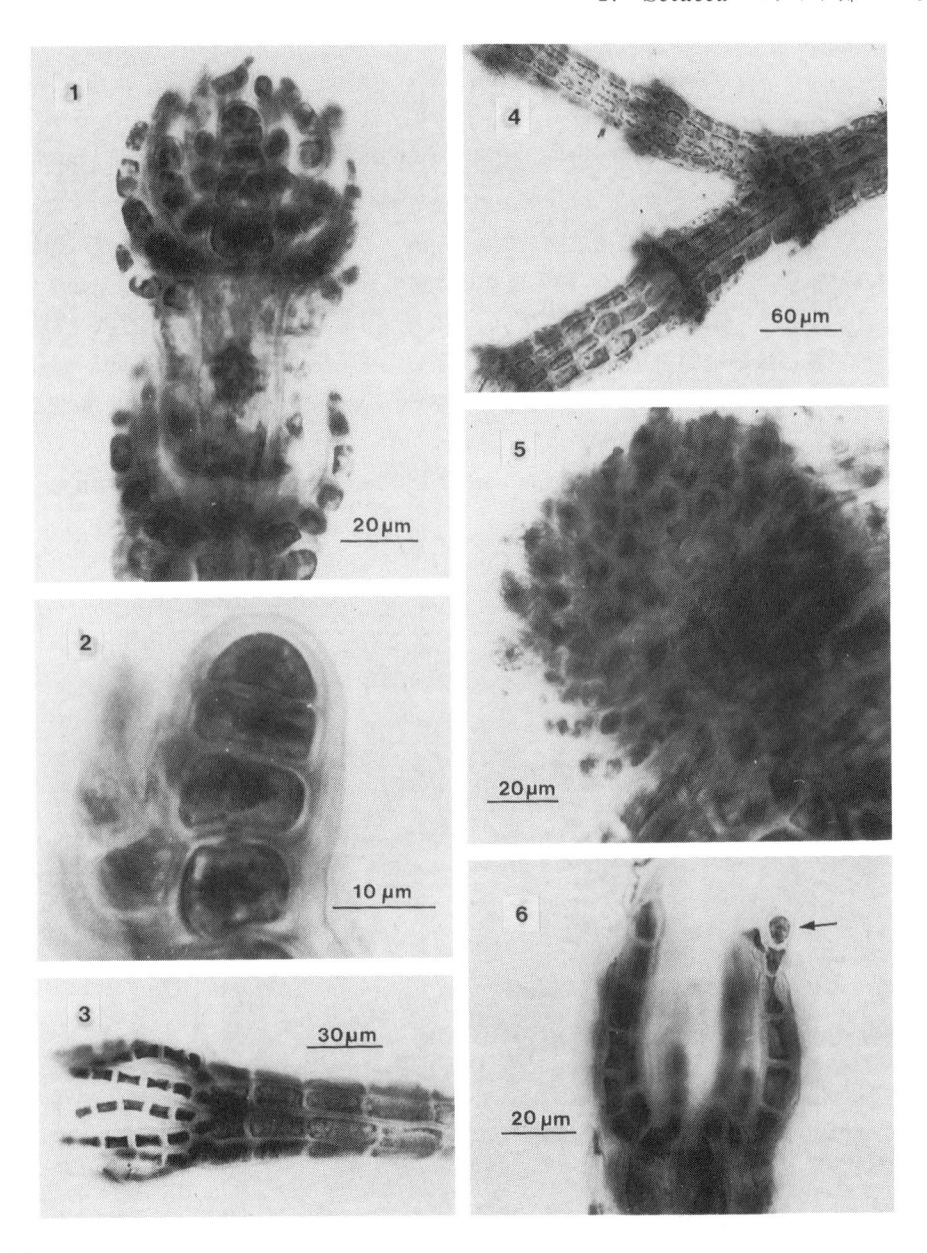

2. *Setacea* セタケア節　　131

図版 65

Batrachospermum diatyches, figs. 1-6（原著者，Entwisle 1992）
1. 若い輪生枝から突出する頂端細胞をもつ藻体の先端，2. 藻体の頂端細胞と最初の中軸細胞，3. 輪生枝とばらばらな皮層糸，4. 右の中軸細胞，左の皮層糸に顕微鏡の焦点を合わせた成熟した藻体の部分，5. 藻体上部の右に付着する果胞子体，6. 側生の輪生枝の先端につく精子嚢（矢印）．

132　Batrachospermales　カワモズク目

1884, *B. gallaei* として)

藻体は雌雄同株または雌雄異株．緑色，赤色を帯びた茶色，ほとんど黒色，長さ4cmまで，太さ120-240μm，不規則に，疎にまたは密に分枝する．輪生枝叢は卵形から円錐形で，古い藻以外はやや分離し，時々密着してみえる．輪生枝は2-3，1次輪生枝は密に3-6回分枝する．下部細胞は球形，ドーム形，中間細胞は球形，円筒形，楕円形，先端細胞はドーム形または卵形，端毛は欠如，疎らまたは多量．皮層細胞糸はよく発達し，中軸を覆う．2次輪生枝は退化．精子嚢は球形，倒卵形で，太さ4-6μm，輪生枝または造果器をつける枝の被覆枝の先端につく．造果器をつける枝は3-5個の樽形細胞からなり，周心細胞または輪生枝細胞から生じ，わずかに湾曲する．被覆枝は数細胞からなる．造果器は頂部で太さ4-7μm，長さ15-27μm，受精毛は卵形，壷形，楕円形．果胞子体は1-2，半球形，長さ50-70μm，太さ100-140μm，輪生枝叢から瘤状に突出する．果胞子嚢は倒球形，太さ6-7μm，長さ7-11μm．

タイプ産地：欧州：英国，Wales，LlanfaethlyとTrefadogとの間，Gors Bachという名の平地，Little well．

選定標本：BM herb. Sloane, Sheath et Cole (1993) が選定した．

分布：欧州：英国，フランス，ベルギー，ドイツ，ポーランド，ポルトガル，スウェーデン，アフリカ：アンゴラ，Kerguelen Islands，東アジア：中国，江蘇省，鎮江南焦山，韓国，廣壯里，大洋州：豪州，ニュージーランド，北米，南米：ブラジルに分布する．

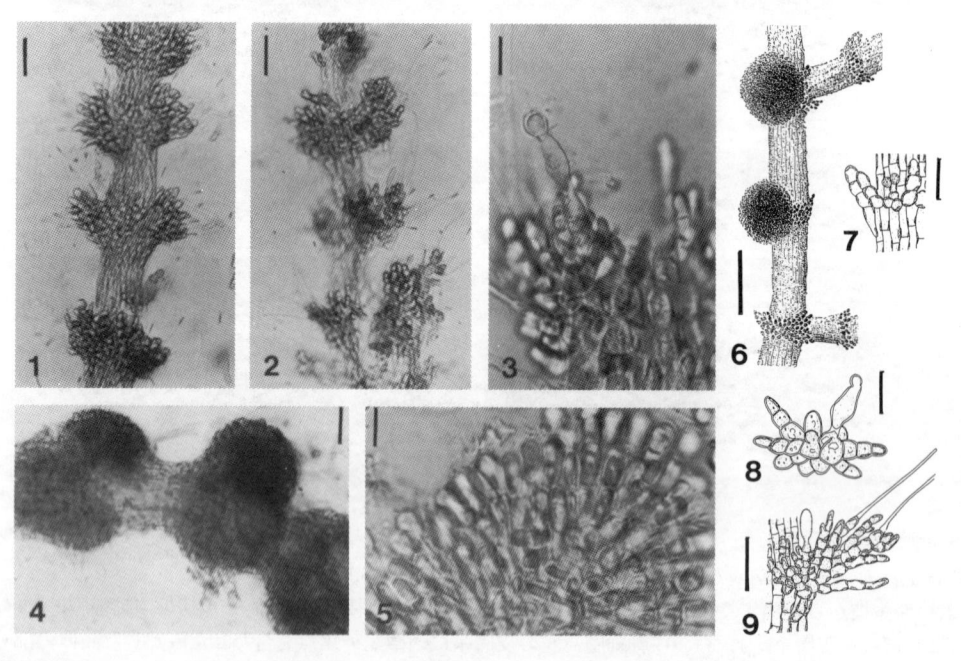

図版 66

Batrachospermum atrum, figs. 1-9（熊野 1997 b）

1,2,9. 端毛をもつ1次輪生枝，分化した短い造果器をつける枝を示す，輪生枝叢をもつ主軸，3,8. 受精した造果器と，短い造果器をつける枝，4-6. 造胞糸の先端につく果胞子嚢を示す瘤状の果胞子体，7. 大変短い輪生枝の先端につく精子嚢．(縮尺＝200μm for figs. 6；100μm for fig. 4；40μm for figs. 1-2；20μm for figs. 7-9；10μm for figs. 3,5)

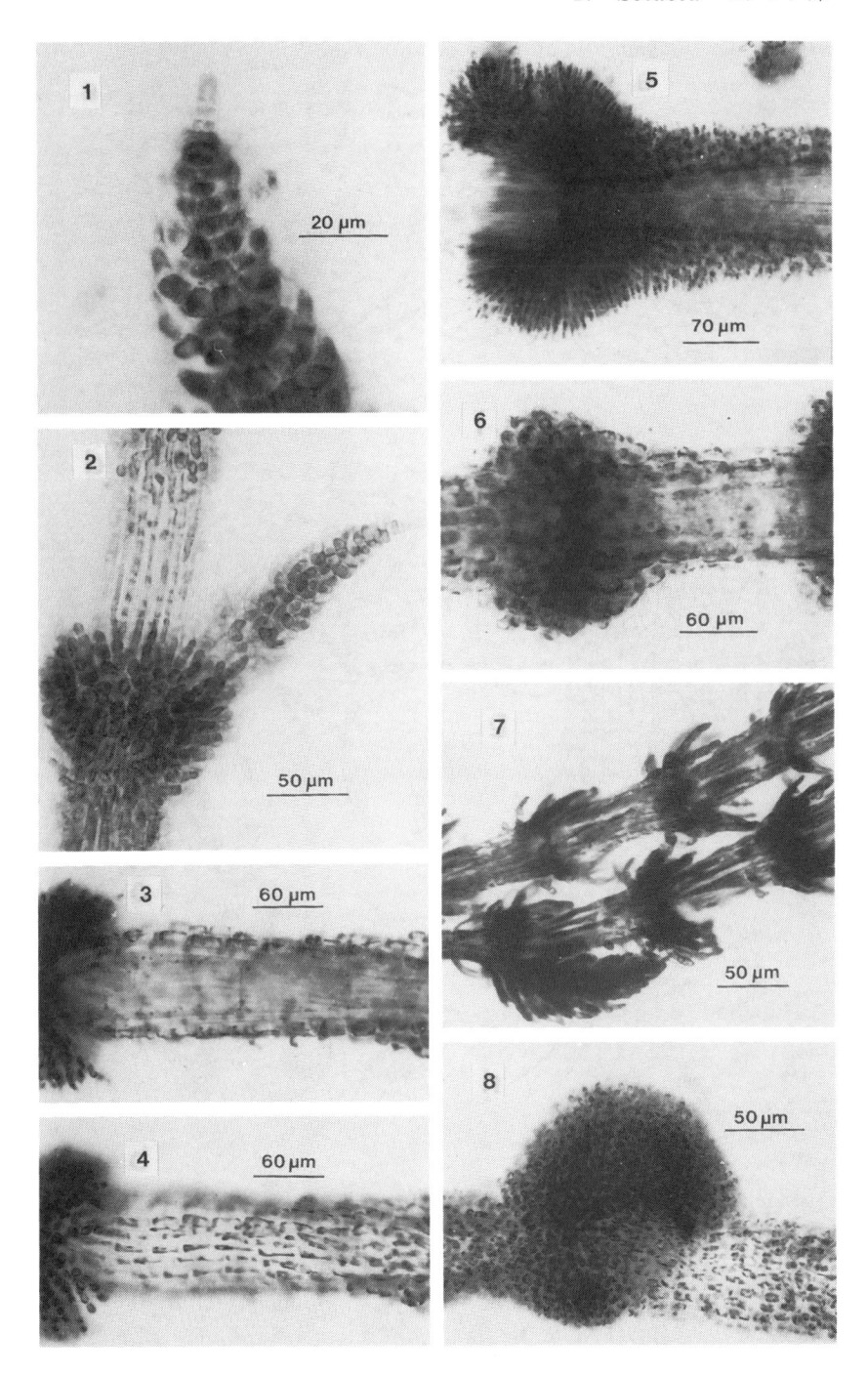

2. *Setacea* セタケア節　133

図版 67
Batrachospermum atrum, figs. 1-8（Entwisle 1992）
1. 頂端細胞と，それから形成された輪生枝などがみられる藻体の先端，2. 輪生枝叢と若い無限成長をする枝，3-4. 中軸細胞と皮層細胞糸を示す藻体の節間，5. 比較的開放的な輪生枝叢，6. 比較的緻密な輪生枝叢，7. 長い，円柱形細胞をもつ，開放的で緩やかな輪生枝叢，8. 緻密な輪生枝叢と突出する果胞子体．

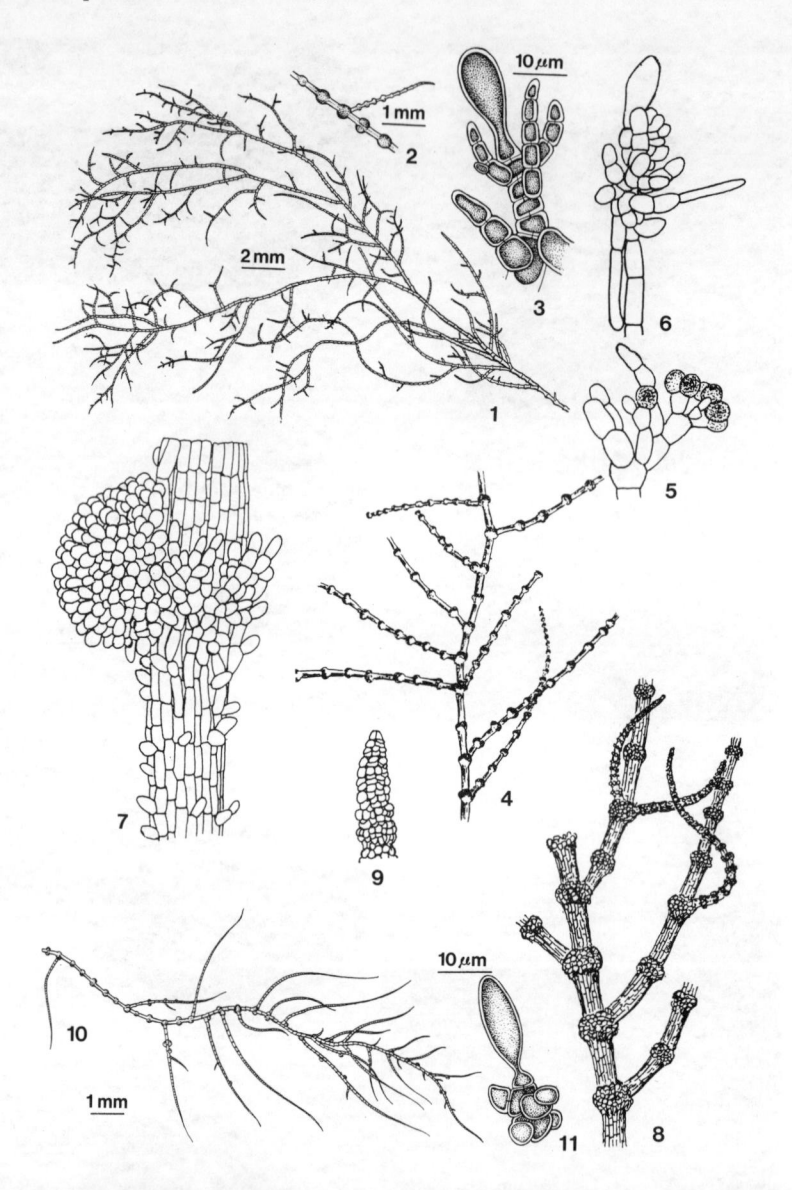

図版 68

Batrachospermum atrum, figs. 1-3（Entwisle 1992）
1. 藻体の性状，2. 主軸上の瘤状の果胞子体，3. 3-5細胞性で，時に分枝する被覆枝をもつ，造果器をつける枝.

Batrachospermum atrum as *B. gallaei*, figs. 4-7（原著者，Sirodot 1884）
4. 退化した輪生枝を示す藻体の性状，5. 輪生枝の先端付近につく精子嚢，6. 分化した短い造果器をつける枝，7. 瘤状の半球形の果胞子体.

Batrachospermum puiggarianum, figs. 8-9（Starmach 1977），figs. 10-11（Entwisle 1992）
8. 退化した輪生枝叢を示す藻体の性状，9. 藻体の先端，10. 退化した輪生枝叢を示す藻体の性状，11. 造果器をつける枝.

日本では，岩手県 盛岡，東京都井の頭，小石川，愛知県安城市，豊橋市，兵庫県姫路市岡田，新宮市，広谷川，お玉の清水，神戸市北区鈴蘭台，島根県松江市など各地に分布する．泉から流れ出る中栄養だが汚濁のない水路中に生育する．

ノート：*B. orthostichum* のタイプ標本の輪生枝の大きさに差異がない，放散して無限伸長する造胞糸が認められないなどの理由から *B. orthostichum* は *B. atrum* イシカワモズクの異名であると Sheath *et al.* (1993) は述べている．しかし Entwisle (1992) によれば，*Turfosa* ツルフォサ節の2種，*B. orthostichum* と *B. keratophytum sensu* Necchi (1990) とは，退化した輪生枝叢をもつが，*B. atrum* イシカワモズクとは全く異なる．すなわち *B. atrum* イシカワモズク様の輪生枝を形成するけれども，*B. orthosticum* は，比較的よく発達し融合する輪生枝叢をもつ．また，棍棒形の先端と，Skuja (1931) も図示，記載しているように，無限成長をする造胞糸と有限成長をする造胞糸との両方をもつことから，著者は *B. orthosticum* を *Turfosa* ツルフォサ節に移した．

5) ***Batrachospermum puiggarianum*** Grunow in Wittrock et Nordstedt (188：1, no. 5-1)
異名：*B. schwacheanum* Möbius (1892：20, pl. 1, figs. 1-8)；*B. nigrescens* W. West et G. S. West (1897：2)；*Sirodotia nigrescens* (W. West et G. S. West) Skuya in Reis (1960：54)；*B. atrum* var. *puiggarianum* (Grunow) Necchi (1989：25).

(**図版68**, **figs. 8-9**, Starmach 1977. **figs. 10-11**, Entwisle 1992)；(**図版69**, **figs. 1-6**, Entwisle 1992)

藻体は雌雄同株または雌雄異株．長さ6cmまで，太さ80-300 μm，不規則にまたは密に分枝する．輪生枝叢は倒円錐形から西洋梨形で，やや分離し，時々融合してみえる．輪生枝は2-3，1次輪生枝は密に2-5回分枝する．下部，そして中間細胞は樽形，円柱形，長い端毛は疎らまたは多量．2次輪生枝は多量．精子嚢は球形，倒卵形で，太さ4-7 μm，1次，2次輪生枝の被覆枝の先端近くにつく．造果器をつける枝は1-3個の細胞からなり，周心細胞，または輪生枝の基部近くの細胞から生じ，真っすぐか湾曲する．被覆枝は数細胞からなる．造果器は，太さ5-9 μm，長さ8-32 μm，受精毛は棍棒形から楕円形．果胞子体は1-2(-3)，半球形，長さ50-130 μm，太さ90-220 μm，輪生枝叢から瘤状に突出する．果胞子嚢は倒卵形から球形，太さ6-11 μm，長さ8-13 μm．

タイプ産地：南米：ブラジル，São Paulo 州，Apiaí．
タイプ標本：S coll. Y. I. Piggari．
分布：アフリカ：アンゴラ，南米：アルゼンチン，ブラジル，ウルグアイの，緩やかな，または急な流れ中の岩に付着する．

ノート：Entwisle (1992) によれば，本種は，個々の輪生枝叢が識別できないほど，硬く密集した輪生枝叢により，基本的に *B. atrum* イシカワモズクと区別されてきた．輪生枝叢の密集に加えて，Necchi (1990) の *B. puiggarianum* の図は，球形の輪生枝の始原細胞をもつ先端部(すなわち，2細胞性の輪生枝が先端からおよそ13細胞あたりまで出現しない)と，識別困難な輪生枝叢の構造を示している．Starmach (1977) は，*B. puiggarianum* の特徴として，2次輪生枝がないといっているが，Necchi (1990) は，タイプ標本を含む標本の観察で，大量の2次輪生枝を観察している．

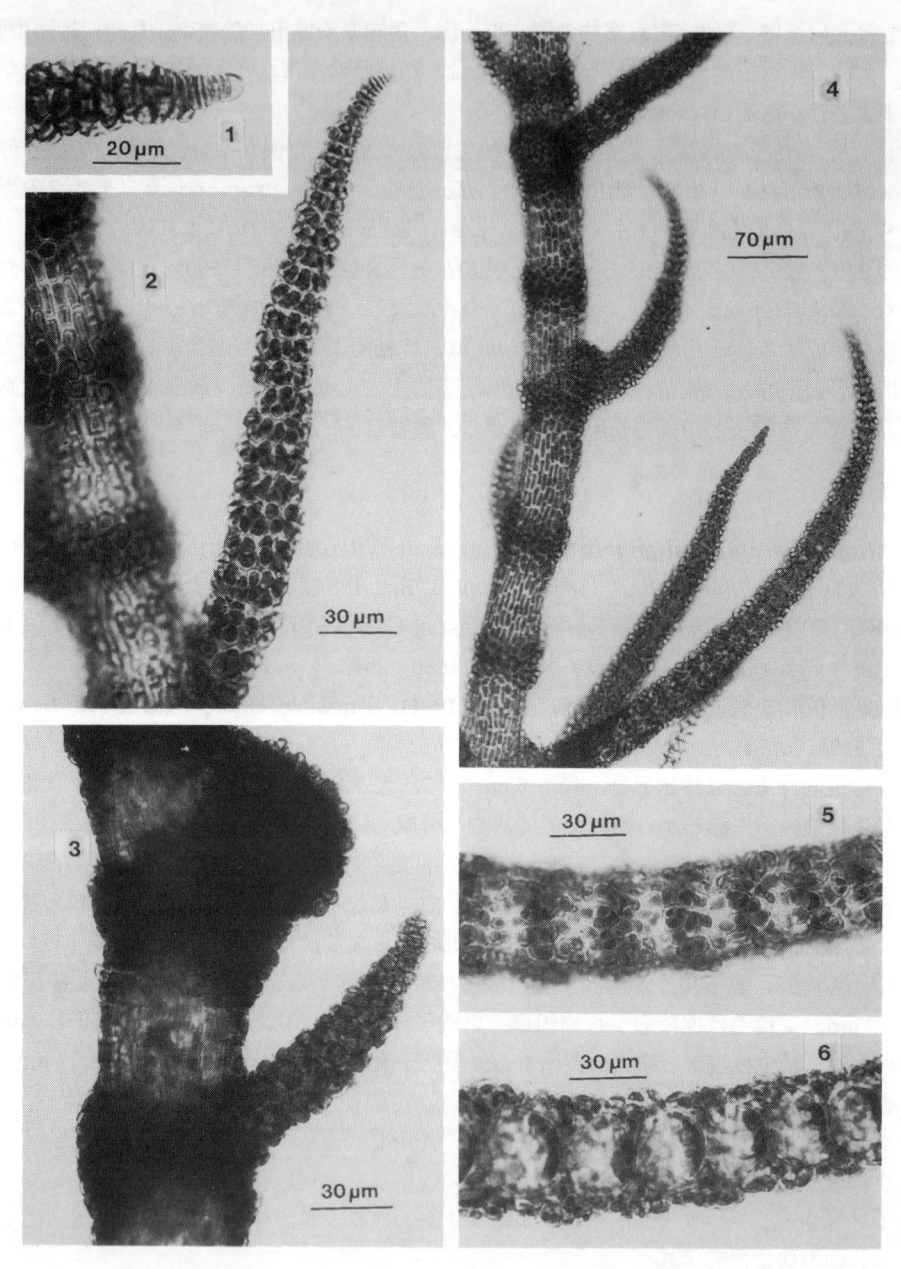

図版 69

Batrachospermum puiggarianum, figs. 1-6 (Entwisle 1992)
1. 突出する頂端細胞と，それから形成された輪生枝などがみられる藻体の先端，2. 若い輪生枝と成熟した中軸をもつ輪生枝叢の構造，3. 輪生枝叢から突出する果胞子体と，輪生枝の基部から生じる無限成長をする枝，4. 藻体の外観，5-6. 皮層糸，顕微鏡の二つの焦点面でみた若い皮層糸と緻密な輪生枝を示す藻体の節間部．

3. Section *Turfosa* sensu Necchi (1990a : 124)　ツルフォサ節

異名：Section *Turfosa* Sirodot (1873), section *Turficola* De Toni (1897 : 58)；
section '*Turficoles*' Sirodot (1884 : 259).
Type : *Batrachospermum turfosum* Bory

　藻体は偽2又分枝する．造果器をつける枝は真っすぐで，短く，周心細胞から出る．造果器は，無柄か不明瞭な柄があり，元の方が太く，長い倒円錐形の受精毛をもつ．果胞子体は大きく，球形または準球形，1個または2個，輪生枝叢の中軸部に挿入される．果胞子体は，放射状に分枝し有限成長をする造胞糸と，中軸上を這い無限成長をする造胞糸との2種類の造胞糸からなる．

　ノート：当初，*Turfosa* ツルフォサ節 (e.g. Sirodot 1873) に所属していた種のあるものは，ほかの節に移されてきた．例えば，らせん状の造果器をつける枝をもつ *B. guyanense* (Montagne) Kumano, *B. nodiflorum* Montagne, そして *B. torridum* Montagne は *Contorta* コントルタ節に移され，比較的長く，分化した造果器をつける枝をもち，柄のある果胞子体を形成する *B. cayennense* Montagne ex Kützing, *B. excesum* Montagne, そして *B. oxycladum* Montagne は *Aristata* アリスタタ節に移された (Kumano 1990)．さらに，Necchi (1990 a) が改定した *Turfosa* ツルフォサ節の定義にしたがって，当初 *Turfosa* ツルフォサ節に所属していた *B. vogesiacum* T. G. Schults ex Skuja や *B. gombakense* Kumano et Ratnasabapathy のような，放射状に分枝し有限成長する造胞糸のみをもつ種は，*Virescentia* ヴィレスケンチア節に移すことにする．したがって，Necchi (1990 a) が改定した *Turfosa* ツルフォサ節には，*B. orthostichum* Skuja, *B. periplocum* (Skuja) Necchi, *B. turfosum* Bory, *B. tapirense* Kumano et Phang のような，放射状に分枝し有限成長をする造胞糸と中軸上を這い無限成長をする造胞糸との2種類の造胞糸をもつ種が含まれる．

Turfosa ツルフォサ節の種の検索表

1. 造果器をつける枝は周心細胞から下向きに形成される ………………………1) *B. tapirense*
1. 造果器をつける枝は周心細胞から上向きに形成される ………………………………2
2. 輪生枝叢は退化し，1次輪生枝は (2-)3-7(-8) 細胞からなる ……………………………3
2. 輪生枝叢はよく発達し，1次輪生枝は 8-15(-17) 細胞からなる …………………………4
3. 輪生枝はオージュイネラ様 …………………………………………………2) *B. orthostichum*
3. 輪生枝はオージュイネラ様でない ……………………………………………3) *B. keratophytum*
4. 皮層細胞糸は藻体の周辺に沿って伸長する ……………………………………4) *B. periplocum*
4. 皮層細胞糸は中軸細胞に沿って伸長する ………………………………………5) ホソカワモズク

---

1) ***Batrachospermum tapirense*** Kumano et Phang (1987 : 259, figs. 1-17)
　(**図版 70(a)**, **figs. 1-4**, 熊野 1996 zh. *In* 山岸・秋山（編），淡水藻類写真集．17：17, **figs. 5-9**, 原著者, Kumano & Phang 1987)
　藻体は雌雄同株．粘性は中くらい，青みを帯びた緑色，長さ 6 cm, 太さ 80-170 μm, やや偽

3又分枝する．輪生枝叢は倒円錐形，古い藻体では密接する．1次輪生枝は4-5細胞からなり，2-3又分枝，細胞は紡錘形，端毛をもつ．皮層細胞糸はよく発達する．2次輪生枝は4-5細胞からなり，節間を覆いつくす．精子嚢は球形，太さ4-6μm，1次，2次輪生枝先端につく．造果器をつける枝は，4-6個の円盤形または樽形細胞からなり，周心細胞から出る．被覆枝は短く，やや側生する．造果器は基部の太さ4-5μm，頂部の太さ5-6μm，長さ30-40μm，受精毛は棍棒形，やや不明瞭な柄があり，基部でやや湾曲する．果胞子体は不定形，輪生枝叢の太さと同じ長さで区別が困難．果胞子体は，放射状に分枝し有限成長をする造胞糸と皮層上を這い無限成長をする造胞糸との2種類の造胞糸からなる．果胞子嚢は球形または楕円形，太さ5-8μm，長さ8-12μm．

　タイプ産地：東南アジア：マレーシア，Johor 州，Sungai Endau の支流，Sungai Tapir（水温，24.7°C）．

　タイプ標本：Kobe University, Phang Siew Moi, no. 216, 30/IX 1985．

　分布：タイプ産地のみに分布する．

　ノート：本種の造果器をつける枝の始原細胞は，周心細胞の後側，皮層細胞が形成されるのと

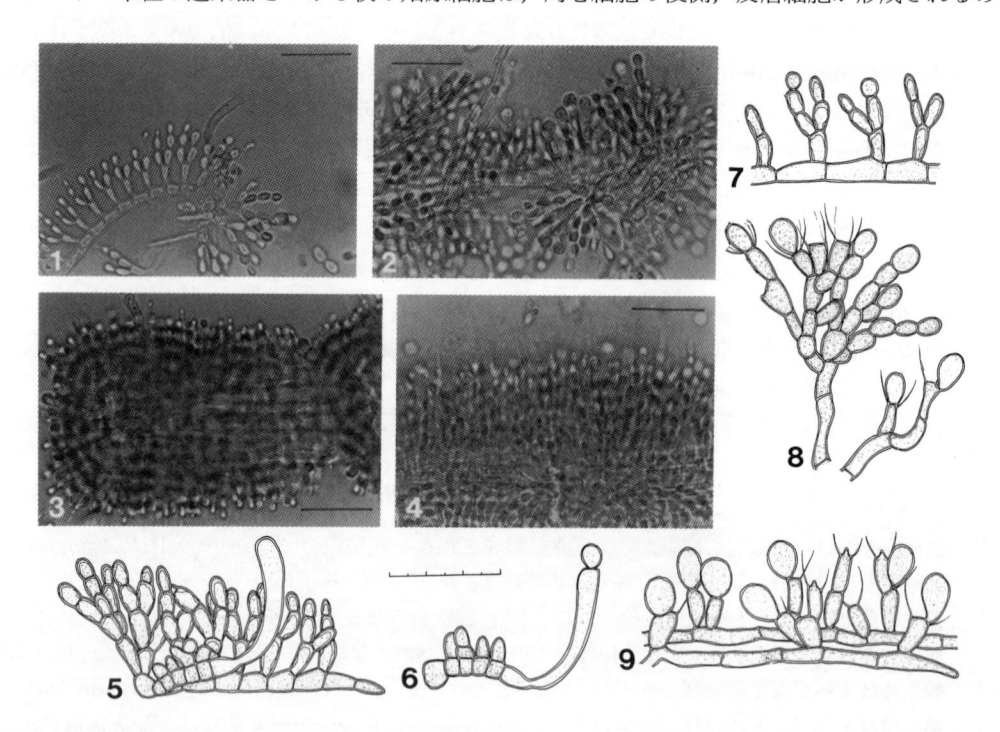

図版 70（a）

Batrachospermum tapirense, figs. 1-4（熊野 1996 zh），figs. 5-9（原著者，Kumano & Phang 1987）
1. 輪生枝，造果器をつける枝と，皮層細胞糸，2. 無限成長造胞糸と有限成長造胞糸，3. 受精毛の先端部を示す藻体，4. 輪生枝叢と見分けのつかない果胞子体，5. 1-2次輪生枝，皮層細胞糸，皮層細胞糸と同方向に発達する造果器をつける枝，6. 受精した受精毛をもつ，造果器をつける枝，7. 2次輪生枝の先端につく精子嚢，8. 有限成長をして，放射状に分枝する，造胞糸の先端につく果胞子嚢，9. 無限成長をして，分散する造胞糸の先端につく，または，側生する果胞子嚢．（縮尺＝40μm for figs. 1-4；30μm for figs. 5-9）

3. *Turfosa* ツルフォサ節

同じ側に形成され,皮層細胞糸が伸長するのと同じ方向へと伸長する.また,本種の果胞子体は輪生枝叢と見分けがつかず,有限成長する造胞糸と無限成長する造胞糸との両方が形成される.

2) ***Batrachospermum orthostichum*** Skuja (1931: 84, pl. 2, figs. 1-15)
(図版70(b), figs. 1-5, 原著者, Skuja 1931)

藻体は雌雄同株.粘性に乏しく,やや硬い.長さ1-7 cm,太さ80-280 μm,疎らに偽2又分枝する.輪生枝叢は退化,倒円錐形,西洋梨形で,接触する.輪生枝は2-3,1次輪生枝は3-6細胞からなり,オージュイネラ状に片側生分枝,湾曲する.下部細胞は樽形,倒卵形,楕円形,先端細胞は倒卵形,準球形,球形,長短の端毛を大量にもつ.皮層細胞糸はよく発達する.2次輪生枝は多量,1次輪生枝の長さにまで達する.精子嚢は,球形,太さ6-10 μm,2次輪生枝,稀に1次輪生枝の先端または近くにつく.造果器をつける枝は真っすぐで短く,長さ12-27 μm,周心細胞,稀に輪生枝,または皮層細胞糸の基部近くの細胞から出る.被覆枝は多量密生し,短く,2-8個の円盤形または樽形細胞からなる.造果器は基部の太さ4-5 μm,頂部の太さ8-12 μm,長さ30-53 μm,受精毛は棍棒形,無柄.果胞子体には2種類の造胞糸をつける.放射状に分枝し有限成長をする造胞糸は3-5回分枝し,楕円形または樽形の細胞をもつ.皮層上を這い無限成長をする造胞糸は円柱形の細胞をもつ.果胞子体は1個,稀に2個,密で,半球形,輪生枝叢の太さより高く,太さ60-120 μm,長さ90-230 μm.果胞子嚢は倒卵形,太さ7-10 μm,長さ10-14 μm(南米).

タイプ産地:南米:ブラジル,Espírio Santo 州,Santa Teresa.
タイプ標本:UPS, O. Conde, X. 1928.
分布:タイプ産地のほかに,南米:ブラジル,Rio de Janeiro 州,São Paulo 州,Sergipe 州に分布する.

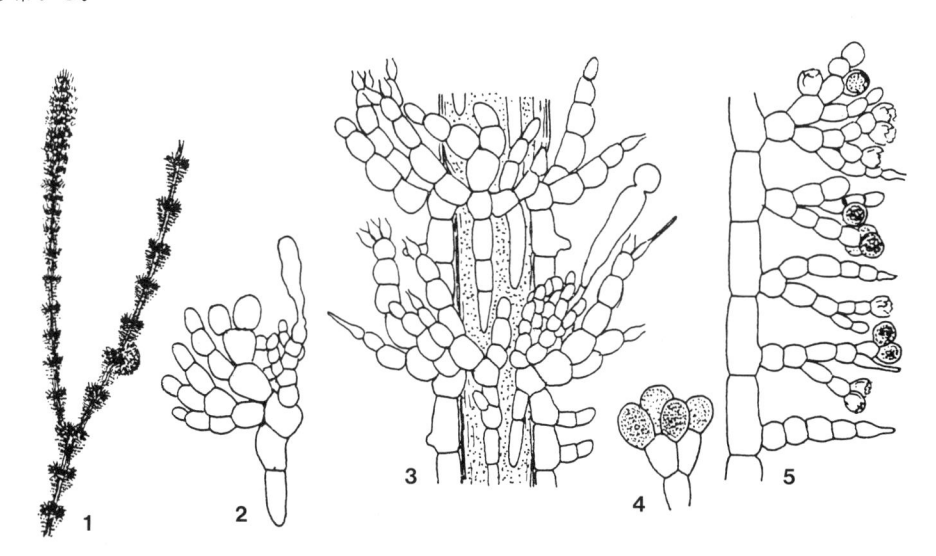

図版70(b)
Batrachospermum orthostichum, figs. 1-5(原著者, Skuja 1931)
1. 倒円錐形の輪生枝叢と,瘤状,半球形の果胞子体を示す藻体の部分, 2-3. 1次輪生枝と受精した造果器をつける枝, 4. 果胞子嚢, 5. 2次輪生枝の先端につく精子嚢.

ノート：Skuja (1931a), Necchi & Kumano (1984), そして Necchi (1988) は，当初 *B. atrum* 状の輪生枝叢をもつことから，本種を *Setacea* セタケア節に帰属させていた．*B. orthostichum* のタイプ標本の，輪生枝の大きさに差異がない，放散して無限成長をする造胞糸が認められないなどの理由から，*B. orthostichum* は *B. atrum* の異名であると Sheath *et al*. (1993) は述べている．しかし，受精毛の形態，やや長い造果器をつける枝，そして何よりも，球形の果胞子体から外側に向けて，無限成長的に伸長し放散する造胞糸の存在（Skuja 1931a, Necchi 1990）が，本種を *Turfosa* ツルフォサ節に所属させる理由である．

3) ***Batrachospermum keratophytum*** Bory (1808: 328, pl. 31, fig. 2) *emend*. Sheath, Vis et Cole (1994: 879, figs. 13-14)

異名：*B. vagum* (Roth) Agardh var. *keratophytum* (Bory) Sirodot (1884: 264, pl. XXXIV, pl. XXXV, fig. 3, pl. XXXVII, fig. 1, 5); *B. suevorum* Kützing (1849: 536)

（**図版 71, figs. 1-7,** Sirodot 1884, *B. vagum* var. *keratophytum* として);（**図版 72, figs. 1-3, 5-7,** Necchi 1988. **figs. 4, 8-12,** Necchi 1990, *B. keratophytum* として）

藻体は雌雄同株．中くらいの粘性，やや硬い．長さ 3-7.5 cm，太さ 160-500 μm，偽2又に疎らに分枝し，主枝は不明瞭，先端は真っすぐ．輪生枝叢は倒円錐形，西洋梨形で，密集したりやや分離する．節間は長さ 200-450 μm．周心細胞は球形または卵形．輪生枝は 2-3, 1次輪生枝は (3-)4-7(-8) 細胞からなり，偽2又分枝，3又分枝する．下部の細胞は円柱形，楕円形，長さ 13-30 μm，太さ 6-12 μm．上部の細胞は倒卵形，球形，長さ 6-17 μm，太さ 5-12 μm．長短の端毛は大量，基部が膨れ，頂端細胞に2個ずつつく．皮層細胞糸はよく発達する．2次輪生枝はすべての節間に多量，1次輪生枝の長さにまで達する．精子嚢は球形，太さ 6-9 μm，2次輪生枝，稀に1次輪生枝の先端近くにつく．造果器をつける枝は短く，長さ 17-30 μm，周心細胞，稀に輪生枝の基部近くの細胞から生じ，真っすぐ，3-7個の細胞からなり，細胞は樽形または円盤形，長さ 3-5 μm，太さ 4-6 μm．被覆枝は多量密生し，短く，2-5個の樽形細胞からなる．造果器は基部の太さ 4.5-6 μm，頂部の太さ 6.6-10 μm，長さ 36-47 μm，受精毛は棍棒形，無柄．果胞子体は，しばしば不稔，稀に2種類の造胞糸をつける．放射状に分枝し有限成長をする造胞糸は楕円形または樽形の細胞をもち，皮層上を這う．無限成長をする造胞糸は円柱形の細胞をもつ．果胞子体は疎らで，準球形，太さ 100-250 μm，長さ 55-130 μm．中軸から瘤状に突出する．果胞子嚢は半球形から球形，太さ 9-12 μm，長さ 10-13 μm．

タイプ産地：欧州：フランス，Landes, Marensin.

選定標本：PC herb. Thuret, Sheath *et al*. (1994) が選定した．

分布：欧州，アジア，北千島占守島沼尻川，北米，南米に分布する．

4) ***Batrachospermum periplocum*** (Skuja) Necchi (1990: 139, figs. 218-227)

異名：*B. vagum* var. *periplocum* Skuja (1969: 62, figs. 1-15)

（**図版 73(a), figs. 1-3, 5-6, 9-10,** 原著者，Skuja 1969, **figs. 4, 7-8,** Necchi 1990);（**図版 74, figs. 1-15,** 原著者，Skuja 1969, *B. vagum* var. *periplocum* として）

藻体は雌雄同株．粘性は中庸，やや硬い．長さ 2.5-9.5 cm，太さ 400-1300 μm，疎らに偽2又分枝する．輪生枝叢はよく発達し，倒円錐形，樽形で，密集する．輪生枝は 2-3, 1次輪生枝は 8-15 細胞からなり，2又分枝，真っすぐ．下部細胞は円柱形，楕円形，先端細胞は倒卵形，楕円

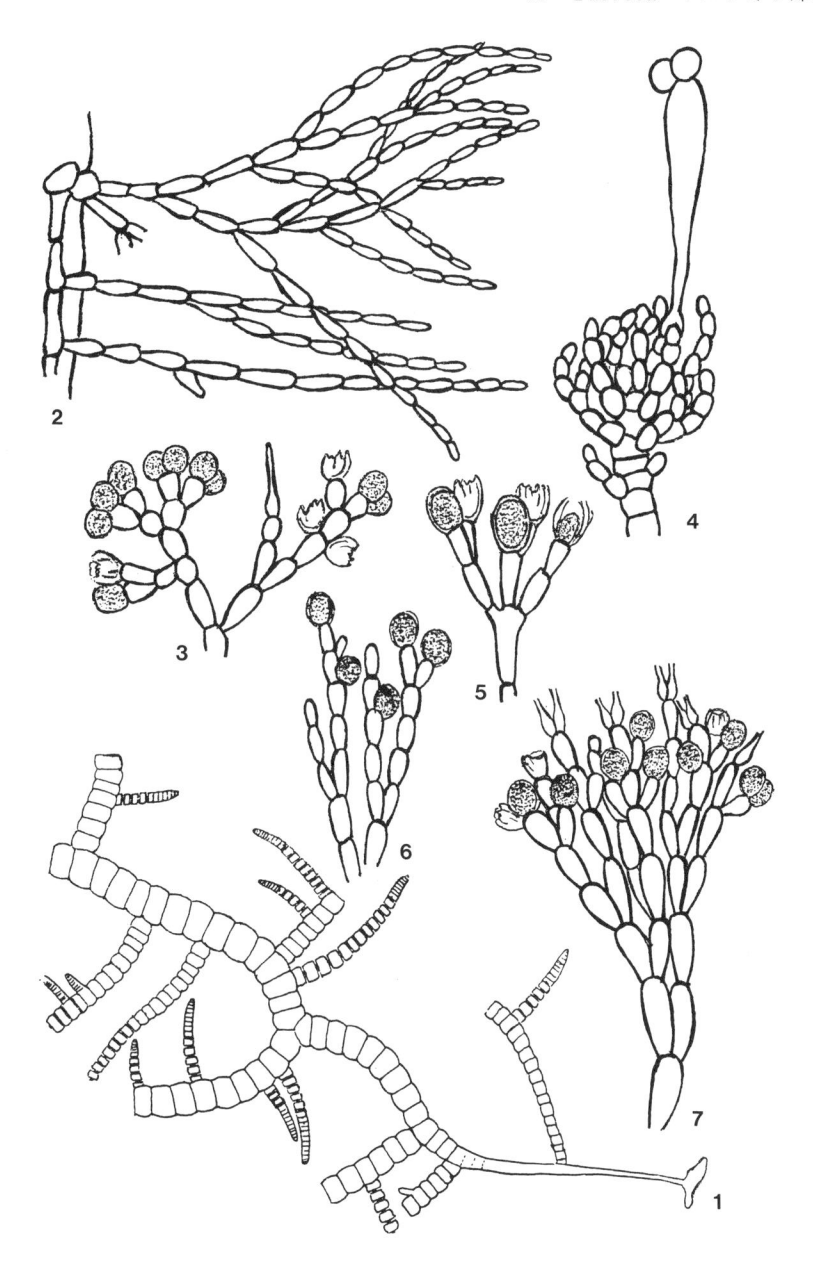

3. *Turfosa* ツルフォサ節　141

図版 71

Batrachospermum keratophytum as *B. vagum* var. *keratophytum*, figs. 1-7（Sirodot 1884）
1. 密着した，樽形の輪生枝叢を示す藻体の性状，2. 1次輪生枝，皮層細胞糸と2次輪生枝，3. 輪生枝の先端につく精子嚢，4. 受精した受精毛と，短い被覆枝をもつ造果器をつける枝，5. 果胞子嚢，6-7. 輪生枝の先端につく単胞子嚢．

形，西洋梨形．短い端毛を大量にもつ．皮層細胞糸はよく発達する．2次輪生枝は多量，1次輪生枝の長さにまで達する．単胞子は球形または準球形，太さ 8-10.5 μm，長さ 8-11 μm，1次輪生枝，2次輪生枝の先端または先端近くにつく．精子嚢は卵形または球形，太さ 5-9 μm，2次輪生枝，稀に1次輪生枝の先端または先端近くにつく．造果器をつける枝は真っすぐで，短く，5-11個の円盤形または樽形細胞からなり，長さ 20-75 μm，周心細胞，稀に輪生枝または皮層細胞糸の基部近くの細胞から出る．被覆枝は多量密生し，短く，2-3個の円盤形または樽形細胞からなる．造果器は基部の太さ 4.5-7 μm，頂部の太さ 7-12 μm，長さ 40-60 μm，受精毛は棍棒形，無柄．果胞子体は1個，疎らで半球形，輪生枝叢の太さより高く，太さ 400-550 μm，長さ 200-260 μm．果胞子体には2種類の造胞糸をつける．放射状に 3-5 回分枝し有限成長をする造胞糸は円柱形または楕円形の細胞をもつ．皮層上を這い無限成長をする造胞糸は円柱形の細胞をも

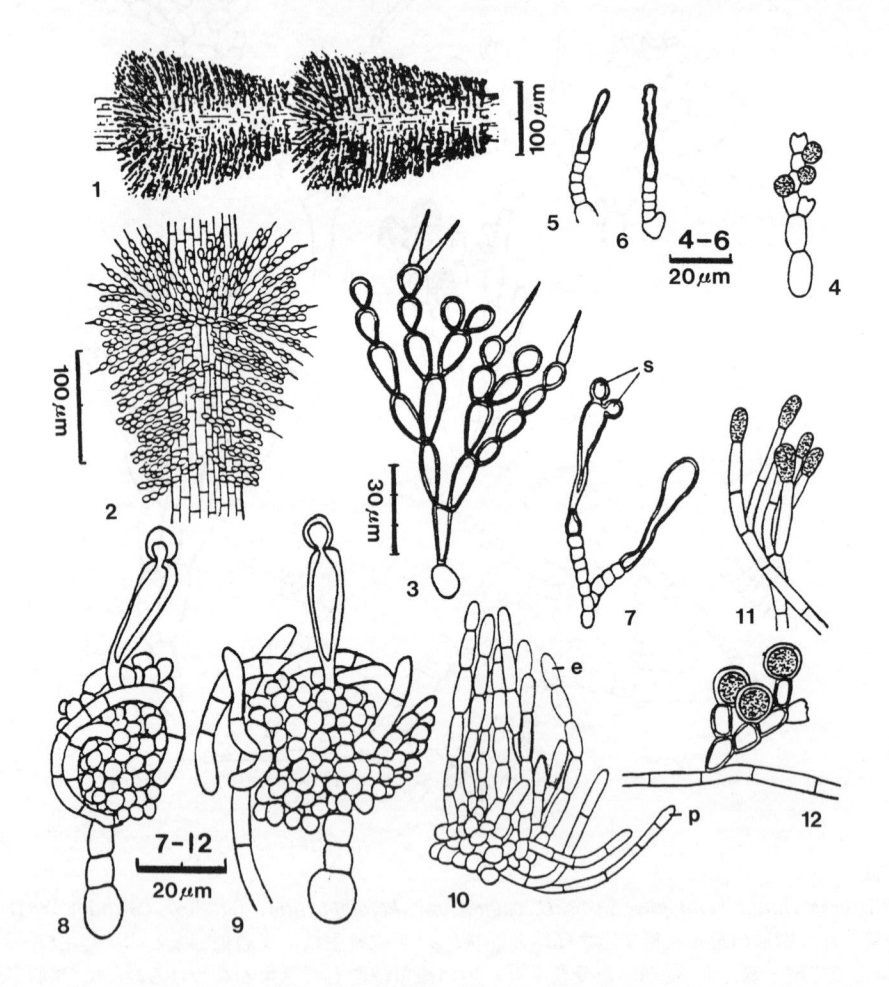

図版 72

Batrachospermum keratophytum, figs. 1-3, 5-7 (Necchi 1988), figs. 4, 8-12 (Necchi 1990)
1. 輪生枝叢の概観，2. 皮層細胞糸，1-2次輪生枝を示す輪生枝叢の構造，3. 1次輪生枝の詳細，4. 精子嚢をもつ1次輪生枝の先端部の細胞，5-6. 若い造果器，7. 成熟し精子(s)が付着し，受精した造果器，8-10. 匍匐造胞糸(p)と直立造胞糸(e)を示す果胞子体の発達初期と，匍匐造胞糸(p)と直立造胞糸(e)を示す果胞子体の発達後期，11. 未熟な果胞子嚢と直立造胞糸，12. 果胞子嚢をもつ匍匐造胞糸．

つ．果胞子嚢は楕円形または倒卵形，太さ 9-13 μm，長さ 12-16 μm．

タイプ産地：南米：ブラジル，Amazonas 州，Rio Negro．

選定標本：diagnosis, p. 62 and figs. 1-15, p. 59 for *B. vagum* var. *periplocum* in Skuja, Necchi (1990) が選定した．

分布：タイプ産地のほか，南米：ブラジル，Amazonas 州，Manaus, Forest Reserve Adolfo Ducke，Minas Gerais 州，Santa Barbara に分布する．

ノート：Skuja (1969) そして Necchi (1990) は，本種の球形の果胞子体から外側に向かって伸長，放散し，無限成長をする造胞糸を観察している．

5) ***Batrachospermum turfosum*** Bory (1808: 327) *emend*. Sheath, Vis et Cole (1994: 882, figs. 18-19)

ホソカワモズク（森 1975）

異名：*Chara gelatinosa* var. *vaga* Roth (1797)；*B. vagum* (Roth) C. Agardh (1812: 41) ホソカワモズク（森 1975）；（熊野 1977，紅藻綱．*In* 広瀬・山岸（編），日本淡水藻図鑑．168-169）；*B. moniliforme* var. *vagum* Roth (1800: 482)；*B. vagum* var. *undulatopedicellatum*

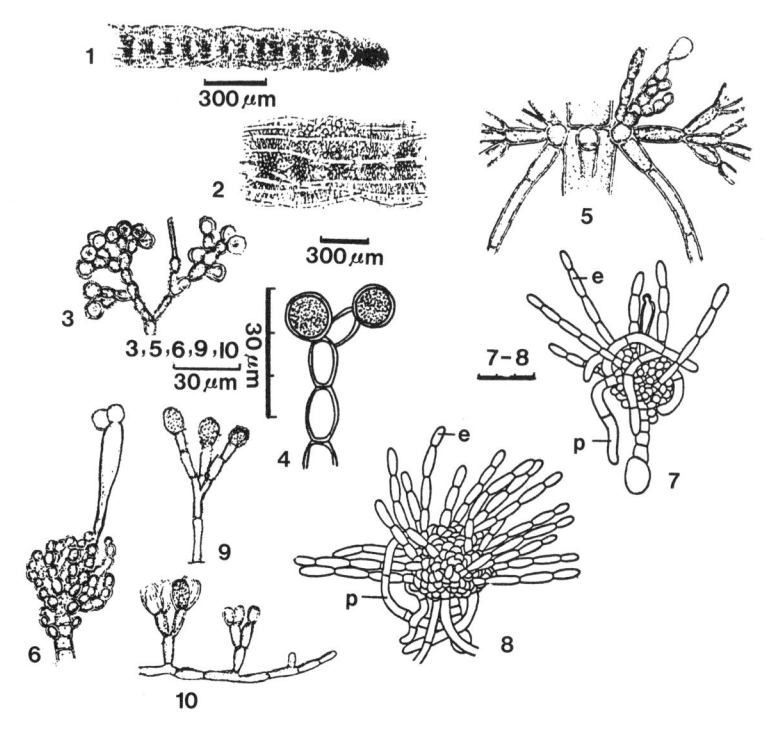

図版 73（ a ） *Batrachospermum periplocum*，figs. 1-3, 5-6, 9-10（原著者，Skuja 1969），figs. 4, 7-8 (Necchi 1990)
1-2．周辺部の皮層細胞糸を示す輪生枝叢，3．精子嚢をもつ 1 次輪生枝上部細胞，4．単胞子嚢をもつ 1 次輪生枝上部細胞，5．造果器と，中軸細胞から遊離する皮層細胞糸，6．被覆糸と，造果器をつける枝を示す，精子が付着し，受精した造果器，7-8．直立して有限成長をする造胞糸と，匍匐して無限成長をする造胞糸を示す，発達初期の果胞子体，9．果胞子嚢をもつ，直立した有限成長をする果胞子，10．果胞子嚢をもつ，匍匐して無限成長をする造胞糸．

Kumano et Watanabe (1983 : 87, figs. 1-13).

(**図版 73(b)**, **figs. 1-9**, 熊野 1997 g. *In* 山岸・秋山（編），淡水藻類写真集．18 : 13, *B. vagum* として)

藻体は，雌雄同株，粘性は中くらい，やや硬い，高さ 2.5-5 cm，太さ 300-1000 μm，偽 2 又に，疎らに分枝し，主枝は不明瞭，先端は真っすぐ，基部で中軸が裸出する．輪生枝叢はよく発達，密集し，倒円錐形，樽形，または密集し，不明瞭，融合する．節間は長さ 250-400 μm．周心細胞は球形または卵形，3-4 本の 1 次輪生枝が出る．皮層細胞糸はよく発達する．1 次輪生枝は真っすぐ，8-13 細胞からなる．下部の細胞は楕円形，太さ 7.5-15 μm，長さ 20-45 μm，上部の細胞は楕円形，倒卵形または準球形，太さ 4-10 μm，長さ 10-20 μm，分枝は 2 又，稀に 3 又に 3-7 回分枝する．端毛は多量，短く，基部が膨れる．2 次輪生枝は大量，節間の長さに沿って，1 次輪生枝の長さに達する．精子嚢は球形，直径 6-9 μm，1 次輪生枝または 2 次輪生枝に頂生または亜頂生する．造果器をつける枝は真っすぐ，短く，長さ 18-40 μm，3-7 細胞からなり，細胞は円盤形または樽形，太さ 7.6-8 μm，長さ 6-9 μm．被覆枝は多量，短く，1-4 個の樽形または準球形の細胞からなる．造果器は対称形，長さ 35-60 μm，基部の太さ 5-6 μm，先端の太さ 7-10 μm，受精毛は棍棒形，無柄．果胞子体は，しばしば不稔．造胞糸，果胞子嚢は観察できなかった (Necchi 1990).

タイプ産地：欧州：フランス，Dax 近傍．

選定標本：PC herb. Thuret, for *B. turfosum*, Compère (1991 b) が選定した．

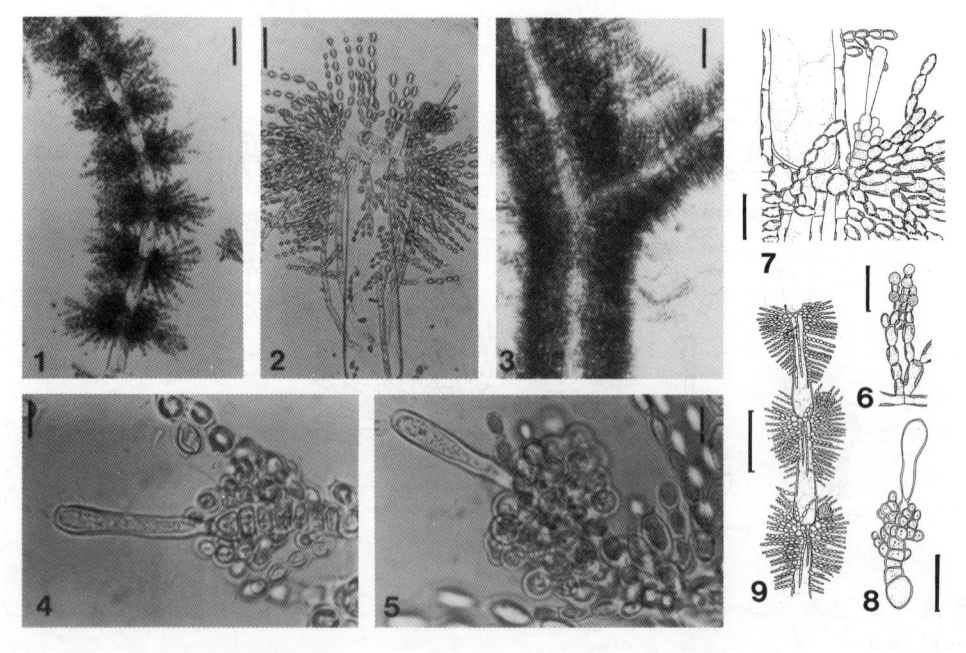

図版 73(b) *Batrachospermum turfosum* as *B. vagum*, figs. 1-9（熊野 1997 g）
1,9. 未成熟輪生枝叢，2,7. 中軸細胞，1 次輪生枝，皮層細胞糸，倒円錐形受精毛をもつ造果器を示す輪生枝叢，3. 円柱形で，連続する成熟輪生枝叢，4-5,8. 倒円錐形受精毛，球形細胞からなる被覆枝，造果器をつける枝，6. 2 次輪生枝の先端につく精子嚢．(縮尺＝200 μm for fig. 9 ; 100 μm for figs. 1,3 ; 40 μm for fig. 2 ; 20 μm for figs. 6-8 ; 10 μm for figs. 4-5)

3. *Turfosa* ツルフォサ節　145

分布：欧州：フランス，アイルランド，ポルトガル，ベルギー，スウェーデン．アジア：インド．東アジア．大洋州：パプアニューギニア高地．北米：カナダ，米国．南米：ブラジル．

日本では，岩手県八幡平，愛知県棚山高原，新潟県苗場山，富山県立山彌陀ケ原，兵庫県姫路市須賀院，広谷川，小原，近藤池，西宮市広田，鷲林寺，大杣池など各地に分布する．晩秋から早春の時期に周囲の気温より高温（例えば，水温 11.4-14.5°C）の湧水性の貧栄養，腐植栄養の水域に生育する．高原湿原中の池塘などでは，雪が融け終わった夏期に周囲の気温より低温の湧

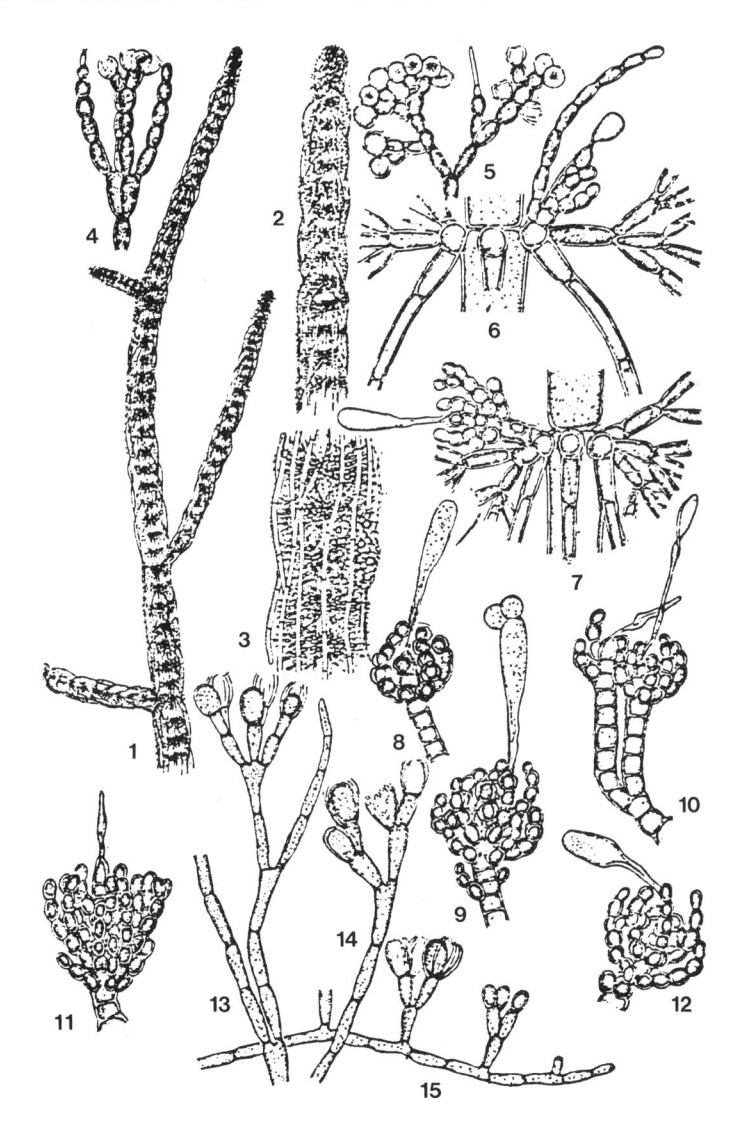

図版 74
　Batrachospermum periplocum as *B. vagum* var. *periplocum*, figs. 1-15（原著者，Skuja 1969）
1-3. 周辺部の皮層細胞糸を示す輪生枝叢の概観，4-5. 精子嚢をもつ 1 次輪生枝の上部の細胞，6-7. 造果器と中軸細胞から遊離する，皮層細胞糸を示す若い輪生枝叢，8,10-12. 被覆糸，造果器をつける枝と造果器，9. 被覆糸と造果器をつける枝を示す，精子の付着した受精した造果器，13-14. 果胞子嚢をもつ，直立して有限成長をする果胞糸，15. 果胞子嚢をもつ，匍匐して無限成長をする造胞糸．

水性の貧栄養，腐植栄養の水域に生育する．

ノート：Kumano et al. (1970) と Kumano (1978, 1979) は，本種に，有限成長する造胞糸と有限成長する造胞糸の両方が存在することを記載している．

4. Section *Virescentia* Sirodot (1873)　ヴィレスケンチア節

異名：section *Viridia* De Toni (1897: 60); section '*Verts*' Sirodot (1884: 259);
secto *Claviformis* Reis (1973).

Type: not designated in 1873, but only one species cited *Batrachospermum coerulescens* Sirodot

藻体は鮮やかな緑色．造果器をつける枝は分化し，短く，周心細胞から出る．造果器は明瞭な柄のある円柱形の受精毛をもつ．果胞子体は大きく，球形，1個，稀に2個，輪生枝叢の中軸部に挿入される．

ノート：北米の *Virescentia* ヴィレスケンチア節の39群落を調査して Sheath, Vis & Cole (1994 a) は，この節に所属する北米産の種を *B. helminthosum* Bory と *B. elegans* Sirodot との2種に統合した．本書には Sheath, Vis & Cole (1994 a) の上記の2種のみでなく本節に所属する在来種も収録する．

Virescentia ヴィレスケンチア節の種の検索表

1. 輪生枝はカールする …………………………………………………………1) *B. crispatum*
1. 輪生枝はカールしない ……………………………………………………………………2
2. 造果器をつける枝は，しばしば1細胞にまで退化する ………………2) *B. gombakense*
2. 造果器をつける枝は1細胞にまで退化しない ……………………………………………3
3. 造果器は長さ＜40 μm ……………………………………………………………………4
3. 造果器は長さ＞40 μm ……………………………………………………………………8
4. 造果器は長さ 20-45 μm …………………………………………………3) *B. vogersiacum*
4. 造果器は長さ 20-30 μm ……………………………………………………………………5
5. 果胞子体の幅は 300 μm に達する ………………………………………4) *B. gulbenkianum*
5. 果胞子体の幅は 200 μm まで ……………………………………………………………6
6. 造果器をつける枝は短く，5細胞まで …………………………………5) *B. bakarense*
6. 造果器をつける枝は長く，12細胞に達する ……………………………………………7
7. 雌雄同株 ……………………………………………………………………6) *B. azeredoi*
7. 雌雄多株 ……………………………………………………………………7) *B. ferreri*
8. 造果器をつける枝は周心細胞と輪生枝の細胞から出る ……………8) ミドリカワモズク
8. 造果器をつける枝は周心細胞から出る …………………………………………………9
9. 造果器をつける枝はカーブする …………………………………………9) *B. transtaganum*
9. 造果器をつける枝はカーブしない ………………………………………………………10
10. 造果器をつける枝は短く，1-5細胞からなり，果胞子嚢は長さ＜30 μm …10) アオカワモズク
10. 造果器をつける枝は 5-10 細胞からなり，果胞子嚢は長さ＞30 μm ………11) *B. desikacharyi*

4. *Virescentia* ヴィレスケンチア節　147

1) ***Batrachospermum crispatum*** Kumano et Ratnasabapathy in Ratnasabapathy & Kumano (1982 a : 18, fig. 1, A-I)

(図版 75(a), figs. 1-5, 熊野 1996 j. *In* 山岸・秋山 (編), 淡水藻類写真集. 16：16. figs. 6-9, 原著者, Ratnasabapathy & Kumano 1982 a)

　藻体は雌雄同株，雄株，雌株．強度の粘性あり．長さ 2-13 cm，太さ 220-350 μm，やや 2 又分枝する．青みを帯びた濃緑色．輪生枝叢はいびつな楕円形，密集する．1 次輪生枝は巻毛状，片側生分枝し，5-13 細胞からなり，細胞は円柱形，紡錘形．端毛を欠く．2 次輪生枝は巻毛状，節間を覆いつくす．精子嚢は球形，倒卵形，太さ 4-6 μm，長さ 6-8 μm，輪生枝に側生する．造果器をつける枝は短く，3-4 個の樽形細胞からなり，周心細胞から出る．被覆枝は多数，大変短い．造果器は基部で太さ 5-9 μm，頂部で 5-7 μm，長さ 54-75 μm，受精毛は円柱形，不明瞭な柄がある．果胞子体は 1 個，時に 2 個，球形または半球形，輪生枝叢の中心部に挿入され，太さ 140-190 μm．果胞子嚢は棍棒形，倒卵形，太さ 9-10 μm，長さ 17-30 μm．

タイプ産地：東南アジア：マレーシア，Pulau Tioman, Sungai Ayer Besar の上流，水中の岩や石に付着 (水温，25.5-26.5℃).

タイプ標本：Kobe University, Ratnasabapathy no. 21, 24/V 1974.

分布：タイプ産地にのみ分布する．

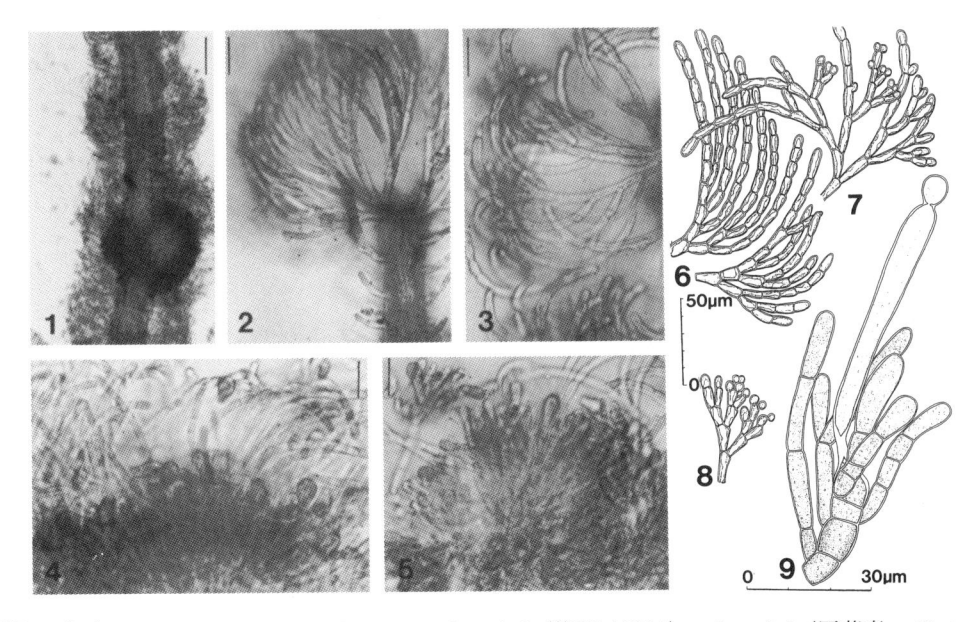

図版 75(a) *Batrachospermum crispatum*, figs. 1-5 (熊野 1996 j), figs. 6-9 (原著者, Ratnasabapathy & Kumano 1982 a)
1. 輪生枝，中軸に挿入する果胞子体，2-3, 6. 湾曲し，鉤状で片側にのみ分枝する輪生枝，7-8. 片側にのみ分枝する，1 次，2 次輪生枝に側生する精子嚢，4-5. 造胞糸の先端につく棍棒形の果胞子嚢，9. 精子が付着し，造胞糸の原基が分化した，受精した円柱形の受精毛をもつ造果器．(縮尺 = 100 μm for fig. 1；50 μm for figs. 7-8；30 μm for fig. 9；20 μm for figs. 2-5)

2) ***Batrachospermum gombakense*** Kumano et Ratnasabapathy in Ratnasabapathy & Kumano (1982 b : 119, fig. 2, A-E)

（図版 75（b），**figs. 1-5**，熊野 1996 p．*In* 山岸・秋山（編），淡水藻類写真集．16：22，**figs. 6-7**，原著者，Ratnasabapathy & Kumano 1982 b）

藻体は雌雄異株．やや粘性あり．長さ 1-2 cm，太さ 200-400 μm，やや 2 又分枝する．緑色．輪生枝叢は密集する．1 次輪生枝は側生分枝し，9-15 細胞からなり，細胞は円柱形，樽形，太さ 5-7 μm，長さ 5-10 μm，端毛を欠く．2 次輪生枝は多数，節間を覆いつくす．精子嚢は球形，太さ 4-8 μm，輪生枝に側生または短縮枝に房状に生ずる．造果器をつける枝は大変短く，1-2 個の五角形細胞からなり，周心細胞から出る．造果器は基部で太さ 3-5 μm，頂部で太さ 10-15 μm，長さ 40-50 μm，受精毛は倒円錐形または棍棒形，不明瞭な柄がある．果胞子体は 1 個，楕円形，輪生枝叢の中心部に挿入，大きく，太さ 140-210 μm，長さ 185-330 μm．果胞子嚢は倒卵形，太さ 8-11 μm，長さ 20-25 μm．

タイプ産地：東南アジア：マレーシア，Selangor 州，Sungai Gombak, Field Study Center（水温，23.0-24.5°C）．

タイプ標本：Kobe University, Ratnasabapathy no. 1220, 31/V 1976．

分布：タイプ産地のほかに，東南アジア：東マレーシア，Sabah 州，Sungai Tabin 川上流の支流にも分布する（Anton *et al.* 1999, Sato *et al.* 1999）．

ノート：本種は，*Turfosa* ツルフォサ節に入れられていたが，不明瞭な柄をもつ造果器，倒円錐形の受精毛，1 個の大きい果胞子体が中軸部に挿入されるなどの性質から，*Virescentia* ヴィレスケンチア節に帰属させるのが適当であろう．

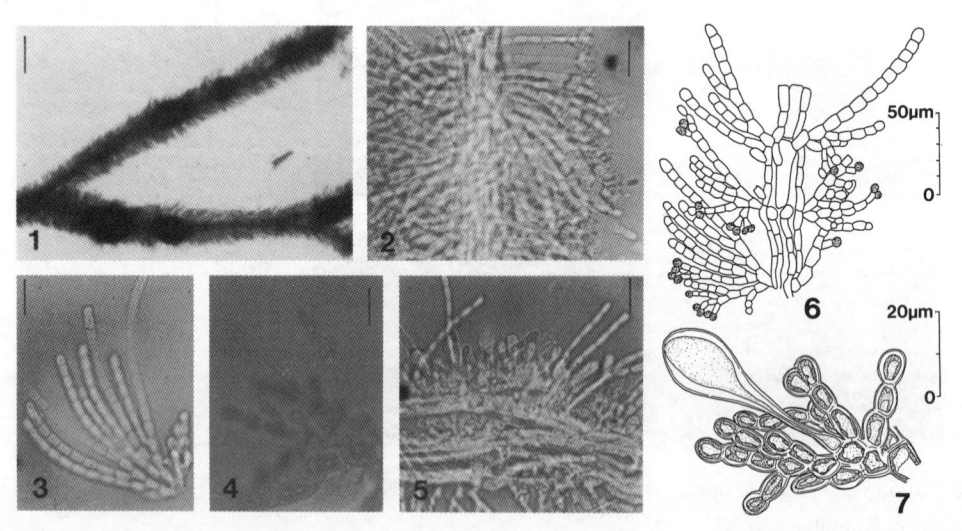

図版 75（b） *Batrachospermum gombakense*, figs. 1-5（熊野 1996 p），figs. 6-7（原著者，Ratnasabapathy & Kumano 1982 b）
1. 連続する輪生枝叢と，中軸性の果胞子体をもつ主軸，2, 6. 1-2 次輪生枝に頂生または側生する精子嚢を示す輪生枝叢の構造，3. 片側にのみ分枝する 1 次輪生枝，4, 7. 倒円錐形の受精毛をもつ造果器と，2 細胞からなる造果器をつける枝，5. 果胞子嚢．（縮尺＝200 μm for fig. 1；50 μm for fig. 6；30 μm for fig. 7；20 μm for figs. 2-3, 5；10 μm for fig. 4）

4. *Virescentia* ヴィレスケンチア節　149

3)　***Batrachospermum vogesiacum*** Schultz ex Skuja（1938：623）
異名：*B. vagum* var. *flagelliforme* Sirodot（1884：263, pl. XXXV, fig. 1, pl. XXXVI, figs. 1-6, pl. XXXVII, figs. 10-14, pl. XXXIX, figs. 1-20）；*B. flagelliforme* (Sirodot) Necchi（1988：11）, nom. illeg.

（図版 76, figs. 1-2，原著者，Sirodot 1884，*B. vagum* var. *flagelliforme* として）
　藻体は雌雄同株．大変粘性あり．長さ 2-10 cm，太さ 340-700 μm，よく分枝する．灰色みを帯びた，また茶色みを帯びたオリーブ色，白緑色．輪生枝叢は楕円形，樽形で，分離しまたは密集する．輪生枝は 3，1 次輪生枝はよく分枝し，6-11 細胞からなり，細胞は円柱形，紡錘形，長い楕円形，端毛は多数．2 次輪生枝は多数，最終的には 1 次輪生枝と同長になる．精子嚢は球形，太さ 5-6 μm，長さ 6-8.5 μm，1 次輪生枝の先端に色々の長さにつく．造果器をつける枝は真っすぐ，4-8 個の細胞からなり，周心細胞から出る．被覆枝は多数，短い．造果器は基部で太さ 4-7 μm，長さ 20-45 μm，受精毛は倒円錐形，最後には円柱形，不明瞭な短い柄がある．果胞子体は 1 個，時に 2 個，球形，輪生枝叢の中心部に挿入される．太さ 140-280(-330) μm．果胞子嚢は楕円形，太さ 8.5-13(-17) μm，長さ 13-19(-25) μm．
　タイプ産地：欧州：フランス，Logerie-Haute．
　タイプ標本：PC．
　分布：欧州：フランス各地，ベルギーに分布する．

4)　***Batrachospermum gulbenkianum*** Reis（1965：31, tab. I, a-c, tab. II, a-b, tab. III, a-e, tab. IV, a-d, tab. V, a-b）
　藻体は雌雄同株．長さ 4-5 cm，分離し，またはビーズ状，日陰の場所では鮮緑色，日向では緑黄色．粘性あり．下部では中軸が裸出する．カルス状の仮根で基物に付着する．分枝は不規則，一般に直角に発出し，大変繊細．輪生枝叢は融合，明瞭，球形または長い楕円形，やや密集し，全方向へ放射し，多様な形態，2 次輪生枝とともに円錐台形，稀に円盤形を示す．皮層細胞糸は円柱形で大変互いに錯綜する．周心細胞は小さく，卵形，1-2(4)本の 1 次輪生枝を出る．1 次輪生枝は，下部で偽 2 又，4 又分枝し，周辺部では単純，中軸部近くの細胞は円柱形，中部の細胞は倒卵形で大きい，上部の細胞は大変膨らむ，周辺部の細胞は紡錘形または倒卵形．端毛は長短様々，基部がわずかに膨らみ，量も変化に富む．精子嚢は輪生枝の外側と，造果器をつける枝の被覆枝とに大量に形成される．造果器をつける枝は小さな輪生枝に似ており，明らかに次第に太くなり，周心細胞から，極めて稀に 2 次輪生枝から出て，太さより長さの短い 6-12 細胞からなる．密集して極めて短い 4-7 細胞の長さの被覆枝をつけ，造果器を取り囲む．柄は円錐台形で，長さ 5-6.6 μm．受精毛は非常に短い柄をもち，円錐台形，ごく稀に円柱形，最後に一般に棍棒形，長さ 20-33 μm．果胞子体は各輪生枝叢の内側，やや中軸よりに 1-3 個，球形または半球形，大きさは様々，太さは輪生枝叢の太さと同じ，150-300 μm．造胞糸は中心部には大きく，球形または卵形の細胞，中間部と外側部には小さく，紡錘形または円柱形の細胞が不規則に分布する．果胞子嚢は一般に倒卵形，ごく稀に球形，太さ 6.5-10 μm，長さ 10-16.5 μm．
　タイプ産地：欧州：ポルトガル，Vouzela 近傍，Comfulcos，Ãgueda 河の支流，Rio Alfusqueiro．
　タイプ標本：COL 456．
　分布：タイプ産地のみに分布する．

150   Batrachospermales　カワモズク目

ノート：Reis (1965) の原記載で，本種は *Turfosa* ツルフォサ節に入れられていたが，放射状に出て有限成長をする造胞糸をもつので，*Virescentia* ヴィレスケンチア節に所属するのが適当と考える．

5) ***Batrachospermum bakarense*** Kumano et Ratnasabapathy (1984: 20, figs. 1-14)
（**図版 77，figs. 1-6**，熊野 1996 d．*In* 山岸・秋山（編），淡水藻類写真集．16：10，**figs. 7-10**，原著者，Kumano & Ratnasabapathy 1984）

藻体は雌雄同株．弱い粘性あり．長さ約 1.5 cm，太さ 70-300 μm，やや不規則に分枝する，黒みを帯びた緑色．輪生枝叢は樽形，古い株では密集する．1 次輪生枝は密に分枝し，7-9 細胞

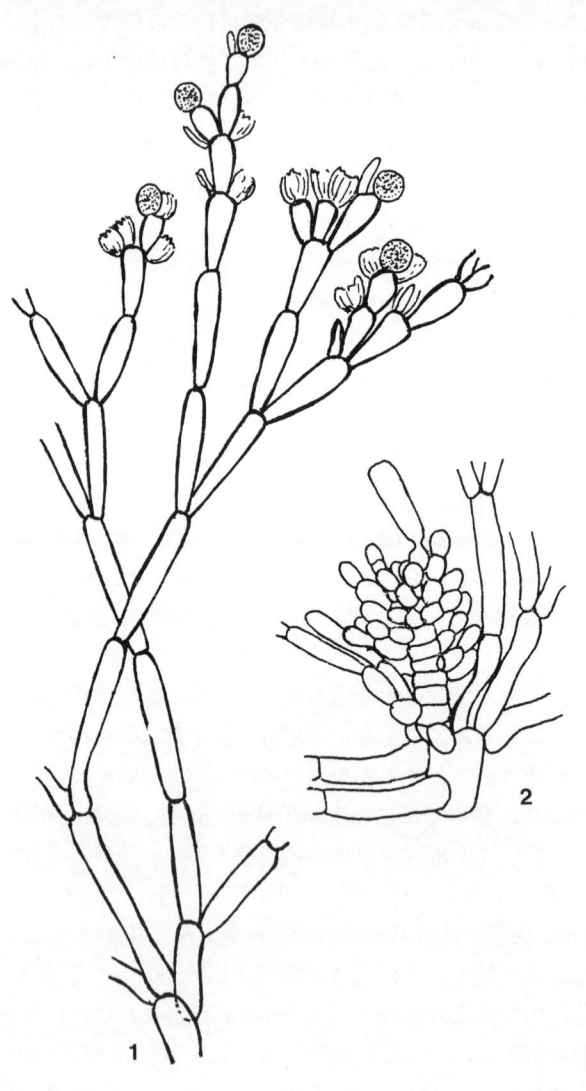

図版 76

Batrachospermum vogesiacum as *B. vagum* var. *flagelliforme*, figs. 1-2 （原著者, Sirodot 1884）
1. 輪生枝の先端につく精子囊，2. 造果器をつける枝．

からなり，細胞は紡錘形，長さ 10-12 μm，端毛を欠く．皮層細胞糸はよく発達する．2次輪生枝は多数，5-7細胞からなり，節間を覆いつくす．精子嚢は球形，太さ約4μm，輪生枝の先端につく．造果器をつける枝は，短く，少し曲がり，長さ 12-30 μm，2-5個の樽形細胞からなり，周心細胞または輪生枝から出る．被覆枝は多数，長く，側生する．造果器は基部，頂部ともに太さ 4-6 μm，長さ 23-36 μm，受精毛は棍棒形，不明瞭な柄がある．果胞子体は1個，半球形，輪生枝叢の中心部に挿入され，長さ約 60 μm，太さ約 90 μm．果胞子嚢は棍棒形，倒卵形，太さ 9-10 μm，長さ 13-18 μm．

タイプ産地：東南アジア：マレーシア，Kelantan 州，Sungai Bakar（水温，26-27°C）．
タイプ標本：Kobe University, Ratnasabapathy no. 13, 3/VI 1982．
分布：タイプ産地にのみ分布する．

6) ***Batrachospermum azeredoi*** Reis (1967: 168, tab. I, a-c, tab. II, a-b, tab. III, a, tab. IV, a-b)

藻体は雌雄同株．長さ 5-6 cm，灰青色，乾燥後は青紫色，粘性は中庸，束状，基部は皮層細胞糸のために太くなり，台状，最後に中軸が裸出，カルス状の仮根で基物に付着する．雌株と同性株の外見は似る．雄株は雌株より分枝が少ない．輪生枝叢は一般に分離し，緩やか，ごく稀に円盤形，長い楕円形，時には球形．周心細胞は卵形または円柱形．明らかに2又，4又分枝をする．3-5本の1次輪生枝を出す．輪生枝の内側 2/3 の細胞は長い円錐形または西洋梨，外側 1/3 の細胞は一般に倒卵形または紡錘形．端毛は稀で，短く，細長く，基部が膨らむ．2次輪生枝

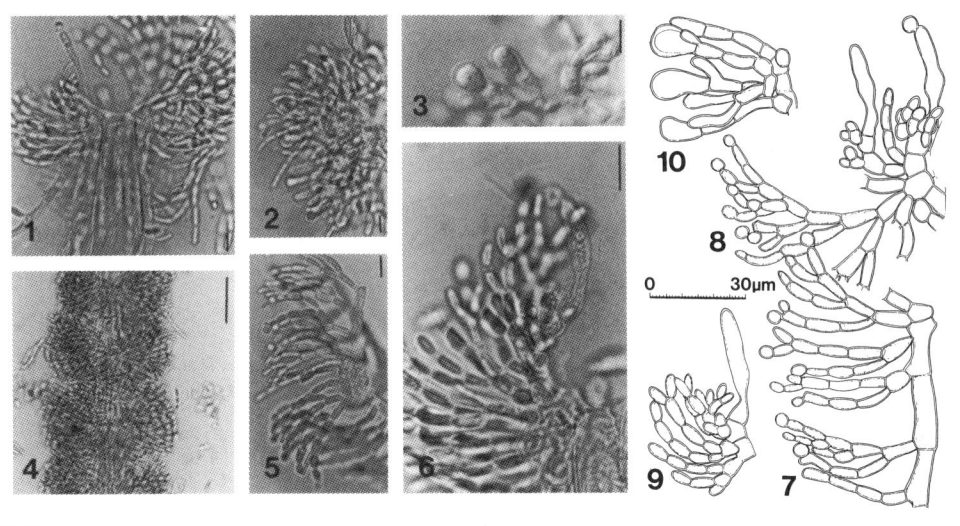

図版 77

Batrachospermum bakarense, figs. 1-6（熊野 1996 d），figs. 7-10（原著者，Kumano & Ratnasabapathy 1984）
1,6. 中軸細胞，1次輪生枝と，受精した受精毛をもつ，造果器をつける枝を示す藻体の部分，2-3,10. 造胞糸の先端につく果胞子嚢，4. 樽形の輪生枝叢をもつ主軸，5,7. 1-2次輪生枝の先端につく精子嚢，8. 1次輪生枝の先端につく精子嚢と，2本の造果器をつける枝，そのうちの1本は他の被覆枝として形成されることをを示す，藻体の部分，9. 被覆枝が側生的に形成され，不明瞭な柄をもつ棍棒形の受精毛を示す，わずかに湾曲する造果器をつける枝．（縮尺＝100 μm for fig. 4；30 μm for figs. 7-10；10 μm for figs. 1-3, 5-6）

はないか稀．精子嚢は輪生枝叢の外側の形成される．雌株は藻体の下半部では多数，密に分枝し，藻体の上半部では稀に分枝する．輪生枝叢は融合，ごく稀に円盤形，長い楕円形，藻体下部の大抵の枝や中軸では，例外的に，それぞれに円盤形，球形である．2次輪生枝は通常それほど多くない．周心細胞は円柱形，稀に卵形，2-5本の1次輪生枝を出す．1次輪生枝は後に，しばしば偽2-3又分枝をする．輪生枝の内側2/3細胞は西洋梨形または長い円錐形，稀に円柱形の細胞，外側1/3の細胞は倒卵形，楕円形または球形の細胞．皮層細胞糸は大きな円柱形の細胞からなる．造果器をつける枝は周心細胞と1次輪生枝の周辺部から出て，造果器を取り囲む円錐形，コップ形または円柱形の細胞からなる上部の短い被覆枝をもつ．受精毛は無柄か短い柄をもち，棍棒形または円柱形，長さ23.3-33.3 μm．果胞子体は稀またはごく稀，中軸部に挿入，各輪生枝叢に1-2個，球形または半球形，大きさは多様，太さ120-180 μm，輪生枝叢の半径と同じか1/2．造胞糸は外側半分は円柱形，中軸部近くは円錐形の細胞からなる．果胞子嚢は倒卵形，太さ8.3-10 μm，長さ13-16.6 μm．

　タイプ産地：欧州：ポルトガル，Vila da Feira近傍，Caster河中の岩に付着する．
　タイプ標本：COL 482.
　分布：タイプ産地のほか，ポルトガル各地に分布する．
　ノート：B. azeredoi のために，無柄の棍棒形の受精毛をもち，中軸に果胞子体が存在するという形質を特徴とする Claviformia クラヴィフォルミア節を Reis (1973) が設立した．しかし，これらの形質は無柄または有柄で，円柱形または棍棒形の受精毛をもち，中軸の果胞子体が存在するという Virescentia ヴィレスケンチア節の形質と同じであり，この節を Virescentia ヴィレスケンチア節に含めるという Necchi (1990 a) の説に著者は同意する．

7) ***Batrachospermum ferreri*** Reis (1967：174, tab. V, a-c, tab. VI, a-d, tab. VII, Tab, VIII, a-d)

　藻体は雌雄多株．長さ4-7 cm，大変粘性が多い．鮮緑色，乾燥すると青紫色．輪生枝叢は不規則，明瞭，原則は単独またはビーズ状，円錐台形，後に散形，円錐台形．藻体基部では円錐形，最後に中軸が裸出，円盤形部で終わる．枝は，しばしば直角に，あらゆる方向に出る．2次枝は単純，糸状，少し分枝し，3次枝は単純，稀に藻体外側に存在する．雄株の輪生枝叢は融合または密集し，長い楕円形，しかし細長い枝では分離し，球形または準球形．周心細胞は円柱形，基部で膨らみ，2-5本の輪生枝を出す．輪生枝は偽3又分枝をする．輪生枝下部2/3の細胞は多様な形態，円柱形，紡錘形，長い円錐形，西洋梨形，上部1/3の細胞は紡錘形または倒卵形．端毛は大変多量，長短様々，わずかに基部が膨らむ．皮層細胞糸は円柱形，藻体下部では多量．精子嚢は輪生枝叢の周辺に形成される．雌株の藻体の輪生枝叢は一般に明瞭，藻体の先端部では球形，長い楕円形，円盤形，藻体の下部では円錐形．周心細胞は円柱形または卵形，しばしば周辺部でカーブし，偽3又分枝をする2-5本の1次輪生枝を出す．輪生枝外側1/3の細胞は西洋梨形，紡錘形，楕円形または倒卵形．端毛は稀，大変短い．2次輪生枝はないか稀．皮層細胞糸は円柱形，藻体下部で多量．造果器をつける枝は周心細胞から，稀に1次輪生枝周辺から発出し，短く，太さ10-16 μm，3-12細胞からなり，上部1/2-1/3に造果器を取り囲む短い被覆枝があり，下部に側生する被覆枝がある．造果器は円錐形，コップ形，太さ4-6.6 μm．受精毛は短い柄をもち，棍棒形または円錐台形，稀に円柱形，長さ20.3-33.3 μm．果胞子体は稀，各輪生枝叢の1-2個，やや中軸部に挿入，不規則な半球形，大きさは様々，太さ130-180 μm，輪生枝

4. *Virescentia* ヴィレスケンチア節   153

叢の半径の 1/3-1/2. 果胞子嚢は倒卵形, 太さ 6.6-10 μm, 長さ 10-13.3 μm. 雌雄同株の藻体は雄株と同じ.

タイプ産地：欧州：ポルトガル, Val de Cambra 近傍, da Mina do Pintor と呼ばれる流水中.

タイプ標本：COL 430 et 485.

分布：タイプ産地のほか, ポルトガル各地に分布する.

ノート：*B. ferreri* のために, *Claviformia* クラヴィフォルミア節を Reis (1973) が設立した. しかし, これらの形質は無柄または有柄, 円柱形または棍棒形の受精毛をもち, 中軸の果胞子体が存在するという *Virescentia* ヴィレスケンチア節の形質と同じであり, この節を *Virescentia* ヴィレスケンチア節に入れるという Necchi (1990 a) の説に著者は同意する.

8) ***Batrachospermum elegans*** Sirodot (1884：273, pl. XLIV, figs. 1-5) *emend*. Sheath, Vis et Cole (1994 a：115, figs. 11-18)

ミドリカワモズク (森 1975)

異名：*B. coerulescens* Sirodot (1884：270, pl. XL, figs. 1-2, pl. XLI, figs. 1-5) nom. illeg. ミドリカワモズク (森 1975, 1984. *In* 山岸・秋山 (編), 淡水藻類写真集. 1：8)；(熊野 1977, 紅藻綱. *In* 広瀬・山岸 (編), 日本淡水藻図鑑. 166-167).

(**図版 78(a), figs. 1-8,** Sheath, Vis & Cole 1994 a)；(**図版 78(b), figs. 1-4,** 原著者, Sirodot 1884, *B. coerulescens* として)

藻体は雌雄同株, 異株. 主軸は茶色. 輪生枝叢は樽形, 融合し, 太さ 316-1002 μm, 8-17 本の 1 次輪生枝を出すが, 2 次輪生枝は少数. 造果器は有柄, 長さ 35.5-65.4 μm, 受精毛は円柱形, 棍棒形でしばしば基部に 1-3 個の節または分枝があり, 長軸に沿った太さ 4.5-9.7 μm. 造果器をつける枝は 1-3 個の短い細胞からなり, 周心細胞または輪生枝の中部細胞から出る. 果胞子体は中軸に挿入, 太さ 135-317 μm, 長さ 106-341 μm, 造胞糸は 2-6 個の円柱形の細胞からなる. 果胞子嚢は倒卵形, 太さ 6.6-14.6 μm, 長さ 9.9-23.5 μm.

タイプ産地：欧州：フランス, Morbihan, Compnac 近傍.

選定標本：PC, for *B. elegans*, Sheath *et al*. (1994) が選定した.

分布：欧州：フランス, 東アジアに分布する.

日本では, 東京都, 千葉県千葉市, 香取郡大栄町松子の谷津田, 愛知県浜田川, 豊川市, 香川県香川町, 愛媛県松山市お吉泉, 今治市, 島根県松江市, 山口県下関市, 山口市, 福岡県久留米市, 熊本県宇土市松橋, 鏡町, 中央村下堅志田などに分布する. 晩秋から晩春の時期に周囲の水温より高い (熊本県中央村下堅志田の場合, 水温 12-12.5℃), 平地の湧泉から流れ出る小流, 多少, 丘陵性の清冽な渓流中に生育する

9) ***Batrachospermum transtaganum*** Reis (1970：23, tab. I, a-d, tab. II, a-d, tab. III, a-c, tab. IV, a-c)

(**図版 81(a), figs. 1-4,** 原著者, Reis 1970)

藻体は雌雄多株. 長さ 2-3 cm, 日向で鮮緑色, 日陰で濃褐色, 乾燥後は濃紫色, 粘性が多い. 分離するか束状になり, 基部に向かって細くなり, 例外的に中軸が裸出する. 枝はあちらこちらから, すべての方向にほとんど直角に発出し, 波うち, 顕著に細くなる. 雄株の輪生枝叢は分離

154 **Batrachospermales** カワモズク目

して，球形，しかし中間部は円盤形．2次輪生枝はないか稀．周心細胞は卵形，基部で膨らみ，極めて稀に円柱形，偽4又分枝をし，2-4本の1次輪生枝を出す．輪生枝の内側1/3の細胞は円柱形，外側2/3の細胞は卵形または楕円形．端毛は多量，長く，細長い毛状，基部で膨らむ．精子嚢は稀，輪生枝の内側または先端に形成される．雌株の輪生枝叢は分離するかまたは融合し，冬相は圧縮，円錐形，先端部で円盤形．2次輪生枝はやや豊富，藻体の上部を覆い，下部の輪生枝叢に達し，融合し，しばしば輪生枝叢の太さと同じになる．周心細胞は卵形，基部が膨らみ，偽4又分枝をし，2-4本の1次輪生枝を出る．輪生枝内側1/3の細胞は円柱形，輪生枝外側2/3の細胞は楕円形または卵形．端毛は稀，短い．皮層細胞糸は円柱形，黄色を帯びる．造果器をつける枝は一般にカーブし，周心細胞から発出し，3-5個の短い細胞からなり，上部の2-3本の短い被覆枝は造果器を取り囲み，ほかの被覆枝は長い．造果器は卵形，長楕円形で，柄のある受精

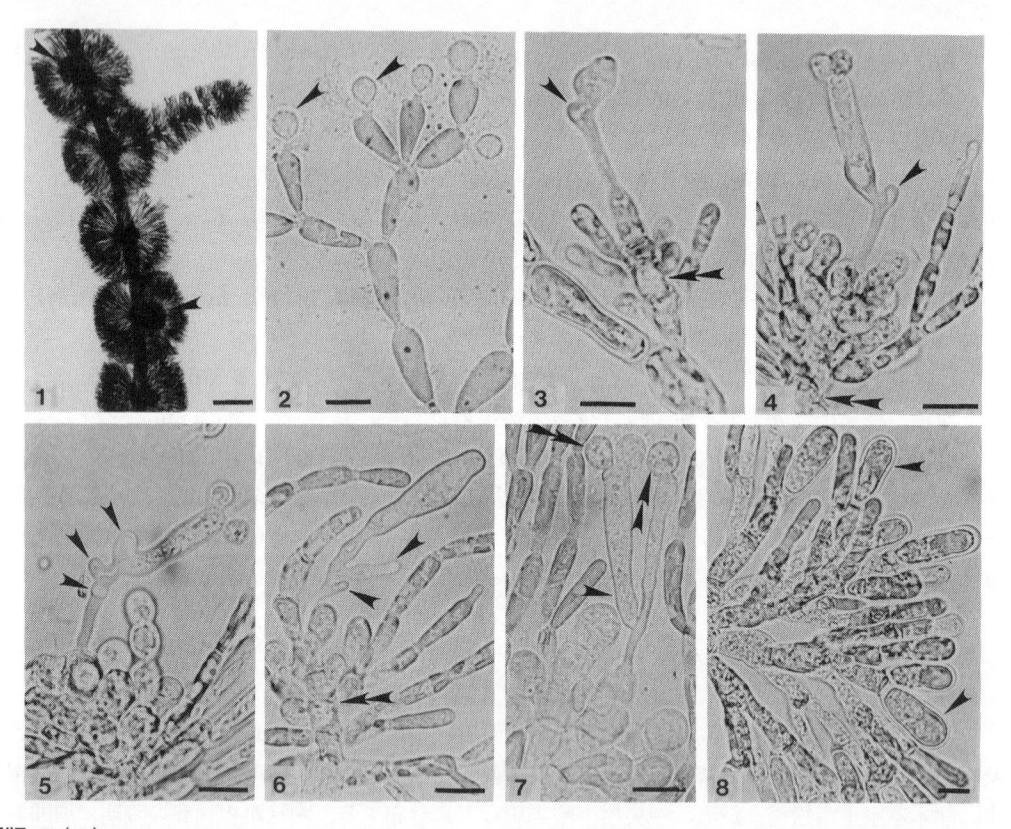

図版 78（a）

Batrachospermum elegans, figs. 1-8（Sheath, Vis & Cole 1994 a）
1. 連続する樽形の輪生枝叢と，若い果胞子体（矢頭）を示す主軸と枝，2. 無色の胞子嚢（矢頭）をもつ輪生枝の先端，3. 受精毛の基部に既に形成された結節（矢頭）を示す未熟な造果器と，輪生枝下部の細胞から生じる3細胞性の造果器（二重矢頭）をつける枝，4. 受精毛の基部に1個の結節（矢頭）をもつ，成熟した造果器と，周心細胞（二重矢頭）から生じる3細胞性の造果器をつける枝，5. 受精毛の基部に3個の結節（矢頭）をもつ成熟した造果器，6. 受精毛の基部に2個の分岐（矢頭）をもつ成熟した造果器と，周心細胞（二重矢頭）から生じる3細胞性の造果器をつける枝，7. 受精毛の基部に1個の大きい枝（矢頭）をもつ成熟した造果器，受精毛の両端に精子（二重矢頭）が付着する，8. 円柱形の造胞糸の細胞と，倒卵形の果胞子嚢（矢頭）をもつ果胞子体．（縮尺＝200 μm for fig. 1; 10 μm for figs. 2-8）

4. *Virescentia* ヴィレスケンチア節　155

毛をもち，円柱形，長さ 46-60 μm．果胞子体は多数，緑色，不規則な半球形，太さ 165-220 μm，輪生枝叢の太さの 2/3，稀に同じ．果胞子嚢は倒卵形，太さ 10-11 μm，長さ 16.6-18 μm，楕円形，太さ約 10 μm，長さ 20-23 μm．雌雄同株の 2 次輪生枝と皮層細胞糸は雌株のそれらと同じ．精子嚢は稀，1 次，2 次輪生枝の周辺に形成される．造果器をつける枝はカーブし，周心細胞から発出し，雌株のそれと同じ．果胞子体の数は減少し，不規則な球形，輪生枝叢の太さの 1/2，稀に同じ．

　タイプ産地：欧州：ポルトガル，Odemira 近傍，Mira 河の支流，Torgal 川中の岩に付着する．

　タイプ標本：COL 542 A．

　分布：タイプ産地のほか，ポルトガル，Odemira 近傍，Mira 河のもうひとつの支流，Ribeiro do Torgal に分布する．

10)　***Batrachospermum helminthosum*** Bory (1808：316) *emend*. Sheath, Vis et Cole (1994 a：115, figs. 3-10)(non *B. helminthosum* Sirodot 1884：240)
アオカワモズク（斎田 1910）
　以下の異名は Sheath, Vis et Cole (1994 a) に従った．
異名：*B. graibussoniense* Sirodot (1884：278, pl. XLVII, figs. 1-10, pl. XLVIII, figs. 1-6)；(熊野 1977，紅藻綱．*In* 広瀬・山岸（編），日本淡水藻図鑑．166-167)；*B. bruziense* Sirodot (1884：281, pl. XLV, figs. 1-7, pl. XLVI, figs. 1-8)，タニカワモズク(Mori 1975，森 1984 a．*In*

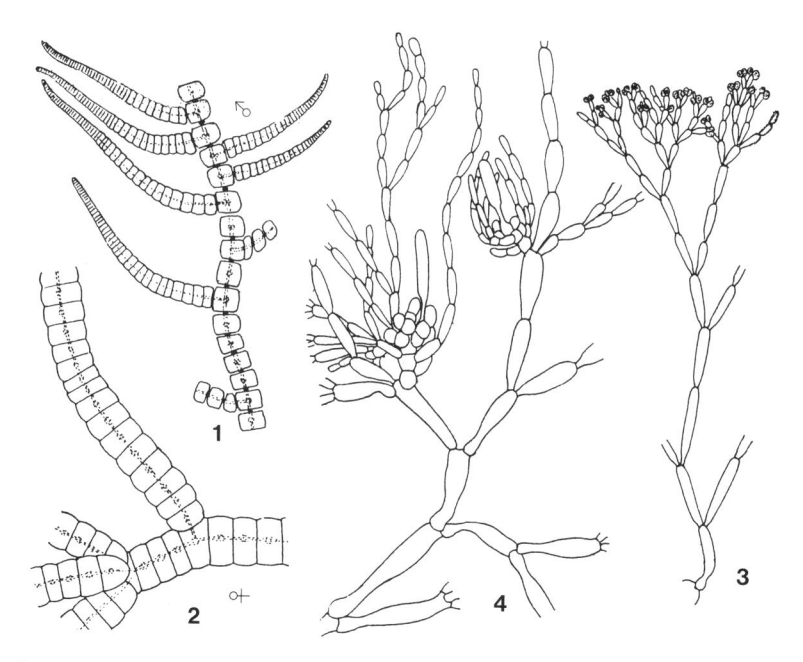

図版 78(b)
　Batrachospermum elegans as *B. coerulescens*，figs. 1-4（原著者，Sirodot 1884）
1．密着する樽形の輪生枝叢をもつ雄株，2．円盤形，雄株よりさらに密着する輪生枝叢をもつ雌株，3．輪生枝の先端につく精子嚢，4．輪生枝の中間細胞から生じる造果器をつける枝．

山岸・秋山（編），日本淡水藻写真集．1：7）；*B. testale* Sirodot（1884：284, pl. XLII, figs. 1-5, pl. XLIII, figs. 1-8）；（熊野 1977，紅藻綱．*In* 広瀬・山岸（編），日本淡水藻図鑑．166-167）；*B. virgatum* Sirodot（1884：286, pl. XLIV, figs. 1-6, pl. L, figs. 1-5）nom. illeg. アオカワモズク（Mori 1975）；（熊野 1977，紅藻綱．*In* 広瀬・山岸（編），日本淡水藻図鑑．166-167）；*B. sirodotii* Skuja ex Flint（1950：775, figs. 13-20）

（**図版 79（a），figs. 1-8，**Sheath, Vis & Cole 1994 a）；（**図版 79（b），figs. 1-9，**熊野 1997 f. *In* 山岸・秋山（編），淡水藻類写真集．18：12，*B. sirodotii* として）

藻体は雌雄，異株，同株．主枝は茶色．樽形，融合した輪生枝叢．太さ 306-794 μm，7-21 本

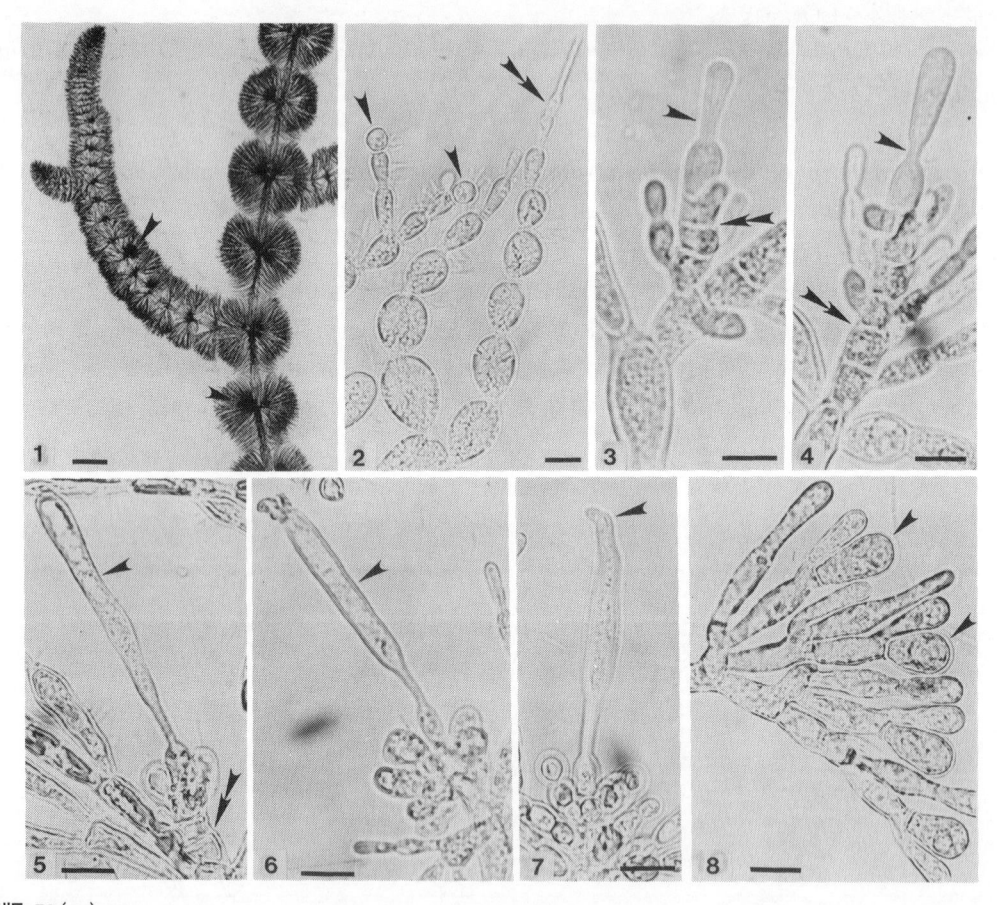

図版 79（a）
Batrachospermum helminthosum, figs. 1-8（Sheath, Vis & Cole 1994 a）
1. 融合する樽形の輪生枝叢と中軸性の果胞子体（矢頭）を示す主軸と枝，2. 無色の精子嚢（矢頭）と，1本の端毛（二重矢頭）をもつ輪生枝先端，3. 小さい受精毛（矢頭）をもつ造果器の発達初期と，輪生枝の下方の細胞から生じる3細胞性の造果器をつける枝（二重矢頭），4. 受精毛と基部の間に形成された柄（矢頭）をもつ造果器発達の中期と，輪生枝の中間細胞（二重矢頭）から生じる5細胞性の造果器をつける枝，5. 受精毛に1個の括れ（矢頭）をもつ成熟した造果器と，周心細胞から生じる3細胞性の造果器をつける枝（二重矢頭），6. 柄のある円柱形の受精毛（矢頭）をもつ成熟した造果器，7. 先端に鉤（矢頭）をもち，柄のある受精毛をもつ成熟した造果器，8. 円柱形の造胞糸細胞と，倒卵形の果胞子嚢（矢頭）をもつ果胞子体の部分．（縮尺＝200 μm for fig. 1；10 μm for figs. 2-8）

の輪生枝．造果器をつける枝は 1-5 個の短い細胞からなり，周心細胞または輪生枝の下部細胞から出る．造果器は有柄，長さ 40.2-79.0 μm，円柱形からわずかに棍棒形の受精毛，太さ 4.8-13.7 μm．果胞子体は中軸につく，太さ 120-415 μm，長さ 102-420 μm．造胞糸は 1-8 細胞からなる．果胞子嚢は倒卵形，太さ 5.3-16.9 μm，長さ 9.8-27.6 μm．

タイプ産地：欧州：フランス，à Fougères．

選定標本：PC herb. Thuret, Compre (1991) が選定した．

分布：欧州：フランス，ベルギー，ドイツ，イタリア，ポーランド，ポルトガル，スウェーデン，アジア：インド，東アジア：中国，四川省，韓国，京畿，慶南，大洋州：豪州，北米：カナダ，米国，南米：ブラジルに分布する．

日本では，北海道旭川市，東京都石神井，茨城県つくば市小和田，千葉県四街道市中大の谷津田，市原市金剛地，愛知県安城市，豊川市，豊橋市，兵庫県姫路市岡田，須賀院，町の坪，林田川，夢前川，別所，篠山，西宮市門戸厄神，香川県香南町，愛媛県西林寺，熊本県宇土市，八代市，山崎，内田，小川村，小市野，宮崎県小林市など各地に分布する．晩秋から晩春の時期に周囲の水温より高い（例えば，水温 12-15.5℃），平野の湧水潅漑用水などの高水温の清冽な流水中に生育する．

11) ***Batrachospermum desikacharyi*** Sankaran (1984：169：figs. 1-4)
 (**図版 80, figs. 1-4**，Sankaran 1984)

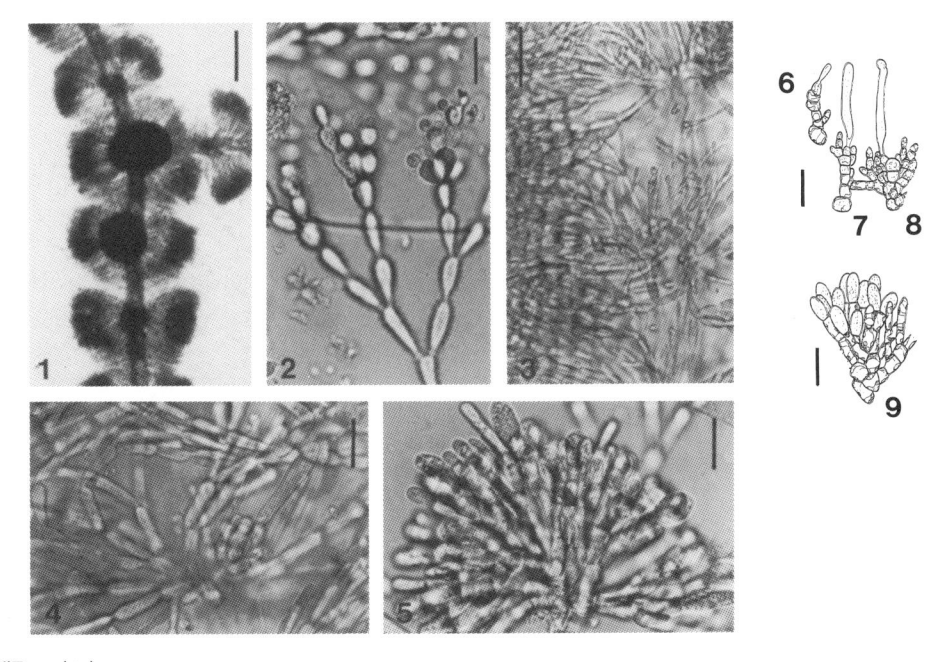

図版 79(b)

Batrachospermum helminthosum as *B. sirodotii*, figs. 1-9 (熊野 1997 f)
1. 半球形の中軸性の果胞子体をもつ，樽形の輪生枝叢をもつ主軸，2. 輪生枝の先端につく精子嚢，3-4. 1次輪生枝と円柱形の受精毛を示す輪生枝叢，5,9. 造胞糸の先端につく果胞子嚢，6-8. 柄のある円柱形の受精毛の発達と，樽形の細胞からなる分化した造果器をつける枝．（縮尺＝100 μm for fig. 1；50 μm for fig. 3；20 μm for figs. 2,4-9）

158   **Batrachospermales** カワモズク目

藻体は雌雄同株．長さ15-20 cm，紅色から紫色，豊かに分枝する．輪生枝叢は太さ700 μm．中軸細胞は長さ700 μmまで．精子嚢は単独または2個ずつ，直径6.0-8.5 μm．造果器をつける枝は真っすぐ，1本，稀に2本が周心細胞から出て，5-10細胞からなる．各細胞は2本の被覆枝を出し，受精後は皮層細胞糸で覆われる．造果器は太さ6.0-8.5 μm，長さ8.5-12.0 μm．受精毛は棍棒形，有柄，太さ11.5-14 μm，長さ40-46 μm．果胞子体は先端の直径120 μm，皮層細胞糸で覆われた柄をもつ．果胞子嚢は太さ27 μm，長さ34-47.6 μm．

タイプ産地：アジア：インド，標高約1000 mのValparai（Tamil Nadu），滝近くの岡の流

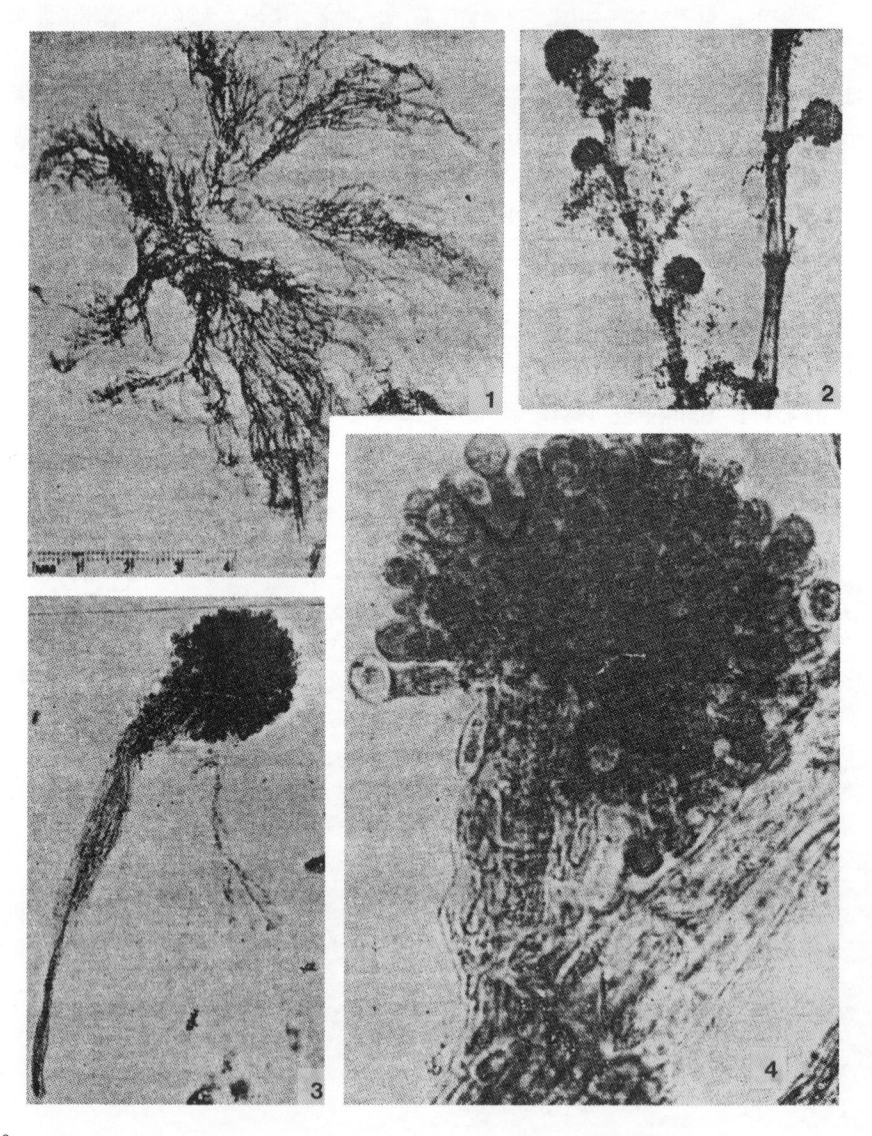

図版 80

Batrachospermum desikacharyi, figs. 1-4（原著者，Sankaran 1984）
1．藻体の性状，2．明瞭な節部と節間部をもち，柄のある果胞子体が房状につく，主枝を示す藻体の部分，3．皮層部から出る柄に房状につく，よく発達した果胞子体，4．周心細胞から出る成熟した果胞子体の房，果胞子体の柄は皮層細胞糸で完全に覆われている．

4. *Virescentia* ヴィレスケンチア節　159

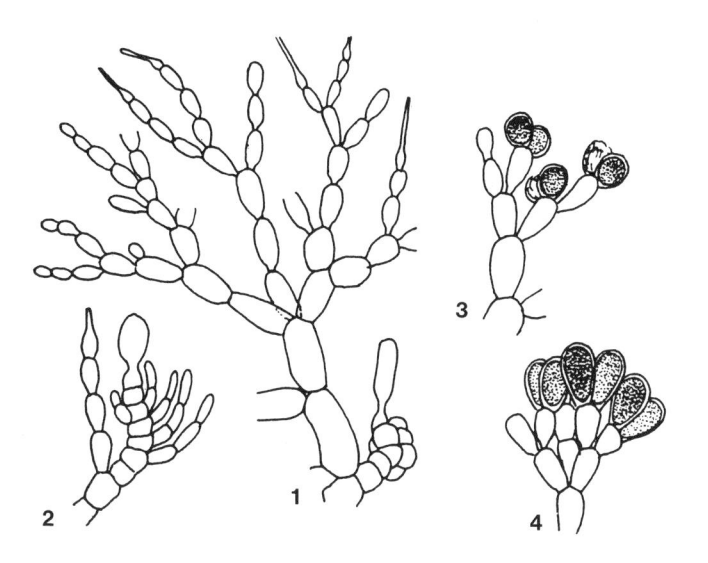

図版 81 (a)

　Batrachospermum transtaganum, figs. 1-4 （原著者, Reis 1970)
1. 1次輪生枝と, 周心細胞から出る造果器をつける枝, 2. 造果器をつける枝, 3. 輪生枝の先端につく精子嚢, 4. 果胞子嚢.

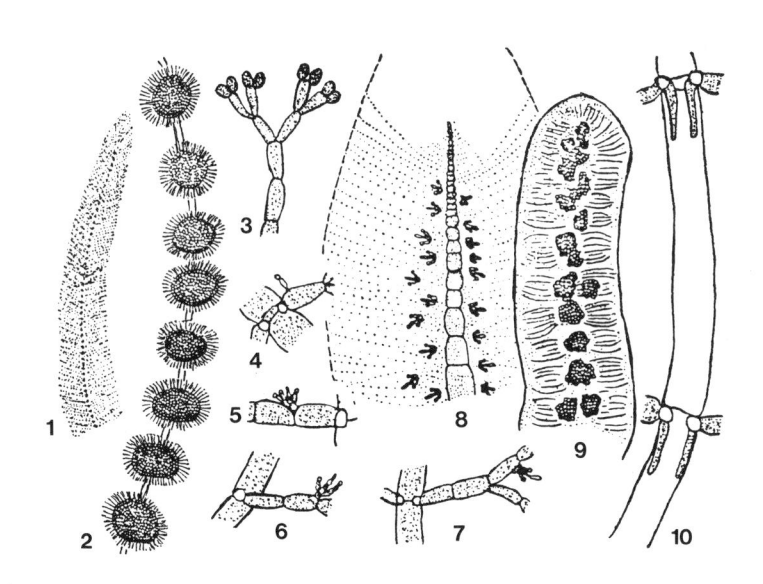

図版 81 (b)

　Batrachospermum virgato-decaisneanum as *B. mikrogyne*, figs. 1-10 （原著者, Flint 1953)
1. 若い藻体の先端部, 2. 球形の輪生枝叢と, その中心に挿入される, 果胞子体を示す藻体, 3. 造胞糸の先端につく果胞子嚢, 4. 精子の付着した受精毛をもつ造果器, 5-7. 輪生枝の基部から1-3個目の細胞から生じる, 造果器をつける枝の被覆枝に形成される精子嚢, 8. 有性生殖器官の位置を示す成熟した藻体の先端部, 9. 成熟した藻体の先端部, 10. 発達初期の皮層細胞糸を示す若い藻体.

れ.

タイプ標本：no. S 1/1, coll. V. Sankaran, deposited in the Herbarium of Centre for Advanced Study in Botany, University of Madras.

分布：タイプ産地にのみ分布する.

ノート：受精毛の形態から，本種は *Virescentia* ヴィレスケンチア節に近縁である（Sankaran 1984）．しかし本種の造果器をつける枝は比較的長く，*Batrachospermum* カワモズク節の種に似ている.

5. Section *Gonimopropagulum* Sheath et Whittick（1995：38）
ゴニモプロパグルム節

Type: *Batrachospermum breutelii* Rabenhorst

Sheath & Whittick（1995）は，造胞糸に形成され，輪切り状に分割される，増殖胞子（果胞子の房 propagules）の意味をもつ本節を設立した.

1) ***Batrachospermum breutelii*** Rabenhorst（1855：282）
異名：*B. dimorphum* Kützing（1857）

（図版 82, figs. 1-6, 熊野 1997 c. *In* 山岸・秋山（編），淡水藻類写真集. 18：9. figs. 7-9, Skuja 1933）；（図版 83, figs. 1-12, Sheath & Whittick 1995）

藻体は雌雄同株．粘性は貧弱，長さ 10-15 cm，太さ 400-550 μm，緩やか，互いに分離し，藻体の下部では，つながる．青色がかった緑色またはオリーブ緑色．1 次輪生枝は 4-6, 2-3 又分枝し，4-5 細胞からなり，下部の細胞は円柱形，太さ 5.5-8 μm，上部の細胞は西洋梨形，太さ 9-12 μm．皮層細胞糸は発達する．2 次輪生枝はそれほど多くない．精子嚢は球形，西洋梨形，太さ 7-9 μm，輪生枝の先端につく．造果器をつける枝は，3-6 個の樽形細胞からなり，周心細胞から出る．造果器は先端部で太さ 15-20 μm，長さ 70-95 μm，受精毛は倒円錐形，棍棒形，短柄あり．果胞子体は造胞糸と 5 個以上の増殖胞子（果胞子）の房からなる．増殖胞子は倒卵形または紡錘形，増殖胞子（果胞子）の房は太さ 46.6-90.4 μm，長さ 150-200 μm，4-6 個に輪切り状に分割し，それぞれが，1-3 本のシャントランシア世代の藻体に発達する.

タイプ産地：アフリカ：南アフリカ共和国, Gnadenthal.

タイプ標本：G herb. De Candolle.

分布：タイプ産地のほかに，アフリカ：南アフリカ共和国, Cape of Good Hope, Bainskloof, Steenboks River（水温 18°C）にも分布する.

6. Section *Hybrida* De Toni（1897：63） ヒブリダ節

異名：section *'Hybride'* Sirodot（1884：290）
Type：*Batrachospermum virgato-decaisneanum* Sirodot

藻体は鮮やかな緑色．造果器をつける枝は短く，周心細胞から出る．造果器はやや左右不対称，無柄または不明瞭な柄のある楕円形の受精毛をもつ．果胞子体は球形，大きく，1個または2個，輪生枝叢の中心部に挿入される．

1) ***Batrachospermum virgato-decaisneanum*** Sirodot（1884：290, pl. XXIII, figs. 1-10）
異名：*B. mikrogyne* Flint et Skuja in Flint（1953：10, figs. 1-10）

（**図版 81（b）, figs. 1-10,** 原著者，Flint 1953, *B. mikrogyne* として）；（**図版 84, figs. 1-5,** Sheath & Vis 1995. **figs. 6-9,** Sheath & Vis 1995, *B. virgato-decaisneanum* var. *cochleophilum* として. **figs. 10-13,** Sheath & Vis 1995, *B. mikrogyne* として）；（**図版 85（a）, figs. 1-9,** 熊野 1996 zn. *In* 山岸・秋山（編），淡水藻類写真集. 17：23）；（**図版 85（b）, figs. 1-5,** 原著者，Sirodot 1884）

藻体は雌雄同株．大変粘性あり．長さ 2-8 cm，太さ 300-350 μm，密にまたは疎らに分枝，青みを帯びた緑色．輪生枝叢は，ほとんど球形，楕円形，樽形，分離または密集する．1次輪生枝は 3, 6-8 細胞からなり，細胞は均一，短い円柱形，楕円形，倒卵形．下部の細胞は太さ 712

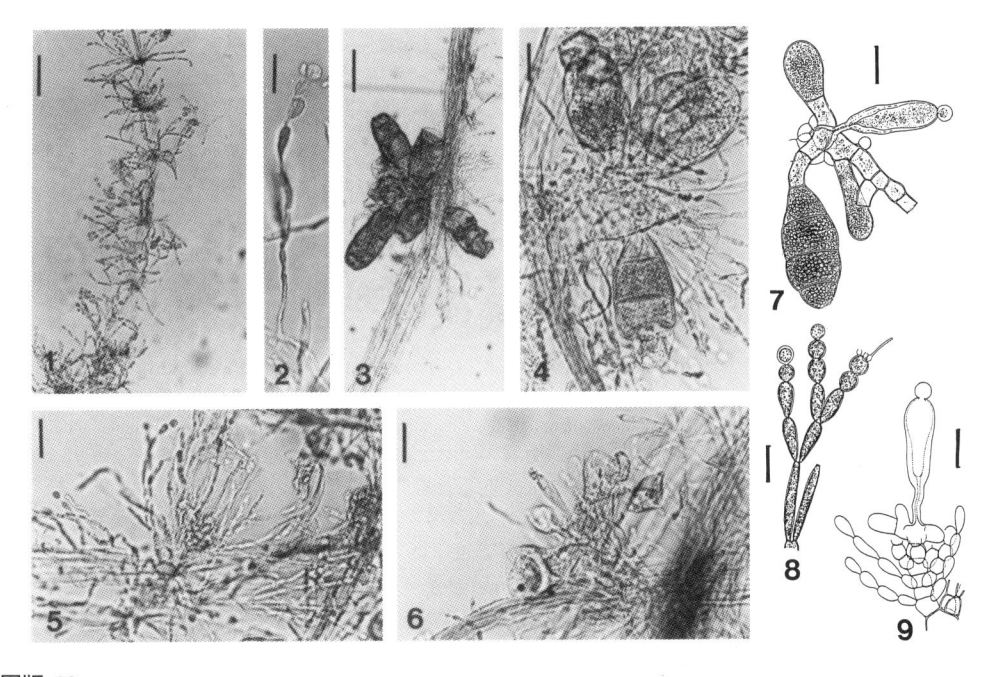

図版 82

Batrachospermum breutelii, figs. 1-6（熊野 1997 c），figs. 7-9（Skuja 1933）
1. 輪生枝叢をもつ主軸，2,8. 輪生枝の先端につく精子嚢，3-4. 4室性の増殖胞子をもつ果胞子体，5-6,9. 倒円錐形の受精毛をもつ造果器，7. 2個の1室性の増殖胞子と1個の4室性の増殖胞子を形成する受精した造果器．（縮尺＝200 μm for fig. 1；100 μm for fig. 3；40 μm for fig. 4-9；20 μm for fig. 2）

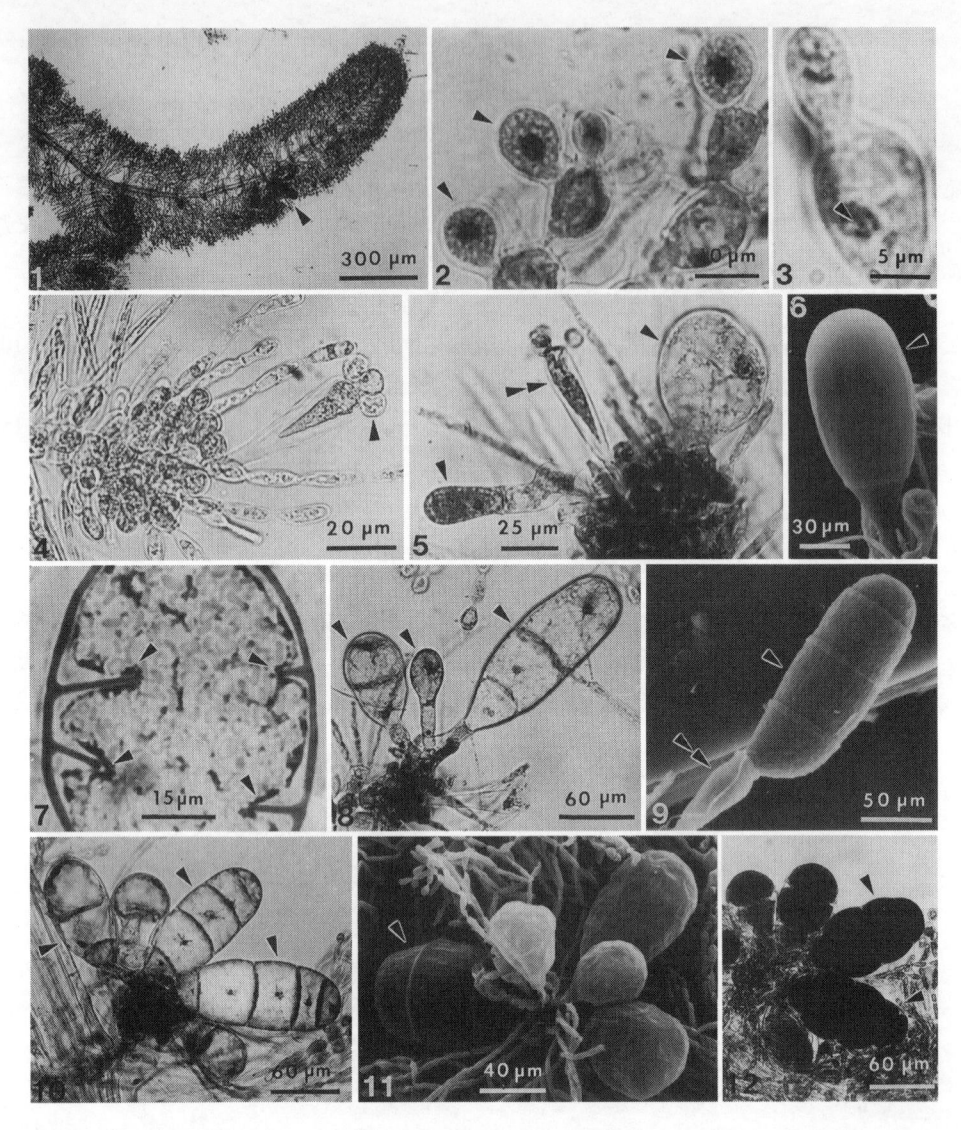

図版 83

Batrachospermum breutelii, figs. 1-12 (Sheath & Whittick 1995)
1. 密集した輪生枝叢と増殖胞子（矢頭）をもつ，成熟した果胞子体をもつ藻体の先端，2. 輪生枝の先端につく，ヘマトキシリン染色精子嚢（矢頭），3. およそ6個の染色体（矢頭）をもつヘマトキシリン染色精子嚢原基，4. 精子（矢頭）の付着した受精造果器，5. 近くに増殖胞子原基（矢頭）をもつヘマトキシリン染色受精造果器（二重矢頭），6. 1室性の増殖胞子の原基（矢頭）の走査顕微鏡写真，7. 2枚の隔壁（矢頭）で同時に仕切られるのがわかる厚膜切片，トルイジンブルー染色増殖胞子，8. 1-3室性の増殖胞子（矢頭）をもつヘマトキシリン染色未成熟造胞糸，各室に1個の核があり，増殖胞子は1細胞性の造胞糸上に形成される，9. 1細胞性の造胞糸（二重矢頭）上に形成された4室性の増殖胞子（矢頭）の走査顕微鏡写真，10. 多室性増殖胞子（矢頭）をもつヘマトキシリン染色成熟造胞糸，11. 多室性増殖胞子（矢頭）をもつ，成熟造胞糸の走査顕微鏡写真，12. 多室性増殖胞子（矢頭）の濃厚染色を示すヨード染色成熟造胞糸．

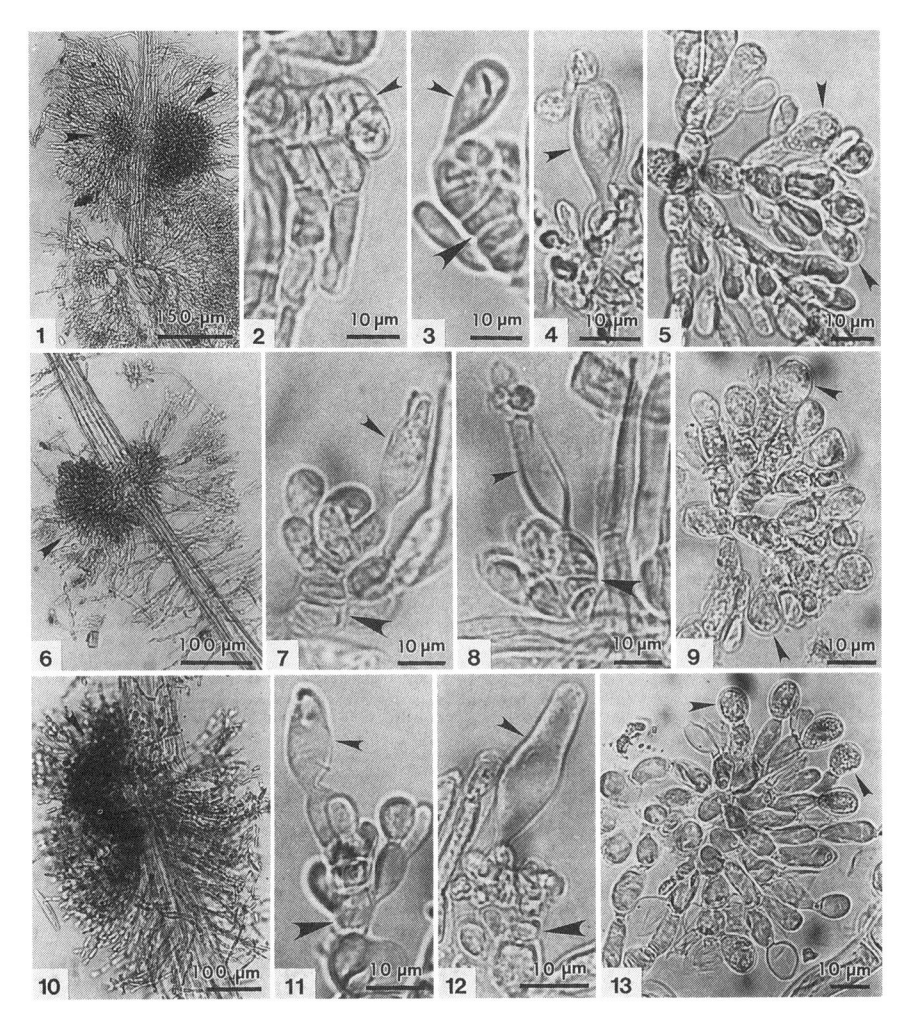

6. **Hybrida** ヒブリダ節   163

図版 84

Batrachospermum virgato-decaisneanum, figs. 1-5 (Sheath & Vis 1995)
1. 中軸性の果胞子体（矢頭），輪生枝叢，2. 周心細胞から出る，湾曲する造果器をつける枝（矢頭），3. 無柄受精毛（小矢頭），造果器，造果器をつける枝（大矢頭），4. 無柄の棍棒形の受精毛（矢頭），5. 先端に倒卵形の果胞子嚢（矢頭）をつける造胞糸をもつ果胞子体．

Batrachospermum virgato-decaisneanum as *B. virgato-decaisneanum* var. *cochleophilum*, figs. 6-9 (Sheath & Vis 1995)
6. 中軸性の果胞子体（矢頭），輪生枝叢，7. 楕円形受精毛（小矢頭），大体真っすぐな造果器をつける枝（大矢頭），8. 一部真っすぐな造果器をつける枝（大矢頭）上の受精した造果器（小矢頭），9. 先端に倒卵形の果胞子嚢（矢頭）をつける 3-4 細胞性の造胞糸をもつ果胞子体．

Batrachospermum virgato-decaisneanum as *B. mikrogyne*, figs. 10-13 (Sheath & Vis 1995)
10. 中軸性の果胞子体（矢頭）をもつ倒卵形の輪生枝叢，11. 真っすぐで，4 細胞性の造果器をつける枝（大矢頭）上につく未成熟な造果器（小矢頭），12. 無柄の杓子形の受精毛（小矢頭）をもつ成熟した造果器と，わずかにねじれる造果器をつける枝（大矢頭），13. 先端に倒卵形の果胞子嚢（矢頭）をつける 3-4 細胞性の造胞糸をもつ果胞子体．

μm，長さ13-30 μm，端毛は多いか疎ら．2次輪生枝はやや多数，節間を覆いつくし，1次輪生枝と同長に達する．精子嚢は球形，倒卵形，太さ約6 μm，輪生枝の色々な位置の先端につく．造果器をつける枝は真っすぐか，やや曲がる3-6個の樽形細胞からなり，周心細胞から出る．被覆枝は多数，楕円形の様々の長さの細胞からなる．造果器は基部で太さ4-5 μm，長さ15-26 μm，受精毛は短く，楕円形，倒卵形，杓子形，円柱形，不明瞭な柄がある．果胞子体は1個，稀に2個，球形，半球形，輪生枝叢の中心部に挿入され，太さ100-120 μm，密集した造胞糸からなる．果胞子嚢は楕円形，倒卵形，西洋梨形，太さ8-10 μm，長さ10.5-14 μm．

タイプ産地：Sirodot（1884）は特定せず，標本はフランス，Montfort と Rennes の近傍から採集された．

タイプ標本：Sirodot（1884）は選定せず．

分布：欧州：フランス，スウェーデン，東アジア，大洋州：オーストラリア，Western Australia 州，Lefroy Brook，Boorara Brook，Frankland River，New South Wales 州，Corrondo Creek，ニュージーランド，Ngarotonga Valley Road，Leke Murihika，南米：ブラジルに分布する．

日本では，兵庫県神戸市北区大池に分布する．初夏の頃，水田の灌漑用水の受け入れ口付近に生育するオオタニシ上に着生する．

[*B. mikrogyne* Flint et Skuja in Flint（1953：10, figs. 1-10）として]

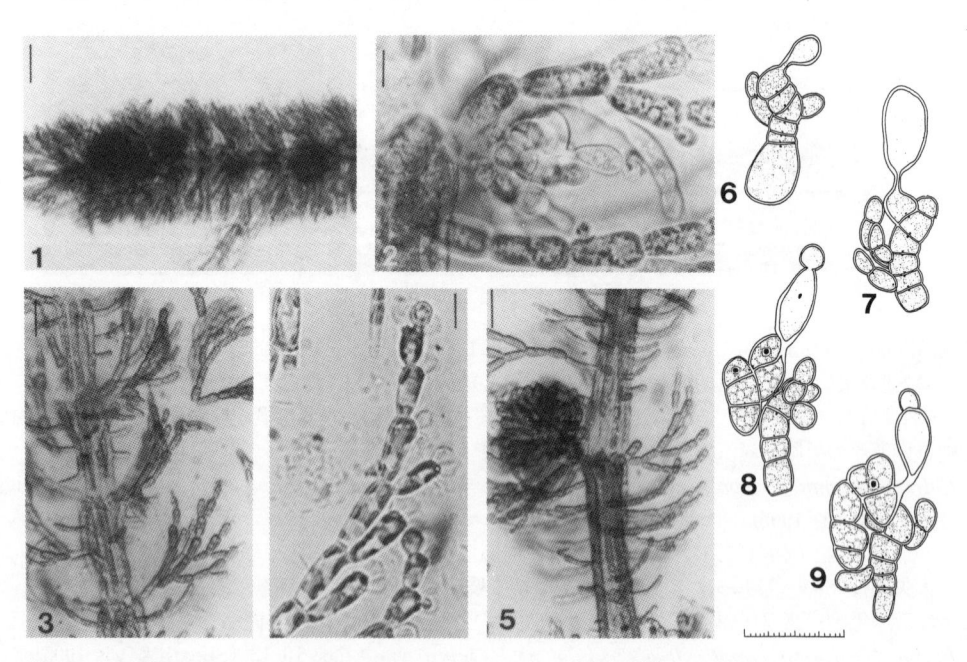

図版 85（a） *Batrachospermum virgato-decaisneanum*，figs. 1-9（熊野 1996 zn）
1. 樽形，融合する輪生枝叢，2. 倒卵形受精毛をもつ造果器を示す輪生枝叢，3. 中軸細胞と，1次輪生枝を示す輪生枝叢，4. 1次輪生枝に頂生，亜頂生する精子嚢，5. 中軸性の果胞子体，6-7. やや湾曲する造果器をつける枝の発達の初期，8-9. 精子の付着した造果器と，造胞糸．（縮尺＝100 μm for fig. 1；40 μm for figs. 3,5；20 μm for figs. 6-9；10 μm for figs. 2,4）

6. *Hybrida* ヒブリダ節

タイプ産地：北米：米国，Louisiana 州，Grant Parish，Pollck 近傍の小流．
選定標本：NY. 22/III, 1950, coll. Flint, Sheath & Vis (1995) が選定した．
分布：タイプ産地のほか，北米：米国，Louisiana 州，Mississippi River の両岸の流れに分布する．

2) ***Batrachospermum abilii*** Reis（1965：138, tab. I, a-d, tab. II, a-d, tab. III, a-b, tab. IV, a-b, tab. V, a-d）

藻体は雌雄同株．長さ 2-3 cm，基本的に円錐台形状，成熟後ビーズ状，粘性は多量．モス緑色．分枝は多量，密集，不規則，しばしば同じ枝が片側分枝，互生的，対生的または 2-3 又分枝をする．主軸は上部では消失，皮層細胞糸により太くなり，円錐台形，最後に中軸が裸出し，円盤形で終わる．輪生枝叢は融合，円盤形，後にもっと明瞭となる．2 次輪生枝は原則的に多量，輪生枝叢の直下に，次第にすべての節間を覆う．皮層細胞糸は藻体の基部で特に密集し，円柱形で中軸に密着する．周心細胞は円柱形，樽形，明らかに 2 又分枝をし，曲がる 2-4 本の輪生枝を出す．輪生枝の内側半分の細胞は大きく，長い棍棒形，円柱形，西洋梨形または 3 角形，輪生枝の外側半分の細胞は小さく，倒卵形または楕円形．端毛は稀，短く，曲がり，わずかに基部が膨らむ．精子嚢は輪生枝の周辺，成熟すると栄養枝に変化する造果器をつける枝の被覆枝に形成され，倒卵形，太さ 2.5-4 μm，長さ 3.5-6 μm．造果器をつける枝は 1 次，稀に 2 次輪生枝に形成され，2-8 細胞性，造果器を取り囲む上部に短い被覆枝をもつ．造果器は円柱形，長さ 4.5-6

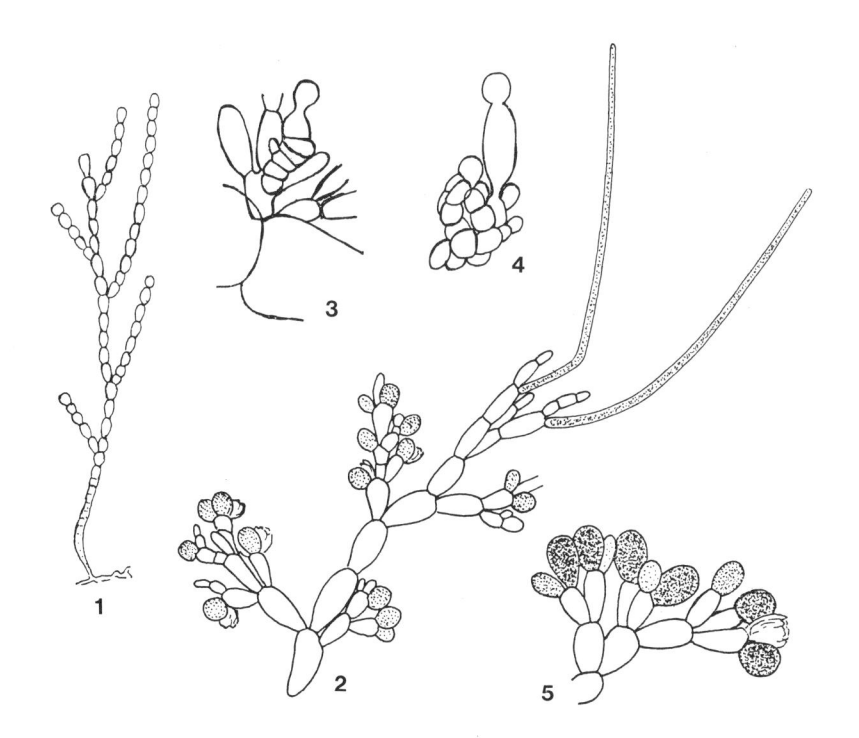

図版 85（b） *Batrachospermum virgato-decaisneanum*，figs. 1-5（原著者，Sirodot 1884）
1. 樽形の輪生枝叢を示す主軸と枝，2. 輪生枝に頂生または側生する精子嚢，3-4. やや湾曲する造果器をつける枝，5. 果胞子嚢．

μm，倒卵形の受精毛をもつ．果胞子体は多数，球形，太さ 150-300 μm，輪生枝叢の半径の 1/3 以上．果胞子は倒卵形，太さ 8-10 μm，長さ 13-16 μm．

タイプ産地：欧州：ポルトガル，Aveiro，Oliveira de Azeméis と Val de Cambra との間，Vermoim．

タイプ標本：COL 135．

分布：タイプ産地にのみ分布する．

7. Section *Aristata* Skuja（1933：365） アリスタタ節
Lectotype：*Batrachospermum cayennense* Montagne

藻体は不規則に分枝する．造果器をつける枝は真っすぐで，大変に長く，分化している．造果器は左右対称形．果胞子体は柄があり，球形．

ノート：Sheath, Vis & Cole（1994 b）は，北米 9 か所の群落と 8 つのタイプ標本を研究して，世界的には *Aristata* アリスタタ節には以下の 6 種が認められるとした．すなわち *B. beraense* Kumano，*B. cyannense* Montagne ex Küzting（異名：*B. aristatum* Skuja），*B. hypogynum* Ratnasabapathy et Kumano，*B. longiarticulatum* Necchi，*B. macrosporum* Montagne（異名：*B. australe* Collins，*B. excelsum* Montagne，*B. oxycladum* Montagne），そして *B. breutelii* Rabenhorst である．最後の *B. breutelii* Rabenhorst は，既に述べたように，Sheath & Whittick（1995）の設立した *Gonimopropagulum* ゴニモプロパグルム節に移された．Kumano（1993）にしたがって，*Aristata* アリスタタ節の亜節と種の検索表を次に示す．

Aristata アリスタタ節の亜節と種の検索表

1. 器下細胞はロゼット状でない ……………………………………………… アリスタタ亜節…2
1. 器下細胞はロゼット状になる ……………………………………………… マクロスポルム亜節…5
2. 輪生枝叢は樽形で 2 次輪生枝は疎ら …………………………………………………………3
2. 輪生枝叢は卵形で 2 次輪生枝はよく発達，果胞子嚢の長さ＜20 μm …………1）*B. cayennense*
3. 輪生枝は 19-32 細胞からなる ……………………………………………2）*B. longiarticulatum*
3. 輪生枝は 10-15 細胞からなる …………………………………………………………………4
4. 造果器をつける枝は 5-8 細胞，造果器は長さ 30-50 μm ………………………3）*B. turgidum*
4. 造果器をつける枝は 8-11 細胞，造果器は長さ 20-27 μm ………………………4）*B. beraense*
5. 造果器をつける枝は 16 細胞に達する，造果器は長さ 30-50 μm，果胞子嚢は長さ 30-60 μm
   …………………………………………………………………………………1）*B. macrosporum*
5. 造果器をつける枝は 9 細胞以下 ………………………………………………………………6
6. 造果器は長さ 25-35 μm ……………………………………………………2）*B. equisetifolium*
6. 造果器は長さ 40-60 μm，果胞子嚢は長さ 50-65 μm ……………………3）*B. hypogynum*

7-1. Subsection *Aristata* Kumano（1993：262） アリスタタ亜節
Lectotype：*Batrachospermum cayennense* Montagne

藻体は不規則に分枝する．造果器をつける枝は真っすぐで，大変に長く，分化しているが，ロ

7-1. *Aristata*　アリスタタ亜節

ゼット状の被覆枝をもたない．造果器は左右対称形．果胞子体は柄があり，球形．

1) ***Batrachospermum cayennense*** Montagne in Kützing（1849：537）
　　（図版86(a), **figs. 1-3**, Bourrelley 1970）；（図版86(b), **figs. 1-7**, 熊野 1996 g. *In* 山岸・秋山(編), 淡水藻類写真集. 16：13）；（図版87, **figs. 1-4**, Sheath, Vis & Cole 1994 b, *B. cayennense* として, **figs. 5-8**, Sheath, Vis & Cole 1994 b, *B. aristatum* として）

　　藻体は雌雄同株，雌雄多株．大変にまたは中庸の粘性あり．長さ 7-16.5 cm, 太さ 800-2300 μm, 不規則に分枝する．輪生枝叢は密で，倒円錐形，西洋梨形，融合する．1次輪生枝は 2-3, 真っすぐ, 10-17(-19) 細胞からなり，下部の細胞は円柱形，楕円形，太さ 5-10 μm, 長さ 25-60 μm, 先端部の細胞は楕円形，倒卵形，準球形，太さ 4-10 μm, 長さ 6-20 μm, 端毛は多数，短い．皮層細胞糸はよく発達する．2次輪生枝は多数，1次輪生枝の長さに達する．精子嚢は球形，卵形，太さ 5-6 μm, 輪生枝の先端につく．造果器をつける枝は真っすぐ，長く，輪生枝より分化し，長さ 80-200 μm, 8-30 個の細胞からなり，周心細胞，稀に輪生枝下部の細胞から出る．被覆枝は多数．造果器は基部で太さ 3-6 μm, 先端で太さ 7-9 μm, 長さ 27-40 μm, 受精毛は棍棒形，卵形，杓子形，無柄．果胞子体は 1-2 個，球形，輪生枝叢の中位，外側 3 分の 2 に位置し，太さ 80-220μm. 果胞子嚢は倒卵形，棍棒形，太さ 8-10.5 μm, 長さ 12-18 μm.

　　タイプ産地：南米：French Guiana, Cayenne.
　　タイプ標本：PC Le Prieur 348.
　　分布：アフリカ：マダガスカル．東南アジア：マレーシア．大洋州：豪州．南米：ガイアナ，ブラジルに分布する．

2) ***Batrachospermum longiarticulatum*** Necchi（1990：31, figs. 29, 39-42）
　　（図版87, **figs. 9-12**, Sheath, Vis & Cole 1994 b）；（図版88(a), **figs. 1-4**, 原著者, Necchi 1990)

　　藻体は雌雄同株．大変粘性あり．長さ 9-12 cm, 太さ 1200-2500 μm, 不規則に，密に分枝する．輪生枝叢はよく発達し，樽形，融合する．1次輪生枝は 2-3, 真っすぐで先端が曲がる, 20-32 細胞からなり，下部の細胞は円柱形，楕円形，倒卵形，太さ 6-18 μm, 長さ 30-120 μm, 先端部の細胞は楕円形，倒卵形，準球形，太さ 5-8 μm, 長さ 8-15 μm, 端毛は多数，長短あり．2次輪生枝はほとんどなく，疎ら．精子嚢は球形，卵形，太さ 5-7 μm, 1次輪生枝の先端につく．造果器をつける枝は真っすぐ，長さ 120-250 μm, 12-22 個の細胞からなり，周心細胞から出る．被覆枝は多数．造果器は基部で太さ 3.5-5.5 μm, 先端で太さ 7 μm, 長さ 22-32 μm, 受精毛は棍棒形，杓子形，無柄．果胞子体は 1-2 個，球形，輪生枝叢の内側 2/3 に位置し，太さ 80-160 μm. 果胞子嚢は倒卵形，棍棒形，太さ 6.5-10μm, 長さ 13-18 μm.

　　タイプ産地：南米：ブラジル, Amazonas 州, Presidente Figueiredo, Manaus-Caracarai 道路（BR-174 線）115 km 地点．
　　タイプ標本：SP 187156.
　　分布：タイプ産地のほか，南米：ブラジル, Amazonas 州, Manaus, Humaita に分布する．

3) ***Batrachospermum turgidum*** Kumano（1982：291, fig. 2, A-L, fig. 3）
　　（図版88(b), **figs. 1-5**, 熊野 1996 zm. *In* 山岸・秋山(編), 淡水藻類写真集. 17：22.

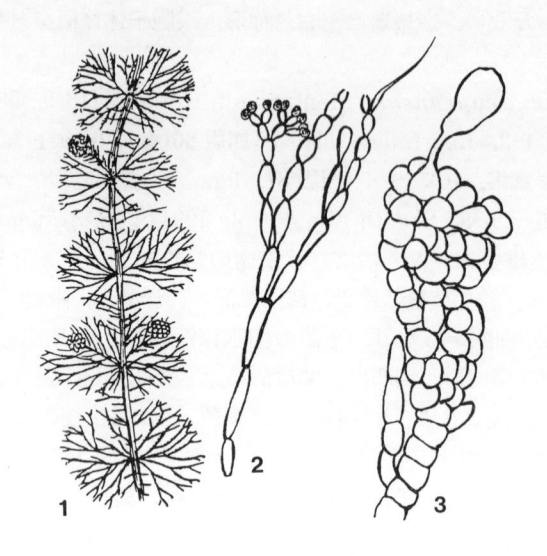

168　**Batrachospermales**　カワモズク目

図版 86 (a)
　Batrachospermum cayennense, figs. 1-3（Bourrelley 1970）
1. 長い柄をもつ，倒円錐形の果胞子体を示す，球形輪生枝叢をもつ主軸, 2. 輪生枝の先端につく精子嚢, 3. 樽形の細胞からなる，分化した長い造果器をつける枝．

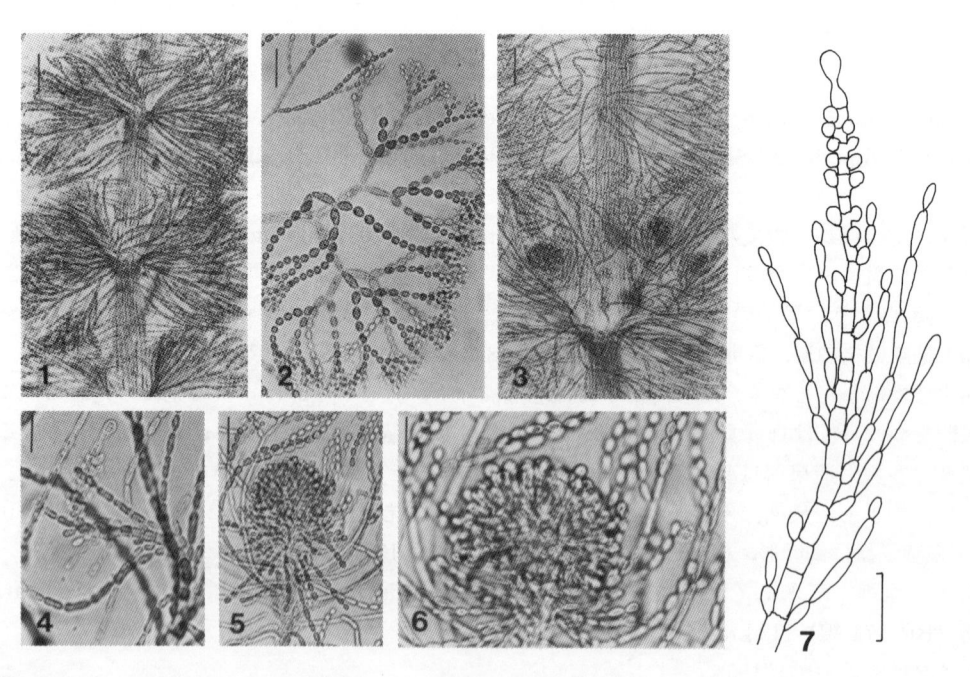

図版 86 (b)
　Batrachospermum cayennense, figs. 1-7（熊野 1996 g）
1. 球形の輪生枝叢をもつ主軸, 2. 輪生枝の先端につく精子嚢, 3. 長い柄をもつ倒円錐形の果胞子体, 4,7. 樽形の細胞からなる，分化した長い造果器をつける枝, 5-6. 長い柄をもつ倒円錐形の果胞子体．
（縮尺＝200 μm for fig. 1; 100 μm for fig. 3; 40 μm for fig. 5; 20 μm for figs. 2,4,6）

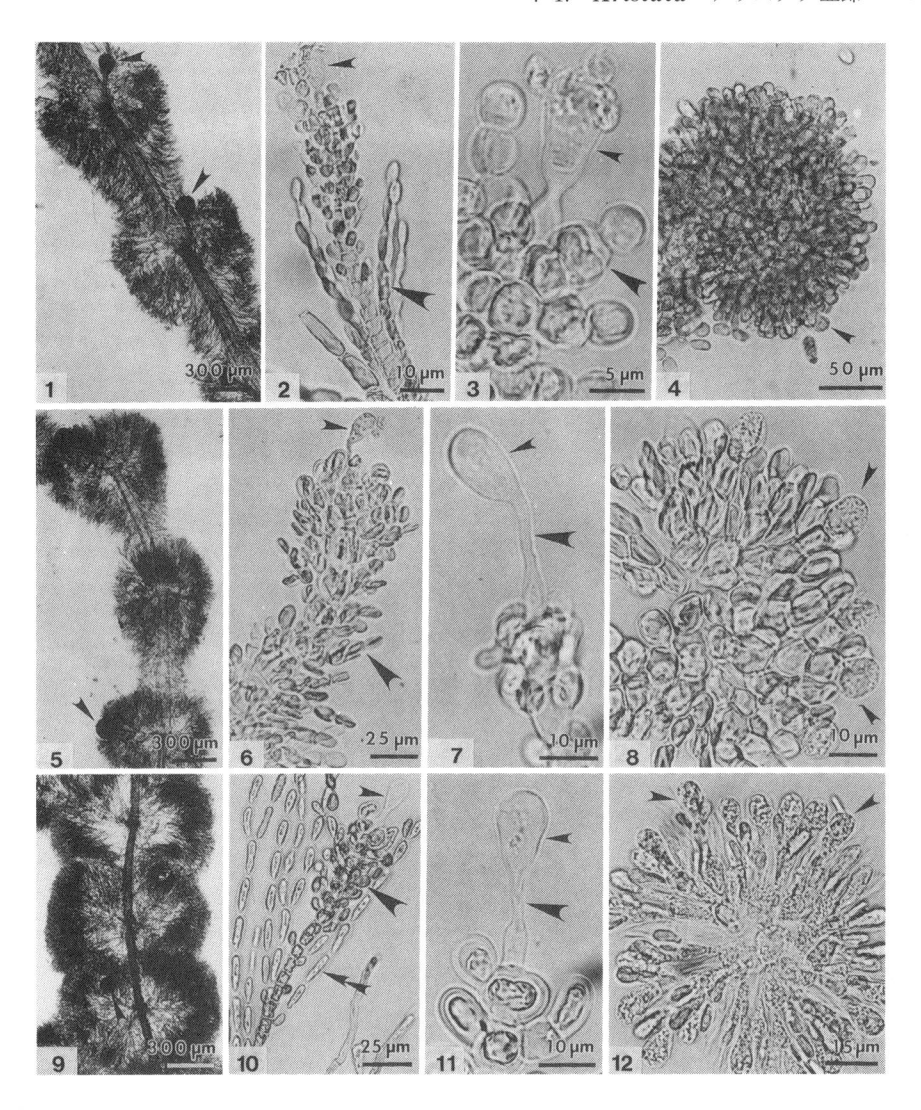

7-1. *Aristata* アリスタタ亜節 169

図版 87

Batrachospermum cayennense, type specimen, figs. 1-4 (Sheath, Vis & Cole 1994 b)
1. 果胞子体（矢頭），倒卵形の輪生枝叢，2. 被覆枝（大矢頭），造果器をつける枝，卵形の受精毛（小矢頭）をもつ受精した造果器，3. 造果器をつける枝，密集した被覆枝（大矢頭），わずかに柄のある西洋梨形受精毛（小矢頭），4. 倒卵形の果胞子嚢（矢頭）をもつ密集果胞子体．

Batrachospermum cayennense as *B. aristatum*, figs. 5-8 (Sheath, Vis & Cole 1994 b)
5. 果胞子体（矢頭），倒卵形の輪生枝叢，6. 被覆枝（大矢頭），卵形の柄のある受精毛（小矢頭）をもつ受精した造果器，7. 卵形（小矢頭）で，長い柄のある受精毛（大矢頭）をもつ未受精の造果器，8. 卵形の果胞子嚢（矢頭），数細胞性の造胞糸．

Batrachospermum longiarticulatum, figs. 9-12 (Sheath, Vis & Cole 1994 b)
9. 果胞子体（矢頭），樽形の輪生枝叢，10. 長く，先端部に短い密集した被覆枝（大矢頭），基部に長い被覆枝（二重矢頭），柄のある杓子形受精毛（小矢頭）をもつ未受精造果器，11. 杓子形（小矢頭），柄のある（大矢頭）受精毛をもつ未受精の造果器，12. 先端に倒卵形の果胞子嚢（矢頭）をもつ数細胞性の造胞糸．

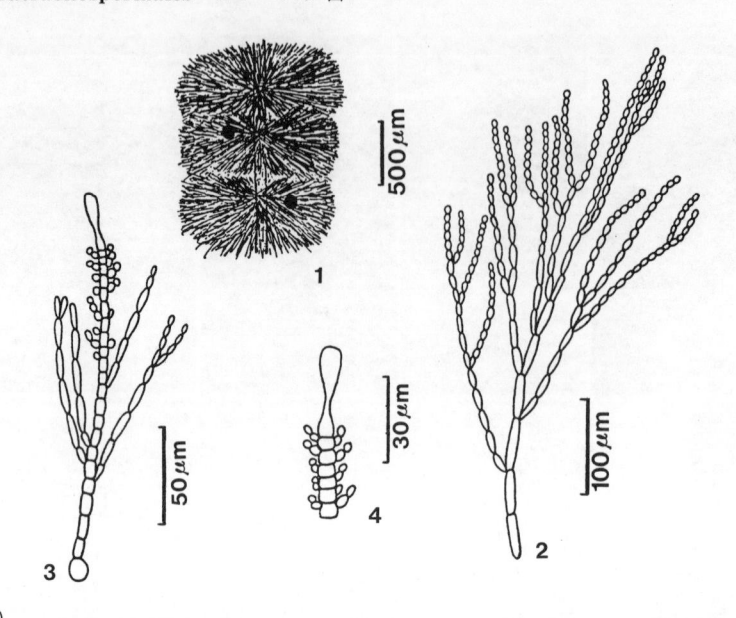

図版 88(a)

Batrachospermum longiarticulatum,figs. 1-4(原著者,Necchi 1990)
1. 果胞子体を示す輪生枝叢,2. 1次輪生枝の詳細,3. 造果器をつける枝,受精毛,被覆糸を示す成熟した造果器,4. 受精毛と,上部の被覆糸を示す成熟した造果器.

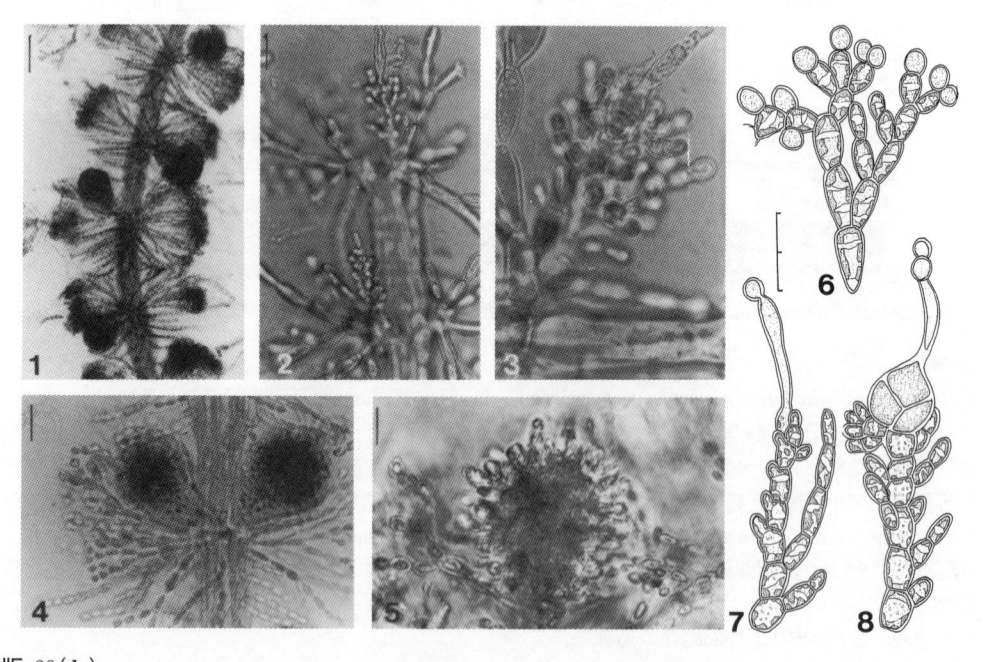

図版 88(b)

Batrachospermum turgidum,figs. 1-5(熊野 1996 zm),figs. 6-8(原著者,Kumano 1982 b)
1. 輪生枝叢の周辺に位置する,球形果胞子体,樽形輪生枝叢,2-3,7. 長い円柱形の受精毛をもつ造果器と,短い被覆枝をもつ分化した造果器をつける枝,4-5. 造胞糸の先端につく果胞子囊をもつ果胞子体,6. 1次輪生枝の先端につく精子囊,8. 受精した造果器.(縮尺＝100 μm for fig. 1;40 μm for fig. 4;20 μm for figs. 2,5-8;10 μm for fig. 3)

figs. 6-8, 原著者, Kumano 1982 b)

　藻体は雌雄同株，雌雄異株．やや粘性あり．長さ3-5 cm，太さ400-470 μm，不規則に，密に分枝する．オリーブ緑色．輪生枝叢は楕円形，分離し，互いにくっつく．1次輪生枝はよく分枝する，8-15細胞からなり，細胞は披針形，楕円形，紡錘形，倒卵形，端毛は稀．2次輪生枝は疎ら．精子嚢は球形，太さ5-7 μm，輪生枝に頂生．造果器をつける枝は5-8個の樽形細胞からなり，周心細胞から出る．被覆枝は多数，短い．造果器は基部で太さ4-5 μm，先端の太さ3-6 μm，長さ30-50 μm．受精毛は不規則な円柱形，湾曲，受精後は膨らみ，内生的に分裂する，不明瞭な柄あり．果胞子体は1-2個，球形，輪生枝叢の周辺に位置し，太さ120-210 μm．果胞子嚢は倒卵形，太さ9-13 μm，長さ16-20 μm．

　タイプ産地：東アジア：日本，三重県御在所岳北谷．
　タイプ標本：Kobe University, Seto, 11/V 1958.
　分布：日本のタイプ産地のほか，岐阜県木曽赤沢に分布する．

4) ***Batrachospermum beraense*** Kumano (1978：98, fig. 2. A-C)

（図版89(a), figs. 1-5, 熊野1996 d. *In* 山岸・秋山(編)，淡水藻類写真集. 16：10. figs. 6-8, 原著者, Kumano 1978)

　藻体は雌雄同株．大変粘性あり．長さ5-17 cm，太さ600-1000 μm，多数，不規則に分枝する．オリーブ緑色．輪生枝叢は楕円形で分離，融合する．1次輪生枝は密に分枝し，10-13細胞からなり，下部の細胞は円柱形，太さ8-10 μm，長さ50-90 μm，先端部の細胞は紡錘形，楕円形，太さ6-8 μm，長さ8-25 μm，端毛は稀．2次輪生枝は疎ら．精子嚢は球形，太さ4-5 μm，輪生枝の先端につく．造果器をつける枝は長さ80-90 μm，8-11個の細胞からなり，周心細胞から出る．被覆枝は多数，長くなり，果胞子体を囲む．造果器は基部で太さ5-6 μm，先端で太さ6-8 μm，長さ20-27 μm．受精毛は壺形，柄あり．果胞子体は2-3個，球形，輪生枝叢の周囲に位置し，太さ90-150 μm．果胞子嚢は倒卵形，太さ10-12 μm，長さ19-22 μm．

　タイプ産地：東南アジア：マレーシア，Pahang 州，Tasek Bera, Fort Iskander（水温23.8-26.9℃）．
　タイプ標本：Kobe University, Kumano, 16/IV 1971.
　分布：タイプ産地にのみ分布する．

7-2. Subsection ***Macrosporum*** Kumano (1993：263)　マクロスポルム亜節

Type：*Batrachospermum macrosporum* Montagne

　藻体は不規則に分枝する．造果器をつける枝は真っすぐで，大変長く，分化していて，ロゼット状の被覆枝をもつ．造果器は左右対称形．果胞子体は柄があり，球形，大型の果胞子嚢をつける．

1) ***Batrachospermum macrosporum*** Montagne (1850：293)
異名：*B. oxcesum* Montagne (1850：291)；*B. macrosporum* var. *excesum* (Montagne) Sirodot (1884：268)；*B. oxycladum* Montagne (1850：293)：*B. macrosporum* var. *oxycladum* (Montagne) Sirodot (1884：269)

　（図版89(b), figs. 1-7, 熊野1996 z. *In* 山岸・秋山(編)，淡水藻類写真集. 17：9) （図版90,

172　**Batrachospermales**　カワモズク目

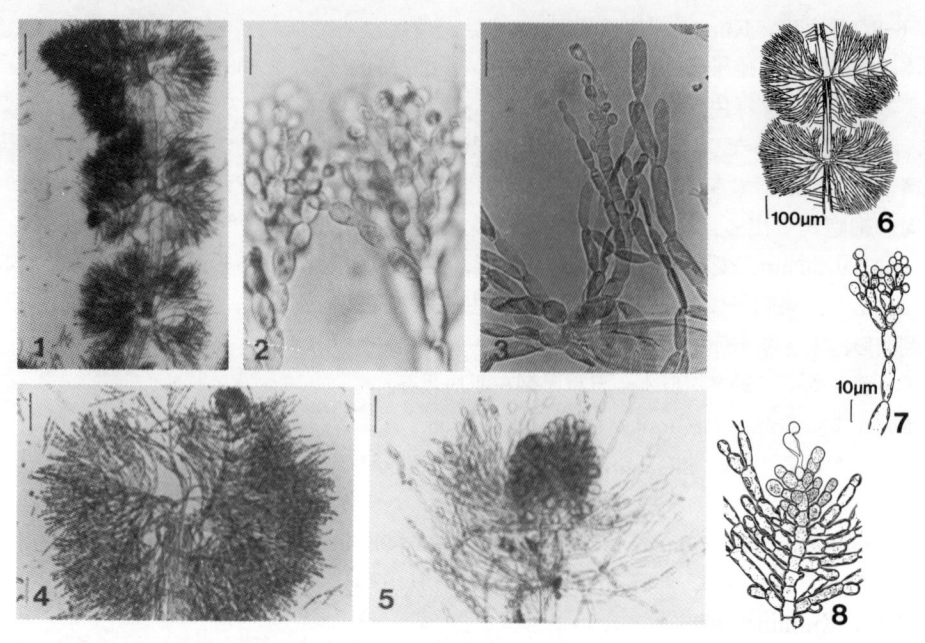

図版 89 (a)

Batrachospermum beraense, figs. 1-5（熊野 1996 d），figs. 6-8（原著者，熊野 1978）
1,6. 1次輪生枝，造果器をつける枝，球形，樽形の輪生枝叢，2,7. 1次輪生枝の先端につく精子嚢，3,8. 受精造果器，被覆枝，造果器をつける枝，4-5. 果胞子体．（縮尺＝200 μm for fig. 1; 100 μm for figs. 4,6; 40 μm for fig. 5; 20 μm for fig. 3; 10 μm for figs. 2,7-8）

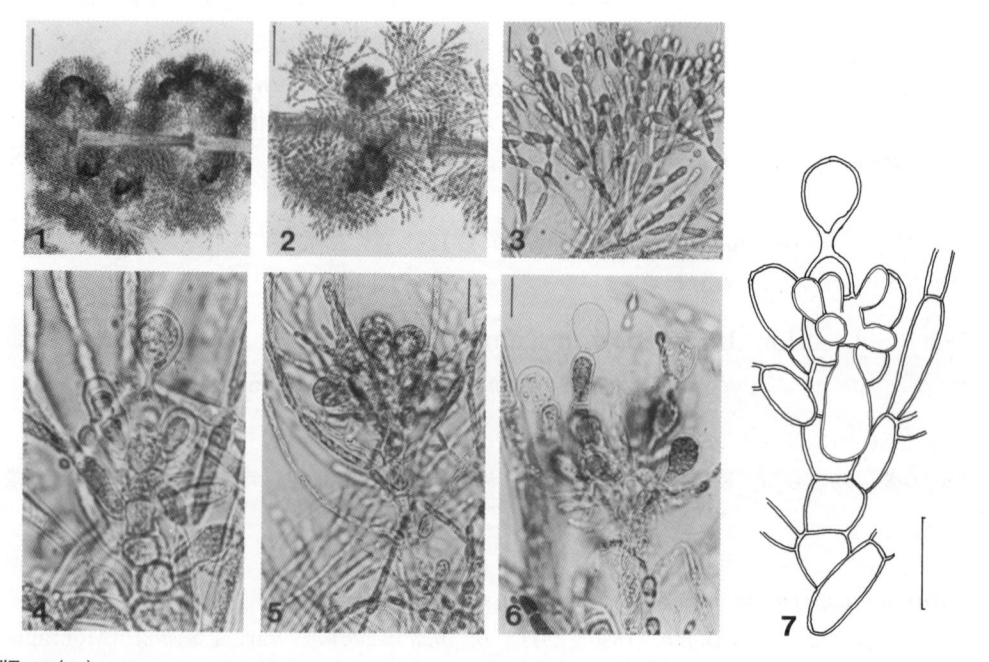

図版 89 (b)

Batrachospermum macrosporum, figs. 1-7（熊野 1996 z）
1. 果胞子体，輪生枝叢，2. 果胞子体，3. 精子嚢，4. 造果器，ロゼット状上部被覆枝，造果器をつける枝，5. 果胞子嚢，6. その場で発芽する果胞子，7. 造胞糸，受精造果器．（縮尺＝200 μm for fig. 1; 100 μm for fig. 2; 40 μm for figs. 3,5-6; 20 μm for fig. 7; 10 μm for fig. 4）

7-2. *Macrosporum* マクロスポルム亜節　　173

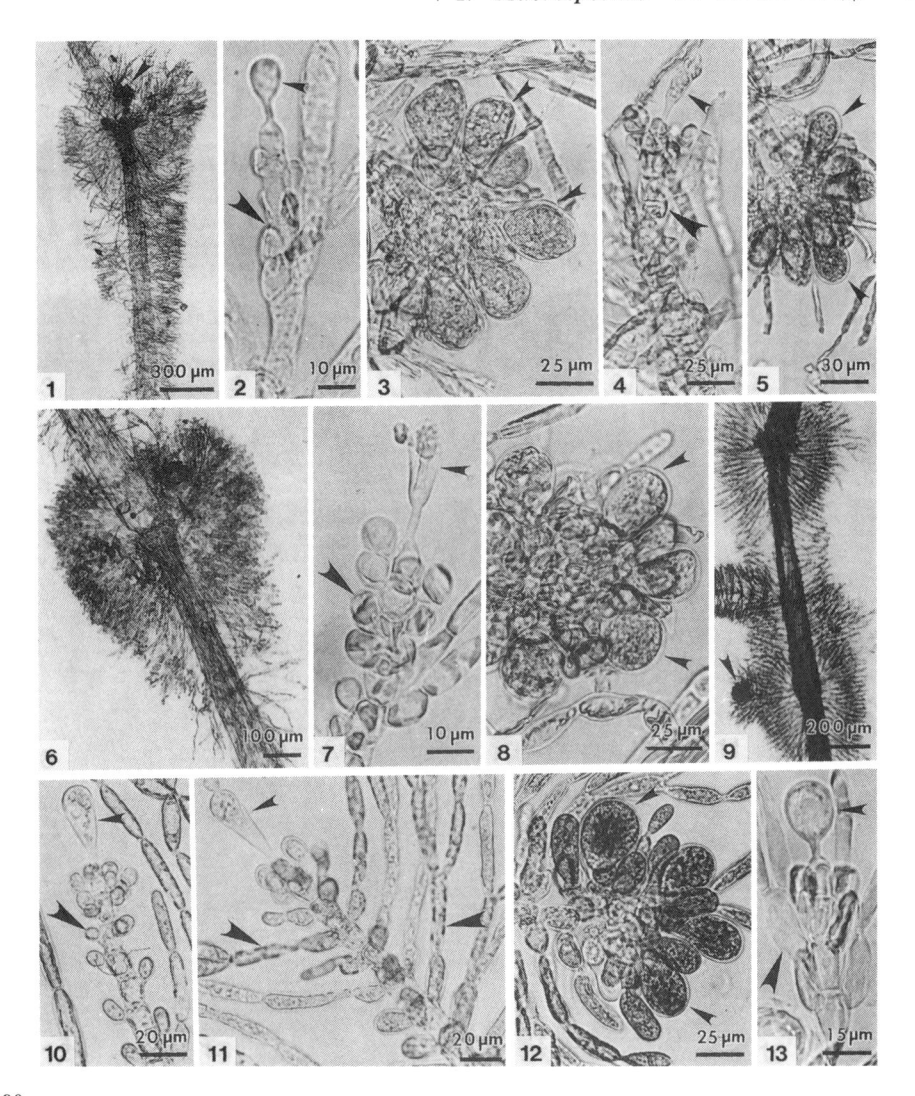

図版 90

Batrachospermum macrosporum, type specimen, figs. 1-3 (Sheath, Vis & Cole 1994 b)
1. 果胞子体（矢頭），輪生枝叢，2. 被覆枝（大矢頭），造果器をつける枝，杓子形の有柄受精毛（小矢頭），3. 大きい倒卵形の果胞子嚢（矢頭）をもつ果胞子体．

Batrachospermum macrosporum as *B. excelsum*, type specimen, figs. 4-5 (Sheath, Vis & Cole 1994 b)
4. 造果器をつける枝（大矢頭），杓子形受精毛（小矢頭），5. 果胞子嚢（矢頭）．

Batrachospermum macrosporum as *B. australe*, type specimen, figs. 6-8 (Sheath, Vis & Cole 1994 b)
6. 果胞子体（矢頭），輪生枝叢，7. 造果器をつける枝，被覆枝（大矢頭），有柄杓子形受精毛（小矢頭），8. 果胞子嚢，造果器をつける枝，被覆枝（大矢頭），受精毛（小矢頭）．

Batrachospermum macrosporum, figs. 9-12 (Sheath, Vis & Cole 1994 b)
9. 果胞子体（矢頭），輪生枝叢，10. 被覆枝（大矢頭），棍棒形の受精毛（小矢頭），11. 造果器をつける枝，被覆枝（大矢頭），棍棒形受精毛（小矢頭），12. 大きい倒卵形の果胞子嚢（矢頭）．

Batrachospermum macrosporum as *B. oxycladum*, type specimen, fig. 13 (Sheath, Vis & Cole 1994 b)
13. 造果器をつける枝，被覆枝（大矢頭）と，有柄球形受精毛（小矢頭）．

figs. 1-3, Sheath, Vis & Cole 1994 b, *B. macrosporum* として．figs. 4-5, Sheath, Vis & Cole 1994 b, *B. excelsum* として．figs. 6-8, Sheath, Vis & Cole 1994 b, *B. australe* として．figs. 9-12, Sheath, Vis & Cole 1994 b, *B. macrosporum* として．fig. 13, Sheath, Vis & Cole 1994 b, *B. oxycladum* として)

藻体は雌雄異株，雌雄多株．大変粘性あり．長さ 3.5-16 cm，太さ 300-2500 μm，やや不規則に多数分枝する．輪生枝叢は倒円錐形，西洋梨形，球形で，分離または融合する．1次輪生枝は 2-4，真っすぐ，2又，3又に分枝し，5-10(-12) 細胞からなり，下部の細胞は楕円形，円柱形，太さ 6-25 μm，長さ 50-180 μm，先端部の細胞は倒卵形，楕円形，準球形，太さ 7-30 μm，長さ 10-50 μm，端毛は長短．2次輪生枝は多数，1次輪生枝の長さに達する．精子嚢は倒卵形，球形，太さ 6-9 μm，1次輪生枝の先端につく．造果器をつける枝は真っすぐ，長く，長さ 40-200 μm，3-16 個の樽形または円柱形細胞からなり，周心細胞から，稀に下部細胞，皮層糸細胞から出る．上部被覆枝，器下細胞はロゼット状，長く側生し，下部の被覆枝は多数．造果器は基部で太さ 6.5-13.5 μm，先端で太さ 12-18 μm，長さ 30-50 μm，受精毛は棍棒形，杓子形または卵形，無柄または不明瞭な柄あり．果胞子体は 1-2(-3) 個，球形，輪生枝叢の周囲から突出し，太さ 90-220 μm．果胞子嚢は倒卵形，西洋梨形，棍棒形，大きく，太さ 20-45 μm，長さ 32.5-60 μm，果胞子は藻体上で発芽する．

タイプ産地：南米：French Guiana, Cayenne, River Orapu と River Comté.
タイプ標本：PC Le Prieur 1105.
分布：北米：米国，North Carolina 州（水温 20-24°C），南米：ブラジル北部，Amazonas 州，Amazonas 近郊の Igarapè Tarumanzinho から，ブラジル南部 Rio Grande do Sul 州，Port Alegre にまで広く分布する．

2) ***Batrachospermum equisetifolium*** Montagne (1850: 295)

(図版 91(b), figs. 1-3, Kumano 1990)

精子嚢はまだ知られていない．造果器をつける枝は，周心細胞から発出し，4-7 個の円盤形または樽形細胞からなる．造果器の太さは基部で 7-10 μm，先端部で 9-11 μm，長さ 25-35 μm，受精毛は薬匙形，楕円形，棍棒形，やや不明瞭な柄がある．器下細胞はロゼット状の被覆枝をつける．果胞子体，果胞子はまだ知られていない．

タイプ産地：南米：French Guiana, Kaw Mountains, Creek Gravier 流水中の岩に付着．
タイプ標本：PC Le Prieur 1109.
分布：タイプ産地のみに分布する．

3) ***Batrachospermum hypogynum*** Kumano et Ratnasabapathy in Ratnasabapathy & Kumano (1982 b: 122, figs. 4, A-F)

(図版 91(a), figs. 1-6, 熊野 1996 v. *In* 山岸・秋山(編)，淡水藻類写真集．17：5. figs. 7-8, 原著者，Ratnasabapathy & Kumano 1982 b)

藻体は雌雄同株．大変粘性あり．長さ 3-7 cm，太さ 300-570 μm，やや不規則に分枝する．濃い茶色，ワインレッド．輪生枝叢は楕円形で分離または融合する．1次輪生枝は密に片側に分枝し，8-11 細胞からなり，下部の細胞は湾曲した棍棒形，太さ 5-7 μm，長さ 17-23 μm，先端部の細胞は紡錘形，楕円形，太さ 3-5 μm，長さ 6-10 μm，端毛を欠く．2次輪生枝は稀．精子嚢

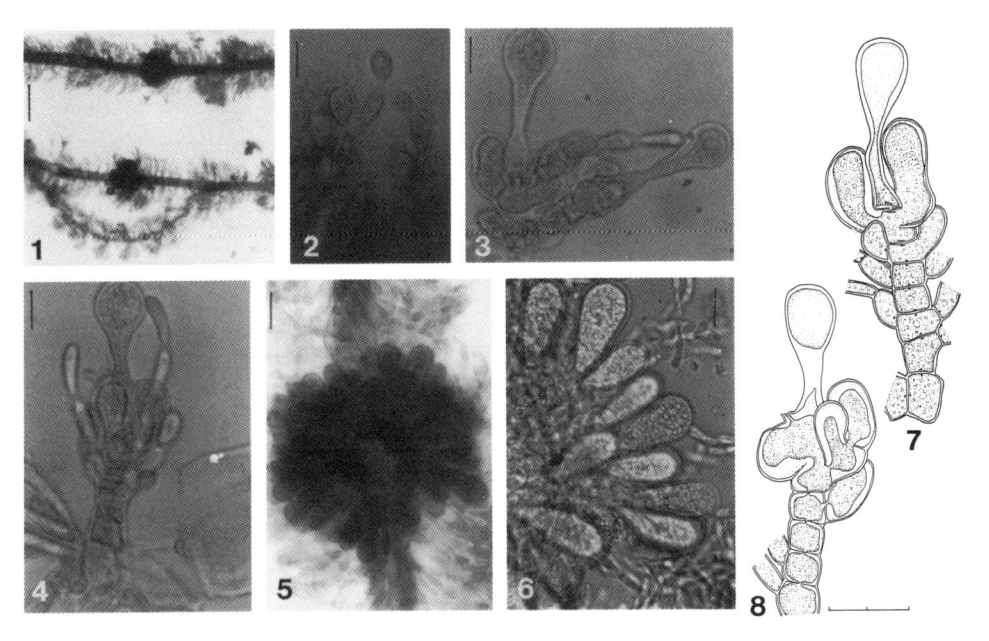

7-2. *Macrosporum* マクロスポルム亜節

図版 91(a)

Batrachospermum hypogynum, figs. 1-6 (熊野 1996 v), figs. 7-8 (原著者, Ratnasabapathy & Kumano 1982 b)

1. 倒円錐形の輪生枝叢と中軸性の果胞子体, 2. 輪生枝の先端につく精子嚢, 3-4,7. 壷形の受精毛をもつ造果器と, ロゼット状の器下細胞をもつ分化した造果器をつける枝, 5. 中軸性の果胞子体, 6. 造胞糸の先端につく, 倒卵形または棍棒形の果胞子嚢, 8. 造胞糸の原基をもつ受精した造果器. (縮尺=200 μm for fig. 1; 40 μm for fig. 5; 20 μm for figs. 6-8; 10 μm for figs. 2-4)

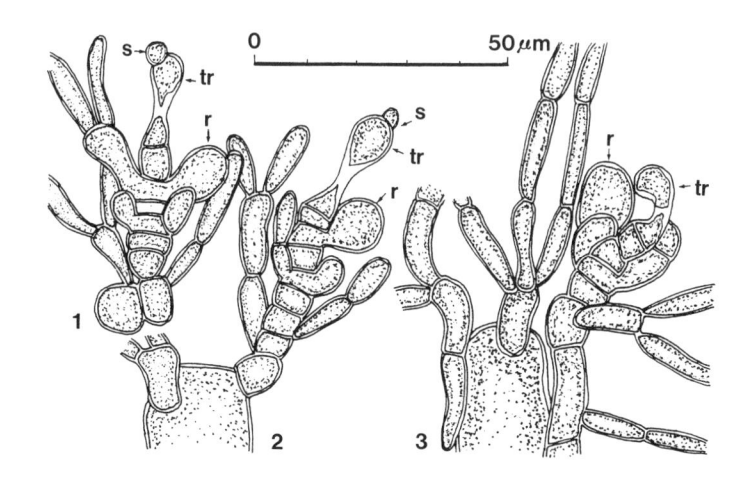

図版 91(b)

Batrachospermum equisetifolium, figs. 1-3 (Kumano 1990)

1-3. ロゼット状の被覆枝をもつ分化した造果器をつける枝と, 薬匙形の受精毛をもつ造果器. r; ロゼット状の被覆枝, s; 精子, tr; 受精毛. (縮尺=50 μm for figs. 1-3)

は倒卵形，球形，太さ 4-6 μm，1 次輪生枝に頂生または側生する．造果器をつける枝は長さ 40-70 μm，5-9 個の樽形細胞からなり，周心細胞から出る．上部被覆枝，器下細胞はロゼット状，長く側生し，下部の被覆枝は多数．造果器は基部で太さ 8-10 μm，先端で太さ 10-13 μm，長さ 40-45 μm，受精毛は壺形，不明瞭な柄あり．果胞子体は 1 個，球形，輪生枝叢の周囲から突出し，太さ 100-200 μm．果胞子嚢は倒卵形または棍棒形，大きく，太さ 18-35μm，長さ 50-65 μm．

　タイプ産地：東南アジア：マレーシア，Selangor 州，Kampon Sungai Pusu 近傍，Sungai Batang Pusu の清澄な小流（幅 30-45 cm）中，水深 15 cm の水中の岩に付着する（水温 25.4-26℃）．

　タイプ標本：Kobe University, Ratnasabapathy no. 1201 b, 2/VI 1979．

　分布：タイプ産地のほか，マレーシア，Pulau Lankawi, Sungai Air Terjun に分布する．

8. Section *Contorta* Skuja（1931a：81）　コントルタ節
Type：*Batrachospermum procarpum* Skuja

　藻体は不規則または偽 2 又分枝をする．造果器をつける枝は，らせん状にねじれるか，コイル状に巻くか，カーブしており，輪生枝から分化している．造果器は左右非対称．果胞子体は無柄，半球形．造胞糸は，有限成長をし，放射状に分枝する型である．

Contorta コントルタ節の亜節と種の検索表

1. 単胞子が存在する（一部）	イントルツム亜節…2
1. 単胞子が存在しない（一部）	5
2. 単胞子は造果器をつける枝の被覆枝，時々 1 次，2 次輪生枝の先端につく	3
2. 単胞子は 1 次，2 次輪生枝の先端につく	4
3. 単胞子は長さ 11-15 μm	1) *B. intortum*
3. 単胞子は長さ 13-23 μm	2) *B. pseudocarpum*
4. 造果器をつける枝は 4-7 細胞からなる	3) *B. woitapense*
4. 造果器をつける枝は 6-14 細胞からなる	4) *B. lusitanicum*
5. 造果器をつける枝はカーブする	トリズム亜節…6
5. 造果器をつける枝はらせん状に巻き，シャントランシア状の輪生枝をもつ	プロカルプム亜節…11
5. 造果器をつける枝は強くねじれる	13
6. 果胞子嚢は長さ 46 μm まで	1) *B. heriquesianum*
6. 果胞子嚢は長さ 20 μm まで	7
7. 造果器をつける枝は 2-4 細胞からなる	8
7. 造果器をつける枝は 5-11 細胞からなる	9
8. 果胞子体は太さ 50-60 μm	2) *B. tortuosum* var. *tortuosum*
8. 果胞子体は太さ 220-300 μm	3) *B. tortuosum* var. *majus*
9. 受精毛は根元で曲がり，単胞子が存在する	4) *B. torridum*
9. 受精毛は根元で曲がらない	10
10. 造果器は長さ 30-50 μm	5) *B. faroense*
10. 造果器は長さ 25-32 μm	6) *B. curvatum*

11.	果胞子体は太さ 100-300 μm	12
11.	果胞子体は太さ 300-900 μm	1) *B. trailii*
12.	造果器は長さ＞35 μm	2) *B. procarpum* var. *procarpum*
12.	造果器は長さ＜35 μm	3) *B. procarpum* var. *americanum*
13.	果胞子体は緩やかに集合する	クシロエンセ亜節 14
13.	果胞子体は硬く集合する	アムビグウム亜節 25
14.	精子嚢保持体が存在する	1) *B. spermatiophorum*
14.	精子嚢保持体は存在しない	15
15.	果胞子体は直径＜300 μm	16
15.	果胞子体は直径＞300 μm	18
16.	果胞子体は直径＜130 μm	2) *B. kushiroense*
16.	果胞子体は直径＞130 μm	17
17.	果胞子嚢は長さ 12-14 μm	3) *B. iriomotense*
17.	果胞子嚢は長さ 6.7-10.9 μm	4) *B. louisianae*
18.	果胞子体は直径＜500 μm	19
18.	果胞子体は直径＞500 μm	24
19.	1次輪生枝は＜6 細胞からなる	5) *B. breviarticulatum*
19.	1次輪生枝は＞7 細胞からなる	20
20.	造果器は長さ＞50 μm	6) *B. tabagatense*
20.	造果器は長さ＜50 μm	21
21.	造果器は長さ＞30 μm	22
21.	造果器は長さ＜30 μm	23
22.	果胞子嚢は長さ 10-15 μm	7) *B. guyanense*
22.	果胞子嚢は長さ 15-18 μm	8) *B. nonocense*
23.	1次輪生枝は 7-11 細胞からなる	9) *B. globospoum*
23.	1次輪生枝は 10-14 細胞からなる	10) *B. nechochoense*
24.	1次輪生枝は 8-15 細胞からなる	11) *B. capense*
24.	1次輪生枝は 13-20 細胞からなる	12) *B. skujanum*
25.	1次輪生枝は偽柔組織状になる	26
25.	1次輪生枝は偽柔組織状にならない	27
26.	造果器をつける枝は 3-10 細胞からなる	1) *B. gibberosum*
26.	造果器をつける枝は 10-18 細胞からなる	2) *B. deminutum*
27.	精子嚢は輪生枝の中頃に形成される	3) *B. vittatum*
27.	精子嚢は輪生枝の先端に形成される	28
28.	1次輪生枝は 10 細胞まで	29
28.	1次輪生枝は 15 細胞まで	36
29.	果胞子体は太さ 200 μm まで	30
29.	果胞子体は太さ 500 μm まで	31
30.	受精毛は薬匙形	4) *B. hirosei*
30.	受精毛は楕円形から紡錘形	32
31.	造果器をつける枝は 14-29 細胞からなる	5) *B. australicum*
31.	造果器をつける枝は 5-15 細胞からなる	6) *B. mahlacense*
32.	造果器は長さ＜25 μm	7) *B. dasyphillum*
32.	造果器は長さ＞25 μm	33

33. 受精毛は楕円形	8) *B. nodiflorum*
33. 受精毛は円柱形	34
34. 受精毛は長さ 85 µm まで	9) *B. gracillimum*
34. 受精毛は長さ 50 µm まで	35
35. 造果器は長さ＜14 µm	10) *B. torsivum*
35. 造果器は長さ＞15 µm	11) *B. iyengarii*
36. 果胞子体は直径＜200 µm	12) *B. tiomanense*
36. 果胞子体は直径＞200 µm	37
37. 受精毛は長さ＜23 µm	38
37. 受精毛は長さ＞22 µm	40
38. 受精毛は紡錘形	13) *B. zeylanicum*
38. 受精毛は楕円形	39
39. 受精毛は長さ 8-16 µm	14) *B. kylinii*
39. 受精毛は長さ 15-18 µm	15) *B. mahabaleshwarensis*
40. 果胞子嚢は長さ 8-11 µm	16) *B. omobodense*
40. 果胞子嚢は長さ 10-17 µm	17) *B. ambiguum*

8-1. Subsection *Intortum* Kumano (1993: 264)　イントルツム亜節

Type: *Batrachospermum intortum* Jao

　藻体は不規則に分枝をする．単胞子嚢は造果器をつける枝の被覆枝の先端につく．造果器をつける枝は，らせん状にねじれるか，コイル状に巻き，分化している．造果器は左右非対称．果胞子体は無柄，半球形．造胞糸は放射状に分枝する型．

1)　***Batrachospermum intortum*** Jao (1941: 259, tab. VI, figs. 39-45)

　（**図版 92 (a)，figs. 1-10，**熊野 1996 w．*In* 山岸・秋山（編），淡水藻類写真集．17：6）；（**図版 92 (b)，figs. 1-4，**原著者，Jao 1941）

　藻体は雌雄同株．粘性は中庸，長さ 7 cm まで，太さ 300-500 µm，交互に，不規則に分枝，倒円錐形，融合する．1 次輪生枝は 2 又に分枝し，短く，5-12 細胞からなり，細胞は楕円形，披針形．皮層細胞糸は大変よく発達する．2 次輪生枝は無分枝か，ほとんど分枝しない，2-8 細胞からなり，細胞は円柱形または卵形，端毛は稀．精子嚢は球形，準球形，太さ (5-)7-9 µm，輪生枝の先端につく．造果器をつける枝は常にらせん状にねじれ，長く，(6-)8-11 個の細胞からなり，周心細胞から生じ，稀に輪生枝の先端につく．造果器，受精毛は棍棒形，短柄あり．果胞子体は半球形，太さ 150-190 µm，長さ 87-100 µm．果胞子嚢は倒卵形，棍棒形，太さ 12-14 µm，長さ 18-23 µm．単胞子は多数，倒卵形，太さ (9-)10-12 µm，長さ 11-15 µm，輪生枝に頂生または造果器をつける枝の被覆枝の先端につく．

　タイプ産地：東アジア：中国，四川省重慶市巴県龍居寺近傍の泉に由来する池中のヤナギの根に付着する．

　タイプ標本：SC 1114．

　分布：タイプ産地以外に，中米：Cuba, Prov. Oriente 地方，東部山地の幾つかの産地に分布する (Rieth 1979)．

8-1. *Intortum* イントルツム亜節 179

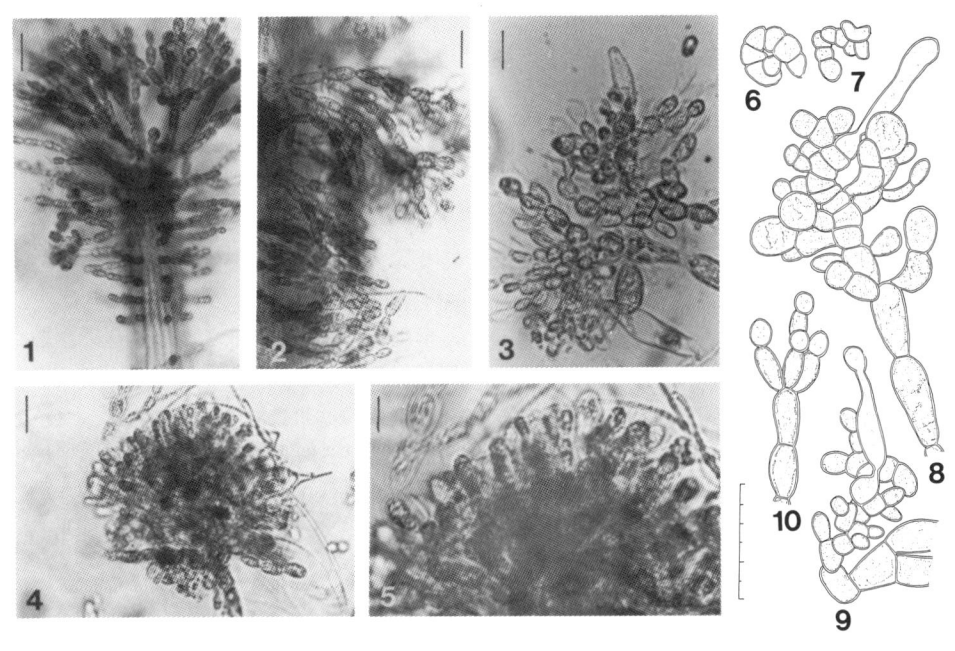

図版 92(a) *Batrachospermum intortum*, figs. 1-10 (熊野 1996 w)
1. 倒円錐形の輪生枝叢をもつ主軸, 2. 輪生枝に頂生, または亜頂生する精子嚢, 3,9. コイル状の造果器をつける枝と, わずかの造胞糸が生じる受精した造果器, 4-5. 造胞糸の先端につく果胞子嚢, 6-7. 発達のごく初期のコイル状の造果器をつける枝, 8. 被覆枝の先端につく, 単胞子をもつ輪生枝の先端細胞から生じる造果器をつける枝, 10. 1-2 次輪生枝の先端につく精子嚢. (縮尺=30 μm for figs. 6-10; 20 μm for figs. 1-2,4; 10 μm for fig. 3,5)

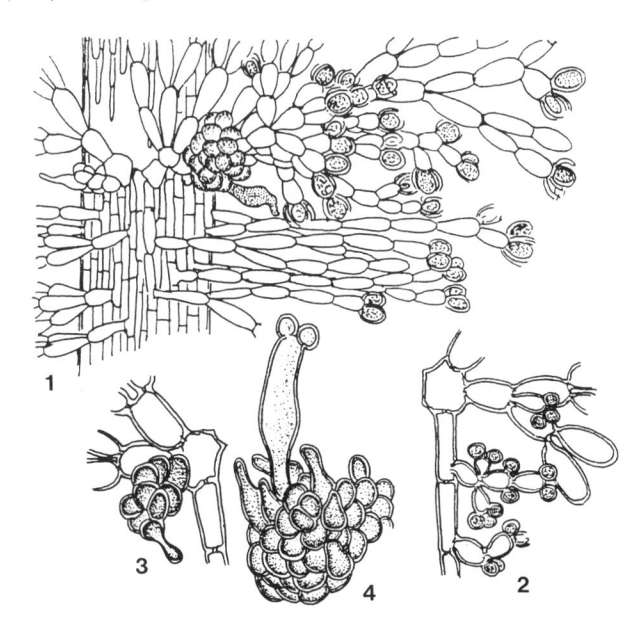

図版 92(b) *Batrachospermum intortum*, figs. 1-4 (原著者, Jao 1941)
1. 1-2 次輪生枝の先端につく精子嚢, 若い造果器をつける枝と, 未熟果胞子体を示す藻体の部分, 2. 1-2 次輪生枝の先端につく精子嚢, 3. 発達のごく初期の, コイル状の造果器をつける枝, 4. 未熟な果胞子体.

2) ***Batrachospermum pseudocarpum*** Reis (1973: 146, tab. IV, a-e, tab. V, a-b)

藻体は雌雄同株．長さ 4-5 cm，円錐台形，後にビーズ形，モス緑色，乾燥すると青色，大変粘質に富む．主軸は密に分枝，明らかに，ここそこから直角に枝が出る．藻体下部の 1 次輪生枝はよく分枝し，残りは上部より分枝が少ない．2 次輪生枝は一般に単純，長く，糸状．一時的な枝は主軸と 1 次輪生枝に沿って分布する．輪生枝叢は融合し，円錐台形．2 次輪生枝は輪生枝叢の直下に多数．皮層細胞糸は円柱形．周心細胞は短く，稀に卵形，基部が膨れ，明らかに 2 又，4 又分枝をする，2-4 本，一般に 3 本の 1 次輪生枝が出る．輪生枝内側半分の細胞は円柱形，外側半分の細胞は長い倒卵形，非対称の倒卵形または楕円形．端毛は稀，短長様々，基部が膨れる．精子嚢は大変に稀，大きく，球形，太さ 10 μm，輪生枝の周辺に形成される．造果器をつける枝は，らせん状に発達し，周心細胞から出る．被覆枝は短く，若いときカーブし，そのほかのものは最初のものより長く，よりわずかにカーブする．造果器は非対称の倒円錐台形．受精毛は短い柄をもち，円柱形．真の果胞子体は未観察．胞子嚢をつける輪生枝は多数，偽果胞子体は明らかに中軸部に固定され，半球形または球形，太さ 200-300 μm，輪生枝叢の太さの半分以下で，藻体下部の輪生枝叢の周辺にも存在する．単胞子嚢は倒卵形，太さ 6-10 μm，長さ 13-20 μm，輪生枝叢上に分布する．

タイプ産地：欧州：ポルトガル，Penela 近傍，Espinhal 山地，Ribeira da Louçainha．

タイプ標本：COL．

分布：タイプ産地のみに分布する．

3) ***Batrachospermum woitapense*** Kumano (1983: 76, figs. 1-18)

(**図版 93 (a)**, **figs. 1-6,** 熊野 1996 zo. *In* 山岸・秋山(編)，淡水藻類写真集．17：24．**figs. 7-11,** 原著者，Kumano 1983)

藻体は雌雄同株．粘性あり．長さ 3-6 cm，太さ 300-700 μm，やや不規則に分枝する．オリーブ緑色．輪生枝叢は長楕円形，しばしば融合する．1 次輪生枝はよく分枝し，6-12 細胞からなり，下部の細胞は弓状の棍棒形，太さ 3-5 μm，長さ 20-40 μm，上部の細胞は紡錘形または楕円形，太さ 3-5 μm，長さ 10-15 μm．2 次輪生枝は 5-7 細胞からなり，端毛は稀．精子嚢は球形，太さ 5-7 μm，輪生枝に頂生または側生する．造果器をつける枝は常にらせん状にねじれ，4-7 個の円盤形または樽形細胞からなり，周心細胞から出る．造果器は基部で太さ 5-8 μm，頂部で太さ 7-10 μm，長さ 40-90 μm，受精毛は円柱形，棍棒形，不明瞭な柄あり．果胞子体は 1 個，球形または半球形，太さ 250-700 μm，長さ 150-700 μm，中軸部に挿入される．果胞子嚢は卵形，太さ 8-10 μm，長さ 12-20 μm．単胞子は球形または卵形，太さ 8-10 μm，長さ 10-15 μm，輪生枝の先端につく．

タイプ産地：大洋州：パプアニューギニア，Central District，Port Moresby の北約 100 km，標高約 1500 m の Woitape，ミズゴケ湿原中の小流（水温 20°C）．

タイプ標本：TNS no. 52622 a．

分布：タイプ産地のみに分布する．

4) ***Batrachospermum lusitanicum*** Reis (1965: 141, tab. VI, a-d, tab. V, a-d, tab. VI, a-d, tab. VII, a-d, tab. VIII, a-d, tab. IX, a-d)

藻体は雌雄異株．長さ 3-4 cm，モス緑色，大変粘質に富み，念珠状に集まり，輪生枝叢は分

8-1. *Intortum* イントルツム亜節　181

離しているが，後に融合する．藻体の枝は明らかに，ここそこから直角に発出，最終の枝は刺状．雄株は分枝が雌株より少ない．周心細胞は倒卵形，明らかに2又，4又分枝し，周辺でカーブする，3-4本の輪生枝が出る．輪生枝の細胞は一般に円柱形，西洋梨形，左右非対称の倒卵形．端毛は短く，膨らんだ基部をもつ．2次輪生枝は多数，上部を覆い，下部に向かって益々短く，細くなり，融合し，藻体の基部では輪生枝叢の太さと同じになる．精子嚢をつける枝は2次輪生枝に沿った基部から出る．精子嚢は太さ 6.6-8.3 μm．雌株は極端に分枝し，輪生枝叢は一般に融合し，長い円盤形，基部では不明瞭．周心細胞は卵形，周辺部で，しばしばカーブしたり，片側生的に分枝する，2-4本の1次輪生枝が出る．端毛は短く，基部が膨らむ．皮層細胞糸は下部で多量，円柱形．造果器をつける枝はらせん状にねじれ，周心細胞，稀に2次輪生枝，皮層細胞糸から生じ，6-14細胞性．被覆枝は短く，最初は湾曲し，ほかは最初のものより長く，湾曲しない．造果器は円柱形または非対称の円錐形．受精毛は短い柄があるかまたは無柄，円柱形または長い卵形．果胞子体は各輪生枝叢に1-2個，明らかに藻体の中軸に沿って形成され，球形，太さ 150-300 μm．造胞糸は円柱形の細胞からなる．果胞子は倒卵形，太さ 10-20 μm，長さ 20-23μm．単胞子嚢は藻体基部の輪生枝叢に形成され，倒卵形，太さ 13-16 μm，長さ 20-26.6 μm．

　タイプ産地：欧州：ポルトガル，Vouzela 村近傍，Āgueda 河の支流，Alfusqueiro 川の水中の岩に付着する．

　タイプ標本：COL 333．

　分布：タイプ産地のみに分布する．

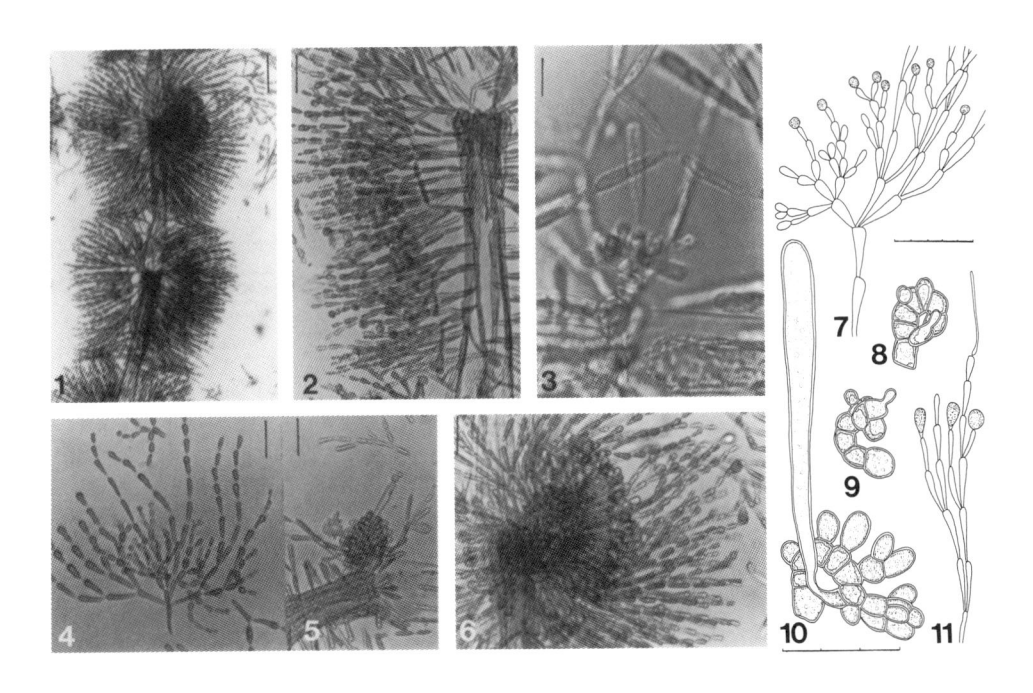

図版 93(a)
　Batrachospermum woitapense, figs. 1-6 (熊野 1996 zo), figs. 7-11 (原著者, Kumano 1983)
1,6. 輪生枝叢，果胞子体，2. 中軸細胞，輪生枝，皮層細胞糸，3,8-10. 造果器をつける枝，4,7. 精子嚢，5. 若い果胞子体，11. 単胞子嚢．(縮尺＝100 μm for fig. 1；50 μm for figs. 7,11；40 μm for figs. 2,4-6；30 μm for figs. 8-10；20 μm for fig. 3)

8-2. Subsection *Torridum* Kumano (1993: 264)　トリズム亜節
Type: *Batrachospermum torridum* Montagne

藻体はやや不規則に分枝をする．造果器をつける枝はややカーブし，分化し，周心細胞から出る．造果器は左右非対称．受精毛は棍棒形，不明瞭な柄がある．果胞子体は大きく，半球形，中軸部に挿入される．

1) ***Batrachospermum heriquesianum*** Reis (1972: 181, tab. I, a-d, tab. II, a-c, tab. III, a-d)

藻体は雌雄同株．長さ1.5-2.5 cm，明るい場所では明るい緑色，日陰の場所の若い藻体は紫色，古い藻体は濃紫色，大変粘質に富む．単独で，多年性．分枝は不規則．中軸の基部は細くなり，下部は中軸が裸出する．枝先は尖らない．輪生枝は明瞭だが，先端が硬く密集する刺状の小枝にまで順次移行する．2次輪生枝は輪生枝叢の太さに達する．皮層細胞糸は大変多く，円柱形，幾重にも形成され，内側のものは中軸に元気よく付着し，外側のは明らかに離れて，波うっている．周心細胞は卵形または球形，1-2本の1次輪生枝が出る．2次輪生枝は偽2又分枝で，輪生枝の内側半分の細胞は倒円錐形，円錐台形，円柱形，西洋梨形，外側半分の細胞は紡錘形，円柱形，稀に倒卵形．端毛は稀，基部で膨らむ．精子嚢は1次，2次輪生枝の周辺に形成され，

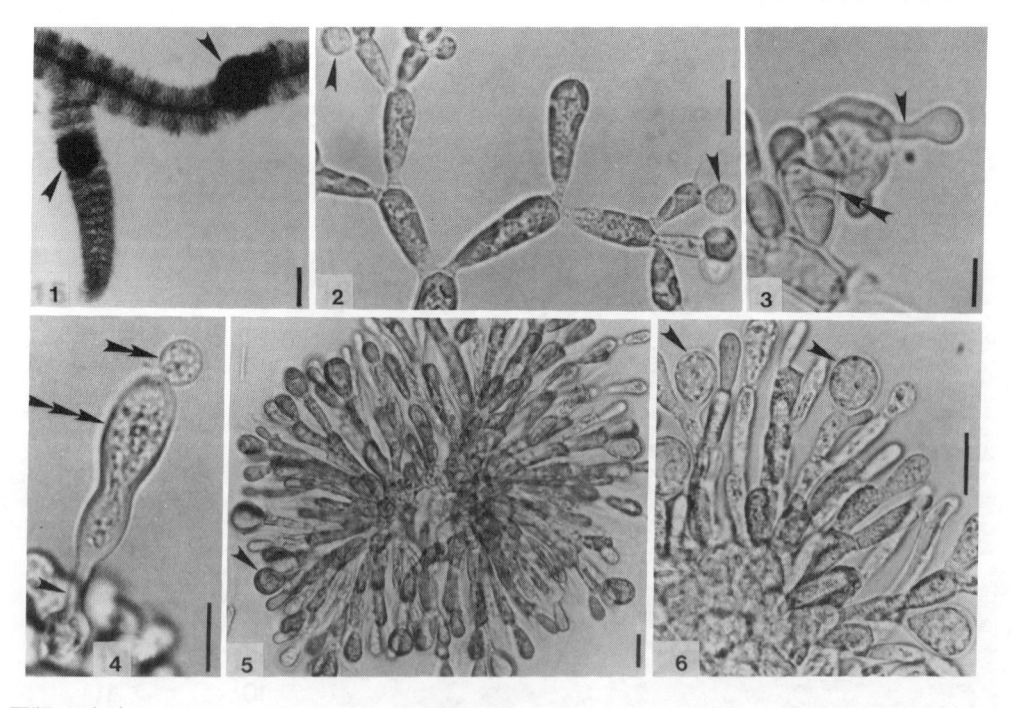

図版 93(b)
Batrachospermum louisianae, figs. 1-6 (Sheath, Vis & Cole 1992)
1. 果胞子体（矢頭），2. 精子嚢（矢頭），3. 造果器をつける枝（二重矢頭），4. 精子（二重矢頭），明瞭な柄（矢頭），受精造果器（三重矢頭），5-6. 果胞子嚢（矢頭）．（縮尺=250 μm for fig. 1; 10 μm for figs. 2-6）

8-2. *Torridum* トリズム亜節　183

球形，太さ 6.6-8.6 μm．造果器をつける枝は周心細胞から生じ，弓なりに反り，太さ 9-15 μm．被覆枝は，若いときカーブする．造果器は非対称形．受精毛は短い柄をもつ．果胞子体は大変に稀，1輪生枝叢に1個，半球形，中軸に固着，大きさは様々，太さ 120-300 μm．造胞糸は倒円錐形，円錐台形，円柱形の細胞からなる．果胞子は倒卵形または楕円形，太さ 26.7-30 μm，長さ 40-46 μm．

　タイプ産地：欧州：ポルトガル，Aveiro 近傍，Eirol 村，Fonte velha 泉の中．
　タイプ標本：COL 566．
　分布：タイプ産地のみに分布する．

2) ***Batrachospermum tortuosum*** Kumano **var. *tortuosum*** (1978 : 101, fig. 4, A-D)
　(**図版 94(a)**, **figs. 1-4**, 熊野 1996 zl．*In* 山岸・秋山(編)，淡水藻類写真集．17 : 21, **figs. 5-6**, 原著者，Kumano 1978)

　藻体は雌雄異株．粘性あり．長さ 3-7 cm，太さ 200-350 μm，密に，やや不規則に分枝する．オリーブ緑色．輪生枝叢は球形，楕円形，やや分離する．1次輪生枝はよく分枝し，5-8 細胞からなり，輪生枝の細胞は披針形，楕円形，紡錘形，倒卵形．2次輪生枝は多数，長さはまちまち，端毛は稀．精子嚢は球形，太さ 4-5 μm，輪生枝の先端につく．造果器をつける枝は大変湾曲し，長さ 10-20 μm，3-4 個の樽形細胞からなり，周心細胞から出る．被覆枝は多数，大変短い．造果器は基部で太さ 5 μm，頂部で太さ 4-5 μm，長さ 30-35 μm，受精毛は円柱形，不明瞭な柄あり．果胞子体は1個，稀に2個，球形または半球形，太さ 50-200 μm，長さ 50-150 μm，中軸部に挿入される．果胞子嚢は楕円形または卵形，太さ 7 μm，長さ 8-9 μm．

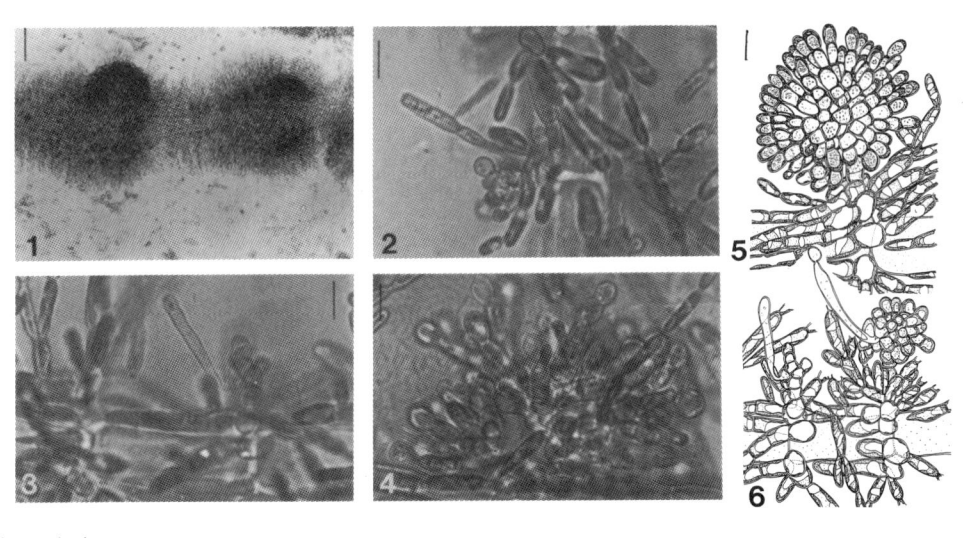

図版 94(a)

Batrachospermum tortuosum var. *tortuosum*, figs. 1-4 (熊野 1996 zl), figs. 5-6 (原著者, Kumano 1978)

1. 中軸性の球形，半球形の果胞子体を示す，楕円形の輪生枝叢をもつ主軸，2-3．長い円柱形，時に基部で曲がる受精毛をもつ造果器と，湾曲する造果器をつける枝，4-5．造胞糸の先端につく，果胞子嚢をもつ果胞子体，6．若い造果器，精子が受精毛に付着し受精した造果器と，若い果胞子体を示す藻体の部分．(縮尺＝100 μm for fig. 1 ; 10 μm for figs. 2-6)

184　**Batrachospermales**　カワモズク目

タイプ産地：東南アジア：マレーシア，Pahang 州，Fort Iskander，Tasek Bera の湿地林で覆われた狭い流水中，水中の *Pandanus hericopus* や *Cryptocoryne griffithii* の葉上に付着する（水温 23.8-26.9℃）．

タイプ標本：Kobe University, Kumano, 12/VII 1971．

分布：タイプ産地のみに分布する．

3)　***Batrachospermum tortuosum*** Kumano **var.** ***majus*** （1982：184, fig. 2, A-L, fig. 4, A-D）（図版 94(b)，**figs.** 1-5，熊野 1996 zk．*In* 山岸・秋山（編），淡水藻類写真集．17：21．**figs. 6-9**，原著者，Kumano 1982 a)

藻体は雌雄同株．粘性あり．長さ 4-7 cm，太さ 330-600 μm，密に，不規則に分枝する．オリーブ緑色．輪生枝叢は楕円形，やや分離し，互いに密着し，融合する．1 次輪生枝はよく分枝し，10-12 細胞からなり，細胞は西洋梨形，倒卵形，端毛を欠く．2 次輪生枝は多数，長く，すぐに節間を覆う．精子嚢は球形，太さ 5-7 μm，輪生枝の先端につく．造果器をつける枝はやや湾曲し，短い，2-4 個の円盤形または樽形細胞からなり，周心細胞から出る．被覆枝は多数，短い．造果器は基部で太さ 8-9 μm，頂部で太さ 6-9 μm，長さ 33-60 μm，受精毛は棍棒形，不明瞭な柄あり，しばしば基部で曲がる．果胞子体は 1 個，大きく，球形または半球形，太さ 220-300 μm，長さ 170-280 μm，中軸部に挿入される．果胞子嚢は球形または卵形，太さ 10-16

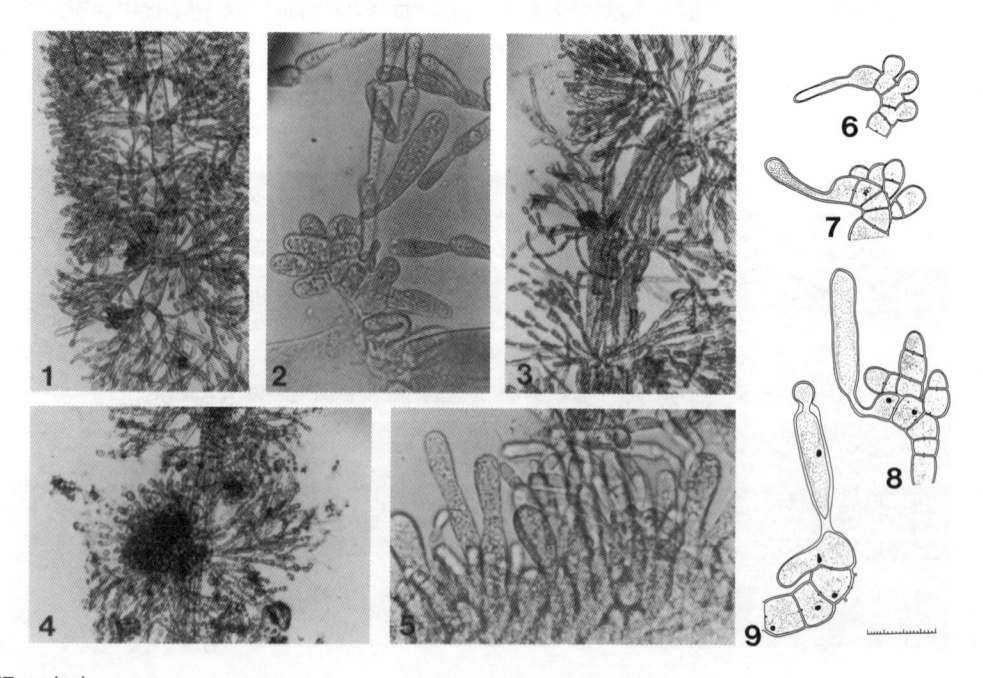

図版 94(b)

Batrachospermum tortuosum var. *majus*，figs. 1-5（熊野 1996 zk），figs. 6-9（原著者，Kumano 1982 a）

1,3. 中軸細胞，1 次輪生枝，皮層細胞糸と，十分発達した棍棒形の受精毛をもつ造果器を示す藻体部分，2,6-9. 長い棍棒形，不明瞭な柄のある，受精毛をもつ造果器，湾曲した造果器をつける枝の様々な発達の段階，4. 中軸性の果胞子体，5. 造胞糸の先端につく長い棍棒形の果胞子嚢．（縮尺 = 100 μm for fig. 4；40 μm for figs. 1,3；20 μm for fig. 6-9；10 μm for figs. 2,5） μm, 長さ 14-19 μm.

タイプ産地：東アジア：日本，沖縄県石垣島宮良川，山地性流水中の礫に付着する．

タイプ標本：Kobe University, Kumano, 5/IV 1977.

分布：タイプ産地のほか，日本の沖縄県西表島浦内川に分布する．

4) ***Batrachospermum torridum*** Montagne（1850：292）
異名：*B. vagum* var. *torridum*（Montagne）Sirodot（1884：266）

（図版 95(a), **figs. 1-5**, 熊野 1996 zj. *In* 山岸・秋山(編)，淡水藻類写真集．17：19, **figs. 6-7**, Kumano 1990)

藻体は雌雄異株．粘性あり．長さ 4-8 cm，太さ 400-700 μm，密に，不規則に分枝する．輪生枝叢は楕円形，互いに密着し，融合する．1 次輪生枝はよく分枝し，6-8 細胞からなり，細胞は円筒形，披針形，端毛を欠く．2 次輪生は多数，長く，すぐに節間を覆う．精子嚢は知られていない．造果器をつける枝はやや湾曲し，短い，6-9 個の円盤形または樽形細胞からなり，周心細胞から出る．被覆枝は短い．造果器は基部で太さ 4 μm，頂部で太さ 9-12 μm，長さ 35-40 μm，受精毛は棍棒形，不明瞭な柄あり，しばしば基部で曲がる．果胞子体は球形または半球形，太さ 170-350 μm，長さ 300-450 μm．造胞糸は長く，5-10 細胞からなり，放射状に分枝，やや緩やかに集合する．果胞子嚢は倒西洋梨形，楕円形，太さ 7-10 μm，長さ 10-13 μm．単胞子は楕円形，太さ 6-9 μm，長さ 7-11 μm，1 次，2 次輪生枝の先端につく．

タイプ産地：南米：French Guiana, Cyenne, Tigres Mountains 近傍の緩やかな流水中の岩に付着する．

タイプ標本：PC Le Prieur coll. n° 833.

分布：タイプ産地のみに分布する．

5) ***Batrachospermum faroense*** Kumano et Bowden-Kerby（1986：123, figs. 66-81）
異名：*B. doboense* Kumano et Bowden-Kerby（1986：112, figs. 13-22）

（図版 96(a), **figs. 1-8**, 原著者，Kumano & Bowden-Kerby 1986, 熊野 1996 n. *In* 山岸・秋山(編)，淡水藻類写真集．16：20；(図版 96(b), **figs. 1-8**, 原著者，Kumano & Bowden-Kerby 1986, 熊野 1996 l. *In* 山岸・秋山(編)，淡水藻類写真集．16：18, *B. doboense* として)

藻体は雌雄同株．粘性あり．長さ約 3.5 cm，太さ 300-500 μm，密に，不規則に分枝，濃緑色．輪生枝叢は樽形，古い藻体では，互いに密着する．1 次輪生枝は 2 又分枝，7-10 細胞からなり，輪生枝下部の細胞は弓状の棍棒形，輪生枝上部の細胞は西洋梨形，倒卵形，端毛は短い．皮層細胞糸はよく発達．2 次輪生枝は 2 又分枝，全節間を覆う．精子嚢は球形，太さ 4-5 μm，輪生枝に頂生または側生．造果器をつける枝は，ねじれ，5-10 個の円盤形または樽形細胞からなり，周心細胞から出る．被覆枝はやや短い．造果器は基部で太さ 4-6 μm，頂部で太さ 5-9 μm，長さ 30-50 μm，受精毛は棍棒形，楕円形，不明瞭な柄．果胞子体は 1 個，半球形，太さ 200-250 μm，長さ 150-200 μm，中軸部に挿入，造胞糸の先端近くは，やや緩やかに集合する．果胞子嚢は卵形，太さ 7-11 μm，長さ 12-15 μm．

タイプ産地：ミクロネシア：Truk Islands, Tol Island, Faro Village, タロイモ湿地から流出する緩やかな流れの泥底の小さい石に付着する．

タイプ標本：Kobe University, Bowden-Kerby, 11/V 1982.

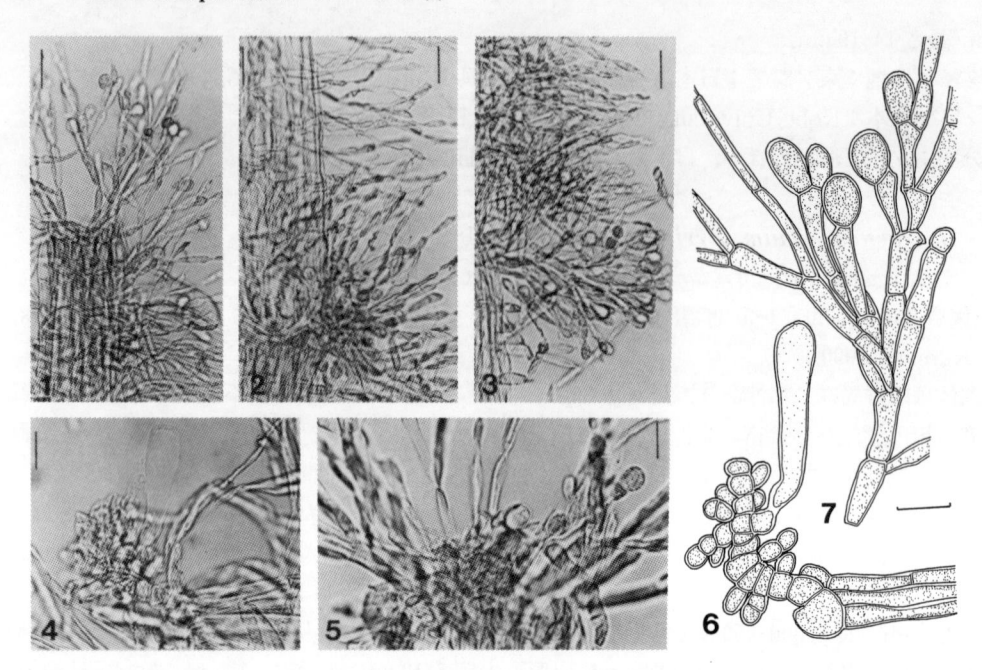

図版 95(a) *Batrachospermum torridum*, figs. 1-5(熊野 1996 zj), figs. 6-7 (Kumano 1990)
1. 1次輪生枝の先端につく単胞子嚢, 2. 1-2次輪生枝と, 皮層細胞糸を示す藻体の部分, 3,5,7. 緩やかに集合する, 造胞糸の先端につく果胞子嚢, 時に端毛があり1次輪生枝と区別できない, 4,6. 多数の短い被覆枝をもつ, わずかに湾曲する造果器をつける枝と, 棍棒形の受精毛をもつ造果器. (縮尺＝20 µm for figs. 1-3; 10 µm for figs. 4-7)

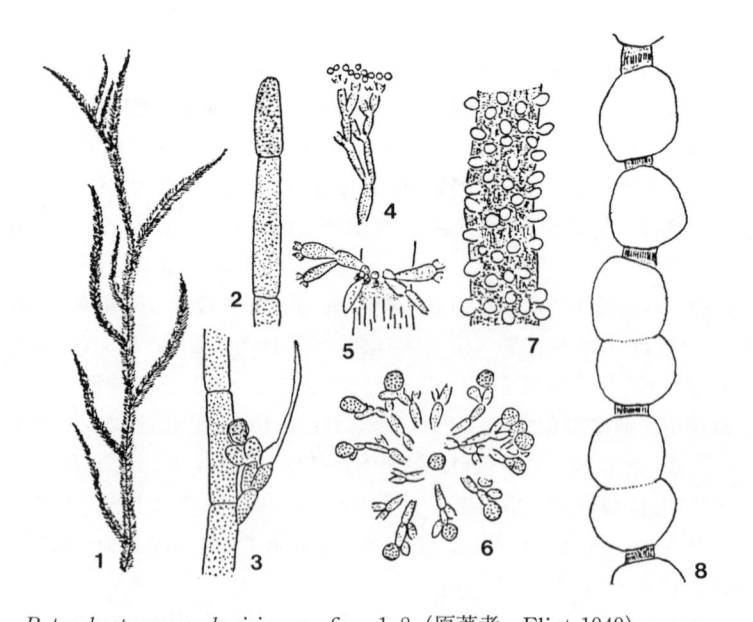

図版 95(b) *Batrachospermum louisianae*, figs. 1-8 (原著者, Flint 1949)
1. 藻体の生育, 2-3. シャントランシア世代の藻体, 4. 輪生枝の先端につく精子嚢, 5. 造果器, 6. 果胞子体の発達, 7. 栄養繁殖の構造をもつ古い藻体の部分, 8. 果胞子体をもつ藻体の部分.

8-2. *Torridum* トリズム亜節   187

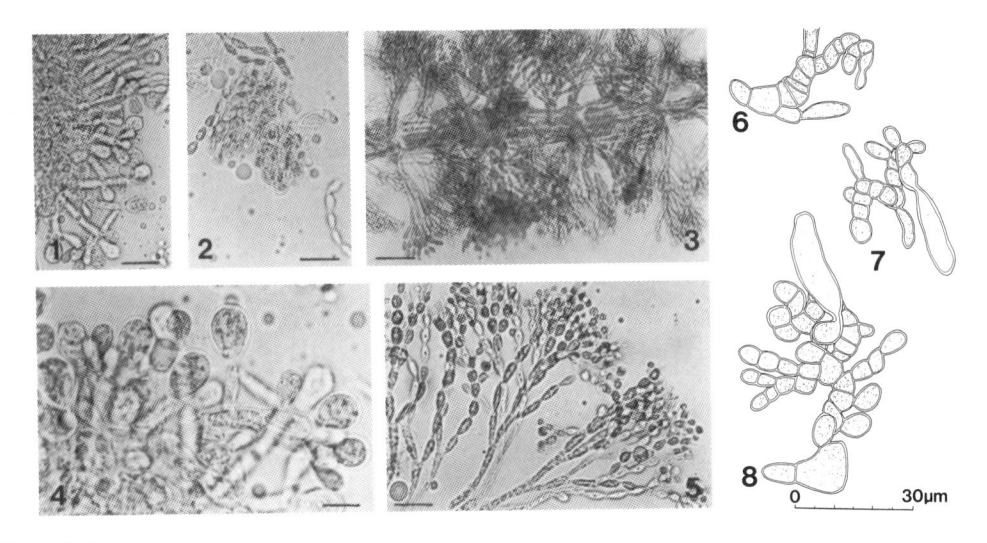

図版 96(a)

Batrachospermum faroense, figs. 1-8 (原著者, Kumano & Bowden-Kerby 1986, 熊野 1996 n)
1,4. やや緩やかに集合する造胞糸の先端につく果胞子嚢, 2. コイル状の造果器をつける枝, 3. 樽形の輪生枝叢を示す藻体の部分, 5. 1次輪生枝に頂生または側生する精子嚢, 6. コイル状の造果器をつける枝の発達の初期, 7-8. 成熟した受精毛をもつ, コイル状の造果器をつける枝. (縮尺＝40 μm for fig. 3; 20 μm for figs. 1-2,5; 10 μm for fig. 4)

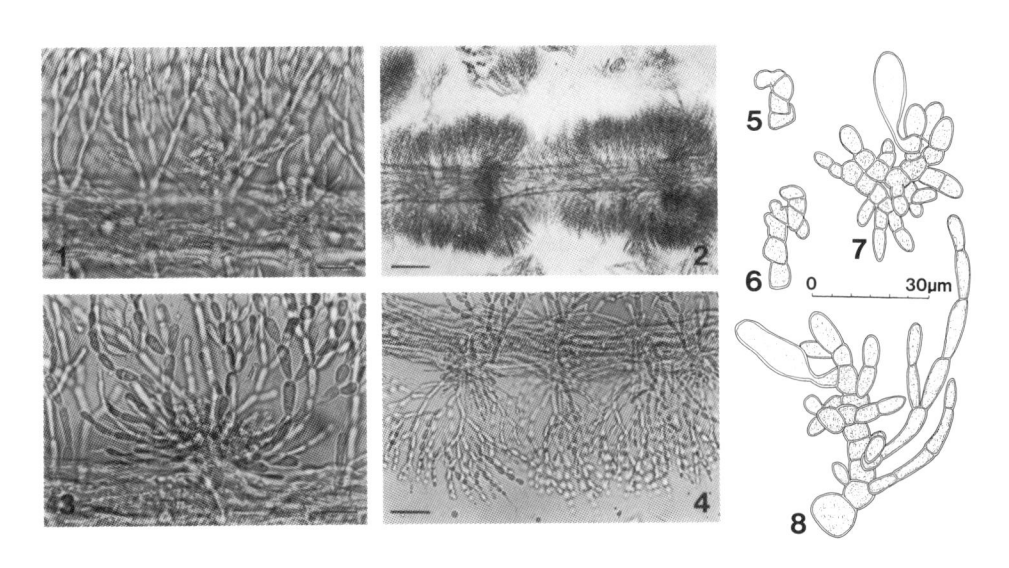

図版 96(b)

Batrachospermum faroense as *B. doboense*, figs. 1-8 (原著者, Kumano & Bowden-Kerby 1986, 熊野 1996 l)
1. 皮層細胞糸, 1次輪生枝と, 造果器を示す藻体部分, 2. 十分に発達した皮層細胞糸と, 西洋梨形の輪生枝叢を示す藻体の部分, 3. 成熟した造果器をもつ, 造果器をつける枝, 4. 十分に発達した皮層細胞糸, 1次輪生枝と, 2個の造果器を示す藻体の部分, 5-6. 湾曲する造果器をつける枝の発達の初期, 7-8. 湾曲する造果器をつける枝. (縮尺＝100 μm for fig. 2; 40 μm for 4; 20 μm for figs. 1,3)

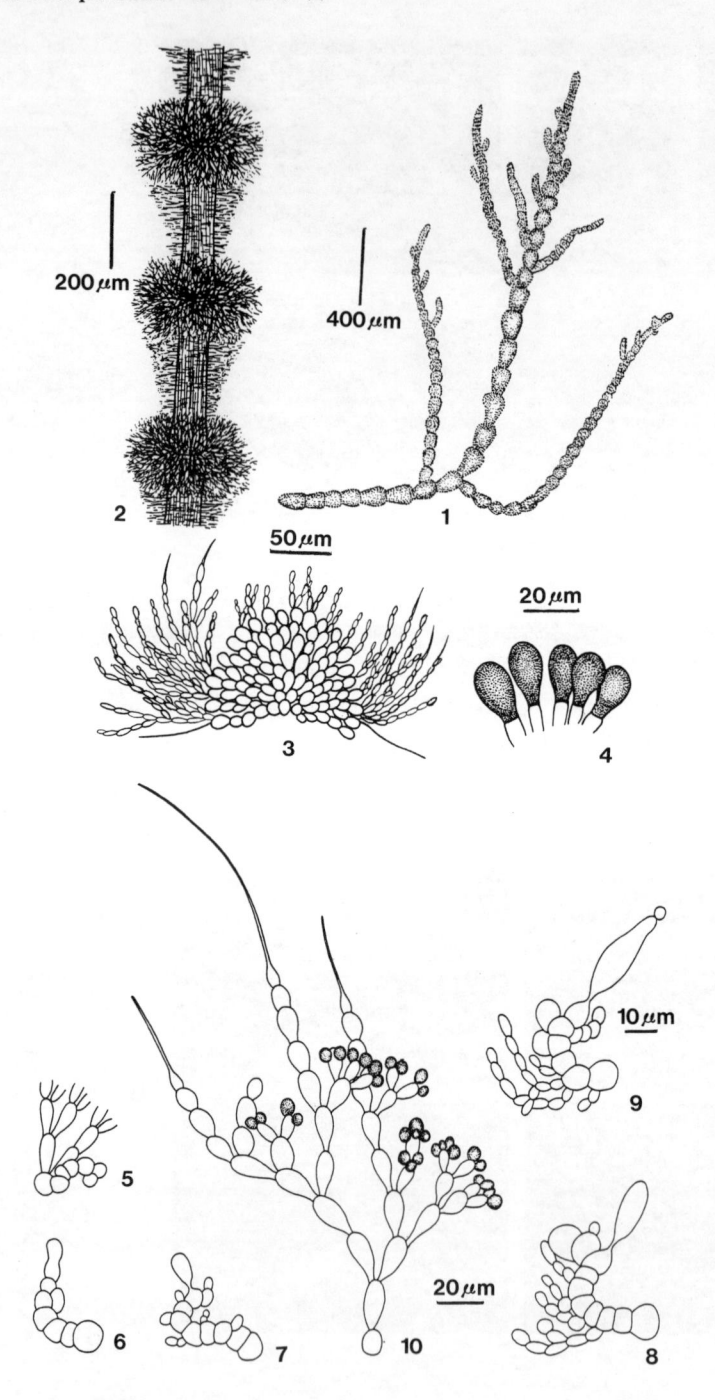

図版 97

Batrachospermum curvatum, figs. 1-10 (原著者, Shi 1994)
1. 西洋梨形または倒円錐形の輪生枝叢を示す藻体の部分, 2. 中軸細胞, 1-2次輪生枝を示す輪生枝叢, 3. 果胞子体, 4. 造胞糸の先端につく果胞子嚢, 5. 発達の初期の若い造果器をつける枝, 6-7. 若い造果器をつける枝と波うつ造果器, 8-9. 強く湾曲する造果器をつける枝と, 精子が付着する受精した造果器, 10. 輪生枝に頂生または亜頂生する精子嚢と端毛.

分布：タイプ産地のほか，ミクロネシア：Mariana Islands, Guam Island, Dobo Spring (*B. doboense* として) に分布する．

6) ***Batrachospermum curvatum*** Shi (1994 : 274, fig. 1,1-4, fig. 2,1-6)
(図版 97, figs. 1-10, 原著者, Shi 1994)

藻体は雌雄同株．叢状．長さ 2-4 µm, 粘性あり．紫緑色, 密に, 不規則に分枝する．輪生枝叢は明瞭, 西洋梨形または倒円錐形, 多少楕円形, 一般に互いに密着し, 太さ 250-400 µm. 中軸細胞は円柱形, わずかに中央部が括れ, 太さ 50-130 µm, 長さ 260-550 µm. 皮層細胞糸はよく発達する．1次輪生枝は2又分枝をし, 6-10細胞からなる．輪生枝下部の細胞は大きく, 倒卵形, 太さ 8-13 µm, 長さ 18-25 µm, 輪生枝上部の細胞は小さく, 楕円形または丸く, 太さ 6-10 µm, 長さ 10-15 µm 2次輪生枝は大量で, 一般にすべての節間を覆う, 無分枝または2又分枝をし, 5-6細胞からなる．細胞は太さ 4-7.5 µm, 長さ 9-20 µm, 端毛は大量で, 長さ 20-175 µm. 精子嚢は球形, 直径 4.5-6.5 µm, 1-2次輪生枝の先端につく．造果器をつける枝は極端に湾曲し, 長さ 20-40 µm, 5-7個の円盤形または樽形細胞からなり, 周心細胞から出る．造果器は基部の太さ 6.2-7.5 µm, 受精毛は有柄, 細長い楕円形または細長い卵形, その先端は通常細くなり, 首形, 太さ 6.5-9 µm, 長さ 25-32 µm. 果胞子体は1-2個, 半球形, 中軸性, 幅 63-175 µm, 高さ 60-160 µm. 果胞子嚢は倒卵形または楕円形, 太さ 10-14 µm, 長さ 13-18 µm.

タイプ産地：東アジア：中国, 湖北省当陽県玉泉寺珍珠泉 (水温 20.7℃).
タイプ標本：HP 7138.
分布：タイプ産地のみに分布する．

8-3. Subsection ***Procarpum*** Kumano (1993 : 265)　プロカルプム亜節
Type : *Batrachospermum procarpum* Skuja

藻体はやや不規則に分枝をする．1次輪生枝はシャントランシア状で, 互生または片側分枝をする．造果器をつける枝はらせん状にねじれるか, またはコイル状に巻く, 分化し, 周心細胞から出る．造果器は左右非対称．受精毛は楕円形または棍棒形, 不明瞭な柄がある．果胞子体は大きく, 半球形, 中軸部に挿入される．造胞糸は長く, やや緩く集合している．

1) ***Batrachospermum trailii*** (Dickie) Kumano et Necchi comb. nov. 新組合せ
異名：*Thorea trailii* Dickie (1881 : 123), *B. equisetoideum* Kumano et Necchi (1985 : 182, figs. 1-16)
(図版 98(b), figs. 1-9, 原著者, Kumano & Necchi 1985, *B. equisetoideum* として. 熊野 1996 m. *In* 山岸・秋山 (編), 淡水藻類写真集. 16 : 19, *B. equisetoideum* として)

藻体は雌雄同株．わずかに粘性あり．長さ約 6 cm, 太さ 300-800 µm, 密に, 不規則に分枝する．黒紫色．輪生枝叢はスギナ状, 分離しまたは互いに接触する．1次輪生枝は 1(-2), シャントランシア状, 湾曲し, 片側分枝, 互生, 対生分枝し, 7-15細胞からなり, 細胞は円筒形, 太さ 5-8.5 µm, 長さ 16-48 µm, 端毛はない．皮層細胞糸はよく発達する．2次輪生枝は稀. 精子嚢は球形, 倒卵形, 太さ 6-9 µm, 1次輪生枝に, 稀に2次輪生枝に頂生または側生する．造果器をつける枝はねじれ, 5-7個の円盤形または樽形細胞からなり, 周心細胞から出る．被覆枝は

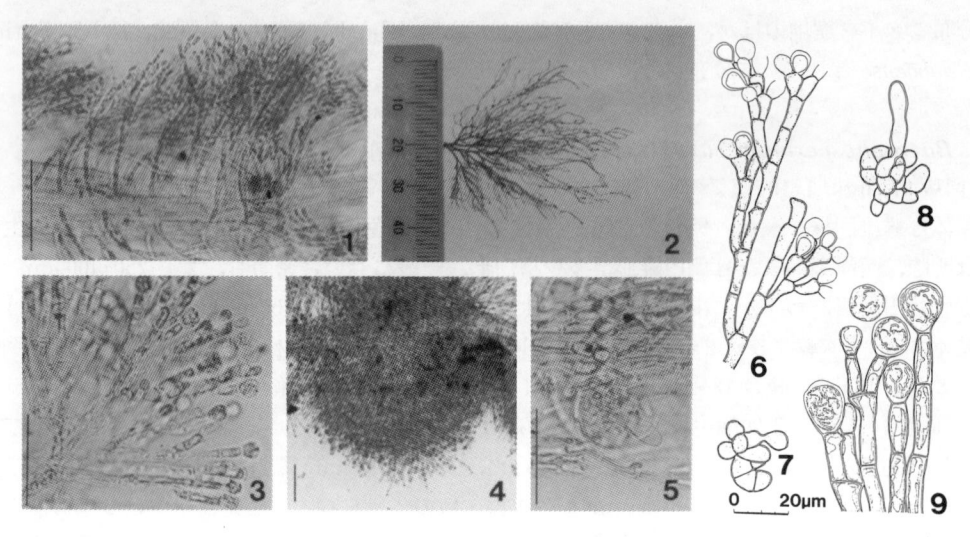

図版 98(a)

Batrachospermum globosporum as *B. cipoense*, figs. 1-9（原著者，Kumano & Necchi 1985, 熊野 1996 h）

1. 皮層細胞糸，輪生枝に頂生，側生する精子嚢，2. 果胞子体，3. 造胞糸の先端につく果胞子嚢，4. 果胞子体，5. 造果器，6. 輪生枝に頂生，側生する精子嚢，7. 若い受精毛，コイル状の造果器をつける枝，8. 成熟した造果器，造果器をつける枝，9. 造胞糸の先端につく果胞子嚢．（縮尺＝100 μm for figs. 1, 4; 50 μm for figs. 3, 5; 20 μm for figs. 6-9）

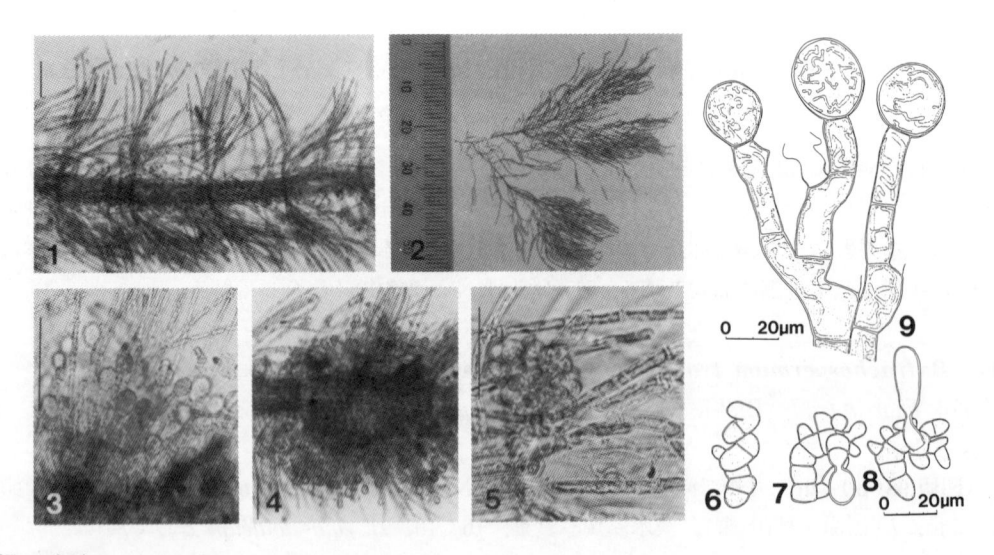

図版 98(b)

Batrachospermum trailii (Dickie) Kumano et Necchi as *B. equisetoideum*, figs. 1-9（原著者，Kumano & Necchi 1985, 熊野 1996 m）

1. 皮層細胞糸，輪生枝に頂生，側生する精子嚢，2. 果胞子体，3. 造胞糸の先端につく果胞子嚢，4. 不定形の果胞子体，5. 1次輪生枝，皮層細胞糸，被覆枝，造果器をつける枝，6-7. 造果器をつける枝，8. 成熟受精毛，造果器をつける枝，9. 造胞糸に頂生する果胞子嚢．（縮尺＝100 μm for figs. 1, 3-4; 50 μm for fig. 5; 20 μm for figs. 6-9）

8-3. *Procarpum* プロカルプム亜節   191

多数，短く，球形の細胞からなる．造果器は基部で太さ 7-8 μm，頂部で太さ 10-13 μm，長さ 40-55 μm，受精毛は楕円形，壺形，明瞭な柄あり．果胞子体は 1 個，不定形，やや拡散する，藻体の太さより太く，太さ 300-800 μm．造胞糸は，やや緩やかに集合する．果胞子嚢は球形，倒卵形，太さ 15-24 μm，長さ 19-30 μm．

タイプ産地：南米：ブラジル，Amazonas 州，Manaus，Reserve Florestal Adolfo Ducke，日陰の場所にある清澄な早い流水中の石に付着する．

タイプ標本：SP 187177．

分布：タイプ産地以外に，中米：ベネズエラ，Bolivar State 州，Chimantá Massif，La Laia と Base Camp との間，Tiria River に分布する．

ノート：Necchi (1990 : 90) は，本種の異名として *Thorea trailii* Dickie (1881 : 123) を挙げている．本書では彼の意見に同意して，より旧い種小名，*trailii* を採用して，本種の新組合せ名として *B. trailii* (Dickie) Kumano et Necchi, comb. nov. を提案する．

2) ***Batrachospermum procarpum*** Skuja **var. *procarpum*** (1931 : 81, tab. 1, figs. 1-13)

（図版 99(a)，figs. 1-5，原著者，Skuja 1931）

藻体は雌雄同株．粘性は乏しいか中庸．長さ 2-7 cm，太さ 150-400 μm，密に，不規則に分枝する．濃緑色．輪生枝叢は緩やか，倒円錐形，樽形，互いに接触する．1 次輪生枝 1-2，シャントランシア状，片側分枝し，6-10 細胞からなり，輪生枝下部の細胞は円柱形，太さ 4-7 μm，長さ 15-25 μm，輪生枝上部の細胞は円柱形，樽形，太さ 4.5-6 μm，長さ 10-18 μm，端毛は多数で長い．皮層細胞糸はよく発達する．2 次輪生枝は全節間を覆い，1 次輪生枝と同長に達する．精子嚢は球形，倒卵形，太さ 5-8.5 μm，輪生枝の先端につく．造果器をつける枝はらせん状にねじれ，6-9 個の円盤形または樽形細胞からなり，周心細胞から出る．被覆枝は多数で短い．造果器は左右非対称，基部で太さ 4-7 μm，頂部で太さ 8-11(-13) μm，長さ 35-65 μm，受精毛は円柱形，樽形，無柄．果胞子体は 1(-3) 個，半球形，緩やかに集合する．藻体の太さより太く，太さ 170-330 μm，長さ 80-170 μm．果胞子嚢は倒卵形，太さ 7-10.5 μm，長さ 10-15 μm．

タイプ産地：南米：ブラジル，Espirito Santo 州，Santa Teresa．

タイプ標本：UPS, O. Conde, XI 1928．

分布：南米に分布する．

3) ***Batrachospermum procarpum*** Skuja **var. *americanum*** Sheath, Vis & Cole (1992 : 244, figs. 27-32)

（図版 99(b)，figs. 1-6，原著者，Sheath, Vis & Cole 1992）

藻体は雌雄同株．濃い青みを帯びた緑色．輪生枝叢は太さ 191-363 μm，輪生枝は 5-11 細胞からなり，細胞はシャントランシア状．造果器は太さ 4.5-10.5 μm，長さ 19.2-38.1 μm，受精毛は円筒形，柄がある．果胞子体は半球形，太さ 89-214 μm，長さ 54-131 μm．果胞子は倒卵形，太さ 5.5-11 μm．

タイプ産地：北米：米国，Florida 州，Hillsborough，Citrus Park の Brushy Creek．

タイプ標本：UBC A 8265．

分布：北米各地に分布する．

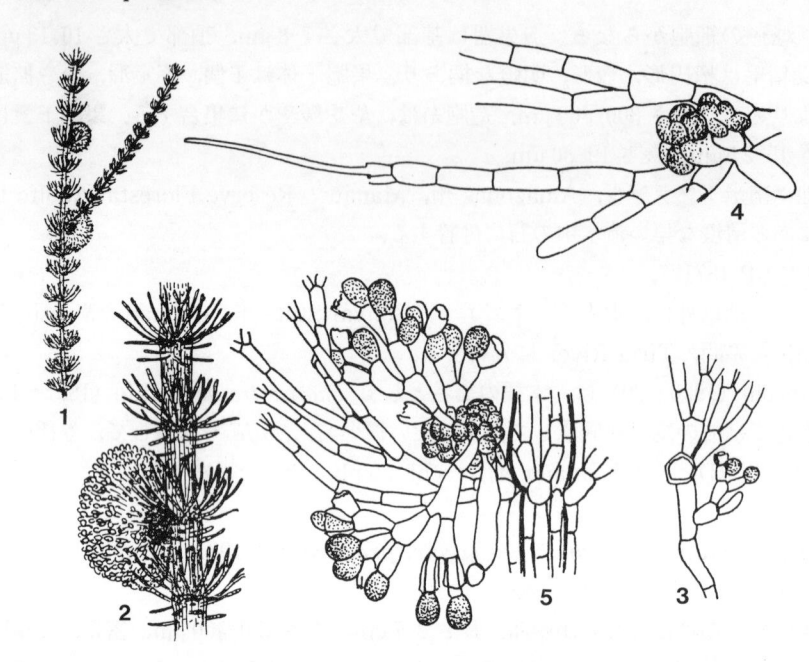

192 **Batrachospermales** カワモズク目

図版 99(a)
Batrachospermum procarpum var. *procarpum*，figs. 1-5（原著者，Skuja 1931）
1-2. シャントランシア状の輪生枝，中軸性の果胞子体，3. 精子嚢，4. 明瞭な柄のある未成熟な造果器，ねじれる造果器をつける枝，5. 造果器と，造胞糸の先端につく倒卵形の果胞子嚢．

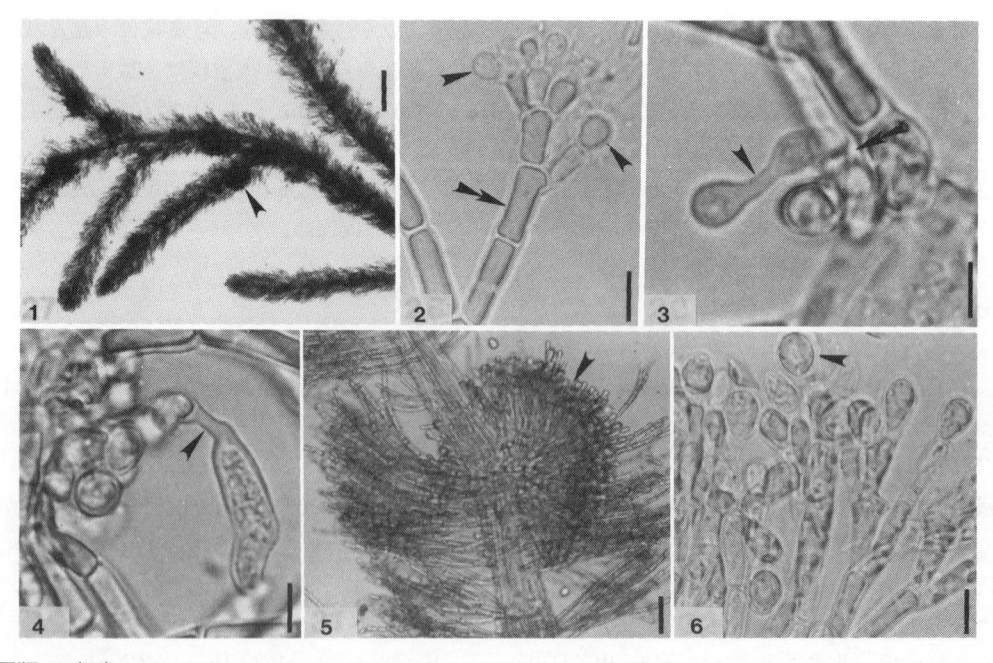

図版 99(b)
Batrachospermum procarpum var. *americanum*，figs. 1-6（原著者，Sheath, Vis & Cole 1992）
1. 輪生枝叢と果胞子体（矢頭），2. 輪生枝の先端につく精子嚢（矢頭），シャントランシア状の輪生枝（二重矢頭），3. 明瞭な柄（矢頭）のある未成熟造果器，ねじれる造果器をつける枝（二重矢頭），4. 明瞭な柄（矢頭）のある成熟造果器，5. 密集する中軸性の果胞子体（矢頭），6. 倒卵形の果胞子嚢（矢頭）をもつ造胞糸．（縮尺＝250 μm for fig. 1；10 μm for figs. 2-6）

8-4. Subsection ***Kushiroense*** Kumano (1993: 265)　クシロエンセ亜節

Type: *Batrachospermum kushiroense* Kumano et Ohsaki

藻体は不規則に分枝をする．造果器をつける枝は強くねじれ，周心細胞から出る．造果器は左右非対称．受精毛は不明瞭な柄があり，しばしば基部で曲がる．果胞子体は大きく，半球形，中軸部に挿入される．造胞糸は長く，緩く集合している．

1) ***Batrachospermum spermatiophorum*** Vis et Sheath in Vis, Sheath, Hambrook et Cole (1994: 181, figs. 3-11)

(図版 100, **figs. 1-10,** 原著者, Vis *et al*. 1994)

藻体は雌雄同株．太さ 548-1207 μm．輪生枝叢は樽形，密着する．輪生枝は 10-14 細胞からなる．無色の精子嚢保持体は輪生枝の先端に形成される．精子嚢は輪生枝の細胞から直接形成され，多くの精子嚢は精子嚢保持体の先端に存在し，精子嚢保持体は数細胞から無分岐の集合体まで様々である．造果器をつける枝は造果器が成熟するにつれて，受精毛が円柱形から披針形に変化し，太さ 6.4-11.4 μm，長さ 29.3-43.1 μm．果胞子体は中軸性で，半球形，太さ 262-454 μm，高さ 183-300 μm．造胞糸は緩やかに集合し，4-8 細胞性．果胞子嚢は球形，太さ 9.3-15.4 μm，高さ 11.7-16.1 μm．

タイプ産地：ハワイ諸島，Maui Island stream no. 22, Hana District, Poa'aka'a 州路傍と，36 号線，Waiohue Gulch の支流（水温 23°C）．

タイプ標本：BISH, Herbarium Pacificum 628882．

重複標本：UBC A 80848．

分布：タイプ産地にのみ分布する．

2) ***Batrachospermum kushiroense*** Kumano et Ohsaki (1983: 153, figs. 1-22)

(図版 101 (a), **figs. 1-4,** 熊野 1996 y. *In* 山岸・秋山（編），淡水藻類写真集. 17: 8. **figs. 5-7,** 原著者, Kumano & Ohsaki 1983)

藻体は雌雄同株．大変に粘性あり．長さ約 4.5 cm，太さ 300-350 μm，密に，不規則に分枝する，青みを帯びた緑色．輪生枝叢は楕円形，互いに分離し，時々密に接触する．1 次輪生枝は密に分枝，12-20(-22) 細胞からなり，輪生枝細胞は円筒形，紡錘形，太さ 2-8 μm，長さ 10-12 μm，端毛は欠如．2 次輪生枝は疎ら．精子嚢は稀，球形，太さ 4-7 μm，輪生枝の先端につく．造果器をつける枝は短く，大変にねじれる，3-7 個の円盤形または樽形細胞からなり，周心細胞から出る．被覆枝は，疎らで，大変短い．造果器は左右非対称，基部で太さ 4-6 μm，頂部で太さ 6-7 μm，長さ 17-34 μm，受精毛は壺形，不明瞭な柄がある．果胞子体は 1-2 個，球形，半球形，太さ 80-190 μm，長さ 40-130 μm，藻体中心部に挿入され，造胞糸は緩やかに集合する．果胞子嚢は球形，倒卵形，太さ 7-9 μm，長さ 7-11 μm．

タイプ産地：東アジア：日本，北海道釧路湿原釧路川の三日月湖，止水池の水中の維管束植物または巻貝上に付着する（水温 20.6°C）．

タイプ標本：SAP 043462．

分布：日本のタイプ産地のみに分布する．

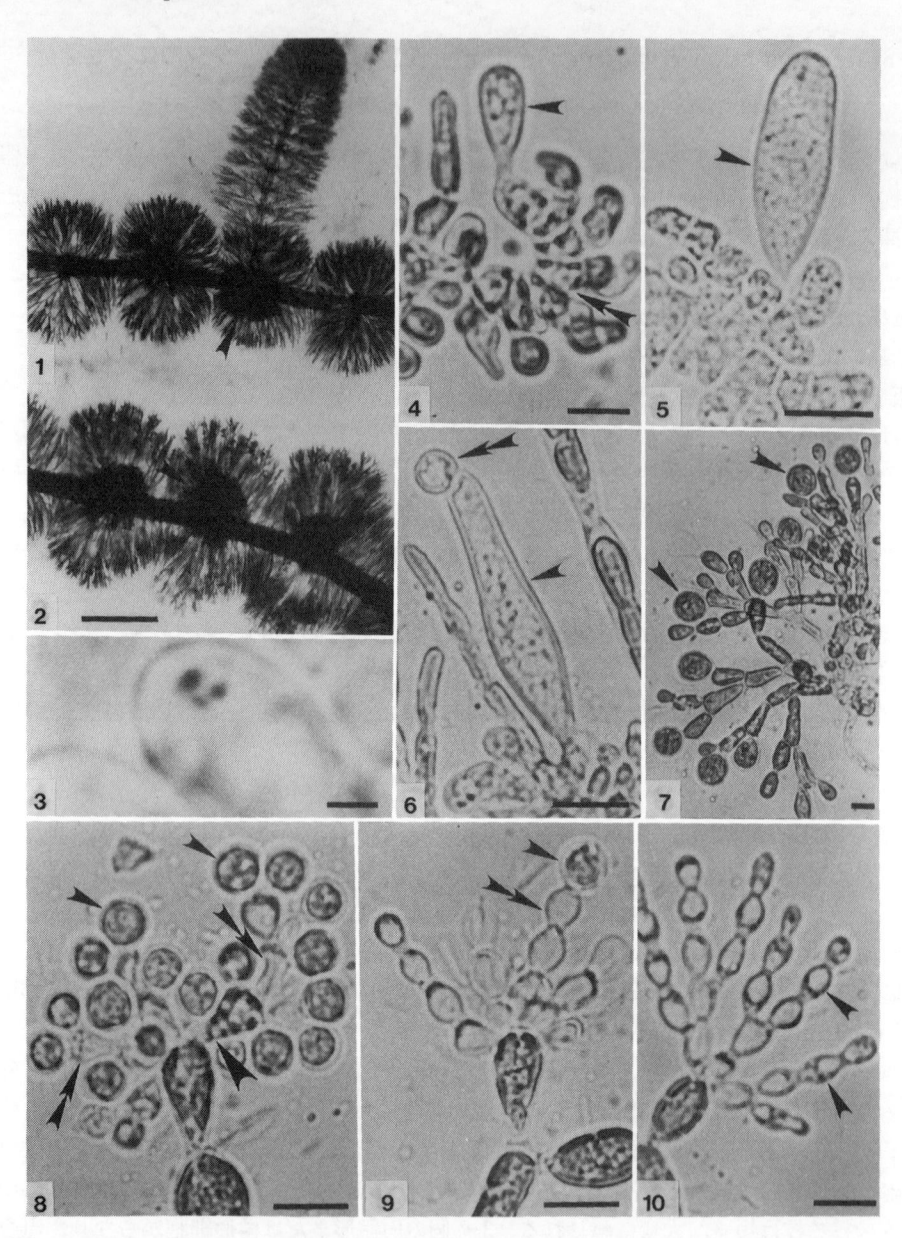

図版 100

Batrachospermum spermatiophorum, figs. 1-10（原著者，Vis *et al.* 1994）

1-2. 半球形中軸性果胞子体（矢頭）を含む，樽形で，密接した輪生枝叢をもつ2本の枝，3. n=3 の染色体（二重矢頭）を示す，ヘマトキシリン染色輪生枝の細胞，4. 湾曲する造果器をつける枝（二重矢頭）上の膨れた受精毛（矢頭）をもつ未成熟造果器，5. 円柱形受精毛（矢頭）をもつ発達中の造果器，6. 披針形受精毛（矢頭）をもつ，成熟造果器と付着した精子（二重矢頭），7. 多数の果胞子嚢（矢頭）を頂生する，緩やかに集合する造胞糸をもつ果胞子体，8. 輪生枝の細胞（大矢頭）に直接付着するか，または小さい無色の精子保持細胞（二重矢頭）に付着する精子嚢（矢頭），9. 3細胞性の無色の精子保持細胞（二重矢頭）の先端につく精子嚢（矢頭），10. よく房状に発達した無色の精子保持細胞（矢頭）．

（縮尺＝500 μm for figs. 1-2；10 μm for figs. 4-10；2 μm for fig. 3）

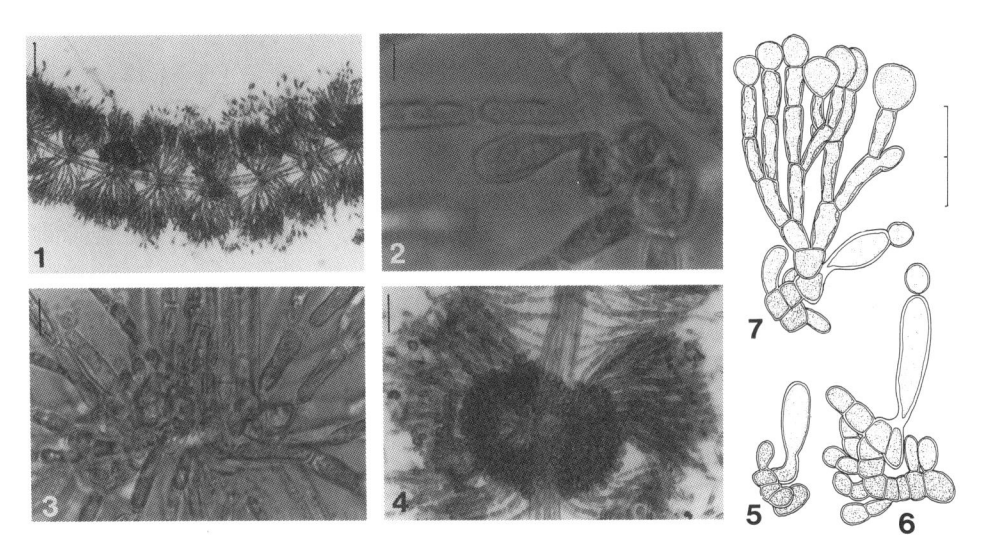

8-4. *Kushiroense* クシロエンセ亜節　195

図版 101(a)

Batrachospermum kushiroense, figs. 1-4（熊野 1996 y）, figs. 5-7（原著者, Kumano & Ohsaki 1983）
1. 中軸細胞, 1次輪生枝, 皮層細胞糸と, 中軸性の果胞子体を示す, 輪生枝叢の構造, 2,5. らせん状にコイルする, 若い造果器をつける枝, 3,6. 造胞糸の発達の初期, 4. 2個の半球形の果胞子体を示す藻体の部分, 7. 緩やかに集合する造胞糸の先端につく果胞子嚢.（縮尺＝100 μm for fig. 1；40 μm for fig. 4；20 μm for figs. 5-7；10 μm for fig. 3；5 μm for fig. 2）

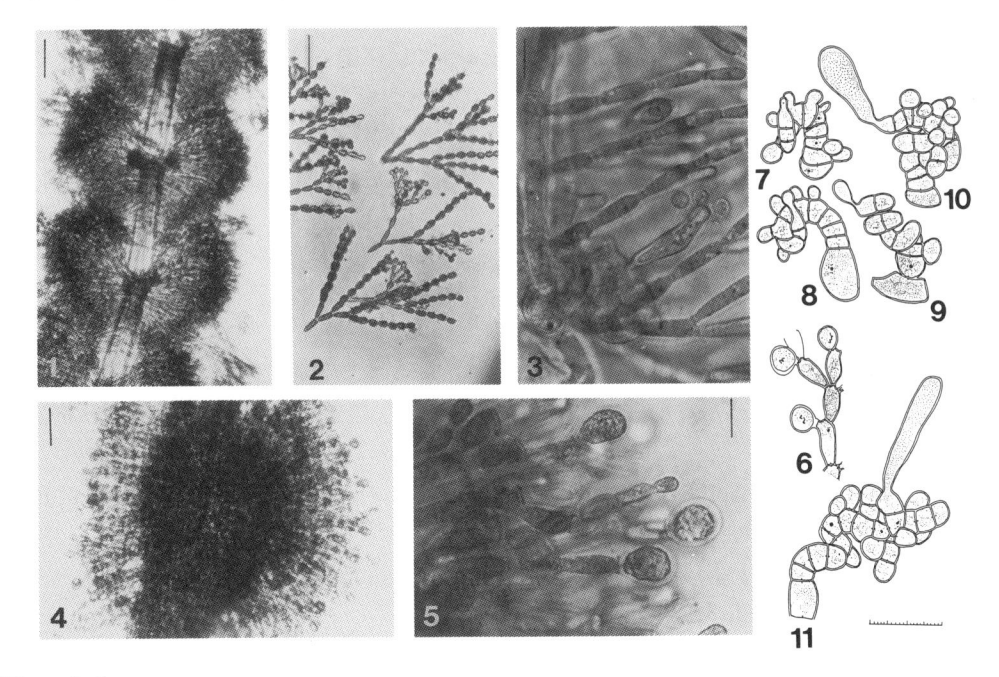

図版 101(b)

Batrachospermum iriomotense, figs. 1-5（熊野 1996 x）, figs. 6-11（原著者, Kumano 1982 a）
1. 樽形の輪生枝叢をもつ主軸, 2,6. 1次輪生枝に頂生または側生する精子嚢, 3. 精子の付着した成熟受精毛, 4. 中軸性果胞子体, 5. 造胞糸の先端につく果胞子嚢, 7-8. 造果器の先端が突出する, 9-11. 2-3回ねじれた造果器をつける枝, 造果器の先端の棍棒形の受精毛.（縮尺＝40 μm for fig. 1；20 μm for figs. 2,4,7-11；10 μm for figs. 3,5）

3) ***Batrachospermum iriomotense*** Kumano (1982: 182, fig. 1, A-M, fig. 3, A-D)

(**図版 101(b), figs. 1-5,** 熊野 1996 x. *In* 山岸・秋山(編), 淡水藻類写真集. 17:7. **figs. 6-11,** 原著者, Kumano 1982 a)

藻体は雌雄同株. 粘性あり. 長さ 4-5 cm, 太さ 150-240 μm, やや密に, 不規則に分枝する, 赤みを帯びた茶色. 輪生枝叢は丸い西洋梨形, しばしば接触する. 1 次輪生枝は密に分枝し, 8-10 細胞からなり, 細胞は披針形, 楕円形, 紡錘形, 端毛は稀. 2 次輪生枝は多数, 全節間を覆う. 精子嚢は球形, 太さ 3-7 μm, 輪生枝に頂生または側生する. 造果器をつける枝は大変にねじれ, 長く, 8-12 個の円盤形または樽形細胞からなり, 周心細胞から出る. 被覆枝は多数, 短い. 造果器は基部で太さ 5 μm, 頂部で太さ 6-8 μm, 長さ 26-40 μm, 受精毛は棍棒形, 不明瞭な柄があり, しばしば基部で曲がる. 果胞子体は 1 個, 半球形, 太さ 100-220 μm, 長さ 70-130 μm. 果胞子嚢は楕円形, 卵形, 太さ 12-14 μm, 長さ 16-19 μm.

タイプ産地:東アジア:日本, 沖縄県西表島後良川, 山地性小流中, 岩や石に付着する.

タイプ標本:Kobe University, Matsumoto, 23/III 1974.

分布:日本のタイプ産地のほか, 東南アジア:マレーシア, Kedah 州, Kedah Peak に分布する.

4) ***Batrachospermum louisianae*** Skuja in Flint (1949: 549, figs. 1-8)

(**図版 93(b), figs. 1-6,** Sheath, Vis & Cole 1992);(**図版 95(b), figs. 1-8,** 原著者, Flint 1949)

藻体は雌雄同株. 長さ 5 cm まで, 明るい青緑色, 房状, 乾燥時に中軸部は濃く黒色, 扇状の節部が明瞭になる. 大きい藻体では, 基部の 2 又分枝が明瞭である. 輪生枝叢基部にある無柄の造果器のために, 藻体はユタカカワモズク属に酷似する. 果胞子体は基部が平らで, 造果器をつける枝がねじれている結果, 藻体外形が非対称形に発達するようである. ある場合には, 節部に隣接して発達した果胞子体は, 融合するようになる. 受精毛は小さく, 単純な棍棒形である. 精子嚢も小さく, 分化しない 1-2 次輪生枝の先端につく. 古い裸になった輪生枝に, 時に単胞子が形成される.

タイプ産地:北米:米国, Louisiana 州, Mandeville.

選定標本:US 56080, LA 101, Sheath *et al.* (1992) が選定した.

分布:タイプ産地のみに分布する.

5) ***Batrachospermum breviarticulatum*** (Necchi et Kumano) Necchi (1990: 69, figs. 84, 86-94)

異名:*B. capense* Starmach ex Necchi et Kumano var. *breviarticulatum* Necchi et Kumano (1984: 349, figs. 2-11)

(**図版 102(a), figs. 1-2, 4-7,** 原著者, Necchi & Kumano 1984, *B. capense* var. *breviarticulatum* として. **figs. 3, 8-9,** Necchi 1988)

藻体は雌雄同株, 異株? 粘性は中庸. 長さ 3-7 cm, 太さ 300-500 μm, 密に, 不規則に分枝する. 輪生枝叢は退化, 硬く密集し, 倒円錐形, 接触し押し合う. 輪生枝叢は 2-3, 1 次輪生枝は真っすぐ, 2 又, 稀に 3 又分枝し, 4-6(-7) 細胞からなり, 輪生枝下部の細胞は楕円形, 紡錘形, 太さ 4-11 μm, 長さ 20-45 μm, 輪生枝先端部の細胞は楕円形, 紡錘形, 太さ 4.5-8 μm, 長さ 10-25 μm, 端毛は多数, 長短. 皮層細胞糸はよく発達する. 2 次輪生枝は多数, 全節間にあ

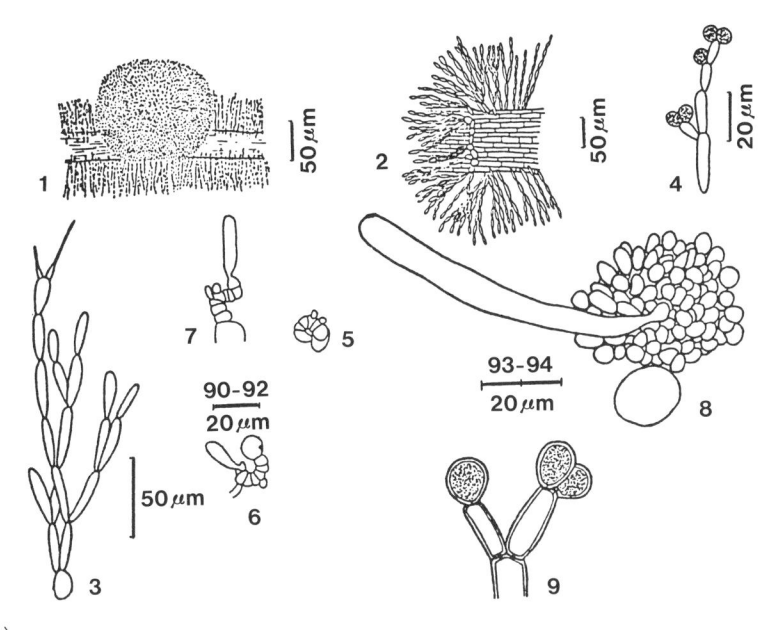

8-4. ***Kushiroense*** クシロエンセ亜節　197

図版 102(a)

Batrachospermum breviarticulatum as *B. capense* var. *breviarticulatum*, figs. 1-2, 4-7 (原著者, Necchi & Kumano 1984), figs. 3, 8-9 (Necchi 1988)
1. 果胞子体, 2. 皮層細胞糸, 1-2 次輪生枝, 3. 1 次輪生枝, 4. 精子嚢をもつ1次輪生枝, 5. 若い造果器をつける枝, 6-7. 発達中の受精毛をもつ造果器, 8. 造果器をつける枝を取り巻く, 被覆糸, 成熟した造果器, 9. 果胞子嚢をもつ造胞糸.

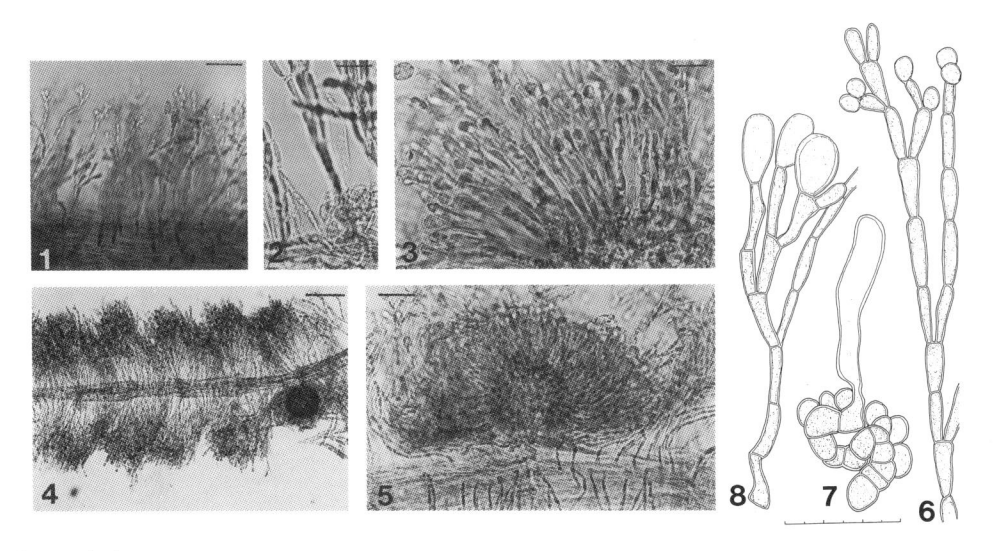

図版 102(b)

Batrachospermum tabagatense, figs. 1-8 (原著者, Kumano & Bowden-Kerby 1986, 熊野 1996 zg)
1. 2 次輪生枝に頂生, 側生する精子嚢, 2. 成熟受精毛をもつ造果器をつける枝, 3. 多少緩やかに集合する, 造胞糸の先端につく果胞子嚢, 4. 円柱形輪生枝叢と果胞子体, 5. 半球形の果胞子体, 6. 2 次輪生枝に頂生, 側生する精子嚢, 7. 成熟した受精毛をもつ, 造果器をつける枝, 8. 多少緩やかに集合する, 造胞糸の先端につく果胞子嚢. (縮尺＝100 μm for fig. 4; 40 μm for figs. 1, 5; 30 μm for figs. 6-8; 20 μm for figs. 2-3)

り，1次輪生枝の長さに達する．精子嚢は球形，太さ6-7 μm，輪生枝の先端につく．造果器をつける枝は，らせん状にねじれ，5-8個の円盤形または樽形細胞からなり，周心細胞から出る．被覆枝は多数，短い．造果器は左右非対称，基部で太さ4-6 μm，頂部で太さ7-9 μm，長さ40-85 μm，受精毛は円筒形，楕円形，棍棒形，無柄．果胞子体は1個，緩やかに集合し，半球形，輪生枝叢より高い，太さ190-270 μm，長さ350-550 μm．果胞子嚢は倒卵形，準球形，太さ8-12 μm，長さ11-16 μm．

　タイプ産地：南米：ブラジル，Sergipe 州，Areia Branca, Itabaiana Mountains．

　タイプ標本：SP 187102．

　分布：タイプ産地のほか，南米：ブラジル，Sergipe 州，Matto Grosso 州，São Paulo 州に分布する．

6) ***Batrachospermum tabagatense*** Kumano et Bowden-Kerby（1986：117, figs. 39-52）

　（**図版 102（b）**, **figs. 1-8**, 原著者，Kumano & Bowden-Kerby 1986, 熊野 1996 zg. *In* 山岸・秋山（編），淡水藻類写真集．17：16）

　藻体は雌雄同株．大変粘性あり．長さ約3 cm，太さ350-550 μm，疎らに，偽2又分枝する．灰色を帯びた緑色．輪生枝叢は円柱形，互いに接触する．1次輪生枝は偽2又分枝し，9-13細胞からなり，細胞は披針形，棍棒形，端毛は稀．皮層細胞糸はよく発達する．2次輪生は多数，2又分枝，8-11細胞からなり，全節間を覆い，1次輪生枝と同長に発達する．精子嚢は球形，太さ4-5 μm，輪生枝に頂生または側生する．造果器をつける枝はらせん状に巻き，短く，6-13個の円盤形または樽形細胞からなり，周心細胞から出る．被覆枝は疎らで，短い．造果器は基部で太さ3-6 μm，頂部で太さ8-10 μm，長さ50-65 μm，受精毛は棍棒形，不明瞭な柄がある．果胞子体は1-2個，球形，半球形，太さ180-300 μm，長さ130-250 μm，藻体中心部に挿入され，造胞糸はやや緩やかに集合する．果胞子嚢は球形，倒卵形，太さ10-14 μm，長さ12-16 μm．

　タイプ産地：ミクロネシア：Western Caroline Islands, Palau, Babeldaob Island, Nekking, Tabagaten River, 落ち葉の詰まった泉から出る緩やかな流れの小流中の根や石に付着．

　タイプ標本：Kobe University, Bowden-Kerby 10/V 1984．

　分布：タイプ産地のほかミクロネシア：Western Caroline Islands, Palau, Babeldaob Island, Ibobang, 滲み出る泉からの流れに分布する．

7) ***Batrachospermum guyanense***（Montagne）Kumano（1990：284, figs. 6-12）
異名：*B. vagum* var. *guyanense* Montagne（1850：295）

　（**図版 103（a）**, **figs. 1-4**, 熊野 1996 q. *In* 山岸・秋山（編），淡水藻類写真集．16：23．**figs. 5-7**, Kumano 1990）

　藻体は雌雄同株．大変粘性あり．長さ9-10 cm，太さ約500 μm，疎らに，不規則に分枝する．輪生枝叢は円柱形，互いに接触する．1次輪生枝は偽2又分枝し，10-13細胞からなり，細胞は披針形，棍棒形，端毛は長短あり．皮層細胞糸は大変よく発達する．2次輪生枝は，大変，大量に発達し，古い藻体では全節間を覆い，1次輪生枝の長さに達する．精子嚢は球形，太さ4-6 μm，輪生枝に頂生または造果器をつける枝の周囲に側生する．造果器をつける枝はらせん状にねじれ，6-11個の円盤形または樽形細胞からなり，周心細胞から出る．被覆枝は多数．造果器は基部で太さ7 μm，頂部で太さ9-12 μm，長さ35-45 μm，受精毛は棍棒形，やや不明瞭な柄が

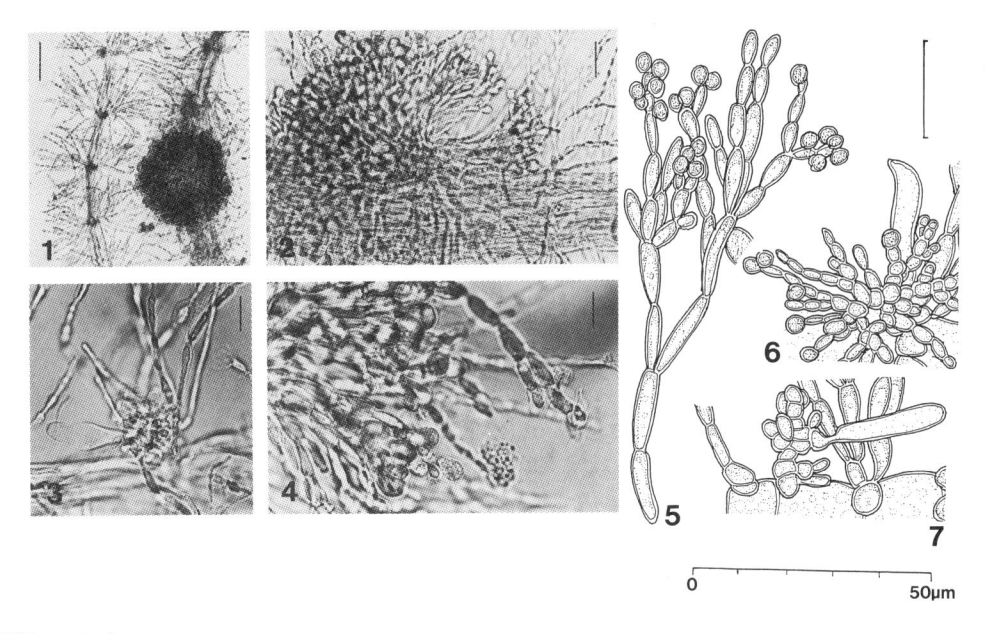

8-4. *Kushiroense* クシロエンセ亜節   199

図版 103(a)
Batrachospermum guyanense, figs. 1-4（熊野 1996 q），figs. 5-7（Kumano 1990）
1. 中軸性の果胞子体を示す主軸と，輪生枝叢，2,6. 果胞子体と，造胞糸の先端につく果胞子嚢，3,7. 強く湾曲する造果器をつける枝，4-5. 1次輪生枝の先端につく精子嚢．（縮尺＝100 μm for fig. 1； 40 μm for fig. 2； 20 μm for figs. 4-7； 10 μm for fig. 3）

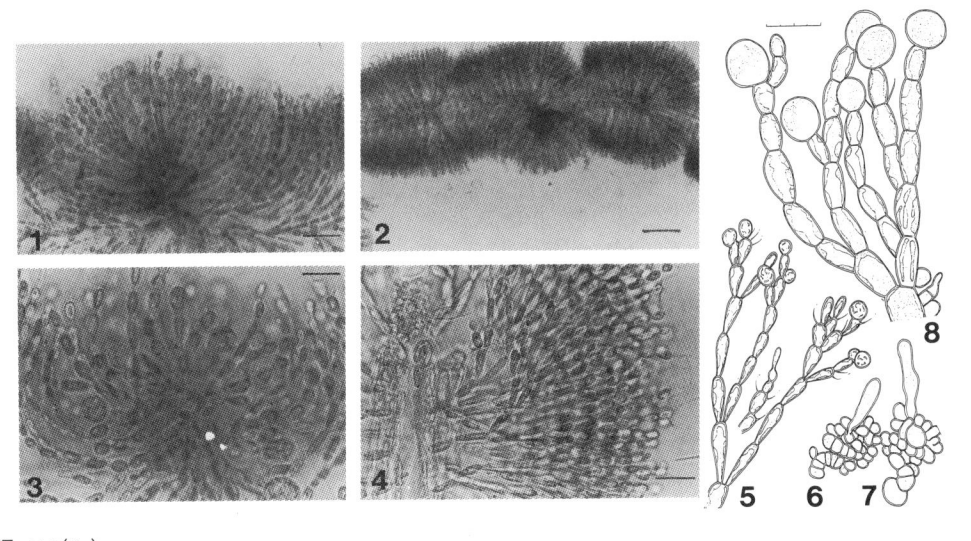

図版 103(b)
Batrachospermum nonocense, figs. 1-8（原著者，Kumano & Liao 1987，熊野 1996 zd）
1. 1次輪生枝とほとんど区別できない，緩やかに集合する造胞糸，2. 輪生枝とほとんど区別できない，果胞子体をもつ，倒円錐形の輪生枝叢を示す藻体の部分，3. 1次輪生枝と同じ長さの，緩やかに集合する造胞糸の先端につく果胞子嚢，4. 成熟した受精毛をもつ，造果器をつける枝，皮層細胞糸と，2次輪生枝を示す輪生枝叢の部分，5. 1-2次輪生枝に頂生または側生する精子嚢，6-7. らせん状にねじれる，成熟した受精毛をもつ造果器をつける枝，8. 側壁性の色素体を含む，披針形細胞からなり，造胞糸の先端につく果胞子嚢．（縮尺＝100 μm for fig. 2； 40 μm for fig. 1； 20 μm for figs. 3-8）

ある．果胞子体は球形，太さ150-220 μm，藻体中心部に挿入され，造胞糸は長く，5-8個の円筒形の細胞からなり，放射状に分枝，緩やかに集合する．果胞子嚢は造胞糸の側糸に頂生し，球形または楕円形，太さ9-12 μm，長さ10-15 μm．

タイプ産地：南米：French Guiana, Cayenne 近傍の淡水の流れ中．

タイプ標本：PC Le Prieur coll. n° 1108.

分布：タイプ産地のみに分布する．

8)　***Batrachospermum nonocense*** Kumano et Liao (1987 : 101, figs. 1-19)

(**図版103(b)，figs. 1-8，**原著者，Kumano & Liao 1987，熊野1996 zd. *In* 山岸・秋山(編)，淡水藻類写真集. 17：13)

藻体は雌雄同株．粘性は中庸．長さ約7 cm，太さ300-370 μm，やや2又分枝，青みを帯びた緑色．輪生枝叢は西洋梨形，古い藻体では倒円錐形．1次輪生枝は2又，3又分枝，6-10細胞からなり，輪生枝下部の細胞は棍棒形，太さ3-6 μm，長さ9-17 μm，輪生枝先端部の細胞は紡錘形，楕円形，太さ5-8 μm，長さ9-13 μm．端毛の長さはまちまち．皮層細胞糸はよく発達する．2次輪生枝は4-10細胞からなり，全節間を覆う．精子嚢は球形，太さ5-7 μm，輪生枝に頂生または側生する．造果器をつける枝はらせん状にねじれる，短く，9-13個の円盤形または樽形細胞からなり，周心細胞から出る．被覆枝は多数，大変短い．造果器は基部で太さ5-7 μm，頂部で太さ5-8 μm，長さ25-40 μm，受精毛は楕円形，棍棒形，やや，不明瞭な柄．果胞子体は1個，輪生枝叢と同長で見分け難い，長さ150-250 μm．造胞糸は長く6-10個の披針形の細胞からなり，緩やかに集合する．果胞子嚢は球形，楕円形，太さ13-18 μm，長さ15-18 μm．

タイプ産地：東南アジア：フィリピン，Mindanao Island 近傍，Nonoc Island，ニッケル鉱山の坑口近傍の無名の流水中（水温 28-30°C）．

タイプ標本：Kobe University, Largo & Liao, 29/III 1984.

分布：タイプ産地のみに分布する．

9)　***Batrachospermum globosporum*** Israelson (194 : 244, pl. I, c-h, pl. II, b, d)

以下の異名は Sheath, Vis & Cole (1992) に従った．

異名：*B. cipoense* Kumano et Necchi (1985 : 183, figs. 17-33)；*B. jolyi* Necchi (1986 : 520, figs. 13-20)

(**図版98(a)，figs. 1-9，**原著者，Kumano & Necchi 1985，熊野1996 h. *In* 山岸・秋山(編)，淡水藻類写真集. 16：14，*B. cipoense* として)；(**図版104(a)，figs. 1-6，**Sheath, Vis & Cole 1992)；(**図版104(b)，figs. 1-4，**原著者，Israelson 1942)

藻体は雌雄同株．粘性は中庸．長さ3-5 cm，太さ350-500 μm，密に，不規則に分枝．輪生枝叢は倒円錐形，接触し押し合う．輪生枝叢は2-3，1次輪生枝は真っすぐ，2又分枝，7-11細胞からなり，輪生枝下部の細胞は楕円形，紡錘形，太さ4.5-8 μm，長さ20-35 μm，輪生枝先端部の細胞は楕円形，紡錘形，太さ3.4-7 μm，長さ15-25 μm，端毛多数．2次輪生枝は多数，輪生枝の長さに達する．精子嚢は球形，倒卵形，太さ6-7.5 μm，輪生枝に頂生．造果器をつける枝は，らせん状にねじれ，4-6個の円盤形または樽形細胞からなり，周心細胞から出る．被覆枝は多数，短い．造果器は左右非対称，基部で太さ4-6 μm，頂部で太さ4.5-7 μm，長さ20-30 μm，受精毛は円筒形，楕円形，棍棒形，無柄．果胞子体は1個，緩やか，半球形，輪生枝叢よ

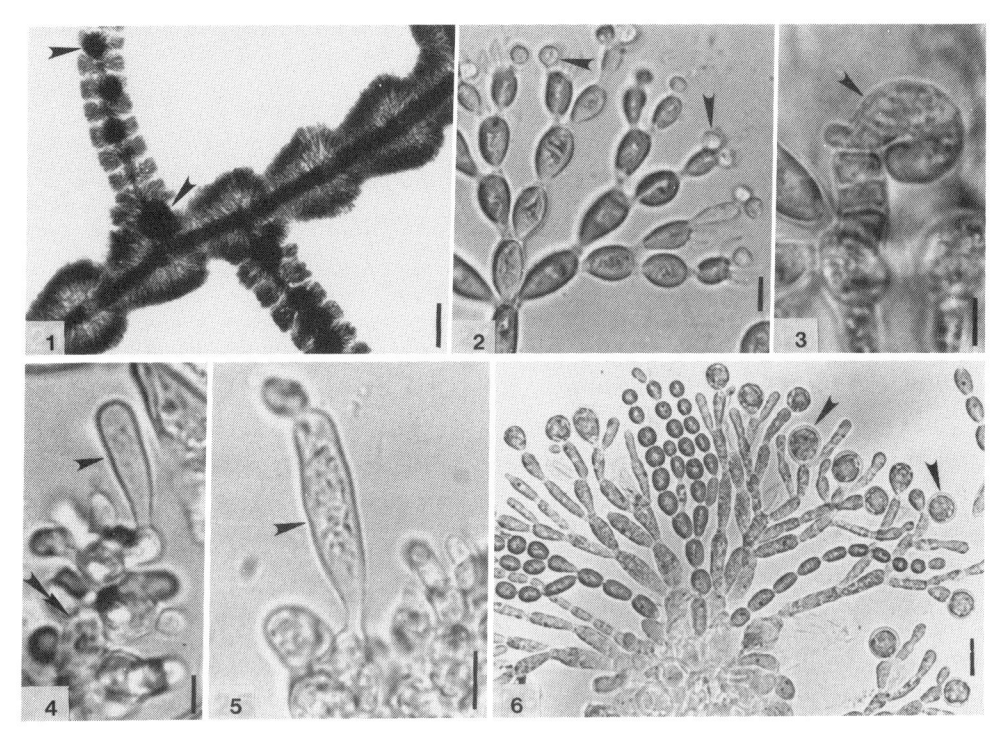

8-4. **Kushiroense** クシロエンセ亜節　201

図版 104(a) *Batrachospermum globosporum*, figs. 1-6（Sheath, Vis & Cole 1992）
1. 輪生枝叢，中軸性果胞子体（矢頭），主軸と枝，2. 輪生枝に頂生する精子嚢（矢頭），3. 造果器をつける枝（矢頭），4. 造果器（矢頭），造果器をつける枝（二重矢頭），5. 成熟造果器（矢頭），6. 球形果胞子嚢（矢頭）をもつ成熟果胞子体．（縮尺＝200 μm for fig. 1；10 μm for figs. 2-6）

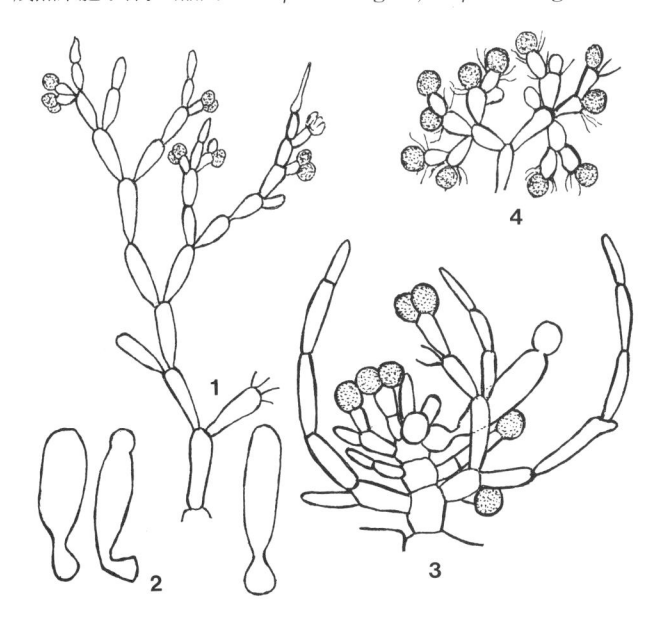

図版 104(b) *Batrachospermum globosporum*, figs. 1-4（原著者，Israelson 1942）
1. 輪生枝に頂生または亜頂生する精子嚢，2. 柄のある造果器，3. 湾曲する造果器をつける枝と，被覆枝の先端につく精子嚢，4. 造胞糸の先端につく球形の果胞子嚢．

り低い，太さ 100-140 μm，長さ 200-280 μm．果胞子囊は倒卵形，準球形，太さ 7.5-10 μm，長さ 9.5-13 μm．

タイプ産地：欧州：スウェーデン，Dalarna，Folkärna，Lake sgarn．

タイプ標本：UPS, G. Lohammar, 5/X 1941．

分布：タイプ産地のほか，大洋州：オーストラリア，Queensland 州，Brisbane，Paradise Road，南米：ブラジル，Amazonas 州，Manaus，Forest Reserve Adolfo Ducke（*B. jolyi* として），Minas Gerais 州，Cipo Mountains（*B. cipoense* として）に分布する．

10）***Batrachospermum nechochoense*** Kumano et Bowden-Kerby（1986：120, figs. 53-65）

（図版 105（a），figs. 1-9，原著者，Kumano & Bowden-Kerby 1986，熊野 1996 zb．*In* 山岸・秋山（編），淡水藻類写真集．17：11）

藻体は雌雄同株．粘性あり．長さ約 2 cm，太さ 350-550 μm，密に，不規則に分枝する．灰色を帯びた緑色．輪生枝叢は樽形，互いに接触する．1 次輪生枝は 2 又，3 又，稀に 4 又分枝，11-14 細胞からなり，輪生枝下部の細胞は披針形，棍棒形，輪生枝先端部の細胞は倒卵形，西洋梨形，端毛は短い．皮層細胞糸はよく発達する．2 次輪生枝はよく発達し，2 又分枝，8-11 細胞からなる．精子囊は球形，太さ 5-7 μm，輪生枝に頂生または側生する．造果器をつける枝はらせん状にねじれ，短く，7-14 個の円盤形または樽形細胞からなり，周心細胞から出る．被覆枝は短い．造果器は基部で太さ 5-6 μm，頂部で太さ 7-12 μm，長さ 25-30 μm，受精毛は棍棒形，壺形，やや不明瞭な柄がある．果胞子体は 1 個，半球形，太さ 150-220 μm，長さ 140-180 μm，藻体中心部に挿入され，造胞糸は緩やかに集合する．果胞子囊は球形，倒卵形，太さ 7-8 μm，長さ 10-16 μm．

タイプ産地：ミクロネシア：Truk Islands，Tol Island，Nechocho，泉に由来する小流中．

タイプ標本：Kobe University, Borden-Kerby, 14/III 1982．

分布：タイプ産地以外に，ミクロネシア：Truk Islands，Moen Island，Wichen River（水温 27°C）に分布する．

11）***Batrachospermum capense*** Starmach ex Necchi et Kumano（1984：349）

異名：*B. capensis* Starmach（1975：206, pl. 4, a-e, pl. 5, figs. 1-4, pl. 6, figs. 5-10）nom. illeg.)

（図版 106, figs. 1-7，原著者，Starmach 1976，*B. capensis* として）

藻体は雌雄異株．粘性は中庸．長さ 3-8 cm，太さ 450-1000 μm，不規則に分枝する．輪生枝叢はよく発達する．硬く密集または疎ら，倒円錐形，接触し押し合う．輪生枝叢は 2-3，1 次輪生枝は真っすぐ，2 又，稀に 3 又分枝し，8-15 細胞からなり，輪生枝下部の細胞は楕円形，紡錘形，太さ 4.5-8 μm，長さ 17-35 μm，輪生枝先端部の細胞は楕円形，紡錘形，太さ 3.5-6 μm，長さ 5-10 μm，端毛は多数，長短ある．皮層細胞糸はよく発達する．2 次輪生枝は多数で，全節間にあり，1 次輪生枝の長さに達する．精子囊は球形，倒卵形，太さ 6-7 μm，輪生枝の先端につく．造果器をつける枝はらせん状にねじれ，6-9 個の円盤形または樽形細胞からなり，周心細胞から出る．被覆枝は多数，短い．造果器は左右非対称，基部で太さ 5-7 μm，頂部で太さ 7-9 μm，長さ 60-80 μm，受精毛は円筒形，棍棒形，無柄．果胞子体は 1 個，緩やかに集合し，半球形，輪生枝叢より高い，太さ 150-400 μm，長さ 400-850 μm．果胞子囊は倒卵形，準球形，太さ

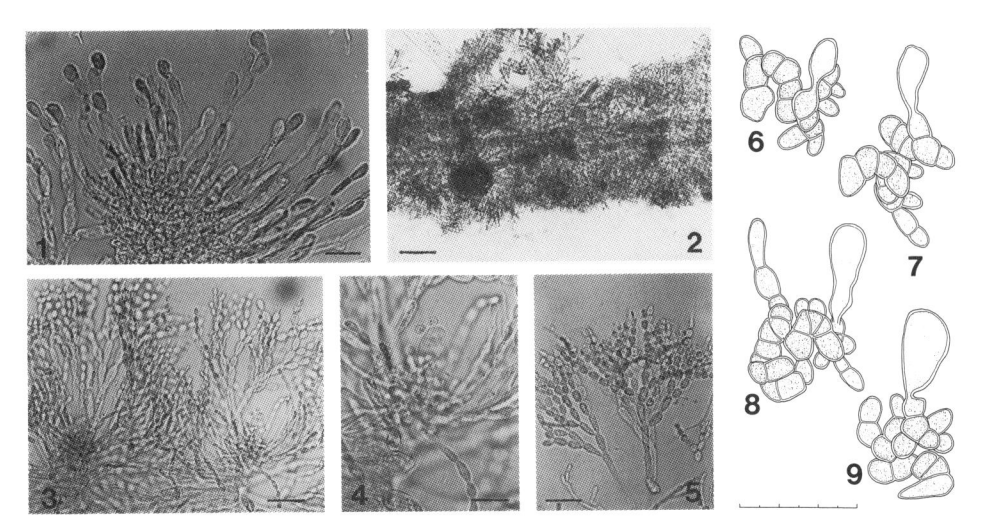

8-4. ***Kushiroense*** クシロエンセ亜節   203

図版 105(a) *Batrachospermum nechochoense*, figs. 1-9 (原著者, Kumano & Bowden-Kerby 1986, 熊野 1996 zb)
1. 造胞糸の先端につく果胞子嚢, 2. 樽形, 円柱形輪生枝叢, 3. 中軸細胞, 皮層細胞糸, 1-2 次輪生枝, 造果器をつける枝, 4. 成熟した受精毛をもつ造果器をつける枝, 5. 端毛をもつ, 2-3 又分枝する 1 次輪生枝, 6-9. 受精毛（造果器）をもつ, コイルする造果器をつける枝．(縮尺＝100 μm for fig. 2；40 μm for figs. 3,5；30 μm for figs. 6-9；20 μm for figs. 1,4)

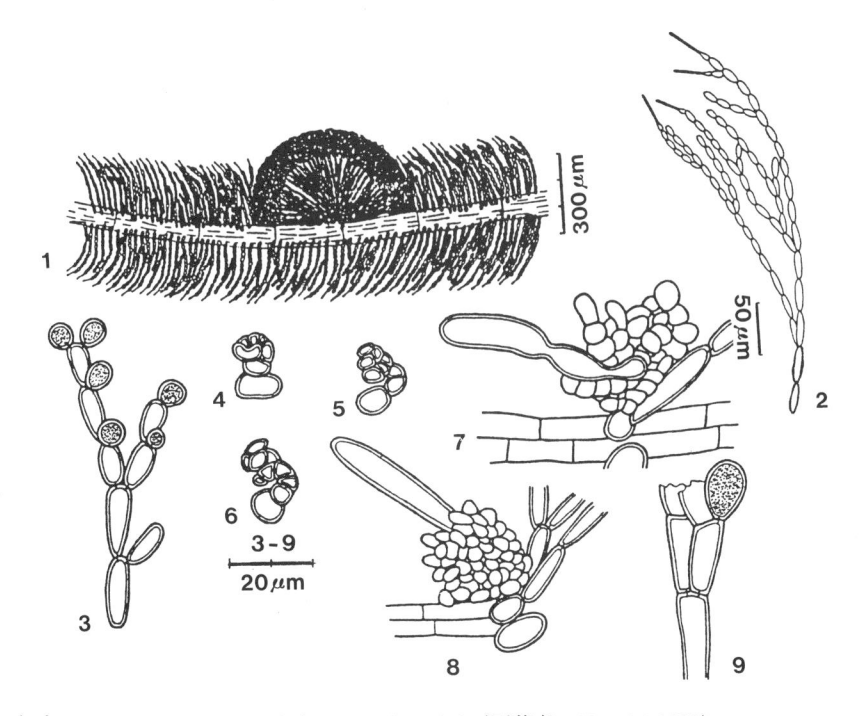

図版 105(b) *Batrachospermum skujanum*, figs. 1-9 (原著者, Necchi 1990)
1. 果胞子体, 輪生枝叢, 2. 1 次輪生枝の詳細, 3. 精子嚢をもつ 1 次輪生枝の先端細胞, 4-6. 造果器をつける枝の発達造果器初期, 7-8. 受精毛（造果器）, 造果器をつける枝を取り囲む被覆枝, 周心細胞, 下部細胞を示す, 9. 果胞子嚢をもつ造胞糸．

Batrachospermales カワモズク目

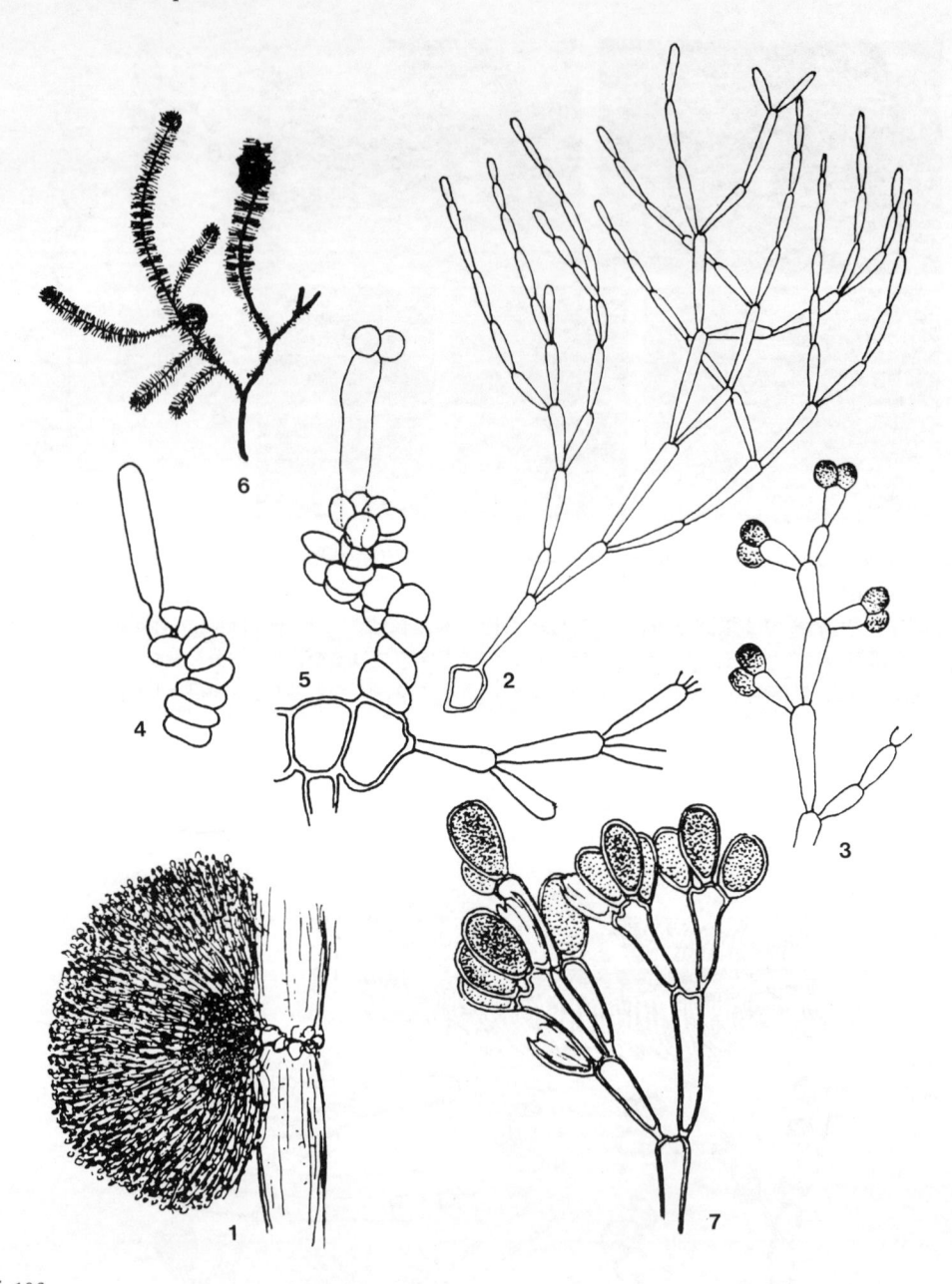

図版 106

Batrachospermum capense as *B. capensis*, figs. 1-7 (原著者, Starmach 1976)
1. 半球形の果胞子体, 2. 1次輪生枝, 3. 輪生枝の先端につく精子嚢, 4-5. らせん状にねじれる造果器をつける枝, 6. 大きい, 球形または半球形の中軸性の果胞子体を示す主軸と枝, 7. 造胞糸の先端につく果胞子嚢.

8-11 µm, 長さ 10.5-16 µm.
　タイプ産地：アジア：インド洋, Seychelles Archipelago, Mahé Island, Du Cap stream.
　選定標本：KRA, J. Rzoska 1972, Necchi & Kumano (1984) が選定した.
　分布：タイプ産地のほか, アジア：インド洋, Seychelles Archipelago, Mahé Island, Le Nial stream. 南米：ブラジル, Amazonas 州, Manaus, Forest Reserve Adolfo Ducke, Minas Gerais 州, Cipo Mountains に分布する.

12) ***Batrachospermum skujanum*** Necchi (1986：519, figs. 2-12)
　(図版 105(b), figs. 1-9, 原著者, Necchi 1990)
　藻体は雌雄同株. 粘性は多いか中庸. 長さ 3-11 cm, 太さ 500-1200 µm, 密に, 不規則に分枝する. 輪生枝叢はよく発達し, 密集または疎ら, 樽形, 倒円錐形, 接触し押し合う. 輪生枝叢は 2-3, 1次輪生枝は真っすぐ, 2又, 稀に3又分枝し, 13-20 細胞からなり, 輪生枝下部の細胞は円柱形, 楕円形, 太さ 5-7 µm, 長さ 20-35 µm, 輪生枝先端部の細胞は楕円形, 太さ 4.5-8 µm, 長さ 10-20 µm, 端毛は多数, 長短ある. 皮層細胞糸はよく発達する. 2次輪生枝は多数, 1次輪生枝の長さに達する. 精子囊は球形, 倒卵形, 太さ 5.5-7 µm, 輪生枝の先端につく. 造果器をつける枝はらせん状にねじれ, 8-10 個の円盤形または樽形細胞からなり, 周心細胞から出る. 被覆枝は多数, 短い. 造果器は左右非対称, 基部で太さ 5-7 µm, 頂部で太さ 7-9 µm, 長さ 40-55 µm, 受精毛は円筒形, 棍棒形, 無柄. 果胞子体は1個, 密集し, 半球形, 輪生枝叢より高い, 太さ 200-500 µm, 長さ 500-900 µm. 果胞子囊は倒卵形, 準球形, 太さ 8.5-12 µm, 長さ 10-15 µm.
　タイプ産地：南米：ブラジル, São Paulo 州, Parenheiros, Evangelista de Aouza, 標高 740 m, 清澄な流水中, 水深 10-20 cm の岩に付着 (水温 18.5℃).
　タイプ標本：SP 176790.
　分布：タイプ産地のほか, 南米：ブラジル, São Paulo 州, Munic' pio of Cubato, Piaaguera に分布する.

8-5. Subsection ***Ambiguum*** Kumano (1993：266)　アムビグウム亜節
Type：*Batrachospermum ambiguum* Montagne (1850)

　藻体は不規則に分枝する. 造果器をつける枝は強くねじれる. 受精毛は不明瞭な柄をもち, しばしば基部で曲がる. 果胞子体は球形または半球形で, 中軸部に挿入される. 造胞糸は硬く集合する.

1) ***Batrachospermum gibberosum*** (Kumano) Kumano (1986：24, figs. 1-23)
　異名：*Tuomeya gibberosa* Kumano (1978：105, figs. 7, A-E)
　(図版 107(a), figs. 1-5, 熊野 1996 o. *In* 山岸・秋山(編), 淡水藻類写真集. 16：21. figs. 6-10, 原著者, Kumano 1978, *Tuomeya gibberosa* として)
　藻体は雌雄同株. 粘性あり. 長さ 1-4 cm, 太さ 50-100 µm, 疎らに, 不規則に分枝する. 濃緑色. 輪生枝叢は目立たず, 融合する. 1次輪生枝は, 疎ら, 2又, 時に3又分枝, 3-5 細胞からなり, 輪生枝下部の細胞は円柱形, 樽形, 短く, 太さ 5-10 µm, 長さ 6-8 µm, 輪生枝先端部

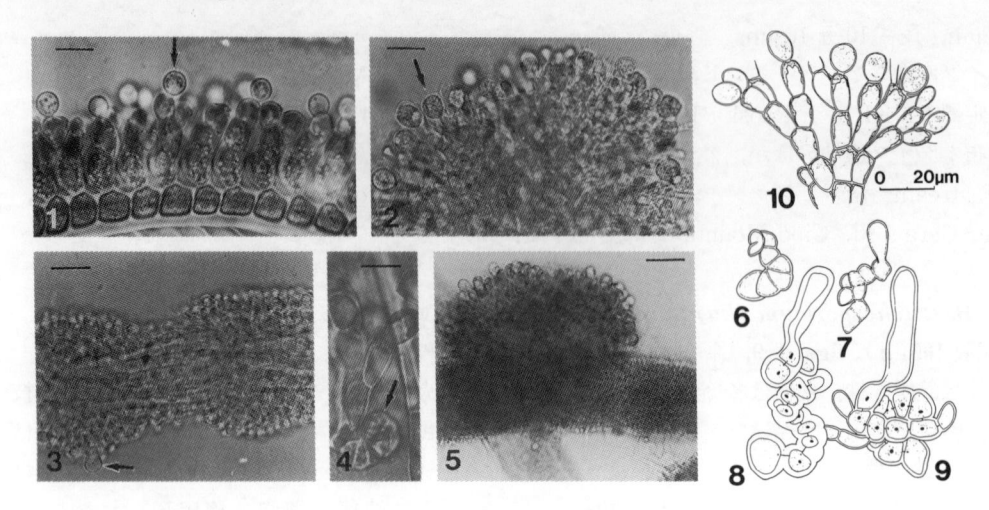

図版 107 (a)　*Batrachospermum gibberosum*, figs. 1-5（熊野 1996 o），as *Tuomeya gibberosa*, figs. 6-10（原著者，Kumano 1978）
1. 皮層細胞糸と 2 次輪生枝の先端につく精子嚢（矢印），2. 緻密に集合した，造胞糸の先端につく果胞子嚢（矢印），3. 皮層細胞糸，1-2 次輪生枝と受精毛の先端（矢印）を示す若い藻体の部分，4. 1 次輪生枝と発達の初期の造果器をつける枝（矢印），5. 瘤形または半球形の果胞子体，6-7. 発達の初期の造果器をつける枝，8-9. 成熟した造果器をもつ，らせん状にねじれる造果器をつける枝，10. 造胞糸の先端につく果胞子嚢．（縮尺＝40 µm for fig. 5；20 µm for figs. 2-3, 6-10；10 µm for figs. 1, 4）

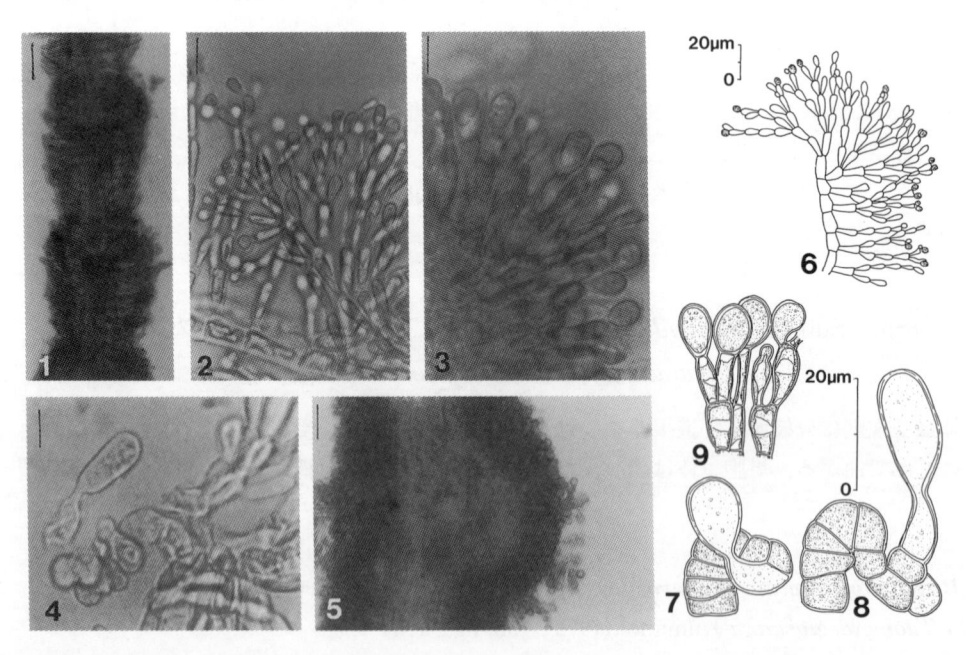

図版 107 (b)　*Batrachospermum hirosei*, figs. 1-5（熊野 1996 r），figs. 6-9（原著者，Ratnasabapathy & Kumano 1982 b）
1, 5. 融合した輪生枝叢と，中軸性の果胞子体を示す藻体の部分，2, 6. 1-2 次輪生枝の先端につく精子嚢と，皮層細胞糸を示す藻体の部分，3, 9. 造胞糸の先端につく果胞子嚢，4, 7-8. ねじれた造果器をつける枝の発達．（縮尺＝100 µm for fig. 1；40 µm for fig. 5；20 µm for figs. 6-9；10 µm for figs. 2-4）

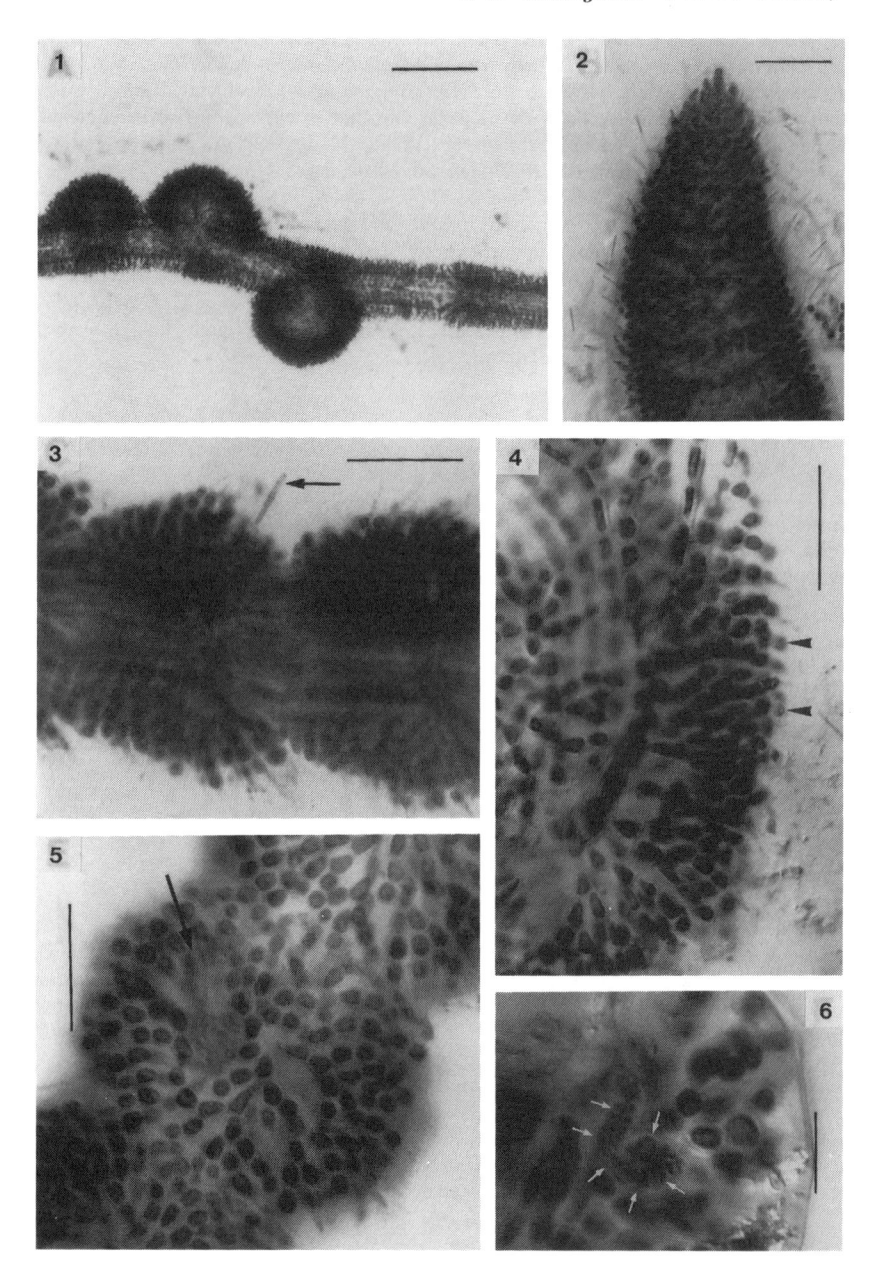

8-5. *Ambiguum* アムビグウム亜節　207

図版 107(c)　*Batrachospermum deminutum*, figs. 1-6（原著者, Entwisle & Foard 1999 c）
1. 退化した輪生枝叢と瘤状の果胞子体, 2. 藻体先端部, 3. 突出した受精毛（矢印）のある輪生枝叢, 4. 輪生枝に頂生する精子嚢（矢頭）, 5. 造果器をつける枝の被覆枝の間から輪生枝叢外へ突出する受精毛（矢印）, 6. 未熟な造果器をつける枝（矢印）.（縮尺＝150 μm for fig. 1; 50 μm for figs. 2-5; 15 μm for fig. 6）

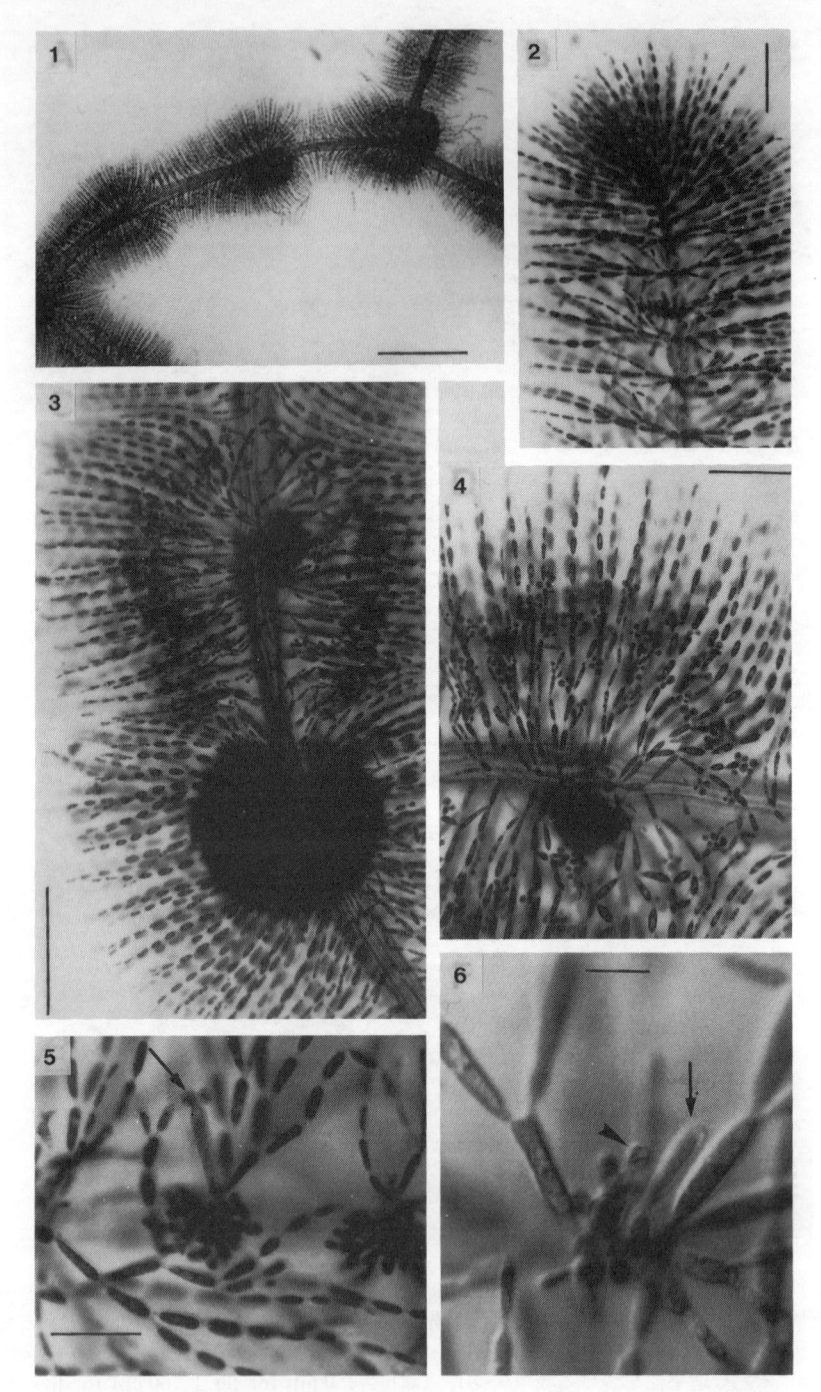

図版 **107（d）** *Batrachospermum vittatum*, figs. 1-6（原著者，Entwisle & Foard 1999 c）
1. 果胞子体（黒い塊）をもつ藻体，2. 藻体先端部，3. 果胞子体（黒い塊）をもつ藻体と輪生枝の中程に帯状にみえる精子嚢，4. 中程に帯状にみえる精子嚢をもつ輪生枝叢と，発達中の果胞子体（下方），5. 比較的緩やかに集合する造果器をつける枝と，被覆枝の間から突出する受精した造果器（矢印は付着した精子），6. 未成熟の造果器（矢印）と，精子嚢をつける被覆枝（矢頭）とをもつ，ねじれた造果器をつける枝。（縮尺＝300 μm for fig. 1；100 μm for fig. 3；50 μm for figs. 2, 4；30 μm for fig. 5；10 μm for fig. 6）

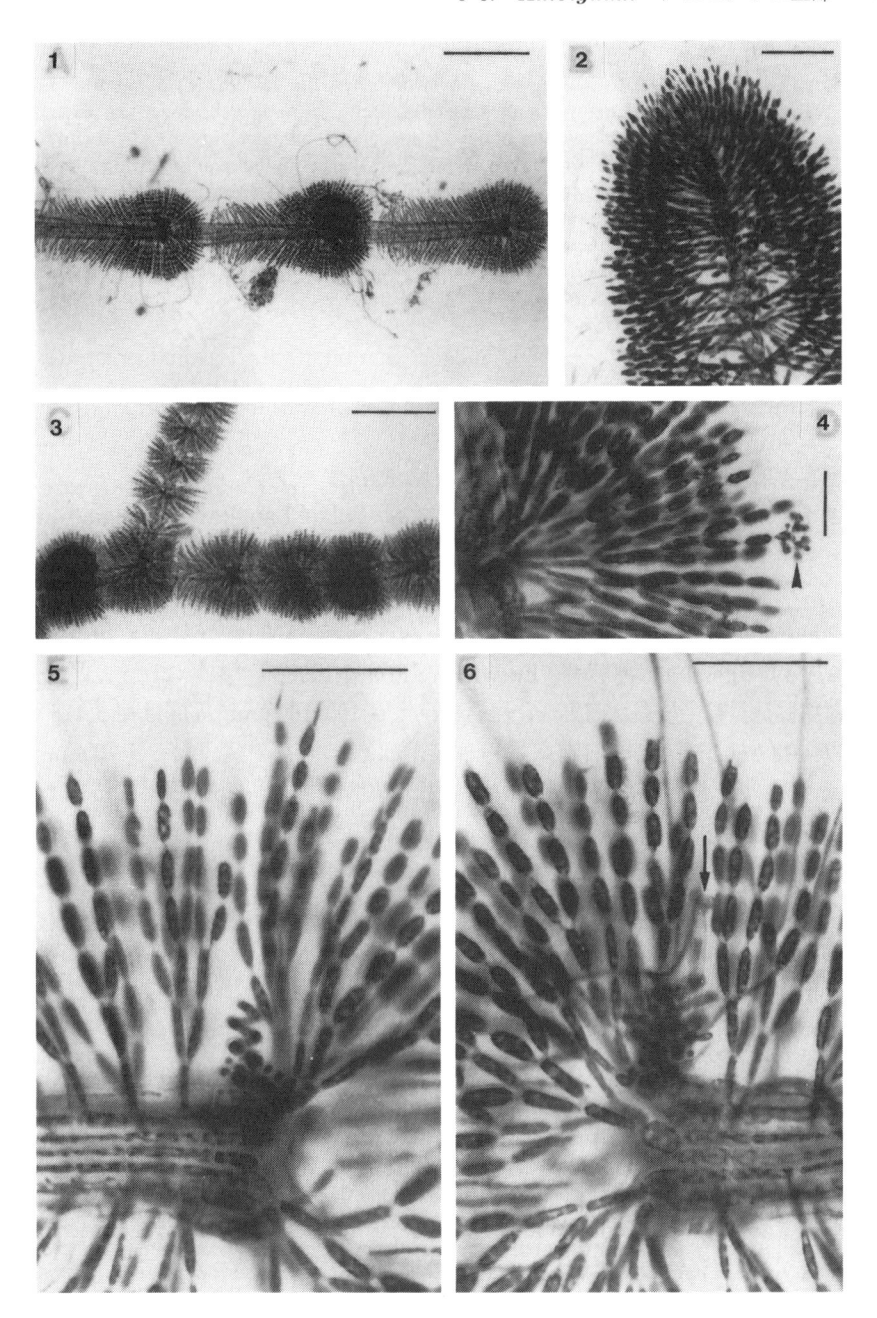

8-5. ***Ambiguum*** アムビグウム亜節　209

図版 107 (e)

Batrachospermum australicum, figs. 1-6（原著者, Entwisle & Foard 1999 c）
1. 細長い輪生枝叢をもつ藻体, うち一つには果胞子体（黒い塊）がある, 2. 藻体の先端部, 3. 幾つかには果胞子体（黒い塊）がある, 比較的密集した輪生枝叢をもつ藻体, 4. 先端に精子嚢（矢頭）をつける輪生枝, 5. コルク栓抜き形の未熟な造果器をつける枝, 6. 造果器をつける枝の, 長い被覆枝から突出する受精した造果器（矢印）.（縮尺＝300 μm for figs. 1, 3；50 μm for figs. 2, 5, 6；25 μm for fig. 4)

の細胞は卵形，端毛は稀，長短あり．皮層細胞糸は極めて多数，偽柔組織状に発達．2次輪生枝は多数，短く，疎らに，時に2又分枝し，2-3細胞からなり，全節間を覆う．精子嚢は球形，太さ 4-5 μm，輪生枝に頂生．造果器をつける枝はややねじれ，巻き，短く，長さ 7-10 μm，3-10個の円盤形細胞からなり，周心細胞から出る．造果器をつける枝の細胞膜は厚く，細胞間の原形質連絡は顕著．被覆枝は多数で短い．造果器はやや非対称，太さ約 4 μm，長さ 25-30 μm，受精毛は円柱形，柄あり．果胞子体は膨らみ，瘤状，太さ 100-140 μm，長さ 70-100 μm，輪生枝叢から突出する．造胞糸は放射状に分枝し，やや硬く密集する．果胞子嚢は球形，楕円形，太さ 7-10 μm，長さ 10-13 μm．

タイプ産地：東南アジア：マレーシア，Negeri Sembilan 州，Pasoh Forest Reserve，原生林中を流れる小流 Sungai Maron Kanan，水中の維管束植物の根や，枯れ木のような基物に付着する（水温 24.7℃）．

タイプ標本：Kobe University, Kumano, 12/IX 1971．

分布：タイプ産地のほか，東アジア：マレーシア，Pulau Langkawi, Sungai Air Terjin に分布する．

2) ***Batrachospermum deminutum*** Entwisle et Foard（1999 c : 627, fig. 6）
（図版 107(c)，figs. 1-6，原著者，Entwisle & Foard 1999 c）

藻体は雌雄同株．輪生枝叢は円錐形，融合し，太さ 100-160 μm，節間は長さ 115-230 μm．中軸細胞は太さ 38-60 μm．皮層細胞糸は円柱形，細胞はレンガ状，太さ 5-10 μm，長さ 10-20 μm．1次輪生枝は周心細胞に 4-5 個，ふつう先端が曲がり，4-7 細胞長，3-5 回2又分枝をする．下部細胞は円柱形または倒卵形，太さ 6-7 μm，長さ 8-11 μm，上部細胞はドーム形，楕円形または球形，太さ 4-8 μm，長さ 4-10 μm．端毛は稀，長さ 7-18 μm．2次輪生枝は，ふつう1次輪生枝と同長．精子嚢は 1-2 次輪生枝にばらばらに頂生し，球形，直径約 6 μm．造果器をつける枝は約 1-2 回らせん状に巻くか，ねじれ，周心細胞から出て，10-18 個の分化した円盤形の太さ 6-11 μm，長さ 2-4 μm の細胞からなる．被覆枝は造果器をつける枝の少数の細胞から出て，造果器から突出しない．造果器はほとんど真っすぐ，基部で太さ 4-6 μm，長さ 34-39 μm．受精毛は無柄，棍棒形，楕円形または紡錘形，最も広い部分の太さ 4-8 μm．果胞子体は輪生枝叢に1または2個，常に輪生枝叢から突出する．準球形，緻密，直径 150-230 μm，輪生枝叢半径の 2-4 倍，中軸部に挿入される．造胞糸は長さ 4-9 細胞，果胞子嚢は球形または倒卵形，太さ 7-11 μm，長さ 7-13 μm．シャントランシア相の藻体は未知．

タイプ産地：豪州，New South Wales 州，Kurrajong の北西 2.5 km, Mill Road Crossing, Little Wheeny, 暖温帯性の切れ切れの森林と農地との混在地の緩やかな流れ．

タイプ標本：NSW, Entwisle 2638, 24/vii 1996, Isotype: MEL.

分布：タイプ産地にのみ生育する．

3) ***Batrachospermum vittatum*** Entwisle et Foard（1999 c : 619, fig. 3）
（図版 107(d)，figs. 1-6，原著者，Entwisle & Foard 1999 c）

藻体は雌雄同株．輪生枝叢は円錐形，融合する．太さ 390-480 μm，節間は長さ 100-555 μm．中軸細胞は太さ 20-60 μm．皮層細胞糸は円柱形，太さ 3-6 μm．1次輪生枝は周心細胞に 2-3 本，やや上部でやや曲がり，8-13 細胞からなり，2-4 回（大抵，輪生枝の下部に局限され）2-3

又分枝する．下部細胞は楕円形，紡錘形または倒卵形，太さ 4-10 μm，長さ 15-32 μm．上部細胞は紡錘形または倒卵形，太さ 2.5-6 μm，長さ 10-15 μm．2 次輪生枝は，ふつう 1 次輪生枝と同長．精子嚢は，ふつう 1-2 次輪生枝の短縮側枝に房状に形成されるので，多少明瞭な藻体を縦に走る精子嚢帯がみえる．被覆枝上にも形成され，球形，直径 5-6 μm．造果器は 1 回らせん状に巻くか，ねじれ，周心細胞から出る 4-6 個の分化した，太さ約 6 μm，長さ 4 μm の円盤形の細胞からなる．被覆枝は (1-)3-4 細胞の長さで，広がっていて，造果器から突出しない．造果器は斜めに付着し，真っすぐまたは曲がり，基部で太さ 3-4 μm，長さ 32-40 μm．受精毛は無柄，棍棒形または円柱形，最も広い部分で太さ 4-9 μm．果胞子体は輪生枝叢に 1 個，輪生枝叢の内側と外側に位置する，球形から準球形，緻密，直径 110-260 μm，輪生枝叢半径の 0.5-1 倍，中軸部に挿入される．造胞糸は緻密に集合し，4-6 細胞の長さ．果胞子嚢は倒卵形，太さ 7-10 μm，長さ 13-15 μm．シャントランシア相の藻体は未知．

　タイプ産地：豪州，Northern Territory, Cooinda-Jabiru 間の Kakadu Highway 近く，Gubara Walk の終点，Gybara Pool．

　タイプ標本：DNA 6/VI, 1997, coll. Entwisle, Isotype, MEL．

　分布：タイプ産地と豪州，Northern Territory の北部，Amhem Land, Ji bal bal Creek (水温 27.5°C)．

4)　***Batrachospermum hirosei*** Kumano et Ratnasabapathy in Ratnasabapathy & Kumano (1982 b : 122, fig. 3, A-J)

　(**図版 107 (b)**, **figs. 1-5**, 熊野 1996 r．*In* 山岸・秋山 (編)，淡水藻類写真集．16：24, **figs. 6-9**, 原著者, Ratnasabapathy & Kumano 1982 b)

　藻体は雌雄同株．粘性多い．長さ 1-3 cm，太さ 100-320 μm，やや不規則に分枝する．緑色か茶色．輪生枝叢は樽形，古い藻体で倒円錐形で接触し合う．1 次輪生枝は密に分枝し，6-8 細胞からなり，細胞は披針形，倒卵形，端毛を欠く．皮層細胞糸はよく発達する．2 次輪生枝は多数，全節間を覆う．精子嚢は球形，太さ 3-5 μm，輪生枝の先端につく．造果器をつける枝は強くねじれ，6-13 個の樽形細胞からなり，周心細胞から出る．被覆枝は短い．造果器は基部で太さ 4-10 μm，頂部で太さ 7-10 μm，長さ 19-35 μm，受精毛は楕円形，不規則な金床形，明瞭な柄あり．果胞子体は 1 個，球形または半球形，太さ 110-200 μm，長さ 100-140 μm，中心部に挿入される．果胞子嚢は倒卵形または球形，太さ 7-8 μm，長さ 10-15 μm．

　タイプ産地：東南アジア：マレーシア，Selangor 州，Kampong Sungai Pusu 近傍の Sungai Batang Pusu, 日陰の清澄な水たまり中，水深 10 cm の水中の岩の側面に付着する (水温, 25.4-26°C)．

　タイプ標本：Kobe University, Ratnasabapathy no. 1201 b, 2/VI 1979．

　分布：タイプ産地のみに分布する．

5)　***Batrachospermum australicum*** Entwisle et Foard (1999 c : 624, fig. 5)

　(**図版 107 (e)**, **figs. 1-6**, 原著者, Entwisle & Foard (1999 c)

　藻体は雌雄同株，オリーブ緑色，軟弱，輪生枝は円筒形，融合する (稀に分離する)．太さ 260-410 μm，節間は長さ 160-740 μm．中軸細胞は太さ 40-85 μm，皮層細胞糸は円柱形，太さ 2-5 μm．1 次輪生枝は周心細胞に 3-4 本，多少上部が真っすぐ，6-9(-12) 細胞からなり，2-4(-6)

回 2-3 又に分枝する．下部細胞は円柱形または楕円形（稀に卵形），太さ 4-6 μm，長さ 9-23 μm．上部細胞は楕円形，太さ 4-5 μm，長さ 14-20 μm．端毛は長さ 30-300 μm．2 次輪生枝は，ふつう常に 1 次輪生枝より短い．精子嚢は 1-2 次輪生枝の先端または中間部に房状につき，球形，直径 4-6 μm．造果器をつける枝は 2-3 回ねじれ，14-20(-25) 個の分化した，太さ 3-5 μm，長さ 3-4 μm の円盤形細胞からなり，周心細胞（稀に 2 次輪生枝）から出る．被覆枝は造果器をつける枝の全細胞から出て，1-3(-5) 細胞の長さ，造果器から突出しない．造果器は斜めに付着し，真っすぐか曲がり，基部で太さ 6-8 μm，長さ 30-50 μm．受精毛は無柄，棍棒形，円柱形または紡錘形，最も広い部分で太さ 4-8 μm．果胞子体は輪生枝叢に 1-2 個，輪生枝叢の内側か外側に位置し，準球形，緻密から緩やかまで，直径 115-200 μm，輪生枝叢半径の (0.3-)0.6-1.2 倍，中軸部に挿入される．造胞糸は 2-5 細胞の長さ．果胞子嚢は倒卵形または楕円形，太さ 9-12 μm，長さ 10-17 μm．シャントランシア相の藻体は未知．

タイプ産地：豪州，Northern Territory, Elsey Station, Roper River．

タイプ標本：DNA 2709, Entwisle, 2/vi, 1997, Isotype : MEL．

分布：タイプ産地のほか，豪州，Northern Territory, Elsey 国立公園，Thermal Spring の流出域，Waterhouse River の支流，Litchfield 国立公園の南縁，Daly River Road, Roynolds River，マンゴー農場，Daley River など熱帯域の大きい河川の岩または水生植物上に付着する．

6) ***Batrachospermum mahlacense*** Kumano et Bowden-Kerby (1986 : 109, figs. 1-12)

（**図版 108(a)**, **figs. 1-11**, 原著者，Kumano & Bowden-Kerby 1986, 熊野 1996 za．*In* 山岸・秋山（編），淡水藻類写真集．17 : 10）

藻体は雌雄同株．粘性は中庸．長さ約 6 cm，太さ 250-400 μm，密に，不規則に分枝する．濃灰色がかった緑色．輪生枝叢は西洋梨形，1 次輪生枝は，2 又，3 又分枝し，7-9 細胞からなり，輪生枝細胞は楕円形，端毛はやや短い．皮層細胞糸はよく発達する．2 次輪生枝は多数，6-7 細胞からなり，無分枝または 2 又分枝，全節間を覆う．精子嚢は球形，太さ 4-6 μm，輪生枝に頂生，または，側生する．造果器をつける枝は強くねじれ，5-15 個の樽形細胞からなり，周心細胞から出る．被覆枝は多数で短い．造果器は基部で太さ 4-5 μm，頂部で太さ 7-8 μm，長さ 25-40 μm，受精毛は楕円形，壺形，やや明瞭な柄あり．果胞子体は 1-2 個，球形，半球形，太さ 140-170 μm，長さ 80-160 μm，中心部に挿入される．果胞子嚢は倒卵形，太さ 7-12 μm，長さ 12-14 μm．

タイプ産地：ミクロネシア：Mariana Islands, Guam Island, Talofofo, Mahlac River 上流の涸れることのない泉中の岩に付着する（水温 25°C）．

タイプ標本：Kobe University, Bowden-Kerby, 25/VIII 1983．

分布：タイプ産地のほか，ミクロネシア：Western Caroline Islands, Palau, Ibobang に分布する．

7) ***Batrachospermum dasyphillum*** Skuja in Balakrishnan et Chaugule (1980 : 230, figs. 4-7)

（**図版 113, figs. 4-7**, 原著者，Balakrishnan & Chaugule 1980）

藻体は雌雄同株．長さ 6 cm まで，乾燥標本は暗青色，豊かに分枝し，曲がった先端部をもつ．輪生枝叢は盤形，太さ 95-159 μm，長さ 63-79 μm．長端の細胞はややドーム形，太さ 8.5-

10 μm, 長さ 6.5-9 μm. 中軸細胞は長さ 145-316 μm, 皮層部は太さ 47-316 μm. 周心細胞は準球形, 直径 5-5.6 μm. 皮層細胞糸は大量, 細胞は太さ 6.5-8.5 μm, 長さ 11-69 μm. 1次輪生枝は特徴的に退化し, 稀に目立つ. 4-8細胞からなり, 細胞は短い円柱形から倒卵形, 太さ 4.5-6 μm, 長さ 8-13 μm. 端毛をもたない. 精子嚢は輪生枝に頂生し, 球形から準球形, 直径 6-5-8.5 μm. 造果器をつける枝は 10-15細胞からなり, 通常らせん状にコイルし, 周心細胞から通常1本, 稀に2本出る. 被覆枝は短く, 単純または分枝する. 造果器は準球形, 太さ 4.5-5 μm, 長さ 4-5 μm; 受精毛は円錐形, 明瞭に有柄, 太さ 4-5 μm, 長さ 13-21.5 μm. 果胞子体は1個, 稀に多数, 球形または半球形, 直径 122-316 μm, 節部に位置する. 造胞糸はよく分枝し, 硬く密集する. 細胞は太さ 11-16.5 μm, 長さ 13-22 μm. 果胞子嚢は楕円形から倒卵形, 太さ 11-18 μm, 長さ 14-22 μm.

タイプ産地：アジア：インド, Karnata State, Jog Falla, 流れの岩底.
タイプ標本：Iyengar no. 3 (Herbarium Uppsala, specimen no. 1, coll. Prof. Iyengar, 1930.
分布：タイプ産地にのみ分布する.
ノート：本種は Skuja の原稿記載種であったので, Balakrishnan & Chaugule (1980) が命名規約上有効な記載を行った.

8) ***Batrachospermum nodiflorum*** Montagne (1850: 294)
異名：*B. vagum* var. *nodiflorum* (Montagne) Sirodot (1884: 266)

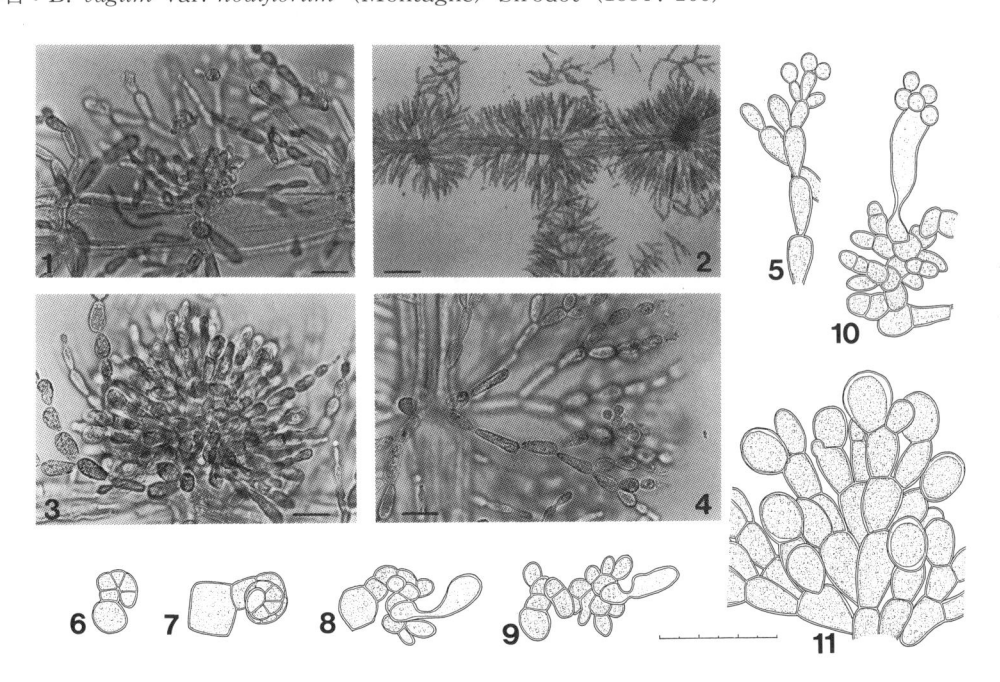

図版 108(a)
　Batrachospermum mahlacense, figs. 1-11 (原著者, Kumano & Bowden-Kerby 1986, 熊野 1996 za)
1. 受精造果器, 造果器をつける枝, 2. 西洋梨形の輪生枝叢, 3. 果胞子体, 4-5. 精子嚢, 6-9. コイル状の造果器をつける枝, 10. 受精した造果器, 11. 果胞子嚢. (縮尺=100 μm for fig. 2; 30 μm for figs. 5-11; 20 μm for figs. 1,3-4)

(図版108(b), figs. 1-5, 熊野 1996 zc. *In* 山岸・秋山(編), 淡水藻類写真集. 17:12. fig. 6, Kumano 1990)

藻体は雌雄同株. 粘性は中庸. 長さ 10-15 cm, 太さ 100-240 μm, 疎らに, やや2又分枝. 輪生枝叢は密集し, 倒円錐形または円筒形, 接触する. 1次輪生枝は短く, 5-6細胞からなり, 細胞は短い樽形, 倒卵形, 端毛は短い. 皮層細胞糸は大変よく発達. 2次輪生枝は多数, 短く, 倒卵形, 4-5細胞からなる. 精子嚢は球形, 太さ 5-8 μm, 輪生枝の先端につく. 造果器をつける枝はねじれ, 3-9個の円盤形または樽形細胞からなり, 周心細胞から出る. 被覆枝は大変短い. 造果器は基部で太さ 7-9 μm, 頂部で太さ 9-13 μm, 長さ 30-50 μm, 受精毛は楕円形, 棍棒形, やや不明瞭な柄あり. 果胞子体は1個, 半球形または瘤状, 太さ 200-400 μm, 長さ 350-550 μm, 造胞糸は長く, 5-10個の樽形細胞からなり, 放射状に分枝し, 密に集合する. 果胞子嚢は倒卵形または楕円形, 太さ 10-13 μm, 長さ 15-20 μm, 造胞糸の被覆枝の先端につく.

タイプ産地：南米：French Guiana, Cayenne, Tigers mountain 近傍の緩やかな流れ中の岩に付着する.

タイプ標本：PC Le Prieur coll. no. 1107.

分布：タイプ産地のみに分布する.

9) ***Batrachospermum gracillimum*** W. West et G. S. West (1897：2) *emend.* Necchi (1989：69)

(図版110, figs. 1-10, Necchi 1990)

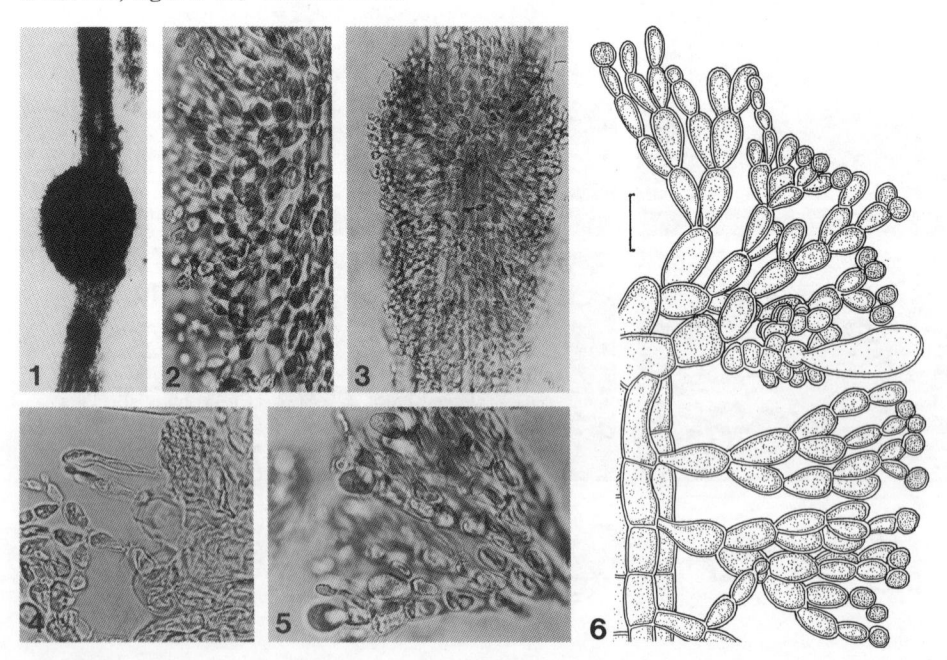

図版 108(b)

Batrachospermum nodiflorum, figs. 1-5 (熊野 1996 zc), fig. 6 (Kumano 1990)
1. 輪生枝叢, 半球形, 瘤形の果胞子体, 2. 精子嚢, 3. 輪生枝叢, 4. 楕円形, 棍棒形の受精毛, 5. 造胞糸の先端につく果胞子嚢, 6. 精子嚢, 皮層細胞糸, 被覆枝, ねじれる造果器をつける枝を示す藻体の部分. (縮尺=100 μm for fig. 1; 40 μm for fig. 3; 10 μm for figs. 2, 4-6)

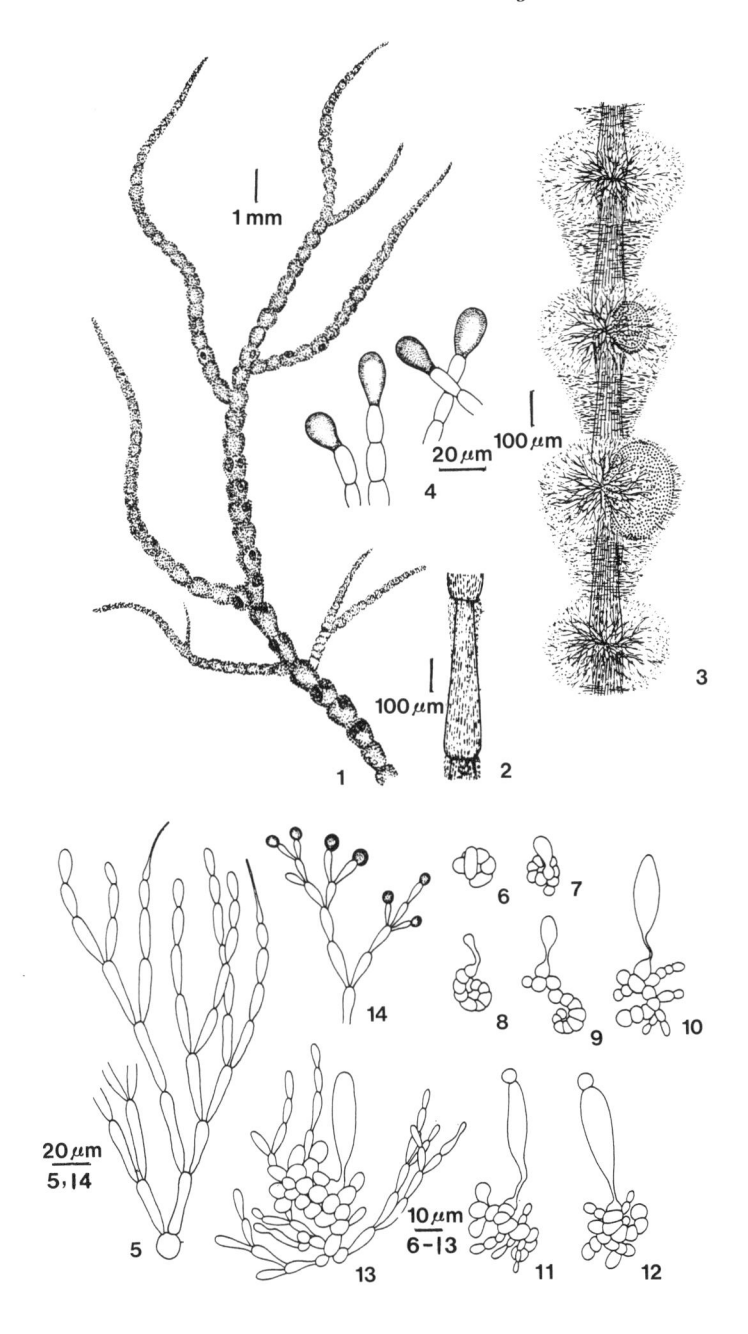

8-5. *Ambiguum* アムビグウム亜節

図版 109

Batrachospermum torsivum, figs. 1-14 (原著者, Shi 1994)
1. 倒円錐形または西洋梨形の輪生枝叢と，果胞子体を示す藻体の部分，2. 中軸細胞と，皮層細胞糸，3. 中軸細胞，1-2 次輪生枝と中軸性の果胞子体を示す藻体部分，4. 造胞糸の先端につく果胞子嚢，5. 1 次輪生枝と端毛，6. 発達の初期の造果器をつける枝，7-9. 未熟な造果器をもつ，若い造果器をつける枝，10-13. 成熟した造果器をつける枝，14. 1 次輪生枝の先端につく精子嚢．

216　**Batrachospermales**　カワモズク目

　藻体は雌雄同株，稀に異株．粘性は中庸．長さ 2.5-12.5 cm，太さ 200-450 μm，密に不規則に分枝する．濃灰色がかった緑色．輪生枝叢は退化，密集するかまたは疎ら，西洋梨形，倒円錐形，接触し押し合う．輪生枝叢 2-3，1 次輪生枝は 2 又，3 又分枝し，4-7 細胞からなり，輪生枝下部の細胞は円柱形，楕円形，太さ 3-10 μm，長さ 20-45 μm，輪生枝先端部の細胞は樽形，楕円形，太さ 4-8 μm，長さ 10-25 μm，端毛は多数，短い．皮層細胞糸は貧弱かまたはよく発達する．2 次輪生枝は多数，輪生枝の長さに達する．精子嚢は球形，太さ 5-7 μm，2 次輪生枝に，稀に 1 次輪生枝の先端につく．造果器をつける枝はらせん状にねじれ，5-8 個の円盤形または樽形細胞からなり，周心細胞から出る．被覆枝は多数で短い．造果器は基部で太さ 4-7 μm，頂部で太さ 6-10 μm，長さ 35-85 μm，受精毛は円柱形，棍棒形，無柄または有柄．果胞子体は 1 個，密に集合し，半球形，太さ 110-230 μm，長さ 200-470 μm．果胞子嚢は倒卵形，太さ 8-12 μm，長さ 12-17 μm．

　タイプ産地：アフリカ：Angola, Andongo.

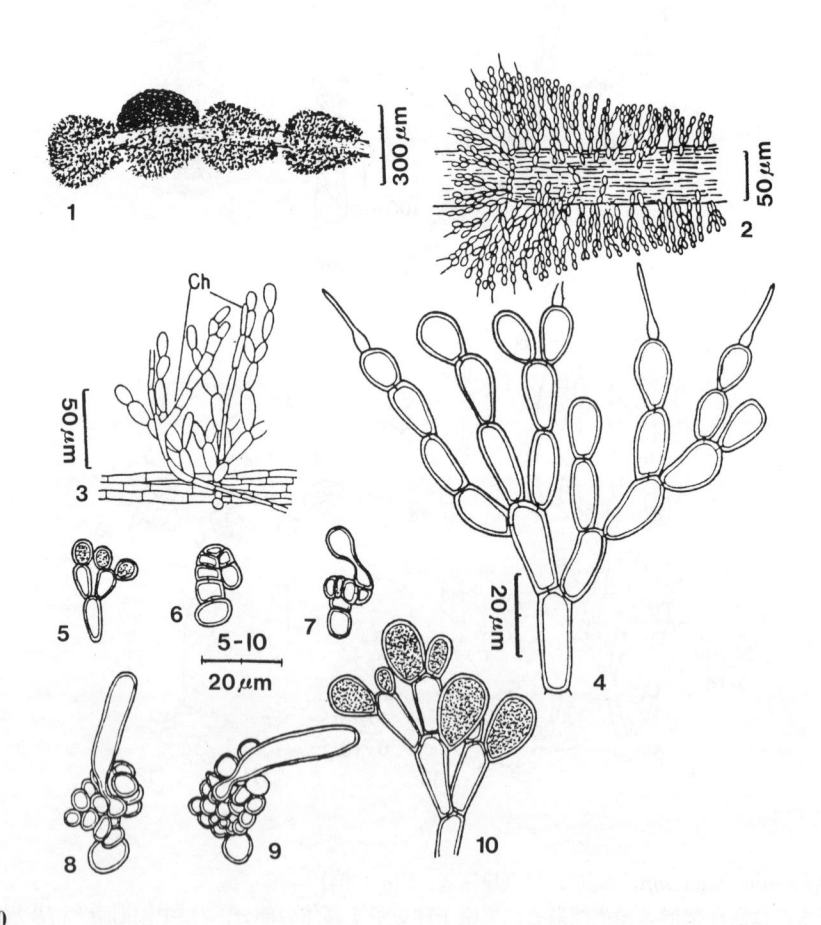

図版 110

Batrachospermum gracillimun, figs. 1-10（Necchi 1990）
1. 果胞子体をもつ輪生枝叢の外観，2. 皮層細胞糸，1-2 次輪生枝を示す，輪生枝叢の構造，3. 配偶体に着生するシャントランシア世代の藻体(Ch)，4. 1 次輪生枝の詳細，5. 精子嚢をもつ，2 次輪生枝の先端部の細胞，6. 若い造果器をつける枝，7. 発達中の受精毛をもつ造果器，8-9. 成熟した造果器をつける枝，10. 果胞子嚢をもつ造胞糸．

8-5. *Ambiguum* アムビグウム亜節   217

選定標本：BM, Lisu, F. Welwitsch, 3/V 1857, Necchi (1990) が選定した．
分布：タイプ産地のほか，南米：ブラジル，Amazonas 州，Matto Grosso 州，Paran 州に分布する．

10) ***Batrachospermum torsivum*** Shi (1994：279, fig. 3, 1-4, fig. 4, 1-10)
（**図版 109, figs. 1-14,** 原著者，Shi 1994）

藻体は雌雄同株．長さ 2.5-5 cm，不規則に分枝する．輪生枝叢は若い藻体では，多少倒円錐形または西洋梨形，準球形，互いに硬く融合し，太さ 300-650 μm，中軸細胞は円柱形，上部が細長く，下部で幅広く，太さ 40-140 μm，長さ 150-750 μm，皮層細胞糸は明瞭で，中軸細胞上部で厚く，下部で薄い．1 次輪生枝は 2 又分枝をし，7-9 細胞からなる．輪生枝下部の細胞は円柱形または長い倒円錐形，太さ 6.5-7.5 μm，長さ 28-38 μm，輪生枝上部の細胞は楕円形または倒卵形，太さ 5-7.5 μm，長さ 11-25 μm．2 次輪生枝は大変大量で，全節部を覆い，無分枝または 2 又分枝し，5-8 細胞からなる．細胞は太さ 4-6.5 μm，長さ 12-30 μm．端毛は少量，短く，長さ 13-28 μm．精子嚢は球形，直径 4.5-6.5 μm，1-2 次輪生枝の先端につく．造果器をつける枝は湾曲またはねじれ，周心細胞から出て，長さ 30-35 μm，5-8 個の円盤形または樽形細胞からなる．造果器は基部で太さ 5-6 μm，受精毛は，多少円柱棍棒形，細長い西洋梨形または細長い披針形，太さ 8-12 μm，長さ 28-36 μm，柄が顕著に長く，長さ 5-9 μm，時にねじれる．果胞子体は 1 個，半球形，中軸性，幅 150-340 μm，高さ 130-240 μm．果胞子は倒卵形，太さ 8-13 μm，長さ 15-23 μm．

タイプ産地：東アジア：中国，江西省瑞金県，Ruijin Xian，井戸の壁上に付着する．
タイプ標本：KSI 75215．
分布：タイプ産地のみに分布する．

11) ***Batrachospermum iyengarii*** Skuja in Balakrishnan et Chaugule (1980：232：figs. 12-13)
（**図版 114, figs. 1-2,** 原著者，Balakrishnan & Chaugule 1980）

藻体は雌雄同株．長さ 5 cm まで，豊かに分枝する．輪生枝叢は，やや盤形，分離したり，2 次輪生枝の発達により融合し，太さ 159-280 μm．頂端細胞はドーム形，太さ 6-7 μm，長さ 9-10 μm．中軸細胞は比較的長く，長さ 238-480 μm．皮層部の太さ 79-239 μm．周心細胞は球形から準球形，直径 6.5-11.5 μm．皮層細胞糸は，古い藻体で大変顕著である．皮層細胞は太さ 6.5-10 μm，長さ 27-71.5 μm．1 次輪生枝は 5-8 細胞からなり，豊かには分枝せず，平行またはわずかに内側に曲がる．細胞は円柱形から楕円形，太さ 4.5-6.5 μm，長さ 16-26 μm．2 次輪生枝は大量で，稀に 1 次輪生枝の長さに到達する，4-6 細胞からなる．細胞は太さ 3-5 μm，長さ 16-38 μm．端毛は無色，欠落性で，長さ 18-70 μm．精子嚢は 1-2 次輪生枝に頂生し，特徴的に房状になり，球形，直径 4.5-6.5 μm．造果器をつける枝は比較的長く，13-17 個の樽形細胞からなり，らせん状にコイルし，周心細胞から出る．被覆枝は短く，大抵は無分枝である．造果器は準球形，太さ 4-5 μm，長さ 4-8 μm．受精毛は明瞭に有柄，円柱形，特徴的に長く，太さ 4-7.5 μm，長さ 26-48 μm．果胞子体は通常 1 個，球形，直径 143-240 μm．造胞糸は分枝し，硬く密集し，細胞は太さ 4.5-10 μm，長さ 9.5-17.9 μm．果胞子嚢は楕円形から倒卵形，果胞子は太さ 8.5-11.5 μm，長さ 9.5-13.5 μm．

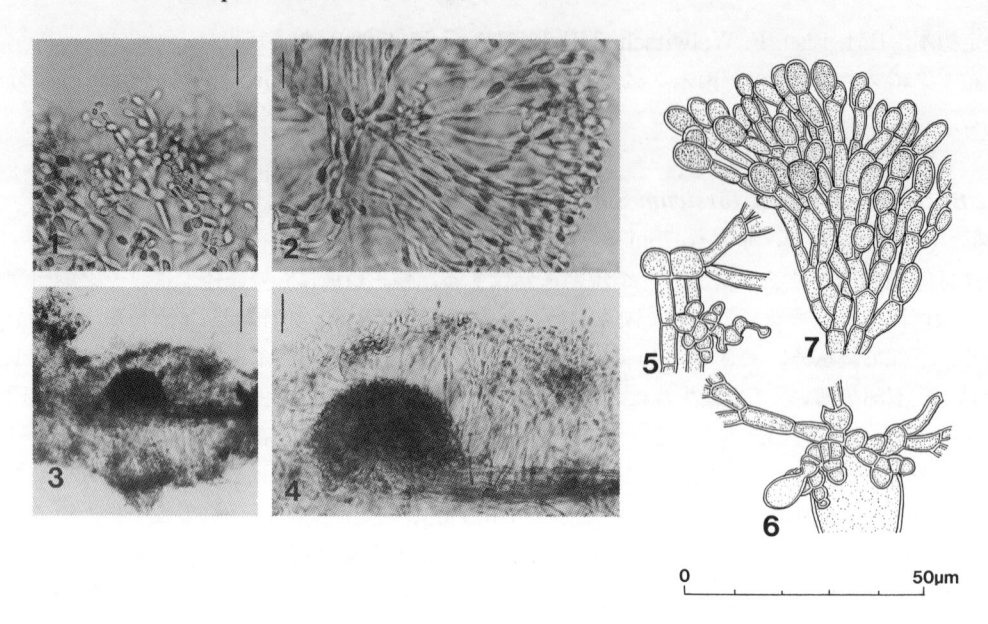

図版 111(a)　*Batrachospermum ambiguum*，figs. 1-4（熊野 1996 b），figs. 5-7（Kumano 1990）
1. 精子嚢，2,6. 楕円形受精毛，周心細胞から生じる造果器をつける枝，3-4. 半球形の果胞子体，5. 皮層細胞から生じる造果器をつける枝，7. 緻密に集合する造胞糸の先端につく果胞子嚢．（縮尺＝100 μm for fig. 3；40 μm for fig. 4；10 μm for figs. 1-2；20 μm for figs. 5-7）

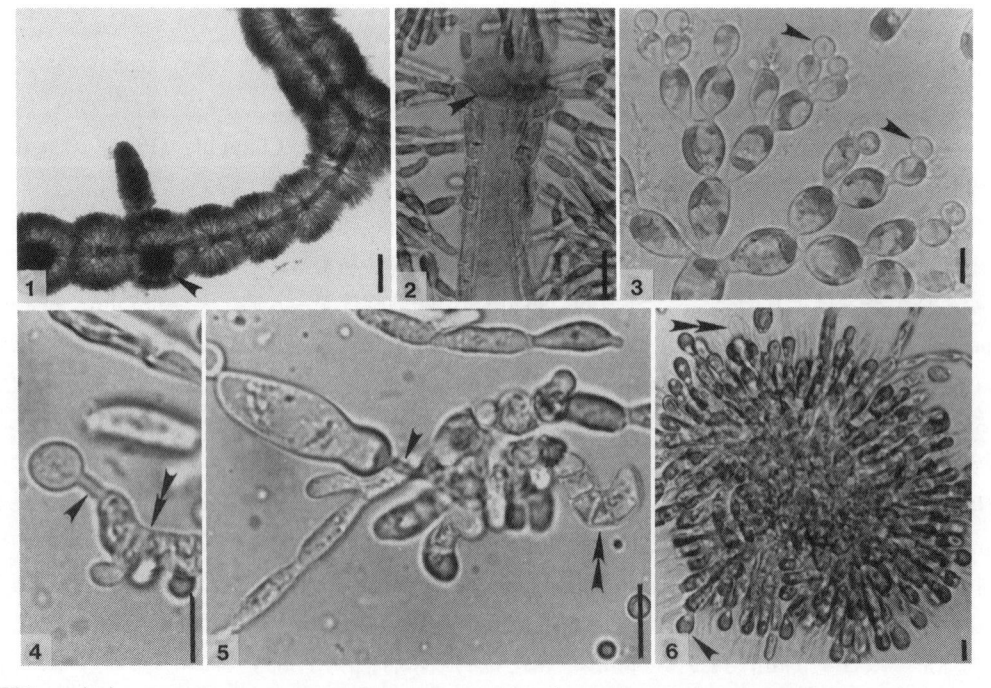

図版 111(b)　*Batrachospermum ambiguum*，figs. 1-6（Sheath, Vis & Cole 1992）
1. 輪生枝叢，果胞子体（矢頭），2. 中軸細胞（矢頭），3. 精子嚢（矢頭），4. 有柄（矢頭）未熟造果器と造果器をつける枝（二重矢頭），5. 有柄（矢頭）成熟造果器，造果器をつける枝（二重矢頭），6. 果胞子（矢頭），空の果胞子嚢（二重矢頭）．（縮尺＝200 μm for fig. 1；40 μm for figs. 2,6；10 μm for figs. 3-5）

タイプ産地：アジア：インド，Andhra Pradesh，Mamandur，流水中の石に付着する．

選定標本：Iyengar no. IB 80, coll. Iyerngar, 1930, Balakrishnan & Chaugule（1980）が選定した．

分布：タイプ産地にのみ分布する．

ノート：本種は Skuja の原稿記載種であったので，Balakrishnan & Chaugule（1980）が命名規約上有効な記載を行った．

12) ***Batrachospermum tiomanense*** Kumano et Ratnasabapathy in Ratnasabapathy & Kumano（1982 a：18, fig. 3, A-I）

（**図版 112(a), figs. 1-6,** 熊野 1996 zi. *In* 山岸・秋山（編），淡水藻類写真集．17：18. **figs. 7-11,** 原著者，Ratnasabapathy & Kumano 1982 a）

藻体は雌雄同株，異株．粘性あり．長さ約 2 cm，太さ 150-300 μm，やや 2 又分枝する．オリーブ緑色．輪生枝叢は西洋梨形，古い藻体で倒円錐形．1 次輪生枝は疎らに分枝し，13-15 細胞からなり，細胞は円柱形，披針形，端毛を欠く．2 次輪生枝は多数，全節間を覆う．精子嚢は球形，太さ 3-5 μm，長さ 4-6 μm，2 次輪生枝の片側に側生する．造果器をつける枝は強くねじれ，6-10 個の円盤形または樽形細胞からなり，周心細胞から出る．被覆枝は多数，短い．造果器は基部で太さ 6-9 μm，頂部で太さ 7-9 μm，長さ 37-40 μm，受精毛は壺形，明瞭な柄があり，

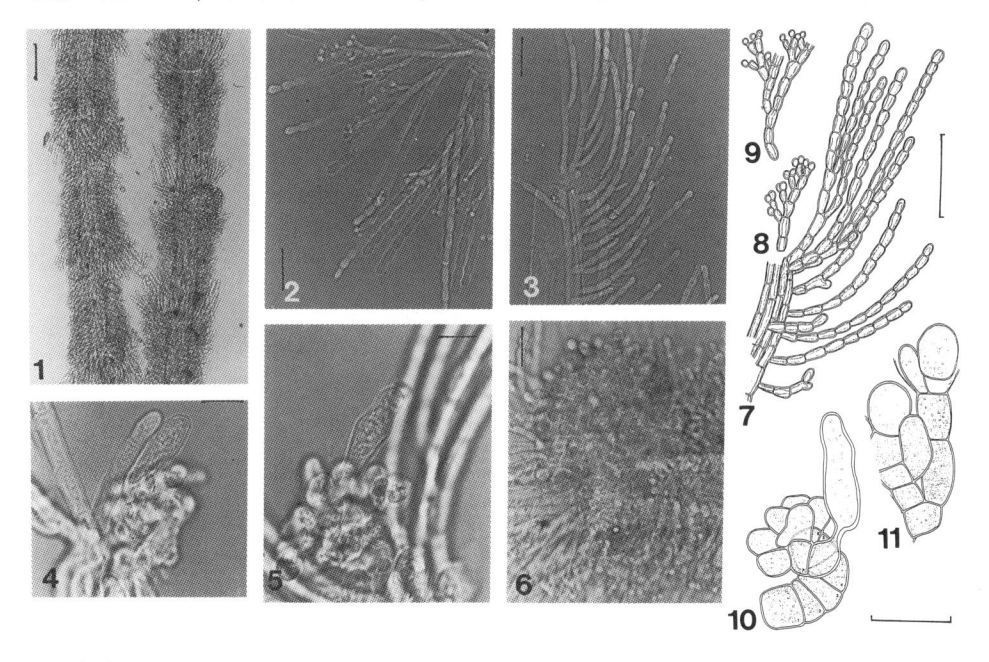

図版 112(a)

Batrachospermum tiomanense, figs. 1-6（熊野 1996 zi），figs. 7-11（原著者，Ratnasabapathy & Kumano 1982 a）

1,6．輪生枝と，中軸性球形果胞子体，倒円錐形輪生枝叢，2,8-9．2 次輪生枝に側生する精子嚢，3,7．疎らに分枝する輪生枝，4-5,10．ねじれた造果器をつける枝の先端につく，壺形の受精毛をもつ造果器，11．造胞糸の先端につく卵形果胞子嚢．（縮尺＝200 μm for fig. 1；50 μm for figs. 7-9；40 μm for figs. 2-3,6；20 μm for figs. 10-11；10 μm for figs. 4-5）

220　**Batrachospermales**　カワモズク目

しばしば基部で曲がる．果胞子体は1個，球形，太さ100-140 μm，中心部に挿入され，果胞子嚢は球形，卵形，太さ6-10 μm，長さ9-12 μm．

　タイプ産地：東南アジア：マレーシア，Pulau Tioman, Sungai Ayer Besar の上流，右岸の水中の大きい玉石の側面に付着する（水温，25.5-26.5°C）．

　タイプ標本：Kobe University, Ratnasabapathy no. 15, 24/V 1974．

　分布：タイプ産地のみに分布する．

13)　***Batrachospermum zeylanicum*** Skuja in Balakrishnan et Chaugule（1980：235：figs. 14-16）

（**図版114, figs. 3-5**, 原著者，Balakrishnan & Chaugule 1980）

　藻体は雌雄同株．長さ9 cmまで，茶緑色から，乾燥標本では暗緑色，豊かに，幾分不規則に分枝し，次第に細くなる先端部をもつ．輪生枝叢は大きく，大変顕著で，卵形，直径190-580 μm．頂端細胞はドーム形，太さ3-4 μm，長さ4.8-8.3 μm．中軸細胞は大変長く，長さ600-800 μm，皮層部は太さ60-115 μm．周心細胞は中軸細胞に4-6個，球形から準球形，直径4.5-11.5 μm．1次輪生枝は周心細胞に4-18本，やや豊かに分枝し，10-15細胞からなる．細胞はほとんど同形，円柱形から披針形，太さ3-8 μm，長さ13-28 μm．端毛はしばしば大変細く，無色，欠落性，太さ1-4 μm，長さ約26 μm．皮層細胞糸は大量，細胞は太さ2.4-3.3 μm，長さ16-54 μm．2次輪生枝は短く，分枝または無分枝，6-12細胞からなる．細胞は円柱形，太さ1.5-3.5 μm，長さ11-12 μm．精子嚢は1-2次輪生枝に頂生し，球形から準球形，直径6.5-7.5 μm．造果器をつける枝はらせん状にコイルまたはねじれ，ごく稀に湾曲し，3-13細胞からなり，周心細胞から通常1本，稀に2本出る．被覆枝はむしろ疎ら，短く，単純または一度だけ分

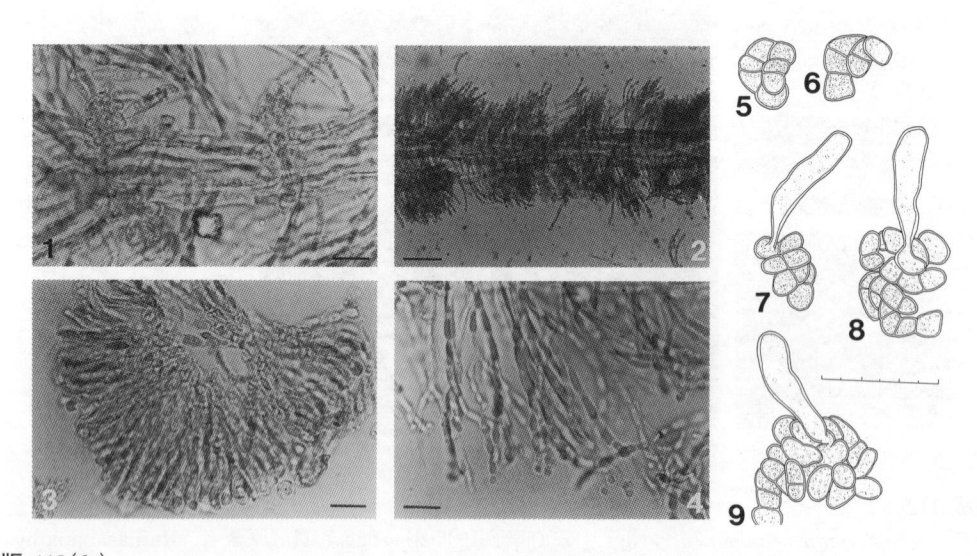

図版 112（b）

Batrachospermum omobodense, figs. 1-9（原著者，Kumano & Bowden-Kerby 1986，熊野 1996 zf）1. 中軸細胞と，2本の造果器をつける枝，1-2次輪生枝，2. 樽形輪生枝叢，3. 緻密に集合する造果糸の先端につく果胞子嚢，4. 輪生枝の先端につく精子嚢，5-6. コイル状の造果器をつける枝，7-9. 成熟した受精毛，コイル状の造果器をつける枝．（縮尺＝100 μm for fig. 2；30 μm for figs. 5-9；20 μm for figs. 1, 3-4）

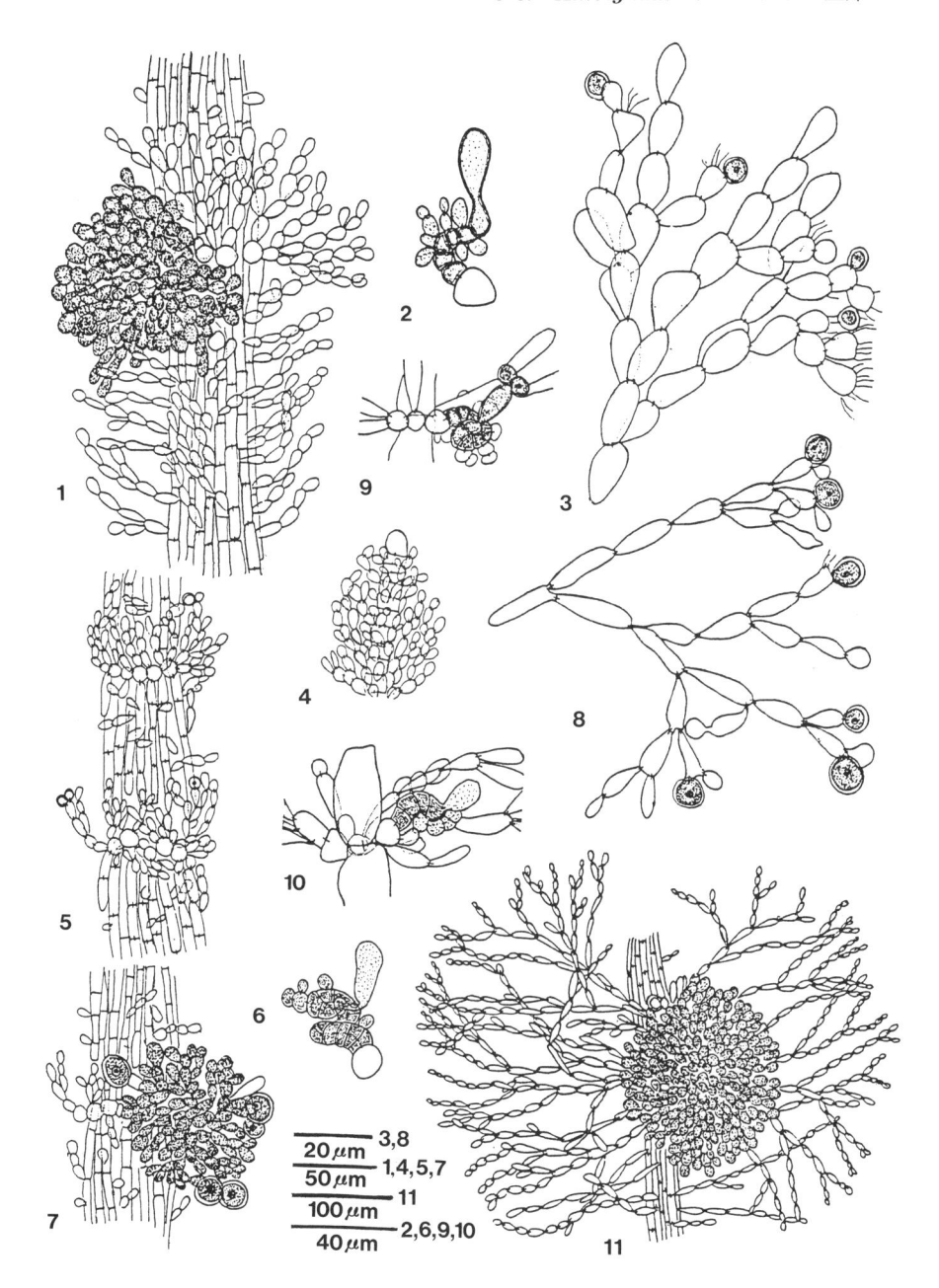

8-5. ***Ambiguum*** アムビグウム亜節 *221*

図版 113

Batrachospermum turfosum Bory as *B. vagum* (Roth) C. Agardh, figs. 1-3 (Balakrishnan & Chaugule 1980)

Batrachospermum dasyphillum Skuja in Balakrishnan & Chaugule, figs. 4-7 (原著者, Balakrishnan & Chaugule 1980)

Batrachospermum mahabaleshwarensis Balakrishnan et Chaugule, figs. 8-11 (原著者, Balakrishnan & Chaugule 1980)

枝する．造果器は準球形，太さ 3-5.7 μm，長さ 4.5-6.5 μm．受精毛は明瞭に有柄，紡錘形，太さ 4.5-9 μm，長さ 11-23 μm．果胞子体は一般に 1 個，時に多数，直径 127-303 μm．造胞糸は密に分枝し，細胞は太さ 3-3.5 μm，長さ 14-25 μm．果胞子囊は頂生，楕円形から倒卵形，果胞子は倒卵形，太さ 9-14 μm，長さ 14-22 μm．

タイプ産地：アジア：インド，Karnataka state，Jog falls，流水中の岩底．

選定標本：UPS, loan no. 2907, specimen no. 1, NS 238, Ferguson, Balakrishnan & Chaugule (1980) が選定した．

分布：タイプ産地にのみ分布する．

ノート：本種は Skuja の原稿記載種であったので，Balakrishnan & Chaugule (1980) が命名規約上有効な記載を行った．

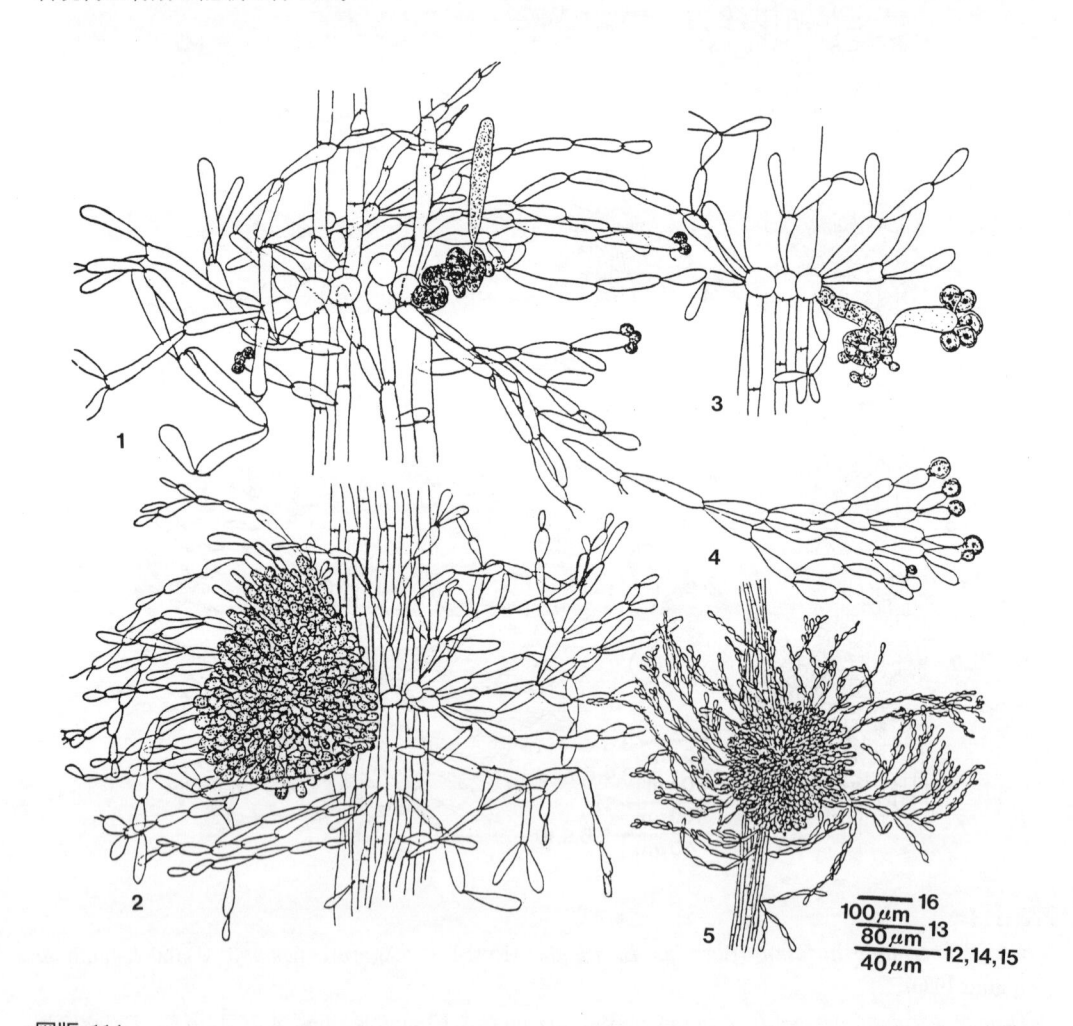

図版 114

Batrachospermum iyengarii Skuja in Balakrishnan et Chaugule，figs. 1-2（原著者，Balakrishnan & Chaugule 1980）

Batrachospermum zeylanicum Skuja in Balakrishnan et Chaugule，figs. 3-5（原著者，Balakrishnan & Chaugule 1980）

8-5. *Ambiguum* アムビグウム亜節 223

14) ***Batrachospermum kylinii*** Balakrishnan et Chaugule (1980: 298: figs. 1-13)
(図版 115, figs. 1-13, 原著者, Balakrishnan & Chaugule 1980)

藻体は雌雄同株．長さ6cm まで，大変に粘性あり．不規則に分枝，次第に細くなる先端部をもち，軽いオリーブ緑色から軽い黄緑色，乾燥時には青緑色．輪生枝叢は盤形，太さ240-315 μm，皮層細胞糸から2次輪生枝が発達するため，古い藻体の輪生枝叢は融合する．頂端細胞は太さ5-6 μm，長さ6-7 μm．中軸細胞は太さ250 μm，長さ700 μm まで．周心細胞は球形から準球形，直径8-12 μm．皮層部は太さ300 μm まで．皮層細胞糸は豊かで，特に古い部分では顕著．細胞は太さ3-6 μm，長さ7-21 μm．1次輪生枝は6-12細胞からなり，よく分枝する．細胞は楕円形から卵形，太さ3-5 μm，長さ7-18 μm．2次輪生枝は豊か，古い部分では1次輪生枝と同じ長さになり，4-7細胞からなる．細胞は太さ3-5 μm，長さ8-22.1 μm．端毛は無色，欠落性，長さ6-16 μm．精子嚢は1-2個．1-2次輪生枝に頂生または亜頂生し，球形から準球形，直径6-9 μm．造果器をつける枝は常にらせん状にコイルし，9-14細胞からなり，通常1本，時に2本，周心細胞から出る．被覆枝は無分枝または分枝，大変よく発達し，しばしば造果器を覆う．造果器はやや準球形，太さ14-16 μm，長さ15-18 μm．受精毛はむしろ短く，半有柄，楕円形，太さ8-11 μm，長さ17-19 μm．果胞子体は1個，球形から準球形，直径185-280 μm．造胞糸は分枝し，硬く密集する．細胞は太さ5-14 μm，長さ10-21 μm．果胞子嚢は頂生，倒卵形，太さ12-17 μm，長さ20-28 μm．シャントランシア世代は顕微鏡的，匍匐部と直立部からなり，匍匐部の細胞は卵形から長楕円形，細胞膜は厚く，太さ6.5-11 μm，長さ8-16 μm．直立糸は豊かに分枝し，単軸性，細胞の太さ5-8.5 μm，長さ10-16 μm．

タイプ産地：アジア：インド，Maharashtra，Bombay 鉄道，the Poona，Neral から21 km，a hill station，Matheran，流水中の砂底の岩に付着する．

タイプ標本：BBC no. 103, coll. Patel & Chaugule, 1972, Herbarium of University of Poona.

分布：タイプ産地にのみ分布する．

ノート：本種は Skuja の原稿中記載種であったので，Balakrishnan & Chaugule (1980) が命名規約上有効な記載を行った．

15) ***Batrachospermum mahabaleshwarensis*** Balakrishnan et Chaugule (1980: 231, figs. 8-11)
(図版 113, figs. 8-11, 原著者, Balakrishnan & Chaugule 1980)

藻体は雌雄同株．長さ2-6.5 cm，粘性は強い．先端部は細くなり，豊かに分枝，薄いオリーブ緑色から緑色，乾燥時には紫色を帯びたオリーブ緑色になる．輪生枝叢は顕著で，分離し，盤形，太さ317-572 μm．中軸細胞は太さ47-112 μm，長さ158-635 μm，皮層部は太さ63-238 μm．周心細胞は球形，準球形または楕円形，太さ5.3-8.5 μm．皮層細胞糸は古い藻体に発達し，細胞は比較的長く，太さ3-5 μm，長さ14.5-64 μm．1次輪生枝は繰り返し形成され，4-14細胞からなり，細胞は，やや同形で楕円形である頂端細胞を除いてほとんど円柱形．2次輪生枝は，むしろ疎らで，細く，節部の直下で，短く括られ，無分枝または1-2回分枝し，3-10細胞からなる．細胞は円柱形から長楕円形，太さ3-4.1 μm，長さ16-20 μm．端毛は顕著でない．精子嚢は1次輪生枝，稀に2次輪生枝に1-2個ずつ頂生し，直径4-10.6 μm．造果器をつける枝はらせん状にコイルし，時に湾曲し，3-38細胞からなり，周心細胞から1本，稀に2本出る．被覆枝は大変顕著で，長く，無分枝または1回分枝する．造果器は準球形，太さ4.5-8.5 μm，長さ

Batrachospermales カワモズク目

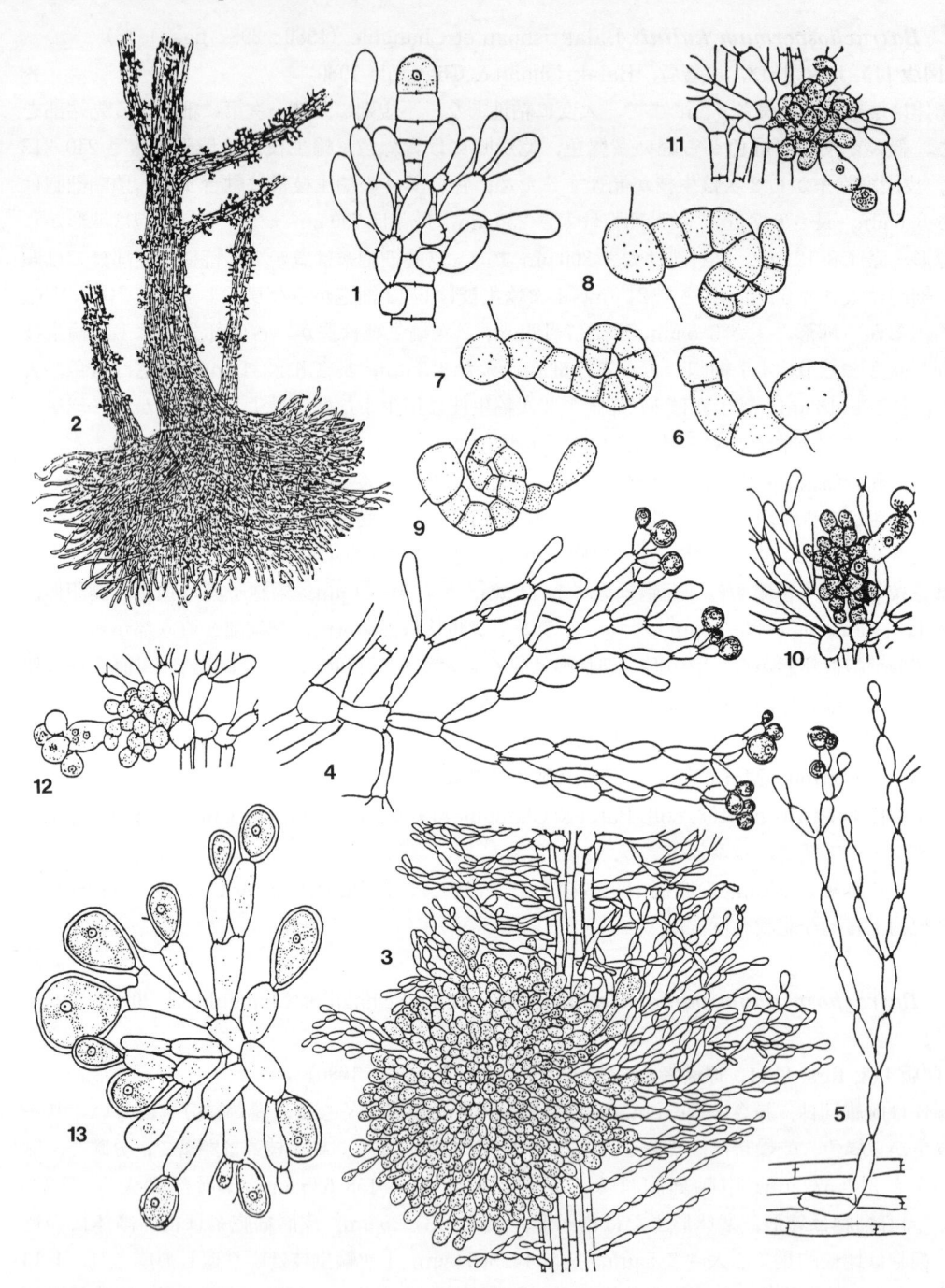

図版 115 *Batrachospermum kylinii* Balakrishnan et Chaugule, figs. 1-13 (原著者, Balakrishnan & Chaugule 1980)
1. 藻体の部分, 2. 皮層細胞糸がよく発達することを示す藻体の基部, 3. 1次, 2次輪生枝を示す藻体の部分, 4. 1次輪生枝の先端につく精子嚢, 5. 2次輪生枝の先端につく精子嚢, 6-8. 造果器をつける枝の発達の諸段階, 9. らせん状にコイルする若い造果器をつける枝, 造果器の核と受精毛の核とがハッキリとみえる, 10. 受精の初期の, らせん状にコイルする, 造果器をつける枝のある節部, 11-12. よく発達した, 被覆枝のみえる節部, 13. 先端に果胞子嚢がつく造胞糸.

4.5-9 μm. 受精毛は明瞭に有柄，大抵は円錐形，時に卵形から楕円形，太さ 4.5-10 μm，長さ 8-16.5 μm. 果胞子体はやや大きく，球形または半球形，一般に1個，稀に多数，直径 158-260 μm. 造胞糸は硬く密集し，細胞は太さ 3-10 μm，長さ 16-25 μm. 果胞子嚢は頂生，楕円形または倒卵形，太さ 13-16 μm，長さ 14.5-23 μm. シャントランシア世代は匍匐部と直立部からなる．匍匐部の細胞は厚い膜をもち，形態は不規則，太さは 10-20 μm. 直立部は単基的に分枝し，直立枝は 1-150 細胞からなり，長い細胞は厚い膜をもち，太さ 6-18 μm，長さ 12-35 μm. 単胞子嚢は直立枝に頂生または側生，準球形，直径 7-12 μm.

タイプ産地：アジア：インド，Mahabaleshwar，流水の岩底に付着する．
タイプ標本：BBC 102, coll. Balakrishnan, 1962, Herbarium of University of Poona に所蔵．
分布：タイプ産地にのみ分布する．

16) ***Batrachospermum omobodense*** Kumano et Bowden-Kerby（1986：114, figs. 26-38）
（図版 112（b），figs. 1-9，原著者，Kumano & Bowden-Kerby 1986，熊野 1996 zf. *In* 山岸・秋山（編），淡水藻類写真集．17：15）

藻体は雌雄同株．粘性あり．長さ約 4 cm，太さ 250-350 μm，大変しばしば偽2又分枝する．濃い緑色．輪生枝叢は樽形，古い藻体で接触し合う．1次輪生枝は，やや片側分枝し，8-12 細胞からなり，細胞は楕円形，端毛を欠く．皮層細胞糸はよく発達する．2次輪生枝は多数，分枝しないか，または2又分枝し，全節間を覆う．精子嚢は球形，太さ 3-5 μm，2次輪生枝，稀に1次輪生枝に頂生または側生する．造果器をつける枝はらせん状にねじれ，5-7個の樽形細胞からなり，周心細胞から出る．被覆枝は疎ら，短い．造果器は基部で太さ 3-5 μm，頂部で太さ 7-8 μm，長さ 35-40 μm，受精毛は棍棒形．果胞子体は 1-2 個，球形または半球形，太さ 170-220 μm，長さ 120-190 μm，中心部に挿入される．果胞子嚢は倒卵形，太さ 8-11 μm，長さ 10-14 μm.

タイプ産地：ミクロネシア：Western Caroline Islands, Palau, Ngerremlengui State, Ngerremlengui のタロイモ湿地からの Omobodo stream，少し流速のある流水中の岩に付着．
タイプ標本：Kobe University, Bowden-Kerby, 24/XII 1983．
分布：タイプ産地にのみ分布する．

17) ***Batrachospermum ambiguum*** Montagne（1850：296）
以下の異名は Vis *et al*.（1992）に従った．
異名：*B. bicudoi* Necchi（1986：521, figs. 21-19）；*B. exsertum* Necchi（1986：523, figs. 30-36）；*B. basilare* Flint et Skuja in Flint（1953：10）
（図版 111（a），figs. 1-4，熊野 1996 b. *In* 山岸・秋山（編），淡水藻類写真集．16：8．**figs. 5-7**，Kumano 1990）；（図版 111（b），**figs. 1-6**，Sheath, Vis & Cole 1992）

藻体は雌雄同株．粘性は中庸．長さ 0.5-6 cm，太さ 300-600 μm，真っすぐ，密に，不規則に分枝．輪生枝叢はよく発達し，密集するかまたは疎ら，倒円錐形または樽形，接触し，稀に分離する．輪生枝叢 3-4，1次輪生枝は2又，3又分枝，7-12(-15)細胞からなり，輪生枝下部の細胞は円柱形，楕円形，太さ 4.5-8.5 μm，長さ 20-45 μm，輪生枝先端部の細胞は楕円形，倒卵形，太さ 47 μm，長さ 7-15 μm，端毛は多数または少なく，短い．皮層細胞糸はよく発達．2次輪生枝は多数，1次輪生枝の長さに達する．精子嚢は球形，倒卵形，太さ 5-7 μm，輪生枝の先端に

つく．造果器をつける枝はらせん状にねじれ，4-8個の円盤形または樽形細胞からなり，周心細胞から出る．被覆枝は多数で，短い．造果器は非対称，基部で太さ 5-7 μm，頂部で太さ 6-10 μm，長さ 22-65 μm，受精毛は円筒形，棍棒形，長い円錐形，無柄または柄がある．果胞子体は1個，密に集合し，半球形，太さ 100-250 μm，長さ 120-450 μm．果胞子嚢は倒卵形，太さ 6.5-10.5 μm，長さ 10-17.5 μm．

タイプ産地：南米：French Guiana, in rivulet Oral.

タイプ標本：PC Le Prieur coll. no 1110.

分布：タイプ産地，大洋州：オーストラリア，Queensland 州，Harmyi Creek, Barron River, Davis Creek, Little Mulgrave River, Mena Creek, Russell River, Bumbeeta Creek, Coopers Creek；Northern Territory, Eolith River, Gubara Pool．南米：ブラジル，São Paulo 州，Minic' pio of Canaia, Cardoso Island, Cambri Point ほかの数か所に分布する．

Genus *Sirodotia* Kylin（1912：38） ユタカワモズク属（瀬川 1939）

異名：section *Sirodotia*（Kylin）Necchi et Entwisle（1990）

Type：*Sirodotia suecica* Kylin

藻体は不規則に分枝する．造果器をつける枝は短く，周心細胞または輪生枝の細胞から出る．造果器は長い円錐形または棍棒形の受精毛をもつ．果胞子体は不定形で，皮層糸上を伸長する．造胞糸は分散し，無限生長をする型で，受精した造果器から直接発達する．

ノート：Necchi & Entwisle（1990）は，*Sirodotia* ユタカワモズク属を *Batrachospermum* カワモズク属の1節に格下げすることを提案した．*Sirodotia* ユタカワモズク属の北米の25群落と10タイプ標本を調べて，Necchi *et al.*（1993）は，北米には次の種が認められると述べた．*Sirodotia huillensis*（Welwitsch ex W. et G. S. West）Skuja（異名：*S. ateleia* Skuja），*S. suecica* Kylin（異名：*S. acuminata* Skuja ex Flint, *S. fennica* Skuja）そして *S. tenuissima*（Colins）Skuja ex Flint．

Vis & Sheath（1998, 1999）は，RuBisCo（rbcL, rbcL-S spacer, rbcS）遺伝子の分析結果では2種間にほとんど変異が認められないので，*S. suesica* と *S. tenuissima* とは同じ種であり，これらの種を区別するために用いる形態的性質は系統的には有効ではない．これに反し，上記の分析結果が明らかに異なるので，*S. huillensis* と *S. suecica* とは有効な種であると述べている．

本書には，上記の北米種を含む，*Sirodotia* ユタカワモズク属の既存種の検索表を示すことにする．

Sirodotia ユタカワモズク属の種の検索表

1. 精子嚢をつける特別の枝がある ··2
1. 精子嚢をつける特別の枝はない ··3
2. 精子嚢は特別の短枝または2次輪生枝の先端に着生する ················1）ユタカワモズク
2. 精子嚢は造果器をつける枝の被覆枝，輪生枝，皮層細胞糸の側枝に房状に着生する
   ··2）ニセカワモズク
3. 造果器をつける枝は1次輪生枝，皮層細胞糸の中間の細胞から出る ··············3）*S. sinica*

3. 造果器をつける枝は周心細胞から出る	···	4
4. 造胞糸は造果器の背側から出る	··	5
4. 造胞糸は造果器の腹側から出る	··	7
5. 受精毛は基部で折れ曲がる	·· 4)	*S. geobelii*
5. 受精毛は基部で折れ曲がらない	··	6
6. 造果器は長さ 30-40 μm	··· 5)	*S. suecica*
6. 造果器は長さ 20 μm	·· 8)	*S. gardneri*
7. 造果器は長さ 37-53 μm	·· 6)	*S. huillensis*
7. 造果器は長さ 25-35 μm	·· 7)	*S. delicatula*

1) ***Sirodotia yutakae*** Kumano (1982: 126, fig. 1, A-I)
ユタカカワモズク（瀬川 1939）；（山岸 1998，淡水藻類写真集ガイドブック．42）．

(**図版 116(a)**, **figs. 1-5**, 熊野 1996 zs. *In* 山岸・秋山（編），淡水藻類写真集．17：75. **figs. 6-13**, 原著者，Kumano 1982 c)；(**図版 119(b)**, **figs. 1-4**, 瀬川 1939, *Sirodotia* sp. として)

藻体は雌雄同株，異株．粘性豊富．長さ 2-10 cm，太さ 150-250 μm，密に，やや不規則に分枝する．青みを帯びた濃緑色．輪生枝叢は西洋梨形で分離し，雌株では倒円錐形で融合する．1次輪生枝は密に分枝し，5-7 細胞からなり，細胞は紡錘形，倒卵形，太さ 5-6 μm，長さ 7-15 μm，端毛は稀．2次輪生枝は多数，全節間を覆う．精子嚢は球形，太さ 4-6 μm，輪生枝の短縮被覆枝の先端につく．造果器をつける枝は長さ 13-20 μm，2-6 個の樽形細胞からなり，周心細胞，皮層糸の細胞から出る．被覆枝は短く，やや片側から出る．造果器は基部片側に，半球形の膨らみがあり，長さ 20-30 μm，受精毛は金床形，明瞭な柄あり．果胞子体は不定形．造胞糸は不規則に分枝し，皮層糸上を這って伸長する．果胞子嚢は卵形，倒卵形，太さ 6-8 μm，長さ 10-14 μm．

タイプ産地：東アジア：日本，兵庫県北条市小原，小流中の石に付着する．

タイプ標本：Kobe University, Kumano, 2/III 1961．

分布：日本のタイプ産地のほか，岩手県竜ヶ森の小流，春子谷地に分布する．晩秋から晩春の時期に周囲の水温より高い湧水に由来する，汚濁のない清冽な流水中に生育する．

ノート：本種は，当初，Segawa (1939 : 2034, figs. 1, 3) が，岩手県竜ヶ森の小流，そして春子谷地産の標本を，*Sirodotia* sp. ユタカカワモズク（和名）として図示したがラテン語記載がなかった．Necchi *et al.* (1993) は，本種のタイプ標本を調べて，精子嚢をつける，分化した枝を観察できなかったので，さらに将来調査すべきであると述べている．

2) ***Sirodotia segawae*** Kumano (1982 : 129 : fig. 2, A-J)　ニセカワモズク（瀬川 1939）

(**図版 116(b)**, **figs. 1-6**, 熊野 1996 t. *In* 山岸・秋山（編），淡水藻類写真集．16：66. **figs. 7-10**, 原著者，Kumano 1982 c)；(**図版 119(b)**, **figs. 5-9**, 瀬川 1939, *Sirodotia* sp. として)

藻体は雌雄同株．粘性豊富．長さ 3-6 cm，太さ 300-680 μm，密に，やや不規則に，分枝する．青みを帯びた濃緑色．輪生枝叢は西洋梨形または倒円錐形．1次輪生枝は密に分枝し，8-13 細胞からなり，細胞は披針形，楕円形，紡錘形，太さ 5-6 μm，長さ 7-15 μm．端毛あり．2次輪生枝は多数，全節間を覆う．精子嚢は楕円形，倒卵形，太さ 6-8 μm，長さ 7-12 μm，短い側枝，造果器をつける枝の短縮被覆枝に，硬く密集する．造果器をつける枝は 3-9 個の樽形細胞か

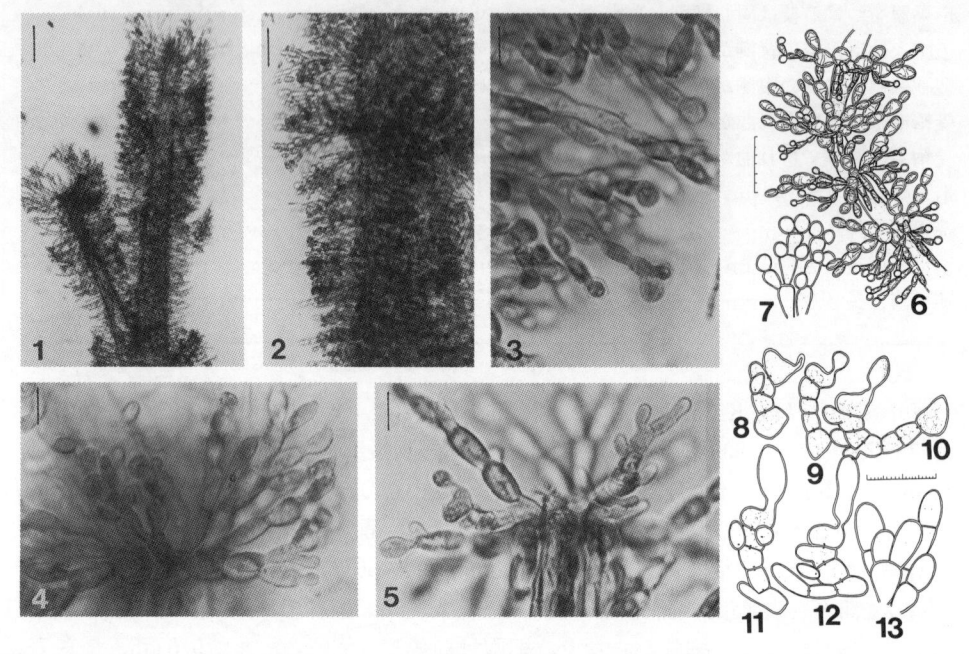

228 **Batrachospermales** カワモズク目

図版 116 (a)   *Sirodotia yutakae*, figs. 1-5 （熊野 1996 zs），figs. 6-13 （原著者，Kumano 1982 c）
1-2. 輪生枝叢，3-4, 6-7. 輪生枝側枝の先端につく精子嚢，5, 8-12. 造果器と，周心細胞から出る，造果器をつける枝，13. 無限成長をする，造胞糸の側枝の先端につく果胞子嚢．（縮尺＝100 μm for fig. 1; 40 μm for fig. 2; 30 μm for fig. 6; 20 μm for figs. 7-13; 10 μm for figs. 3-5）

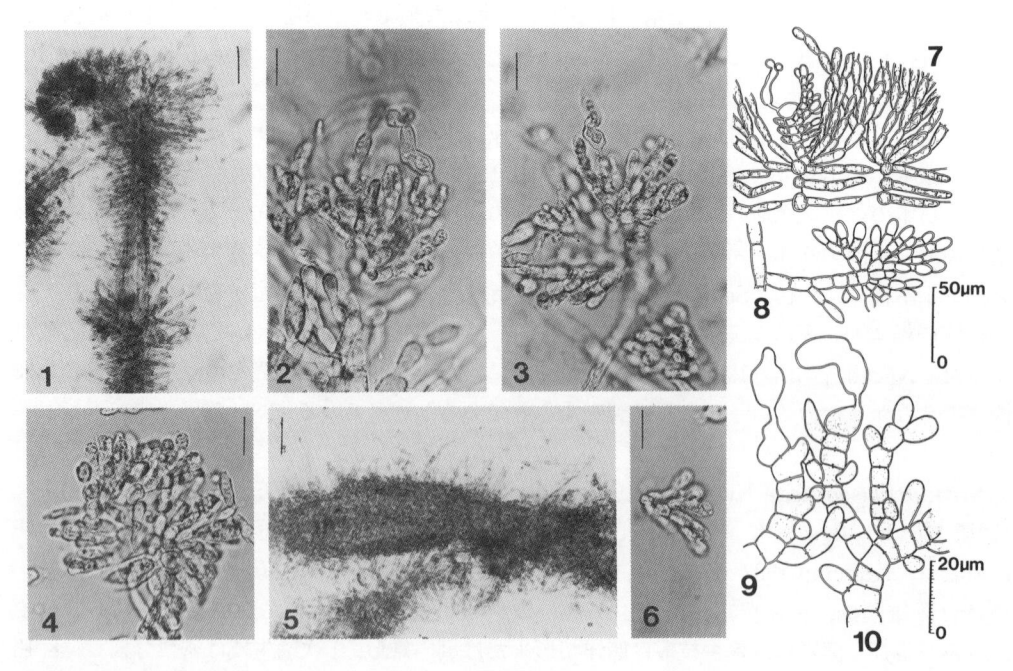

図版 116 (b)   *Sirodotia segawae*, figs. 1-6 （熊野 1996 t），7-10 （原著者，Kumano 1982 c）
1. 輪生枝叢，2-4, 9-10. 精子嚢をつける枝，造果器をつける枝，5. 造胞糸，6. 造胞糸先端の果胞子嚢，7. 中軸細胞，1次輪生枝，皮層細胞糸と，造果器をつける枝，8. 精子嚢をつける枝．（縮尺＝200 μm for fig. 5; 100 μm for fig. 1; 50 μm for figs. 7-8; 20 μm for figs. 9-10; 10 μm for figs. 2-4, 6）

らなり，周心細胞，輪生枝の下部細胞から出る．被覆枝は長く，造果器を抱き包む．造果器は基部片側に半球形の膨らみがあり，長さ 30-46 μm，受精毛は金床形，明瞭な柄あり．果胞子体は不定形．造胞糸は造果器基部の膨らみの反対側(背側)と膨らみのある側(腹側)から生じ，不規則に分枝し，皮層糸上を這って伸長．果胞子嚢は楕円形，倒卵形，太さ 7-10 μm，長さ 10-12 μm．

タイプ産地：東アジア：日本，京都府園部市瑠璃渓，山腹の湿地，小流中の維管束植物の根や石に付着する．晩秋から晩春の時期に周囲の水温より高い湧水に由来する，汚濁のない清冽な流水中に生育する．

タイプ標本：Kobe University, Hirayama, 17/IV 1966.

分布：日本のタイプ産地のほか，京都府京都市宝ヶ池に分布する．

ノート：本種は当初，瀬川 (1939: 2035, figs. 2, 4) が京都市宝ヶ池産の標本を *Sirodotia* sp. ニセカワモズク (和名) として図示したが，ラテン語記載がなかった．Necchi *et al.* (1993) は本種のタイプ標本を調べて，精子嚢をつける分化した枝を観察できなかったので，さらに将来調査すべき種であると述べている．

3) ***Sirodotia sinica*** Jao (9141: 267, pl. V, figs. 31-38)

(**図版 117(a)，figs. 1-13，**熊野 1996 zr. *In* 山岸・秋山(編)，淡水藻類写真集．17：74)；(**図版 117(b)，figs. 1-5，**原著者，Jao 1941)

藻体は雌雄異株．粘性豊富．長さ 3-4 cm，太さ 250-600 μm，密に，やや不規則に，分枝する．濃い青みを帯びた緑色．輪生枝叢は，若い藻体では西洋梨形で，分離し，古い株では倒円錐形．1 次輪生枝は密に分枝し，7-10 細胞からなり，細胞は披針形，楕円形，紡錘形，倒卵形，端毛なし．2 次輪生枝は多数，全節間を覆う．精子嚢は球形，太さ 5-6 μm，1 次輪生枝の先端につく．造果器をつける枝はやや湾曲し，長さ 10-20 μm，2-5 個の樽形細胞からなり，輪生枝下部細胞，皮層糸細胞から出る．被覆枝は短い．造果器は基部片側に半球形の膨らみがあり，長さ 20-28 μm，受精毛は金床形，明瞭な柄あり．果胞子体は不定形．造胞糸は造果器基部の膨らみの反対側(背側)から生じ，不規則に分枝し，皮層糸上を這って伸長する．果胞子嚢は卵形，倒卵形，太さ 8-9 μm，長さ 14-17 μm.

タイプ産地：東アジア：中国，四川省，Po-sang，池中．

タイプ標本：YN 2, no 1341．

分布：タイプ産地のほか，日本では，兵庫県小野市山田川，流水中の維管束植物の根や石上に分布する．

ノート：Jao (1941) によれば，Kylin の描いた *S. suecica* の図から見て，本種は，異なった形態をした 1 次，2 次輪生枝をもつこと，不規則な形で，明瞭でない柄のある受精毛をもつことで，*S. suecica* とは異なる．外観からは *S. huilensis* に似ているが，この種はもっと短く，1-3 細胞性の小さい造果器をつける枝をもっている．

4) ***Sirodotia geobelii*** Entwisle et Foard (1999 b: 610, fig. 3)

(**図版 117(c)，figs. 1-8，**原著者，Entwisle & Foard 1999 b)

藻体は雌雄同株．輪生枝叢は円錐形，融合または分離し，太さ 230-379 μm，節部は長さ 368-529 μm．中軸細胞は太さ 11-90 μm，皮層細胞糸は円柱形から幾分樽形，太さ 4-7 μm，長さ 7 μm 以上．1 次輪生枝は曲がり，9-12 細胞からなり，4-5 回 2-3 又分枝する．下部細胞は楕円形，

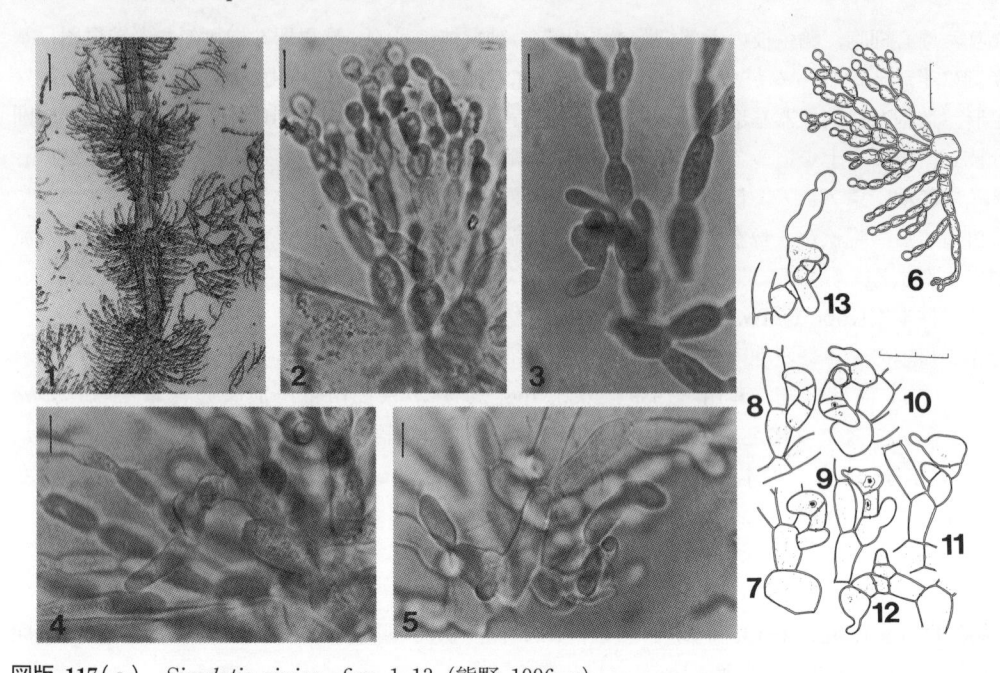

230 **Batrachospermales** カワモズク目

図版 **117(a)** *Sirodotia sinica*, figs. 1-13（熊野 1996 zr）
1. 輪生枝叢, 2,6. 輪生枝の先端につく精子嚢, 3-5,7-12. 造果器をつける枝, 13. わずかに有柄, 精子の付着する円柱形受精毛, 造果器基部の膨らみの反対側（背側）に, 造胞糸原基をもつ造果器.（縮尺＝100 μm for fig. 1 ; 30 μm for fig. 6 ; 20 μm for figs. 7-13 ; 10 μm for figs. 2-5）

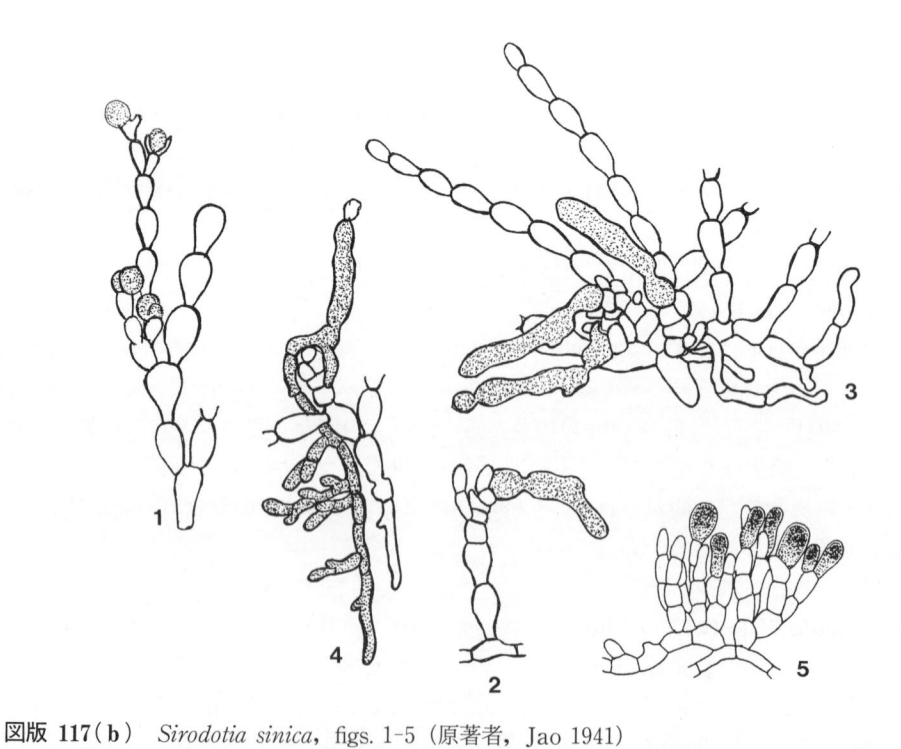

図版 **117(b)** *Sirodotia sinica*, figs. 1-5（原著者, Jao 1941）
1. 精子嚢, 2. 皮層細胞から出る造果器をつける枝, 3. 輪生枝下部細胞から出る造果器をつける枝, 造胞糸の原基, 受精造果器, 4. 受精造果器, 基部の膨らみから出る造胞糸, 5. 果胞子嚢.

Sirodotia ユタカカワモズク属

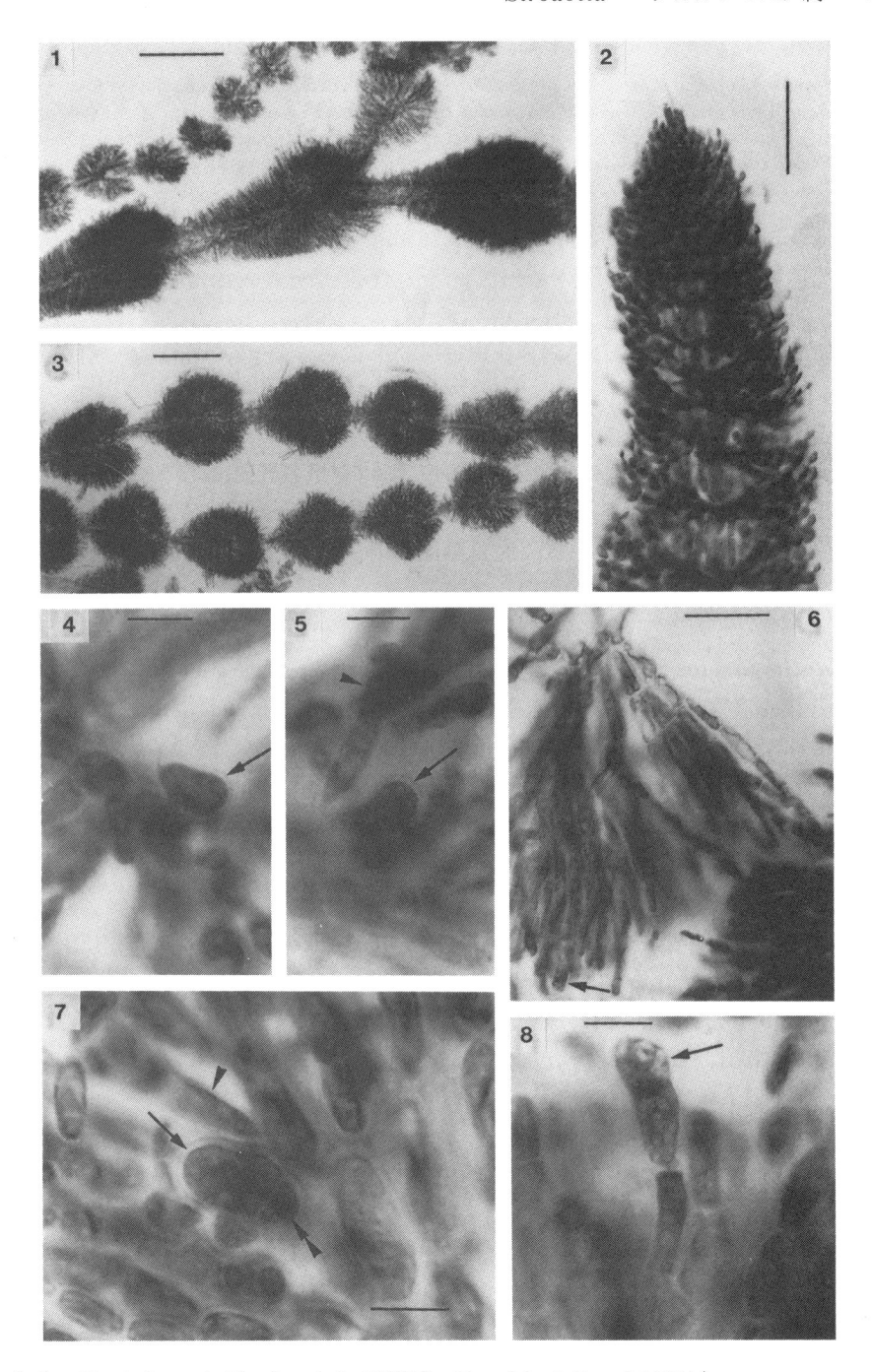

図版 117(c) *Sirodotia goebelii*, figs. 1-8 (原著者, Entwisle & Foard 1999 b)
1. 輪生枝叢の大部分を占める果胞子体（黒い塊），2. 藻体の先端部，3. 短い輪生枝叢をもつ部分，4-6. 果胞子嚢（矢印）をもつ長く直立する造胞糸，7. 造果器，基部（矢印），受精毛（矢頭）と造胞糸始原（二重矢印）を示す，8. 果胞子嚢をつける細胞と果胞子嚢（矢印）．（縮尺＝250 μm for figs. 1, 3；50 μm for fig. 2；30 μm for fig. 7；10 μm for figs. 4-6, 8）

太さ 8-10 μm, 長さ 18-32 μm, 上部細胞の形は様々, 太さ 3-7 μm, 長さ約 14 μm. 2 次輪生枝はふつう, あるものは 1 次輪生枝と同長. 精子嚢は 1 次輪生枝上に散在し, 球形から楕円形, 直径 5-9 μm. 造果器をつける枝は曲がり, 1 次輪生枝の周心細胞から 2-3 番目の細胞 (稀に 2 次輪生枝) から出る 2-3 個の分化した, 樽形から円盤形の太さ 6-8 μm, 長さ 4-8 μm の細胞からなる. 被覆枝は 1-4 細胞の長さ, 造果器をつける枝の全細胞から出て, 下方の被覆枝は造果器を越える. 造果器は折れ曲がり, 基部で太さ 11-16 μm, 長さ 26-38 μm, 受精毛は有柄 (稀に長さ 5 μm 以下), 放射対称形, 楕円形から円柱形, 最も広い部分の太さ 5-7 μm. 造胞糸の始原は造果器基部の背側から出る. 直立する造胞糸は輪生枝叢の外側に向かって伸び, 9 細胞, 細胞の長さ 20 μm に達する. 果胞子嚢は楕円形, 細長いドーム形, 太さ 6-9 μm, 長さ 13-21 μm. シャントランシア相の藻体は未知.

タイプ産地:タイプ産地の場所は確かでない, タイプ標本には"Hermitage, Western Australia"とラベルされているが, この場所の名前はもはや地名辞典に記録されていない. 多分, "Hermitage"は西豪州の南西部のどこかの地名であろう (Entwisle & Foard 1999).

タイプ標本:UPS, Hermitage, Western Australia, 1898, coll. Geobel.

分布:タイプ産地にのみ生育する.

5)　***Sirodotia suecica*** Kylin (1912: 38, fig. 16, a-f)
(熊野 1977, 紅藻綱. *In* 広瀬・山岸(編), 日本淡水藻図鑑. 170-171); (山岸 1999, 淡水藻類入門. 102)

異名:*Sirodotia fennica* Skuja (1931: 297, tab. 6, figs. 1-14, tab. 7, figs. 1-11); *Sirodotia acuminata* Skuja in Flint (1950: 755, figs. 7-12); *Sirodotia tenuissima* (Collins) Skuja ex Flint (1948: 431, figs. 25-28); *Batrachospermum vagum* (Roth) C. Agardh f. *tenuissimum* Collins (1895: 110)

(**図版 118, figs. 1-5,** Necchi *et al*. 1993. **figs. 6-9,** Necchi *et al*. 1993, *Sirodotia tenuissima* として);(**図版 119(a), figs. 1-7,** 熊野 1997 m. *In* 山岸・秋山(編), 淡水藻類写真集. 18:85. **figs. 8-10,** Kumano 1982 c);(**図版 120, figs. 1-6,** 原著者, Kylin 1912. **figs. 7-12,** 原著者, Skuja 1931, *Sirodotia fennica* として)

藻体は雌雄同株, 異株. 粘性豊富. 長さ 2-10 cm, 太さ 200-300 μm, やや密に, 不規則に分枝する, 黄色みを帯びた緑色. 輪生枝叢は小さく, 楕円形, 雄株では分離し, 最後には西洋梨形で, 融合する. 1 次輪生枝は 8-10 細胞からなり, 細胞は円柱形, 樽形, 楕円形, 倒卵形, 端毛あり. 2 次輪生枝は多数, 最後には 1 次輪生枝の長さに達する. 精子嚢は球形, 太さ 5-6 μm, 輪生枝の先端につく. 造果器をつける枝は短く, 2-5 個の, やや同じ太さの樽形細胞からなり, 周心細胞から出る. 被覆枝は多数で, 短い. 造果器は基部片側に半球形の突起があり, 長さ 30-40 μm, 受精毛は楕円形, 最後に円筒形または金床形, やや明瞭な柄あり. 果胞子体は不定形. 造胞糸は, 造果器基部の膨らみの反対側(背側)から生じ, 不規則に分枝, 皮層糸上を這って伸長する. 果胞子嚢は倒卵形から長い西洋梨形, 太さ 5-8 μm, 長さ 10-12 μm.

タイプ産地:欧州:スウェーデン, Skane, Os.

選定標本:LD, Kylin, 3/VIII 1909, Necchi *et al*. (1993) が選定した.

分布:タイプ産地のほか, 東アジア, 大洋州:オーストラリア, South Australia 州, Queensland 州, New South Wales 州, Victoria 州, Tasmania, ニュージーランド, 北島, 南島, 北

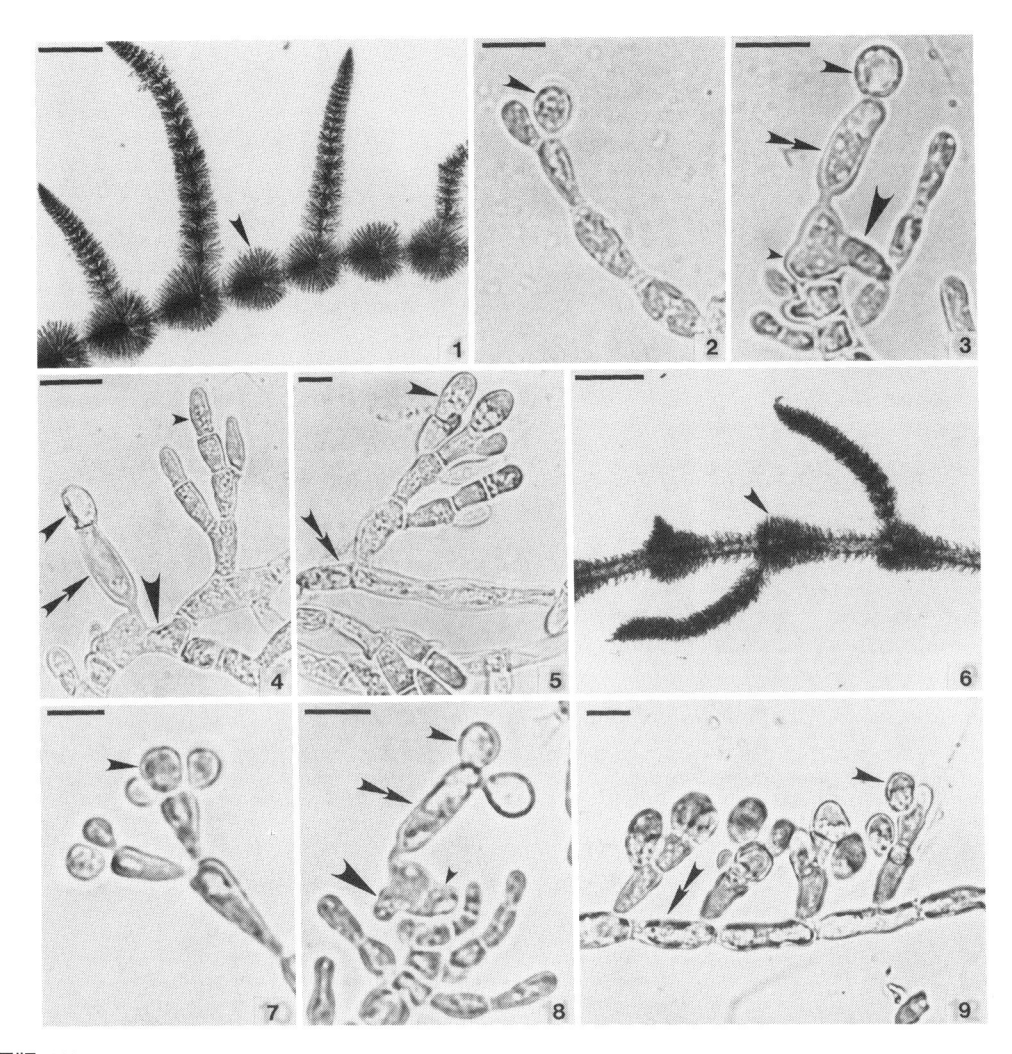

Sirodotia ユタカカワモズク属　233

図版 118

Sirodotia suecica, figs. 1-5 (Necchi *et al.* 1993)
1. 倒円錐形の輪生枝叢（矢頭）と，密集する若い輪生枝叢をもつ主軸，2. 輪生枝の先端につく精子嚢（矢頭），3. 精子（矢頭）が付着し，受精した造果器と，わずかに柄のある円柱形の受精毛（二重矢頭），基部の膨らみ（小矢頭）とその反対側（背側）（大矢頭）にある造胞糸の原基，4. 精子（矢頭）が付着し，受精した造果器と，わずかに柄のある受精毛（二重矢頭），分枝する造胞糸（大矢頭）と，未熟な果胞子嚢（小矢頭），5. 果胞子嚢（矢頭）をもつ成熟した果胞子体と，無限成長し，匍匐する造胞糸（二重矢頭）．（縮尺＝500 μm for fig. 1；10 μm for figs. 2-5）

Sirodotia suecica as *S. tenuissima*, figs. 6-9 (Necchi *et al.* 1993)
6. 円錐台形，ピラミッド形の輪生枝叢（矢頭）と，密集する輪生枝叢をもつ若い輪生枝叢のある主軸，7. 輪生枝の先端につく精子嚢，8. 精子（矢頭）が付着した受精した造果器と，わずかに柄のある円柱形の受精毛（二重矢頭），基部の膨らみ（小矢頭）と，その反対側（背側）（大矢頭）にある造胞糸の原基，9. 果胞子嚢（矢頭）をもつ成熟した果胞子体と，無限成長し，匍匐する造胞糸（二重矢頭）．（縮尺＝400 μm for fig. 6；10 μm for figs. 7-9）

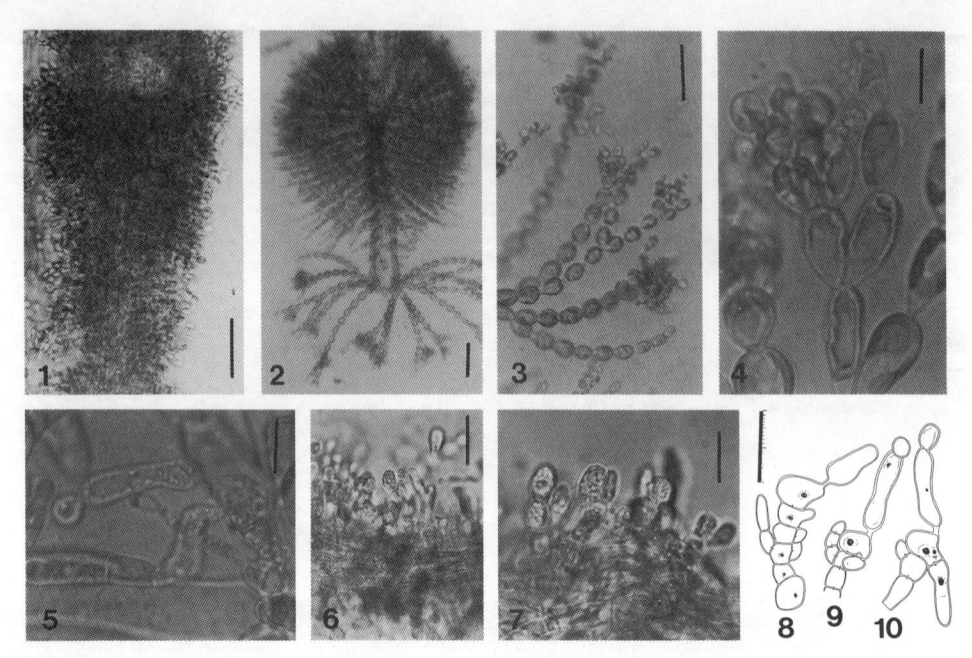

図版 119(a)

Sirodotia suecica, figs. 1-7（熊野 1997 m），figs. 8-10 (Kumano 1982 c)
1. 輪生枝叢，2-4. 精子囊，5. 受精毛と造胞糸，6-7. 果胞子囊，8. 造果器をつける枝，9. 造果器，10. 造胞糸．（縮尺＝50 μm for figs. 1-3；20 μm for figs. 6, 8-10；10 μm for figs. 4-5, 7）

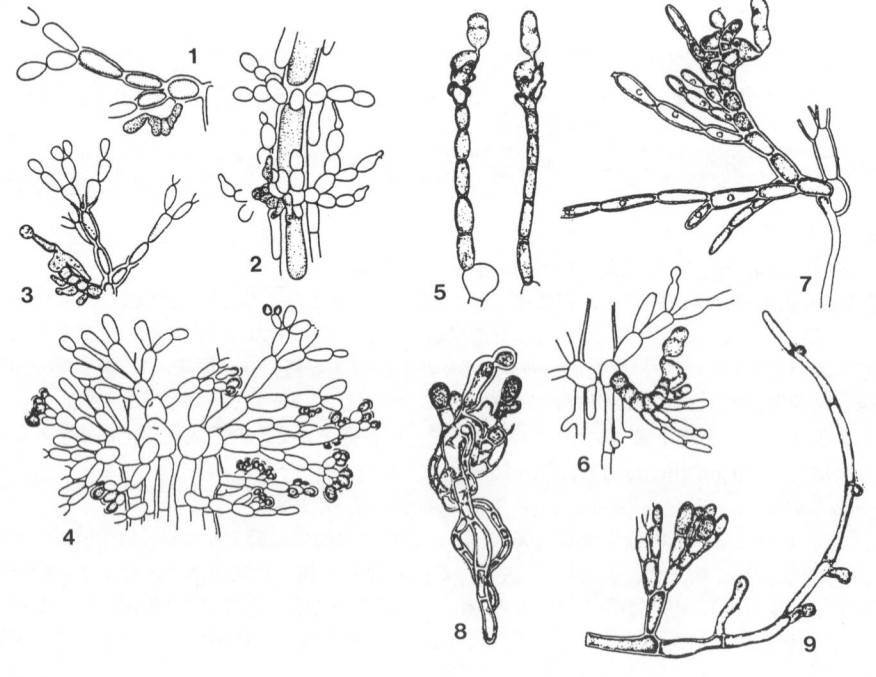

図版 119(b)

Sirodotia yutakae as *Sirodotia* sp., figs. 1-4（瀬川 1939）
1-2. 造果器をつける枝，3. 受精した造果器基部の膨らみの反対側（背側）から出る造胞糸，4. 輪生枝の，短く細長い，側枝の先端につく精子囊．

Sirodotia segawae as *Sirodotia* sp., figs. 5-9（瀬川 1939）
5-7 造果器をつける枝，8. 受精した造果器基部から出る造胞糸，9. 果胞子囊をつける造胞糸．

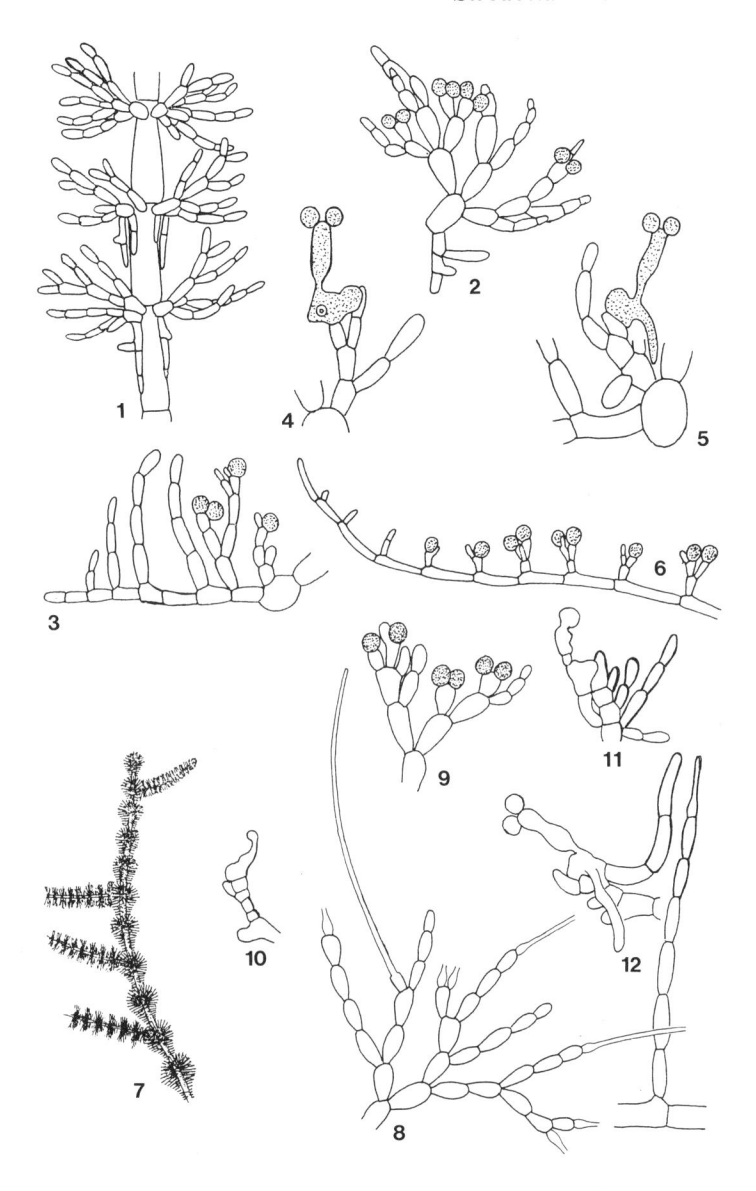

Sirodotia ユタカカワモズク属 235

図版 120

Sirodotia suecica, figs. 1-6（原著者，Kylin 1912）
1. 輪生枝叢をもつ若い主軸，2. 1次輪生枝の先端につく精子嚢，3. 2次輪生枝の先端につく精子嚢，4. 精子が付着し，受精した造果器と，わずかに柄のある円柱形の受精毛，基部の膨らみと，その反対側（背側）の造胞糸の原基，5. 2個の精子が付着し，受精した造果器と，わずかに柄のある円柱形の受精毛，基部の膨らみと，その反対側（背側）から出る造胞糸，6. 匍匐し，無限成長をする造胞糸と，果胞子嚢をもつ果胞子体．

Sirodotia suecica as *S. fennica*, figs. 7-12（原著者，Skuja 1931）
7. 円錐台ピラミッド形の輪生枝叢（矢頭）をもつ主軸と，密集した輪生枝叢をもつ若い枝，8. 端毛をもつ，1次輪生枝，9. 輪生枝の先端につく精子嚢，10. 未熟な造果器と，造果器をつける枝，11-12. 精子が付着し，受精した造果器と，わずかに柄のある円柱形の受精毛，基部の膨らみと，その反対側（背側）から出る造胞糸．

米：米国, .New York 州, Hamilton, Adirondack Mountains, Lake Pisco 近傍, 半月湖の出口, Louisiana 州, Maine 州, Rhodo Island 州, カナダ, Quebec 州（水温 19.5-21.5℃）（*Sirodotia tenuissima* として), 欧州など世界各地に広く分布する.

日本では, 京都府京都市沢の池（水温 10.3-14.9℃）に分布する. 晩秋から晩春の時期に周囲の水温より高い湧水に由来する汚濁のない清冽な山地性の流水中に生育する.

ノート：Vis & Sheath (1998, 1999) は, RuBisCo (rbcL, rbcL-S spacer, rbcS) 遺伝子の分析結果からは2種間にほとんど変異が認められないので, *S. tenuissima* は *S. suesica* の異名であり, これらの種を区別するために用いる形態的性質は系統的には有効ではない, と述べている.

6) ***Sirodotia huillensis*** (Welw. ex W. et G. S. West) Skuja (1931: 304, tab. 8, figs. 1-20)
異名：*Batrachospermum huillense* Welwitsch ex W. et G. S. West (1897: 3); *Sirodotia ateleia* Skuja (1938: 617, tab. XXXII, figs. 1-16), *Sirodotia cirrhosa* Skuja in Balakrishnan et Chaugule (1980: 242, figs. 17-21).

（**図版 121(a)**, **figs. 1-7,** 熊野 1997 l. *In* 山岸・秋山（編）, 淡水藻類写真集. 18：84. **figs. 8-19,** 原著者, Skuja 1931）；（**図版 121(b)**, **figs. 1-5,** Necchi *et al*. 1993）；（**図版 122, figs. 1-4,** 原著者, Skuja 1931）

藻体は雌雄異株. 粘性豊富. 長さ3-7 cm, 太さ 250-400 μm, 密に分枝する. 青みを帯びた緑色. 輪生枝叢は, 若い藻体では楕円形で互いに分離し, その後2次輪生枝の発達につれて, 西洋梨形で融合する. 1次輪生枝は密に分枝し, 3-10 細胞からなり, 細胞は卵形, 楕円形, 弓形の倒

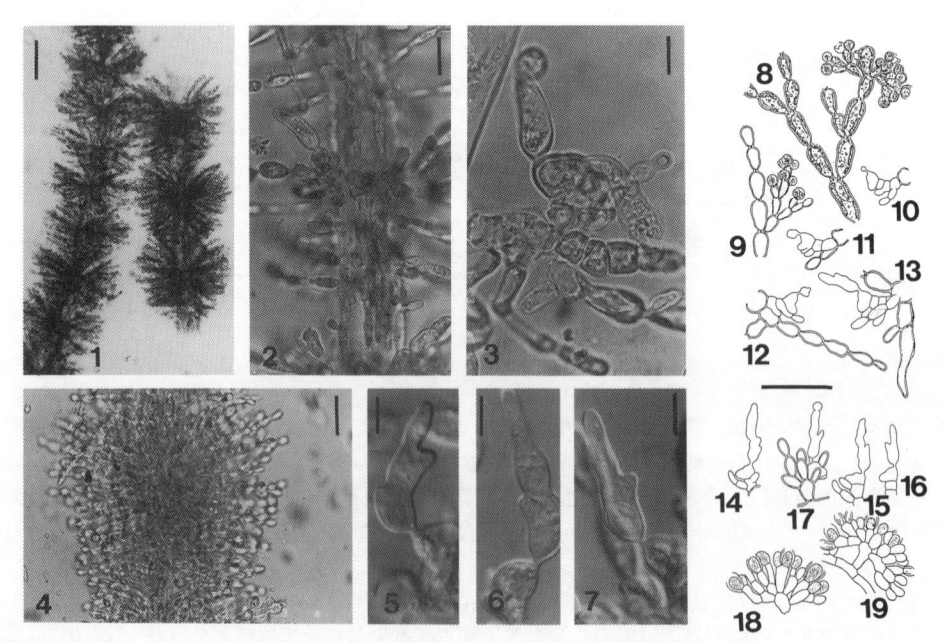

図版 121(a)　*Sirodotia huillensis*, figs. 1-7（熊野 1997 l）, figs. 8-19（原著者, Skuja 1931）1, 4. 輪生枝叢, 2. 造果器をつける枝, 3. 受精した造果器, 基部の膨らみと同じ側（腹側）から出る造胞糸, 5-7, 14-17. 造果器, 8-9. 精子嚢, 10-13. 造果器, 18-19. 果胞子嚢. （縮尺 = 100 μm for fig. 1; 40 μm for fig. 4; 20 μm for fig. 2; 10 μm for figs. 3, 5-7; 50 μm for figs. 8-19）

卵形，太さ 5-6 μm，長さ 7-15 μm，端毛は稀．2 次輪生枝は多数，最後に 1 次輪生枝の長さに達する．精子嚢は球形，太さ 5-7 μm，1 次，2 次輪生枝の先端につく．造果器をつける枝は，短く 2-5 個の樽形細胞からなり，周心細胞から出る．被覆枝は短く，稀れ．造果器は基部片側の半球形の突起が小さく，長さ 37-53 μm，受精毛は長い円錐形，棍棒形，やや不明瞭な柄あり．果胞子体は不定形．造胞糸は造果器基部の膨らみと同じ側（腹側）から生じ，不規則に分枝し，皮層糸上を這って伸長する．果胞子嚢は倒球形，太さ 6-8 μm，長さ 10-13 μm．

タイプ産地：アフリカ，Angola，Huilla，Lopollo．

Isotype：LISU, Welwitsch, V 1680．

分布：タイプ産地のほか，北米：米国，Arizona 州．東南アジア：マレーシア，インドネシア．アジア：インドなどの地域に分布する．

ノート：Umezaki (1960)，そして Necchi (1991) は S. ateleia は S. delicatula の異名であるとしている．他方 Necchi et al. (1993) は，北米産の S. ateleia と S. huillensis の群落を調査した結果，この両種を同種異名であるとして，最も古い種小名 huilensis を使用すべきであると述べている．

7) **Sirodotia delicatula** Skuja（1938 : 614, tab. XXXI, figs. 1-15）
(**図版 123, figs. 1-17**，原著者，Skuja 1938)

藻体は雌雄異株．粘性豊富．長さ 3-9 cm，太さ 140-300 μm，密に分枝する．青みを帯びた緑

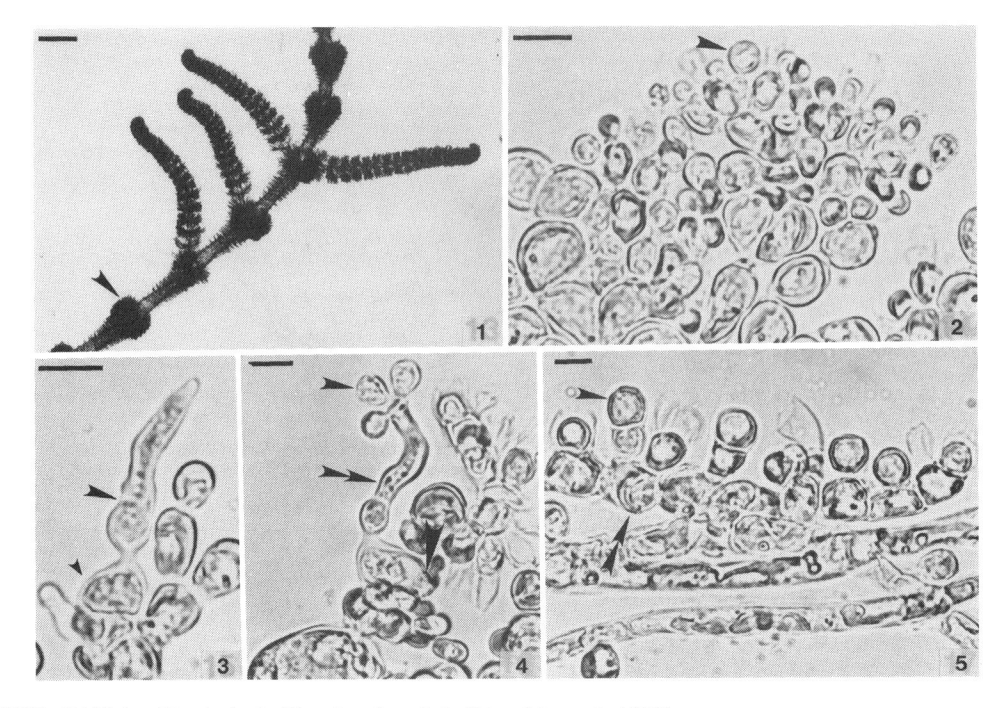

図版 121（b） Sirodotia huillensis, figs. 1-5 (Necchi et al. 1993)
1. 輪生枝叢，2. 精子嚢（矢頭），3. 受精毛（矢頭）と基部の膨らみ（小矢頭），4. 精子（矢頭），受精毛（二重矢頭），膨らみと同じ側（腹側）にある造胞糸原基（大矢頭），5. 果胞子嚢（矢頭），造胞糸（二重矢頭）．（縮尺＝10 μm for figs. 1-5）

色. 輪生枝叢は，若い藻体では楕円形で，互いに分離し，その後 2 次輪生枝の発達につれて，西洋梨形で融合する. 1 次輪生枝は密に分枝し，4-6 細胞からなり，細胞は楕円形，倒卵形，太さ 5-6 μm，長さ 5-15 μm，端毛は稀. 2 次輪生枝は多数. 精子嚢は球形，太さ 4-5 μm，1 次輪生枝の先端につく. 造果器をつける枝は短く，長さ 8-15 μm，3-5 個の樽形細胞からなり，周心細胞から出る. 被覆枝は短く，楕円形の細胞からなる. 造果器は基部片側に半球形の突起があり，長さ 25-30 μm，受精毛は円筒形，明瞭な柄あり. 果胞子体は不定形. 造胞糸は造果器基部の膨らみと同じ側（腹側）から生じ，不規則に分枝し，皮層糸上を這って伸長する. 果胞子嚢は球形，

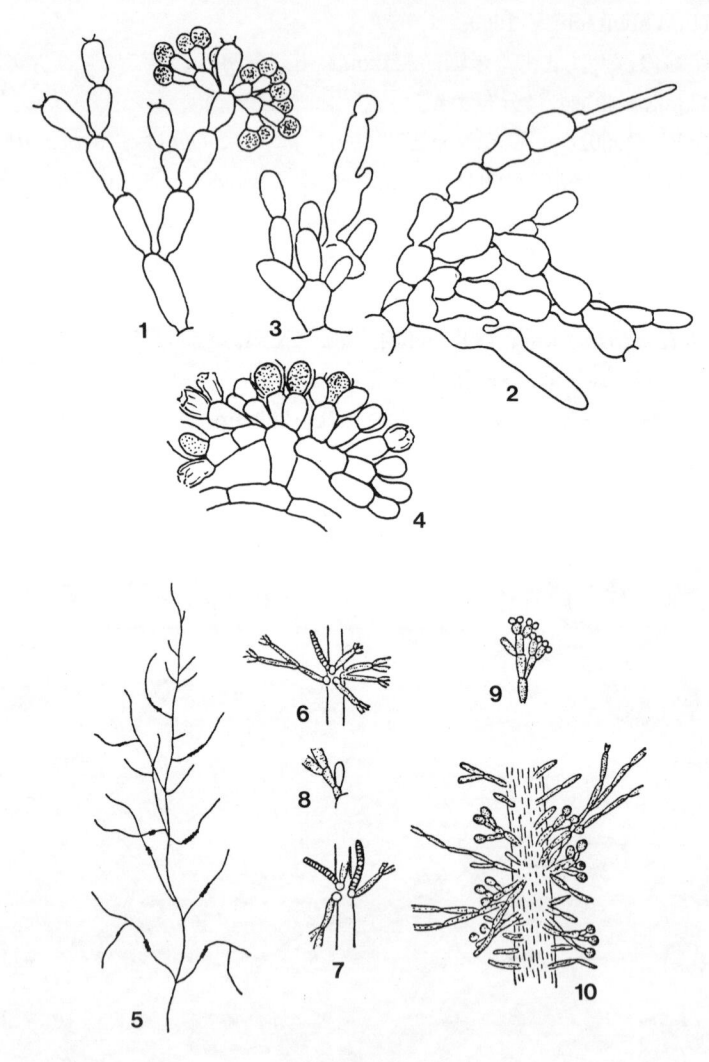

図版 122

Sirodotia huillensis, figs. 1-4 （原著者，Skuja 1931）
1. 輪生枝の先端に密集し，房状につく精子嚢，2-3. 不規則な形の受精毛と，基部に膨らみをもつ造果器，4. 果胞子嚢をもつ成熟した果胞子体と，匍匐し，無限成長をする造胞糸.

Sirodotia gardneri, figs. 5-10 （原著者，Flint 1950）
5. 分枝の性状を示す藻体，6. 節部から出る若い枝，7. 節部から出る 2 本の若い枝，8. 造果器，9. 分化しない輪生枝の先端につく精子嚢，10. 果胞子嚢を示す藻体の部分.

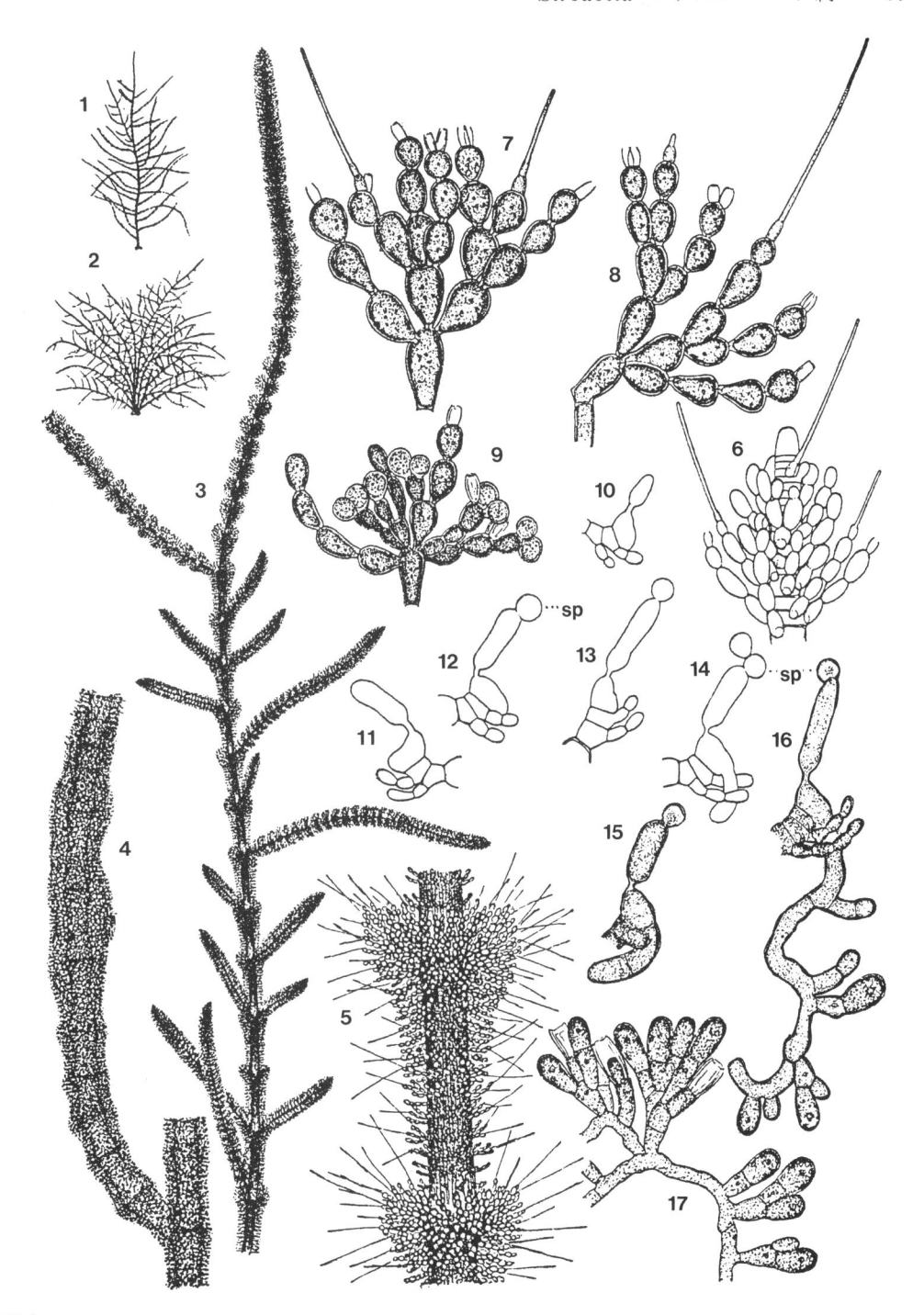

Sirodotia ユタカカワモズク属 239

図版 123

Sirodotia delicatula, figs. 1-17（原著者，Skuja 1938）
1-4. 藻体の性状，5. 1-2次輪生枝叢，6. 藻体先端部，7-8. 輪生枝先端部，9. 輪生枝に頂生する精子嚢，10-13. 円柱形の受精毛をもつ造果器の発達，14-16. 受精した造果器，造果器基部の膨らんだ側からの造胞糸の発達，17. 造胞糸と果胞子嚢.

太さ 6-8 μm.

タイプ産地：東南アジア：インドネシア，Java Island, Bogor, Tjilinwong（水温 26.1℃）.

タイプ標本：UPS, 19/IX 1928.

分布：タイプ産地のほか，東南アジア：マレーシア（水温 23℃）などに分布する.

ノート：本種の造胞糸の始原細胞が，造果器基部の突起のある腹側から出るという事実（Kumano 1982, Necchi et al. 1993）は，Umezaki（1960），そして Necchi（1991）の報告とは一致しない.

8) ***Sirodotia gardneri*** Skuja ex Flint（1950：754, figs. 1-6)
(**図版 122, figs. 5-10**, 原著者，Flint 1950)

藻体は雌雄同株．長さ 3.2-10 cm, 太さ 288-463 μm, 青緑色，赤灰色．輪生枝叢は円錐形，樽形，分離する．1 次輪生枝は密に分枝し，6-10 細胞からなる．精子嚢は球形，太さ 5.3-8 μm, 2 個ずつ輪生枝の先端につく．造果器をつける枝は周心細胞から出る．造果器は長さ約 20 μm, 受精毛は卵形，不明瞭な柄あり．果胞子体は不定形．造胞糸は不規則に分枝し，皮層糸上を這って伸長する．果胞子嚢は節部に，房状に着生する．

タイプ産地：北米：米国，California 州，Los Angeles, Arroyo Seco.

選定標本：UC 395470, Gardner, 31/V 1908, Necchi et al.（1993）が選定した.

分布：タイプ産地のほか，北米：米国，California 州，Los Angeles County, Glendale の北，Verduga Canyon の小流に分布する.

ノート：本種は，長く，よく分離した輪生枝叢をもつ *B. tenuissima* に似ているが，本種の選定標本は雄株であったので，本種の形質をほかの種と比較できなかった（Necchi et al. 1993).

Genus ***Tuomeya*** Harvey（1858：64) ツオメヤ属

異名：section *Tuomeya*（Harvey）Necchi et Entwisle（1990)

Type：*Tuomeya americana*（Harvey）Papenfuss

藻体は不規則に分枝し，硬く，軟骨状，融合し，最初は横に帯がみられ，後に環状に括れがはいる．藻体は皮層細胞糸をもち，縦に走る中軸細胞糸と輪生枝叢とからなる．精子嚢は卵形，輪生枝の先端につく．造果器をつける枝は短く，周心細胞または輪生枝の細胞から出る．造果器は左右非対称で，長い円錐形または棍棒形受精毛をもつ．果胞子体は定形で，造胞糸は放射状に分枝し，融合細胞（ゴニモブラスト・プラセンタ）から出る.

1) ***Tuomeya americana***（Harvey）Papenfuss（1958：104)
異名：*Baileya americana* Kützing（1857：35, tab. 87, III, f, f, g); *Tuomeya fluviatilis* Harvey（1858：64)

(**図版 124, figs. 1-5**, Setchell 1890, *T. fluviatilis* として); (**図版 125, figs. 1-12**, Skuja 1944, *T. fluviatilis* として); (**図版 126, figs. 1-6**, Sheath 1984, *T. americana* として); (**図版 127, figs. 1-9**, Kaczmarczyk et al. 1992, *T. americana* として)

藻体は雌雄同株．藪状．長さ 2.5-5 cm, 太さは 3 mm, 基部で 5 mm, 不規則に分枝する．中軸細胞は偽柔組織状の密な皮層細胞糸で覆われる．輪生枝は先端部で，密に分枝して，隣の輪生枝と密に接触する．精子嚢は小さく，長さ 3.5-4(-5.5-6) μm, 卵形，1-2 個ずつ輪生枝の先端

につく．造果器をつける枝は短く，周心細胞または輪生枝の細胞から出る．造果器は非対称形で長さ38-43μm，受精毛は長い円錐形，棍棒形，太さ9-10μm．果胞子体は定形．受精した造果器は，造果器をつける枝，その被覆枝と融合し，融合細胞（ゴニモブラスト・プラセンタ）を形成する．果胞子は，融合細胞から放射状に分枝して出る造胞糸に頂生し，太さ9-10μm，長さ15-16μm．

　タイプ産地：北米，米国，Virginia州，Fredericksburg近傍．

　選定標本：TCD, Kaczmarczyk *et al.*（1993）が選定．

　分布：タイプ産地のほか，北米：カナダ，Newfoundland州（水温16-26℃），米国，Louisiana州の約16産地（Kaczmarczyk *et al.* 1993）と南アフリカ（Borge 1928）に分布する．

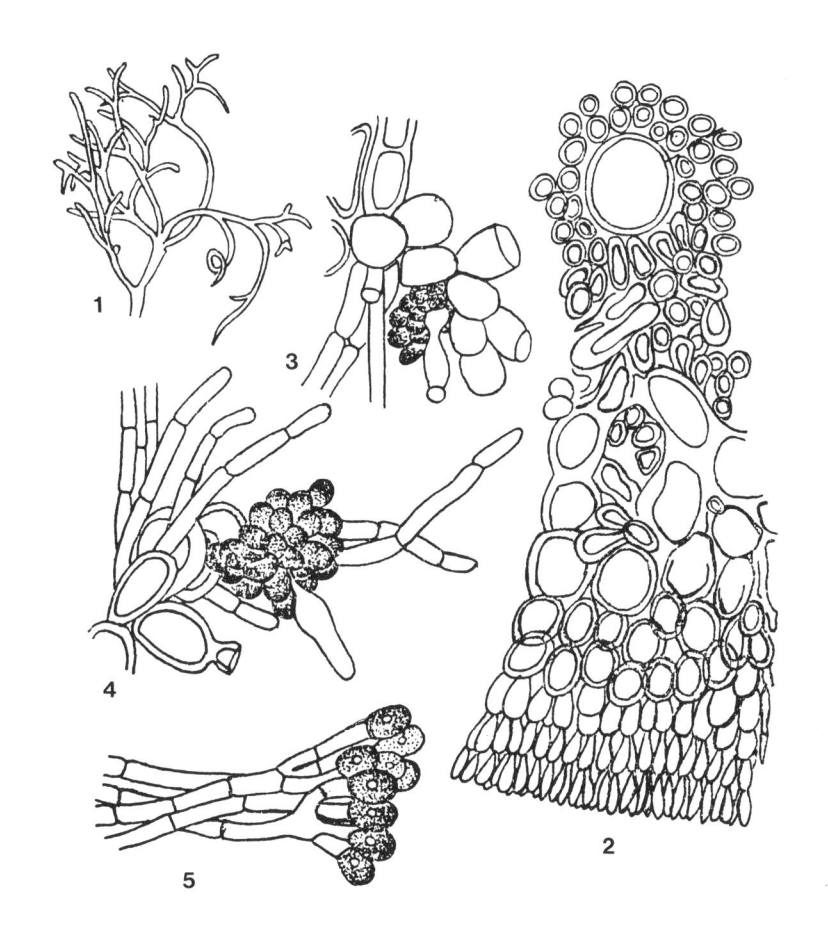

図版 124
　Tuomeya americana as *T. fluviatilis*, figs. 1-5（Setchell 1890）
1．密集した枝をもつ藻体の巨視的な外観，2．中軸細胞糸，皮層細胞糸および輪生枝を示す節部の横断面，3-4．受精毛をもつ造果器と若い果胞子体，5．造胞糸の先端につく果胞子嚢．

図版 125

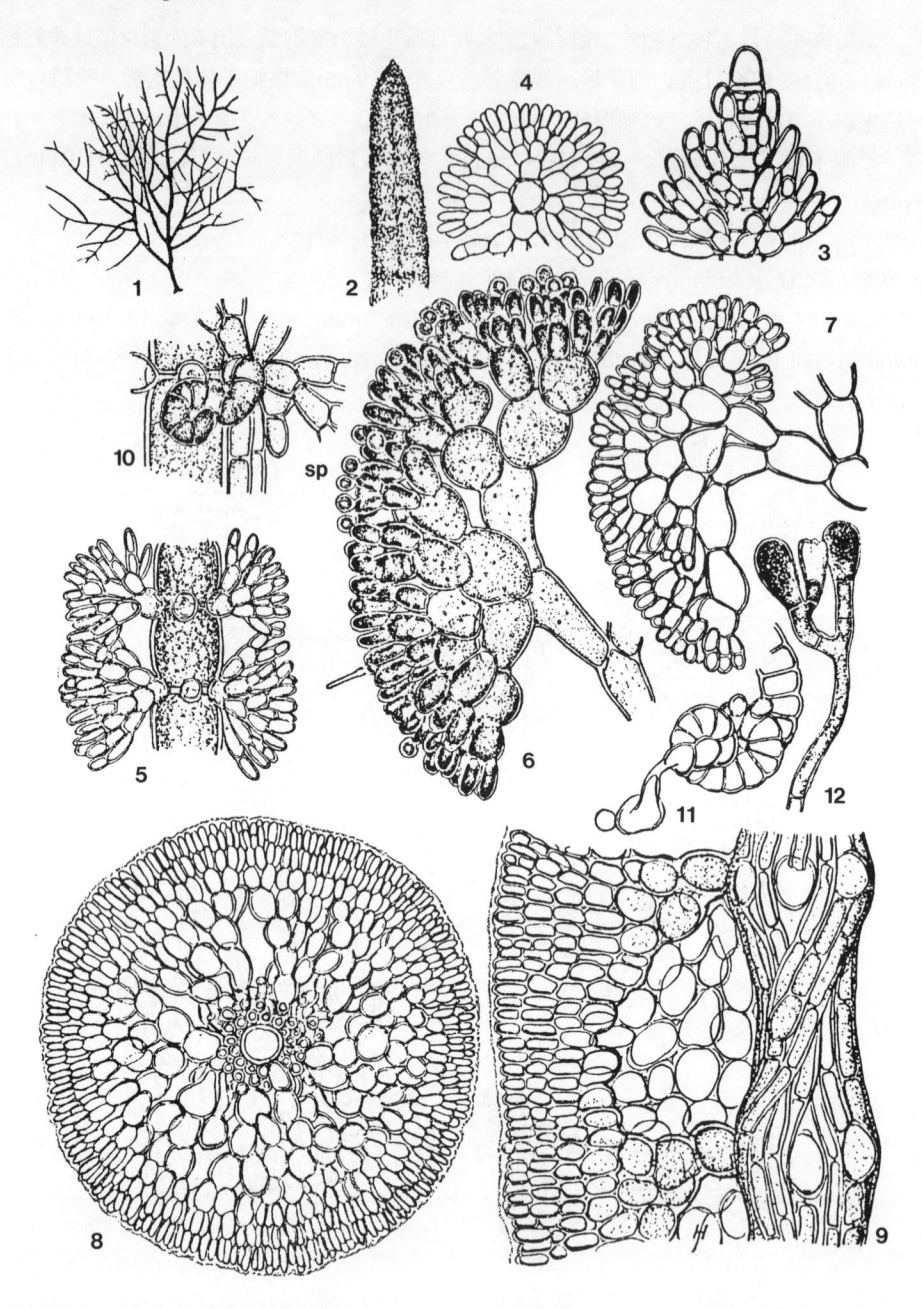

Tuomeya americana as *T. fluviatilis*, figs. 1-12 (Skuja 1944)

1. 藻体の形状, 2. 枝の先端部, 3. 頂端細胞をもつ枝の先端部, 4. 中軸の方向からみた若い輪生枝叢, 5. 側面からみた二つの輪生枝叢, 6-7. 端毛と精子嚢(sp) をつけた1次輪生枝の上部, 8. 藻体の横断面, 9. 藻体の縦断面, 10. 若い造果器をつける枝, 11. らせん状にコイルする造果器をつける枝, 12. 造胞糸の先端につく果胞子嚢.

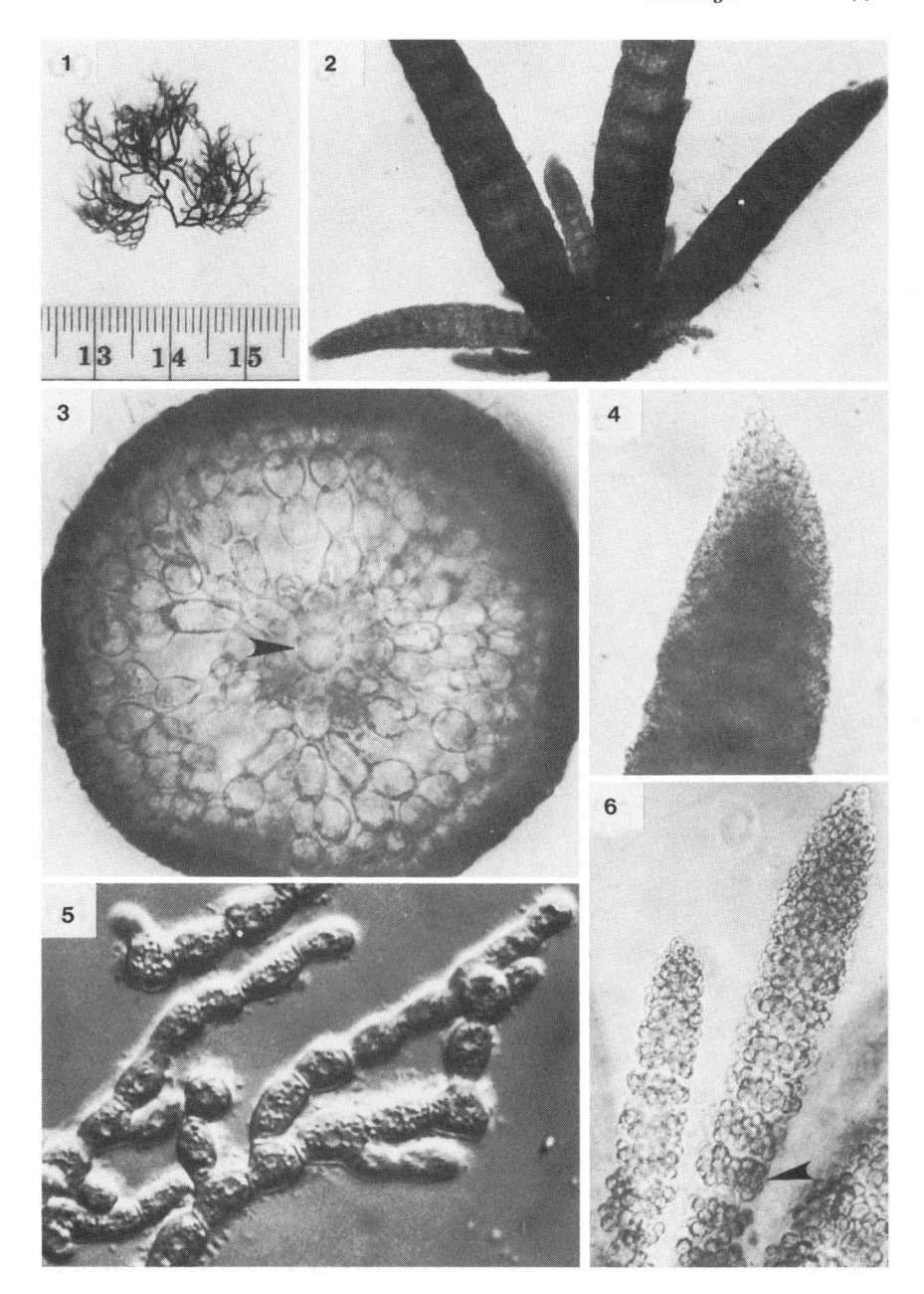

図版 126

Tuomeya americana, figs. 1-6（Sheath 1984）
1. 密に分枝する成熟した藻体の巨視的な外観，2. 共通のシャントランシア世代の藻体に付着する成熟した藻体と未熟な藻体，3. 中軸細胞糸（矢頭）と輪生枝を示す節部の横断面，4. 突出する頂端細胞をもつ藻体の先端，5. 不規則な分枝をもつシャントランシア世代の藻体，6. 密集した輪生枝叢（矢頭）を示す未熟な配偶体の藻体．

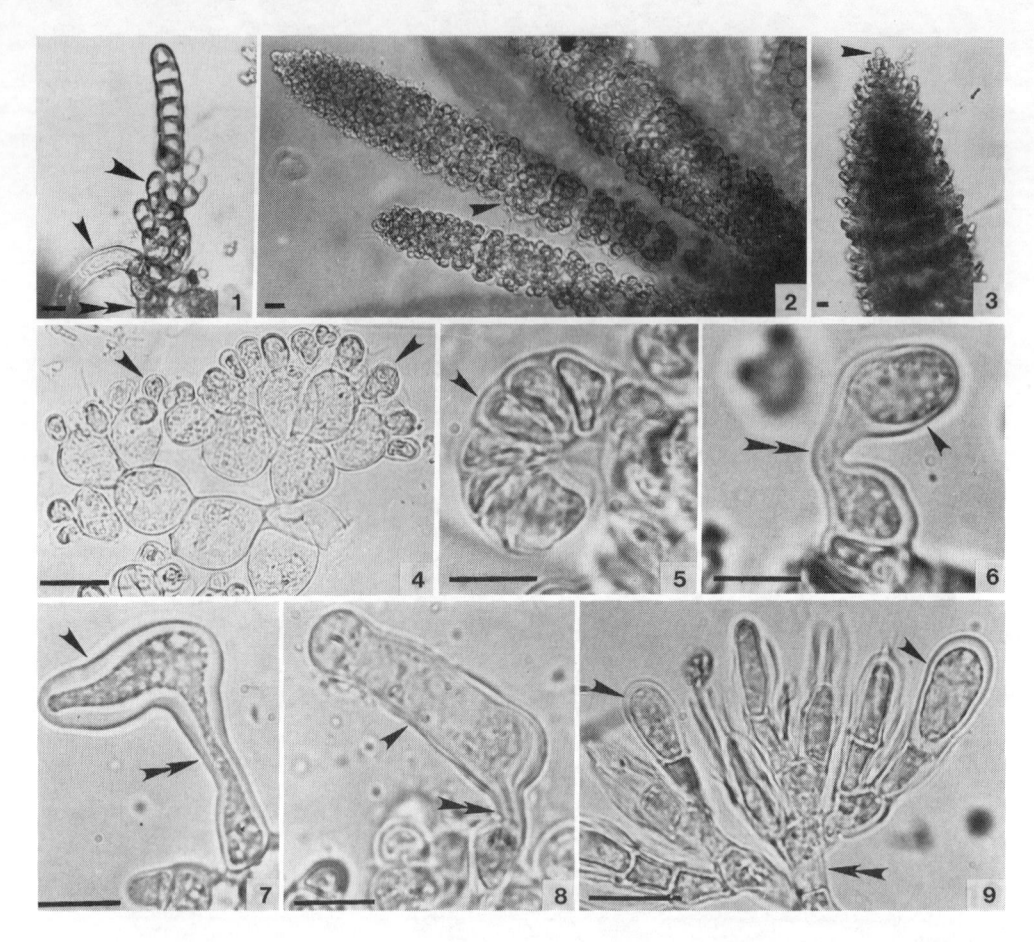

図版 127

Tuomeya americana, figs. 1-9（Kaczmarczyk *et al.* 1992）

1. 仮根（小矢頭）により基部細胞塊（二重矢頭）に付着する若い藻体．鋭角に出て主軸（大矢頭）に付着する輪生枝，2. 4-5細胞の長さ（矢頭）になり，有限成長をする輪生枝をもつ成熟した藻体，3. ドーム形の顕著な頂端細胞（矢頭）をもつ成熟した藻体の先端部，4. 有限成長をする輪生枝の先端につく精子嚢（矢頭），5. 顕著な湾曲を示す造果器をつける枝（矢頭），6. 顕著な柄（二重矢頭）に直角な受精毛（矢頭）をもつ未成熟な造果器，7. 長い柄（二重矢頭）に直角な受精毛（矢頭）をもつ成熟した造果器，8. 短い柄（二重矢頭）に斜めに付着する長い受精毛（矢頭）をもつ成熟した造果器，9. 円柱形の造胞糸（二重矢頭）細胞と卵形の果胞子嚢（矢頭）をもつ成熟した果胞子体．（縮尺＝10 μm for figs. 1-9）

Genus *Nothocladus* Skuja（1934：186）　ノトクラズス属

異名：section *Nothocladus*（Skuja）Necchi et Entwisle（1990：485）
Type：*Nothocladus nodosus* Skuja

　藻体は不規則に分枝する．造果器をつける枝はやや長く，時々湾曲し，周心細胞または輪生枝の細胞から出る．造果器は左右対称で，長い円錐形または棍棒形の受精毛をもつ．果胞子体は不定形で，外側の皮層糸に沿って伸長する．造胞糸は無限成長をする分散型で，造果器細胞から出る．本属の分布は現在のところ，ニュージーランド，豪州，そしてマダガスカル島に限定されている．

***Nothocladus* ノトクラズス属の種の検索表**

1. 造果器をつける枝は 12 細胞まで ……………………………………………1）*N. afroaustralis*
1. 造果器をつける枝は 9 細胞まで ……………………………………………………………2
2. 成熟した節間は長さ＜400 μm …………………………………………………2）*N. lindaueri*
2. 成熟した節間は長さ＞500 μm …………………………………………………3）*N. nodosus*

---

1) ***Nothocladus afroaustralis*** Skuja（1964：310, abb. 1, figs. 1-15）
（**図版 128, figs. 1-6,** 原著者，Skuja 1964）

　藻体は雌雄同株．大変しなやかだが硬い感じ，長さ 3.5-6 cm 以上，太さ 200-350 μm，稀に 450 μm，鞭状だが，少し節くれだつ．単軸性，やや不規則に，互生的，対生的に分枝し，短いものから中くらいの長さまで，しばしば側生的または弓なりになる．成熟した藻体の皮層部は，皮層糸が錯綜するため，大変多く，太さ 80-90 μm．輪生枝叢は目立たず，1 次輪生枝は偽 2 又分枝をし，円柱形または棍棒形の細胞からなる．2 次輪生枝は前者に似て，多い．精子嚢は疎ら，球形または丸い西洋梨形，太さ 3.5-4.5 μm，1 次，2 次輪生枝に着生する．造果器をつける枝はややねじれ，12 細胞以上，単純で，少数細胞からなる被覆枝を数本つける．受精毛は長い棍棒形，太さ 5-6 μm，長さ 30-40 μm，稀に，60 μm．果胞子体は不定形，造胞糸は不規則に，輪生枝に沿って這って伸長し，輪生枝叢の周囲に果胞子嚢を形成する．果胞子嚢は倒卵形，倒卵西洋梨形，太さ 12-15 μm，長さ 15-27.5 μm．

　タイプ産地：アフリカ：Madagascar Island, Fort-Dauphin, Mamery River, Ebakika 近傍．
　タイプ標本：12/VII, 1932, leg. Decary.
　分布：タイプ産地のみに分布する．

2) ***Nothocladus lindaueri*** Skuja（1944：20, tab. II, figs. 1-10, tab. III, figs. 1-10）
異名：*Batrachospermun lindaueri*（Skuja）Necchi et Entwisle（1990：485）
（**図版 128, figs. 7-12,** 原著者，Skuja 1944）；（**図版 129, figs. 1-6,** Entwisle & Kraft 1984）

　藻体は雌雄同株．鞭状，粘性豊富，長さ 0.5-7 cm，太さ 100-600 μm，密に分枝する．オリーブ緑色から赤茶色．若い輪生枝叢は，やや分離し，後に融合する．1 次輪生枝，2 次輪生枝，皮

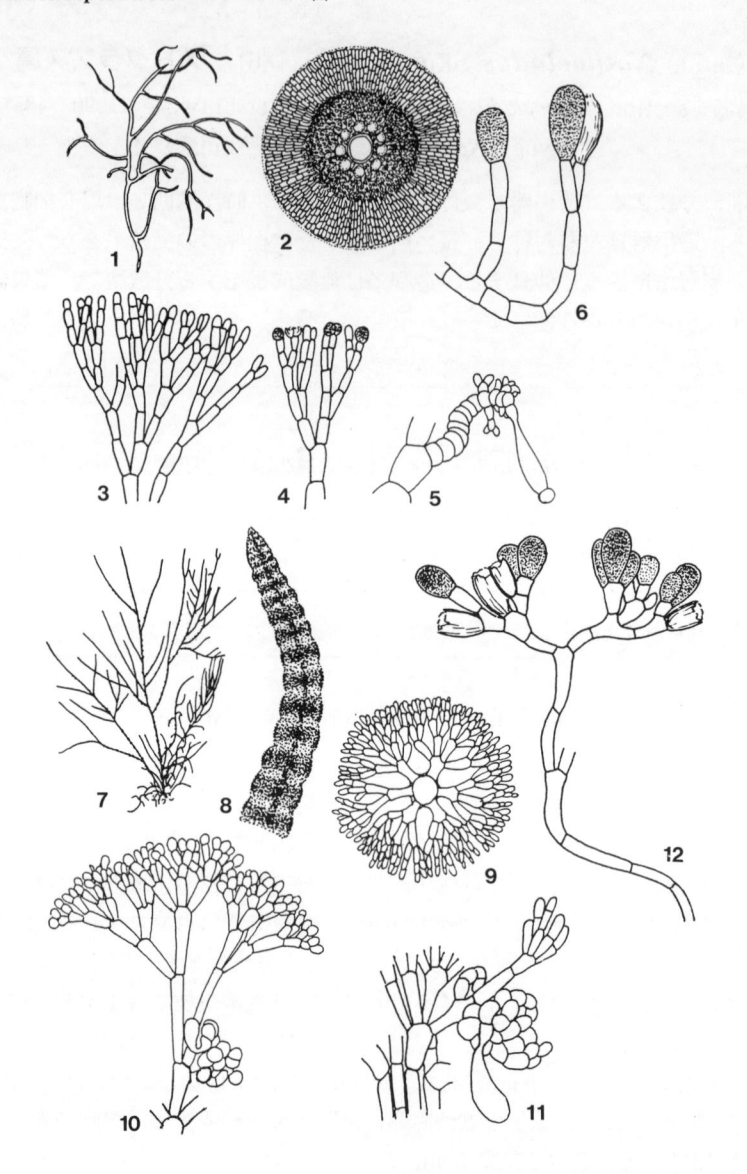

246   **Batrachospermales**　カワモズク目

図版 128

　Nothocladus afroaustralis, figs. 1-6（原著者，Skuja 1964）
1. 十分に分枝した藻体, 2. 広い偽柔組織状の中軸細胞糸，皮層細胞糸と，比較的密集した輪生枝とを示す，成熟した中軸部の横断面，3. 1次輪生枝の円柱形から楕円形の細胞，4. 輪生枝の先端につく精子嚢，5. 輪生枝の下部細胞から生じる，わずかにねじれる造果器をつける枝，6. 造胞糸の最終枝の先端につく果胞子嚢．

　Nothocladus lindaueri, figs. 7-12（原著者，Skuja 1944）
7. 藻体の性状，8. 輪生枝の表面を透してみえる，中軸細胞糸，皮層細胞糸をもつ成熟した藻体の先端，9. 中軸細胞と，比較的緩やかな輪生枝を示す，若い中軸部の横断面，10. 円柱形の下部の細胞と，楕円形の上部の細胞からなる1次輪生枝と，1次輪生枝の下部の細胞から出る，らせん状にねじれる造果器をつける枝，11. 1次輪生枝の下部の細胞から出る，らせん状にねじれる造果器をつける枝，12. 造胞糸の最終枝の先端につく果胞子嚢．

図版 129

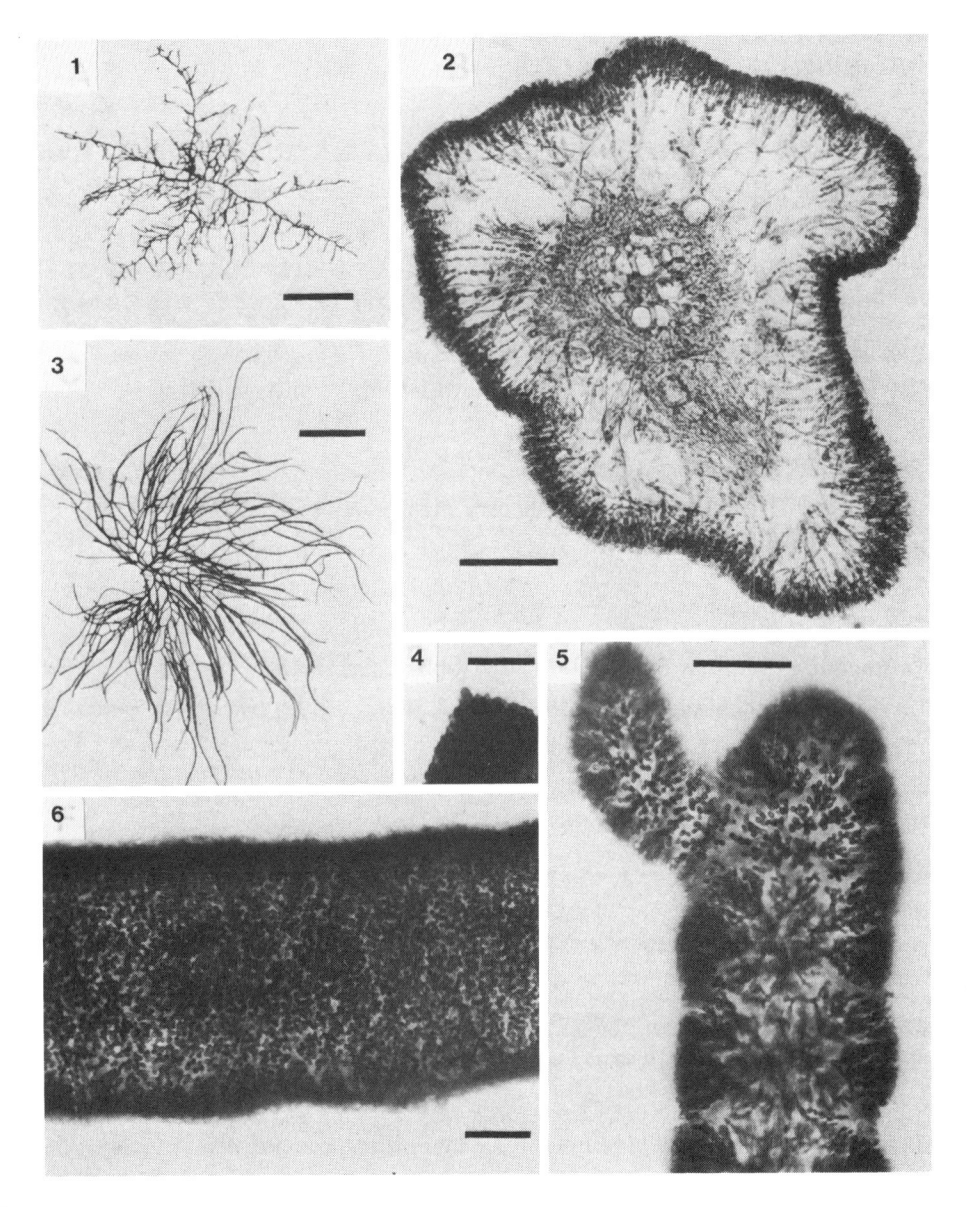

Nothocladus lindaueri, figs. 1-6（Entwisle & Kraft 1984）
1. 比較的短く分枝する藻体の性状，2. 幅の広い偽柔組織状の中軸細胞糸，皮層細胞糸層と，比較的密集し幅の狭い輪生枝層とを示す，成熟した中軸部の横断面，3. 比較的長く分枝する藻体の性状，4. 突出する頂端細胞を示す成熟した中軸部先端，5. 側枝の先端，6. 中軸細胞糸，皮層細胞糸層部と完全に見分けのつかない，密集した外側輪生枝層を示す主軸下部の表面観．（縮尺＝1 mm for figs. 1,3；60 μm for figs. 2,6；40 μm for figs. 4-5）

層細胞糸は大変よく発達する．1次輪生枝，2次輪生枝は2-4又に分枝する．輪生枝細胞は月形，紡錘形から楕円形，球形．輪生枝下部の細胞は円柱形から倒卵形，輪生枝上部の細胞は楕円形から倒卵形，皮層細胞糸の外側を固めて，すべての節間を覆う．端毛は通常．精子嚢は球形，太さ3-4 μm，周心細胞から出る，特別の枝の先端につく．造果器をつける枝は湾曲し，4-9個の樽形細胞からなり，周心細胞，皮層細胞糸の細胞から出るが，輪生枝の細胞からは出てない．被覆枝は短い．造果器は基部で太さ4-6 μm，長さ20-40 μm，受精毛は長い円柱形または棍棒形，しばしば輪生枝叢の外側から突出する．果胞子体は不定形．造胞糸は造果器細胞から出て，不規則に分枝し，皮層細胞糸の外側を這って伸長する．果胞子嚢は房状の枝に出て，輪生枝叢の表面に豊産し，倒卵形，稀に楕円形，太さ6-10 μm，長さ8-14 μm．

　タイプ産地：大洋州：ニュージーランド，North Island, Waitangi Falls．

　重複標本：MELU, Lindauer, 1/XII 1937．

　選定標本：UPS, Entwisle (1989) が選定．

　分布：大洋州：豪州のVictoria 州（Melbourne 東部から中央 Gippsland まで）と，Tasmania (Tasmania 北部の1か所)，そしてニュージーランド，North Island, Bay of Islands 地方に分布する．

3)　***Nothocladus nodosus*** Skuja (1934: 186, abb. 2, figs. 1-13)
異名：*N. tasmanicus* Skuja (1934: 187, abb. 3, figs. 1-13); *Batrachospermum nodusum* (Skuja) Necchi et Entwisle (9990: 485)

　(**図版 130, figs. 1-4,** Entwisle & Kraft 1984); (**図版 131, figs. 1-5,** 原著者，Skuja 1934. **figs. 6-9,** 原著者，Skuja 1934, *N. tasmanicus* として)

　藻体は雌雄同株．鞭状，粘性豊富，長さ1-4 cm，太さ250-1000 μm，不規則に，互生，対生または偽2又分枝する．オリーブ緑色から茶色．輪生枝叢は藻体の先端で密着する．1次輪生枝，2次輪生枝，皮層細胞糸は大変よく発達する．輪生枝細胞は紡錘形から楕円形，端毛は稀かまたは通常．下部細胞はしばしば下端が膨れ，上部細胞は楕円形から倒卵形．皮層細胞糸には形や大きさの分化はない．2次輪生枝は多数で，すべての節間を覆う．精子嚢は球形，太さ2-3 μm，周心細胞から出る，特別の枝の先端につく．造果器をつける枝は湾曲し，4-9個の樽形細胞からなり，周心細胞から出る．被覆枝は短い．造果器は基部で太さ4-6 μm，長さ35-55 μm，受精毛は，長い棍棒形，しばしば輪生枝叢の外側から突出する．果胞子体は不定形．造胞糸は造果器から出て，不規則に分枝し，輪生枝叢の外側を這って無限成長的に伸長する．果胞子嚢は房状の枝に出て，楕円形または倒卵形，太さ7-12 μm，長さ10-15 μm．

　タイプ産地：大洋州：豪州，Victoria 州，Melbourne, Collingwood, Yarra River．

　選定標本：UPS, Entwisle (1989) が選定．

　分布：大洋州：豪州のみに分布し，Victoria 州（Melbourne 東部から中央 Gippsland まで），そしてTasmania (Tasmania 北部の Launceston 近傍の1か所) に分布する．

　ノート：*N. tasmanicus* Skuja (1934) もまた，Tasmania の標本に基づいて記載された．わずかに2又分枝し，輪生枝は通常3又分枝をし，多量の端毛，卵形の造果器をもつ，もっと頑丈な *N. nodosus* に対して，*N. tasmanicus* は細く，2又分枝より高い頻度で偽2又分枝し，端毛がなく，楕円形の造果をもつ．Skuja の図が示すように，両種の細胞の大きさ，形態が似ているが，地理的分布が異なることで，このタスマニアの群落が別種とされてきた．しかし標本をみる

限り，*N. tasmanicus* は *N. nodosus* の異名とするのがよい，と Entwisle & Kraft（1984）は述べている．

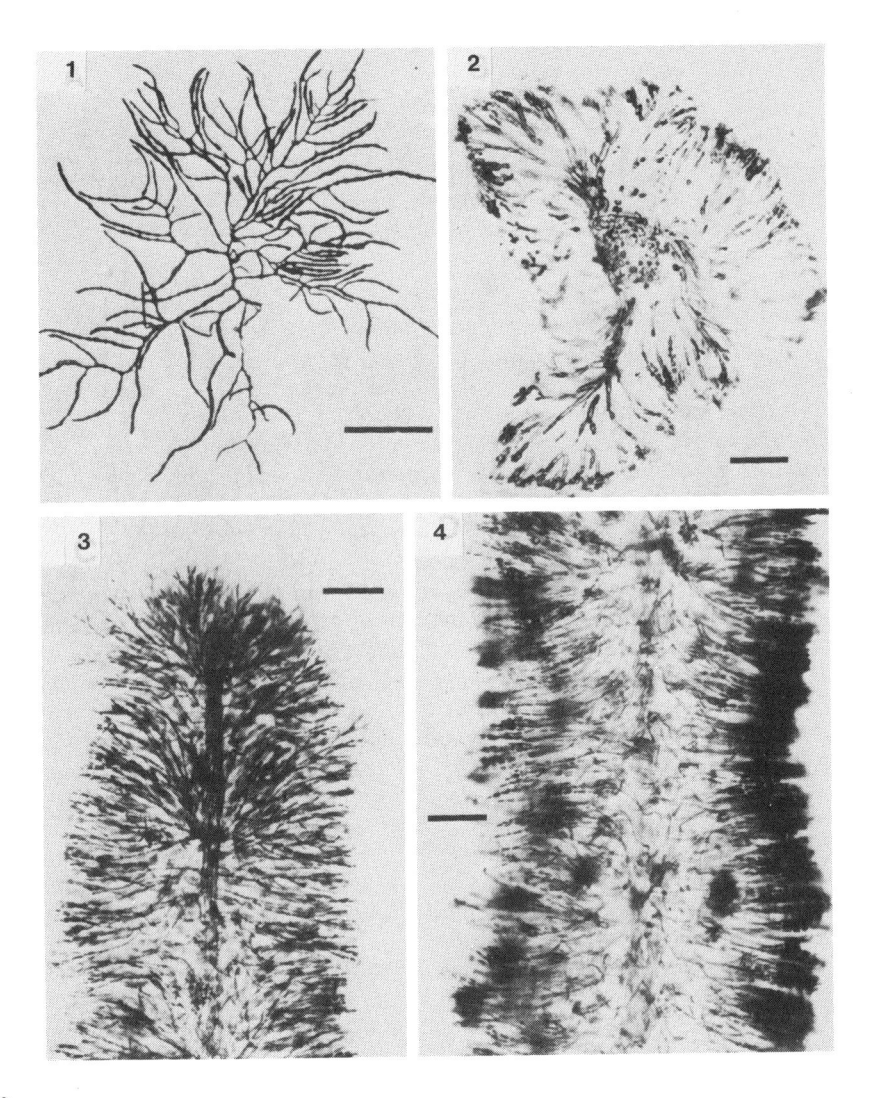

図版 130

　Nothocladus nodosus, figs. 1-4（Entwisle & Kraft 1984）
1. 藻体の性状，2. 密集し，比較的幅の狭い中軸細胞糸，皮層細胞糸層部と，幅広く緩やかな輪生枝層部を示す，成熟した中軸部の横断面，3. 輪生枝層の表面を透してみえる，中軸細胞糸，皮層細胞糸層をもつ成熟した藻体の先端，4. 藻体を通じて，輪生枝層部と中軸細胞糸，皮層細胞糸層部との比率が比較的一定している，主軸下部の表面観．
（縮尺＝8 mm for fig. 1; 70 μm for figs. 2-4）

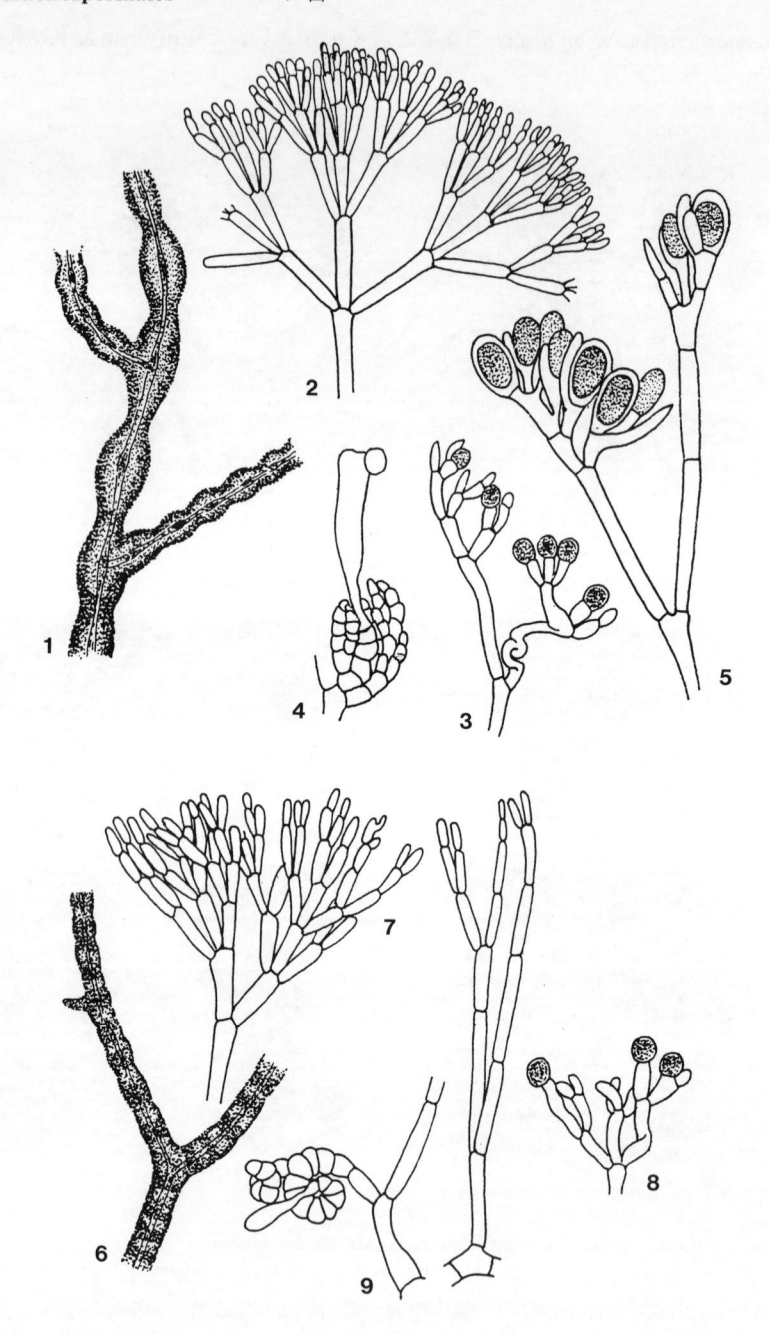

250　**Batrachospermales**　カワモズク目

図版 131

　Nothocladus nodosus, figs. 1-5（原著者，Skuja 1934）
1. 成熟した藻体，2. 長い円柱形輪生枝下部細胞，中間細胞，短い円柱形上部細胞からなる1次輪生枝，
3. 精子嚢，4. 輪生枝下部細胞から出る造果器をつける枝，5. 果胞子嚢．
　Nothocladus nodosus as *N. tasmanicus*, figs. 6-9（原著者，Skuja 1934）
6. 成熟藻体，7. 長い円柱形下部細胞，中間細胞と，短い円柱形上部細胞からなる1次輪生枝，8. 精子嚢，9. 輪生枝下部細胞から出る，らせん状にねじれる造果器をつける枝．

Family **Psilosiphonaceae** Entwisle *et al.* in Sheath *et al.*（1996：245）
プシロシフォン科

Type: genus *Psilosiphon* Entwisle（1989：469）

　外側に皮層細胞をもつ偽柔組織状の藻体は，内部全体に皮層糸が存在する．髄部には，外側の皮層部と接合する多数の糸状体があり，細胞には多数の色素体をもつ．髄部細胞には液胞が存在しない．生殖は付随性の糸状体または斜めに分裂して形成される胞子による．

　ノート：*Psilosiphon* プシロシフォン属は，Entwisle（1989）により，藻体内部全体に皮層糸が存在し，明瞭な放射細胞や大きい外側の皮層細胞が存在しない豪州産の種のために，設立された．Sheath *et al.*（1996）は，形態，微細構造，生殖方法などが *Lemanea* レマネア属と *Paralemanea* パラレマネア属とでは，互いに密接な関係があるが，*Psilosiphon* プシロシフォン属は，この2属と全く異なることを確認し，新しい科 Psilosiphonaceae プシロシフォン科を提唱した．その後，rbcL 遺伝子と18S rRNA 遺伝子塩基配列の分析結果（Vis *et al.* 1998）は，*Psilosiphon* プシロシフォン属がほかの2属と異なることを支持している．

Genus *Psilosiphon* Entwisle（1989：469）　プシロシフォン属

Type: *Psilosiphon scoparium* Entwisle

　藻体は束状，直立し，細い紡錘形で無節，単軸性，糸状のクッション状の基部から出る．髄部は緩やかで大量の皮層糸をもつ．皮層部は短く，似たような形で，最後には先端部が樽形の連鎖細胞が集合する．

1) ***Psilosiphon scoparium*** Entwisle（1989：470, figs. 1-15）
　（**図版132（a）**，**figs. 1-5**，原著者，Entwisle 1989）；（**図版132（b）**，**figs. 1-5**，原著者，Entwisle 1989）

　藻体は，単列性の糸状体のクッション状の硬い基部から出る10-20本の木立状である．直立部はオリーブ緑色，円柱形，節をもたない滑らかな表面をもち，長さ14-33 mm，太さ0.5-1.5 mm．中軸部は極めて稀に短い側枝を出し，太さ0.5-1.5 mm．各中軸細胞は4個の周心細胞を形成し，周心細胞は真っすぐな列となる．周心細胞はさらに分裂して，分化し，縦の髄糸を形成する．縦の髄糸は次いで放射状の皮層糸となる．付着用の仮根糸は基部の周心細胞から出る．中軸細胞から出る上昇または下降する髄糸は中軸細胞の周りを，密に取り巻かない．最終的に髄部は太さ7-15 μm，膜の厚さ5 μm，太さ約23 μm の厚膜中軸細胞を取り巻く，成熟した中軸部の断面で数百本に達する錯綜した髄糸の塊となる．髄糸は，初めは短い側生輪生枝を細胞の節間部から形成する．皮層部は時々出現し，比較的密着し，硬く，4-5細胞の長さで，偽2-3又分枝をする糸状部からなる．皮層糸の先端には時々長さ60 μm に達する単細胞性の端毛がある．古い藻体では皮層糸が成長を続けて，12個の楕円形の細胞の長さの多数の遊離した糸の束になる．太さ12-20 μm，長さ16-28 μm の膨れた細胞が，外側皮層糸の先端に形成され，連鎖した胞子嚢に似ているが，胞子が放出された形跡はない．幼植物体は，これら外側の糸から直接または付着糸や培養中に分離された連鎖細胞から，時々形成される．

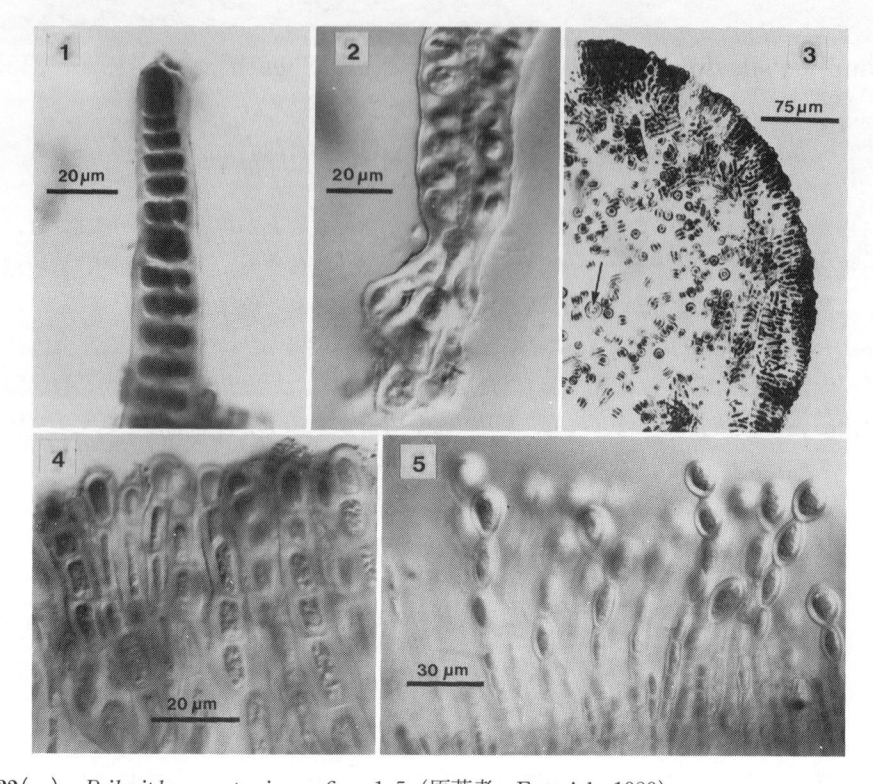

図版 132（a） *Psilosiphon scoparium*, figs. 1-5（原著者，Entwisle 1989）
1. 単軸性の若い藻体先端，2. 中軸細胞糸，仮根，3. 中軸細胞糸（矢印）と補足的な髄糸，藻体の縦断面，4. 皮層構造を示す藻体縦断面，5. 古い藻体に外生的に形成される，膨れた1列の細胞.

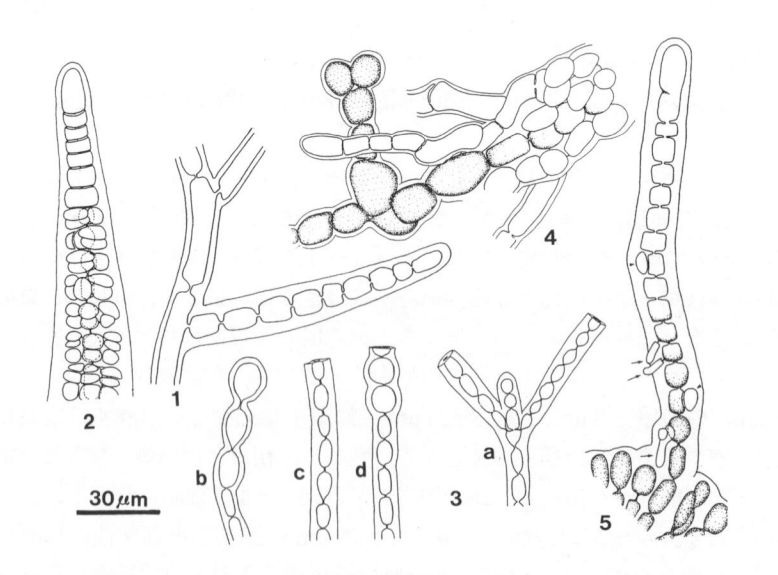

図版 132（b） *Psilosiphon scoparium*, figs. 1-5（原著者，Entwisle 1989）
1. 仮根様の糸状体，2. 中軸細胞糸から周心細胞の発達，3. 外側皮層からの外生糸の伸長，a：分枝する糸状部，b：膨れた細胞，c：膨れない細胞，d：膨れる細胞への移行，4. 外生糸から発達した小藻体，5. 基部仮根（矢印），周心細胞（矢印）から新しい藻体に移行する初期の皮層糸.

タイプ産地：大洋州：豪州，New South Wales 州，Robertson と Jamberoo との間，Mossvale-Kiama Road，Barren Grounds Nature Reserve，"Natural Stone Bridge"，Lamond Creek（水温16°C）．

タイプ標本：MELUTJE 1565．

分布：タイプ産地のほか，大洋州：Tasmania 南西部，Frankland Range の小流に分布する．

Family **Lemaneaceae** C. Agardh（1828：1） **レマネア科**
as "Ordo Lemanieae"
Type: genus *Lemanea* Bory（1808：178）

この科の藻体は分枝し，中実または中空の円柱形で，Batrachospermaceae カワモズク科のような太い中軸細胞糸はみられない．藻体の表層部は外側が小さく，内側ほど次第に大きくなる輪生枝細胞で構成される．放射細胞が散在する髄層部は皮層部と明瞭に連結しない．内側の皮層細胞と小さい色素体しかもたない放射細胞とは，かなり液泡化している．

生殖方法は，ほかの Batrachospermales カワモズク目の種と同様であるが，パッチ状または環状の精子嚢斑をもつなどの形質が異なる．また，受精後の造果器の行動，造胞糸の先端の細胞だけが果胞子嚢になるのではなく，造胞糸のすべての細胞が果胞子嚢を形成することなどが，この科の特徴である．

Lemaneaceae レマネア科には，内部構造で区別できる二つの配偶体の形態がある．第1は，中軸の周囲に皮層細胞糸をもち，単純な放射細胞は外部表層部の大きい細胞に密着しないもの．第2は，中軸の周囲に皮層細胞糸がなく，T- または L-形の放射細胞が外部表層部に密着するもの（Sirodot 1872）．2者は，当初，同じ *Lemanea* レマネア属（Bory 1808）に入れられていたが，次いで Vis & Sheath（1992）により二つの属，*Lemanea* レマネア属 Bory と *Paralemanea* パラレマネア属 Vis & Sheath（＝*Lemanea* レマネア属 *Paralemanea* パラレマネア亜属 Silva 1959）とされた．RuBisCo 遺伝子や 18 S rRNA 遺伝子塩基配列の分析（Vis *et al.* 1998）の結果，両者が同じ枝に位置することからも，この見解が支持された．Lemaneaceae レマネア科の種は，アジア（Jao 1941, Khan 1973），ヨーロッパ（Sirodot 1872, Hamel 1925, Israelson 1942），北米（Atkinson 1890 etc., Palmer 1941, Vis & Sheath 1992），南米（Necchi & Zucchi 1995）から報告されている．

Vis & Sheath（1992）は多変量解析を行って，北米産の *Lemanea* レマネア属と *Peralemanea* パラレマネア属の種を，5種と1変種に整理した．また Blum（1997）は，欧州の種の基準を，そのまま北米の標本に適用することに疑問を感じ，新たな形質に基づいて，北米インジアナ州とカリフォルニア州から *Peralemanea* パラレマネア属の6新種を記載した．

彼らの成果も引用しながら，在来のヨーロッパ産，中国産の在来種の記載と原図を掲載した．Lemaneaceae レマネア科 *Lemanea* レマネア属と，*Paralemanea* パラレマネア属の種の暫定的な検索表を以下に示す．

Lemanea レマネア属と *Paralemanea* パラレマネア属の種の検索表

1. 中軸には皮層細胞糸がなく，放射細胞はT-またはL-形，外部皮層に密着，精子嚢斑は節部にパッチ状，藻体は有柄または無柄 ·· レマネア属 ··················· 2
1. 中軸には皮層細胞糸があり，放射細胞は単純，外部皮層に密着せず，精子嚢は節部に環状，藻体は無柄 ··· パラレマネア属 ··················· 11
2. 藻体は無柄，決して分枝せず，太さ＜0.4 mm ··· 3
2. 藻体は有柄，ほとんど分枝しないか大量に分枝，太さ＞0.3 mm ··· 4
3. 精子嚢斑はパッチ状 ··· 1) *Lemanea borealis*
3. 精子嚢斑は平坦 ··· 2) *L. simplex*
3. 精子嚢斑は明瞭に突出する ··· 3) *L. condensata*
4. 藻体は基部で急に細くなる，分枝しても4本以下 ··· 4) *L. fluviatilis*
4. 藻体は基部に向かい次第に細くなる ··· 5
5. 精子嚢斑は不規則に分布し，節部はそれほど突出しない ··· 5) *L. sudetica*
5. 精子嚢斑は多少規則的に分布する ··· 6
6. 精子嚢はそれほど突出しない ··· 6) *L. ciliata*
6. 精子嚢斑は突出する ··· 7
7. 藻体は太く，密集した房状にならない ··· 8
7. 藻体は密集した房状になる ··· 9
8. 精子嚢斑は環状に融合し，稀に壊れる ··· 7) *L. sinica*
8. 精子嚢斑は環状に融合しない ··· 8) *L. rigida*
9. 藻体はぎっしり詰まった房にならない ··· 10
9. 藻体はぎっしり詰まった房になり，基部で融合する ··· 9) *L. mamillosa*
10. 藻体は長さ 12.6-20 cm ··· 10) *L. fucina*
10. 藻体は長さ 2.7-7.1 cm ··· 11) *L. fucina* var. *parva*
11. 藻体は大量に分枝，輪生に分枝する ··· 1) *Paralemanea mexicana*
11. 藻体は無分枝 ··· 12
12. 藻体は長さ＞8 cm，太さ＞0.7 mm ··· 2) *P. catenata*
12. 藻体は長さ＜6 cm，太さ＜0.7 mm ··· 13
13. 果胞子嚢は連鎖状に形成される ··· 3) *P. annulata*
13. 果胞子嚢は単独に形成される ··· 4) *P. grandis*

Genus *Lemanea* Bory (1808: 178) レマネア属

異名：genus *Lemanea* subgenus *Sacheria* Atkinson (1931: 225);
genus *Sacheria* Sirodot (1972: 70)

Type: *Lemanea fluviatilis* (Linnaeus) C. Agardh

　配偶体世代の藻体は規則的な節をもつ円柱形で，裸かまたは皮層細胞糸で覆われた大変に長い細胞の中軸細胞糸をもつ．中軸細胞糸の細胞から4本の放射細胞が直角に出る．放射細胞はT-形またはL-形で，その腕は外壁に密着する．輪生枝は藻体の表面に向かって繰り返し分枝し，先端部は互いに密着して，偽柔組織状になる．円柱形の果胞子体帯部と精子嚢斑などの分類形質により外観的に区別できる．精子嚢は，境界の明瞭なパッチ状，稀に融合し，パピラエ，すなわ

ち精子嚢斑を形成し，藻体の節部などに丸い斑点，または円周に沿って環状に分布する．生殖糸はその全長にわたり外壁に密着し，その数は通常，最初，放射細胞の上部に4本，下部に4本，最初の両側の細胞が分枝して，上部は6本になる．造果器をつける枝は3-4細胞からなり，常に精子嚢帯の中や近く，ある種では果胞子体帯の中にも形成される．造果器をつける枝の被覆枝は欠如する．受精した造果器の基部から出る造胞糸の最初の細胞は，長い円柱形である．造胞糸は藻体の中心に向かって伸長し，果胞子体（造胞糸）のすべての細胞が果胞子嚢を形成する．

シャントランシア世代の藻体はわずかに分枝し，一時的にみられる．

1) ***Lemanea borealis*** Atkinson（1904：26）

配偶体世代の藻体は，明らかな叢状，細長く，ほとんど無分枝，太さ130-350 μm，長さ0.6-4.1 cm．無性の基部は長さ0.5-1 cm，細長く，無柄，生殖部に向かって次第に細くなり，その境界は稀に急激に細くなる．精子嚢斑部は，若いときには明瞭な筒形で，2-5個の精子嚢斑をもち，年をとると消滅するので，藻体の古い部分は平滑である．果胞子体部は通常，円柱形，稀に中央部が括れ，時に先端部近くはわずかに括れ，若い藻体や中くらいの藻体では，わずかに節くれだつが，年をとると，精子嚢斑の消滅につれて藻体はほとんど円柱形に近くなる．果胞子体は精子嚢斑部と果胞子体部の両方に形成されるが，果胞子体部の中央には達しない．果胞子は藻全体にわたり形成され，楕円形から卵形，太さ18-25 μm，長さ25-45 μm（Atkinson 1904）．

シャントランシア世代の藻体は，乾燥時に暗緑色，断片的であるが，直径18-25 μm，細胞は長さ35-45 μm，隔壁部で，しばしば，やや括れる．単胞子は時に暗青色．

タイプ産地：北米：カナダ，Newfoundland 州，Bay of Island．

選定標本：NY, Howe & Long, VII, 1901．

分布：北米：米国，Alaska 州の北斜面から，西は Oregon 州，東は Greenland（デンマーク）西部から，カナダ，Quebec 州中央まで(Vis & Sheath 1992)，米国，Colorado 州から Utah 州 (Palmer 1945) まで分布する．

ノート：果胞子体が藻体の全体にわたり散在することから，Atkinson (1931) は *L. borealis* が *L. rigida* と同一種でないか，と述べている．しかし，このような内部構造は共通ではあるが，この2種は，柄，大きさ，分枝の状態が異なる(Vis & Sheath 1992)．

2) ***Lemanea simplex*** Jao (1941: 272, pl. VI, fig. 46, pl. VII, figs. 47-48)

（図版136, figs. 1-3，原著者，Jao 1941）

配偶体世代の藻体は密な房状，赤紫色，褐色，オリーブ緑色または濃緑色，太く，硬く，長さ2 cm，太さ350 μm に達し，カーブまたは真っすぐ，分枝せず，波状に切れ込みがある．不規則に括れ，波うつ．両先端に向かって次第に細くなる．精子嚢帯は平ら，精子嚢斑の輪郭は不規則，節部に2-4個がやや規則的に配列し，突出するが，融合して環を形成しない．造果器は造果器帯の中央部に形成され，造果器をつける枝は4細胞性．成熟した果胞子は大きく，太さ50-70 μm，長さ110-140 μm，円柱形，倒卵形，散形状に配列しない．本種の果胞子形成は *L. sinica* と似ているが，果胞子をつける枝は常に分枝しない．果胞子の放出後，ある果胞子をつける枝は再び分裂して，連鎖状の1-2個の果胞子を形成する．急流中に生育する．

シャントランシア世代の藻体は知られていない．

タイプ産地：東アジア：中国，四川省重慶市北碚近傍嘉陵江の瀬の岩に付着する．

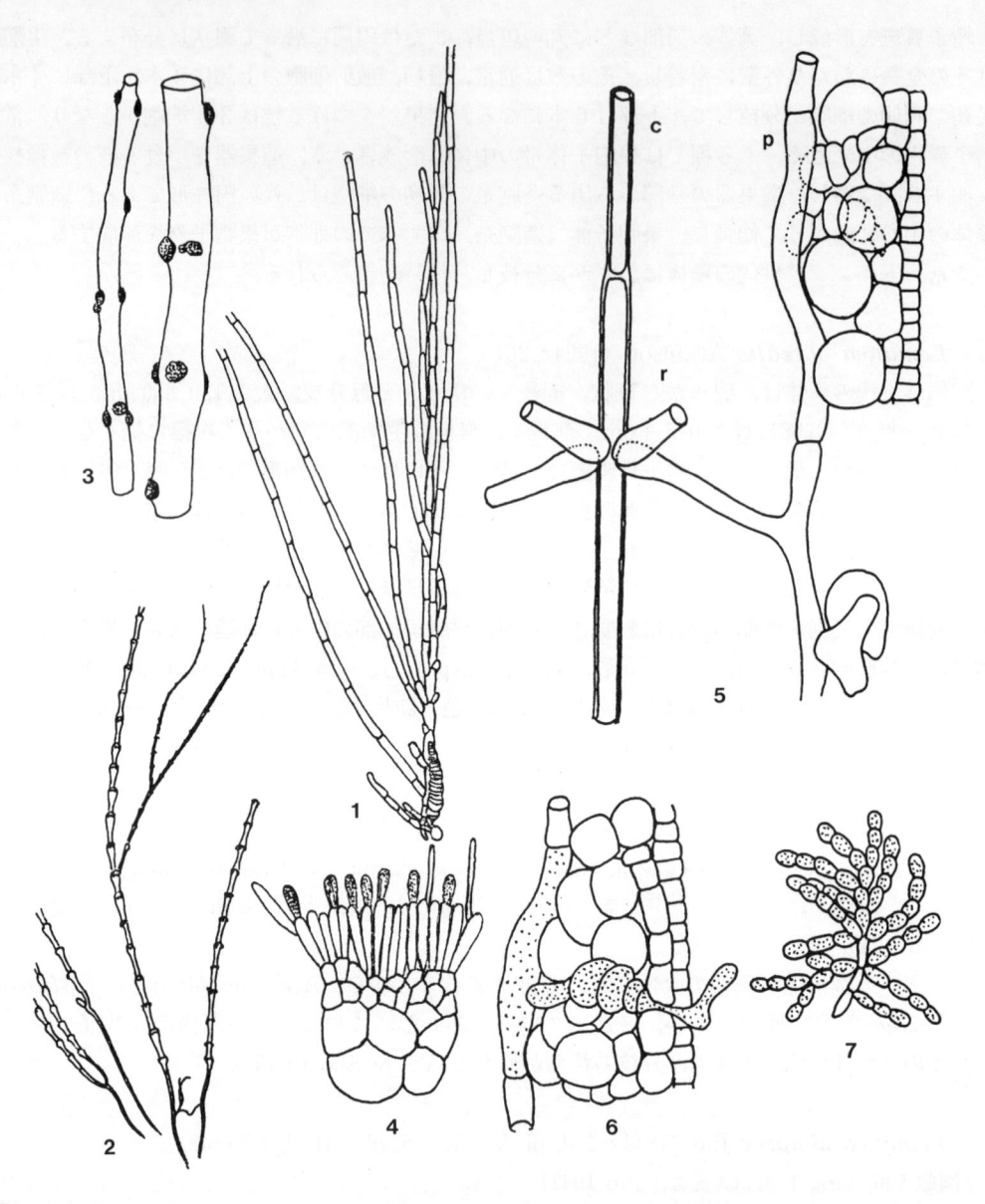

図版 133

Lemanea fluviatilis as *Sacheria fluviatilis*, figs. 1-7 (原著者, Sirodot 1872)
1. 若い配偶体の基部が出るシャントランシア世代の藻体, 2. 分枝の性状を示す成熟した藻体の巨視的な外観, 3. 精子嚢斑を示す藻体, 4. 精子嚢の発達中の精子嚢斑の断面, 5. 生殖糸状部の分枝と, プロカルプの起源を示す藻体の縦断面, 6. プロカルプを示すプロカルプ部の断面, 7. 造胞糸, 果胞子体の発達初期. c: 中軸細胞糸, p: プロカルプ, r: 放射細胞(T-形細胞).

Lemanea レマネア属   257

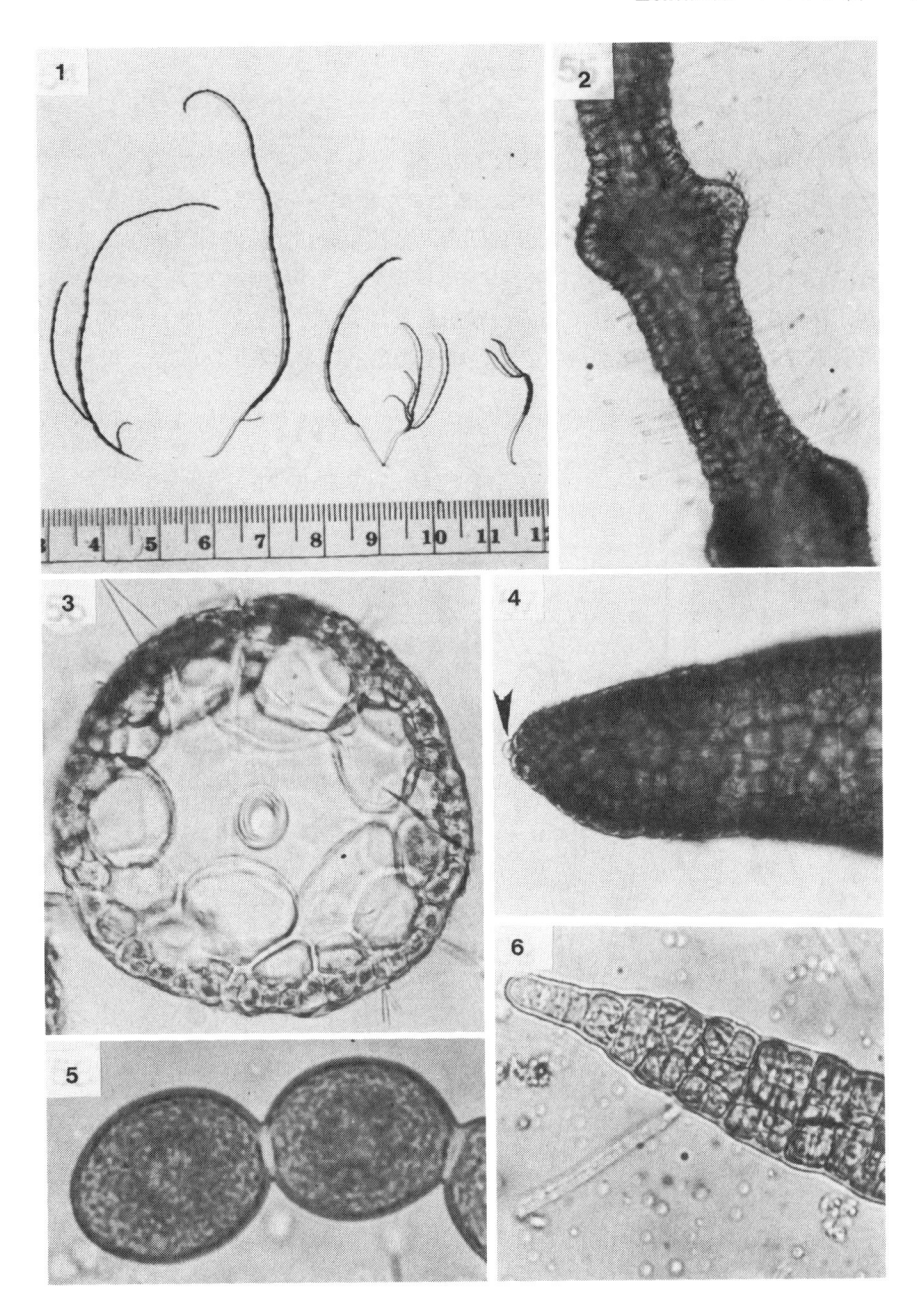

図版 134

Lemanea fucina, figs. 1-6 (Sheath 1984)
1. 分枝の性状を示す成熟した藻体の巨視的な外観, 2. 一連の膨らみのため不明瞭な節部, 3. 中軸細胞糸を取り囲む皮層細胞糸のない, 若い枝の節間部の縦断面, 4. 突出する頂端細胞（矢頭）をもつ成熟した藻体の先端, 5. 1列に並ぶ果胞子嚢, 6. 輪生枝を出す中軸細胞糸を示す若い配偶体の先端.

258　**Batrachospermales**　カワモズク目

タイプ標本：SC 1128.

分布：タイプ産地のみに分布する．

3)　***Lemanea condensata*** Israelson（1942：20, pl. 2, a）

　成熟した配偶体世代の藻体は，黒色，緑色，褐色または褐色を帯びたオリーブ色，長さ 1-2(-3) cm，中央部の太さ 100-250 μm，節間分は凹み，分枝しない．湾曲し，基部に向かって次第に細くなる，または，ならない．房状に発達するが，密集した房は形成されない．一般に先端の毛はないが，存在する場合には多量である．精子嚢斑は3個，やや規則的に配列し，やや突出し，大変に明瞭である．精子嚢斑部の太さは，精子嚢斑込みで，220-350 μm．果胞子体部は砂

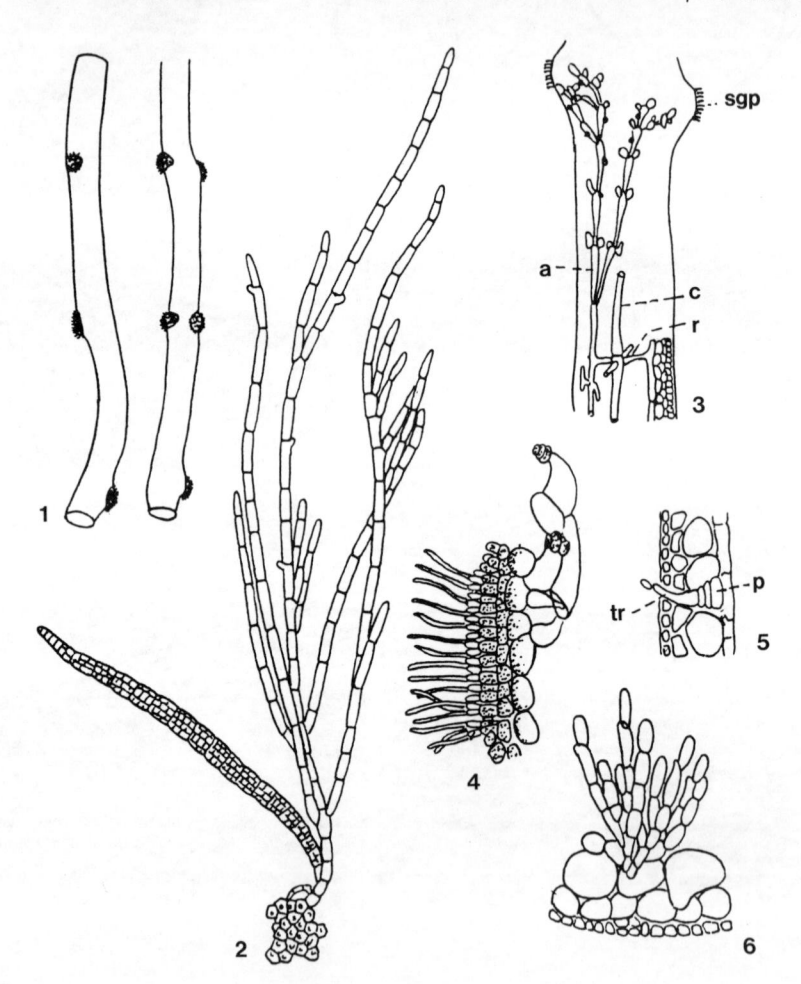

図版 135　*Lemanea fucina*, figs. 1-2（Sirodot 1872 as *Sacheria fucina*），figs. 3-6（Atkinson 1890 as *L. fueina* var. *mamillosa*）
1. 精子嚢斑を示す藻体，2. 若い配偶体の基部が出るシャントランシア世代の藻体，3. 生殖糸の分枝と，プロカルプの起源を示す，受精中の生殖部の縦断面，4. 精子嚢の発達中の精子嚢斑の断面，5. 受精時のプロカルプを示すプロカルプ部の断面，6. 果胞子体の発達初期．
a：上降する生殖糸状部，c：中軸部，p：プロカルプ，r：放射細胞（T-形細胞），sgp：精子嚢斑，tr：受精毛．

時計形，基部に向かうと円柱形，太さは中央部で 100-280 μm，節間部の長さは太さの 1.5-3.5 倍で，320-830 μm. 果胞子体は，果胞子体部と精子嚢斑部の両方の部分に形成される．*L. fluviatilis* とともに生育する．

　シャントランシア世代の藻体は，不規則に分枝し錯綜する糸状体の円盤状部と，やや豊かに分枝し永続性の様々な直立糸状部とからなる．直立糸状部は円柱形，太さ 18-25 μm，長さは太さの 3-4 倍の細胞で構成される．端毛は存在したり欠如したりし，様々な長さ．単胞子は知られていない．

　タイプ産地：欧州：スウェーデン，Värmland, Östmark 近傍, Vallen.
　タイプ標本：

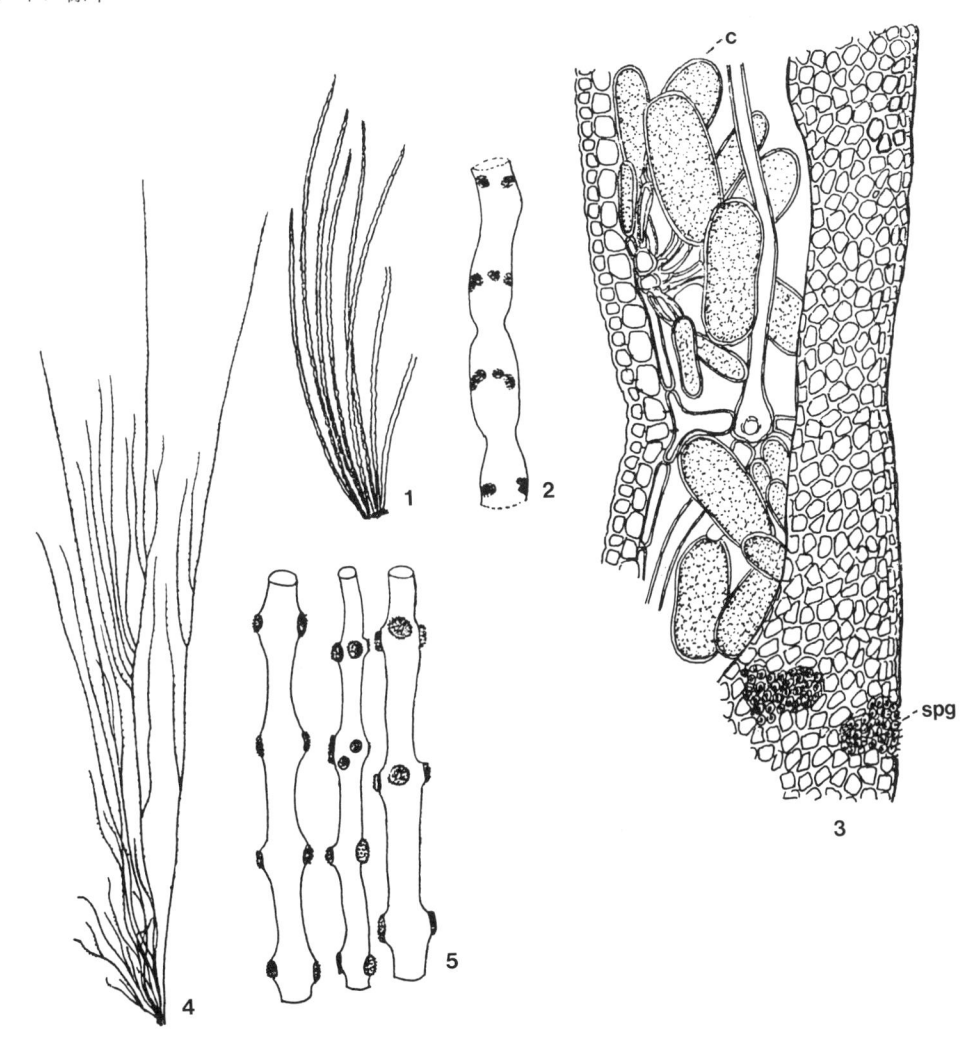

図版 136
　Lemanea simplex, figs. 1-3（原著者，Jao 1941）
1. 分枝の性状を示す藻体の巨視的な外観，2. 精子嚢斑を示す藻体部分，3. 藻体の構造，精子嚢部，果胞子嚢をもつ，成熟する造胞糸を示す，配偶体の部分の表面観と断面観. sgp：精子嚢斑，c：果胞子嚢.
　Lemanea mamillosa as *Sacheria mamillosa*, figs. 4-5（原著者，Sirodot 1872）
4. 分枝の性状を示す藻体の巨視的な外観，5. 精子嚢斑を示す藻体の部分.

4) ***Lemanea fluviatilis*** (Linnaeus) C. Agardh (1811: 25)

異名：*Conferva fluviatilis* Linnaeus (1753: 1165); *Sacheria fluviatilis* (Linnaeus) Sirodot (1872: 70, pl. 1, fig. 7, pl. 2, fig. 14, pl. 3, figs. 15-19, 21, 23, pl. 6. figs. 47-50, pl. 7, figs. 62-63, pl. 8, fig. 81); Atkinson (1890: 221, pl. 9, figs. 52, 58): *Lemanea fucina* (Bory) Atkinson var. *subtilis* Atkinson (1890: 225)

（図版 133, figs. 1-7, 原著者, Sirodot 1872, *Sacheria fluviatilis* として）

配偶体世代の藻体は, シャントランシア世代の藻体の下部細胞または中部の枝から出て, 藻体は黒色, 茶色, 黒い紫色, 赤紫色, オリーブ緑色または濃緑色, 通常水中にあるときは赤く, 乾燥すると濃い黒色となる. 成熟した藻体は通常, 長さ5-30 cm, 基部に向かって急に細くなり, 長く細い円柱形の柄になる. 節部は, かなり明瞭, 不規則に, 疎らに, または時々豊かに分枝し, 湾曲する. 通常, 端毛はないが, 時々多量に形成される. 果胞子体帯は円柱形, 精子嚢斑は3-4個が輪生し, ほとんど突出せず, 規則的に散在するが, 先端に向かうと, より近接する. 果胞子体はすべて, 精子嚢帯にある細胞と同様に, 最初の細胞から出る生殖糸に沿って形成される. 精子嚢斑は通常3-4個で, 赤茶色, わずかに突出し, やや明瞭であるが, 成熟した藻体では, それほど目立たない, 若い藻体のものと同形, 同大で, 分離しているが, 時々不規則で, 部分的に融合する. 精子嚢斑部の太さは, 精子嚢斑込みで300-1200(-1600)μm. 果胞子体部分は円柱形で, その太さは, 成熟時に中央部でやや太くなるが, 精子嚢斑部よりやや細くて, 250-750(-1100)μmである. 節間部は長さ1000-3000(-4500)μm, 太さの3.3-8倍. 果胞子体は精子嚢部を含むほとんどの部分に形成される. 急流中に分布する.

シャントランシア世代の藻体は不規則に分枝し, 錯綜して, 円盤形の基部と, 有限成長をする直立部とからなる. 直立部はやや疎らで不規則に分枝し, 密集した房状, 分枝は互生, 最終的には対生または叢生, 多毛状. 円柱形の細胞からなる. 細胞は太さ15-22μm, 長さは太さの2.5-4倍. 様々の長さの端毛がある. 単胞子は知られていない.

タイプ産地：欧州：フランス, Ruisseau de Beaufort.

タイプ標本：REN 2086, Sirodot, 18/IV 1869, *Sacheria fluviatilis* Sirodot として.

分布：欧州：フランス, ベルギー, 東アジア：中国東北地方虎切河, 北米：米国, 西はAlaska 州南中央部から California 州北部まで, Ontario 州南部から California 州北部まで (Vis & Sheath 1992), New Jersey 州, Alabama 州, California 州 (Wolle 1997), Ontario 州 (Palmer 1945), Oregon 州 (Atkinson) の急流に分布する.

5) ***Lemanea sudetica*** Kützing (1857: 33, tab. 85, I, a, a', b, b', b", b")

異名：*L. kalchenbenneri* Rabenhorst (1863)？; *L. daldinii* Rebenhorst (1863: 421)？

（図版 137, fig. 1, 原著者, Kützing 1843）

配偶体世代の藻体は赤紫色, 褐色, オリーブ緑色または濃緑色, 基部に向かって細くなる. 長さ2-9 cm, 太さ約1 mm の, 節部のあまり明瞭でない枝上に精子嚢斑が不規則に分布する.

タイプ産地：欧州：北イタリア, Sudete 山地.

タイプ標本：

分布：欧州：イタリア, スイス. 流水中に分布する.

6) ***Lemanea ciliata*** (Sirodot) De Toni (1897)

異名：*Sacheria ciliata* Sirodot (1872 : 71, pl. 2, figs. 8-11, pl. 3, figs. 24-25, pl. 7, figs. 51-61, pl. 8, figs. 82)

(**図版 137, figs. 2-7**，原著者，Sirodot 1872，*Sacheria ciliata* として)

　配偶体世代の藻体は赤紫色，褐色，オリーブ緑色または濃緑色で，盛んに分枝し，基部に向かって細くなり，それほど明瞭でない基部の柄をもつ．藻体の先端には端毛がある．精子嚢斑は2-8個，やや不規則に分布し，それほど明瞭でない．

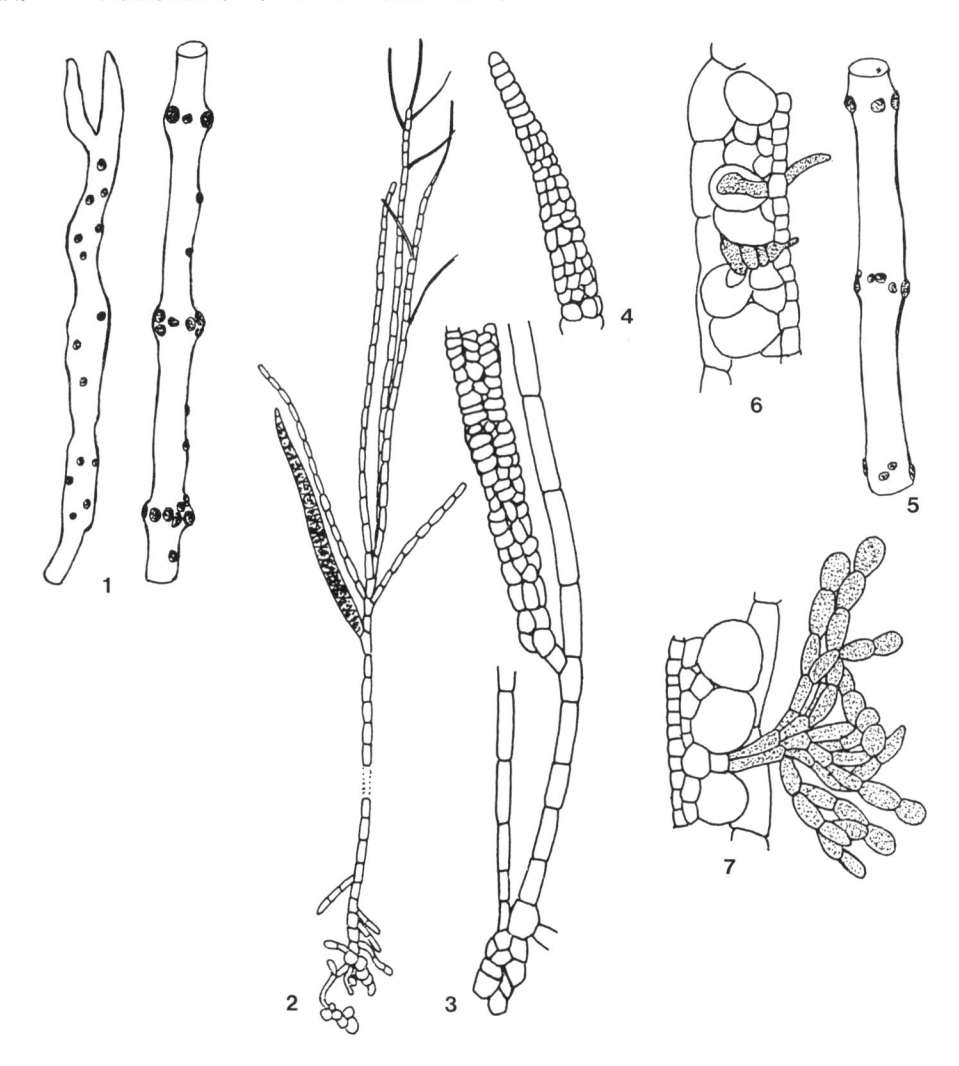

図版 137

　Lemanea sudetica, fig. 1 (原著者, Kützing 1843)
1. 精子嚢斑を示す藻体．
　Lemanea ciliata as *Sacheria ciliata*, figs. 2-7 (原著者, Sirodot 1872)
2. ほどほどに分枝する配偶体を形成するシャントランシア世代の藻体，3-4. シャントランシア世代の藻体の中部から生じる配偶体，5. 精子嚢斑を示す藻体，6. プロカルプ部を示す藻体の断面，7. 造胞糸，果胞子体の発達初期．

タイプ産地：欧州：フランス，Betton, éclus du Haut-Chalet（すなわち Vau-Chalais），canal dIlle-et-Rance.

タイプ標本：

分布：欧州：フランスの流水中に分布する．

7) ***Lemanea sinica*** Jao（1941：270, pl. 7, figs. 49-57）

（**図版 138, figs. 1-4**，原著者，Jao 1941）

　成熟した配偶体世代の藻体は，硬く，赤紫色，褐色，オリーブ緑色または濃緑色．長く，16 cm に達し，基部で次第に細くなり，長い柄となり，通常は基部で分枝する．分枝は対生，互生または時々2又に分枝する．先端は細い管状となる．造果器帯は藻体上部で円柱形，わずかに膨れ，太さ1 mm まで．造果器をつける枝は通常4細胞，ごく稀に3細胞の長さで，多数が造果器帯の全長にわたって，さらに精子嚢斑の部分にまで散在する．成熟した果胞子は大きく，円柱，倒卵形，太さ 30-50 μm，長さ 75-95 μm，単独で，連鎖状に形成されない．精子嚢斑は藻体上部では膨らみ，広く環状になるが，下部では突出せず，時々途切れる．精子嚢斑は，多くは精子嚢体を取り巻く完全な環である．藻体の古い部分では時々途切れるが，帯状は保っている．多分，途切れるのは精子嚢帯の下の組織の状態によるのであろう．流水中に分布する．

　シャントランシア世代の藻体は知られていない．

　タイプ産地：東アジア：中国，雲南省中甸県，Chun-liang-shan, Lung-tan の流水中．

　タイプ標本：YN no. 1276.

　分布：タイプ産地のみに分布する．

8) ***Lemanea rigida***（Sirodot）De Toni（1897：42）

異名：*Sacheria rigida* Sirodot（1872：72, pl. 2, figs. 12-13, pl. 8, fig. 86）; *Lemanea fucina* Bory var. *rigida* Atkinson（1890：225, pl. VII, figs. 6-7）; *Lemanea torulosa sensu* Kützing（1843：vol. VII, pl. 84, fig. 2）

　（**図版 138, fig. 5**，原著者，Sirodot 1872, *Sacheria rigida* として）；（**図版 142, figs. 1-2**, Sirodot 1872, **figs. 3-4**, Schmitz, *Lemanea torulosa* として）

　配偶体世代の藻体は，シャントランシア世代の藻体の様々の高さから出る．藻体は赤紫色，オリーブ緑色または濃緑色，太く，硬く，長さは様々，分枝は基部で多く，基部に向かって次第に細くなる．果胞子体帯は，ほとんど円柱形または強く括れる．精子嚢斑は 3-7 個，やや規則的に配列し，精子嚢斑は，ほとんどまたは全く平滑，やや明瞭で，突出し，しばしば融合するが環状にならない．成熟すると通常は黄色，時に精子嚢帯に房状に形成される胞子の緑色または濃い色のために不明瞭になる．流水中に分布する．

　シャントランシア世代の藻体は単純である（Atkinson 1890 による）．

　タイプ産地：欧州：フランス，Saint Lazre 谷，Montfort 近傍．

　選定標本：REN 2078, Sirodot, 22/V 1878, for *Sacheria rigida*.

　分布：欧州（Starmach, 1977）：ベルギー，フランス，そして北米：Atkinson（1931）の示す本種の北米での分布は再吟味が必要である．Vis & Sheath（1992）は，Atkinson（1931）が *L. borealis* と別種とみなす本種の分布にはふれていない．

Lemanea レマネア属

図版 138

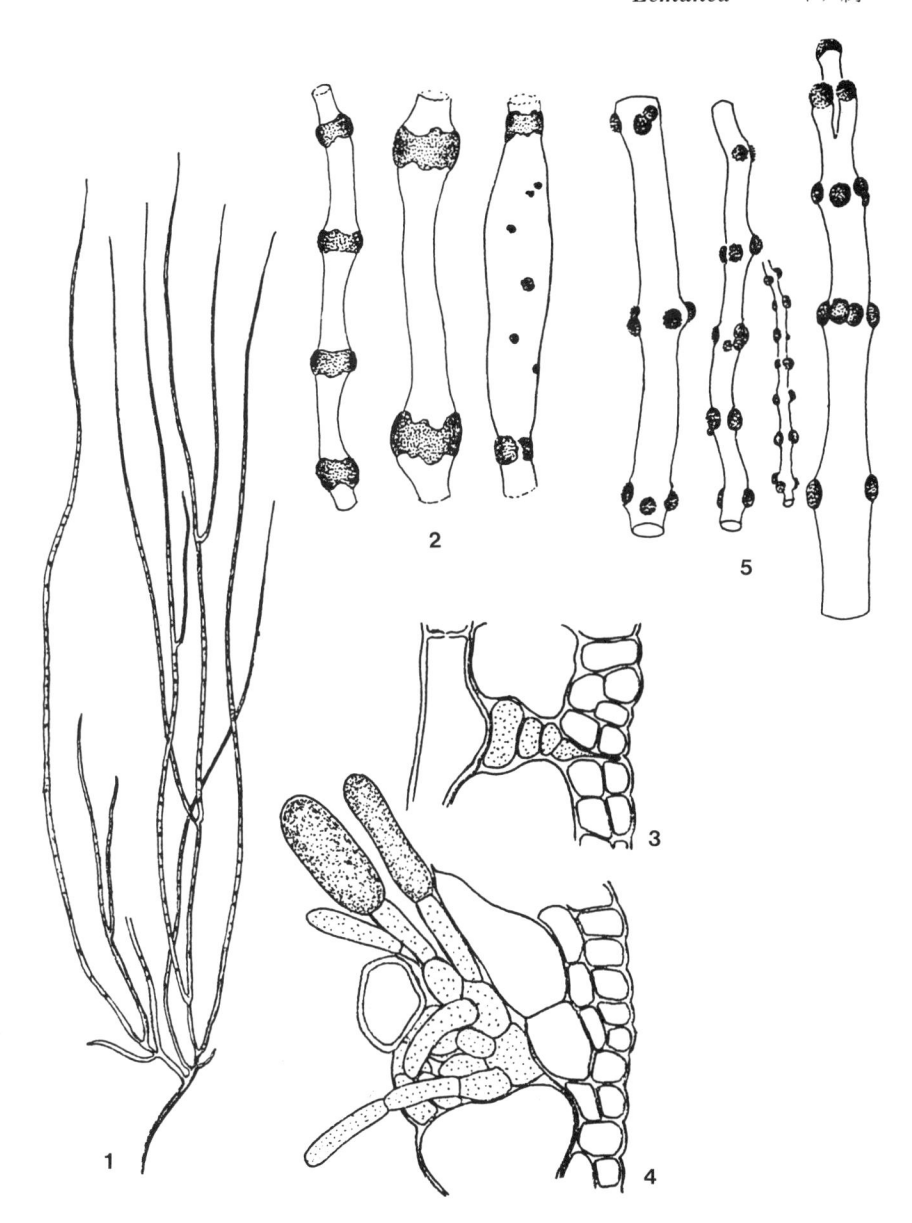

Lemanea sinica, figs. 1-4（原著者，Jao 1941）
1. 分枝の性状を示す藻体の巨視的な外観，2. 精子嚢斑を示す藻体，3. プロカルプ部を示す藻体，4. 造胞糸の先端につく楕円形の果胞子嚢．

Lemanea rigida as *Sacheria rigida*, fig. 5（原著者，Sirodot 1872）
5. 精子嚢斑を示す藻体．

9) *Lemanea mamillosa* Kützing (1845: 261)

異名：*Sacheria mamillosa* (Kützing) Sirodot (1872: 75, p. 1, fig. 7, pl. 8, figs. 84-85)：*Lemanea fucina* var. *mamillosa* (Kützing) Atkinson (1890: 225, pl. VII, figs. 8-18)

(**図版136, figs. 4-5**, 原著者, Sirodot 1872, *Sacheria mamillosa* として)；(**図版135, figs. 3-6**, Atkinson 1890, *L. fucina* var. *mamillosa* として)

　若い配偶体世代の藻体は曖昧な紫色，赤紫色，オリーブ緑色または濃緑色，水中では赤みを帯び，乾燥時は黄色．藻体は基部に向かって細くなり，基部で融合して，密集した藻体を形成し，長さ4-10 cm．時には融合する．果胞子体帯は円柱形またはそれに近い．精子嚢斑は受精時に大変に突出し，古い藻体では精子嚢直下の組織が発達するため，さらに顕著になり，3-4個がやや規則的に配列，群生して房状の集合体となる．

　シャントランシア世代の藻体は頑強である．

　タイプ産地：欧州：ドイツ各地．

　タイプ標本：特定されていないので，LeidenのKützing collectionsから，選定標本を選ぶべきである．

　分布：欧州：フランス，ドイツ，スウェーデン？(Israelson, 1942)，北米：North Carolina州，Alabama州の流水中に分布する．

10) *Lemanea fucina* (Bory) Atkinson (1890: 222)

異名：*L. fucina* Bory (1808)；*Lemanea mamillosa* var. *fucina* Kützing (1843)；*Sacheria fucina* Sirodot (1872: 74, pl. 3, fig. 20, pl. 8, fig. 83)

(**図版134, figs. 1-6**, Sheath 1984)；(**図版135, figs. 1-2**, 原著者, Sirodot 1872, *Sacheria fucina* として)

　配偶体世代の藻体は，成熟以前オリーブまたは黄緑色，時に不明瞭な紫色，水中では赤みを帯びる．シャントランシア世代の藻体の基部細胞，または中部の枝から出る．藻体は長さ2-40 cm，大変繊細または硬い．通常，生殖部が始まる部分で，突然収縮して柄になり，硬い藻体では特にそうである．無分枝または豊かに分枝する．枝は主軸に沿って全般にみられ，主軸は枝を越えて伸び，枝と区別できる．枝は，片側生または輪生的に分枝し，豊かな場合には最終枝は細く，管状となる．古くなると管状の先端が壊れ去って硬くなる．果胞子体帯は，ほとんど円柱形または中央部が括れる．精子嚢斑は，平らまたは突出するので，藻体は円柱形または精子嚢斑が突出する環が規則的に繰り返される．精子嚢斑は2-7個で，時に不規則，しばしば融合し，受精後，直下の精子嚢直下の組織が増えて増大するので，古い藻体では大変突出するが，時に受精後突出が少なくなる．藻体の果胞子体帯は，精子嚢帯の直上で強く括れるので，棍棒形にみえる．精子嚢帯は時に離れ，時に近接する．造果器をつける枝は精子嚢帯の中や近くに形成され，果胞子体帯の中央部には決して形成されないので，成熟時に，胞子嚢の房が果胞子体帯の中央不稔部と入れ替わる．成熟して胞子ができると藻体の色が濃くなる．

　シャントランシア世代の藻体は，広いマット状または丸い房状，緑色または青色，長さ1-2 mm，1次枝は，通常，互生，最終的に片側生，互生，時に対生またはやや輪生的に分枝する．糸状体は，基部に向かってそれほど細くならず，太さ15-35 μm．

　タイプ産地：欧州：フランス，VitrとFougresとの間の急な流れ．

　タイプ標本：PC herb. Bory.

分布：欧州：フランス，ベルギー，北米：カナダ（水温19.5-23°C），米国，Vermont 州，New Hampshire 州(Flint 1947)，Wisconsin 州(Prescott 1962)，North Carolina 州，Massachusetts 州(Atkinson 1931)．しかし，この情報は，Atkinson (1931) の種の記載が不明瞭であったので，*L. fucina* か，次に述べる *L. fucina* var. *parva*，*L. fluviatilis* のいずれの種の分布を指すのか明らかでない(Vis & Sheath 1992)．

11) ***Lemanea fucina*** (Bory) Atkinson **var. *parva*** Vis et Sheath (1992: 177)

配偶体世代の藻体は，長さ2.9-7.1 cm，太さ0.34-0.67 mm，有柄で，よく（0-18回）分枝する．皮層糸のない中軸と外側皮層に接する，T-またはL-形放射細胞からなる．精子嚢は節部に環状，パッチ状となる．

タイプ産地：北米：米国，New Hampshire 州，Rochester の200 m北方，16号線と交差する Concheco River．

タイプ標本：UBC A 8264．

分布：タイプ産地のほか，北米：米国，Arkansas 州，259号線の東4.8 km，Page の東，59号線と交差する川，Polk 郡の東4.6 km，71号線と270号線とのジャンクションにある川に分布する．

Genus ***Paralemanea*** (Silva) Vis et Sheath (1992: 177) パラレマネア属

異名：*Lemanea* subgenus *Paralemanea* Silva (1959: 62)；
subgenus *Eulemanea* (*Paralemanea*) Atkinson (1931: 225)；
genus *Lemanea* Sirodot (1872: 77)．
Type：*Paralemanea catenata* (Kützing) Vis et Sheath

配偶体世代の藻体の内部構造は，中軸細胞を取り巻く皮層糸と，外側皮層部に接触しない単純な放射細胞とからなる．放射細胞は単純で，外壁に達しない．中軸細胞は間もなく，放射細胞の下面から出る細い髄糸により取り囲まれる緩やかな皮層を形成する．皮層は時に連続して発達し2-3層になる．配偶体世代の藻体は円柱形，鞭状，通常分枝しない．果胞子体帯部は砂時計形，精子嚢は規則的または途切れて精子嚢帯を一周する融合した帯を形成する．精子嚢帯以外では，生殖糸は外壁から遙かに離れ，その数は最初は放射細胞の上側に6本，下側に8本，間もなく最初の両側の2個の細胞は分枝し，上側は8本になる．造果器をつける枝は5-10細胞からなり，常に果胞子体帯の真中に形成され，*Lemanea* レマネア属のように，決して精子嚢帯の近くには形成されない．受精時に，造果器をつける枝は短い細胞の側枝を形成する．造胞糸の最初の細胞は短く，卵形である．急流中またはやや緩やかな流水中に生育する．

シャントランシア世代の藻体は，よく発達し，よく分枝し，永続的である．

1) ***Paralemanea mexicana*** (Kützing) Vis et Sheath (1992: 177)
異名：*Lemanea mexicana* Kützing (1857: 34)；*Lemanea feldmannii* Sánchez-Rodfíguez et Huerta (1969: 27)

配偶体世代の藻体は鞭状，膨らみをもつ円柱形，単純に分枝し，枝は輻湊しない．太さ290-620 μm，長さ3.6-11.4 cm．皮層は4細胞の厚さ，外部皮層は小さく，内部皮層は次第に大きくなる．髄層，中軸糸は，密に，網目状になり，粘性物はない．外側の皮層に接触しない単純な

放射細胞，無分岐の輪生する枝をもつ，無柄の藻体という特徴を示す．精子嚢斑は大変に密集する．果胞子嚢は連鎖状に連なる．
　　タイプ産地：中米：メキシコ山地の流水中．
　　タイプ標本：L herb. Lugd. Bat. 50,941.96.
　　分布：中米：メキシコ中央部に局限して分布する．

2) ***Paralemanea catenata*** (Kützing) Vis et Sheath (1992 : 177)

異名：*Lemanea catenata* Kützing (1845 : 261, 1857 : pl. 87, fig. 1); *Lemanea nodosa* Kützing (1857 : pl. 87, fig. 2 ; 1959 : 528); *Lemanea pleocarpa* Atkinson (1931 : 236)

　　(**図版139, figs. 1-7,** Sirodot 1872, *Lemanea catenata* として); (**図版140, figs. 6-7,** Sirodot 1872, *L. nodosa* として)

　　配偶体世代の藻体は無柄，無分枝，長さ 8.0-14.8 cm (平均≧8 cm)，太さ 690-930 μm (平均≧0.7 mm) (Vis & Sheath 1992).

　　配偶体世代の藻体は濃紫色，乾燥時は黒色，長さ 5-30 cm，太さ 1.5 mm，基部に向かって明らかに細くなり，真っすぐまたはわずかに弓なりになる．精子嚢斑は生殖時に突出し，やや規則的に配列し，縁辺部で切れ目のある不規則な環を形成する．果胞子体帯は，ほとんど円柱形．流水中に分布する．

　　シャントランシア世代の藻体は，房状，基部に向かって細くなり互生，時に片側生分枝する．
　　タイプ産地：欧州：ドイツ西部，Rhine region の河川中．
　　タイプ標本：L herb. Lugd. Bat. 10,941.149, -343.
　　分布：タイプ産地のほか，欧州：ベルギー，フランス，北米：米国，Kentucky 州 (as *Lemanea pleocarpa* のタイプ標本)，Indiana 州 (*Lemanea catenata* として，Vis & Sheath 1992)，多分，California 州に分布する．

3) ***Paralemanea annulata*** (Kützing) Vis et Sheath (1992 : 177)

異名：*Lemanea annulata* Kützing (1845 : 261, 1867 : pl. 84, fig. 1)

　　(**図版140, figs. 1-2,** Sirodot 1872, *Lemanea annulata* として); (**図版141, figs. 1-6,** Necchi & Zucchi 1995)

　　配偶体世代の藻体は，無柄，無分枝，長さの平均 3.1-5.3 cm，太さの平均 0.43-0.63 mm (Vis & Sheath 1993).

　　配偶体世代の藻体は，シャントランシア世代の藻体の主軸の先端または基部近くの短い枝から出て，若いときは紫色，乾燥時に黒くなる．藻体は濃紫色または濃褐色，長さ 8-15 cm，節部の太さは 2 mm に達する，無分枝かまたは極めて稀に分枝し，節間部は凹む．通常無分枝または輪生的に分枝する．藻体は規則的に括れ，受精時に精子嚢斑は広く，通常規則的で，時に基部近くでは途切れるが，大きい環を形成する．精子嚢帯は水中では，ほかの部分より，色が薄くみえる．精子嚢帯は時に，受精後，直下の組織の増殖のため増大する．果胞子体帯の中央部の，造果器をつける枝から発達するので，果胞子体は果胞子体帯の中央部に連鎖状に形成される．急流中に分布する．

　　シャントランシア世代の藻体は長さ 2-3 mm で濃い紫色．細胞は太さ 30-40 μm．糸状体は全長にわたりほとんど同じ太さ，下部は互生に，それから片側生，互生，稀に対生的に分枝する．

　　タイプ産地：欧州：ドイツ，Halle, Saale River.

Paralemanea パラレマネア属　267

タイプ標本：L herb. Lugd. Bat. 10,941.149.336.

分布：欧州：ドイツ，フランス，北米：米国(Arkansas 州，California 州，Indiana 州，Nevada 州，North Carolina 州，Oregon 州，Washington 州，West Virginia 州)，南米：ブラジル，アルゼンチンの早く流れる河川に分布する．

ノート：Vis et Sheath (1992) は，本種の異名として *Lemanea australis* Atkinson (1890)

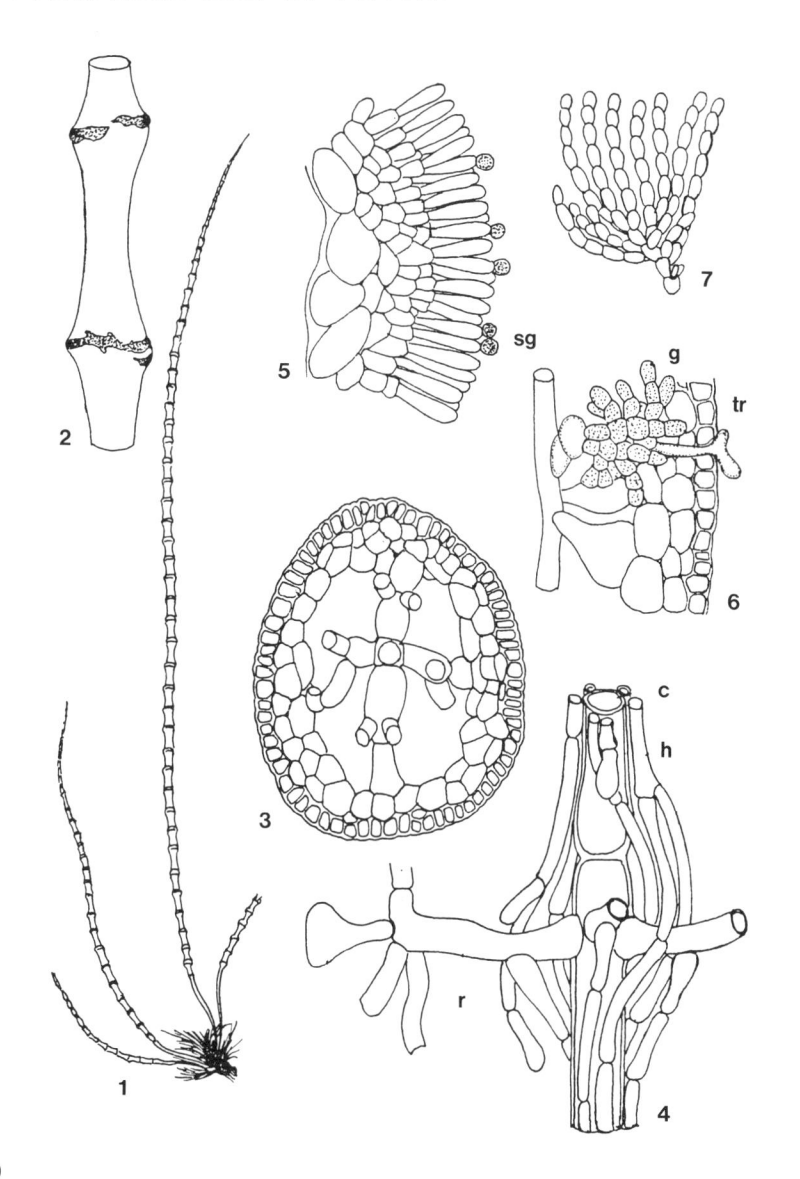

図版 139

Paralemanea catenata as *Lemanea catenata*, figs. 1-7 (Sirodot 1872)
1. シャントランシア世代の藻体の基部から出る配偶体，2. 精子嚢斑を示す藻体の部分，3. 中軸細胞糸を取り囲む皮層細胞糸のある，若い枝の節間部の横断面，4. 外側皮層の大きい細胞と隣接しない，単純な放射細胞をもつ中軸を取り囲む，皮層細胞糸を示す節部の縦断面，5. 精子嚢部の横断面，6. 受精毛と，造胞糸の発達初期を示す，プロカルプ部の縦断面，7. 果胞子体，造胞糸の発達初期．c: 中軸細胞，g: 造胞糸，h: 皮層細胞糸，r: 放射細胞，sg: 精子嚢，tr: 受精毛．

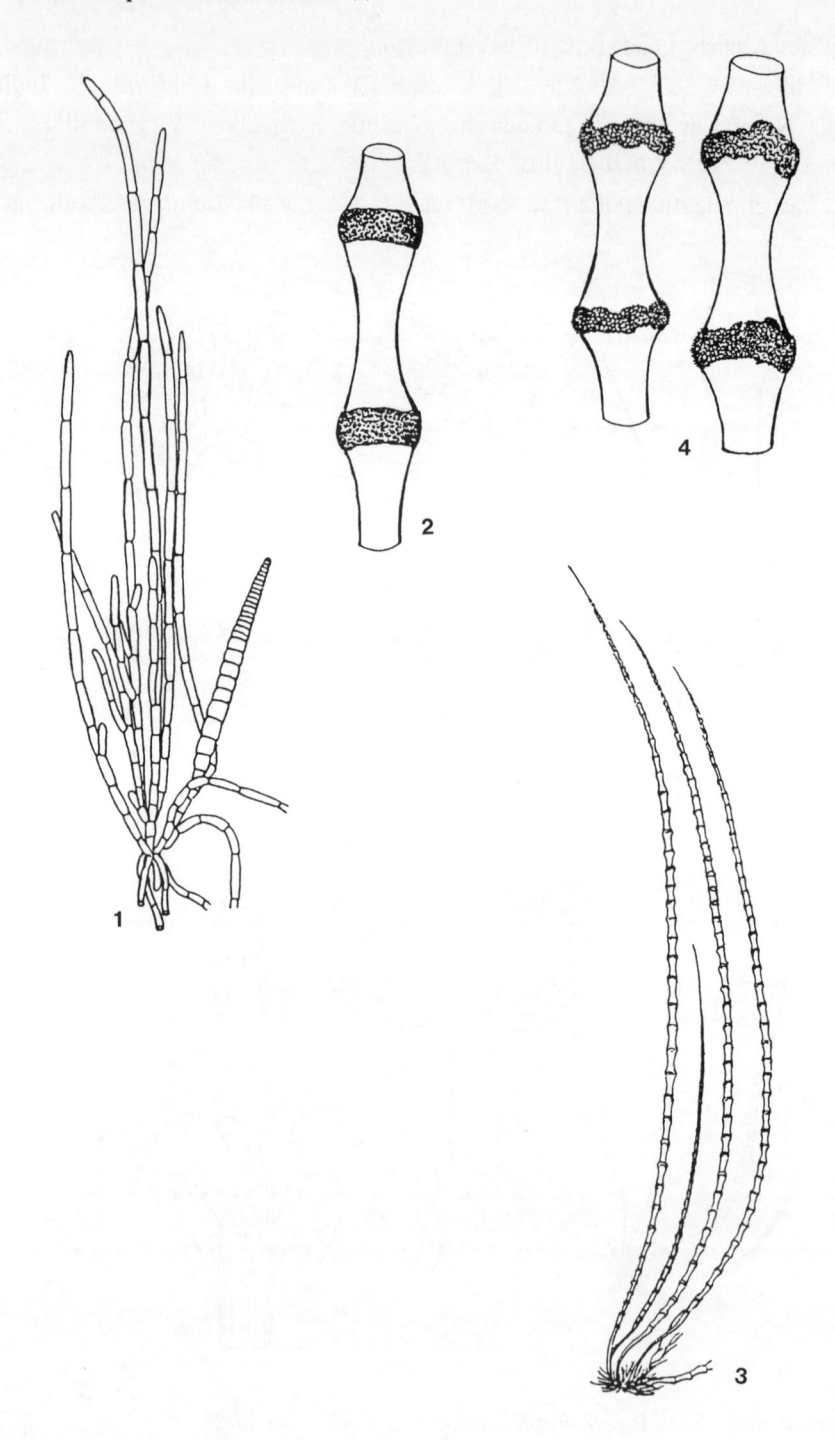

268 **Batrachospermales** カワモズク目

図版 140
Paralemanea annulata as *Lemanea annulata*, figs. 1-4（Sirodot 1872）
1. 配偶体を形成するシャントランシア世代の藻体，2. 精子嚢斑部を示す藻体の部分，
3. シャントランシア世代の藻体基部から出る配偶体，4. 精子嚢斑部を示す藻体の部分．

Paralemanea パラレマネア属　269

を挙げているが，本種の果胞子嚢が連鎖状に形成されるのに対し，後者の胞子嚢は単独で形成されるなどの相違があるので，本書では両者を一応別種としておく．

4)　***Paralemanea grandis*** (Wolle) Kumano 新組合せ
異名：*Entothrix grandis* Wolle (1877：183)；*Tuomeya grandis* (Wolle) Wolle (1887：pl. 66, figs. 2-8)；*Lemanea grandis* (Wolle) Atkinson (1889：292)；*Lemanea australis* Atkinson (1890：218, pl. IX, figs. 43-44, 47)
　(**図版 142, figs. 5-9,** 原著者，Atkinson 1890，*Lemanea australis* として．**figs. 10-11,** At-

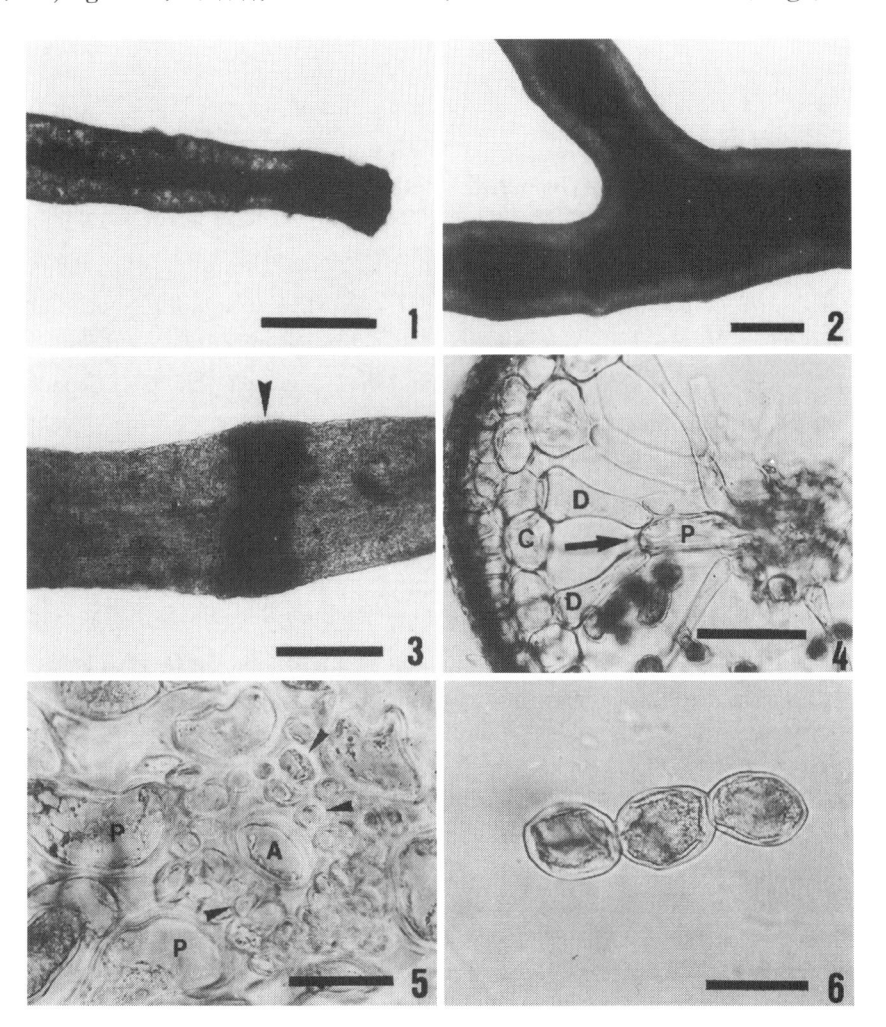

図版 141
　Paralemanea annulata, figs. 1-6 (Necchi & Zucchi 1995)
1. 藻体の柄のない基部，2. 分枝部の詳細，3. 環状になる精子嚢斑（矢頭）を示す節部の詳細，4. 2層の放射細胞を示す，節部の横断面(P：下部の細胞，D：上部の細胞)，下部の細胞は"Y"状に分岐（矢印）し，表層細胞(C)に接触する，5. 皮層細胞糸（矢頭）と下部の細胞 (P) とに覆われている，中軸細胞(A)を示す節部の横断面，6. 鎖状に形成される果胞子嚢．(縮尺＝500 μm for fig. 1；250 μm for fig. 2；200 μm for fig. 3；100 μm for fig. 4；50 μm for figs. 5-6)

kinson 1890, *L. grandis* として)

　配偶体世代の藻体は緑色，若いときは黒くならず，古いか乾燥時に黒くなり，シャントランシア世代の藻体の基部か，短い主軸または短い枝から出る．無性の基部は，稔性部へと次第に太くなる．稔性部の基部はほとんど平滑で，受精時に中部は強く括れ，先端部はほとんど平滑である．成熟した標本の表層は2層の細胞からなる．精子嚢斑は狭く，基部で途切れ，中部で，完全だが不規則，先端部で広く規則的である．成熟時に，精子嚢帯は時に，そこの組織の成長が止まるために括れ，突出した環が形成されときに，直下の組織の増殖のため突出する．造果器をつける枝は果胞子体帯の中間にある．果胞子は35-45 μm，単独で形成される．

　シャントランシア世代の藻体は，密集した房状またはパッチ状，黄色または青緑色，不稔の藻体は4-5 mm，稔性のある藻体は2-3 mmの2型．分枝は互生または稀に片側生，基部で対生，密集すると輪生，ばらばらになると傘形．基部は細く，中部に向かって次第に太くなる．中部の細胞は大変大きく，時にほとんど球形．

　タイプ産地：北米：米国，Pennsylvania 州：Bethlehem．

　タイプ標本：NY, vi. 1877

　分布：北米：米国，Vermont 州，Alabama 州，そして New Hampshire 州，北米南東部に通常，北米北東部に稀(*L. australis* として，Flint 1947)，North Carolina 州，South Carolina 州，Maryland 州，West Virginia 州，Georgia 州，そして Mississippi 州(*L. australis* として，Atkinson 1931)，Pennsylvania 州，そして Maryland 州(*L. grandis* として)，Broad River，Columbia 州，South Carolina 州などに分布する．

　ノート：Vis et Sheath (1992) は，本種は *Paralemanea annulata* (Kützing) Vis et Sheath (1992) の異名としているが，本種の果胞子嚢が単独で形成されるのに対し，後者の胞子嚢は連鎖状に形成されるなどの相違があるので，本書では両者を一応別種としておく．

　Paralemanea パラレマネア属の既存の分類体系は，配偶体の大きさや節の形態に基づいている．これらの発達段階や季節的に変化する形質とは異なる形質に基づいて，インジアナ州(Blum 1993)，カリフォルニア州(Blum 1994)から以下の6種が記載されている．

インジアナ産(Blum 1993)，カリフォルニア産(Blum 1994)の
Paralemanea パラレマネア属の種の検索表

1. 果胞子の直径＞60 μm ……………………………………………………………1) *P. deamii*
1. 果胞子の直径＜30 μm ……………………………………………………………2
2. 完全な精子嚢環が始まる節は≦15 ………………………………………………2) *P. gardnerii*
2. 完全な精子嚢環が始まる節は＞9 ………………………………………………3
3. 皮層細胞糸は＜22 …………………………………………………………………3) *P. parishii*
3. 皮層細胞糸は＞20 …………………………………………………………………4
4. 節の長さ＜2 mm …………………………………………………………………4) *P. tulensis*
4. 節の長さ＞2 mm …………………………………………………………………5
5. 完全な精子嚢環が始まる節は2-3番目 …………………………………………5) *P. californica*
5. 完全な精子嚢環が始まる節は6-9番目 …………………………………………6) *P. brandegeeae*

Paralemanea パラレマネア属 271

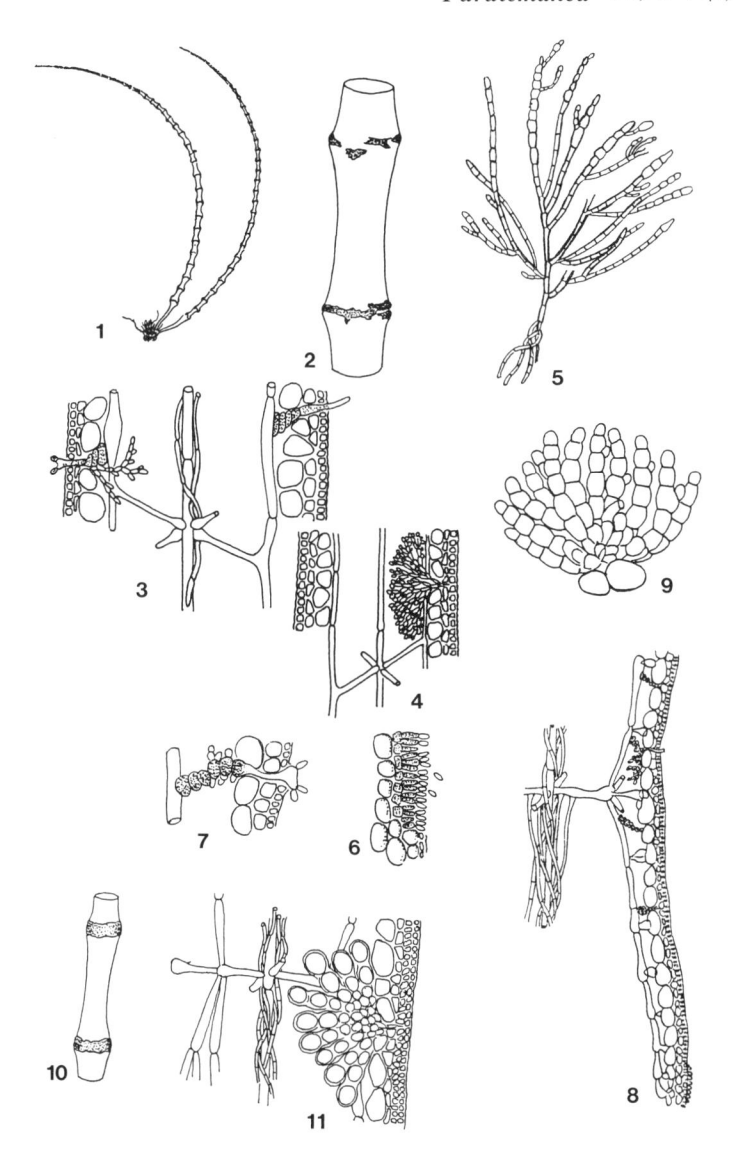

図版 142

Lemanea rigida as *L. torulosa*, figs. 1-2（Sirodot 1872），figs. 3-4（Schmitz）
1. 配偶体，2. 精子嚢斑を示す藻体の部分，3. 中軸細胞糸，放射細胞，皮層細胞糸，生殖糸，プロカルプ，うち一つが受精した受精毛を示すプロカルプ部の断面，4. 造胞糸．

Paralemanea grandis as *Lemanea australis*, figs. 5-9（原著者，Atkinson 1890）
5. 配偶体，6. 精子嚢部の断面，7. 受精した受精毛をもつプロカルプ，8. 中軸細胞糸，放射細胞，皮層細胞糸，生殖糸，プロカルプと精子嚢を示すプロカルプ部の断面，9. 造胞糸．

Paralemanea grandis as *Lemanea grandis*, figs. 10-11（Atkinson 1890）
10. 精子嚢斑を示す藻体の部分，11. 放射細胞の十字様分枝を示すため，中軸から取り除いた皮層糸，生殖糸から壁内組織に達して，そこから造胞糸の基部が放射状に出て，果胞子嚢をつけるプロカルプを示す，プロカルプ部の断面．

1) ***Paralemanea deamii*** Blum (1993: 4, figs. 3-4)
 (図版 143, figs. 1-2, 原著者, Blum 1993)

配偶世代の藻体の主軸は節部で太さ 0.8-1.6 mm, 長さ 13 cm まで, およそ 45(-58) の節間をもち, 時に基部に向かい急激に細くなる. 果胞子はほぼ球形, 大変に大きく, 成熟すると直径 66-68 μm.

シャントランシア世代の藻体は, 細胞隔壁部で太さ 17-24 μm, 長さ 2.7 mm まで, それほど典型的ではないが, 時に基部に向かって細くなる. 時に基部, またはその直上で分枝し, 上部での分枝は多くない.

タイプ産地：北米：米国, Indiana 州, Crewford County, Whiskey Run, Marengo 近傍, Sec. 6, T 2 S, R 2 E.

タイプ標本：Blum 4971, 18/VIII, 1989.

分布：北米：米国, Indiana 州, Harrison County, Corydon 近傍, the Indian River に分布する.

2) ***Paralemanea gardnerii*** Blum (1994: 11, figs. 5-6, 20-21)
異名：*Lemanea annulata* var. *franciscana* Atkinson (1931: 232)
 (図版 144, figs. 1-2, 原著者, Blum 1994)；(図版 146, figs. 2-3, 原著者, Blum 1994)

配偶体世代の藻体の主軸は細長く, しばしば円柱形. 節間は大抵, 長さ 1.0-1.9 mm, 時に緩やかに膨れる節をもつ. 藻体の髄部は 10-30 本の皮層細胞糸からなる. 精子嚢斑 (1 番目の節) の下部は, 付着器から 4.3-7.2 mm の位置, しかし完全な精子嚢環は 15 番目または, それより上の節から始まる. 精子嚢環は幅 25-90 μm, 上の節ではその幅は大きくならない. 多くの節には, 精子嚢環にほぼ一致する浅い環状の溝がある. 果胞子体は通常, 節間に 2-6 個. 果胞子嚢が存在するときには, 環状にみえる. 果胞子嚢は, 太さ 13-31 μm, 長さ 19-42 μm.

シャントランシア世代の藻体は, 顕著な円錐形の細胞をもたず, 時に 1 次枝より太く, 区別できる主枝をもつ. 匍匐糸状部は, 隔壁部で太さ 13-26 μm, 枝の太さ 13-17 μm.

タイプ産地：北米：米国, California 州, Santa Clara County, San Francisquito Creek.

タイプ標本：N. L. Gardner 2846 (UC 27167).

分布：北米：米国, California 州, San Diego County, Borrego Valley, Palm Canyon, Mt. Tamalpais, Mill Valley, Marin County, Mill Creek などに分布する.

3) ***Paralemanea parishii*** Blum (1994: 17, figs. 13-14, 23)
 (図版 145, figs. 3-4, 原著者, Blum 1994)；(図版 146, fig. 5, 原著者, Blum 1994)

配偶体世代の藻体の主軸は細長く, 節くれだって, しばしば円柱形の節間部とやや細長い節部とをもつ. 節間部は太さ 1.0-1.5 mm, 中軸部には 5-22 本の皮層細胞糸がある. 果胞子体は節間に 2-7 個. 成熟した果胞子嚢は, ひと塊となって節間部を満たす. 1-2 個の丸く隆起した精子嚢斑のある部分は, 付着器の上 (4.8-)6-7-9 mm の第 1 節から始まり, このような型式の精子嚢斑は, 時に先端部に向かって第 15 節より上にまで続き, 太さ 50-100 μm. 先端部に向かって太くならない. 果胞子は太さ 11-20 μm, 長さ 15-31 μm.

シャントランシア世代の藻体は, 顕著な円錐形の糸状体をもたないが, 時にほかの枝より太い明瞭な主枝をもつ. 主枝は太さ 14-19 μm. 頂端細胞は円柱形.

タイプ産地：北米：米国，California 州，Riverside County, Palm Springs, Tahquitz Fall の下約 0.6 km の Tahquitz Creek.
タイプ標本：J. L. Blum 5175 (UC), 9/XII, 1993.
分布：北米：米国，California 州，San Bernardino County, San Bernardino 近郊，Bloomington の南西，2 mile の丘に分布する.

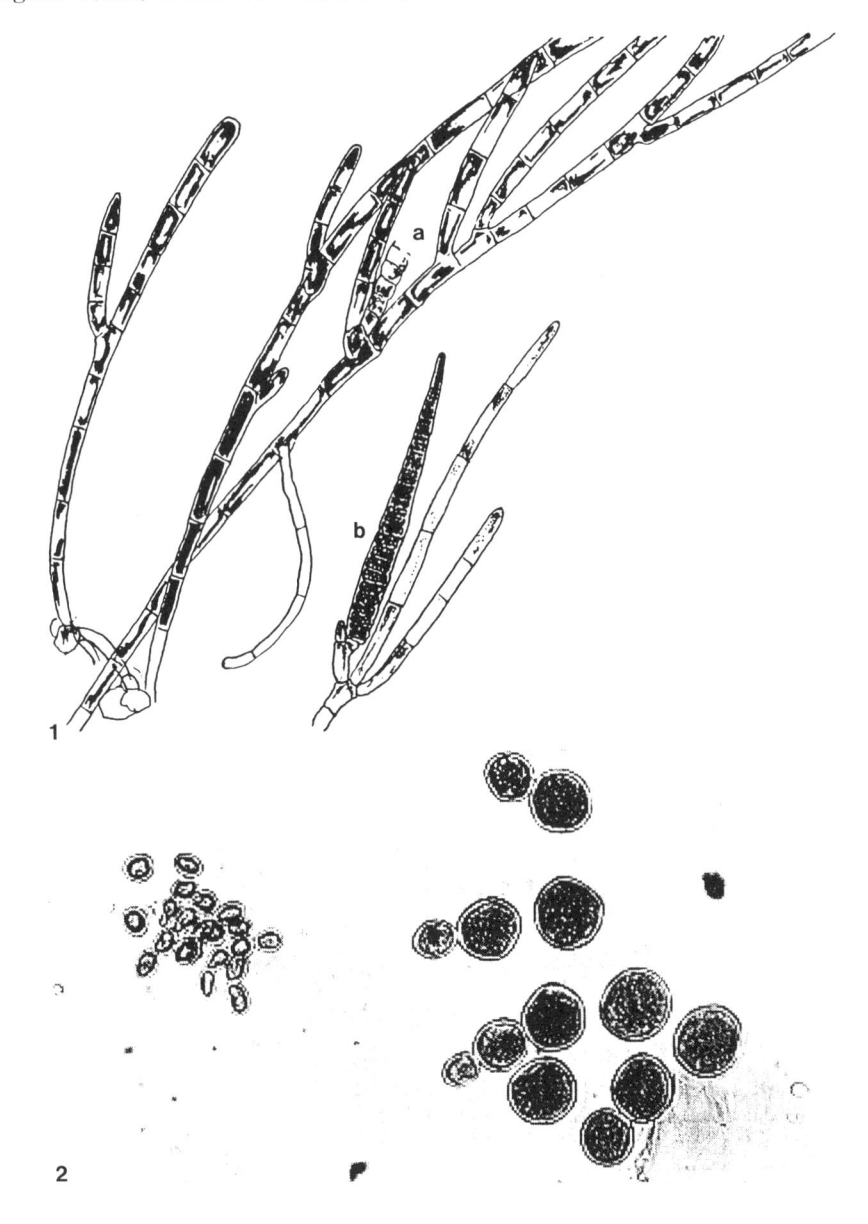

図版 143
Paralemanea deamii, figs. 1-2（原著者，Blum 1993）
1. シャントランシア世代の藻体，そして若い配偶体の藻体の壊れた主軸(a)，完全な配偶体の主軸(b)，2. 果胞子体の形成，本種の大きい果胞子嚢（右側）と他種の小さい果胞子嚢（左側）を示す．

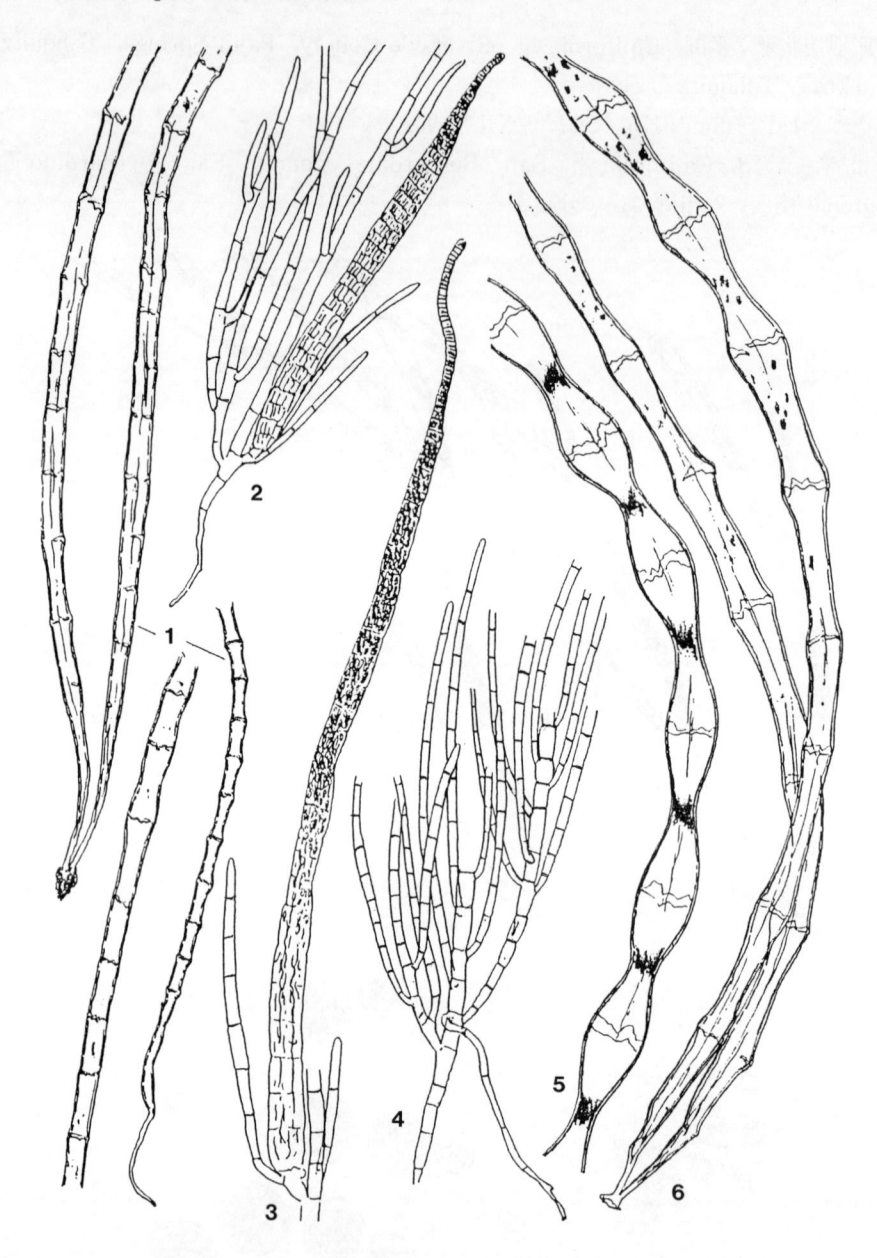

Batrachospermales カワモズク目

図版 144

Paralemanea gardnerii, figs. 1-2（原著者，Blum 1994）
1. 配偶体の藻体につく成熟した果胞子（タイプ標本），2. 若い配偶体の藻体をもつシャントランシア世代の藻体.

Paralemanea californica, figs. 3-6（原著者，Blum 1994）
3. 若い配偶体の藻体の先端部，4. シャントランシア世代の藻体（タイプ標本），5. 配偶体の藻体（Blasdale coll.），6. 配偶体の藻体（タイプ標本）.

4) ***Paralemanea tulensis*** Blum（1994：19, figs. 15-16）
（図版 145, **figs. 5-6**, 原著者, Blum 1994）

　配偶体世代の藻体の主軸は, 1 mm に 170-210 個の比較的小さい皮層細胞をもつ. やや節くれだっていて, 果胞子嚢で満たされ, しばしば節部の直径より太い節間部をもつ. 節間部は長さ約 1.0-1.8 mm. 中軸部には 20-30 本の皮層細胞糸がある. 精子嚢斑部の最下部は付着器の上 4.3-7.2 mm だが, 完全な環状になるのは第 3-5 節より上部である. 第 3 節より上部で太さが増す. 成熟した果胞子嚢の塊は節間を満たしている. 果胞子は太さ 8-24 μm, 長さ 15-31 μm.
　シャントランシア世代の藻体は, 顕著な円錐形の糸状体をもち, 13-33 μm より上部は太くなる. 頂端細胞はドーム形.
　タイプ産地：北米：米国, California 州, Tulare County, Springville, 190 号線を横切る Tule River の North Fork, 大きい岩上に付着する.
　タイプ標本：J. L. Blum 5176 (UC), 11/XII, 1993.
　分布：北米：米国, California 州, Tulare County, Porterville, Tule River に分布.

5) ***Paralemanea californica*** Blum（1994：15, figs. 7-10, 19）
（図版 144, **figs. 3-6**, 原著者, Blum 1994）; （図版 146, **fig. 1**, 原著者, Blum 1994）

　若い配偶体世代の藻体の主軸は, 細長い円柱形の部分から頂生する. 配偶体の主軸はがっちりしている. 節間部は長さ 2-4 mm, しばしば明瞭に膨れた節部をもつ. 中軸部には 20-50 本の皮層細胞糸がある. 精子嚢斑部の最下部は付着器の上約 2.9-5.4 mm で, 1-2 個の精子嚢斑が形成されているが, 完全な環状になるのは第 2 または 3(-8) 節より上部である. 精子嚢環は太さ 110-300 μm, 第 1-7 精子嚢環節より上で太くなる. 多くの節部には精子嚢環に相当する位置に, 環状の溝がある. 果胞子体は節間に 5-8 個. 成熟した果胞子嚢の塊は節間を満たしていないので, 果胞子嚢がある箇所は環状にみえる. 果胞子は太さ 13.2-28.6 μm, 長さ 15.4-33 μm.
　シャントランシア世代の藻体は叢状, 匍匐部糸状体は隔壁部で太さ 11-20 μm, 直立部糸状体は隔壁部で太さ 11-15 μm.
　タイプ産地：北米：米国, California 州, Mariposa County, Ben Hur Post Office の北 4 mile.
　タイプ標本：DS in UC 502456, R. S. Ferris & R. Bacigalupi, 29/V, 1941.
　分布：北米：米国, California 州の数か所, Oregon 州東部の 1 か所に分布する.

6) ***Paralemanea brandegeei*** Blum（1994：16, figs. 11-12, 22）
（図版 145, **figs. 1-2**, 原著者, Blum 1994）; （図版 146, **fig. 4**, 原著者, Blum 1994）

　若い配偶体世代の藻体の主軸の始原は, 細長い円柱形の部分をもたない. 頂端細胞はドーム形. 配偶体世代の藻体の主軸は頑強で, 節間部は長さ 2-3 mm, 膨らみ, しばしば平滑な節をもつ. 中軸部には 30-40 本の皮層細胞糸がある. 精子嚢斑部の最下部は付着器の上約 6-8.5 mm で, 1 個から数個の精子嚢斑が形成されているが, 完全な環状になるのは, 第 6-9 節より上部である. 環状精子嚢斑は直径 80-150 μm, 第 1-7 精子嚢環節より上で太くなる. 果胞子体は通常, 節に 5-8 個. 成熟した果胞子嚢の塊は節間を満たしていないので, 果胞子嚢がある箇所は環状にみえる. 果胞子は太さ 15.4-24.2 μm, 長さ 17.6-30 μm.
　シャントランシア世代の藻体は, 顕著な円錐形の糸状体をもたないが, 時にほかの枝より太

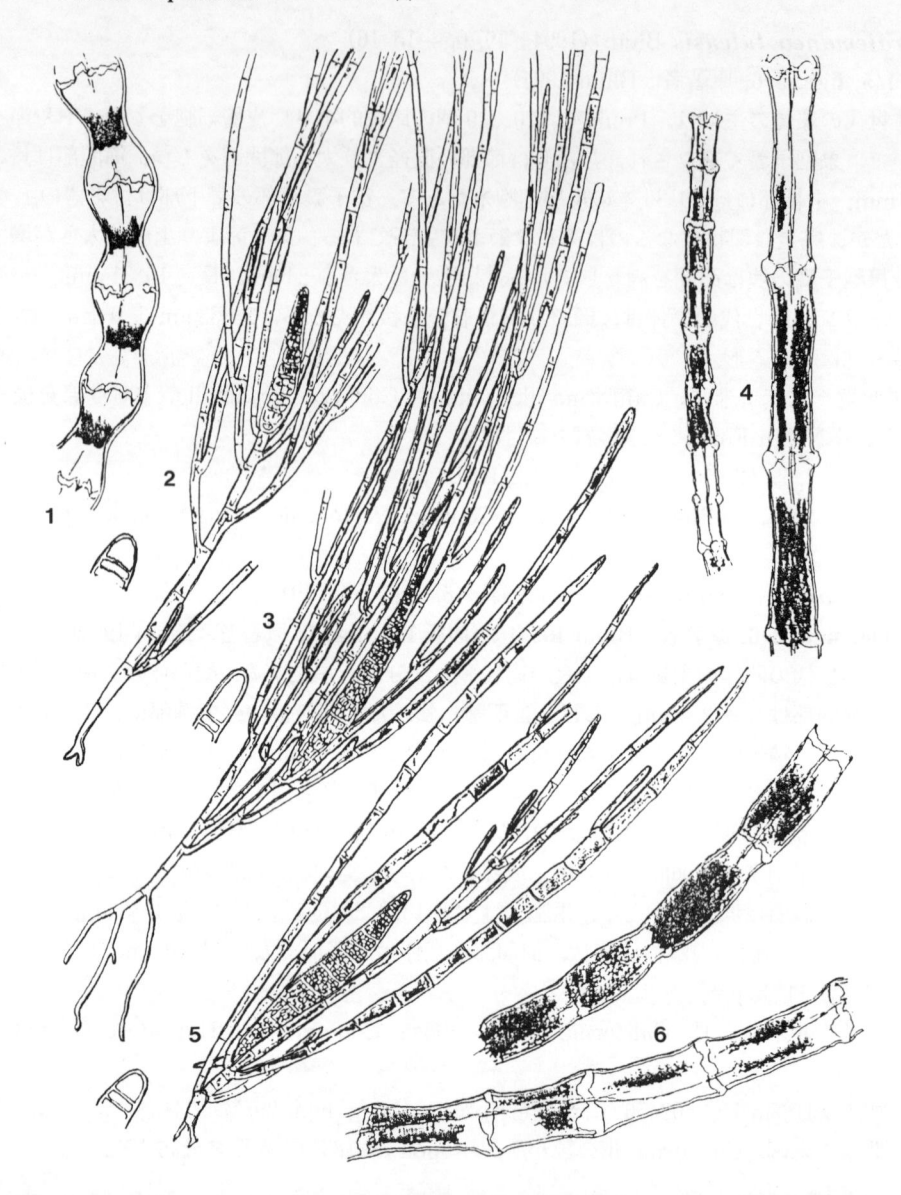

図版 145

Paralemanea brandegeei, figs. 1-2（原著者，Blum 1994）
1. 成熟した配偶体の藻体（タイプ標本），2. 配偶体を形成するシャントランシア世代の藻体.
Paralemanea parishii, figs. 3-4（原著者，Blum 1994）
3. 配偶体を形成するシャントランシア世代の藻体，4. 成熟した配偶体の藻体（タイプ標本）.
Paralemanea tulensis, figs. 5-6（原著者，Blum 1994）
5. 配偶体を形成するシャントランシア世代の藻体（タイプ標本），6. 成熟した配偶体の藻体（タイプ標本）.

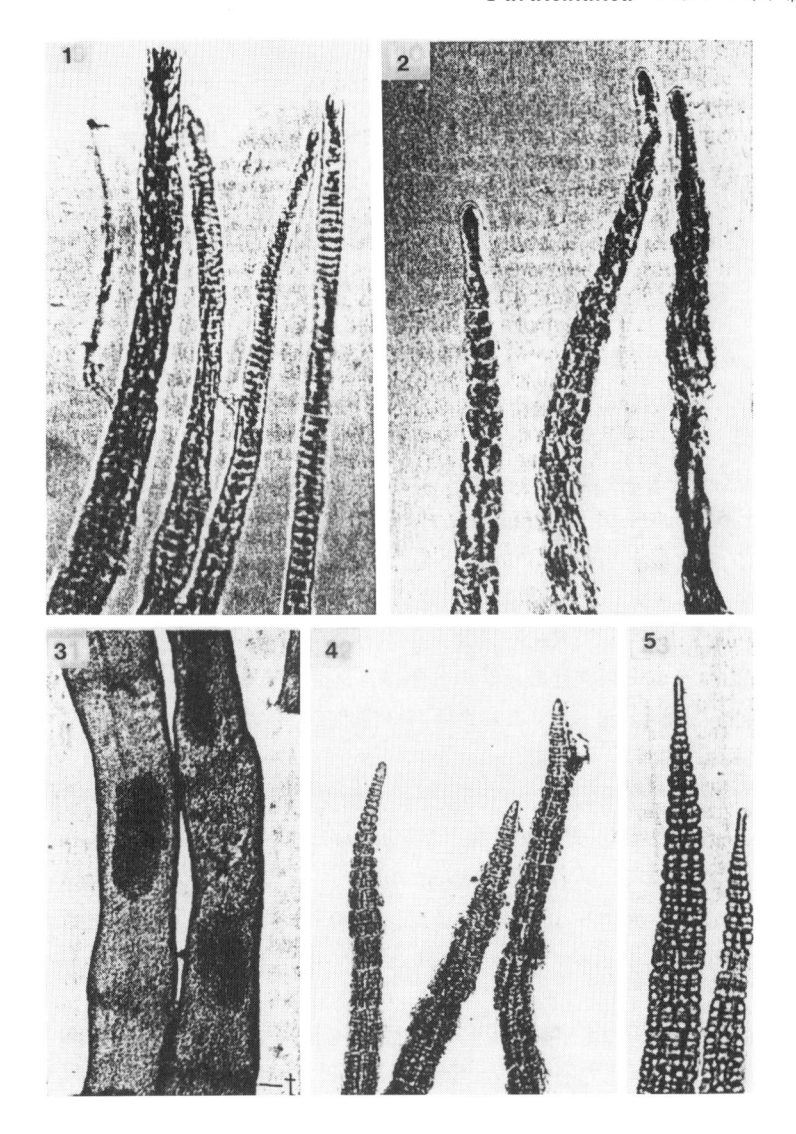

図版 146

Paralemanea californica，fig. 1（原著者，Blum 1994）
1. 約 800 細胞まで発達した若い配偶体の藻体の先端部．顕微鏡写真の左側の先端部は分解している．

Paralemanea gardnerii，figs. 2-3（原著者，Blum 1994）
2. 若い配偶体の藻体の先端部，3. 成熟した配偶体の藻体．

Paralemanea brandegeei，fig. 4（原著者，Blum 1994）
4. 若い配偶体の藻体の先端部．

Paralemanea parishii，fig. 5（原著者，Blum 1994）
5. 若い配偶体の藻体の先端部．

い，明瞭な主枝をもつ．

タイプ産地：北米：米国，California 州，Eldorado County，New York River．
タイプ標本：UC 277581, Mrs. Katherine Brandegee, 10/V, 1945．
分布：タイプ産地にのみ分布する．

Family **Thoreaceae**（Reichenbach）Hassal（1845：64） チスジノリ科
Type：genus *Thorea* Bory

Thoreaceae チスジノリ科には二つの属，*Thorea* チスジノリ属と *Nemalionopsis* オキチモズク属とが含まれる．藻体は粘性豊富，分枝多く，多列の中軸をもち，同化糸（側糸）は中軸を覆う．配偶体，果胞子体，シャントランシア世代藻体の，3世代の藻体が交代する．精子嚢と造果器の有性生殖器官，果胞子体は *Thorea* チスジノリ属の3種，*T. violacea* as *T. okadae*（Yoshizaki 1986），*T. bachmannii*（Necchi 1987），そして *T. hispida*（造果器のみ Sheath *et al.* 1993）で知られているが，*Nemalionopsis* オキチモズク属では，単胞子による無性生殖のみが知られている．

ノート：rbcL 遺伝子と 18 S rRNA 遺伝子塩基配列の分析結果によると，*Thorea violacea* が，Batrachospermales カワモズク目のほかの分類群と密接な関係にないので，Thoreaceae チスジノリ科を Batrachospermales カワモズク目内に含めてよいのか，まだはっきりしない（Vis *et al.* 1998）．

Thoreaceae チスジノリ科の北米の群落とタイプ標本の研究に基づいて，Sheath, Vis & Cole（1993 a）は，*Thorea* チスジノリ属の4種，*T. hispida*（異名：*T. andina, T. lehmannii, T. ramosissima*），*T. violacea*（異名：*T. bachmannii, T. brodensis, T. gaudichaudii, T. okadae, T. prowsei*，そして *T. riekei*），*T. clavata, T. zollingeri*，そして *Nemalionopsis* オキチモズク属の2種，*N. shawii*，そして *N. tortuosa*（異名：*N. shawii* f. *caroliniana*）のみを，正当な種として認めた．

Necchi & Zucchi（1997）は，精子嚢と果胞子嚢とを区別することが特に重要であると述べている．前者は，ほとんど無色で細胞内容が薄いが，後者は，色が濃く細胞内容も密である．さらに，Yoshizaki（1986）による *T. okadae* チスジノリについての観察，Necchi（1987）による *T. bachmannii* についての観察では，精子嚢（長さ 8.0-13.0 μm，太さ 4.0-7.0 μm）は，果胞子嚢（長さ 17.0-26.0 μm，太さ 8.5-16.0 μm）より小型である．これに反し，上記の Sheath *et al.*（1993）は旧来の解釈に従って，胞子嚢をすべて単胞子嚢として取り扱っているので，*T. violacea* sensu Sheath *et al.* の単胞子嚢の大きさの変異の幅が，どうしても広くなってしまう（長さ 8.7-25.8 μm，太さ 4.2-11.5 μm）．また彼らが単胞子嚢として示している図（Sheath *et al.*, fig. 9, 1993）は，*T. okadae* チスジノリの果胞子嚢の房（Yoshizaki, fig. 15, 1986）に大変よく似ている．

Thorea チスジノリ属の幾つかの種で，何人かの研究者が'単胞子嚢'として，これまで記載しているものは，精子嚢か果胞子嚢のいずれかである可能性があり，この属に無性生殖をする単胞子嚢が実際に存在するか否かは，有性生殖が存在するという観点から，注意深く研究すべきであると Necchi（1987）は述べている．

本書では，有性生殖器官がまだ知られていない種を含め，従来の分類に従って，Thoreaceae

チスジノリ科の種の検索表を，とりあえず示す．

Thoreaceae チスジノリ科の属と種の検索表

1. 胞子嚢（果胞子嚢，精子嚢，単胞子嚢）をつける枝は短く，疎らに分枝し，同化糸は緩く配列する……………………………………………………………………チスジノリ属……2
1. 胞子嚢（多分，単胞子嚢）をつける枝は長く，よく分枝し，同化糸は硬く配列する……………………………………………………………………オキチモズク属…11
2. 同化糸は棍棒状で，分枝しない ………………………………………………………3
2. 同化糸は棍棒状でなく，様々に分枝する ……………………………………………4
3. 単胞子は1-3個の房状 ……………………………………………………1) ボウチスジノリ
3. 単胞子は5-8個の房状 ……………………………………………………2) *T. zollingeri*
4. 2次分枝は疎ら ……………………………………………3) *T. violacea* sensu Vis et al.…5
4. 2次分枝は疎らでない ……………………………………………………………………6
5. 藻体は太さ 500-1890 μm ………………………………………………4) *T. hispida*
5. 藻体は太さ 180-460 μm ………………………………………………5) *T. conturba*
6. 有性生殖器官が知られている ……………………………………………………7
6. 有性生殖器官が知られていない ……………………………………………………8
7. 藻体は太さ 2.1-4 mm，長さ 300 cm に達する……………………………6) チスジノリ
7. 藻体は太さ 0.8-1.3 mm，長さ 10-15 cm ………………………………7) *T. bachmannii*
8. 藻体は長さ 200 cm に達する ……………………………………………8) *T. riekei*
8. 藻体は長さ <60 cm ……………………………………………………………………9
9. 藻体は長さ 60 cm に達する ……………………………………………………10
9. 藻体は長さ <15 cm …………………………………………………………9) ヒメチスジノリ
10. 同化糸は長さ 300-800 μm ………………………………………10) シマチスジノリ
10. 同化糸は長さ 1415-1750 μm に達する …………………………11) *T. brodensis*
11. 同化糸は短く，円柱形の細胞から構成される …………………………1) オキチモズク
11. 同化糸は長く，樽形の細胞から構成される…………………………………2) *N. shawii*

Genus *Thorea* Bory (1808: 126)　チスジノリ属（岡村 1921）

Type: *Thorea hispida* (Thore) Desvaus

　Thorea チスジノリ属の藻体は粘性豊富，分枝多く，多列の中軸をもち，同化糸は中軸を緩く覆う．この属では，*T. okadae* チスジノリ，*T. bachamannii*，そして *T. hispida*（造果器のみ）の3種で，有性生殖器官，精子嚢と造果器が観察され，3世代の藻体，すなわち配偶体，果胞子体，シャントランシア世代の藻体の交代が知られている．そのほかの種で，大きさの変異の幅が大きく報告されている単胞子嚢は，研究が進めば，小型のものは精子嚢，大型のものは果胞子嚢とされる可能性が大きい．

1) ***Thorea clavata*** Seto et Ratnasabapathy in Ratnasabapathy & Seto (1981: 248, fig. 3, a-f, fig. 5, a-h)
ボウチスジノリ（瀬戸 1998 a）

(図版 147(a), figs. 1-6, 瀬戸 1998 a. *In* 山岸・秋山(編), 淡水藻類写真集. 20：82)；(図版 148, fig. 9, Sheath *et al.* 1993)

藻体は小さく, 大変粘性があり, 太さ 480-1425 μm, 長さ 4.5-12 cm, 暗茶色, 疎らにまたは密に分枝する. 藻体は多列状で, 髄層部と皮層の同化糸の部分からなり, 円盤形の太さ 380-1350 μm の付着器で, 基物に付着する. 髄層は太さ 115-420 μm, 髄層糸が錯綜し, 皮層部の同化糸は無分枝か, わずかに分枝し, 先端から基部に向かって次第に細くなり, 長さ 130-840 μm, 8-40 細胞からなり, 先端の細胞は棍棒形. 有性生殖器官は知られていない. 単胞子嚢（果胞子嚢？）は同化糸の基部に単独または房状に着生し, 卵形, 西洋梨形, 太さ 5.5-14 μm, 長さ 8-20 μm.

タイプ産地：東南アジア：マレーシア, Selangor 州, Gombak River, 原生林中を流下する清澄な, かなり日当たりのよい, 川幅 2-3 m の川中, 水深 5-40 cm の岩に付着する（水温 22-22.1°C）.

タイプ標本：Kobe University, RS 490, Seto, 6/V 1978.

分布：タイプ産地のみに分布する.

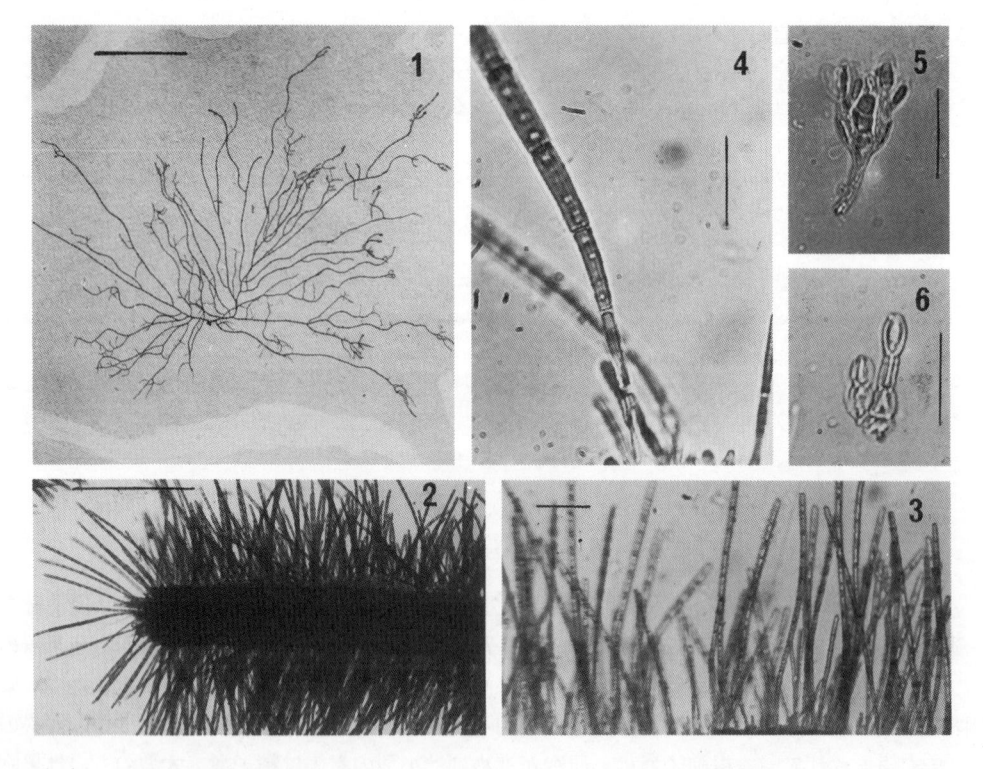

図版 147(a)

Thorea clavata, figs. 1-6（瀬戸 1998 a）
1. 分枝の性状を示す藻体, 2. 主軸の同化糸と髄層部, 3. 稀に分枝する同化糸の上部, 4. 先端部から基部に向かって次第に細くなる同化糸, 5-6. 単胞子嚢.（縮尺＝2 cm for fig. 1；400 μm for fig. 2；100 μm for fig. 3；30 μm for figs. 4-6）

2) ***Thorea zollingeri*** Schmitz（1892：134）*emend*. Sheath, Vis et Cole（1993 a：240, fig. 12）
   (**図版 148, fig. 10,** Sheath, Vis & Cole 1993 a)

   藻体の分枝は 30 mm に 0.6 本，藻体は太さ 799-1188 μm，髄層は太さ 105-471 μm，同化糸は棍棒形，無分枝，単胞子は長さ 9.4-15.6 μm，5-8 個ずつ房になる．

   タイプ産地：東南アジア：インドネシア，Java．
   タイプ標本：L herb. Weber-van Bosse 941.182.160, Zollinger Col. No. 3692．
   分布：タイプ産地にのみ分布する．

   ノート：Schmitz（1892）の原記載に，棍棒形の同化糸と，単胞子が大きい房になるという 2 つの区別すべき形質を，Sheath, Vis & Cole（1993 a）は追加した．

3) ***Thorea violacea*** Bory（1808：133）*sensu* Sheath, Vis et Cole（1993 a：238, figs. 8-9）
   (**図版 148, figs. 6-7,** Sheath, Vis & Cole 1993 a)

   藻体の分枝は 30 mm に 2-9 本，藻体の太さは 540-1878 μm，髄層は太さ 126-304 μm，同化糸の分枝は様々で，棍棒状でない単胞子嚢（果胞子嚢？）は長さ 8.7-25.8 μm で，3 個までの房となる(Sheath, Vis & Cole 1993 a)．

   タイプ産地：アフリカ：レユニオン島(仏)，Rivire des Ramparts, la Réunion．

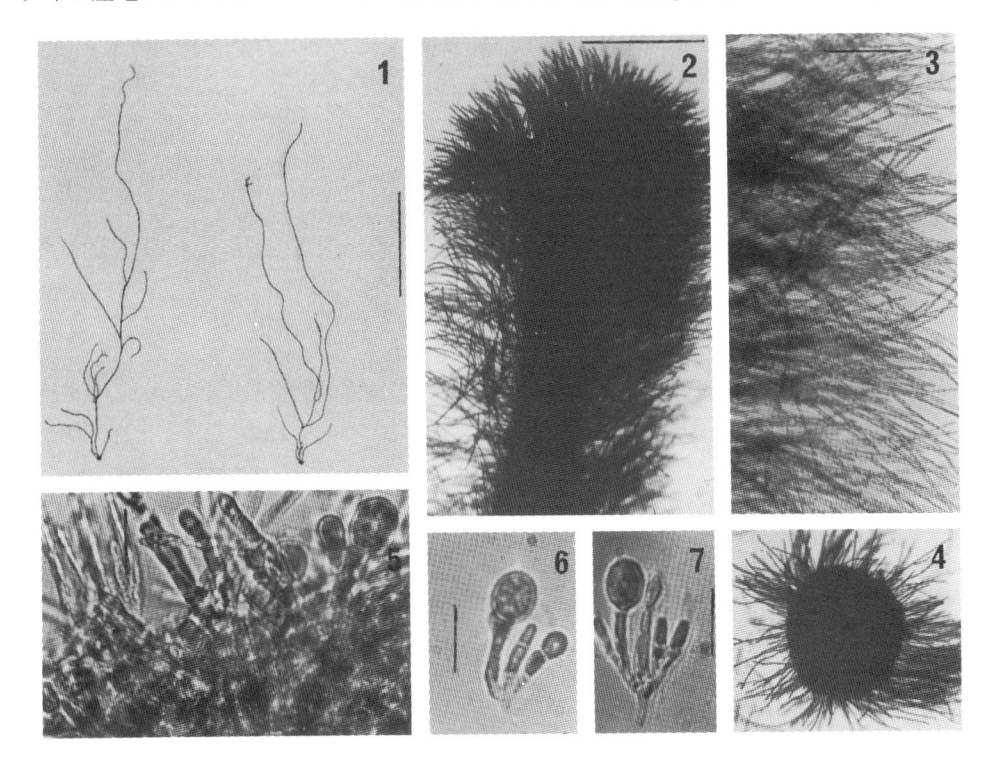

図版 147(b)
Thorea prowsei, figs. 1-7（瀬戸 1998 b）
1. 分枝の性状を示す藻体，2. 主軸の同化糸と髄層部，3. 稀にまたはしばしば分枝する同化糸の上部，4. 主軸の横断面，5-7. 単胞子嚢．（縮尺＝2 cm for fig. 1；400 μm for figs. 2, 4；100 μm for fig. 3；30 μm for figs. 5-7）

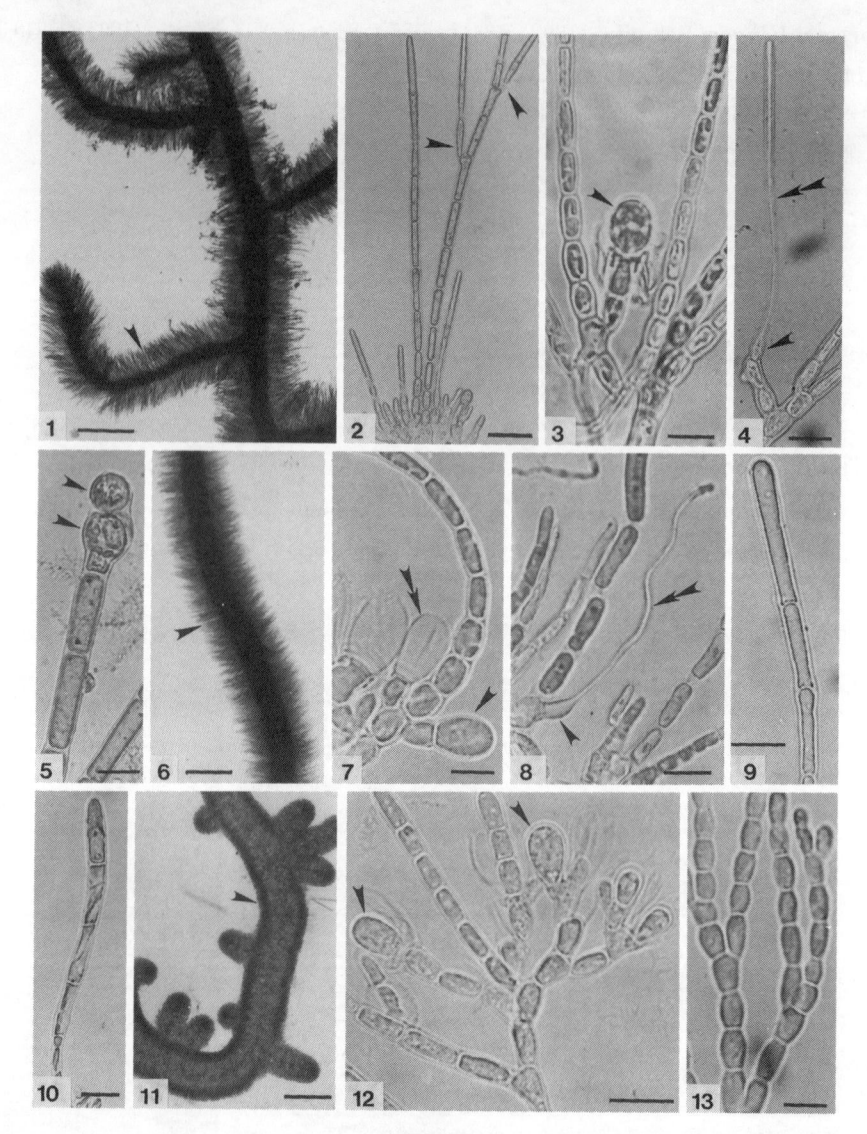

図版 148

Thorea hispida, figs. 1-5 (Sheath, Vis & Cole 1993 a)
1. 中軸髄部, 同化糸(矢頭), 2. 同化糸, 3. 単胞子嚢(矢頭), 4. 造果器をつける枝, 基部(矢頭), 受精毛(二重矢頭)をもつ造果器, 5. seirospores(矢頭). (縮尺=500 μm for fig. 1; 10 μm for figs. 2-5)

Thorea violacea, figs. 6-7 (Sheath, Vis & Cole 1993 a)
6. 同化糸 (矢頭), 7. 単胞子嚢 (矢頭), 空の単胞子嚢 (二重矢頭).

Thorea violacea as *T. okadae*, fig. 8 (Sheath, Vis & Cole 1993 a)
8. 造果器をつける枝, 基部(矢頭), 受精毛(二重矢頭)をもつ造果器. (縮尺=100 μm for fig. 6; 10 μm for figs. 7-8)

Thorea clavata, fig. 9 (Sheath, Vis & Cole 1993 a)
9. 同化糸. (縮尺=10 μm for fig. 9)

Thorea zollingeri, fig. 10 (Sheath, Vis & Cole 1993 a)
10. 同化糸. (縮尺=10 μm for fig. 10)

Nemalionopsis tortuosa, figs. 11-12 (Sheath, Vis & Cole 1993 a)
11. 中軸髄部と同化糸 (矢頭), 12. 円柱形同化糸の先端につく単胞子. (縮尺=300 μm for fig. 11; 10 μm for fig. 12)

Nemalionopsis shawii, fig. 13 (Sheath, Vis & Cole 1993 a)
13. 同化糸細胞. (縮尺=10 μm for fig. 13)

選定標本：BM, Bory 1801-1802, Sheath *et al.* (1993) が選定した．
分布：タイプ産地にのみ分布する．
ノート：Sheath, Vis & Cole (1993 a) は *Thorea gaudichaudii* C. Agardh, *Thorea okadae* Yamada チスジノリ, *Thorea bachmannii* Pujals, *Thorea prowsei* Ratnasabapathy et Seto を本種の異名とした．しかし *Thorea violacea* では有性生殖器官が知られていないので，上記の扱いは時期が早いと考えて，これらの種を別種として取り扱うことにする．

4) ***Thorea hispida*** (Thore) Desvaux (1818：16) *emend.* Sheath, Vis et Cole (1993 a：238, figs. 3-7)

以下は Sheath, Vis & Cole (1993 a) が示した異名である．
異名：*Conferva hispida* Thore (1799：398, fig. A)；*Conferva flexuosa* Bory (1804：336) nom. illeg.；*Thorea ramosissima* Bory (1808：128) nom. illeg.；*Thorea lehmannii* Hornemann (1818：tab. 1594, fig. 1)；*Thorea andina* Lagerheim et Möbius in Möbius (1891：338, figs. 1-6)

(**図版 148, figs. 1-5**, Sheath, Vis & Cole 1993 a)

藻体は長さ 100 cm 以上，密に分枝する．分枝は 30 mm に 11-41 本，藻体の太さ 513-1890 μm，髄層の太さ 88-611 μm．同化糸は棍棒形ではなく，様々に分枝する．長さ 700-1400 μm，太さ 6-10 μm．長さ 18-40 μm の 18-20 個の細胞からなる．粘性物で藻体の中軸部は覆われ，同化糸部は基部のみが覆われる．単胞子嚢は比較的稀，長さ 8.6-30.0 μm，8 個までの房になる．単胞子は若いときは球形，成熟すると西洋梨形．ヨーロッパに散在する岩床の川や溝，深さ 2-3 m の場所に 8 月まで分布する．

タイプ産地：欧州：フランス，L'Adour Rivière at Dax.
Isotype：BM Thore, 1801.
分布：タイプ産地のほか，欧州：ベルギー，東アジア：中国 (*T. ramosissima* として) に分布．
ノート：*Thorea hispida* は，Bory (1808) が *Conferva hispida* Thore を，彼の設立した新しい属 *Thorea* チスジノリ属に移すときに用いた非合法な名である *T. ramosissima* として，これまで引用され続けてきた．Hassall (1845) は *T. lehmannii* を *T. hispida* の異名と位置づけた．短い同化糸と太さの細い同化枝細胞をもつことから，*Thorea andina* は区別されてきた (Bischoff 1965) が，Sheath, Vis & Cole (1993 a) はタイプ標本を分析して，これらの形質の変異の幅が，わずかではあるが，両種間で重複していると述べている．Sheath, Vis & Cole (1993 a) は，長い受精毛をもつ造果器を顕微鏡写真で示しているが，造果器の存在を記載に記していない．

5) ***Thorea conturba*** Entwisle et Foard (1999 a：49, figs. 12-19)
(**図版 149, figs. 1-8**, 原著者, Entwisle & Foard 1999 a)

藻体は雌雄異株．分枝は藻体の長さ 30 mm の間に約 40 回，太さ 180-400(-460) μm，髄部は太さ 48-79 μm．髄層糸細胞は円柱形，同化糸細胞より長く細い．太さ 3-6 μm，長さ 15-44 μm．髄層糸細胞はより太い同化糸細胞より出て，不規則な形をする．同化糸はシャントランシア状，稀にやや棍棒形，長さ 65-160(-260) μm，8-18(-30) 細胞からなり，大抵は枝の下部で 0-1(-3) 回分枝する．同化糸細胞は大抵は円柱形 (稀に盤形，時に樽形)，太さ 4-7 μm，長さ 4-10(-15) μm．多分 seirosporangia 連続胞子嚢である先端細胞は，時に細胞の太さのほとんど 2 倍近くに膨れる．細胞には全長の長さの，1 個の側壁性の色素体が含まれる．仮根状の糸状体

が皮層下部から形成され，髄層部に伸長する．精子嚢をつける枝は，同化糸の0.3-1倍の長さで，分枝し，精子嚢は1-または2-細胞性の枝上に，1-3個ずつ房状につき，楕円形，太さ3.3-4μm，長さ10-13μm．雄株にある数個の細長い細胞は（機能は知られていない，多分，不能の造果器），太さ4-6μm，長さ23-40μm，1,2-細胞性の枝につく．造果器は同化糸に側生（すなわち，造果器をつける枝は1細胞性），通常下部の細胞から出て，線形から倒披針形，基部がわ

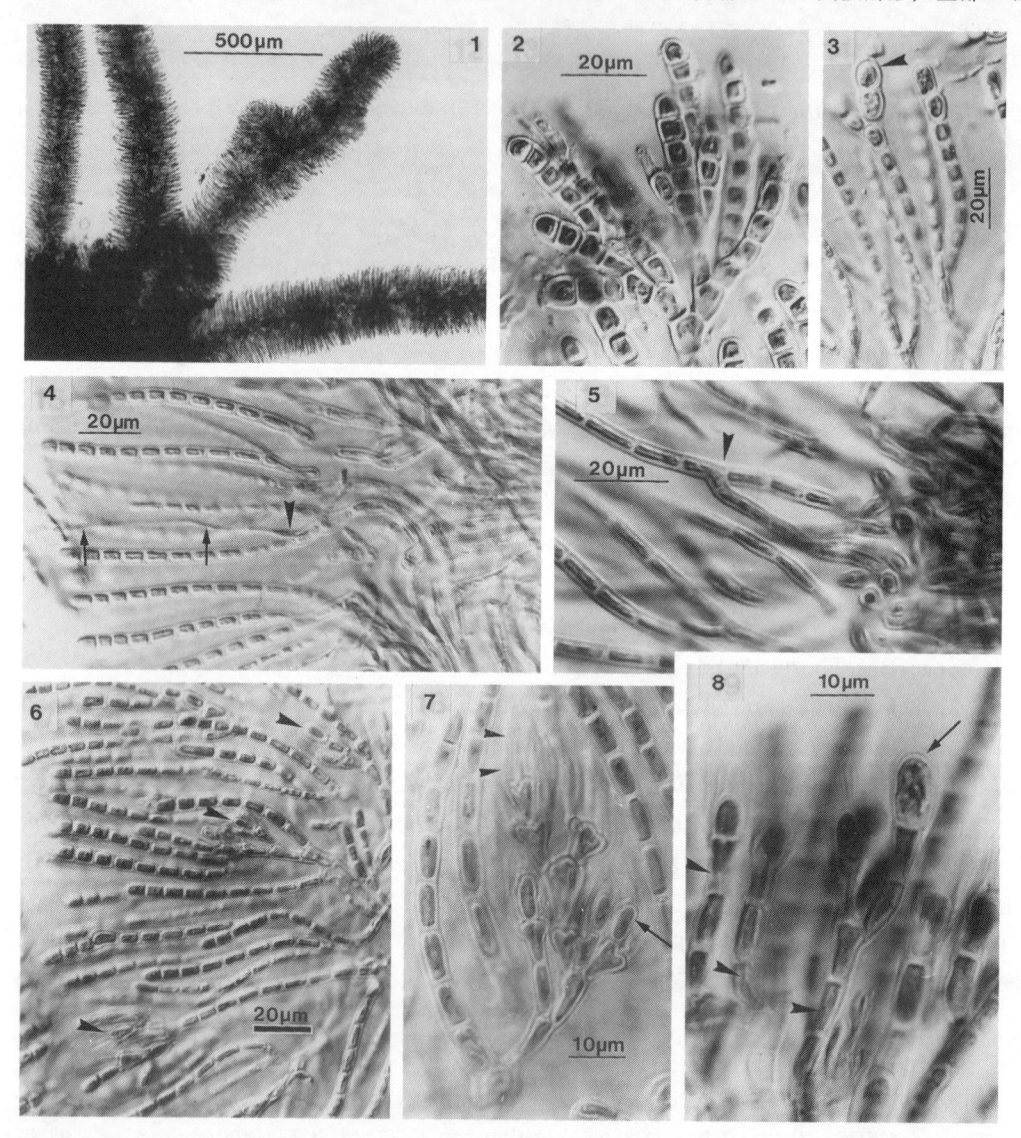

図版 149

Thorea conturba, figs. 1-8（原著者，Entwisle & Foard 1999 a）
1. 左下にシャントランシア世代の藻体をもつ配偶体の性状，2. シャントランシア世代の藻体の直立部，3. 同化糸に頂生する連続胞子嚢（矢頭），4. 同化糸の基部から外部皮層へ伸長する造果器（矢頭は基部，矢印は受精毛），5. 同化糸（矢頭）から出て髄部へ伸長する仮根状糸，6. 皮層部の様々な位置にある精子嚢（矢頭），7. 精子嚢の房（矢印）と空の精子嚢（矢頭），8. 果胞子嚢（矢印）をもつ皮層中程の造胞糸（矢頭）．

ずかに膨らむ．太さ3-5μm，長さ60-140μm．受精毛は太さ2-3μm．果胞子嚢をつける枝は，同化枝の長さの0.5-0.8倍．果胞子嚢は倒卵形からドーム形，太さ6-9μm，長さ11-15μm．

シャントランシア世代藻体は単列性糸状体．匍匐糸状部は豊かに分枝，細胞はやや不規則な形．直立糸状部は密集した叢状，豊かに，不規則に分枝．細胞は盤形，円柱形またはやや樽形，太さ6-10(-12) μm，長さ6-12μm．側壁性の色素体が，1または2枚含まれる．先端細胞は時に細長く，長さ25μmに達する．単胞子嚢は球形，太さ約10μm，長さ約11μm．同化糸の集合体が，時にシャントランシア世代藻体から直接に出る．長さ150-330μm，17-33細胞からなる．細胞は太さ3-6μm，長さ6-10(-16)μm (Entwisle & Foard 1999)．

タイプ産地：大洋州：豪州，New South Wales 州，Lismore の北東25km, Cooper Creek の支流，Rangery Creek.

タイプ標本：MEL 2045617, 15/VII, 1997.

分布：タイプ産地にのみ分布する．

6) ***Thorea okadae*** Yamada (1949 : 158, figs. 1-3)
チスジノリ（岡村1921）；（熊野1977, 紅藻綱．*In* 広瀬・山岸（編），日本淡水藻図鑑．170-171)，（山岸1998, 淡水藻類写真集ガイドブック．43）；（山岸1999, 淡水藻類入門．103）．

（**図版148, fig. 8**, Sheath, Vis & Cole 1993 a）；（**図版151, figs. 1-11**, 吉崎1993 a. *In* 堀（編），藻類の生活史集成．2：226-227)

藻体は雌雄同株．粘性あり．太さ2.1-4mm，長さ3mまで，暗赤紫色，不規則に，密に分枝する．藻体は多列状で，髄層部と皮層の同化糸の部分からなり，円盤形の太さ2-3mmの付着器で基物に付着する．髄層には髄層糸が錯綜し，皮層部の同化糸は2又分枝し，2-3回分枝を繰り返す．2種類の同化糸がある．長い型の同化糸は太さ8-12μm，長さ400μmまで，10-21細胞からなり，短い型の同化糸は太さ5-6μm，長さ150μm以下，3-6細胞からなる．精子嚢は短い同化糸に小さな房状に頂生し，卵形，太さ5-6μm，長さ10-13μm．造果器は基部で太さ6-7μm，長さ12-15μm，受精毛は真っすぐで，円柱形，太さ3-4μm，長さ160-350μmまで．果胞子体は不定形，造胞糸は不規則に分枝し，下方に髄層部に向かって下降し，同化糸の間に潜り込む．果胞子嚢は造胞糸の短い枝に頂生し，倒卵形，太さ7-18μm，長さ10-26μm．単胞子嚢は2-3個ずつ，同化糸の先端に房状に着生し，倒卵形，太さ6-12μm，長さ8-16μm．

タイプ産地：東アジア：日本，鹿児島県，川内川，菱刈町．

タイプ標本：SAP 046883, Okada, 28/III 1939.

分布：日本の備前堀川（埼玉県本庄市，水温10-15℃），関川（広島県），安室川（兵庫県上郡町），矢部川（福岡県浮羽郡田主丸町），緑川（熊本県上益城郡嘉島町），川内川（鹿児島県薩摩郡鶴田町，姶良郡牧園町）では絶滅した．

現在，タイプ産地のほか，筑後川（福岡県田主丸町），菊池川（熊本県山鹿市近傍），川内川（宮崎県えびの市から鹿児島県菱刈町まで，水温9-18.5℃）に分布する．晩秋から晩春の時期に，同地方の河川よりやや水温の高い河川中に生育する．

ノート：*Thorea okadae* チスジノリは，同化糸と単胞子の長さから区別されてきたが，これらの形質はこの種の特質でないという理由でSheath, Vis & Cole (1993 a) は，*Thorea okadae* チスジノリは *Thorea violacea* の異名であるとしている．

7)　***Thorea bachmannii*** Pujals ex Pujals (1968 : 1-2)

（図版 152, figs. 1-8, Necchi 1989, *T. bachmannii* として）；（図版 153, figs. 1-4, Necchi & Zucchi 1997, *T. violacea* として）

藻体は雌雄異株．粘性あり．太さ 800-1300 μm，長さ 10-15 cm．主枝は太さ 800-1200 μm，髄層は太さ 250-400 μm．同化糸は，1-4(-5) 回，互生または対生的に分枝，長さ 300-550 μm，10-18(-21) 細胞からなり，下部細胞は樽形，上部細胞は円柱形，長い，太さ 6-11 μm，長さ 15-30 μm．精子嚢は，同化糸基部の短い特別の枝に 2 個ずつ頂生または亜頂生し，楕円形または卵形，太さ 4-7 μm，長さ 8-10 μm．造果器をつける枝は短い枝から出て，1-2 個の円柱形の細胞からなる．造果器は基部で，太さ 5-7 μm，長さ 12-15 μm，受精毛は真っすぐか，わずかに湾曲し，長い糸形，太さ 2-4 μm，長さ 100-300 μm．果胞子体は不定形，造胞糸は短く，わずかに分枝し，円柱形の細胞からなり，密集する．果胞子嚢は，造胞糸に頂生または先端の直下に着生し，棍棒形または倒卵形，太さ 8.5-13 μm，長さ 17-25 μm．単胞子嚢は，単独または 2 個ずつ，倒卵形，太さ 7-10 μm，長さ 12-16 μm．

タイプ産地：南米：アルゼンチン，Buenos Aires, Arroya del Gato, La Plata.

タイプ標本：BA 12709, Bachmann 27/X 1965.

分布：タイプ産地のほか，南米：ブラジル，São Paulo 州，Municipio Conchas, Marechal Rondon Highway (SP-300), Conchas River, Mato Grosso do Sul 州，Urumbeba River に分布する．

ノート：*Thorea bachmannii* は，同化糸の大きさ，房状になる単胞子の太さにより，ほか種と区別されてきたが，これらの形質が本種の特質でないとして，Sheath, Vis & Cole (1993 a) は，*Thorea bachmannii* を *Thorea violacea* の異名としている．

8)　***Thorea riekei*** Bischoff (1965 : 111, figs. 1-18)

（図版 150, figs. 1-4, Sheath 1984）

藻体は太さ 1.7 mm，長さ 200 cm まで，分枝しないか，ほとんど分枝しない．中軸部の太さ 275 μm．同化糸も分枝せず，長さ 775 μm まで，太さ 5-7 μm，長さ 12-22 μm の 4-5 個の細胞からなり，頂端細胞は長さ 40 μm，先端は尖る．色素体は板形，褐色，青色，赤色．単胞子嚢は，3-5 個が房状に形成される．単胞子は，若いときは西洋梨または円柱形，成熟すると球形，長さは平均 15 μm に達する．

タイプ産地：北米：米国，Texas 州，Comal County, New Braunfels, Landa Park の泉に由来する急な流れ，水深 0.5-1.0 m の岩に付着する．

タイプ標本：不明．

分布：タイプ産地にのみ分布する．

ノート：*Thorea riekei* は，髄部の太さ，同化糸と細胞の長さから他種と区別されてきたが，これらの形質が本種特有のものでないとして，Sheath, Vis & Cole (1993 a) は，*Thorea riekei* を *Thorea violacea* の異名としている．

9)　***Thorea prowsei*** Ratnasabapathy et Seto (1981 : 246, fig. 2, a-g, fig. 4, a-k)
ヒメチスジノリ（瀬戸 1998 b）

（図版 147 (b), figs. 1-7, 瀬戸 1998 b. *In* 山岸・秋山(編)，淡水藻類写真集．20 : 83)

Thorea チスジノリ属　287

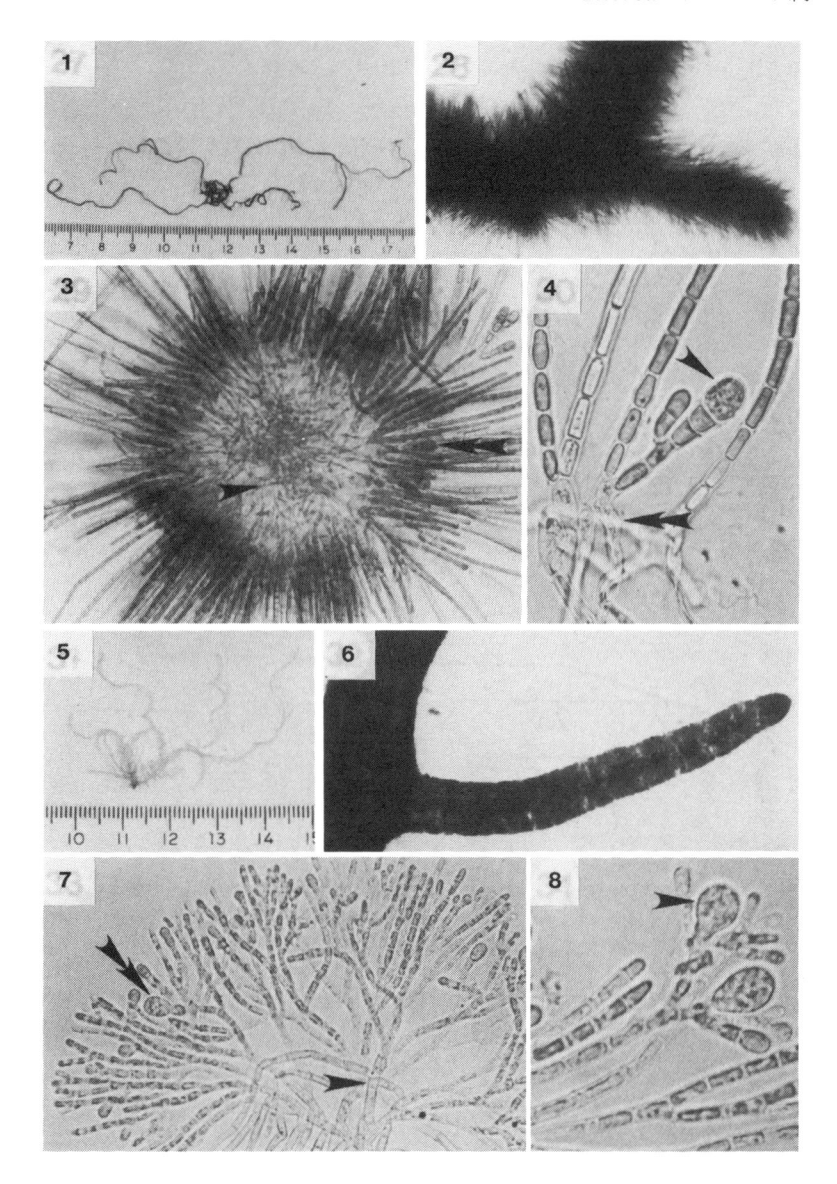

図版 150

Thorea riekei, figs. 1-4 (Sheath 1984)
1. 疎らに分枝する藻体の巨視的な外観, 2. 豊富な側枝が共通粘質物に包まれないため毛状の外観を示す藻体, 3. 中軸髄部（矢頭）と, 基部に単胞子嚢のある, 外側同化糸部を示す藻体の断面, 4. 無色の髄糸（二重矢頭）に付着する単胞子嚢（矢頭）.

Nemalionopsis tortuosa as *N. shawii* f. *caroliniana*, figs. 5-8 (Sheath 1984)
5. 疎らな分枝をもつ藻体の巨視的な外観, 6. 豊富な同化糸が共通粘質物に包まれているため滑らかな外観を示す藻体, 7. 無色の髄部（矢頭）と, 頂生する単胞子（二重矢頭）をもつ皮層の縦断面, 8. 同化糸の先端につく単胞子嚢（矢頭）

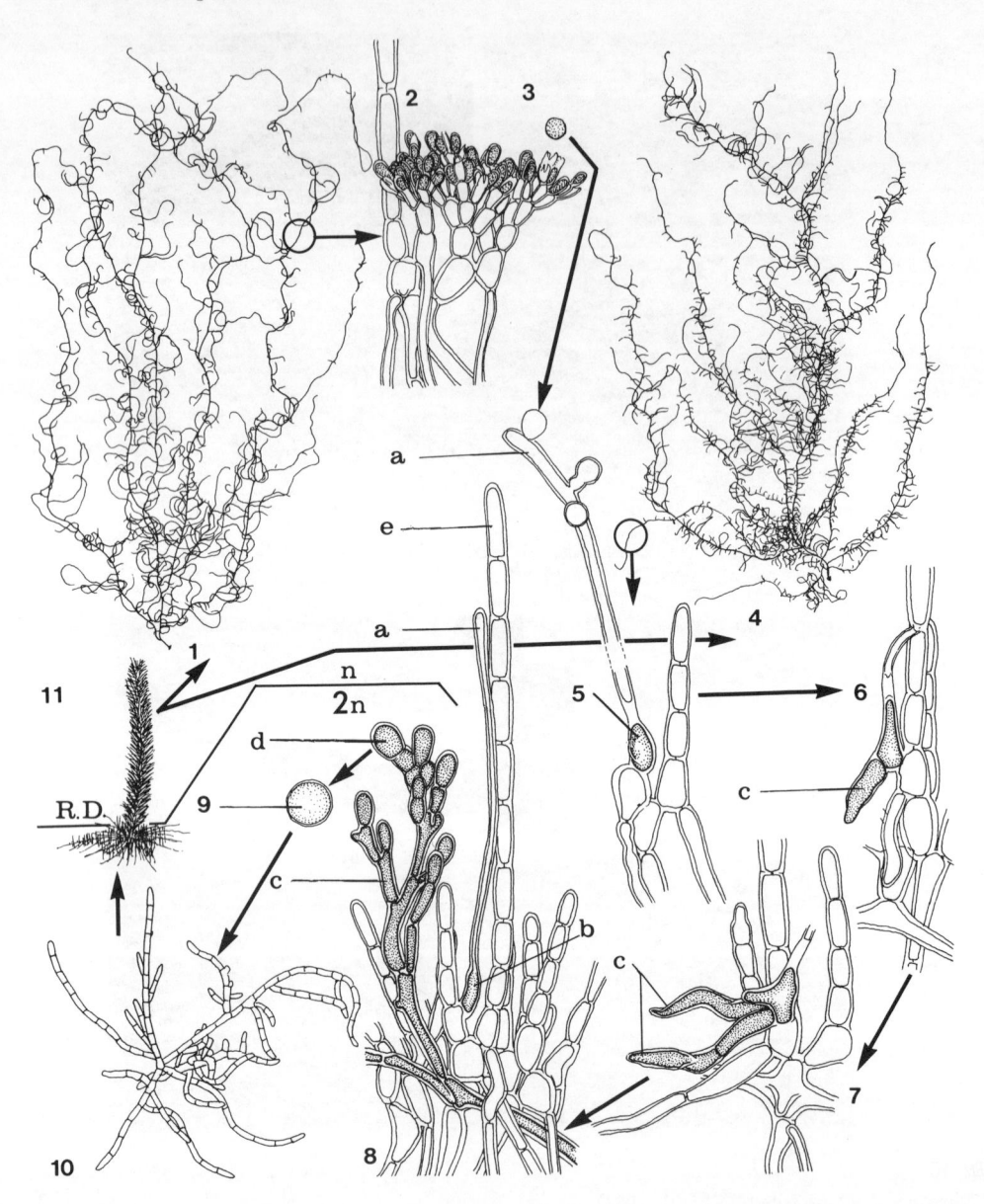

図版 151

Thorea okadae, figs. 1–11 （吉崎 1993 a）

1. 雄性の配偶体，2. 精子嚢，3. 放出された精子，4. 雌性の配偶体，5. 受精毛の先端に付着した精子と，受精毛から分離された接合子の細胞質，6. 接合子の下部から出る造胞糸，7. 造胞糸の発達，8. 果胞子嚢を房状に形成する，よく発達した造胞糸，9. 放出された果胞子，10. 果胞子の発芽体（シャントランシア世代の藻体），11. シャントランシア世代の藻体の細胞での減数分裂の後，シャントランシア世代の藻体から生じる若い多軸性の配偶体．a：受精毛，b：造果器，c：造胞糸，d：果胞子嚢，e：同化糸．

藻体は叢生し，粘性がある．長さ 5-15 cm，太さ 540-915-1500 μm，暗褐色．枝は疎らで，主軸の基部近くで互生する．藻体は髄層部と皮層部とからなる．髄層部は，髄糸が錯綜し，太さ 262-395 μm．髄層部から主軸に対して直角の方向に，同化糸が平行に密生して皮層部をなす．同化糸は 13-18(-30) 細胞からなり，長さ 115-342(-605) μm で，先端部はよく分枝し，頂端部に向かって細くなり，頂端細胞は丸い．単胞子嚢（果胞子嚢？）は倒卵形または楕円形で，長さ 10-15(-24)μm，太さ 7-11(-20)μm，同化糸の基部に単独または房状に着生する．

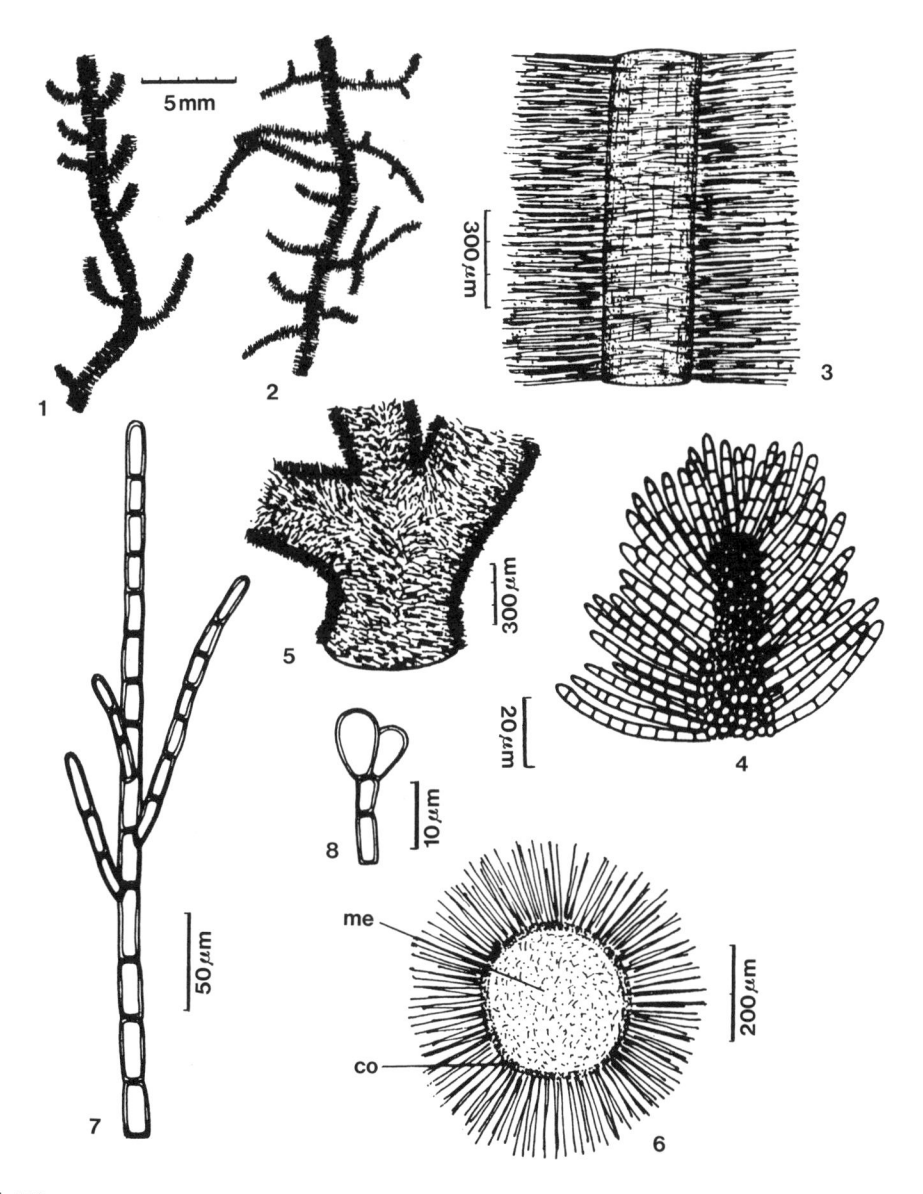

図版 152
　Thorea bachmannii, figs. 1-8 (Necchi 1989)
1-2. 藻体中部の性状，3. 藻体中部の詳細，4. 多軸構造を示す先端部の詳細，5. 藻体の基部，6. 皮層部(co)と髄層部(me)とを示す藻体中部の横断面，7. 同化糸，8. 果胞子嚢．

Batrachospermales カワモズク目

タイプ産地：東南アジア：マレーシア，Pahang, Sungai Tahan, 原生林中を流れ下る清澄な，かなり日当たりのよい，水深 10-20 cm の岩の下流側に付着する（水温 24°C）．

タイプ標本：Kobe University, RS 494, Seto, 5/VIII 1971．

分布：タイプ産地のみに分布する．

ノート：*Thorea prowsei* は，髄部の太さ，房状になる単胞子嚢の大きさで他種と区別されてきたが，これらの形質が本種特有のものでないとして，Sheath, Vis & Cole (1993 a) は，*Thorea prowsei* が *Thorea violacea* の異名であるとしている．

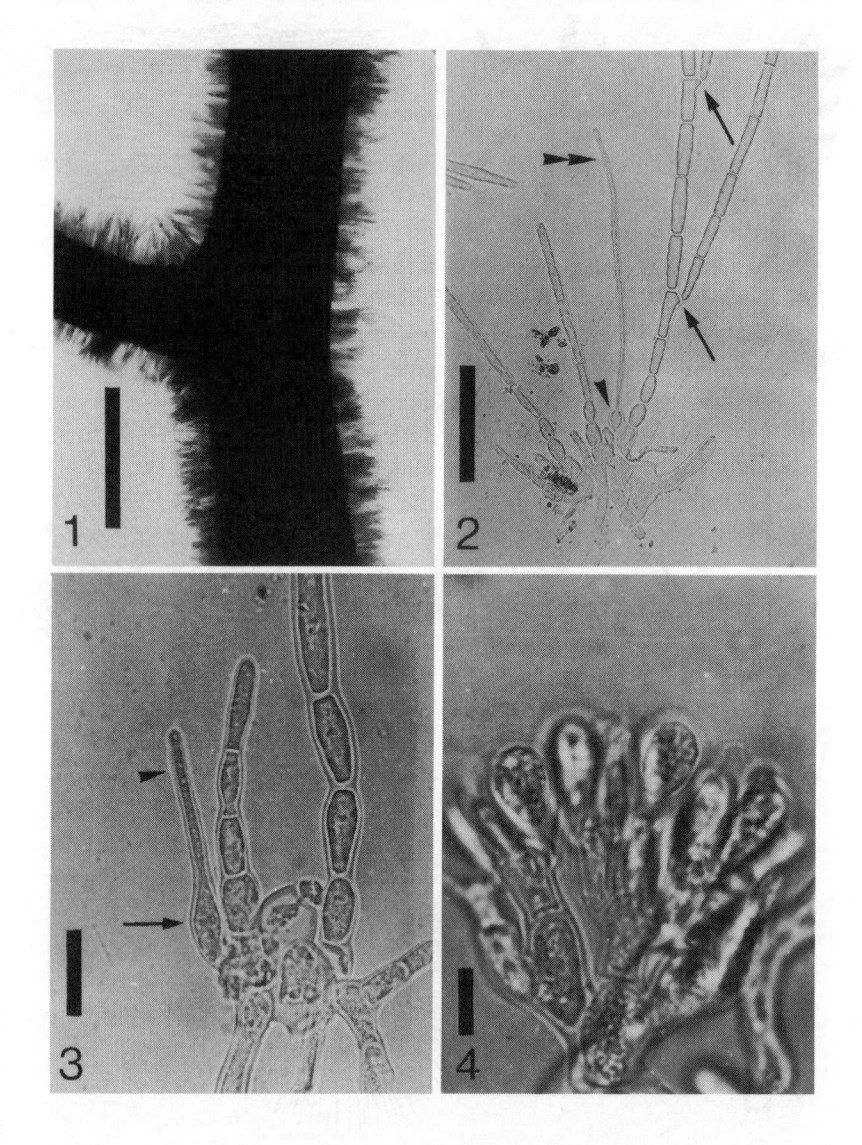

図版 153

Thorea bachmannii as *Th. violacea*, figs. 1-4（Necchi & Zucchi 1997）
1. 2次分枝をする雌株の詳細，2. わずかに分枝し（矢印），膨らむ基部（矢頭）と細長い受精毛（二重矢頭）をもつ造果器をもつ，棍棒形でない同化糸，3. 膨らむ基部（矢印）と細長い受精毛（矢頭）とをもつ若い造果器の詳細，4. 精子嚢をつける同化糸．（縮尺＝500 μm for fig. 1；100 μm for fig. 2；10 μm for figs. 3-4）

10) ***Thorea gaudichaudii*** C. Agardh（1824：56）
シマチスジノリ（熊野1977，紅藻綱．*In* 広瀬・山岸（編），日本淡水藻図鑑．170-171）；（山岸 1999，淡水藻類入門．103）．

　藻体は房状，粘性は多い．太さ1000-2000 μm，長さ12-58 cm，暗褐色または赤褐色．分枝は中庸で，基部近くで2-3回，互生的に分枝する．多軸性で，髄層部と皮層の同化糸の部分からなり，円盤形の太さ1-4.3 mmの付着器で基物に付着する．髄層には髄層糸が互いに錯綜する．同化糸は，長さ，300-800 μm，18-36個の細胞からなり，先端の毛細胞は円柱形，太さ5-6 μm，長さ16-36 μm，基部の細胞は樽形，太さ6-11 μm，長さ7-15 μm．有性生殖器官は知られていない．単胞子嚢は，同化糸の基部に単独または房状につき，卵形，倒卵形または西洋梨形，太さ7-16 μm，長さ11-28.5 μm．

　タイプ産地太平洋：ミクロネシア，Mariana Islands, Guam Island, Pago River．

　選定標本：LD 17811, detexit Gaudichaud, Sheath *et al.*（1993）が選定した．

　分布：タイプ産地であるミクロネシア：Mariana Islands, Guam Island, Pago Riverでは絶滅したが，Pago Riverのすぐ南にあるYlig River（水温25.2-28℃）に分布する．

　日本では，沖縄県，沖縄島の那覇市，繁多川（ハンタガー，ホージガー），識名園（徳育泉），寒川町（スンガーヒージャー），金城町（カナグスフヒージャー，ナーカヌカー，ヌーリガー）など多くの産地では絶滅したが，沖縄県，沖縄島の具志頭村具志頭（ヤフガー），今帰仁村天底（アミスガー，ハマサ，水温18.1-22℃）という小さい泉に分布する．

　ノート：*Thorea gaudichaudii* シマチスジノリと *Thorea violacea* とに詳細な記載がないので，本種の形質は固有のものでないとして，Sheath, Vis & Cole（1993 a）は，*Thorea gaudichaudii* シマチスジノリを *Thorea violacea* の異名であるとしているが，両種の形質が詳細に明らかになるまでは両種を認めておきたい．

11) ***Thorea brodensis*** Klas（1936：283）

　藻体は繊維状，頑強，オリーブ色から紫茶色，長さ20-50 cm，疎らに分枝するか，または全く分枝しない．主軸部は太さ2000 μm以上．主軸は明瞭，同化糸を欠く部分は，太さ570-750 μm．2次枝は，太さ約200 μm，しばしば分枝した同化糸をもち，夏期の太さ750-1415 μm，冬期の太さは400-750 μmに過ぎない．夏期の細胞は太さ5-16 μm，冬期の細胞は太さ8-16 μm，長さ30-55 μm．胞子嚢は楕円形から西洋梨形，長さ13-20 μm，主軸または2次枝内に互生または対生する短い枝に単独または輪生枝に，房状に形成される．

　タイプ産地：欧州：クロアチア，Slavonski Brod近傍，river Sawa．

　タイプ標本：Herbarium, Institute of Botany, University of Zagreb, coll. Zora Klas, クロアチア．

　分布：タイプ産地にのみ分布する．

　ノート：*Thorea brodensis* Klas（1936）は，髄部の太さ，同化糸細胞の長さで，ほか種と区別されてきたが，これらの形質が種固有のものでないとして，Sheath, Vis & Cole（1993 a）は，*Thorea brodensis* が *Thorea violacea* の異名であるとしている．

Genus *Nemalionopsis* Skuja (1934 : 191)
オキチモズク属（米田・八木 in 八木・米田 1940）
Type : *Nemalionopsis shawii* Skuja

藻体は粘性豊富，分枝多く，多列の中軸をもち，同化糸は硬く配列して，中軸を覆う．有性生殖器官は知られていない．胞子嚢（恐らく単胞子嚢）をつける枝は長く，よく分枝する．

1) ***Nemalionopsis tortuosa*** Yoneda et Yagi in Yagi & Yoneda (1940 : 83, fig. 1, fig. 2, 1-8)
オキチモズク（八木 in 八木・米田 1940）；（熊野 1977，紅藻綱．*In* 広瀬・山岸（編），日本淡水藻図鑑．172-173），（山岸 1999，淡水藻類入門．103）．

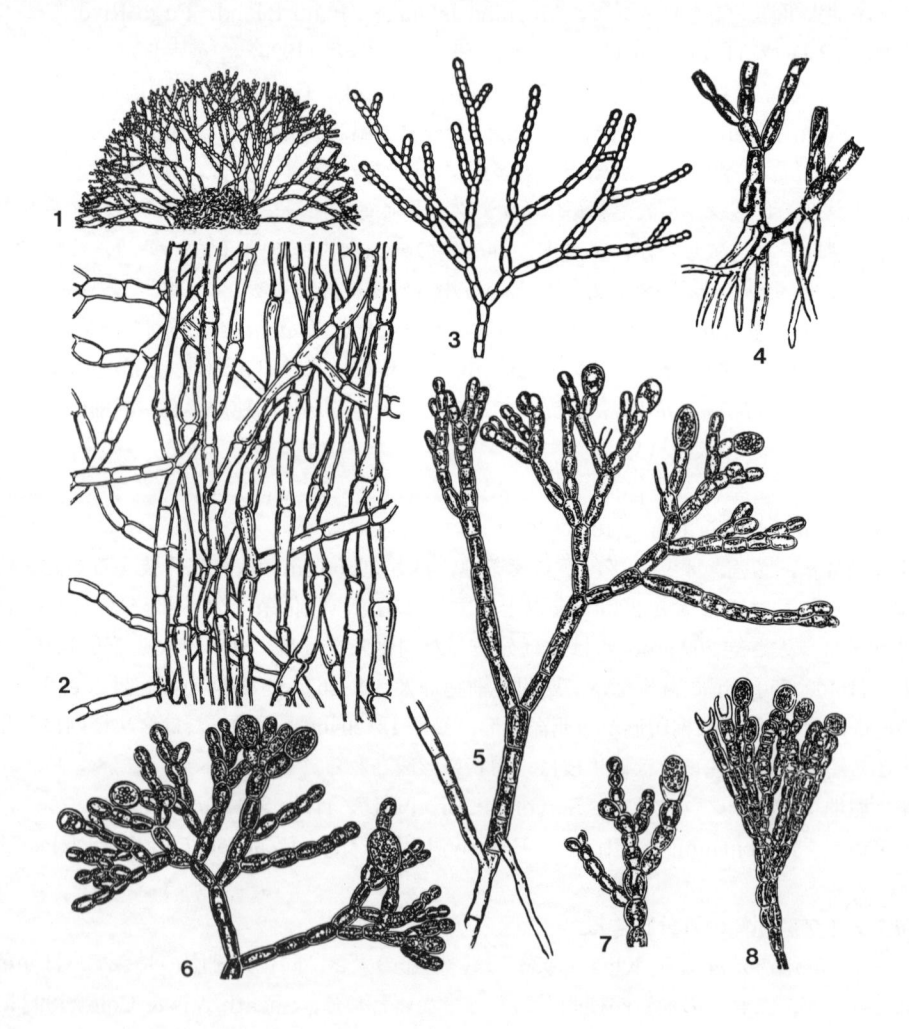

図版 154
　Nemalionopsis tortuosa, figs. 1-8（原著者，Yagi & Yoneda 1940）
1. 藻体の横断，2. 髄層部の縦断面，3. 同化糸の分枝状態，4. 仮根を示す同化糸の下部，5. 単胞子嚢をもつ同化糸，6-8. 短枝の先端につく単胞子を示す同化糸の上部．

異名：*Nemalionopsis shawii* f. *caroliniana* Howard et Parker（1979：333, figs. 1-13）

（図版 148, figs. 11-12, Sheath, Vis & Cole 1993 a, *Nemalionopsis tortuosa* として）；（図版 150, figs. 5-8, Sheath 1984, *N. shawii* f. *caroliniana* として）；（図版 154, figs. 1-8, 原著者, Yagi & Yoneda 1940, *N. tortuosa* として）

藻体は粘性あり．乾燥すればわずかに紙に付着し，太さ 400-840(-900)μm，長さ 5-30 cm，濃紅褐色で，乾燥すればほとんど黒色，太い主軸から大小の側枝を分枝する．藻体は多列状で，髄層部と皮層の同化糸の部分からなり，円盤形の付着器で基物に付着する．髄層は太さ約 450 μm，長い髄層糸の束からなり，髄層の細胞は太さ 3-7 μm，長さ 13-100 μm，皮層部の同化糸は長さ 60-170(-290) μm，6-12 細胞からなり，3-6 回分枝し，基部細胞は円柱形で，太さ 3.6-9 μm，長さ 7.2-36 μm，先端の細胞は卵形や洋梨形で，太さ 3-7 μm，長さ 3-16 μm，有性生殖器官は知られていない．単胞子は同化糸の先端部に，単独または房状に着生し，卵形，楕円形で，太さ 5-12 μm，長さ 6.5-18 μm．

タイプ産地：東アジア：日本，愛媛県，松山近郊，お吉泉に由来する浅い小流中の石に付着する（水温，13.5°C）．

選定標本：タイプ標本は失われているが，選定標本は未選定である．

分布：日本のタイプ産地のお吉泉，黄金川（福岡県甘木市屋永），鏡川（熊本県八代郡鏡町），そして土黒川（長崎県南高来郡国見町）では絶滅した．

北米：米国, North Carolina 州, Wake County, 1005 号線の橋の 1-5 km 下流, Lower Barton Creek（水温, 13.0-22.0°C）に分布する．

日本では筑後川の支流，志津川（熊本県南小国町），菊池川の支流，木柑子川（熊本県菊池市），神代川（長崎県南高来郡国見町）に分布する．晩秋から晩春の時期に周囲の水温より高い（例えば，お吉泉では水温 8-10°C）流水中に生育する．

2) ***Nemalionopsis shawii*** Skuja（1934：191, Ab. 4, figs. 1-9）

（図版 148, fig. 13, Sheath, Vis & Cole 1993 a）

藻体は粘性あり．太さ約 700 μm，長さ約 6.5 cm，灰茶紫色，疎らに分枝する．藻体は多列状で，髄層部と皮層の同化糸の部分からなり，円盤形の付着器で基物に付着する．髄層は太さ 270-280 μm，長い髄層糸の束からなり，髄層の細胞は太さ 4-5 μm，長さ 16-25 μm，皮層部の同化糸は長く，長さ 145-400 μm，14-32 細胞からなり，基部細胞は円柱形，長さ 4-16 μm，先端の細胞は卵形や洋梨形，太さ 3-5.5 μm，長さ 5-8.3 μm，有性生殖器官は知られていない．単胞子は同化糸の先端部に単独または房状に着生し，卵形，楕円形，太さ 9.5 μm，長さ 11-13 μm．

タイプ産地：東南アジア：フィリピン, Luzon, Bataan Prov., Lamo Forest Reserve.

タイプ標本：NY, Shaw & Day coll. #490, 28/IV 1907．

分布：タイプ産地のみに分布する．

Order **Hildenbrandiales** Pueschel et Cole（1982：718）　ベニマダラ目
Type: family Hildenbrandiaceae Rosenvinge

　藻体の表面は，平滑か瘤状の突起をもつ殻状である．藻体は基層部と，ほかに直立糸をもつものとものともたないものもある．匍匐基層部は，側面で接着した分枝糸状体で，仮根糸はなく，各細胞から直立細胞糸を出す．直立細胞糸は互いに側面で接着し，円柱形の細胞からなる．ピットプラグは 4 型で，1 層のキャップ層をもち，キャップ膜で覆われる．有性生殖は知られていない．

Family **Hildenbrandiaceae** Rosenvinge（1917：202）　ベニマダラ科
Type: genus *Hildenbrandia* Nardo

　仮根糸をもたない殻状の藻体は，円柱形の細胞が密に接着する直立糸状部と，基物に密着する匍匐基層部とからなる．有性生殖は知られていない．

Genus ***Hildenbrandia*** Nardo（1834：676）nom. et orth. cons.　ベニマダラ属
Type: *Hildenbrandia rubra*（Sommerfelt）Meneghini（1841：426）

　藻体は殻状で，水中の日陰の石上に赤い斑点を形成する．淡水産種では，単胞子や 4 分胞子による無性生殖も知られておらず，栄養生殖は，藻体の分離，仮根状のストロン，無性の胚芽などによる．

　ノート：*Hildenbrandia*　ベニマダラ属の海産種と淡水産種との系統関係について，Sherwood & Sheath（1998）は塩基配列の分析結果から，海産種と淡水産種とは別の群に入るが，ピットプラグの形態は何れも 1 層のキャップ層をもつので，両者は，少なくとも共通の祖先をもつ二つの群であることを示唆している．

1）　***Hildenbrandia rivularis***（Liebman）J. Agardh（1851：379）
タンスイベニマダラ（熊野 1977，紅藻綱．*In* 広瀬・山岸（編），日本淡水藻図鑑．172-173）；（山岸 1998，淡水藻類写真集ガイドブック．43），（山岸 1999，淡水藻類入門．104）．
異名：*Erythroclathrus rivularis* Liebman（1839：174）
　（**図版 155（a）, figs. 1-9,** 瀬戸 1993 b．*In* 堀（編），藻類の生活史集成．2：270-271）
　藻体は明るい紅色で，やや不規則な円盤で，太さ約 2.5 cm であるが，隣合った藻体が融合して，より大きい円盤に成長する．円盤は通常厚さ 50-100 μm で，基部と直立糸状部とからなる．基層部は放射状に並んだ，やや長い細胞の列からなる．直立糸状部は密集し，無分枝または稀に 2 又分枝し，ほとんど同径（太さ 4-12 μm）の 7-15 細胞からなる．無性繁殖は，ストロン，無性芽，直立糸状部の不定切断などによって行われる．
　タイプ産地：欧州：デンマーク，Sjaeland, Kongens Moller にある流れ．
　タイプ標本：C, collected Hornemann, S., VI, 1826.
　分布：欧州：ポーランド，デンマーク，ベルギー，アフリカ：コンゴ，アジア，東アジア：中国西江省永寗，東南アジア，マレーシア（Selangor 州，Sungai Gombak の場合，水温 23℃），

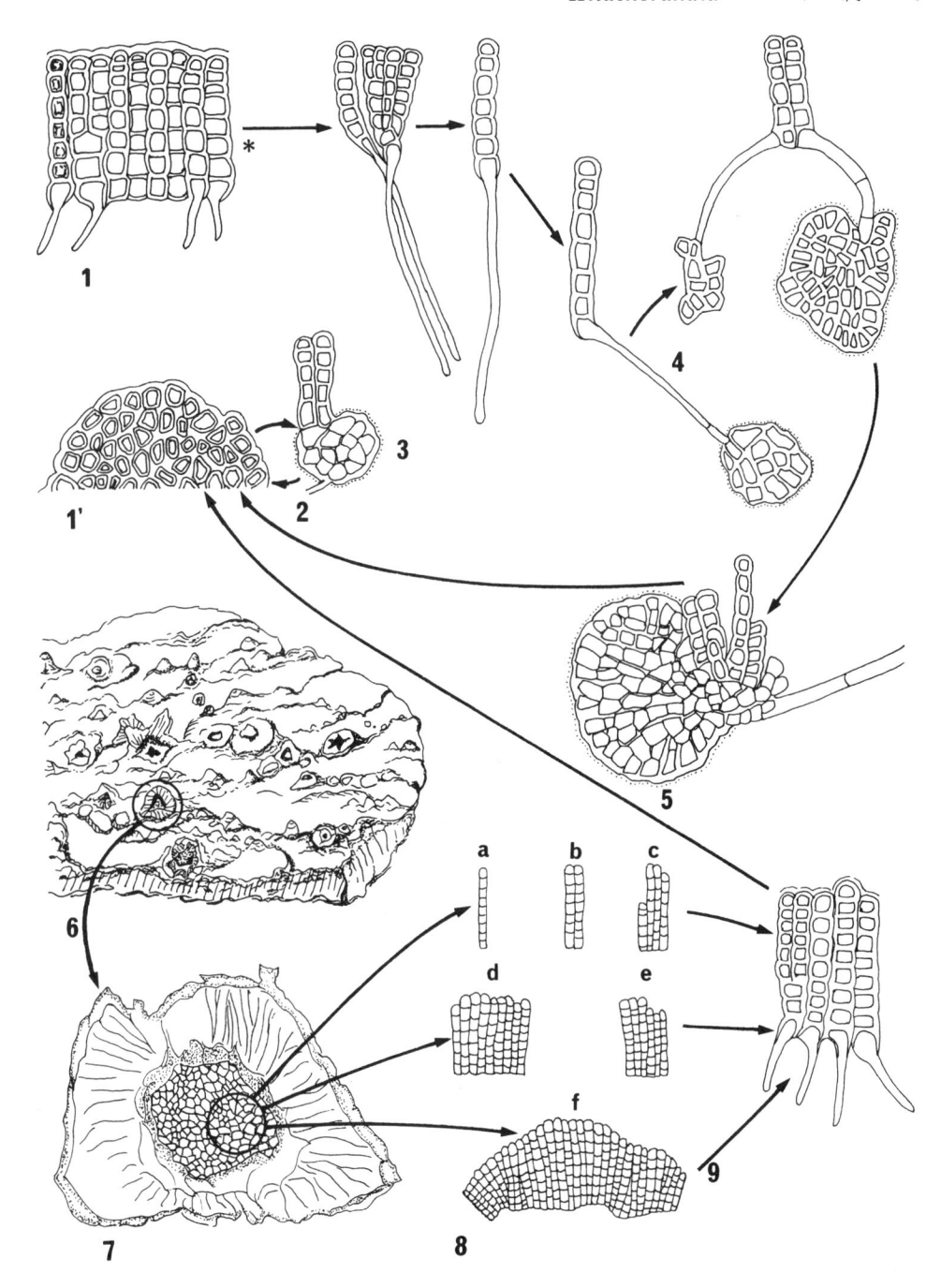

図版 155(a)　*Hildenbrandia rivularis*, figs. 1-9 (瀬戸 1993 b)
1. 直立糸状部の側面観，1′. 藻体の表面観，2. ストロンの突起，3. 母藻体から断片状に分離する，直立糸状部から生じるストロン糸の形成，4. ストロン糸の先端細胞に由来する匍匐部の形成，5. 匍匐部の周縁表面から新たに上向きに生じる直立糸状部，6. 無性芽突起と，藻体表面のクレーター状の窪みの発達の様々な段階，7. 成熟期の無性芽突起の表面観，8. 突起から離脱した無性芽の側面観，9. 仮根をもつ直立糸状体の側面観．＊：直立糸状体の不定切断．a-f：無性芽から分離した，1-2本から多数の直立糸状部．

ジャワ，スマトラ，インドネシア，大洋州：豪州，北米，中米：ベネズエラ，ジャマイカなど世界各地に分布する．

日本では，栃木県佐野市出流原町弁天池，千葉県銚子市高神の石尊様境内湧水池，湧水ブンブク，宮津市折木沢田代笹川上流，岐阜県養老町菊水泉（水温，14°C），福井県上中町瓜割名水公園，京都府八幡市岩清水八幡宮，神戸市灘区青谷川，香川県栗林公園，宮崎県高原町，小林市など各地に分布する．汚濁の全くみられない清冽な泉中の岩上に，ほぼ一年中生育する．

2) ***Hildenbrandia angolensis*** Welwitsch ex W. West et G. S. West (1897 : 3)
　（図版 155(b)，figs. 1-2, Sheath & Cole 1996）

藻体は厚さ約 21.2-162 μm の円盤，4-17 細胞からなり，細胞は太さ 2.0-9.9 μm，長さ 3.9-12.4 μm．

タイプ産地：アフリカ東部：アンゴラ，Sange, Quibanga 近傍の Golungo Alto，川中の岩 Syntype: BM 3435, Welwitsch Collection no. 150．

分布：タイプ産地のほか，欧州：スペイン（Ros *et al.* 1997），ハワイ諸島，Kauai Island, Oahu Island, Hawaii Island（Vis *et el.* 1994），北米：米国，Pennsylvania 州（Wolle 1887），Texas 州（Flint 1955）から，中米：Caribbean Islands（Sheath *et al.* 1993）にまで分布する．

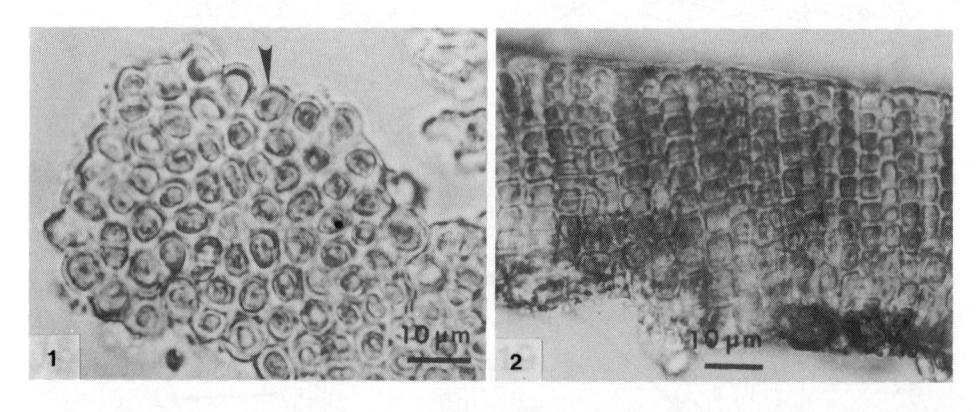

図版 155(b) *Hildenbrandia angolensis*, figs. 1-2 (Sheath & Cole 1996)
1. 密集する細胞（矢頭）のみえる紅色の殻状体の表面観，2. 細胞列のよくみえる藻体の直立糸状部縦断面．

Order **Ceramiales** Oltmanns (1904: 700)　**イギス目**
Type: family Ceramiaceae Dumortier

紅藻綱の中で最も大きい目，Ceramiales イギス目の圧倒的多数は海産種であり，少数の淡水産種は，最近になって，現存の海産の属から進化したと考えられている．藻体は，少なくとも発達初期は単軸構造で，頂端成長を行うが，ある種では縁辺成長を行う．2次的原形質連絡をもつ種もあり，ピットプラグは2型，キャップ層がなく，キャップ膜で覆われる．受精後に切り出される助細胞と，一定数の細胞（4細胞）からなる造果枝をもつことが本目の特徴である．

Family **Ceramiaceae** Dumortier (1822: 71,100)　**イギス科**
Type: genus *Ceramium* Roth (1797: 146) nom. cons.

藻体の中軸は，1列の中軸細胞からなる．皮層のない種から，様々な程度に発達した皮層をもつ種まで存在する．

Genus ***Ballia*** Harvey (1840: 190)　**バリア属**
Type: *Ballia calitrichia* (C. Agardh) Montagne

藻体は2-3又または互生に分枝し，中軸には皮層はない．仮根枝は小枝の基部細胞から出て，中軸細胞に沿って伸長する．小枝は対生で，基部細胞と上部細胞からなり，先端に向かって細くなる．単胞子は球形または倒卵形で，小枝の先端につく．

　ノート：海産のタイプ種である *B. callitricha* は Ceramiales イギス目との関連はみられず，新しい目，Balliales バリア目に所属させるべき（Saunders *et al.* 印刷中）という予備的塩基配列の研究がある．淡水産の種の精子嚢や造果器などの有性生殖器官に関する情報が欠如するため，海産のタイプ種と淡水産の種とが，現在，同じ *Ballia* バリア属に入れられている．しかし，淡水産種 *B. prieurii, B. pygmaea,* そして *B. pinnulata* は，タイプ種である海産の *B. callitricha* とは，主として藻体の構造と大きさ，生殖器官，地理的分布において全く異なる．海産の *B. callitricha* グループと，淡水産の *B. prieurii* グループとを分離するための分類的基準の再吟味，特に生殖器官の再吟味が，強く求められている（Kumano & Phang 1990）．また，rRNA 遺伝子の小サブユニットの塩基配列の解析から，淡水産種 *B. prieurii* は上記バリア目ではなく，カワモズク目に所属させるべきとの意見もある（Necchi，私信）．Couté & Sarthou (1990) は，*B. pygmaea* Montagne (1950) と *B. prieurii* Kützing (1947) とのタイプ標本を研究して，両者を区別できる形質がないので，両種は同種異名であると述べている．淡水種は，アジア（Kumano 1978, Ratnasabapathy & Kumano 1982a, Kumano & Phang 1990），中央アメリカ（Sheath, Vis & Cole 1993b），そして南米（Kützing 1847, Montagne 1850, Skuja 1944, Thérézien 1985, Couté & Sarthou 1990, Necchi & Zucchi 1995）の熱帯域からのみ報告されている．

298　Ceramiales　イギス目

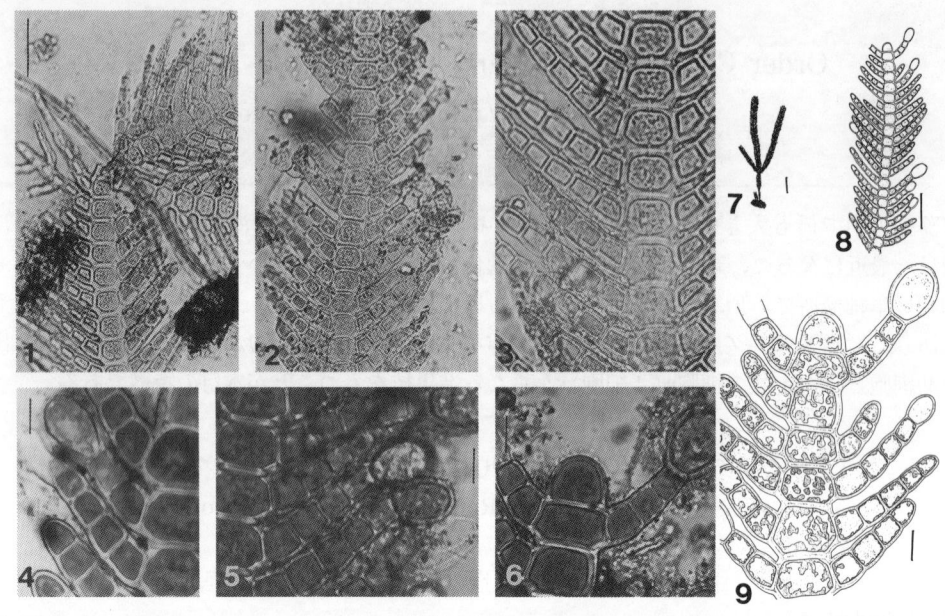

図版 156(a)　*Ballia pinnulata*，figs. 1-6（熊野 1996 u），figs. 7-9（原著者，Kumano 1978）
1-3．羽状の1次小枝の中軸細胞，4-5,8．中軸細胞，対生し，羽状の1次小枝の先端につく，単胞子を示す藻体の上部，6,9．丸い頂端細胞と，対生し，羽状の1次小枝の先端につく，単胞子を示す藻体の先端，7．3又分枝を示す藻体の性状．（縮尺＝100 μm for fig. 7；50 μm for figs. 1-2,8；20 μm for fig. 3；10 μm for figs. 4-6,9）

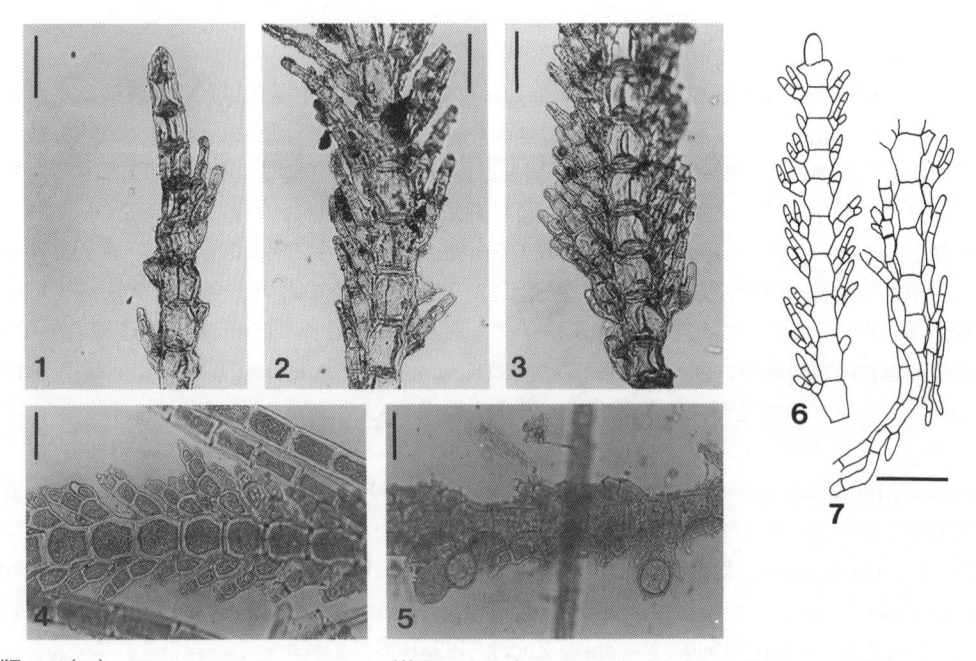

図版 156(b)　*Ballia prieurii*，figs. 1-5（熊野 1997 a），figs. 6-7（Kumano & Phang 1990）
1．円柱形頂端細胞，2-4,6．1列の中軸細胞列と，先端に向かい次第に細くなる2次小枝をつける，対生し，片側にのみ分枝する1次小枝，5．側小枝に側生，亜頂生する単胞子嚢，7．1次小枝の基部細胞から生じる仮根糸．（縮尺＝100 μm for figs. 6-7；50 μm for figs. 1-5）

Ballia バリア属の淡水産種の検索表

1. 小枝は対生または羽状につき，分枝しない ··1) *B. pinnulata*
1. 小枝は対生または互生につき，分枝する ···2) *B. prieurii*

1) ***Ballia pinnulata*** Kumano (1978: 98, fig. 1, A-C)

(**図版 156(a)**, **figs. 1-6**, 熊野 1996 u. *In* 山岸・秋山(編)，淡水藻類写真集．17：4．**figs. 7-9**, 原著者, Kumano 1978)

藻体は長さ 2-3 mm，太さ約 100 μm，1-3 又分枝する．中軸には皮層がなく，6 角形または 8 角形の細胞からなり，先端細胞は半球形．中軸細胞は太さ約 20 μm，長さ約 14 μm．仮根は認められない．小枝は対生または羽状につき，無分枝し，長さ 30-60 μm，3-9 細胞からなり，小枝細胞は円柱形または樽形，太さ 9-11 μm，長さ 9-10 μm，各小枝は先端に向かって次第に細くなり，先端細胞は円錐形．単胞子は楕円形または倒卵形で，太さ 10-14 μm，長さ 16-20 μm，小枝の先端につく．

タイプ産地：東南アジア：マレーシア, Selangor 州, Sungai Gombak, Field Studies Center (水温 23°C)．

タイプ標本：Kobe University, Kumano, 30/IV 1971.

分布：タイプ産地のほか，南米(Couté & Sarthou 1990) に分布する．

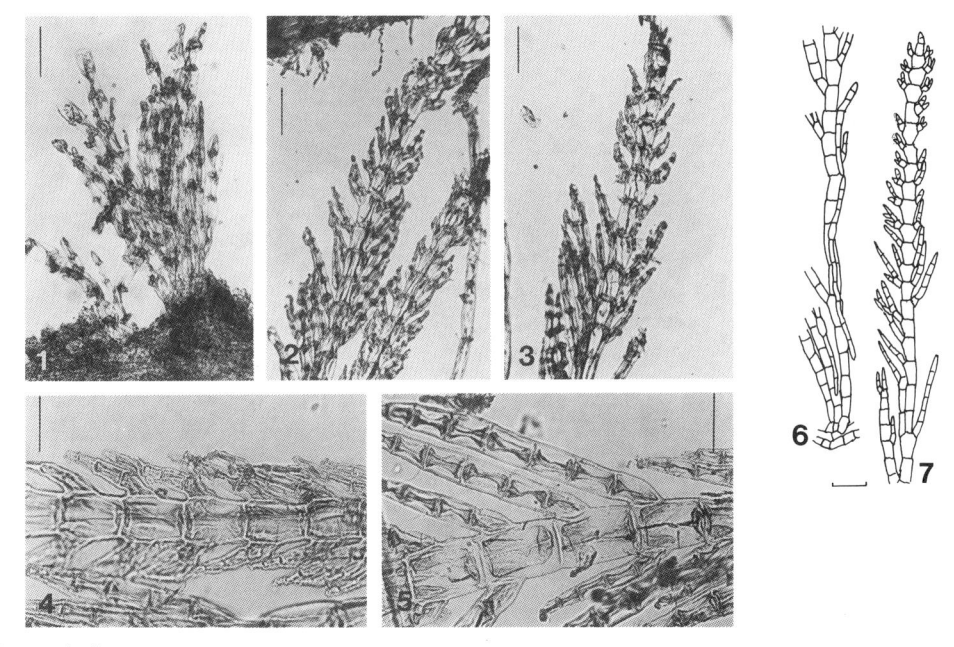

図版 157(a)

Ballia prieurii as *B. pygmaea*, figs. 1-5 (熊野 1996 a), figs. 6-7 (Kumano & Phang 1990)
1-5,7．円錐形の頂端細胞と，対生する小枝を示す直立部の先端．6．1 次小枝の基部細胞から生じる，仮根糸を示す直立部の下部．(縮尺＝100 μm for figs. 1-3,6-7; 50 μm for figs. 4-5)

300　Ceramiales　イギス目

2) ***Ballia prieurii*** Kützing（1847：37）
（山岸1998, 淡水藻類写真集ガイドブック．44）
異名：*Ballia pygmaea* Montagne（1850：291）

　　（**図版 156(b)**, **figs. 1-5**, 熊野 1997a． *In* 山岸・秋山（編），淡水藻類写真集．18：7．**figs. 6-7**, Kumano & Phang 1990）；(**図版 157(a)**, **figs. 1-5**, 熊野 1996a． *In* 山岸・秋山（編），淡水藻類写真集．16：7．**figs. 6-7**, Kumano & Phang 1990, *Ballia pygmaea* として）；(**図版 157**

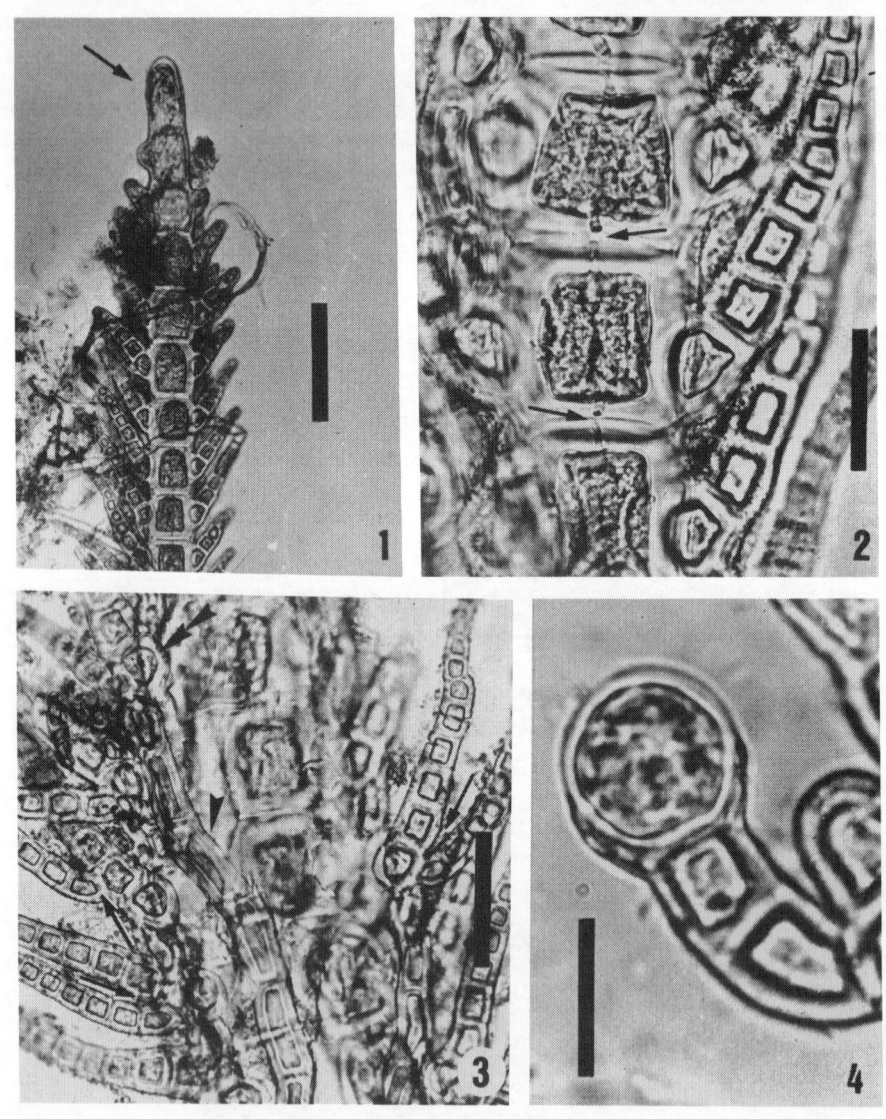

図版　157(b)
　Ballia prieurii, figs. 1-4（Necchi & Zucchi 1995）
1．細長い頂端細胞（矢印）を示す藻体の先端部，2．顕著なピットコネクション（矢印）を示す中軸細胞の詳細，3．羽状分枝と，基部細胞（二重矢頭）から発達する仮根糸（矢頭）を示す，成熟藻体の基部の詳細，4．球形の単胞子嚢と，単胞子嚢をつける枝．（縮尺＝100 μm for fig. 1；25 μm for figs. 2-3；10 μm for fig. 4)

(b), figs. 1-4, Necchi & Zucchi 1995)；(図版163, fig. 1, Sheath, Vis & Cole 1993 b)

藻体は長さ5-7mm, 太さ200-230 μm, 2又分枝する. 中軸には皮層がなく, 5角形または8角形の細胞からなり, 先端部は丸い. 中軸細胞は大きく, 太さ約50 μm, 長さ約60 μm. 仮根は分枝し, 小枝の基部細胞から出て, 中軸細胞に沿って下方に伸長し, 2-13細胞からなる. 仮根細胞は円柱形, 太さ11-27 μm, 長さ64-185 μm. 小枝は対生につき, 片側生分枝し, 長さ100-150 μm, 3-6細胞からなり, 小枝の基部細胞は5角形または樽形, 太さ18-25 μm, 長さ16-27 μm. 上部細胞は樽形または円柱形, 各小枝は先端に向かって次第に細くなり, 先端細胞はドーム形で, 太さ約10 μm, 長さ10-12 μm. 単胞子は球形または倒卵形で, 太さ30-45 μm, 長さ30-45 μm, 小枝の先端に側生または頂生する.

タイプ産地：南米：French Guiana, Mahuri Mountains, Rivulet Gemeaus.

タイプ標本：L 938.92.104, Le Prieur no. 832.

分布：タイプ産地のほか, 東南アジア：マレーシア, Johore 州, Sungai Sempanong, Sungai Jasin そして Sungai Pelawar, Pulau Tioman 島, Sungai Ayer Besar (水温, 25.5-26.5℃), 中米：Costa Rica, Caribbean Islands, Belize, 南米：ブラジル, Amazonas 州, Manaus, "Forst reserve Adolpho Ducke"中を流れる腐植栄養の小流中 (水温24.5℃), 水深5-20 cm 岩盤に付着する.

Genus *Ptilothamnion* Thuret in Le Jolis (1863：118)
イトヒビダマ属 (岡村1936)

Type: *Ptilothamnion pluma* (Dillwyn) Thuret

藻体は互生的に分枝, 主軸は無皮層, 連基的に成長する. 仮根は分枝し, 小枝基部から出て主軸細胞に沿って伸長する. 小枝は互生的に分枝し, 各小枝は先端に向かって次第に細くなる.

1) ***Ptilothamnion richardsii*** Skuja (1944：44, tab. 8, figs. 1-6)

異名：*Anfractutofilum umbracolens* Cribb (1965：93), *Ptilothamnion umbracolens* (Cribb) Bourrelly (1970：266) nom. invalid.

(図版158, figs. 1-6, 原著者, Skuja 1944)；(図版159, figs. 1-10, Entwisle & Foard 1999 a)

藻体はクッション状, 匍匐糸状部と, 不規則に, 疎らにまたは羽状に分枝する直立糸状部とからなる. 匍匐糸状部は, 不規則に, 疎らに分枝する. 細胞は大抵は円柱形, 太さ8-28 μm, 長さ23-45 μm. 付着器は細胞中央部から出て, 不規則な形, 太さ約28 μm. 直立糸状部はジグザグに連基的に成長する主軸をもち, 盤形から斜め盤形の細胞からなる. 細胞は太さ(14-)17-29 μm, 長さ(14-)19-31 μm. 側枝は互生, 羽状につく. 最端小枝は22細胞に達し, 細胞は円柱形から樽形, 太さ6-15 μm, 長さ18 μm. 頂端細胞は時に長くなり, 長さ27 μm に達し, 時に無色となる. 単胞子嚢は羽状に分枝しない部分に形成され, 単胞子嚢をつける細胞に1-2個ずつ, 時には房状につく. 倒卵形, 太さ9-11 μm, 長さ13-17 μm.

タイプ産地：南米：British Guiana, River Essequibo の最初の滝.

タイプ標本：NMF [NMW?], coll. 14/X, 1929, Richard.

分布：南米：British Guiana のタイプ産地 (北緯約6°) と大洋州：豪州の熱帯降雨林の最南端 (南緯約28°) とに分布する. 大洋州：豪州の産地は次の3か所である. すなわち, New South Wales 州, Lismore の北東25 km, Cooper Creek の支流, Rangery Creek；Queensland

302 **Ceramiales** イギス目

州，Laminghton National Park，駐車場の北 3.9 km，Nixons Creek，Nagarigoon Fall の下流 (Entwisle & Foard 1999)，そして Queensland 州，Cedar Creek National Park (Laminghton National Park の北 40 km)，Mt. Tamborine，Cedar Creek Fall の基部 (McLord 1975).

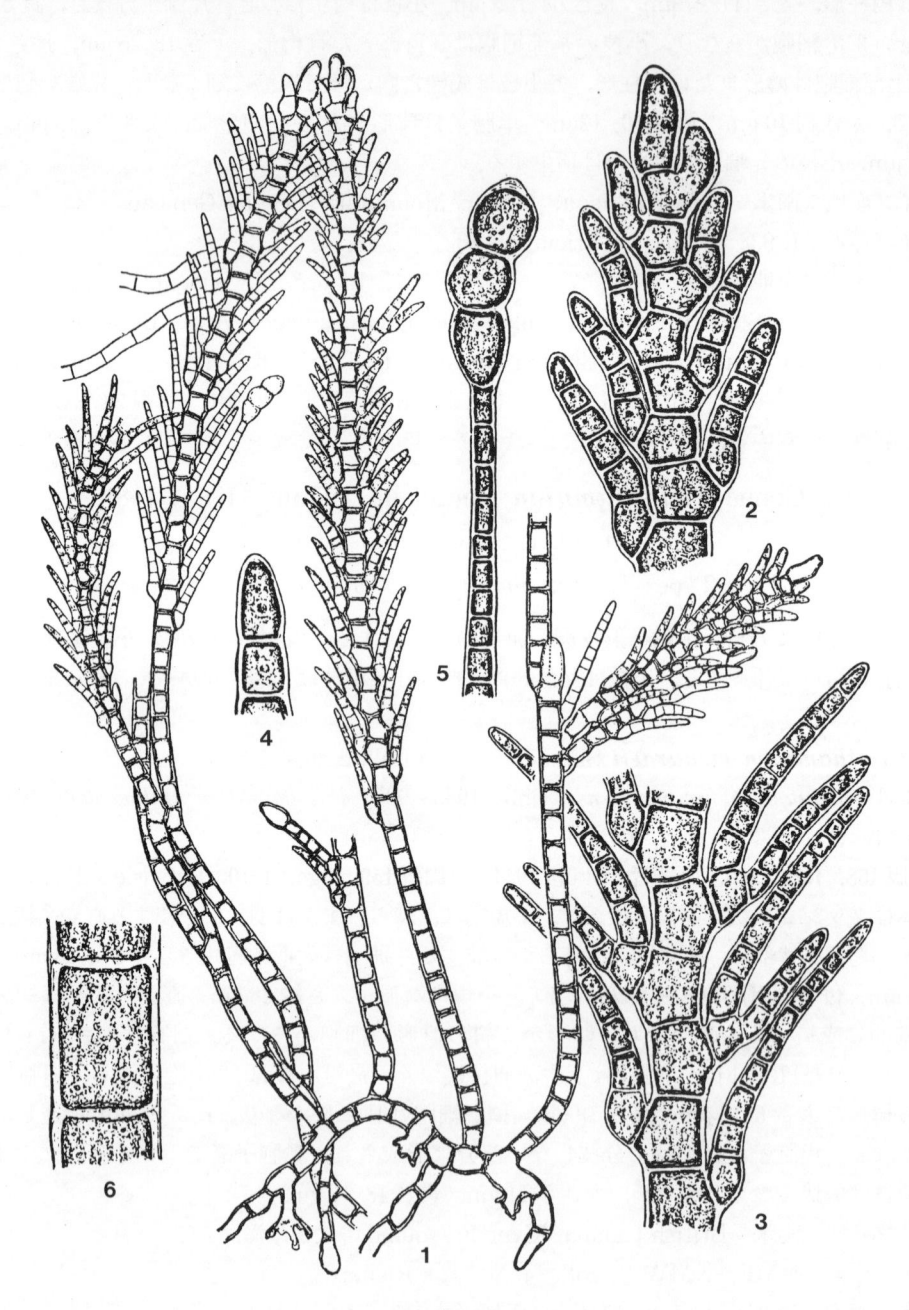

図版 158　*Ptilothamnion richardsii*, figs. 1-6（原著者，Skuja 1944）
1. 匍匐部から出る多数の直立糸，2. 連基的成長を示す主軸の先端部，3. 連基的成長を示す主軸の中部，4. 側枝の先端部，5. 側枝に頂生する胞子嚢，6. 側枝の細胞．

Ptilothamnion イトヒビダマ属　303

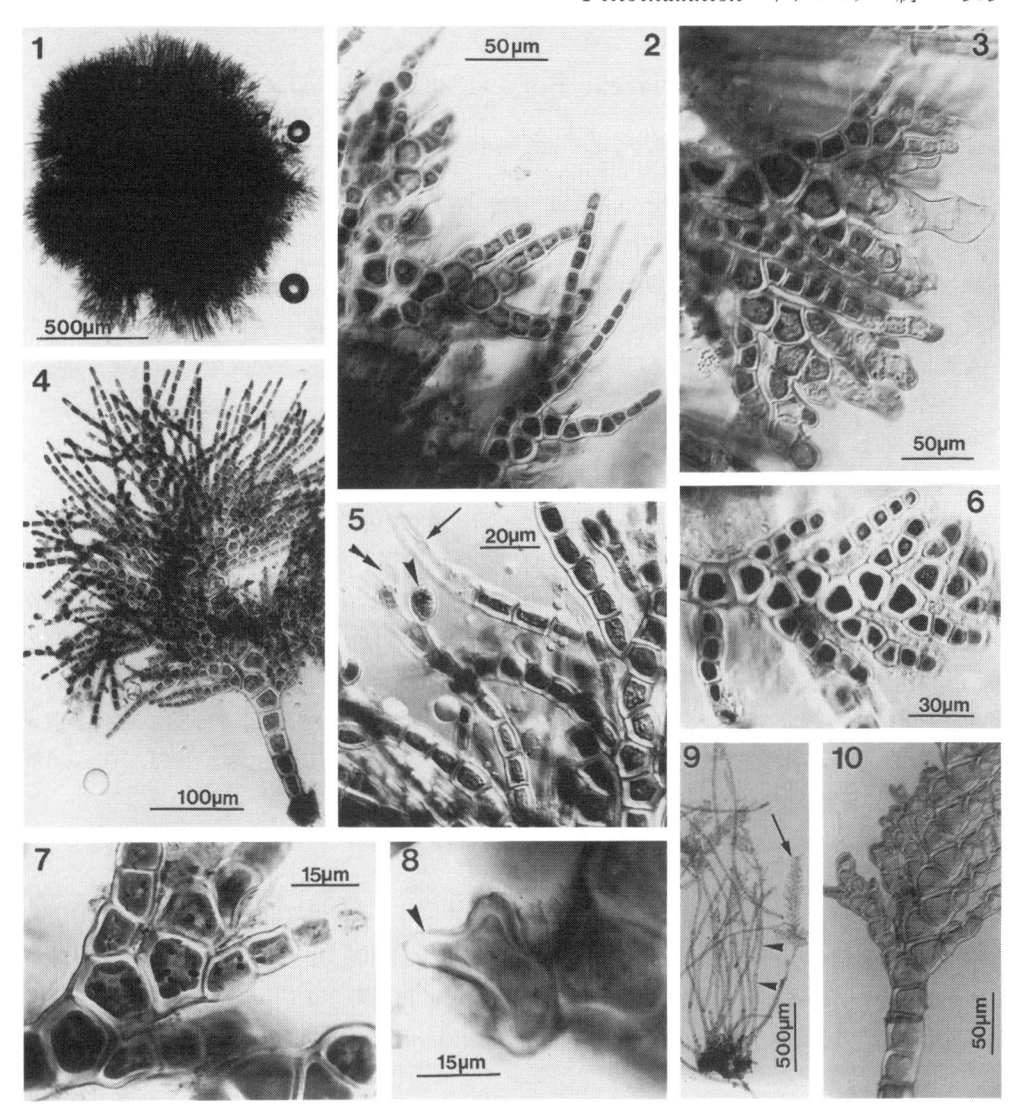

図版 159　*Ptilothamnion richardsii*，figs. 1-10（Entwisle & Foard 1999 a）
1. 集合する藻体の性状，2. ジグザグ状の主軸（連基的成長）を示す藻体周辺部，3. より大きな扁平な細胞を示す藻体周辺部，4. 太い中軸糸と長い先端糸，5. 図4に示した個体の単胞子（矢頭）をもつ単胞子囊，空の単胞子囊（二重矢頭），無色の頂端細胞（矢印），6. ジグザグ状の主軸（連基的成長）と羽状分枝する側枝，7. 色素体と羽状分枝する側枝を示すジググザグ状の主軸（連基的成長）の詳細，8. 付着器（矢頭），9. 長い無分枝の下部（矢頭）と，羽状分枝の部分（矢印）を示すタイプ標本，10. 羽状分枝の部分の詳細を示すタイプ標本．

Family **Delesseriaceae** Bory（1828：181） コノハノリ科
Type：genus *Delesseria* Lamouroux

　藻体の発達初期は単軸性の構造で，ある種では，後にはっきりした頂端成長を失い，縁辺分裂組織をもつか，分散した細胞分裂を行って成長する．多くの場合，中軸細胞は，側生の2個の周心細胞を先に形成し，後に背面と腹面の周心細胞を切り出し，計4個の周心細胞を形成する．側生周心細胞は，さらに分裂して，第2位，第3位の翼細胞列を形成し，互いに接着して平らな葉状の節間部が形成される．

Genus *Caloglossa* J. Agardh（1876：498） アヤギヌ属
Type：*Caloglossa leprieurii* (Mont.) J. Agardh

　藻体は2又，稀に3又分枝し，扁平な関節状と細い葉状の節間部からなる．中肋は，1個の円柱形の中軸細胞と，その周囲の円柱形または樽形の4個の周心細胞からなり，表面からは3条の細胞列にみえる．中軸細胞の両側にある2個の周心細胞から，2個の翼細胞列が出て，翼細胞列は5-20細胞からなる．仮根は細い葉状の部分，新しい藻体は括れた節の部分または節間部の縁辺部から側生，伸長する．4分胞子嚢は中肋の両側に1層に形成される (Okamura 1908, King & Puttock 1993, etc)，プロカルプは中肋に形成され，支持細胞と4細胞からなる造果枝からなる．球形の嚢果は先端部に近い葉片の中肋上に形成される (Papenfuss 1961, West 1991, Tanaka 1992, Tanaka & Kamiya 1993, etc.)．

　本書には，淡水域にも産する種を掲載してあるが，これらの種では4分胞子嚢や嚢果などの生殖器官が知られていないことが多い．

　形態的形質に基づいて *Caloglossa* アヤギヌ属の改定が King & Puttock（1994）により，交配による形態的形質の解析が Kamiya *et al.*（1995, 1997, 1998）により，なされてきた．また，*Caloglossa* アヤギヌ属の種や群落ランクの系統進化，植物地理学の研究のために，RuBisCo 遺伝子解析が大変効果的に用いられている (Kamiya *et al.* 1998, 1999)．

淡水に産する *Caloglossa* アヤギヌ属の種の検索表

1. 分枝は外生的 ·· 2
1. 分枝は内生的 ·· 3
2. 藻体は節間で幅 < 330µm，翼細胞列 < 2-6 細胞 ·· 1) ホソアヤギヌ
2. 藻体は節間で幅 > 700µm，翼細胞列 > 14 細胞 ·· 2) *C. beccarii*
3. 仮根は中軸部の周心細胞から出る ·· 3) ササバアヤギヌ
3. 仮根は翼細胞から出る ·· 4
4. 葉状部の幅 1-2 mm ·· 4) アヤギヌ
4. 葉状部の幅 0.8 mm 以下 ·· 5) *C. saigonensis*

1) ***Caloglossa ogasawaraensis*** Okamura（1897：13, figs. A-D）
ホソアヤギヌ（岡村 1908）；（山岸 1999, 淡水藻類入門．104）
異名：*Delesseria zanibariensis* K. I. Goebel（1898：65, figs. 1-6）；*Caloglossa zanzibariensis* (K. I. Goebel) De Toni（1900：731, 1924：357）；*Caloglossa bombayensis* Børgesen（1933：127, figs. 10-12）

（図版160（a）, figs. 1-6, 熊野 1996 zq. *In* 山岸・秋山（編）, 淡水藻類写真集．17：26）；（図版 161, figs. 1-11, 原著者, 岡村 1908）；（図版 163, figs. 5-7, Sheath, Vis & Cole 1993 b）
　藻体は長さ約2cm, 2又, 稀に3又分枝し, 扁平な関節状と, 細い葉状の節間部からなり, 紫色. 細い葉状の節間部は, 基部に向かって一層細くなる線状披針形, 太さ 150-600 μm, 長さ 1-7 mm. 藻体の節間部は薄く, 1層の細胞からなり, 中肋は, 1個の円柱形の中軸細胞と, その周囲の円柱形または樽形の4個の周心細胞からなり, 表面からは3条の細胞列にみえる. 中軸細胞の両側にある2個の周心細胞から翼細胞列が出て, 上方の翼細胞列は5-7細胞からなり, 各細胞から藻体の縁辺部に向かって, 同様に2次細胞列をつける. 下方の翼細胞列は5-7細胞が1列に並ぶ. 仮根と細い葉状の新しい藻体は, 括れた節部または節間部の縁辺部から側生, 伸長する. 4分胞子体は配偶体より大型である. 4分胞子嚢は側生周心細胞を含む第2-3位列の細胞から切り出され, 太さ 35-40 μm. 精子嚢は縁辺の2-3細胞を除くほとんど全部の翼細胞から切り出される. 精子嚢群は葉片の中肋の両側に, 中軸細胞と周心細胞以外の葉面に, 細長い線状に連なる. プロカルプは支持細胞, 4細胞性の造果枝, 2個の無性細胞母細胞からなる (Tanaka & Kamiya 1993). 嚢果はふつう葉片に1個形成され, 球形に近く直径 500-800 μm.
　淡水域に分布する藻体には4分胞子嚢, 嚢果などの生殖器官がみられないことが多い.
　タイプ産地：東アジア：日本, 東京都, 小笠原諸島, Bonin Islands の淡水域.
　選定標本：TI herb. Yendo, 瀬戸（1985）が選定した.
　分布：タイプ産地のほか, 温帯域を中心に, アフリカ西部, アジア, 東アジア, 太平洋：ミクロネシア, 大洋州：豪州東部, 中米：コスタリカの潮間帯, 時に淡水域にも分布する.
　淡水域では, インド, Lerala State, Sholayar River, Athirampally Water Fall 近傍の淡水域, 東南アジア：マレーシア, Pulau Tioman, Sungai Ayer Besar（水温, 25.5-26.5℃）, Sungai Air Dalam の上流の淡水域に分布する.
　日本の汽水域では岩手県陸前高田市沼田, 茨城県, 千葉県, 東京都小笠原諸島, 式根島, 愛知県, 三重県, 福井県, 京都府, 島根県, 大阪府, 愛媛県, 高知県, 長崎県, 鹿児島県などに分布する.
　日本の淡水域では, 熊本県八代市白鳥の池（水温 17-19℃）, 熊本市熊野宮の池（水温 20℃）, 八景水谷水源地（水温 18.8℃）, 沖縄県今帰仁村湧川（塩川, スガー, 水温 22.1℃）, 石垣島大滝などに分布する.

2) ***Caloglossa beccarii*** (Zanardini) De Toni（1900：387）
異名：*Delesseria becharii* Zanardini（1872 b：140, pl. 5 A）；*Delesseria amboinensis* Karsten（1891：265, pl. 5）；*Caloglossa amboinensis* (Karsten) De Toni（1900：731）；*Caloglossa ogasawaraensis* var. *latifolia* Kumano（91：103, 1978）；（山岸 1998, 淡水藻類写真集ガイドブック．44）.

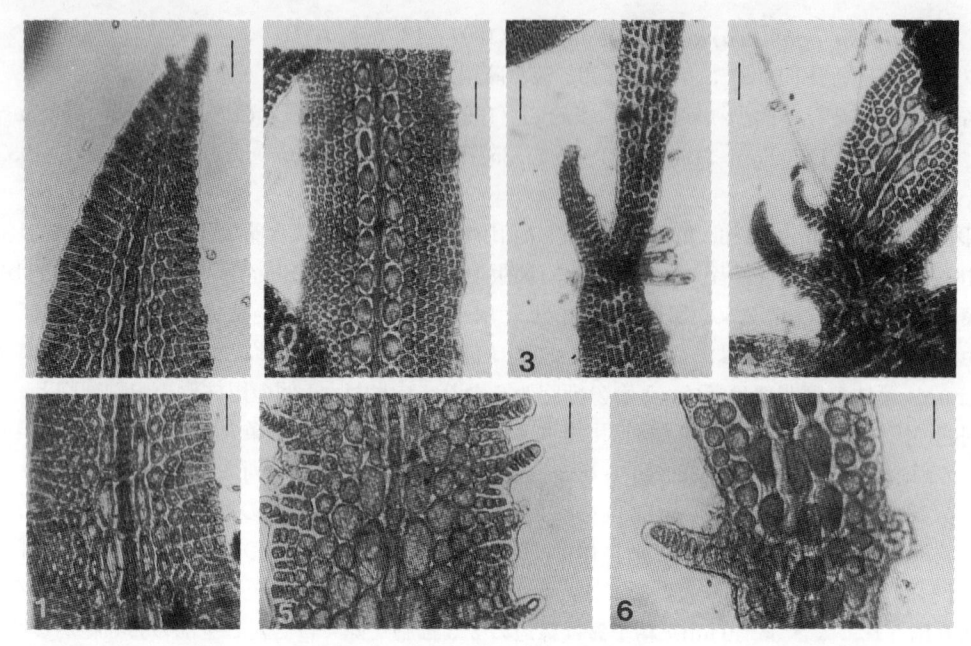

図版 160(a) *Caloglossa ogasawaraensis*, figs. 1-6 (熊野 1996 zq)
1. 葉状の節間部の先端, 2. 葉状の節間部の中部, 3. 節部から形成される偶発枝と仮根, 4,6. 節周辺の側生周心細胞から形成される偶発枝, 5. 縁辺翼細胞からの偶発枝の発達. (縮尺＝200 μm for fig. 4; 100 μm for figs. 1-3; 50 μm for figs. 5-6)

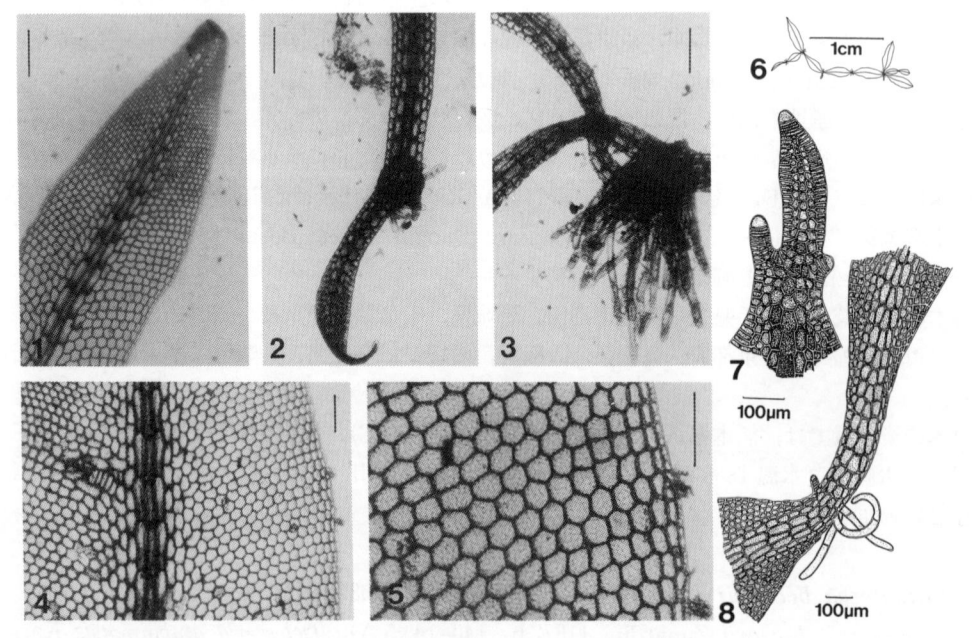

図版 160(b) *Caloglossa beccarii* as *C. ogasawaraensis* var. *latifolia*, figs. 1-5, (熊野 1996s), figs. 6-8 (原著者, Kumano 1978)
1. 葉状の節間部の先端, 2-3,8. 節部から形成される新しい偶発枝と仮根, 4-5. 葉状の節間部の中部, 6. 藻体の性状, 7. 節周辺の側生周心細胞から形成される偶発枝. (縮尺＝1 cm for fig. 6; 100 μm for figs. 1-3,7-8; 50 μm for figs. 4-5)

Caloglossa アヤギヌ属　307

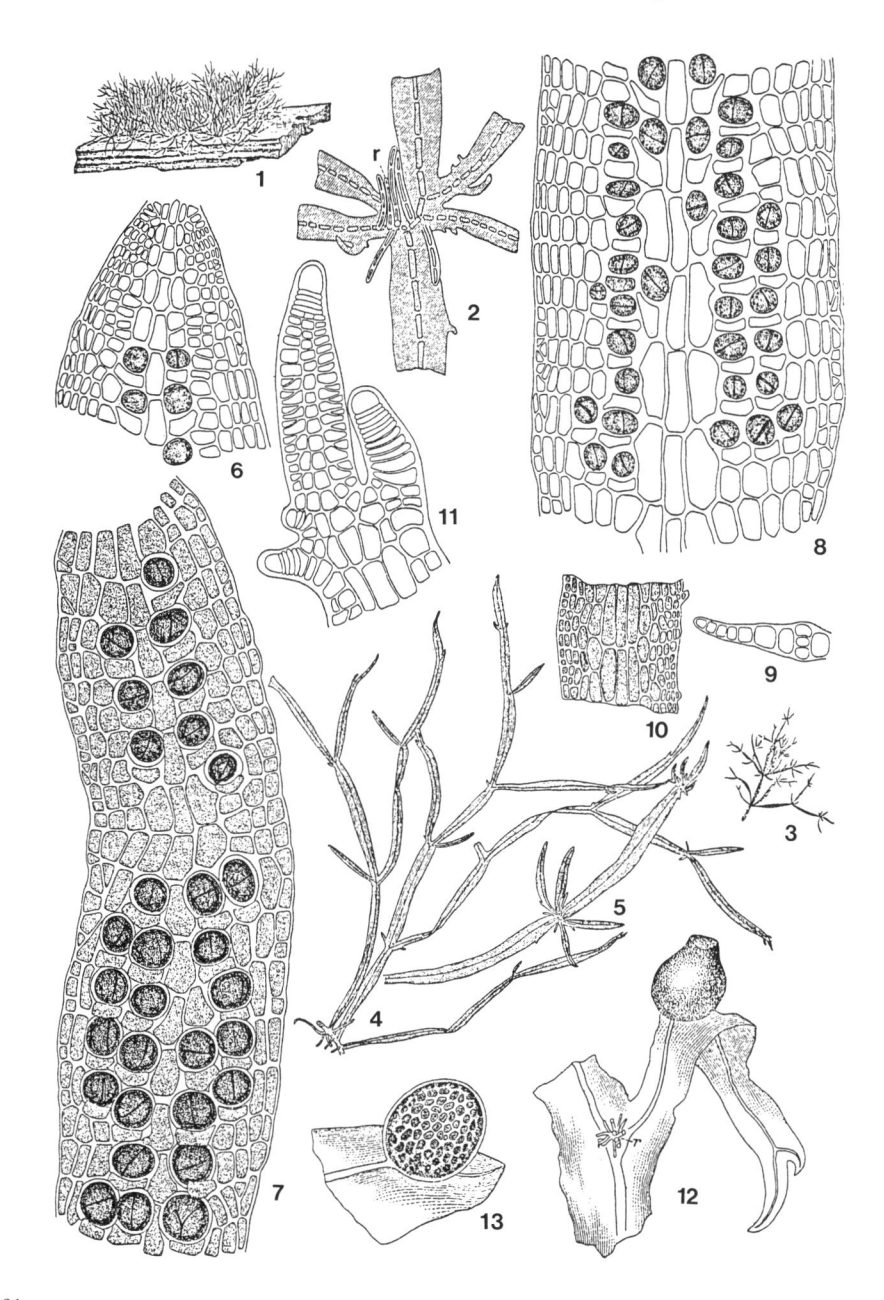

図版 161

Caloglossa ogasawaraensis, figs. 1-11 (岡村 1908)
1. 野外での藻体の性状, 2. 節部からの分枝状況, 3. 藻体の付着部, 4-5. 藻体の性状, 縁辺部, 6-8. 4分胞子嚢斑の上部, 中部, 下部, 9. 葉状部の横断面, 10. 葉状部の表面観, 11. 藻体の成長点. r: 仮根.

Caloglossa continua as *C. leprieurii* auct. japon, figs. 12-13 (岡村 1908)
12-13. 嚢果.

(図版160(b), figs. 1-5, 熊野1996 s. In 山岸・秋山(編), 淡水藻類写真集. 16：26. figs. 6-8, 原著者, Kumano 1978, *C. ogasawaraensis* var. *latifolia* として)

藻体は長さ約3 cm, 2又, 稀に3又分枝し, 扁平な関節状と広い葉状の節間部からなり, 紫色. 葉状の節間部は披針形, 楕円形, 基部に向かって一層細くなり, 縁辺部が, やや波うつ. 太さ 600-1500 μm, 長さ 2-7 mm. 藻体の節間部は薄く, 1層の細胞からなり, 中肋は, 1個の円柱形の中軸細胞と, その周囲の円柱形または樽形の4個の周心細胞からなり, 表面からは3条の細胞列にみえる. 中軸細胞の両側にある2個の周心細胞から翼細胞列が出て, 上方の翼細胞列は 5-18細胞からなり, 各細胞から藻体の縁辺部に向かって, 同様に2次細胞列をつける. 下方の翼細胞列は 2-18細胞が1列に並ぶ. 仮根と細い葉状の新しい藻体は, 括れた節部または節間部の縁辺部から側生し, 伸長する.

淡水域に生育する藻体には, 4分胞子嚢, 嚢果などの生殖器官は知られていない.

タイプ産地：東南アジア：マレーシア, Sarawak 州, Gunong Poeh 近傍の淡水域の流れ.

選定標本：L Beccari, King and Puttock (1994) が選定した.

分布：アジア：インド, 東南アジア：マレーシア, Perak 州, Sungai Cherok の淡水域 (水温26℃), インドネシア, ミクロネシア, 大洋州：豪州北部に限定される.

ノート：Post (1936) は, *Caloglossa amboinensis* を *C. beccarii* の異名とした. 同様に King & Puttock (1994) は, 形態的に両者を分離する理由がないので, *C. ogasawaraensis* var. *latifolia* (タイプ産地：マレーシア, Perak 州, Sungai Cherok の淡水域, タイプ標本：Kobe University, Kumano, 4/V 1971) を *C. beccarii* の異名としている.

3) *Caloglossa leprieurii* (Montagne) J. Agardh (1876：724)

ササバアヤギヌ (田中, 千原1985)；(山岸1999, 淡水藻類入門. 104)

異名：*Delesseria leprieurii* Montagne (1840：193)

(図版163, figs. 2-4, Sheath, Vis & Cole 1993 b)；(図版169, figs. 3-4, Entwisle & Kraft 1984)

藻体は長さ 0.5-2.0 cm, 赤褐色から褐色, 岩や倒木上に密集したマットを形成し, 披針形の葉状部と括れた節部からなる. やや2又分枝をする. 葉状部は長さ 2-5 mm, 幅 350-800 μm, 4列の周心細胞と, 1層性の翼細胞列がある. 単軸性. 新しい葉状部は, 括れた節部からロゼット状に形成される. 藻体は単列, 多細胞性で, 太さ 15-20 m. 節部に形成される仮根で付着する. 4分胞子嚢群は 8-18 周心細胞の長さ, 7-8 翼細胞の幅. 4分胞子嚢は先端部の葉片の第 2-3 位列の細胞から切り出される. 精子嚢は第 2-3 位列の細胞から切り出され, 精子嚢群は先端部の葉片の両面に形成される. 球形の嚢果はふつう葉片に 1-2 個形成される. 造果器などの記載は Papenfuss (1961) に詳しい.

淡水域に分布する藻体には4分胞子嚢, 嚢果などの生殖器官がみられないことが多く, 豪州では, 淡水域に分布する藻体には生殖器官がみられない (Entwisle & Kraft 1984).

タイプ産地：南米：French Guiana, Cayenne 近傍.

タイプ標本：PC leprieur coll. 356 & 362.

分布：亜熱帯を中心に, 世界各地のマングローブ, 塩性湿地, 海岸の岩礁に広く分布する. 日本では, 沖縄県, 先島諸島, 沖縄本島慶佐次などマングローブ林の汽水域に分布する.

淡水域では, 大洋州：豪州, Hopkins River, Hopkins Falls, Warrnambool の滝の垂直の岩

Caloglossa アヤギヌ属

図版 162(a)

Caloglossa continua as *C. leprieurii* auct. japon, figs. 1-15 (岡村 1908)
1. 藻体の性状, 2. 藻体表面観, 3,15. 成長点, 4. 若い葉状部, 5. 葉状部, 6. 4分胞子嚢斑をつける葉状部, 7. 4分胞子嚢斑をつける成熟葉状部, 8-9. 4分胞子嚢斑の横断面, 10. 4分胞子嚢斑の表面観, 中肋の右節上の4分胞子嚢斑表面観, 11. 囊果を示す藻体下面, 12. 囊果縦断面, 13-14. 下面に曲がる藻体の先端部. r: 仮根, t: 4分胞子嚢.

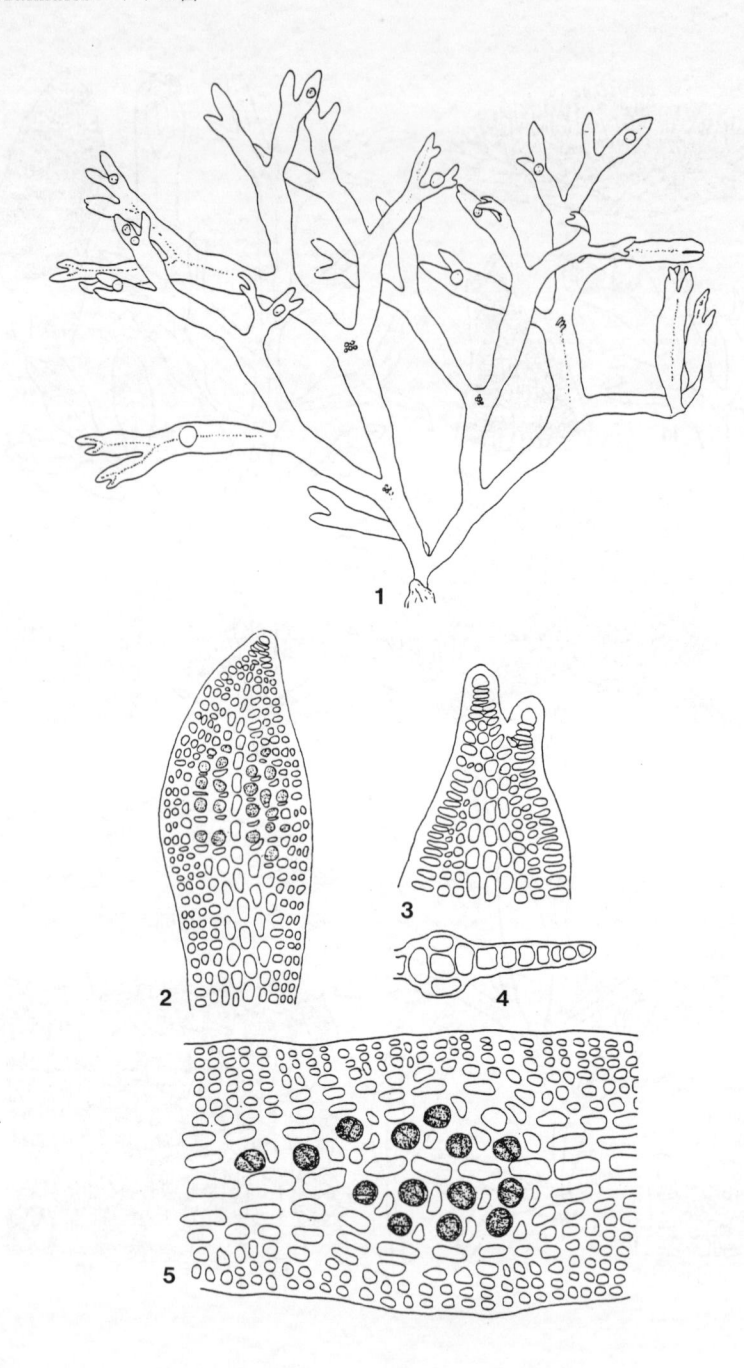

図版 162(b)

Caloglossa saigonensis, figs. 1-5 (Tanaka & Pham-Hoàng Hô 1962)
1. 嚢果をもつ藻体の性状, 2. 4分胞子嚢をもつ葉状部の先端, 3. 葉状部の先端, 4. 葉状部の横断面, 5. 4分胞子嚢をもつ葉状部分節の中肋.

壁のような，沿岸の河川の感潮域を越えた淡水域，中米：Caribbean Islands, Puerto Rico, Sierra de Luquillo, 海から約12 km内陸，標高400-500 mの淡水域に分布する．

4) ***Caloglossa continua*** (Okamura) King et Puttock (1994 : 115)
アヤギヌ（岡村1902）; Syn. *C. leprieurii* var. *continus* Okamura (1903 : 129) ; *C. leprieurii* auct. japon（岡村1908：179, pl. 36, figs. 1-15)

(**図版161, figs. 12-13**, 岡村1908, *C. leprieurii* auct. japon として）；(**図版162(a), figs.**

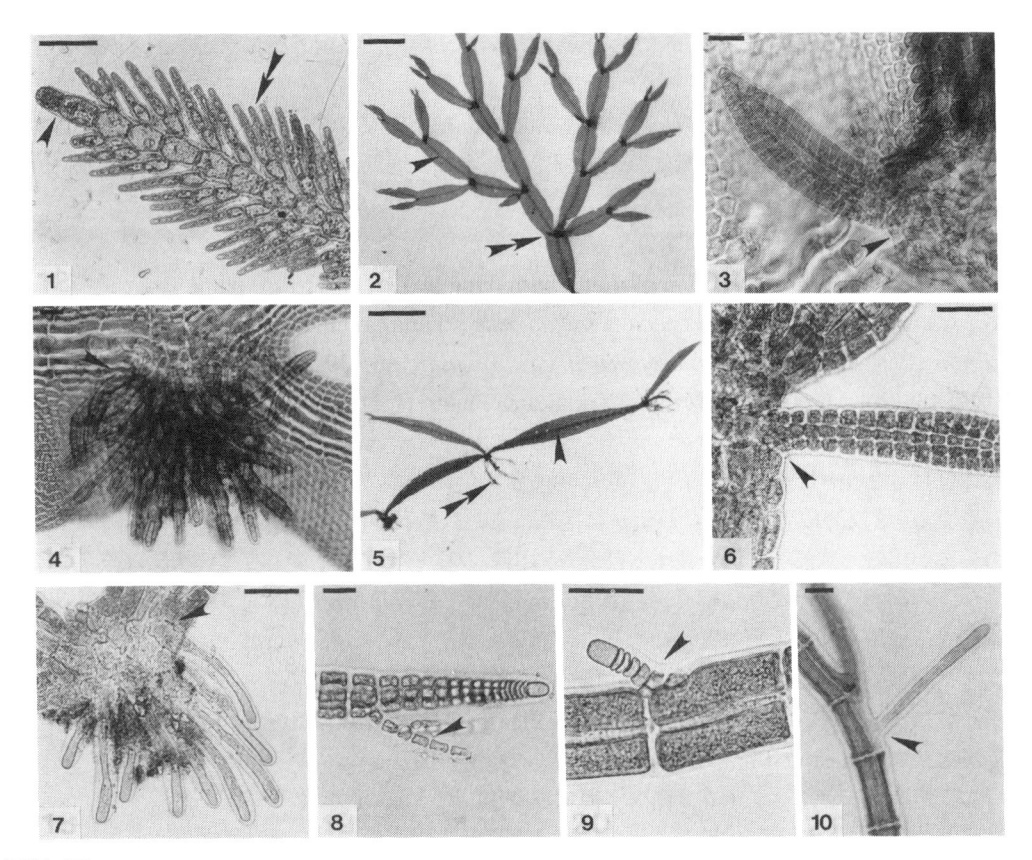

図版 163

Ballia prieurii, fig. 1 (Sheath, Vis & Cole 1993 b)
1. 細長い頂端細胞（矢頭）と，再分枝し，有限成長をする短側枝（二重矢頭）をもつ藻体．(縮尺＝50 μm for fig. 1)
Caloglossa leprieurii, figs. 2-4 (Sheath, Vis & Cole 1993 b)
2. 葉状体の2又分枝，中肋（矢頭）と節部（二重矢頭）側部の括れ．3. 周心細胞からの葉状部始原（矢頭），4. 中肋からの仮根（矢頭）．(縮尺＝1500 μm for fig. 2；50 μm for figs. 3-4)
Caloglossa ogasawaraensis, fig. 5-7 (Sheath, Vis & Cole 1993 b)
5. 節部で括れる薄い葉状体，中肋（矢頭），仮根（二重矢頭）を示す藻体，6-7. 葉状体の縁辺部（矢頭）から出る葉状部の始原（矢頭）．(縮尺＝1500 μm for fig. 5；50 μm for figs. 6-7)
Polysiphonia subtilissima, figs. 8-10 (Sheath, Vis & Cole 1993 b)
8. 毛状体（矢頭）をもつ藻体先端部，9. 毛状体部から出る枝の始原（矢頭），10. 周心細胞（矢頭）から出る仮根．(縮尺＝50 μm for figs. 8-10)

1-15，岡村 1908，*C. leprieurii* auct. japon として）

　藻体は細い線状で扁平な葉状部と，時にわずかに括れる節部からなる．2又に分枝する．葉状部は長さ 1.3-3 mm，幅 1-2 mm．新しい葉状部は括れた節部の上の中軸細胞から内生的に形成される．節部の下面に形成される仮根で付着する．4分胞子嚢群は葉状部上部の中軸細胞の両側に形成され，4分胞子嚢は球形で，直径 40-55 μm．プロカルプは4細胞性の造果枝からなる．嚢果は球形で，雌株の葉状部先端の中肋上に形成され，直径 500-800 μm．

　タイプ産地：東アジア：日本，三河小矢作川河口域．

　選定標本：SAP, herb. Okamura 67, vii. 1902, King & Puttock（1994）が選定．

　分布：温帯を中心に熱帯までの東アジア：朝鮮半島，中国，東南アジア：インドネシア，豪州などの潮間帯に分布する．

　日本では，岩手県，千葉県，東京都，小笠原諸島，神奈川県，愛知県，三重県，岡山県吉井川汽水域のアシ群集内，愛媛県，高知県，福岡県，熊本県，鹿児島県，沖縄県などの汽水域に分布する．

5)　*Caloglossa saigonensis* Tanaka et Pham-Hoàng Hô（1962：24, fig. 7, 8）；
異名：*Caloglossa continua* subspecies *saigonensis*（Tanaka et Pham-Hoàng Hô）King et Puttock（1994：89）; *Caloglossa leprieurii* var. *angusta* Jao（1941：274, pl. I, fig. 1）

　（**図版 162(b)**，**figs. 1-5**，原著者，Tanaka & Pham-Hoàng Hô 1962, *C. saigonensis* として）

　藻体は長さ2cm に達し，黒紫色，乾燥時に赤紫色になる．クッション状，匍匐枝状で，2又分枝をする．2又分枝する部分でわずかに括れ，または括れがなく，中肋と縁辺との両方から多くの分枝が出る．基部と2又分枝する部分から出る仮枝で基物に付着する．葉状部は線状で下方に向い，規則的に，弓なりに反り，長さ 3-7 mm，幅 215-700 μm．淡水産の本種の藻体には，4分胞子嚢，嚢果などの生殖器官は知られていない．

　タイプ産地：東南アジア：ベトナム，Cholon, Saigon, Cau Chu Y．

　タイプ標本：SAP 052172, leg. Tanaka & Pham-Hoàng Hô, 2210, 24/IV 1961, *Caloglossa saigonensis* Tanaka et Pham-Hoàng Hô として．

　分布：東南アジア：ベトナム，南シナ海に注ぐ川，汽水域のマングローブに付着する．

　淡水域では，中国，四川省重慶市北碚近く，嘉陵河の瀬にある岩の日陰側に分布している．

　ノート：本種は，東南アジア：ベトナムから，Tanaka & Pham-Hoàng Hô が記載した．形態的に区別できないことから，King & Puttock（1994）は，*Caloglossa leprieurii* var. *angusta* Jao（タイプ産地：東アジア：中国，四川省重慶市北碚近傍，嘉陵河，タイプ標本：SC 1105 B）を *C. continua* ssp. *saigoneisis* の異名とした．Seto & Jao（1984）は，葉状部の幅を約 0.5-0.8 mm と記載しているが，King & Puttock（1994）は，それを 0.15-0.45 mm の範囲だとしてる．その後，Wynne & De Clerck（1999：212）は命名規約上の疑義を正すとして，本藻を種のランクに昇格させた．しかし同じ論文で，Wynne & De Clerck が本種の異名として挙げている *C. monosticha* Kamiya in Kamiya *et al.*（1997：104）は別種として扱う方がよい．

Family **Rhodomelaceae** Areschoug (1847: 260) nom. cons.
保存名　フジマツモ科
Type: genus *Rhodomela* C. Agardh nom. cons.

藻体は通常の枝と毛状枝の異なる二つの型の枝をもつ多管構造である．ドーム形の頂端細胞は中軸細胞を形成する．周心細胞形成の形式はフジマツモ科の特質であり，周心細胞の数は4-20個，特に少数の周心細胞をもつ種では，その数が一定している．4分胞子嚢をつける構造は，しばしば4分胞子嚢托と呼ばれる特別の枝に分化している．

Genus ***Bostrychia*** Montagne in Ramon de la Sagra (1842: 39) nom. cons.
コケモドキ属
Type: *Bostrychia scorpioides* (Hudson) Montagne

藻体はマット状，偽2又分枝または2又分枝し，皮層細胞の存在する種，欠如する種がある．最終枝は単細胞列または多細胞列であるが，枝の下方では周心細胞が発達するので，多細胞列となる種もある．1個の中軸細胞は2-6段，4-9個の周心細胞に取り巻かれる．付着器は，糸状（ヒゲネ）型かまたは枝状（エダネ）型の何れかである．4分胞子嚢は最末端枝の4分胞子嚢托の部分の各節に4-5個ずつに形成される(West & Calumpong 1988, Tanaka 1989, 1991, Kumano 1979, etc.)．精子嚢はふつうの小枝または精子嚢托に形成される(King & Puttock 1991, Tanaka 1989, etc.)．最終末枝の中軸細胞に形成される *Bostrychia* コケモドキ属の造果枝は，一般にはCeramiales　イギス目の種と同じく4細胞性である，例えば，*B. scorpioides* (Falkenberg 1901)，*B. arbusculs* (Hommersand 1963)，*B. kelanensis* (Takana & Chihara 1984 b)，*B. pinnata* (King & Puttock 1989) などがそうである．しかし，4細胞性以外の造果枝も，*B. tenella* (3細胞性，Tanaka 1989, 2-3-4細胞性，West & Calumpong 1988)，*B. fragellifera* (3-4細胞性，Kumano 1988)，*B. harvei*，*B. pinnata*，*B. moritziana*，*B. tenella* (3-4細胞性，King & Puttock 1989)，*B. simpliciuscula* (4細胞性，稀に3細胞性，Kamiya *et al.* 1994) などの幾つかの種で報告されている．枝の先端近くに形成される嚢果は卵形から球形である．4分胞子嚢托，嚢果などの生殖器官は，淡水域に生育する藻体では知られていないものが多い．

RuBisCo　遺伝子の分子配列から，Zuccarello & West (1997) は *Bostrychia radicans* と *B. moritziana* とは離れた枝上に位置すると述べている．

淡水に産する *Bostrychia* コケモドキ属の種の検索表

1. 付着器はエダネ型 ·· 2
1. 付着器はヒゲネ型 ·· 3
2. 最終枝は単軸性 ··· 1) エダネコケモドキ
2. 最終枝は多軸性 ··· 2) ヒメコケモドキ
3. 皮層細胞が欠如 ·· 4
3. 皮層細胞が存在 ·· 5

4. 藻体は偽2又状または2又状に分枝する	3) タニコケモドキ
4. 藻体は互生に分枝する	4) フサコケモドキ
5. 小枝先端部はらせん状に巻き込まない	5) コケモドキ
5. 小枝先端部はらせん状に巻き込む	6) *B. scorpioides*

1)　***Bostrychia moritziana*** (Sonder) J. Agardh (1863: 862)

エダネコケモドキ（時田 1939）

異名：*Polysiphonia moritziana* Sonder in Kützing (1849: 838)：*Bostrychia radicans* Montagne f. *moniliforme* Post (1987: 437, figs. 1-2)，（山岸 1998，淡水藻類写真集ガイドブック．44），（山岸 1999，淡水藻類入門．104）．

（**図版 164. figs. 1-9,** Kumano 1979 b, **figs. 10-11,** D'Lacoste & Ganesan 1987）；（**図版 165, figs. 1-5,** Sheath, Vis & Cole 1993 b)；（**図版 166, figs. 1-5,** 熊野 1997 j．*In* 山岸・秋山（編），淡水藻類写真集．18：16．**figs. 6-7,** Kumano & Necchi 1987, *B. radicans* f. *moniliforme* として）

　藻体は暗赤紫色，やや直立し，繰り返し羽状に分枝する．皮層はない．各中軸細胞に7-8個，2段の周心細胞が存在し，最終枝の先端部は単列，しかし基部は多列．頂端細胞は大きく，顕著．藻体先端部で，側枝とエダネとが順次主軸から分化形成される．エダネ先端部で頂端細胞は，後方に円盤形の節を切り出すことを止め，周心細胞は軸に沿って長くなり，このようにして形成されたエダネは，基物に向かって曲がる．4分胞子嚢托は，側枝先端の単列部の下に形成され，各4分胞子嚢には，ピットコネクションで中軸細胞と連結した支持細胞と，2個，2組のカバー細胞の下の細胞とが存在する．雄株は知られていない．雌株も稀で，プロカルプは3-4細胞性（King & Puttock 1989）の造果枝からなり，受精毛は成熟した藻体の外側に明瞭に突出する．有限成長的な各短枝には1-3個の，膨れた球形から卵形，太さ540-680 μm，長さ500-720 μmの嚢果をつける．果胞子嚢は長く，太さ13-27 μm，長さ38-65 μm．

　タイプ産地：中米：小アンチル諸島，St. Lucia, Lesser Antilles.

　Syntype: MEL 672271.

　分布(*Bostrychia moritziana* として)：タイプ産地のほか，アジア：インド洋，東アジア：東南アジア：インドネシア，ミクロネシア，中米：カリブ海諸島の Guadeloupe, Dominica, Grenada, Martinique, St. Lucia, そして南米：Venezuela などの大西洋岸の汽水域に広く分布する．

　日本では沖縄県，西表島，ヒナイ川，後良川，網取湾，石垣島，名蔵川，宮良川河口汽水域のマングローブ林に分布する．

　分布(*Bostrychia radicans* Montagne f. *moniliforme* として)：多くは，海域または汽水域から採集されてきたが，淡水域では，南米：ブラジルの淡水域，Ceará 州，Guaramiranga, Serra de Baturité の淡水の流水で採集されている．藻体は岩石に付着し，清澄な流水中に，淡水産苔類 *Lejeunea minutiloba* Evans や淡水産双羽目の幼虫などとともに生息していた（Kumano & Necchi 1987）．嚢果などの生殖器官は淡水域に生育する藻体では知られていない．

　ノート：南米：Venezuela 東部，Sucre State, Rio El Pilar で石上に，密集した塊を形成している本種の雌株が報告されている（D'Lacoste & Ganesan 1987）．

Bostrychia コケモドキ属   315

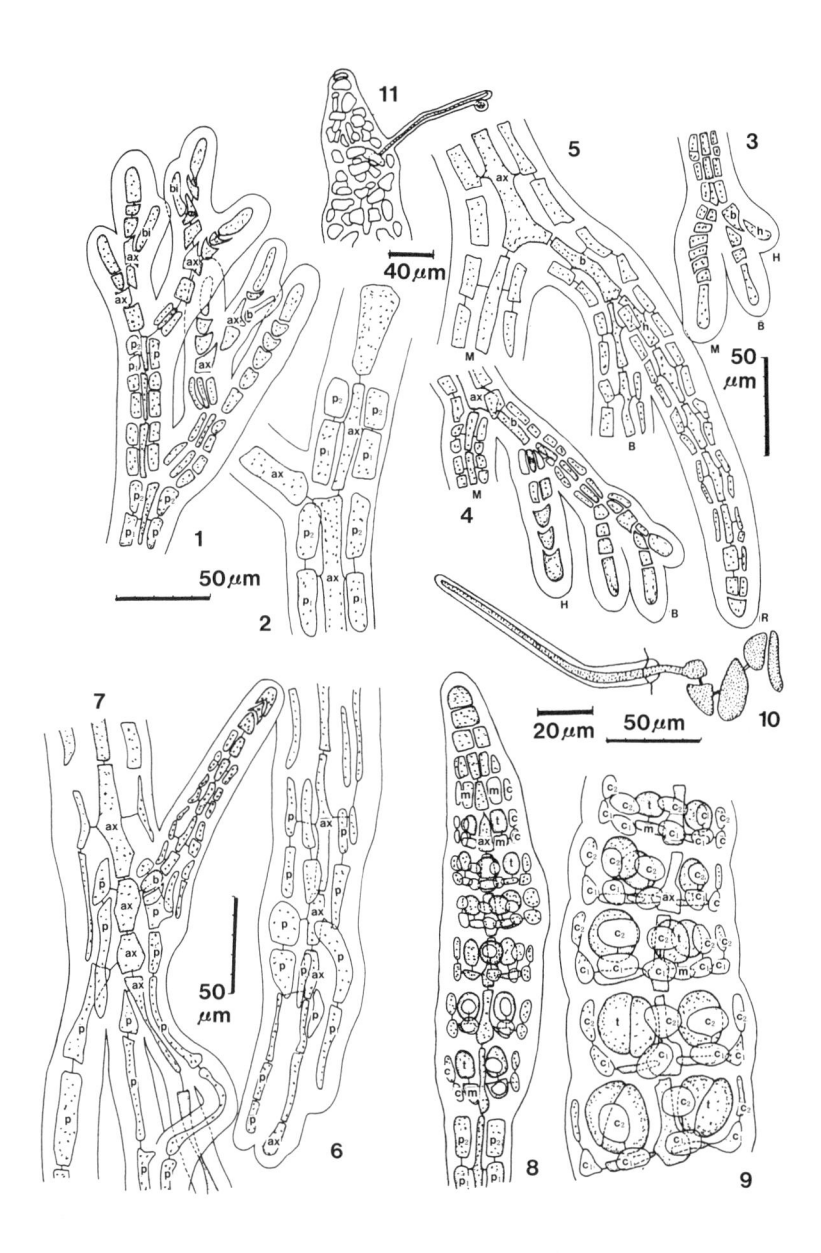

図版 164

Bostrychia moritziana, figs. 1-9 (Kumano 1979 b), figs. 10-11 (D'Lacoste & Ganesan 1987)
1-2. 単列性最終枝先端，基部は多列性，3-5. エダネ形成，側枝とエダネは主軸から順次分化形成される，6-7. エダネ先端部と新藻体形成，8-9. 頂生の4分胞子嚢托，各4分胞子嚢は2個2組のカバー細胞，4分胞子嚢母細胞を伴う，10. プロカルプ，11. 受精毛に付着する精子．
ax: 中軸細胞, p: 周心細胞, h: エダネ基部, M: 主枝, B: 側枝, H, R: エダネ, t: 4 分胞子嚢, m: 4 分胞子嚢母細胞, c: カバー細胞, bi: 枝始原細胞．

2) ***Bostrychia radicans*** (Montagne) Montagne (1842:661)
ヒメコケモドキ (田中 1989)
異名：*Rhodomela radicans* Montagne (1840:193, pl. 5-6)

(**図版 165，fig. 6，**Sheath, Vis & Cole 1993 b)；(**図版 168，figs. 1-6，**Kumano 1979 b)

　藻体は暗紫色，直立部と匍匐部とからなり，基物にエダネで付着し，羽状に分枝し，皮層はなく，多列構造をする．各中軸細胞は，2段の周心細胞に取り巻かれる．藻体先端部で，直立枝とエダネとは，主軸から順次分化形成される．4分胞子嚢托は，直立枝先端部の下に形成される．各4分胞子嚢は，ピットコネクションで，中軸細胞と，4分胞子嚢母細胞と，2組，2個のカバ

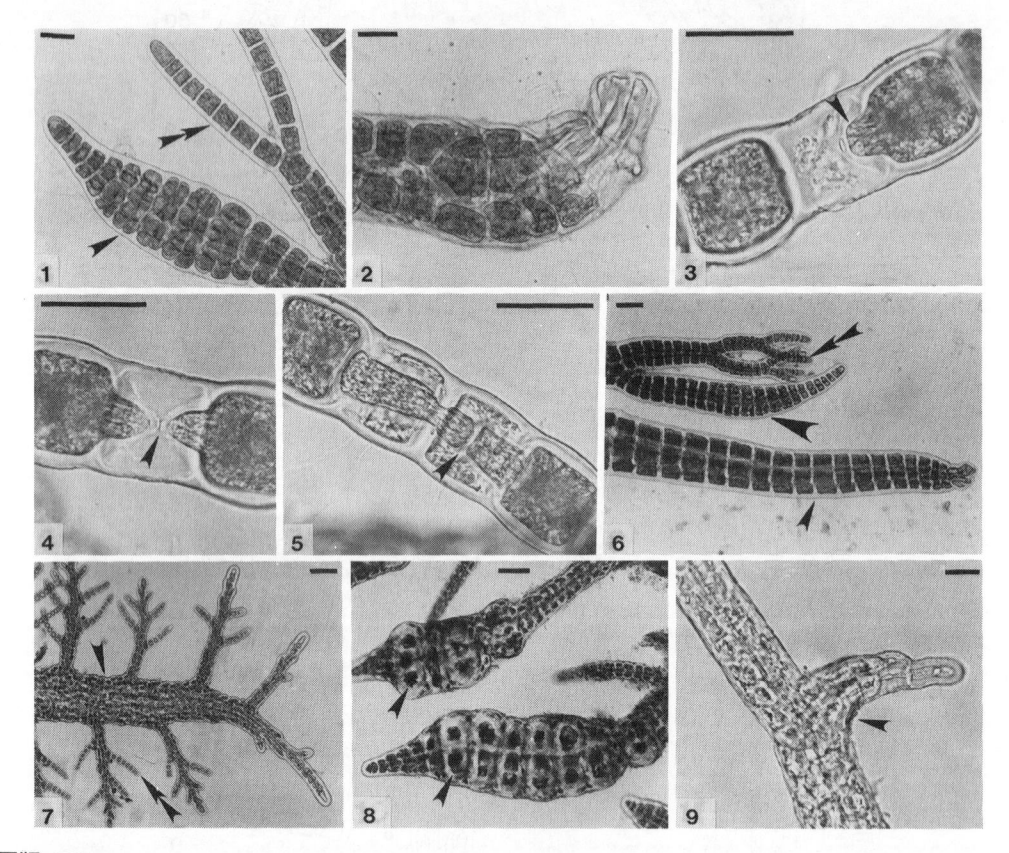

図版 165

Bostrychia moritziana, figs. 1-5 (Sheath, Vis & Cole 1993 b)
1. 4分胞子嚢托（矢頭）と，単列性の最終枝の先端（二重矢頭），2. エダネ，3. super janet 細胞（矢頭）からの仮根形成がみられる単列性の枝の細胞，4. super janet 細胞と隣の細胞（矢頭）からの仮根形成がみられる細胞，5. 2細胞性（矢頭）．(縮尺=50 μm for figs. 1-5)

Bostrychia radicans, fig. 6 (Sheath, Vis & Cole 1993 b)
6. エダネ（矢頭），多列性の最終枝の先端（二重矢頭）と，4分胞子嚢托（大矢頭）をもつ藻体．(縮尺=50 μm for fig. 6)

Bostrychia tenella, figs. 7-9 (Sheath, Vis & Cole 1993 b)
7. 多列性の最終枝の先端（二重矢頭）をつける，対生に分枝をする枝をもつ括れた主軸（矢頭），8. 4分胞子嚢（矢頭）をもつ4分胞子嚢托，9. 周心細胞（矢頭）から形成されるヒゲネ．(縮尺=50 μm for figs. 7-9)

一細胞の下側の細胞と連絡した1個の支持細胞を伴う．長い円錐形の精子嚢托は側枝の先端に形成される．プロカルプは1個の支持細胞と4細胞性（1個の造果器と3個の枝細胞，Tanaka 1991）の造果枝からなる．側枝の先端に形成される球形の嚢果は直径500-650 μm．

嚢果などの生殖器官は，淡水域に生育する藻体では知られていない．

タイプ産地：南米：French Guiana, Sinnamary．

選定標本：MEL 672285, King & Puttock（1989）が選定した．

分布：東アジア，ミクロネシア，中米：カリブ海諸島，ドミニカ共和国，Guadeloupe，そして Barbados などの汽水域，淡水域に分布する．

日本では，沖縄県，石垣島野底川，名倉川，西表島浦内川，後良川などの汽水域に分布する．

3) ***Bostrychia simpliciuscula*** Harvey ex J. Agardh（1863）
タニコケモドキ（岡村1902）

異名：*Bostrychia andoi* Okamura（1907：102, pl. 22, figs. 14-22）; *Bostrychia tenuis* f. *simpliciuscula*（Harvey）Post（1936：6,22-23），（山岸1999，淡水藻類入門．104）; *Bostrychia hamana-tokidae* Post（1941：208）ニセタニコケモドキ（時田）

（図版171(a), **figs. 1-5**, 熊野 1996 zp. *In* 山岸・秋山(編)，淡水藻類写真集．17：25．**figs. 6-9**, Kumano 1979 b, *B. tenuis* f. *simpliciuscula* として）

藻体は暗紫を帯びた茶色，マット状，偽2又または2又分枝し，皮層細胞は欠如し，最終枝の

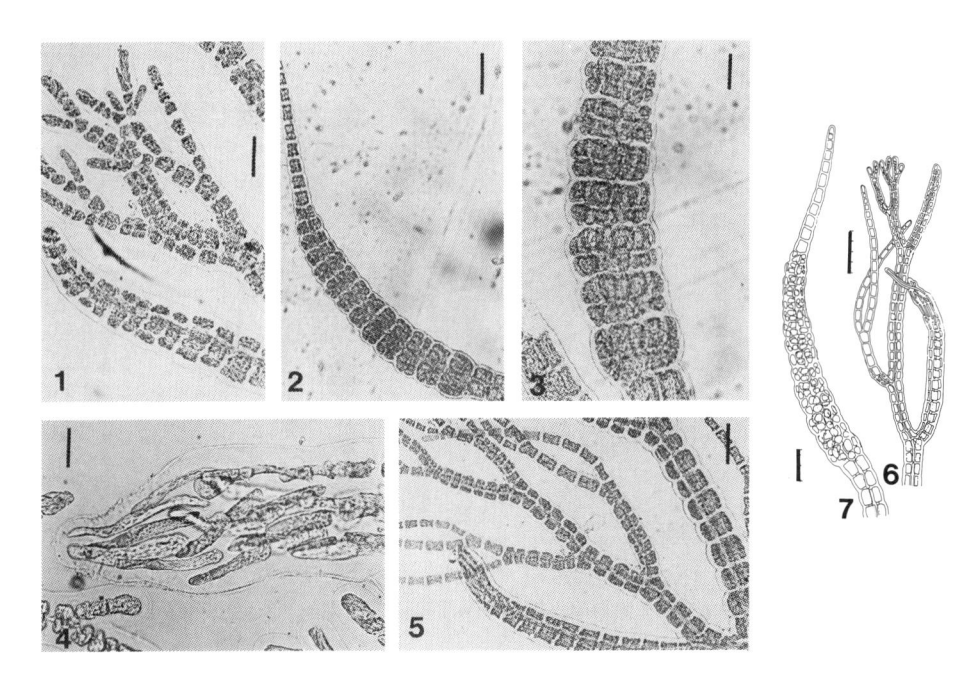

図版 166

Bostrychia moritziana as *B. radicans* f. *moniliforme*, figs. 1-5（熊野 1997 j），figs. 6-7（Kumano & Necchi 1987）
1,5-6. 直立糸とエダネが次々と主軸から形成されることを示す藻体の先端部，2-3,7. 頂生する4分胞子嚢托，4. エダネの先端．（縮尺＝200 μm for fig. 6; 100 μm for figs. 2,5,7; 50 μm for figs. 1,3; 25 μm for fig. 4）

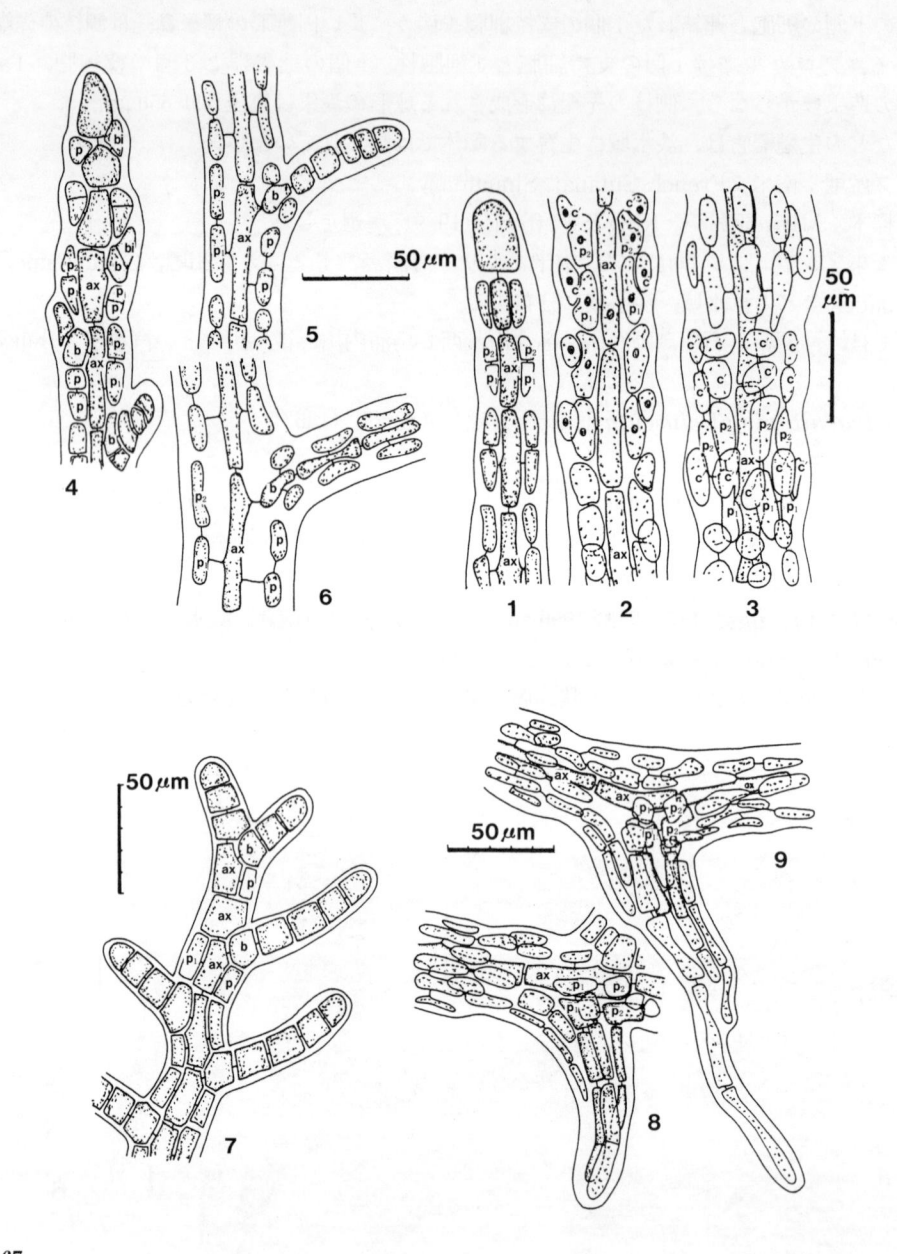

図版 167

Bostrychia tenella, figs. 1-9 (Kumano 1979 b)
1. ドーム形の頂端細胞，中軸細胞，2組の周心細胞を示す藻体の先端部，2-3. 皮層細胞形成，4-6. 枝形成，7. 単軸構造の最終短枝，8-9. ヒゲネ形成．
ax: 中軸細胞，p: 周心細胞，c: 皮層細胞，bi: 枝始原細胞，b: 枝の基部節．

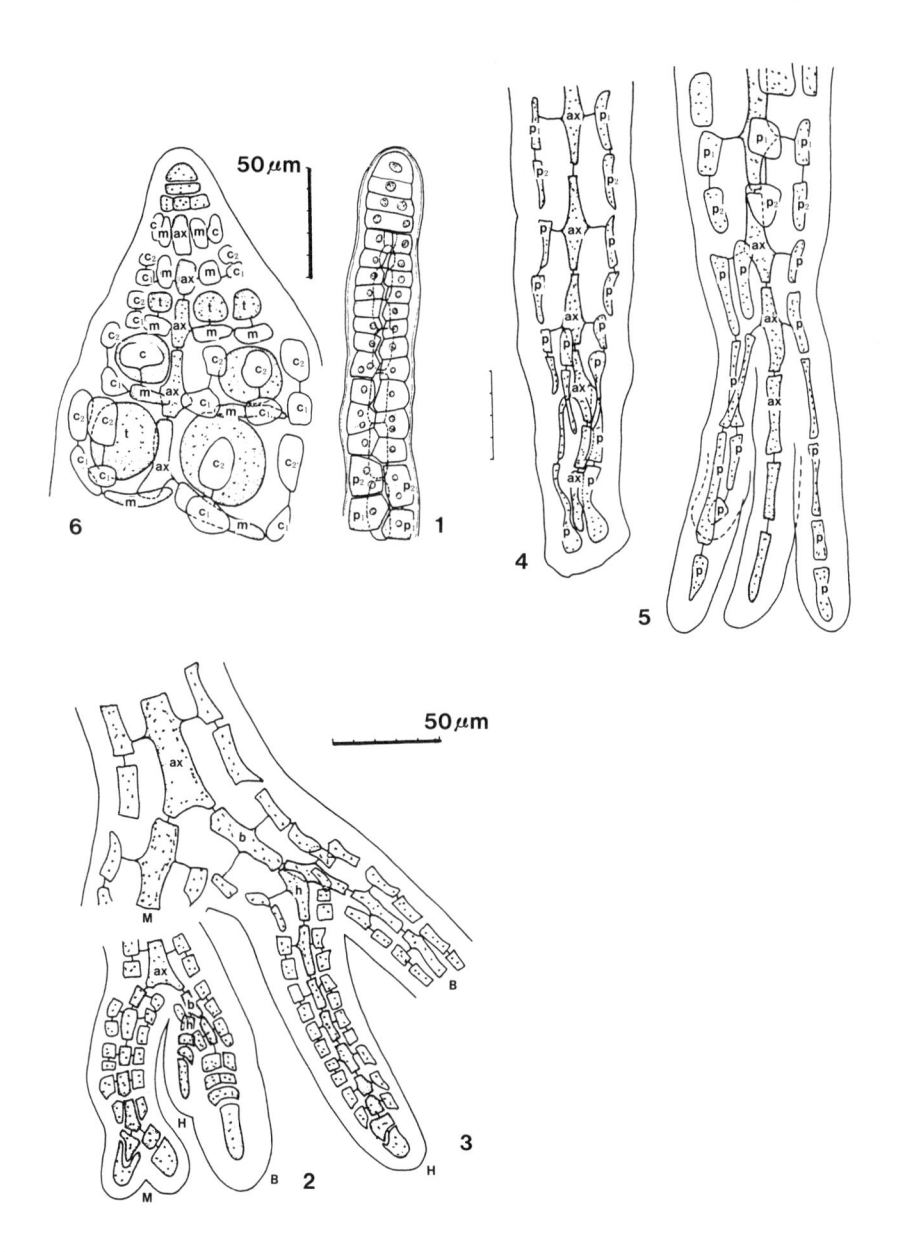

図版 168

Bostrychia radicans, figs. 1-6 (Kumano 1979 b)

1. 各中軸細胞にある2組の周心細胞を示す藻体の先端部, 2-3. エダネ形成, 藻体の先端部, 直立枝とエダネとが主軸から順次形成される, 4-5. エダネ先端部, 6. 頂生の4分胞子嚢托, 各4分胞子嚢には2組のカバー細胞と4分胞子嚢母細胞が随伴する. ax: 中軸細胞, p: 周心細胞, h: エダネ基部節, M: 主枝, B: 側枝, H: エダネ, t: 4分胞子嚢, m: 4分胞子嚢母細胞, c: カバー細胞.

320　Ceramiales　イギス目

　先端付近は単細胞列であるが，枝の下方では周心細胞が発達するので，多細胞列となる．頂端細胞はドーム形．1個の中軸細胞は，2段，4-5個の周心細胞に取り巻かれる．付着器は糸状（ヒゲネ）で，分枝部の腹側から出る．横側と腹側の周心細胞が糸状に伸長し，8-12本の細胞糸の束に発達し，基物に向かって曲がり，付着する．4分胞子嚢托は，直立枝先端部の下に形成される．各4分胞子嚢は，ピットコネクションで，中軸細胞と，4分胞子嚢母細胞と，3組，1-2個のカバー細胞の下側の細胞と連絡した1個の支持細胞を伴う．弓形に曲がる1-2本の精子嚢托は側枝の先端に形成される．プロカルプは4細胞性（1例のみ3細胞性）の造果枝と支持細胞からなり，造果器は細長い受精毛をもつ(Kamiya et al. 1994)．側枝の先端に形成される球形の嚢果は直径130-480 μm．果胞子嚢は，涙滴形または披針形，太さ20-35 μm，長さ40-70 μm．淡水域に生育する藻体には4分胞子嚢托，嚢果などの生殖器官は知られていない．

　タイプ産地：太平洋：Tonga, Friendly Islands．
　選定標本：NSW, Sydney, King & Puttock (1989) が選定した．
　分布：アジア：インド洋，東アジア，東南アジア：インドネシア，ミクロネシア，太平洋：ポリネシアなどの汽水域，淡水域に分布する．
　日本では，千葉県，鹿児島県，沖縄県今帰仁村湧川（塩川，スガー，水温22.1℃）などの汽水域に分布する．日本の淡水域では，石垣島大滝に分布する．

4)　*Bostrychia flagellifera* Post (1936 : 1)
フサコケモドキ（田中 1989）
　(図版 171(b), figs. 1-5, 熊野 1997 i．　*In* 山岸・秋山(編)，淡水藻類写真集．18：15. figs. 6-7, Kumano 1988)
　藻体は暗茶色，マット状，互生に分枝し，皮層細胞は欠如し，最終枝の先端付近は単細胞列であるが，枝の下方では周心細胞が発達するので多細胞列となる．頂端細胞は顕著である．1個の中軸細胞は，2段の周心細胞に取り巻かれる．付着器は糸状（ヒゲネ）で，分枝部の腹側から出る．横側と腹側の周心細胞が糸状に伸長し，多数の細胞糸の束に発達し，基物に向かって付着する．4分胞子托は枝の先端に発達し，各4分胞子嚢は，原形質連絡で，中軸細胞，そして2組，2個のカバー細胞の下側の細胞と連絡した1個の支持細胞を伴う．プロカルプは3-4細胞性の造果枝からなり，受精毛は藻体から斜めに出る(Kumano 1988)．

　タイプ産地：大洋州：豪州, Sydney, Paramatts River．
　選定標本：MEL 672239, King & Puttock (1989) が選定した．
　分布：アジア：インド洋，東アジア：大洋州：豪州，ニュージーランドなどの海水域，汽水域に分布する．
　日本の淡水域では，鹿児島県桜島園ヶ池に分布する．

5)　*Bostrychia tenella* (Lamouroux) J. Agardh. (1863 : 869)
コケモドキ（岡村 1902）
異名：*Fucus tenella* Vahl (1802 : 45) nom. illeg.；*Plocamium tenellum* Lamouroux (1813 : 21-47, 115-139, 267-293)
　(図版 165, figs. 7-9, Sheath, Vis & Cole 1993 b)；(図版 167, figs. 1-9, Kumano 1979 b)
　藻体は濃褐色，密集したパッチ状，互生に分枝し，2-4層の皮層細胞が存在し，最終枝は単細

Bostrychia コケモドキ属 321

胞列で，頂端細胞は大きく，顕著である．1個の中軸細胞は2段，6-8個の周心細胞に取り巻かれる．付着器は糸状（ヒゲネ）で，分枝部の腹側から出る．横側と腹側の周心細胞が糸状に伸長し，多数の細胞糸の束に発達し，基物に向かって付着する．4分胞子嚢托は枝の先端に発達し，線状披針形でしばしば曲がる．プロカルプは3細胞性（Tanaka 1989），3-4細胞性（King & Puttock 1989），2-3-4細胞性（West & Calumpong 1988）の造果枝からなる．カリブ海諸島，Barbados では4分胞子嚢托が観察されたが，一般に淡水域に生育する藻体には4分胞子嚢托，

図版 169 *Audouinella hermannii*，figs. 1-2（Entwisle & Kraft 1984）
1．藻体の性状，2．藻体の上部．（縮尺＝2.5 mm for fig. 1 ; 10 μm for fig. 2）
　Caloglossa leprieurii，figs. 3-4（Entwisle & Kraft 1984）
3．葉状部，節部を示す．4．藻体の性状．（縮尺＝2.5 mm for fig. 4 ; 10 μm for fig. 3）
　Bostrychia scorpioides，figs. 5-6（Entwisle & Kraft 1984）
5．藻体の性状，6．特徴的な湾曲する先端部．（縮尺＝80 μm for fig. 5 ; 10 μm for fig. 6）

322 **Ceramiales** イギス目

囊果などの生殖器官は知られていない．

　タイプ産地：中米：Puerto Rico, Virgin Island, St. Croix.

　選定標本：MEL 672309, King & Puttock（1989）が選定した．

　分布：世界各地の汽水域に分布する．

　日本では南西諸島，沖縄県，西表島後良川，網取湾，石垣島吹通川，沖縄本島波の上など河口汽水域のマングローブ林に分布する．

　淡水域では，中米：カリブ海諸島，Barbados の淡水域，ミクロネシア：Mariana Islands, Guam Island の Marbo Cave，洞窟内の淡水の池の岩壁にも付着している．

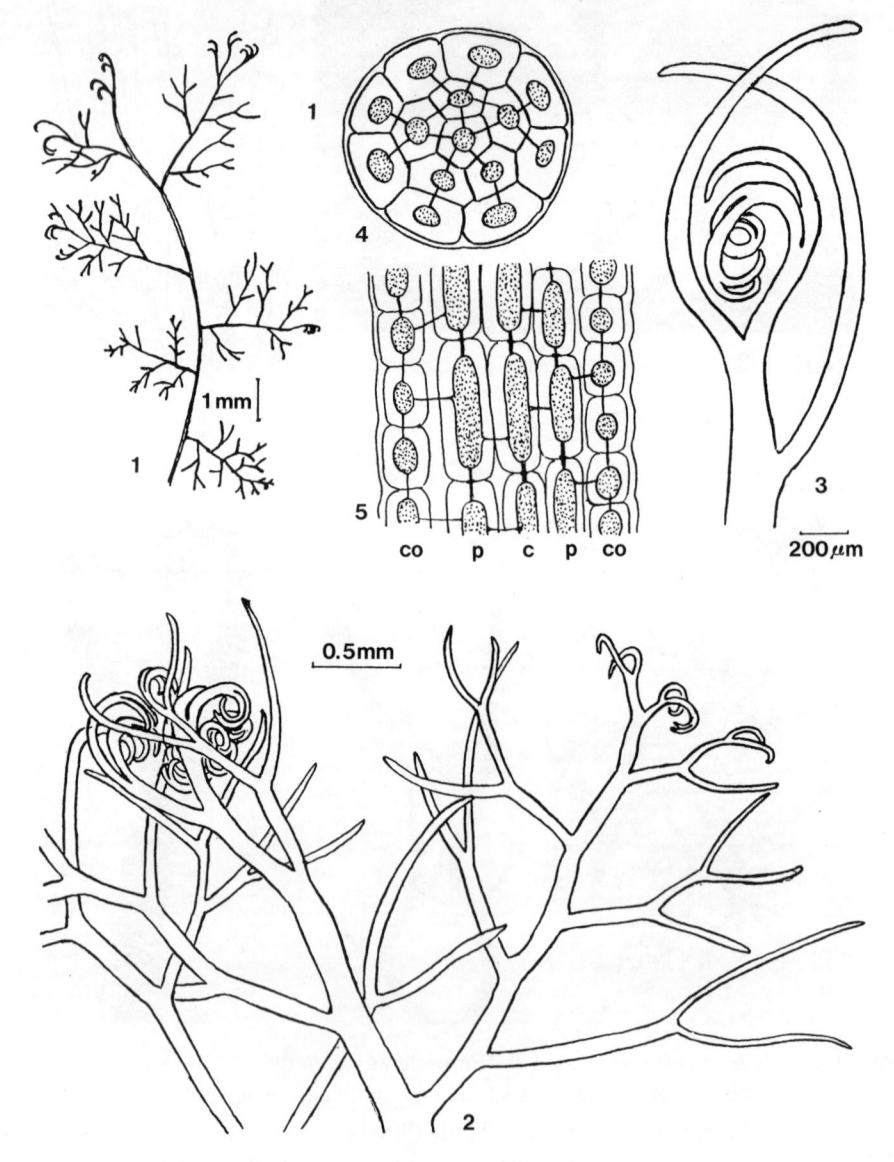

図版 **170** *Bostrychia scorpioides*, figs. 1-5（Bourrelly 1970）
1．藻体の概観，2．藻体の先端部，3．藻体の先端部の詳細，4．若い藻体の横断面，5．藻体の縦断面．co: 皮層，p: 周心細胞，c: 中軸細胞．

Bostrychia コケモドキ属   323

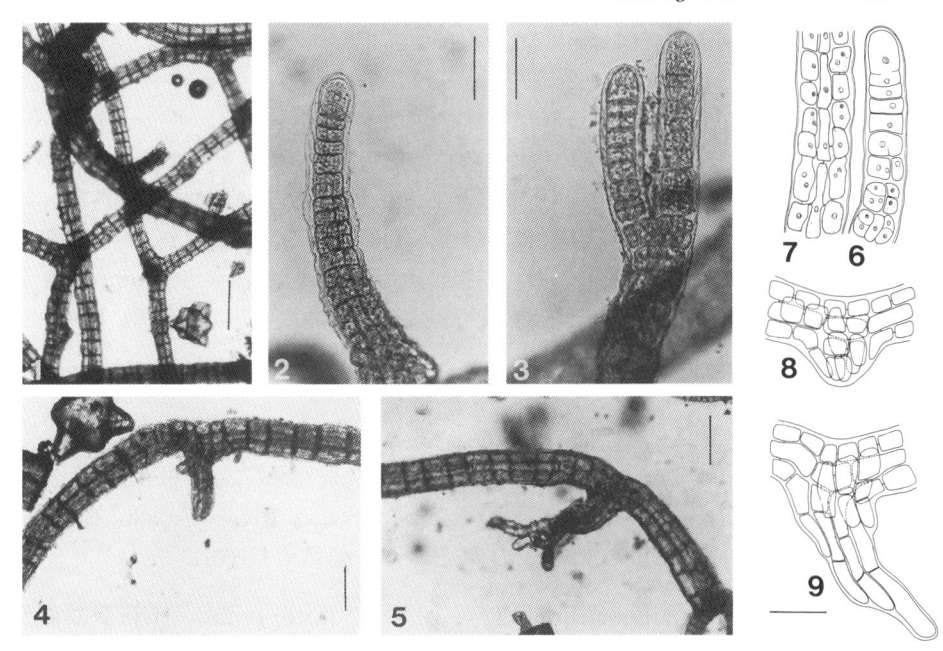

図版 171(a)　*Bostrychia simpliciuscula* as *B. tenuis* f. *simpliciuscula*, figs. 1-5 (熊野 1996 zp), figs. 6-9 (Kumano 1979 b)
1. 偽2又分枝を示す藻体, 2-3, 6. ドーム形の頂端細胞, 中軸細胞, 周心細胞を示す藻体先端部, 4-5, 8-9. ヒゲネの発達, 7. 周心細胞の2組の輪生をもつ各中軸細胞を示す藻体の先端部. (縮尺=200 μm for figs. 1 ; 100 μm for figs. 4-5 ; 50 μm for figs. 2-3, 6-9)

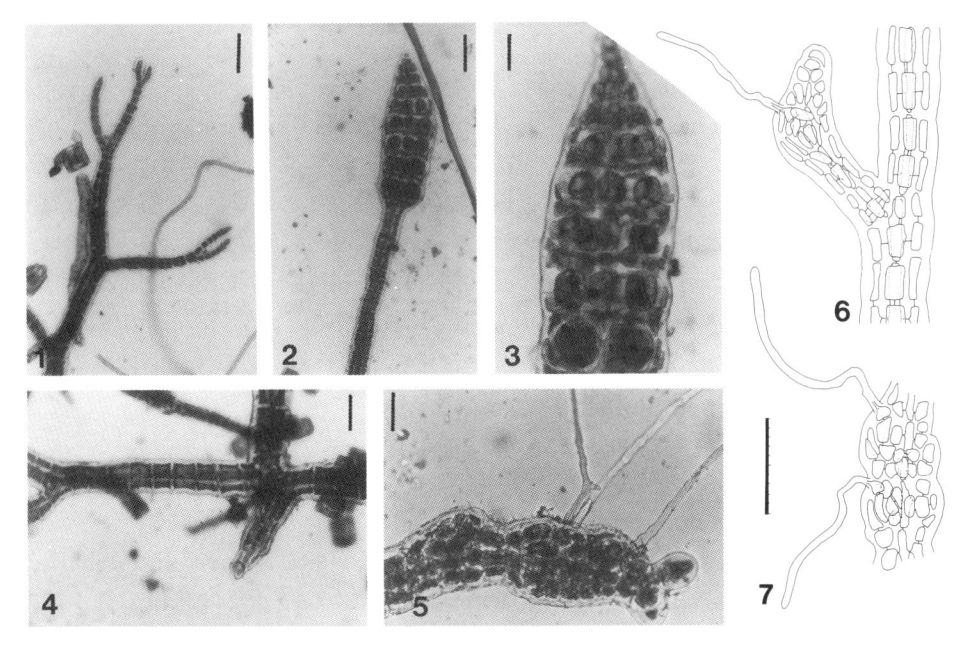

図版 171(b)　*Bostrychia flagellifera*, figs. 1-5 (熊野 1997 i), figs. 6-7 (Kumano 1988)
1. 2又分枝を示す藻体の性状, 2-3. 頂生する4分胞子嚢托, 4. ヒゲネを示す藻体の中部, 5-7. 細長い糸状の受精毛とプロカルプを示すプロカルプ部. (縮尺=200 μm for figs. 1-2 ; 100 μm for figs. 4, 6-7 ; 40 μm for figs. 3, 5)

6) ***Bostrychia scorpioides*** (Hudson) Montagne (1842)
異名：*Fucus scorpioides* Hudson (1762: 471)
　　(図版 169, figs. 5-6, Entwisle & Kraft 1984)；**(図版 170, figs. 1-5,** Bourrelly 1970)
　藻体は糸状，長さ4-7 cm，木性羊歯の根のように錯綜したマットを形成する．糸状体は直立し，短い匍匐するストロンと付着器で基物に付着する．互生から2又分枝をし，先端部は次第に細くなり，しばしばらせん状に巻き込む．藻体は太さ100-180 μm，各細胞が，6個の周心細胞で取り囲まれた中軸細胞の列からなり，周心細胞は形が不規則で，太さ5-10 μm，長さ22-30 μm．太さ10-18 μmの不規則な形の皮層細胞を形成する．淡水域に生育する藻体には，4分胞子托，嚢果などの生殖器官は知られていない．
　　タイプ産地：欧州：英国．
　　タイプ標本：Dillenius in Ray (1794: pl. 2: fig. 6)．
　　分布：海水域に広く分布するほか，欧州：英国，ベルギーの汽水域にも分布する．
　淡水域では，豪州，Tasmania，中くらいに早く流れるGordon River, Apollo Bay 近傍，Beech Forest, Air River, Bachamp Falls の背後の岩の淡水域にも分布する．

Genus ***Polysiphonia*** Greville (1823: pl. 90) nom. cons.　イトグサ属
Type: *Polysiphonia urceolata* (Dillwyn) Greville, type cons.

　頂端細胞は下方に向かって細胞を切り出し，その細胞は伸長し，さらに中軸細胞と同長の周心細胞を切り出す．種により，周心細胞の数は4-24個，皮層が形成される種もある．単純で，分枝した，無色の毛状の側枝である毛状枝は，藻体末端近くに外生的に形成される．淡水域の生息地から報告された本種には，4分胞子嚢托，嚢果などの生殖器官は知られていない．

1) ***Polysiphonia subtilissima*** Montagne (1840: 193, pl. 5-6)
　　(図版 163, figs. 8-10, Sheath, Vis & Cole 1993 b)；**(図版 172, figs. 1-4,** Sheath & Cole 1990)
　藻体は長さ1.4-4.7 cm，枝は太さ38-76μm，周心細胞は長さ58-125μm．4個の周心細胞，2又分枝，先端の毛状枝，周心細胞から出る仮根，皮層がないなどの形質は，海産種の形質と一致している．淡水域に分布する藻体には，4分胞子嚢托，嚢果などの生殖細胞はみられない．藻体の長さの最大値4.7 cmは，15 cm (Taylor 1960)，10-12 cm (Fralick & Mathieson 1975) より小さいが，4.0 cm (Kapraun 1979, 1980) と似ている．枝の太さ38-76 μmの値は，50-80(-90)μm (Taylor 1960, Kapraun 1979, 1980) の海産種と同じ値である．周心細胞の長さは，125 μmと130 μm (Taylor 1960) と海産種とほぼ等しい．
　　タイプ産地：南米：French Guiana, Cayenne．
　　タイプ標本：PC, Le Prieur coll. 682．
　　分布：中米：カリブ海，Jamaica などの汽水域
　Starmach (1977), Ott & Sommerfeld (1982), Sheath (1984), Bourrelly (1985) らが，淡水域に生息する*Polysiphonia*イトグサ属の種を報告している．北米：米国の淡水域では，Florida州，Marion County, 40号線の北6 km, 19号線，Juniper Creek．Juniper Creekは三つの泉からの流れが合流している．*P. subtilissima* は河口から100 km上流でこれまで採集されているが(Harvey 1853)，上記のJuniper Creek は河口から170 km上流，感潮域からも約140 km離れた距離にある．

Polysiphonia イトグサ属　325

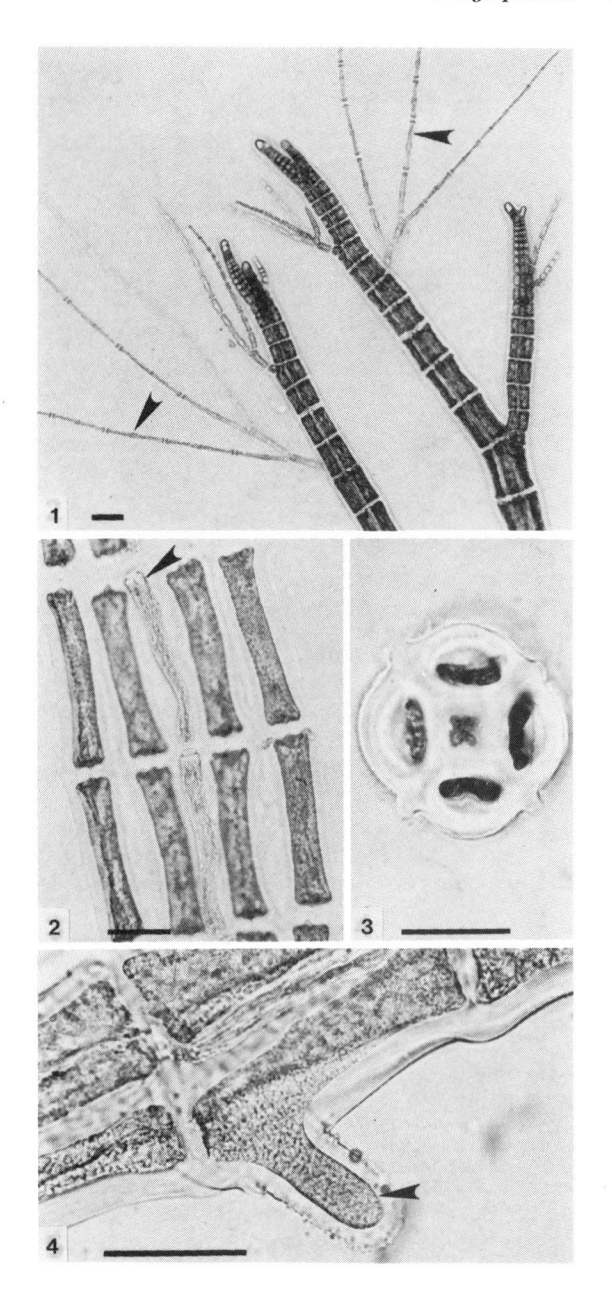

図版 172

Polysiphonia subtilissima, figs. 1-4 (Sheath & Cole 1990)
1. 2又分枝を示す毛状枝（矢頭）をもつ藻体の先端部，2. 色素体をもつ4個の周心細胞と無色の中軸細胞糸（矢頭）を示すため押し潰した枝，3. 4個の周心細胞をもつ枝の横断面，4. 周心細胞の突起として生じる仮根（矢頭）．（縮尺＝100 μm for figs. 1-4）

命名に関する略語

basyonym：[基礎異名]：ある種が，従来所属されていた属から新しい属へ，その所属が変更される場合，その種が最初に記載された名前をいう

comb. nov.：[combinatio nova]：[新組合せ]：ある種が，従来所属されていた属から新しい属へ，その所属が変更されることをいう

description：[記載文]：その分類群の形質を記載した文

diagnosis：[判別文]：識別形質，分類形質を説明した文

emend.：[emendavit, emendation, changed by]：正基準標本を含む分類群の識別形質，分類形質が変更されたことを示す

ex：[from, according to]：2人の著者名の間に[ex]が記されている場合，[ex]の前の著者が命名規約によらないで非合法的に種名を出版したので，[ex]の後の著者が命名規約に従って合法的に種名を出版したことを示している．この場合，[ex]の前の著者名を省いてもかまわない

holotype：[正基準標本]：命名のための基準標本として著者により使用されるか，選定された標本の一部であって，常に一つの標本をいう

in：2人の著者名の間に[in]が記されている場合，記載文または判別文（またはその引用）を伴った種名が[in]の前の著者により用意され，[in]の後の著者の論文の中に出版された場合を示している．このような場合，記載文または判別文を用意した著者が重要であるので，引用を簡略化したいときでも，この[in]の前の著者を省略してはいけない．文献を引用しないで学名のみを示す場合には[in]以下を省略してもよい

ined.：[ineditus]：未出版または未刊行の名前を示す

isotype：[重複標本]：正基準標本の重複標本，一人の採集者により同じときに集められた一つの標本または一部分をいう

lectotype：[選定標本]：出版時に正基準標本が指定されなかったか，それが長く失われたままである場合に，命名標本として使用するために原標本から選定された，一つの標本または部分をいう

nom. cons.：[nomen conservandum]：[保留名, 保存名]：命名規約，特に命名規約に定める期日の先取権を厳密に適用することによって，科，属，種の命名の不利な変更を避けるために，例外として残す名前をいう

nom. illeg.：[nomen illegitinum]：[非合法名]：命名規約に従わない名前，または同じ名前が既に発表されていた名前をいう

nom. invalid.：[nomen invalidum]：[非適法名]：命名規約に従わずに，無効に出版された名前をいう

nom. nov.：[nomen novum]：[新名]：異なる植物に同じ名前がつけられた場合，後の植物に与えられた名前は無効であるので新たに命名しなければいけない．この場合の名前を[新名]という

nom. nud.：[nomen nudun]：[裸名]：ラテン語の記載を伴わない非合法の名前をいう

orth. var.：[orthographia varia, orthographic variant]：有効に出版されたものとして取り扱われているが，ただ綴り字の異なる名前をいう

pro parte：[一部分]：ある著者が取り扱った範囲の部分を指す

sensu：この語の後に続く著者が用いた名前，意見，考えを示す

stat. nov.：[status novus]：[ランク変更]：ある分類群が，従来所属されていた分類群から新しい分類

群へ，例えば変種から種へと，ランク変更を伴ってその所属変更がなされることをいう
syn.：［synonym］：［同物異名，異名］：同じ植物に異なる二つの名前が与えられた場合，発表の時期（年月日）が早い方が有効とされ，発表の時期の遅い名前は異名として無効とされる

本書に収録された標本室略号
(*中国の場合，標本番号の前の略号は標本室の略号ではなく，採集された省を示す)

AKU : Botany Department, University of Auckland, Auckland, New Zealand
B : Botanischer Garten und Botanisches Museum Berlin-Dahlem, Germany
BA : Museo Argentino de Ciencias Naturales, Bernardino Rivadavia, e Instituto National de Investigation de la Ciencias Naturales, Buenos Aires, Argentina
BH : Liberty Hyde Bailey Herbarium, Cornel University, New York, 米国
BM : Natural History Museum, London, UK
COL : Herbario Nacional Colombiano, Instituto de Ciencias Naturales, Museo de Historia Natural, Univesidado Nacional, Bogota, Colombia
DCR : County Borough Art Gallery and Museum, Doncaster, UK
FLOR : Hort Botanico, Universidade Federal de Santa Catarina, Florianopolis, Brasil
G : Conservatiore de Jardin Botanique de la Villa de Genve, Switzerland
GX* : Guangxi (Kwangsi) Chuang Autonomous Region, China 中国広西壮族自治区
HAS : Fundacao Zoobotsanicsa do Rio Grande do Sul, Porto Alegre, Brasil
HBI : Freshwater Algal Herbarium, Institute of Hydrobiology, Academia Sinica, Huhan, China
HI : Dr. Itono, 糸野コレクション. 多分, 鹿児島大学理学部
HN* : Hunan Province, China 中国湖南省
HP* : Hupeh (Hubei) Province, China 中国湖北省
ICN : Departamento de Botanica, Univertidade Federal do Rio Grande do Sul, Porto Alegre, Brasil
INPA : Departmento de Botanica, Instituto Nacional de Pesquisas da Amazonia, Manaus, Brasil
Kobe University : 神戸大学理学部
KRA : Herbarium Universitatis Jagellonicae Cracoviensis, Krakw, Poland
KSI* : Kiangsi (Jiangxi) Province, China 中国江西省
L : Rijiksherbarium, Leiden, Netherlands
LD : Botaniska Museum, Lund, Sweden
LISU : Museum, Laboratorio e Jardin Botanico, Lisboa, Portugal
MEL : National Herbarium at Victoria, Melbourne, Australia
MELU : University of Melbourne, Melbourne, Australia
MELUTJE : Botany School Herbarium, University of Melbourne, Melbourne, Australia
NSW : National Herbarium at New South Wales, Royal Botanic Gardens, Sydney, Australia
NT : 東京大学資料館
NT : Herbarium of the Northern Territory of Australia, Alice Springs, Australia
NY : New York Botanical Garden, Bronx, New York, 米国
OXF : Fielding-Druce Herbarium, University of Oxford, Oxford, UK
PC : Museum National d'Historire Naturelle, Laboratoire de Cryptogamie, Paris, France
PH : Academy of national Sciences of Philadelphia, 米国
R : Departmento de Botanica, Meseu Nacional, Universidade Federal do Rio de Janeiro, Rio de

Janeiro, Brasil
RB: Secao de Botanica Sistematica, Jardim Botanico de Rio de Janeiro, Rio de Janeiro, Brasil
REN: Laboartoire de Botanique de la Faculte des Sciences, Rennes, France
RIG: Department of Botany, Latvian State University, Riga, USSR
SAP: 北海道大学理学研究科標本室
SAS*: Shansi (Shanxi) Province, China 中国山西省
SC: Salem College, Winston Salem, North Carolina, 米国
SC*: Szechwan (Sichuan) Province, China 中国四川省
SK*: Name of locality in Szechwan Province, China 中国四川省の地方名
SP: Herbario do Estado, Maria Eneyda, K. Figalgo, Instituto de Botanica, São Paulo, Brasil
SXU: Herbarium, Department of Biology, Shanxi University, China 中国山西師範学院生物系植物標本室
TCD: Herbarium of Trinity College, Dublin, Ireland
TI: 東京大学植物園標本室
TNS: 国立自然科学博物館
UBC: Department of Botany, University of British Colombia, Vancouver, Canada
UC: University Herbarium, University of California, Berkeley, California, 米国
UPNG: University of Papua New Guinea, Port Moresby, Papua New Guinea
UPS: The Herbarium, University of Uppsala, Uppsala, Sweden
US: United Sates National Herbarium, Department of Botany, Smithonian Institution, Washington DC, 米国
WA: Zaklad Systematyki I Geografii Rsin, Universytetu Warczawskiego, Warszawa, Poland
WELT: The Museum of New Zealand (Te Papa Tongarewa), Wellington, New Zealand
XZTC: Herbarium, Department of Biology, Xuzhou Teachers College, China 中国徐州師範学院生物系植物標本室
YN*: Yunnan Province, China 中国雲南省

淡水産紅藻に関連する学術用語集
（日本語→英語）

　学術用語は，日本語，英語，日本語による用語の説明の順に示した．
　学術用語で，以前の研究者は誤って「嚢果」という用語を用いていたが，本書中と，現在の多くの研究者は「果胞子体」という用語を用いている場合は，果胞子体：[←≠嚢果]，または，嚢果：[≠→果胞子体]というように示した．
　同じ意味ではあるが，現在の多くの研究者が「primary branchlet(s)」という語ではなく，「primary fascicle(s)」という語を使用している場合，あるいは本書で「primary fascicle(s)」という語を使用している場合には，見出し語によって，primary fascicle(s)：[← primary branchlet(s)]，または，primary branchlet(s)[→ primary fascicle(s)]というように示した．

アメーバ状：amoeboid：アメーバのように行動する単胞子がウシケノリ属でみられる
1 細胞性の果胞子：one-celled gametophyte(s)：Acarposporophytum 亜属にみられる
1 次輪生枝：primary fascicle(s)：[← primary branchlet(s)]：カワモズク属とユタカカワモズク属では，有限成長をし，密集して分枝するすべて同じ長さの側枝は，細長い主軸の細胞のすぐ下の周心細胞から出る
糸状：鞭形：flagelliform
エダネ（枝状）：hapteronous branch(es)：[→ cladohapteron]：コケモドキ属の種にみられる，固着する器官に分化した枝
円盤形：disc, discoid：円く平らな形態，円い板
円柱形：cylindrical：平行な側面をもち，断面が円い形態
オージュイネラ相(期)：audouinella-phase：[→シャントランシア世代(期)，chantransia-phase]：栄養細胞の減数分裂によって配偶体を生み出す半数世代
オージュイネラ状, audouinella 様：audouinelloid, audouinella-like：カワモズク科のある種にみられる輪生枝の形態
雄株：male plant(s)：雄性生殖器官，精子嚢を形成する植物体
核コードの小サブユニット rRNA 遺伝子：18 SrDNA：リボソームを構成する RNA のうち 18 S rRNA をコードする核遺伝子．進化速度が比較的遅いので，紅藻類では，属や科以上など比較的高次の分類群の系統関係を考察する際にしばしば用いられる
仮根：rhizoid(s)：付着器官：[→ holdhast]
片側生：unilateral：片側に，一方の側からのみ出る
硬く密集する：closely agglomerated
果胞子：carpospore(s)：造果器の受精の結果，発達する造胞糸につく果胞子嚢内に形成される複相の胞子．紅藻にみられる
果胞子体：carposporophyte(s)：[←≠cystcarp, 嚢果]：受精の後で形成される複相世代で，果胞子をつける造胞糸から構成されている．真性紅藻亜綱でみられる
果胞子嚢：carposporangium (carposporangia)：果胞子を形成する細胞
環状：circular, ring(s)
岩石着生：epilithic：岩石上に生育する
カバー細胞：cover cell(s)：4 分胞子嚢に付随して形成され，表面を保護し，覆う細胞．コケモドキ属に

みられる
カーブする：curved
器下細胞：hypogenous cell(s)：造果器をつける枝の造果器直下にある細胞
偽糸状体：pseudofilament：偶然に細胞が1列に配列した糸状体で、本当の糸状体ではない
偽柔組織：pseudoparenchymatous：細胞の堆積に似ているが、実は、密集して成長した糸状体で構成されている
球形：spherical：[← globose]
クッション状：cushion-like：[→偽柔組織状, pseudoparenchymatous]：2層以上の山なりの細胞で構成される藻体
括れる：深く刻み込む：constricted
検索表：key
コイル状に巻く：spirally coiled
互生：alternate：左右互い違いに交互に出る
棍棒形, 楔形：clavate, claviform
棍棒形の受精毛：club-shaped trichogyne(s)
最終枝：ultimate branchlet(s)
散房花序：corymb：上部の平らな房形
支持細胞：supporting cell(s)：アヤギヌ属やコケモドキ属で、4分胞子嚢とカバー細胞を支持する細胞。また、プロカルプを構成し造果枝をつける細胞
糸状体：filament：枝：細胞が1列に配列した、細胞の糸または枝
4分胞子：tetraspore(s)：紅藻の4分胞子嚢内で減数分裂の結果、形成される胞子
4分胞子体：tetrasporophyte(s)：4分胞子を形成する複相の世代
4分胞子托：stichidium (stichidia)：紅藻で4分胞子をつける特別の枝
4分胞子嚢：tetrasporangium, (tetrasporangia)：その細胞の中で、複相の核が減数分裂を行い、4個の単相の胞子、4分胞子を形成する。紅藻でみられる
シャントランシア世代(期)：chantransia-phase：[←オージュイネラ相, audouinella-phase]：果胞子から発達する複相の世代で、栄養細胞の減数分裂によって単相の配偶体を生み出す
雌雄異株：dioecious：雄性と雌性の器官が別々の植物体に形成されること
周心細胞：periaxial cell(s)[← pericentral cell(s)]：中軸細胞を取り囲む1個または数個の細胞
雌雄同株：monoecious：雄性と雌性生殖器官の両方が同じ植物体に形成されること
受精毛：trichogyne(s)：雄性の配偶子（精子）が付着するための雌性配偶子（造果器）の受容突起
小枝：branchlet(s)
上部：distal：先端に向かうことをいう。基部から反対の方向
小胞子：microspore(s)：オオイシソウ属のある種で形成される無性生殖のための胞子
小胞子嚢：microsporangium (microsporangia)：小胞子を形成する胞子嚢
植物着生：epiphytic：他の生きた植物上に生育する
髄層：medulla：藻体の中央部
髄層糸：medullarly filament(s)：藻体の中央部を構成する糸状体
精子：spermatium (spermatia)：雄性の配偶子として行動する細胞。不動で、無色の細胞は精子嚢から放出される。紅藻でみられる
精子嚢：spermatangium (spermatangia)：紅藻の雄性生殖器官。精子を形成する
精子嚢斑：spermatangial papillae (papilla)：レマネア科でみられる

西洋梨形：pear-shaped：[pyriform]
世代交代：alternation of generations：複相の無性世代（胞子または体細胞分裂によって次の世代に移行する果胞子体世代と，シャントランシア世代）と，単相の有性世代（配偶子の接合により次の世代を生み出す配偶体世代）との両方の世代のある生活史が紅藻でみられる
節：node：枝が発出する中軸上の場所
截形：truncate：先端を切って平らな形，平らで丸い形
造果器：carpogonium (carpogonia)：紅藻にみられる雌性生殖器官で，受精毛をもつ
造果器をつける枝：carpogonium bearing branch(es)：不定数の分化しない細胞で構成され，分化していない，造果器をつける枝．カワモズク属のような原始的な紅藻でみられる
叢状：caespitose：房状，輪生になる，マット状または錯綜する
増殖胞子：propagule(s)：カワモズク属の一種 Batrachospermum breutelii の造胞糸に形成される環状に分裂する特殊な果胞子
藻体：thallus (thalli)：細胞が組織を形成するように，ほとんどまたは全く分化していない植物体
藻体：frond：葉状の植物体，葉状体
造胞糸：gonimoblast(s)：[→ carposporophyte(s), 果胞子体]：果胞子嚢をつける糸状全体を指し，これらの糸状体が果胞子体を構成する
造胞糸：gonimoblast filament(s)：接合子から発達した短い糸状体で，その先端部に果胞子嚢を形成する
側壁性：parietal：細胞壁に沿って位置する，細胞の周辺にある
側壁性の色素体：parietal chloroplast(s)：細胞壁に沿って位置する，細胞の周辺にある色素体
側方と腹側の周心細胞：lateral and bentral pericentral cell(s)：コケモドキ属でヒゲネを形成する
胎原列：[procarp(s)]：造果枝：[carpogonial branch(es)]：造果器をつける定数の分化した細胞で構成される特別の枝．進化した紅藻にみられる
対生：opposite：1か所から両側に同時に出る
多軸性：multipodial：1本以上の中軸をもつ1本以上の細胞列をもつ
多軸性：multiaxial：多数の細長い糸状体で構成されている中軸
多列性：multiseriate：1本以上の細胞列をもつ多数の糸状体をもつ
単基的：monopodial：1次主軸が成長の主軸として保持され，2次側枝はその主軸から形成される発達方法
単軸性：uniaxial
単純な放射細胞：simple ray cell(s)：パラレマネア属でみられる周心細胞
単独に形成される：produced solitary
単胞子：monopsore(s)：枝上に形成される無性の胞子，胞子嚢内に1個形成される鞭毛をもたない胞子
単胞子嚢：monosporangium (monosporangia)：1個の胞子を形成する胞子嚢
端毛：terminal hair(s)
単列性：uniseriate：1列のみで配列している
近く隣接する：contiguous
中軸：axis (axes)：植物の中央または真中の面
中軸細胞：axial cell(s)：[←中心細胞, central cell(s)]
中心細胞：central cell(s)：[→中軸細胞, axial cell(s)]
中肋：costate, costa
中肋：middrib(s)：アヤギヌ属でみられる，中心細胞の周りの，腹側，背側の1個ずつ，両側の2個の周心細胞で構成される構造

壺形の受精毛：urn-shaped trichogyne(s)

T- または L-形の放射細胞：T- or L-shaped radial cell(s)：レマネア属でみられる周心細胞

倒円錐形：obconical：太い部分が最下にある円錐形

倒円錐形の受精毛：obconical trichogyne(s)

同化糸：assimilatory filament(s)：[←側糸, lateral filament(s)]：チスジノリ科にみられる，光合成のための糸状枝

倒卵形：obovoidal：太い部分が先端または最も下側にある卵形

刺状小枝：short spinous branchlet(s)：オオイシソウ属でみられる刺状の小さい枝

内生胞子：endospore(s)：細胞内部に形成される無性胞子

波うつ：undulate

2次輪生枝：secondary fascicle(s)：カワモズク属とユタカカワモズク属では，有限成長をし，密集して分枝するすべて同じ長さの側枝は，周心細胞から中軸細胞上を這って伸びる皮層細胞から出る

2次ピットコネクション：secondary pit connection

布状，板状：laminate

ねじれる：twisted

粘性：mucilaginous

囊果：cystocarp(s)：[≠→果胞子体, carposporophyte(s)]：果胞子体とそれを保護する配偶体の組織（果皮 pericarp）をまとめていう

囊状体：saccate：袋状，風船形

配偶体：gametophyte(s)：生活史の中で，配偶子を形成する有性世代

パッチ状：patch(es)

羽状分枝：pinnately branched

半球形の突起：hemispherical protuberance(s)：ユタカカワモズク属の造果器基部にみられる

ヒゲネ（糸状）：flagellar hapteron (haptera)：コケモドキ属でみられる，分化した糸状体からなる付着器官

披針形：lanceolate：槍形：[lance-shaped]：中央部よりやや下部が最も太い形で，縦横の比がおよそ1-3

皮層：cortex：中心細胞または中心糸の周りに，それを取り囲む層として形成される細胞または糸状体の層

皮層細胞：cortical cell(s)：中心細胞または中心糸の周りに，それを取り囲む層として形成される細胞

皮層細胞糸：cortical filament(s)：中心細胞または中心糸の周りに，それを取り囲む層として形成される糸状体

皮層糸上を這う：creeping along cortical filament

ピットコネクション：pit connection：隣り合う2個の細胞間の細胞膜の孔を埋めるレンズ形のプラグ

ピットプラグ：pit plug(s)：細胞間の原形質連絡の構造で，コア（core）の部分，それを包むキャプ膜（cap membrane）と，キャップ層（cap layer）とからなり，大別して6型がある．1型：コアのみ，2型：コアをキャップ膜のみが包む，3型：コアを1層のキャップ層が冠る，4型：コアを1層のキャップ層が冠り，キャップ膜が包む，5型：コアを2層のキャップ層が冠り，キャップ膜がその間を通る，6型：コアを2層のキャップ層が冠り，キャップ膜がその間を通り，外側のキャップ層がドーム形に膨らむ．これらの形質は目の階級の分類形質として用いられる

被覆：involucre：有性生殖器管（造果器）を取り巻いて覆う，無性の糸状体群

被覆枝：involucral filament(s)：有性生殖器管（造果器）を取り巻いて覆う，無性の一群の糸状枝．主

にカワモズク属にみられる

ピラミッド形：pyramidal

不規則に捩れる：contorted

2又分岐：dichotomous：2部分に分裂または2又になる．2又分枝

付着器：hapteron (haptera)：コケモドキ属の種にみられる付着するための器官

付着器：[→ holdfast(s)]：付着するための器官に分化した細胞または糸状部

不動精子：non-motile spermatium, spermatia

不明瞭な柄（造果器の）：not pronounced stalk(s) of carpogonium

プロカルプ：procarp(s)：紅藻にみられる造果器とそれに付属する細胞の集まり

胞子体：sporophyte(s)：生活史の中で，胞子を形成する複相の植物体または相

放射細胞：ray cell(s)：レマネア属でみられる周心細胞

紡錘形：fusiform：[spindle-shaped]：中央部が膨れ，両端に向かって紡錘のように次第に細くなる，細長い楕円形

星形：stellate

星形の色素体：stellate chloroplast(s)

匍匐部：prostrate portion(s)

三か月形：lunate：[← crescent]

無限成長をする造胞糸：indeterminate gonimoblast filament(s)：カワモズク属ツルフォサ節とユタカカワモズク属の種にみられる

無柄：unstalked

雌株：female plant(s)：紅藻では，雌性生殖器官である造果器のみをもつ藻体をいう

毛状枝：trichoblast：藻体先端部に外的に形成される，単純なまたは分枝した，色素体をもつか無色の枝．フジマツモ科にみられる

有限成長造胞糸：determinate gonimoblast filament(s)

融合細胞：fused cell(s)：プラセンタ placenta：受精した造果器，造果器をつける枝の細胞など，2個またはそれ以上の細胞の原形質，核が融合して形成された細胞．ツオメヤ属にみられる

有柄：stalked

弓状：arcuate：弓形，細い三か月形，弓のように強く曲がる

緩やかに集合する果胞子体：loosely agglomerated carposporophyte：カワモズク属コントルタ節でみられる

葉状の節間部：leafy internode(s)：アヤギヌ属でみられる

翼細胞列：wing cell-row(s)：アヤギヌ属では，横側の周心細胞から2-3次の細胞列の発達により，翼が形成される

らせん状：spiral

らせん状にねじれる：spirally twisted

らせん状に湾曲：sprially curved

卵形：ovoidal：卵のような形

ルビスコ（リブロース-1,5-ニリン酸脱炭酸酵素）：(ribulose 1,5-bis-phosphate-carboxlase, oxygenase)：光合成の暗反応にかかわる主要な酵素で，カルビン-ベンソン回路（炭酸固定回路）でCO_2固定に働き，また光呼吸においてO_2を基質として反応する酵素

ルビスコ遺伝子の大(小)サブユニット：large (small) subunit of RuBisCo gene：rbcL (rbc S)：ルビスコ遺伝子は紅藻類ではいずれも葉緑体遺伝子に含まれている．進化速度が比較的早いので，属，種，

群落など比較的低次の分類群の系統関係を考察する際にしばしば用いられる
輪生枝：fascicle(s)：カワモズク属とユタカカワモズク属では，有限成長をし，密集して分枝するすべて同じ長さの側枝は，細長い主軸の細胞下部から出る周心細胞（1次輪生枝）と，周心細胞から中軸細胞上を這って伸びる皮層細胞（2次輪生枝）から出る
輪生枝叢：whorl(s)：カワモズク属とユタカカワモズク属では，有限成長をし，密集して分枝するすべて同じ長さの側枝（輪生枝）が輪生して，連珠となる
連基的：sympodial：1次主軸が継続的に側枝に取って替わられ，その側枝は一時的に主軸のようになるが，やがて間もなくその側枝に取って替わられる発達の方法
連鎖状に形成される：produced in chain(s)
連続胞子嚢：seirosporangium (seirosporangia)：その中に分岐または無分岐の胞子嚢の列が，頂生的に形成される胞子嚢の一つの型
連続胞子：seirospore(s)：連続胞子嚢内に形成される胞子
ロゼット状の被覆枝：losette like involucral filaments：カワモズク属アリスタタ節でみられる
湾曲する：bent, curved

造果器の形態に関する用語

円錐台形，截形：truncate：先端を切って平らな形，平らで丸い形
円柱形：cylindrical：[← zylindrisch]
金床形：urn-shaped：[← urnenförmig]
棍棒形：club-shaped [←楔形 claviform, clavate, keulenfmig, wedge-shaped]
西洋梨形：pear-shaped：[← pyriform]
楕円形：ellipsoidal：[← ellipsoidisch]
倒円錐形：obconical：[← umgekehrt kegelfmig]：太い部分が最下にある円錐形
倒卵形：obovoidal：太い部分が先端または最も下側にある卵形
披針形，杓子形：lanceolate：[←槍形, lance-shaped]：中央部よりやや下部が最も太い形で，縦横の比がおよそ1-3
三か月形：lunate：[← crescent]
卵形：ovoidal：卵のような形
薬匙形：spatular-shaped：[← spatulate]：角ばった杓子形，薬匙のような形

細胞の形態に関する用語

円柱形：cylindrical：[← zylindrisch]
披針形：lanceolate：[←槍形, lance-shaped]：中央部よりやや下部が最も太い形で，縦横の比がおよそ1-3
ピラミッド形：pyramidal：ピラミッドのような角錐形
紡錘形：fusiform：[← spindle-shaped]：中央部が膨れ，両端に向かって紡錘のように次第に細くなる，細長い楕円形

淡水産紅藻に関連する学術用語集
(英語→日本語)

学術用語は，英語，日本語，英語による学術用語の説明の順に示した．
学術用語は，axis (axes) のように，単数で示し複数は括弧の中に示した．

alternate：互生
alternation of generations：世代交代：a life cycle in which both asexual and sexual plants occur, one giving rise to the other by the production of spores, [carposporophyte and chantransia phase], and by the fusion of gamete [gametophyte] in Rhodophyceae
amoeboid：アメーバ状：like an amoeba in locomotion in monospore of genus *Bangia*
arcuate：弓状：arched, bow-shaped, sharply crecent-shaped, strongly curved as in drawn bow
assimilatory filament(s)：[← photosynthetic filament(s)]：同化糸：photosynthetic filaments in family Thoreaceae
audouinella-phase (stage)：オージュイネラ相：[→ chantransia phase, シャントランシア世代]：a diploid phase producing gametophyte by means of meiosis in vegetative cell
audouinelloid, audouinella-like：オージュイネラ状：a shape of filaments of fascicles in some taxa of genus *Batrachospermum*
axial cell(s)：中軸細胞：[← central cell(s), 中心細胞]
axis (axes)：中軸：the central or median plane of plant
basal cell of primary branchlet：1次輪生枝の基部細胞：[→ periaxial cell, 周心細胞]
bent, curved：湾曲する
bract(s)：苞：[→ involucral filament(s), 被覆枝]
branchlet(s)：輪生枝，小枝
caespitose：叢状：clustered, in fascicles, forming a mat or tangle
carpogonial branch(es)：造果枝：[→ carpogonium-bearing branch(es), 造果器をつける枝]：a specialized filament consisting of a definite number of modified cells subtending carpogonium in the advanced taxa of Rhodophyceae
carpogonium-bearing branch(es)：造果器をつける枝：[← carpogonial branch(es), 造果枝]：an undifferentiated filament consisting of indefinite number of unmodified cells bearing carpogonium in the primitive members of the Rhodophyceae such as genus *Batrachospermum*：
carpogonium (carpogonia)：造果器：a female sex organ, usually with a trichogyne in Rhodophyceae
carposporangium (carposporangia)：果胞子嚢：a cell producing carpospore
carpospore(s)：果胞子：usually diploid spore that arises as a result of fertilized carpogonium in Rhodophyceae
carposporophyte(s)：果胞子体：[←≠cystcarp(s), 嚢果]：usually diploid generation in Rhodophyceae derived from the zygote, comprised of gonimoblast filaments bearing carpospores
central cell(s)：中心細胞：[→ axial cell(s), 中軸細胞]
chantransia-phase (stage)：シャントランシア世代 [← audouinella-phase, オージュイネラ相]：a diploid phase arising from carpospore, and producing a haploid gametophyte by means of meiotic

division in vegetative cell
circular, ring(s)：環状，輪状
cladohapteron (cladohaptera)：付着器となる枝部：[← hapteronous branch(es)]：エダネ：in some species of genus *Bostrychia*, at a tip of plants a lateral branch and a cladohapteron successively initiated from main axis. At the tip of the cladohapteron, the apical cell stops to produce discoid segments posteriorly, the pericentral cells elongate along the axis, the cladohapteron thus formed bends over toward the substratum
clavate：[claviform]：[→ club-shaped]：棍棒形：wedge-shaped 楔形
closely agglomerated：密に集合する
club-shaped [← claviform, clavate, keulenförmig]：棍棒形
constricted：括れる：pinched in, deeply incised
contiguous：融合する，滑らか：near-by adjoined
contorted：ねじれる：irregularly twisted
cortex：皮層部：a layer of cells or filaments which invest or grow around a central cell or filaments, forming an incising layer
cortical cell(s)：皮層細胞：cells which invest or grow around a central cell or filaments, forming an incising layer
cortical filament(s)：皮層細胞糸：filaments which invest or grow around a central cell or filaments, forming an incising layer
corymb：繖形：a flat-topped cluster
costate (costa)：中肋：rib, ribbed
cover cell(s)：カバー細胞：cells that are cut off in association with tetrasporangia, serving as superficial, protective covers in genus *Bostrychia*
creeping along cortical filament：皮層部を匍匐する
curved：湾曲する，カーブする
cushion-like：クッション状：said of a thallus composed of a mound of cells, two to many layers of cells：[→ parenchymatous, 偽柔組織状]
cylindrical：elongate and round in cross section with parallel lateral margins：円柱形
cystocarp(s)：carposporophyte and surrounding gametophytic tissue (pericarp 周皮) in Rhodophyceae：嚢果：[≠→ carposporophyte(s)：果胞子体]
determinate gonimoblast filament(s)：有限成長をする造胞糸
dichotomous：二又分枝：divided or forked into two parts, forking branches
dioecious：雌雄異株：two households, with male and female organs on separate plants
disc, discoid：円盤形：a circular, flat body, a plate
distal：上方，先端部：referring to the forward end, opposite from base
18 S rRNA gene：18 S rDNA：核コードの小サブユニット rRNA 遺伝子：gene sequences coding 18 S ribosomal RNA, small subunit r RNA. Due to its relatively slow substitution rate, it has been frequently used for discussing the molecular phylogenetic relationship at higher taxonomic ranks (e. g. families, orders) in Rhodophyceae.
endospore(s)：内生胞子：a spore formed within a cell
epilithic：岩石付着性：living upon stones
epiphytic：植物付着性：living upon a plant
fascicle(s)：輪生枝：[← branchlet(s)]：in genera Batrachospermum and Sirodotia, densely bran-

ched laterals (fascicles) of limited growth, all of about same length arise from pericentral cells just below the septa separating the elongate cells of main axes, and from cortical cells developed from pericentral cells and creeping along axial cells

female plant(s)：雌株：a plant producing female organs, carpogonia only in Rhodophyceae

filament：糸状体：a linear arrangement of cells; thread of cells

flagellar hapteron (haptera)：繊維状の付着器：ヒゲネ：filaments modified to form an attaching organ in some species of genus *Bostrychia*: flagellar outgrowths, originating from ventral and side peri-central cells, developing into flagellar haptera, consisting bundles of 8-12 filaments, arising from bentral side of segments, then bend toward substrata

flagelliform 糸状：whip-shaped：鞭形

frond：葉状の植物体：a flat, leaf-like plant, a foliaceous thallus

fused cell(s)：融合細胞：placenta：the cell produced by the union of the protoplasm and nuclei of two or more cells such as fertilized carpogonium, cells of carpogonium bearing branch in genus *Tuomeya*

fusiform [spindle-shaped]：紡錘形：swollen at middle and tapering to each end like a spindle, narrowly ellipsoidal

gametophyte(s)：配偶体：the sexual, gamete-producing phase in the life cycle of a plant

gonimoblast filament(s)：造胞糸：short filaments developing from the zygotes, and cut off carposporangia at their tip

gonimoblast(s)：造胞体，果胞子体：[← cystocarp(s), 嚢果]：a filament bearing carpospores of the entire collection of these filaments comprising the carposporophyte

hapteron, haptera：an anchoring organ：付着器

hapteronous branch(es)：エダネ：[→ cladohapteron (cladohaptera)]：付着器となる枝：branches modified to form an attaching organ in genus *Bostrychia*

hemispherical protuberance(s)：半球形の突起：in carpogonia base of genus *Sirodotia*

holdfast(s)：付着器：[← rhizoid(s), 仮根部)]：cells or filaments modified to form an attaching organ

hypogenous cell(s)：器下細胞：the cell subtending, directly beneath, the carpogonium

indeterminate gonimoblast filament(s)：無限成長をする造胞糸：in some taxa of section *Turfosa* of genus *Batrachospermum* and genus *Sirodotia*

involucral filament(s)：被覆枝：[← bract(s), 苞]：a sterile group of filaments forming an envelope around carpogonia in genus *Batrachospermum*

involucre：被覆細胞：a sterile group of cells or filaments forming an envelope around a reproductive structure (s)

laminate：plate-like：布形，板形

lanceolate：杓子形，披針形：[lance-shaped, 槍形]：a shape broadest above or below the middle with length to breadth about 3 to 1

lateral and bentral periaxial cell(s)：側生と腹生の周心細胞：form flagellar hapteron in genus *Bostrychia*

leafy internode(s)：葉状の節間部：in genus *Caloglossa*

loosely agglomerated：緩やかに集合する：carposporophyte in the some species of section *Contorta* of genus *Batrachospermum*

losette like involucral filaments：ロゼット状の被覆枝：in section *Aristata* of genus *Batrachospermum*

lunate：[← crescent]：三か月形
male plant(s)：雄株：a plant producing male sex organs, sparmatangia
medulla：髄層部：central region of a thallus
medullarly filament(s)：髄層糸：filaments composing central region of a thallus
microsporangium (microsporangia)：小胞子嚢：a sporangium producing microspores
microspore(s)：小胞子：minute, asexual reproductive spores formed by some taxa of genus *Compsopogon*
middrib(s)：中肋：a structure consisting of a bentral, a dorsal and two lateral pericentral cells around central cell in genus *Caloglossa*
monoecious：雌雄同株性：of one household with both male and female sex organs on the same plant
monopodial：単軸性
monosporangium (monosporangia)：単胞子嚢：a sporangium that produces a single spore
monospore(s)：単胞子：asexual spores forming on branches：a non-flagellate spore produced singly from a sporangium
mucilaginous：粘性：[← gelatinous, ゼラチン状]
multiaxial：多軸性：an axis composed of many elongate filaments
multipodial：多軸性：with more than one axis；with more than one row of cells
multiseriate：多軸性：with more than one row of cells；with many filaments
node：節部：the site on an axis from which branches arise
non-motile spermatium (spermatia)：運動性のない精子
not pronounced stalk(s) of carpogonium：造果器の目立たない柄
obconical：倒円錐形：cone-shaped with the broader end foremost
obovoidal：倒卵形：inversely ovoidal, with the broader end anterior or outer most
one-celled gametophyte(s)：1細胞性の配偶体：found in subgenus *Acarposporophytum* of genus *Batrachospermum*
opposite：対生
ovoidal：卵形：shaped like an egg
parietal chloroplast(s)：側壁性の色素体：chloroplast lying along the wall；peripheral in the cell
parietal：側壁性の：lying along the wall, peripheral in the cell
patch(es)：パッチ
pear-shaped[← pyriform]
periaxial cell(s)[← pericentral cell(s)]：周心細胞：a cell (one or several) enclosing a central cell：[← basal cell of primary branchlets, 1次輪生枝の基部細胞]
pericentral cell(s)：[→ periaxial cell]：周心細胞
pinnate：feather like：羽状
pit connection：ピットコネクション：a discrete lens-shaped plug held within an aperture of the cross wall between two adjacent cells
pit plug：ピットプラグ：structure of pit connection consisting of core, cap membrane enveloping core and cap layer, type 1：core only, type 2：core enveloped by cap membrane only, type 3：core enveloped by a cap layer, type 4：core enveloped by a cap layer and a cap membrane, type 5：core enveloped by inner and outer cap layers with intercarally cap membrane, type 6：core enveloped by inner and outer dome-shaped cap layers with intercarally cap membrane
primary branchlet(s)：[→ primary fascicle(s)]：1次輪生枝

primary fascicle(s):［← primary branchlet(s)］：1次輪生枝：in genera *Batrachospermum* and *Sirodotia*, densely branched laterals (fascicles) of limited growth, all of about same length arise from pericentral cells just below the septa separating the elongate cells of main axes
procarp(s)：プロカルプ：assiciation of carpogonium and auxiliary cells in Rhodophyceae
produced in chain(s)：連鎖状に形成される
produced solitary：単独性の
propagule(s)：増殖胞子：zonately separated specialized carpospores formed on gonimoblast filaments in *Batrachospermum breutelii*：
prostrate portion(s)：匍匐部
pseudofilament：偽糸状体：a thread of cells incidentally arranged in a linear series, not a true filament
pseudoparenchymatous：偽柔組織状：resembling a mound of cells but actually constructed of closely grown filaments
pyramidal：ピラミッド形：in the shape of a pyramid
pyriform：［pear-shaped］：西洋梨形：with narrow end foremost
ray cell(s)：放射細胞：a variation of periaxial cells in genus *Lemanea*：
RuBisCo gene：rbcL and rbcS：リブロース-1,5-二リン酸カルボキシラーゼオキシゲナーゼ遺伝子：gene sequences coding large and small subunits of RuBisCo (ribulose-1,5-bis-phosphate carboxylase-oxigenase). Due to their relatively fast substitution rate, these regions have been successfully used for discussing the molecular phylogenetic and biogeographical relationships at lower taxonomic ranks (e. g. populations, species, genera) in Rhodophyceae.
rhizoid(s)：仮根［→ holdfast(s), 付着器］：an anchoring organ
saccate：囊状：like a sac; balloon-shaped
secondary branchlet(s)：［→ secondary fascicle(s)］：2次輪生枝
secondary fascicle(s)：［← secondary branchlet(s)］：2次輪生枝：in genera *Batrachospermum* and *Sirodotia*, densely branched laterals (fascicles) of limited growth, all of about same length arise from cortical cells developed from pericentral cells and creeping along axial cells
seirosporangium (seirosporangia)：連続胞子嚢：a type of sporangium in which branched orunbrnached series of sporangia are terminally produced
seirospore(s)：連続胞子：a spore produced in a seirosporangium
short spinous branchlet(s)：刺状小短枝：in genus *Compsopogon*
simple ray cell(s)：単純な放射細胞：found in genus *Paralemanea*
spatular-shaped［← spatulate］：薬匙形
spermatangial papillae (papilla)：精子嚢斑：found in family Lemaneaceae
spermatangium (spermatangia)［← antheridium (antheridia)］：精子嚢：male reproductive structure in Rhodophyceae, which produces a spermatangium
spermatium (spermatia)：不動の精子：cells acting as male gamete; non-motile and colorless male cells released from sporangium in Rhodophyceae
spermatiophore：精子嚢保持体：formed at the tip of fascicles, spermatangia formed directly from cells of fascicles, most spermatangia occur at the apices of spermatiophores, which range from few-celled and unbranched complexes in *Batrachospermum spermatiophorum*
spherical：［← globose］：球形
spiral：らせん状

spirally coiled：コイル状に巻く

spirially curved：らせん状に湾曲する

spirally twisted [→ spirally coiled]：らせん状にねじれる

sporophyte(s)：胞子体：the diploid, usually, spore-producing phase in a life cycle

stalked：有柄の

stellate chloroplast(s)：星形の色素体

stellate：star-shaped：星形の

stichidium (stichidia)：4分胞子嚢托：a specialized branch bearing tetrasporangia in Nemaliophycidae

supporting cell(s)：支持細胞：the cell bearing cover cells and tetrasporangium：the cell bearing the carpogonial branch in genera *Caloglossa* and *Bostrychia*

sympodial：連基的：method of development in which the primary axis is continually being replaced by lateral axes which become temporarity dominant but also soon are replaced by their own laterals

T- or L-shaped radial cell(s)：a variation of pericentral cells in genus *Lemanea*：T- または L-形の放射細胞

terminal hair(s)：端毛

tetrasporangium (tetrasporangia)：4分胞子嚢：a cell in which a diploid nucleus undergoes meiosis and four haploid spores, tetraspores, are produced in Nemaliophycidae

tetraspore(s)：4分胞子：a spore produced within a tetrasporangium as a result of meiosis in Rhodophyceae

tetrasporophyte(s)：4分胞子体：a diploid phase producing tetrasporangia

thallus (thalli)：藻体：a plant body in which there is little or no differentiation of cells to form tissues

trichoblast：毛状体：a simple or branched filaments, pigmented or colorless, arising exogenousely at the apices of plants in family Rhodomelaceae

trichogyne(s)：受精毛：a receptive protuberance or elongation of a female gametangium (carpogonium) to which male gametes become attached

truncate：円錐台形：flat at the top, flatly rounded

twisted：[→ undulate]：ねじれる

ultimate branchlet(s)：最終枝

undulate：[← twisted]：wavy：波状にうねる，波うつ

unilateral：片側生：on one side, arising from one side only

uniseriate：単軸性：arranged in a single row or series

unstalked：無柄の

urn-shaped：[← urnenförmig]：金床形

whorl(s)：輪生枝叢：in genera *Batrachospermum* and *Sirodotia*, each bead consisting of a whorl of densely branched laterals (fascicles) of limited growth, all of about same length

wing cell-row(s)：翼細胞列：wing formation follows that of genus *Caloglossa*, being initiated from the lateral pericentral cells with production of secondary and tertiary rows

Shapes of trichogynes

club-shaped : [← claviform, clavate, keulenfmig, wedge-shaped] : 棍棒形[←楔形]

cylindrical : [← zylindrisch] : 円柱形

ellipsoidal : [← ellipsoidisch] : 楕円形

lanceolate : 杓子形, 披針形 : [← lance-shaped, 槍形] : a shape broadest below or above the middle with length to breadth about 3 to 1

lunate : [← crescent] : 三か月形

obconical : [← umgekehrt kegelfömig] : 倒円錐形 : cone-shaped with the broader end foremost

obovoidal : 倒卵形 : inversely ovoidal, with the broader end anterior or outer most

ovoidal : 卵形 : shaped like an egg

pear-shaped : [← pyriform] : 西洋梨形 : with narrow end foremost

truncate : 円錐台形 : flat at the top, flatly rounded

urn-shaped : [← urnenförmig] : 金床形

Shapes of cells

cylindrical : [← zylindrisch] : 円柱形

fusiform : [← spindle-shaped] : 紡錘形 : swollen at middle and tapering to each end like a spindle, narrowly ellipsoidal

lanceolate : 杓子形, 披針形 : [← lance-shaped, 槍形] : a shape broadest below or above the middle with length to breadth about 3 to 1

pyramidal : in the shape of a pyramid : ピラミッド形

引用および参考文献

(いくつかの日本語文献を除いて，以下に示す文献はすべて，カリフォルニア大学バークレイ校に所蔵されている)

安達　誘 1979. 大野市の湧水帯に出現した藻類. 足羽高等学校研究集録 1：64-75.

Agardh, C. A. 1810-1812. Dispositio algarum Sueciae...Lund. pp.[1]-16 (1810), 17-26 (1811), 27-45 (1812).

Agardh, C. A. 1817. Synopsis algarum Scandinaviae..Lund. XL+135 pp.

Agardh, C. A. 1820. Species algarum..Vol. 1, part 1. Lund. pp.[1]-168.

Agardh, C. A. 1822-1823. Species algarum...Vol. 1, part 2. Lund. pp. 169-398 (1822), 399-531 (1823).

Agardh, C. A. 1824. Systema algarum. Lund. XXXVIII+312 pp.

Agardh, C. A. 1828. Species algarum...Vol. 2, sect. 1. Greifswald. LXXVI+189 pp.

Agardh, J. G. 1841. In historiam algarum symbolae. Linnaea 15：1-50, 443-457.

Agardh, J. G. 1842. Algae maris Mediterranei et Adriatici. Paris. X+164 pp.

Agardh, J. G. 1847. Nya alger från Mexico. Öfvers. Förh. Kongl. Svenska Vetensk. -Akad. 4：5-17.

Agardh, J. G. 1848. Species genera et ordines algarum...Vol. 1. Lund. VIII+363 pp.

Agardh, J. G. 1851-1863. Species genera et ordines algarum...Vol. 2. Lund. XII+1291 pp.[Part 1, pp. [I]-XII+[1]-336+337-351 (Addenda and Index)(1851)；part 2, fasc. 1, pp. 337-504 (1851)；part 2, fasc. 2, pp. 505-700+701-720 (Addenda and Index)(1852)；part 3, fasc. 1, pp. 701-786 (1852)；part 3, fasc. 2, pp. 787-1291 (1139-1158 omitted)(1863).

Agardh, J. G. 1854. Nya algformer. Öfvers. Förh. Kongl. Svenska Vetensk. -Akad. 11：107-111.

Agardh, J. G. 1876. Species genera et ordines algarum...Vol. 3, part 1. Leipzig. VII+724 pp.

Agardh, J. G. 1883. Till algernes systematik. Nya bidrag. (Tredje afdelningen.) Lunds Univ. Års-Skr., Afd. Math. och Naturvidensk. 19 (2). 177 pp.

Agardh, J. G. 1898. Species genera et ordines algarum...Vol. 3, part 3. Lund. 239 pp.

Aghajanian, J. G. & Hommersand, M. H. 1980. Growth and differentiation of axial and lateral filaments in *Batrachospermum sirodotii* (Rhodophyta). J. Phycol. 16：15-28.

Akiyama, N. & Nishigami, K. 1959. Ecological studies on algal flora in Lake Shinji and Nakano-umi. I. Distribution of macroscopic algae. Sci. Rep. (Nat. Sci.) Shimane Univ. no. 9 69-75.

Alexopoulos, C. J. & Bold, H. C. 1967. Algae and fungi. New York：Macmillan. vii+135 pp.

Allen, M. B. 1959. Studies with *Cyanidium caldarium*, an anomalously pigmented chlorophyte. Arch. Mikrobiol. 32：270-277.

Anderson, F. W. & Kelsey, F. D. 1891. Common and conspicuous algae of Montana. Bull. Torrey Bot. Club 18：137-146.

Anton, A., Sato, H., Kumano, S. & Mohamed, M. 1999. *Batrachospermum gombakense* (Batrachospermaceae, Rhodophyta), new to Sabah, Malaysia. Nature and Human Activities No. 4, 1-8.

新井章吾・佐野　修・若菜　勇 1996. 阿寒湖におけるオオイシソウの発見について. マリモ研究 5：12-15.

新崎盛敏 1937. チスジノリの生活史について(予報). 植物研究雑誌 101：715-721.

Arcangeli, G. 1882. Sopra alcune specie di *Batrachospermum*. Nuovo Giorn. Bot. Ital. 14：155-167.

Archer, W. 1876. On the minute structure and mode of growth of *Ballia callitricha*, Ag. (sensu latiori). Trans. Linn. Soc. London, Bot. 1：211-232.

Areschoug, J. E. 1842. Algarum minus rite cognitarum pugillus primus. Linnaea 16：225-236.

Areschoug, J. E. 1843.　Algarum (Phycearum) minus rite cognitarum pugillus secundus. Linnaea 17 : 257-269.

Areschoug, J. E. 1847.　Phycearum, quae in maribus Scandinaviae crescunt, enumeratio. Sectio prior Fucaceas continens. Nova Acta Regiae Soc. Sci. Upsal. 13 : 223-382.

Areschoug, J. E. 1850.　Phycearum, quae in maribus Scandinaviae crescunt, enumeratio. Sectio posterior Ulvaceas continens. Nova Acta Regiae Soc. Sci. Upsal. 14 : 385-454.

Areschoug, J. E. 1875.　Observationes phycologicae. Particula tertia. De algis nonnullis scandinavicis et de conjunctione Phaeozoosporarum Dictyosiphonis hippuroidis. Nova Acta Regiae Soc. Sci. Upsal., ser. 3, 10 : 1-36.

Areschoug, J. E. 1876.　De algis nonnulis maris Baltici et Bahusiensis. Bot. Not. 1876 : 33-37.

Atkinson, G. F. 1890.　Monograph of the Lemaneaceae of the United States. Ann. Bot. (London) 4 : 177-229.

Atkinson, G. F. 1904.　A new *Lemanea* from Newfoundland. Torreya 4 : 26.

Atkinson, G. F. 1931.　Notes on the genus Lemanea in North America. Bot. Gaz. 92 : 225-242.

Bachmann, H. 1921.　Beiträge zur Algenflora des Süsswassers von Westgrönland. Mitt. Naturf. Ges. Luzern 8 : 1-181.

Bailey, F. M. 1895.　Contributions to the Queensland flora. Queensland freshwater algae. Queensland Dept. Agric., Bot. Bull. 11. 69 pp.

Bailey, F. M. 1913.　Comprehensive catalogue of Queensland plants both indigenous and naturalised …Brisbane. 879 pp.

Balakrishnan, M. S. & Chaugule, B. B. 1975.　"Elimination cells" in the Batrachospermaceae. Curr. Sci. 44 : 436-437.

Balakrishnan, M. S. & Chaugule, B. B. 1980 a.　Cytology and life history of *Batrachospermum mahabaleshwarensis* Balakrishnan et Chaugule. Cryptog. Algol. 1 : 83-97.

Balakrishnan, M. S. & Chaugule, B. B. 1980 b.　Morphology and life history of *Batrachospermum kylinii* n. sp. J. Indian Bot. Soc. 59 : 291-300.

Balakrishnan, M. S. & Chaugule, B. B. 1980 c.　Indian Batrachospermaceae. *In* Desikachary, T. V. & Raja Rao, V. N. (eds.), Taxonomy of algae…Univ. Madras. pp. 223-248. [completed book did not appear until 1986]

Basson, P. W. 1979.　Marine algae of the Arabian Gulf coast of Saudi Arabia. Bot. Mar. 22 : 47-82.

Battiato, A., Cormaci, M., Furnari, G. & Lanfranco, E. 1979.　The occurrence of *Compsopogon coeruleus* (Balbis) Montagne (Rhodophuyta, Bangiophycideae) in Malta and of *Compsopogon chalybeus* Kützing in an aquarium at Catania (Sicily). Rev. Algol. N. S. 14 : 11-16.

Beanland, W. R. & Woelkerling, W. J. 1982.　Studies on Australian mangrove algae. II. Composition and geographic distribution of communities in Spencer Gulf, South Australia. Proc. Roy. Soc. Victoria 94 : 89-106.

Bennett, J. L. 1888.　Plants of Rhode Island…Providence. 128 pp.

Berkeley, M. J. 1857.　Introduction to cryptogamic botany. London. viii+604 pp.

Bischoff, H. W. 1965.　*Thorea riekei* sp. nov. and related species. J. Phycol. 1 : 111-117.

Blum, J. L. 1993 a.　*Lemanea* (Rhodophyceae) in Wisconsin. Trans. Wisconsin Acad. Sci. Arts & Lett. 81 : 7-11.

Blum, J. L. 1993 b.　*Lemanea* (Rhodophyta, Florideophyceae) in Indiana. Proc. Indiana Acad. Sci. 102 : 1-7.

Blum, J. L. 1997 ("1994"). *Paralemanea* species (Rhodophyceae) in California. Proc. Indiana Acad. Sci. 103 : 1-24.

Bold, H. C. 1973. Morphology of plants. 3 rd ed. New York : Harper & Row. xv+668 pp.

Bold, H. C. & Wynne, M. J. 1978. Introduction to the algae...Englewood Cliffs, New Jersey : Prentice-Hall. xiv+706 pp.

Borge, O. 1928. [Zellpflanzen Ostafrikas, gesammelt auf der Akademischen Studienfahrt 1910. Von Bruno Schröder. Teil VIII.] Süsswasseralgen. Hedwigia 68 : 93-114.

Børgesen, F. 1911. The algal vegetation of the lagoons in the Danish West Indies. *In* Rosenvinge, L. K. (ed.), Biologiske arbejder tilegnede Eug. Warming...Kobenhavn. pp. 41-56.

Børgesen, F. 1919. The marine algae of the Danish West Indies. Part III. Rhodophyceae (5). Dansk Bot. Ark. 3 : 305-368.

Børgesen, F. 1933. Some Indian Rhodophyceae especially from the shores of the Presidency of Bombay. III. Bull. Misc. Inform. 1933 : 113-142.

Børgesen, F. 1937. Contributions to a South Indian marine algal flora-II. J. Indian Bot. Soc. 16 : 311-357.

Børgesen, F. 1945. Some marine algae from Mauritius. III. Rhodophyceae. Part 4. Ceramiales. Biol. Meddel. Kongel. Danske Vidensk. Selsk. 19 (10) : 1-68.

Bornemann, F. 1887. Beiträge zur Kenntniss der Lemaneaceen. Inaugural-Dissertation...Universität zu Freiburg. Berlin. 49 pp.

Bornet, E. & Thuret, G. 1866. Note sur la fécondation des Floridées. Mém. Soc. Imp. Sci. Nat. Cherbourg 12 : 257-262.

Bornet, E. 1892. Les algues de P.-K.-A. Schousboe. Mém. Soc. Sci. Nat. Cherbourg 28 : 165-376.

Bory de Saint-Vincent 1809. Mémoire sur le genre *Lemanea*. Mag. Entdeck. Naturk. 3 : 274-281. [German translation of 1808 b]

Bory de Saint-Vincent, J. B. 1804. Voyage dans les quatre principales îles des mers d'Afrique... Paris. Vol. 2. 431 pp.

Bory de Saint-Vincent, J. B. 1808 a. Mémoire sur un genre nouveau de la cryptogamie aquatique, nommé *Thorea*. Ann. Mus. Hist. Nat. 12 : 126-135.

Bory de Saint-Vincent, J. B. 1808 b. Mémoire sur le genre *Lemanea* de la famille des Conferves. Ann. Mus. Hist. Nat. 12 : 177-190.

Bory de Saint-Vincent, J. B. 1808 c. Mémoire sur le genre *Batrachosperma*, de la famille des Conferves. Ann. Mus. Hist. Nat. 12 : 310-332.

Bory de Saint-Vincent, J. B. 1823 a. Céramiaires. Dict. Class. Hist. Nat. 3 : 339-341.

Bory de Saint-Vincent, J. B. 1823 b. Conferveés. Dict. Class. Hist. Nat. 4 : 392-394.

Bory de Saint-Vincent, J. B. 1827-1829. Cryptogamie. *In* Duperrey, L. I., Voyage autour du monde ...La Coquille..Paris.[pp. 1-96 (1827), 97-200 (1828), 201-301 (1829).]

Bourrelly, P. 1966. Quelques algues d'eau douce du Canada. Int. Rev. Gesamten Hydrobiol. 51 : 45-126.

Bourrelly, P. 1970. Les algues d'eau douce...Paris : Boubée/f 2. Vol. 3. 512 pp.

Bourrelly, P. 1985. Les algues d'eau douce...Ed. 2. Paris : Boubée. 606 pp.

Brand, F. 1910. Über die Süsswasserformen von *Chantransia* (DC) Schmitz, einschliesslich *Pseudochantransia* Brand. Hedwigia 49 : 107-118.

Britton, M. E. 1944. A catalog of Illinois Algae. Evanston : Northwestern University. viii+177 pp.

Brown, D. L. & Weier, T. E. 1968. Chloroplast development and ultrastructure in the freshwater red alga *Batrachospermum*. J. Phycol. 4 : 199-206.

Brown, D. L. & Weier, T. E. 1970. Ultrastructure of the freshwater alga *Batrachospermum*. I. Thin-section and freeze-etch analysis of juvenile and photosynthetic filament vegetative cells. Phycologia 9 : 217-235.

Brown, D. L. 1969. Ultrastructure of the freshwater red alga *Batrachospermum*. Unpublished Ph. D. Thesis. University of California, Davis. 154 pp.

Brühl, P. & Biswas, K. 1924. Commentationes algologicae. IV. *Compsopogon luvidus*, (Hooker) De Toni. Calcuta : Calcutta Univ. Press. 3 pp.[Preprint from J. Dept. Sci. Calcutta Univ. 8 : 1-3.1927.]

Cassie, V. 1971. Contributions of Victor Lindauer (1888-1964) to New Zealand phycology. J. Roy. Soc. New Zealand 1 : 89-98.

Cassie, V. 1984. Revised checklist of the freshwater algae of New Zealand (excluding diatoms and charophytes). Part I. Cyanophyta, Rhodophyta and Chlorophyta. New Zealand, National Water and Soil Conservation Organisation, Water & Soil Techn. Publ. 25. lxiv+116 pp.

Chapman, D. J. 1974. Taxonomic status of *Cyanidium caldarium*. The Porphyridiales and Goniotrichales. Nova Hedwigia 25 : 673-682.

Chapman, V. J. 1962. The algae. London : Macmillan. viii+472 pp.

Chapman, V. J. 1963. The marine algae of Jamaica. Part 2. Phaeophyceae and Rhodophyceae. Bull. Inst. Jamaica, Sci. Ser. 12 (2) : 1-201.

Chapman, V. J. & Chapman, D. J. 1973. The algae. 2 nd ed. London : Macmillan. xiv+497 pp.

Chapman, V. J., Thompson, R. H. & Segar, E. C. M. 1957. Checklist of the fresh-water algae of New Zealand. Trans. Roy. Soc. New Zealand 84 : 695-747.

Charlton, S. E. D. & Hickman, M. 1988. Epilithic algal nitrogen fixation, standing crops and productivity in five rivers flowing through the oilsands region of Alberta/Canada. Arch. Hydrobiol. Suppl. 79 : 109-143.

Chemin, E. 1940. Les Batrachospermes dans la rgion de Pqris. Bull. Soc. Bot. France. 7 : 231-241.

Chihara, M. 1976. *Compsopogonopsis japonica*, a new species of freshwater red algae. J. Jap. Bot. 51 : 289-294.

千原光雄(編著)1997. 藻類多様性の生物学. 内田老鶴圃, 東京. 386 pp.

千原光雄(編著)1999. 藻類の多様性と系統. 裳華房, 東京. 346 pp.

千原光雄・中村 武 1975. 紅藻オオイシソウモドキ属の日本における生育. 藻類 23：150-152.

Chihara, M. & Nakamura, T. 1980. *Compsopogon corticrassus*, a new species of fresh water red algae (Compsopogonaceae, Rhodophyta). J. Jap. Bot. 55 : 136-144.

Christensen, T. 1980. Algae. A taxonomic survey. Fasc. 1. Odense : Aio Tryk. 216 pp.

Chung, J. 1970. A taxonomic study on the freshwater algae from Youngnam Area. Taeku. pp. 15.

Cole, K. M. & Sheath, R. G. (eds.) 1990. Biology of the red algae. Cambridge : Cambridge University Press. 517 pp.

Collins, F. S. 1906. New species, etc., issued in the Phycotheca Boreali-Americana. Rhodora 8 : 104-113.

Collins, F. S. & Hervey, A. B. 1917. The algae of Bermuda. Proc. Amer. Acad. Arts 53 : 1-195.

Collins, F. S., Holden, I. & Setchell, W. A. 1895-1919. Phycotheca boreali-americana. Malden, Massachusetts. Fasc. I-XLVI+A-E, nos. 1-2300+I-CXXV.[Exsiccata with printed labels.]

Colt, L. C. Jr. 1974. Some algae of the Connecticut River, New England, U. S. A. Nova Hedwigia 45 : 195-209.

Compère, P. 1991 a. Flore pratique des algues d'eau douce de Belgique. 3. Rhodophytes. Meise : Jardin Botanique National de Belgique. 55 pp.

Compère, P. 1991 b. Taxonomic and nomenclatural notes on some taxa of the genus Batrachospermum (Rhodophyceae). Belg. J. Bot. 124 : 21-26.

Cooke, M. C. 1882-1884. British fresh-water algae...London. viii+329 pp.[pp. 1-110 (1882), 111-198 (1883), 199-329 (1884).]

Couté, A. & Sarthou, C. 1990. Révision des espèces d'eau douce du genre *Ballia* (Rhodophytes, Céramiales). Cryptog. Algol. 11 : 265-279.

Cramer, C. 1891. Ueber Caloglossa leprieurii (Mont. Harv.) J. G. Agardh. Synon. : *Delesseria leprieurii*. Mont. *Hypoglossum leprieurii* (Mont.) Kg. Delesseria (subgen. *Caloglossa*) leprieurii (Mont.) Harvey. In Festschrift...von Nägeli...und...von Kolliker...Zürich. pp. 1-18.

Cribb, A. B. 1965. *Anfractutofilum umbracolens* gen. et sp. nov., a freshwater red algaa from Queensland. Proc. Royal Soc. Queensland 76 : 93-95.

Cribb, A. B. 1987. Some freshwater algae from the Jardine River area. Queensland Naturalist 28 : 69-71.

Daily, W. A. 1943. First reports for the algae *Borzia, Aulosira* and *Asterocytis* in Indiana. Butler Univ. Bot. Stud. 6 : 84-86.

Dallwitz, M. J. 1980. A general system for coding taxonomic descriptions. Taxon 29 : 41-46.

Das, C. R. 1963. The Compsopogonales in India (a systematic account of the Indian representatives of the order). Proc. Natl. Inst. Sci. India, Pt. B, Biol. Sci. 13 : 239-243.

Davey, A. & Woekerling, W. J. 1980. Studies on Australian mangrove algae. I. Victorian communities : composition and geographic distribution. Proc. Roy. Soc. Victoria 91 : 53-66.

Davis, B. M. 1896. The fertilization of *Batrachospermum*. Ann. Bot. (London) 10 : 49-76.

Dawson, E. Y. 1966. Marine botany. An introduction. New York : Holt, Rinehart and Winston. xii+371 pp.

De Candolle, A. P. 1801. Extrait d'un rapport sur les Conferves, fait à la Société philomathique. Bull. Sci. Soc. Philom. Paris 3 : 17-21.

De Candolle, A. P. 1802. Rapport sur les Conferves, fait à la Société philomatique. J. Phys. Chim. Hist. Nat. Arts 54 : 421-441.

De Luca, P., Taddei, R. & Varano, L. 1978. "*Cyanidioschyzon merolae*" : a new alga of thermal acidic environments. Webbia 33 : 37-44.

De Toni, G. B. 1897. Sylloge algarum...Vol. IV. Florideae. Sectio I. Padova. pp.[I]-XX+[I]-LXI+[1]-386+387-388 (Index).

De Toni, G. B. 1900. Sylloge Algarum...Vol. IV. Florideae. Sectio II. Padova. pp. 387-774+775-776 (Index).

De Toni, G. B. 1924. Sylloge Algarum...Vol. VI. Florideae. Sectio V. Additamenta. Padova. XI+767 pp.

Descy, J. -P. & Empain, A. 1974. *Thorea ramosissima* Bory (Rhodophyceae, Nemalionales) dans le bassin mosan belge. Bull. Soc. Roy. Bot. Belgique 107 : 23-26.

Desvaux, N. A. 1808. Extrait des Annales du Muséum d'Histoire naturelle, sur les genres *Thorea* et *Lemanea*, de M. Bory de Saint-Vincent. J. Bot. (Desvaux) 1 : 121-125.

Desvaux, N. A. 1818. Observations sur les plantes des environs d'Angers...Angers. 188 pp.

Dillard, G. E. 1966. The seasonal periodicity of *Batrachospermum macrosporum* Mont. and

Audouinella violacea (Kütz.) Ham. in Turkey Creek, Moore County, North Carolina. J. Elisha Mitchell Sci. Soc. 82 : 204-207.

Dillard, G. E. 1967. The fresh-water algae of South Carolina I. Previous work and recent additions. J. Elisha Mitchell Sci. Soc. 83 : 128-131.

Dillenius, J. J. 1741. Historia muscorum...Oxford. xvi+576 pp., LXXV pls.

Dillwyn, L. W. 1802. British Confervae. Fasc. 1. London. Pls. 1-12.

Dixon, P. S. 1958. The development of carpogonial branches and lateral branches of unlimited growth in *Batrachospermum vagum*. Bot. Not. 111 : 645-649.

Dixon, P. S. 1964. On the concept of the "carpogonial branch" in the Florideae. Proc. Fourth Int. Seaweed Symp.[Biarritz, 1961], pp. 71-77.

Dixon, P. S. 1970. The Rhodophyta : some aspects of their biology. II. Oceanogr. Mar. Biol. Ann. Rev. 8 : 307-352.

Dixon, P. S. 1973. Biology of the Rhodophyta. Edinburgh : Oliver & Boyd. xiii+285 pp.

Dixon, P. S. & Irvine, L. M. 1977. Seaweeds of the British Isles. Vol. I. Rhodophyta. Part 1. Introduction, Nemaliales, Gigartinales. London : British Museum (Natural History). xi+252 pp.

D' Lacoste, L. G. & Ganesan, E. K. 1972. A new freshwater species of *Rhodochorton* (Rhodophyta, Nemaliales) from Venezuela. Phycologia 11 : 233-238.

D' Lacoste, L. G. V. & Ganesan, E. K. 1987. Notes on Venezuelan freshwater red algae-I. Nova Hedwigia 45 : 263-281.

Drew, K. M. & Ross, R. 1965. Some generic names in the Bangiophycidae. Taxon 14 : 93-99.

Drew, K. M. 1928. A revision of the genera *Chantransia, Rhodochorton*, and *Acrochaetium* with descriptions of the marine species of *Rhodochorton* (Näg.) gen. emend. on the Pacific coast of North America. Univ. Calif. Publ. Bot. 14 : 139-224.

Drew, K. M. 1935. The life-history of *Rhodocorton violaceum* (Kütz.) comb. nov. (*Chantransia violacea* Kütz.). Ann. Bot. (London) 49 : 439-450.

Drew, K. M. 1936. *Rhodochorton violaceum* (Kütz.) Drew and *Chantransia boweri* Murray et Barton. Ann. Bot. (London) 50 : 419-421.

Drew, K. M. 1946. Anatomical observations on a new species of *Batrachospermum*. Ann. Bot. (London), ser. 2,10 : 339-352.

Drouet, F. 1933. Algal vegetation of the large Ozark springs. Trans. Amer. Microscop. Soc. 52 : 83-100.

Duby, J. E. 1830. Aug. Pyrami de Candolle Botanicon gallicum...Pars secunda plantas cellulares continens. Paris. pp. 545-1068+i-lviii.

Ducker, S. C. 1990. History of Australian marine phycology. *In* Clayton, M. N. & King, R. J. (eds.), Biology of marine plants. Melbourne : Longman Cheshire. pp. 415-430.

Dumortier, B. C. 1822. Commentationes botanicae. Observations botaniques...Tournay. 116 pp.

Duthie, H. C. & Ostrofsky, M. L. 1975. Freshwater algae from western Labrador. III. Cyanophyta and Rhodophyta. Nova Hedwigia 26 : 555-559.

Duthie, H. C. & Socha, R. 1976. A checklist of the freshwater algae of Ontario. exclusive of the Great Lakes. Naturaliste Canad. 103 : 83-109.

江本義数・広瀬弘幸 1942. 日本産温泉植物の研究 (XXI) 栃木県塩原温泉群の細菌類及び藻類(2). 温泉科学 2 : 79-85.

Engler, A. 1892. Syllabus der Vorlesungen über spezielle und medizinische-pharmaceutische

Botanik. Berlin. XXIII+184 pp.

Engler, H. G. A. & Prantl, K. A. E. 1891-1897. Die natürlich Pflanyenfamilien. 1 (1,2). Englmann, Leipzig. (Schimitz, F. & Hauptfleisch, P.: Rhodophyceae. Wille, N.: Conjugatae und Chlorophyceae).

Entwisle, T. J. 1989 a. Macroalgae in the Yarra River basin: flora and distribution. Proc. Roy. Soc. Victoria 101: 1-76.

Entwisle, T. J. 1989 b. *Psilosiphon scoparium* gen. et sp. nov. (Lemaneaceae), a new red alga from south-eastern Australian streams. Phycologia 28: 469-475.

Entwisle, T. J. 1990. The lean legacy of freshwater phycology in Victoria. In Short, P. S. (ed.), History of systematic botany in Australasia. South Yarra, Victoria: Australian Systematic Botany Society. pp. 239-246, 1 fig., I table.

Entwisle, T. J. 1992. The setaceous species of *Batrachospermum* (Rhodophyta): a re-evaluation of *B. atrum* (Hudson) Harvey and *B. puiggarianum* Grunow including the description of *B. diatyches* sp. nov. from Tasmania, Australia. Muelleria 7: 425-445.

Entwisle, T. J. 1993. The discovery of batrachospermalean taxa (Rhodophyta) in Australia and New Zealand. Muelleria 8: 5-16.

Entwisle, T. J. 1995. *Batrachospermum antipodites*, sp. nov. (Batrachospermaceae): a widespread freshwater red alga in eastern Australia and New Zealand. Muelleria 8: 291-298.

Entwisle, T. J. 1998. Batrachospermaceae (Rhodophyta) in France: 200 years of study. Cryptogamie: Algologie 19: 149-159.

Entwisle, T. J. & Foard, H. J. 1997. *Batrachospermum* (Batrachospermales, Rhodophyta) in Australia and New Zealand: new taxa and emended circumscriptions in sections *Aristata, Batrachospermum, Turfosa* and *Virescentia*. Austral. Syst. Bot. 10: 331-380.

Entwisle, T. J. & Foard, H. J. 1998. *Batrachospermum latericium* sp. nov. (Batrachospermales, Rhodophyta) from Tasmania, Australia, with new observations on *B. atrum* and a discussion of their relationships. Muelleria 11: 27-40.

Entwisle, T. J. & Foard, H. J. 1999 a. Freshwater Rhodophyta in Australia: *Ptilothamnion richardsii* (Ceramiales) and *Thorea conturba* sp. nov. (Batrachospermales). Phycologia 38: 47-53.

Entwisle, T. J. & Foard, H. J. 1999 b. *Sirodotia* (Batrachospermales, Rhodophyta) in Australia and New Zealand. Austral. Syst. Bot. 12: 605-613.

Entwisle, T. J. & Foard, H. J. 1999 c. *Batrachospermum* (Batrachospermales, Rhodophyta) in Australia and New Zealand: New taxa and records in Sections *Contorta* and *Hybrida*. Austral. Syst. Bot. 12: 615-633.

Entwisle, T. J. & Kraft, G. T. 1984. Survey of freshwater red algae (Rhodophyta) of south-eastern Australia. Austral. J. Mar. Freshwater Res. 35: 213-259.

Entwisle, T. J., & Necchi, O. Jr. 1992. Phylogenetic systematics of the freshwater red algal order Batrachospermales. Jap. J. Phycol. 40: 1-12.

Falkenberg, P. 1901. Die Rhodomelaceen des Golfes von Neapel und der angrenzenden Meeres-Abschnitte. Fauna und Flora des Golfes von Neapel, Monogr. 26. XVI+754 pp.

Fan, K. C. 1952. The structure, methods of branching and tetrasporangia formation of Caloglossa. Taiwan Fish. Res. Inst., Lab. Hydrobiol. Rep. no. 4, 16 pp.

Farr, E. R., Leussink, J. A. & Stafleu, F. A. 1979. Index nominum genericorum (plantarum). Vol. 1. Regnum Veg. 100. pp. I-XXVI+1-630.

Feldmann, J. 1953. L'évolution des organes femelles chez les Floridées. Proc. First Int. Seaweed Symp.[Edinburgh, 1952], pp. 11-12.

Feldmann, J. 1962. The Rhodophyta order Acrochaetiales and its classification. Proc. Ninth Pacific Sci. Congr.[Bangkok, 1957]4: 219-221.

Fischer, H. 1984. Turgor regulation in *Caloglossa leprieurii* (Montagne) J. Agardh (Delesseriaceae: Rhodophyta). J. Exp. Mar. Biol. Ecol. 81: 235-239.

Flint, L. H. 1947. Studies of freshwater red algae. Amer. J. Bot. 34: 125-131.

Flint, L. H. 1948. Studies of freshwater red algae. Amer. J. Bot. 35: 428-433.

Flint, L. H. 1949. Studies of freshwater red algae. Amer. J. Bot. 36: 549-552.

Flint, L. H. 1950. Studies of freshwater red algae. Amer. J. Bot. 37: 754-757.

Flint, L. H. 1951. Some winter red algae of Louisiana. Proc. Louisiana Acad. Sci. 14: 34-36.

Flint, L. H. 1953 a. Two new species of *Batrachospermum*. Proc. Louisiana Acad. Sci. 16: 10-15.

Flint, L. H. 1953 b. *Kyliniella* in America. Phytomorphology 3: 76-80.

Flint, L. H. 1954 a. *Sirodotia* in Louisiana. Proc. Louisiana Acad. Sci. 17: 59-65.

Flint, L. H. 1954 b. *Nemalionopsis* in America. Phytomorphology 4: 76-79.

Flint, L. H. 1955. *Hildenbrandia* in America. Phytomorphology 5: 185-189.

Flint, L. H. 1957 a. Notes on algae of Quebec. I. Mont Tremblant Provincial Park. Naturaliste Canad. 84: 157-160.

Flint, L. H. 1957 b. Notes on algae of Quebec. II. Laurentide Park. Naturaliste Canad. 84: 179-181.

Flint, L. H. 1970. Freshwater red algae of North America. An introduction. New York: Vantage Press. 110 pp.

Forest, H. S. 1954. Handbook of algae with special reference to Tennessee and the southeastern United States. Knoxville: Univ. Tennessee Press. 467 pp.

Forti, A. 1907. Myxophyceae. In De Toni, G. B., Sylloge algarum...Vol. V. Padova. 761 pp.

Fralick, R. A. & Mathieson, A. C. 1975. Physiological ecology of four *Polysiphonia* species (Rhodophyta, Ceramiales). Mar. Biol. (Berl.) 29: 29-36.

Fralick, R. A. & Mathieson, A. C. 1975. Physiological ecology of four *Polysiphonia* species (Rhodophyta, Ceramiales). Mar. Biol. (Berl.) 29: 29-36.

Friedrich, G. 1967. *Compsopogon hookeri* Montagne (Rhodophyceae, Bangioideae)-neue für Deutschland. Nova Hedwigia 12; 399-403.

Fries, E. M. 1825. Systema orbis vegetabilis...Pars I. Plantae Homonemeae. Lund. VIII+374 pp.

Fritsch, F. E. 1945. The structure and reproduction of the algae. Vol. 2. Cambridge: Cambridge Univ. Press. xiv+939 pp.

Galdieri, A. 1899. Su di un'alga che cresce intorno alle fumarole della Solfatera. Rendiconti Reale Accad. Sci. Fis. e Mat.[Napoli], ser. 3,5: 160-164.

Gantt, E. & Conti, S. F. 1965. Ultrastructure of *Porphyridium cruentum*. J. Cell Biol. 26: 365-375.

Gantt, E., Edwards, M. R. & Conti, S. F. 1968. Ultrastructure of *Porphyridium aerugineum*, a blue-green colored rhodophytan. J. Phycol. 4: 65-71.

Garbary, D. J. 1987. The Acrochaetiaceae (Rhodophyta): an annotated bibliography. Biblioth. Phycol. 77: 1-267.

Garbary, D. J. & Gabrielson, P. W. 1990. Taxonomy and evolution. *In* Cole, K. M. & Sheath, R. G. (eds.), Biology of the red algae. Cambridge: Cambridge University Press. pp. 477-498.

Garbary, D. J., Hansen, G. I. & Scagel, R. F. 1980. A revised classification of the Bangiophyceae

(Rhodophyta). Nova Hedwigia 33 : 145-166.

Geesink, R. 1973. Experimental investigation on marine and freshwater *Bangia* (Rhodophyta) in the Netherlands. J. Exp. Mar. Biol. Ecol. 11 : 239-247.

Geitler, L. & Ruttner, F. 1936. Die Cyanophyceen der Deutschen Limnologischen Sunda-Expedition, ihre Morphologie, Systematik und Ökologie. Zweiter Teil. Arch. Hydrobiol. Suppl. 14 : 371-483.

Geitler, L. 1933. Diagnosen neuer Blaualgen von den Sunda-Inseln. Arch. Hydrobiol. Suppl. 12 : 622-634.

Geitler, L. 1944. Ein neues einheimisches *Batrachospermum* sowie Beobachtungen an anderen einheimischen *Batrachospermum*-Arten. Wiener Bot. Z. 93 : 127-137.

Gobi, Ch. 1879. Forschungen im Finnischen Meerbunsen. Arb. St. Petersb. Nat., Ges. 10 : 83-92.

Goebel, K. 1897. Morphologische und biologische Bemerkungen. 6. Über einige Süsswasserflorideen aus Britisch-Guyana. Flora 83 : 436-444.

Goebel, K. 1898. Morphologische und biologische Bemerkungen. 8. Eine Süsswasserflorideen aus Ostafrika. Flora 85 : 65-68.

Goff, L. J. & Coleman, A. W. 1990. DNA : microspectrofluorometric studies. *In* Cole, K. M. & Sheath, R. G. (eds.), Biology of the red algae. Cambridge : Cambridge University Press. pp. 43-71.

Greuter, W. *et al.* (eds.) 1994. International Code of Botanical Nomenclature (Tokyo Code)... Regnum Veg. 131. Knigstein : Koeltz Scientific Books. viii+389 pp.

Greville, R. K. 1823. Scottish cryptogamic flora...vol. 2. Edinburgh. Pls. 61-90 (with text).

Guiry, M. D. 1978. The importance of sporangia in the classification of the Florideophyceae. *In* Irvine, D. E. G. & Price, J. H. (eds.), Modern approaches to the taxonomy of red and brown algae. London : Academic Press. pp. 111-144.

Guiry, M. D. 1990. The life history of *Liagora harveyana* (Nemaliales, Rhodophyta) from southeastern Australia. Brit. Phycol. J. 25 : 353-362.

Habeeb, H. & Drouet, F. 1948. A list of freshwater algae from New Brunswick. Rhodora 50 : 67-71.

Hamel, G. 1925 a. Floridées de France. III. Rev. Algol. 2 : 39-67. Ibid. IV. Rev. Algol. 2 : 280-309.

Hamel, G. 1925 b. Sur la synonymie des Chantransiées. C. R. Congr. Soc. Savantes 1925[Paris]. pp. 239-241.

Hansgirg, A. 1885. Ein Beitrag zur Kenntniss von der Verbreitung der Chromatophoren und Zellkerne bei den Schizophyceen (Phycochromaceen). Ber. Deutsch. Bot. Ges. 3 : 14-22.

原　慶明 1993.　*Porphyridium purpureum* (Bory) Drew et Ross. *In* 堀　輝三(編), 藻類の生活史集成. 第2巻. 褐藻, 紅藻類. 内田老鶴圃, 東京. pp. 182-183.

Hara, Y. & Chihara, M. 1974. Comparative studies on the chloroplast ultrastructure in the Rhodophyta with special reference to their taxonomic significance. Sci. Rep. Tokyo Kyoiku Daigaku, Sect. B, 15 : 209-235.

Hara, Y., Ikawa, T. & Chihara, M. 1989. A taxonomic study of *Porphyridium* and related algae (Porphyridiales, Rhodophyta). Abstr. Korea-Japan Phycol. Symp : 48.

原　慶明・小野　淳・千原光雄 1988.　単細胞紅藻 *Porphyridium* 属藻類の系統上の位置. 日本藻類学会第12回講演要旨. 藻類 36 : 108.

原口和夫・小林　弘 1969.　On the differentiation of the thallus of *Batrachospermum moniliforme* Roth のシャントランシア期を経由しない本体の発出について. 藻類 17 : 61-65.

Hardy, A. D. 1906. The fresh-water algae of Victoria. Part III. Victoria Naturalist 23 : 18-22, 33-42.

Harvey, W. H. 1836. Algae. In Mackay, J. T., Flora hibernica..Dublin. Parts 2 & 3. pp. 157-254.
Harvey, W. H. 1840. Description of Ballia, a new genus of algae. J. Bot. (Hooker) 2: 190-193.
Harvey, W. H. 1841. A manual of the British Algae...London. lvii+229 pp.
Harvey, W. H. 1848. Phycologia britannica...[fasc. 36]. London. Pls. CCXI-CCXVI.
Harvey, W. H. 1851. Nereis boreali-americana...Part I. Melanospermeae. Smithsonian Contr. Knowl. 3(4). 150 pp.
Harvey, W. H. 1853. Nereis boreali-americana...Part II. Rhodospermeae. Smithsonian Contr. Knowl. 5(5). 258 pp.
Harvey, W. H. 1858. Nereis borealis-americana...Part III. Chlorospermeae. Smithsonian Contr. Knowl. 10(2). 140 pp.
Harvey, W. H. 1863. Phycologia australica...Vol. 5. London. Pls. CCXLI-CCC (with text).
Hassall, A. H. 1845. A history of the British freshwater algae...London. Vol. I. viii+462 pp. Vol. II. CIII pls., 24 pp. explanation.
Hedgcock, G. G. & Hunter, A. A. 1900. Notes on Thorea. Bot. Gaz. 28: 425-429.
Herndon, W. R. 1964. *Boldia*: a new rhodophycean genus. Amer. J. Bot. 51: 575-581.
Hinton, G. C. F. & Maulood, B. K. 1980. Freshwater red algae[:]a new addition to the Iraqi flora. Nova Hedwigia 33: 487-497.
Hirose, H. 1950. Studies on a thermal alga, *Cyanidium caldarium*. Bot. Mag. Tokyo 63: 745-746.
Hirose, H. 1958. Rearrangement of the systematic position of a thermal alga, *Cyanidium caldarium*. Bot. Mag. Tokyo 71: 347-352.
広瀬弘幸 1959. 藻類学総説. 内田老鶴圃, 東京. 506 pp.
Hirose, H. & Kumano, S. 1966. Spectroscopic studies on the phycoerythrins from rhodophycean algae with special reference to their phylogenetical relations. Bot. Mag. Tokyo 79: 105-113.
Hirose, H., Kumano, S. & Madono, K. 1969. Spectroscopic studies on the phycoerythrins from cyanophyceaen and rhodophycean algae with special reference to their phylogenetical relations. Bot. Mag. Tokyo 82: 197-203.
広瀬弘幸・瀬戸良三 1959. カワモズクのシャントランシア期に関する新知見. 藻類 7: 52-58.
広瀬弘幸・山岸高旺(編著)1977. 日本淡水藻図鑑. 内田老鶴圃, 東京. 933 pp.
Hirsch, A. & Palmer, C. M. 1958. Some algae from the Ohio River drainage basin. Ohio J. Sci. 58: 375-382.
Hollenberg, G. J. 1963. A new species of *Malaconema* (Rhodophyta) from the Marshall Islands. Phycologia 2: 169-172.
Holmgren, P. K., Holmgren, N. H. & Barnett, L. C. (eds.) 1990. Index herbariorum. Part I: The herbaria of the world. 8 th. ed. Regnum Veg. 120. The herbaria of the World, 8 th edition. New York: New York Botanical Garden. x+693 pp.
堀 輝三(編)1993. 藻類の生活史集成. 第2巻. 褐藻, 紅藻類. 内田老鶴圃, 東京. xix+345+51 pp.
Horn af Rantzien, H. 1950. *Tristicha, Najas,* and *Sirodotia* in Liberia. Meddeland. Göteborgs Bot. Trädg. 18: 185-197.
Hornemann, J. W. 1818. Icones plantarum...Florae danicae. Vol. 9, fasc. 27. Copenhagen. pp.[1]-11, pls. MDLXI-MDCXX.
Howard, R. V. & Parker, B. C. 1979. *Nemalionopsis shawii* forma *caroliniana* (forma nov.)(Rhodophyta: Nemalionales) from the southeastern United States. Phycologia 18: 330-337.
Howard, R. V. & Parker, B. C. 1980. Revision of *Boldia erythrosiphon* Herndon (Rhodophyta, Bangiales). Amer. J. Bot. 67: 413-422.

Howe, M. A. 1902. *Caloglossa leprieurii* in mountain streams. Torreya 2 : 149-152.

Hua, D. & Shi, Z. -X. 1996. A new species of *Batrachospermum* from Jiangsu, China. Acta Phytotax. Sini. 34 : 324-326. (in Chinese)

Hudson, H. 1762. Flora anglica...London. viii[xvi]+506[+22]pp.

Hudson, H. 1778. Flora anglica...Editio altera. London. xxxviii+690 pp.

Hughes, E. O. 1949. Fresh-water algae of the Maritime Provinces. Proc. Nova Scotian Inst. Sci. 22 : 1-63.

Hurdelbrink, L. & Schwantes, H. O. 1972. Sur le cycle de développement de *Batrachospermum*. Mém. Soc. Bot. France 1972 : 269-274.

Hylander, C. J. 1928. The algae of Connecticut. Connecticut State Geol. & Nat. Hist. Surv. Bull. no. 42.245 pp.

Hymes, B. J. & Cole, K. M. 1984 a ("1983"). The cytology of *Audouinella hermannii* (Rhodophyta, Florideophyceae). I. Vegetative and hair cells. Canad. J. Bot. 61 : 3366-3376.

Hymes, B. J. & Cole, K. M. 1984 b ("1983"). The cytology of *Audouinella hermannii* (Rhodophyta, Florideophyceae). II. Monosporogenesis. Canad. J. Bot. 61 : 3377-3385.

兵庫県保健環境部環境局環境管理課 1995. 兵庫の貴重な自然...兵庫県版レッドデータブック. 兵庫県.

入来義彦・土屋幸信 1963. 志賀高原に産する紅藻アオカワモズク (*Batrachospermum virgatum*) の細胞壁成分について. 1. 志賀高原生物研究所研究業績 2 : 1-8.

Israelson[Israelsson], G. 1938. Svenska batrachospermaceer i J. G. Agardhs algherbarium. Bot. Not. 1938 : 34-36.

Israelson, G. 1942. The freshwater Florideae of Sweden. Studies on their taxonomy, ecology, and distribution. Symb. Bot. Upsal. 6(1). 134 pp.

Jaasund, E. 1965. Aspects of the marine algal vegetation of North Norway. Bot. Gothob. 4.174 pp.

Jao, C. C. 1941. Studies on the freshwater algae of China. VIII. A preliminary account of the Chinese freshwater Rhodophyceae. Sinensia 12 : 245-290.

John, D. M., Price, J. H., Maggs, C. A. & Lawson, G. W. 1979. Seaweeds of the western coast of tropical Africa and adjacent islands : a critical assessment. III. Rhodophyta (Bangiophyceae). Bull. Brit. Mus. (Nat. Hist.), Bot. 7 : 69-82.

Johnstone, I. M., Mukiu, J., Nagari, T., Pokihian, M. & Rau, M. 1980. *Batrachospermum*, first freshwater red algal record for New Guinea. Sci. in New Guinea 7 : 1-5.

Jose, L. & Patel, R. J. 1990. *Caloglossa ogasawaraensis* (Rhodophyta, Delesseriaceae), a fresh water Rhodophyceae new to India. Cryptog. Algol. 11 : 225-228.

Kaczmarczyk, D. & Sheath, R. G. 1991. The effect of light regime on the photosynthetic apparatus of the freshwater red alga *Batrachospermum boryanum*. Cryptog. Algol. 12 : 249-263.

Kaczmarczyk, D. & Sheath, R. G. 1992. Pigment content and carbon to nitrogen ratios of freshwater red algae growing at different light levels. Jap. J. Phycol. 40 : 279-282.

Kaczmarczyk, D., Sheath, R. G. & Cole, K. M. 1993 ("1992"). Distribution and systematics of the freshwater genus *Tuomeya* (Rhodophyta, Batrachospermaceae). J. Phycol. 28 : 850-855.

Kamiya, M., Tanaka, J. & Hara, Y. 1995. A morphological study and hybridization analysis of *Caloglossa leprieurii* (Delesseriaceae, Rhodophyta) from Japan, Singapore and Australia. Phycol, Res. 43 : 81-91.

Kamiya, M., Tanaka, J. & Hara, Y. 1997. Comparative morphplogy, crossability and taxonomy within *Caloglossa continua* (Delesseriaceae, Rhodophyta) complex from the western Pacific. J. Phycology 33: 97-105.

Kamiya, M., West, J. A. & Hara, Y. 1994. Reproductive tructures of *Bostrychia simpliciuscula* (Ceramiales, Rhodophyceae) in the field and in culture. Jpn. J. Phycol. 42: 165-174.

Kamiya, M., West, J. A., King, R. J., Zuccarello, G. C., Tanaka, J. & Hara, Y. 1998. Evolutionary divergence in the red algae *Caloglossa leprieurii* and *C. apomeiotica*. J. Phycology 34: 361-370.

Kamiya, M., Tanaka, J., King, R. J., West, J. A., Zuccarello, G. C. & Kawai, H. 1999. Reproductive and genetic distribution between broad and narrow entities of *Caloglossa continua* (Delesseriaceae, Rhodophyta). Phycologia 38: 356-367.

神谷 平 1953. 一水路における冬相淡水藻の生態観察. 北陸の植物 2: 37-39.

神谷 平 1954. カワモズク食用の例. 北陸の植物 3: 68.

Kamiya, T. 1955. The new locality of *Compsopogon oishii* Okamura and a consideration of its distribution in Japan. Hokuriku J. Bot. 4: 18-20.

Kapraun, D. F. 1979. The genus *Polysiphonia* (Ceramiales, Rhodophyta) in the vicinity of Port Aransas, Texas. Contr. Mar. Sci. 22: 105-120.

Kapraun, D. F. 1980. An illustraed guide to the benthic marine algae of coastal North America 1. Rhodophyta. Univ. North Calorina Press, Chapel Hill, 206 pp.

Karsten, G. 1891. *Delesseria* (*Caloglossa* Harv.) *amboinensis*. Eine neue Süsswasser-Floridee. Flora 49: 265-271.

Karsten, U., West, J. A., Mostaert, A. S., King, R. J., Barrow, K. D. & Kirst, G. O. 1992. Mannitol in the red algal genus *Caloglossa* (Harvey) J. Agardh. J. Plant Physiol. 140: 292-297.

川崎義雄 1935. 淡水産紅藻 *Audouinella* sp. について. 紀州動植物 2: 21-23.

Khan, M. 1970. On two fresh water red algae from Dehradun. Hydrobiologia 35: 249-253.

Khan, M. 1973. On edible *Lemanea* Bory de St Vincent-a fresh water red alga from India. Hydrobiologia 43: 171-175.

Khan, M. 1979 ("1978"). On Thorea Bory (Nemalionales, Rhodophyta), a freshwater red alga new to India. Phykos 17: 55-58.

Kim, C. S. & Chang, Y. K. 1958. A study on the freshwater red alga of Korea (Preliminary report). J. Biol. Sci. 3: 14-16. (in Korean).

King, R. J. 1981. Mangroves and saltmarsh plants. *In* Clayton, M. N. & King, R. J. (eds.), Marine botany: an Australasian perspective. Melbourne: Longman Cheshire. pp. 308-328.

King, R. J. & Puttock, C. F. 1989. Morphology and taxonomy of *Bostrychia* and *Stictosiphonia* (Rhodomelaceae/Rhodophyta) Austral. Syst. Bot. 2: 1-73.

King, R. J. & Puttock, C. F. 1994 a. Morphology and taxonomy of *Caloglossa* (Delesseriaceae, Rhodophyta). Austral. Syst. Bot. 7: 89-124.

King, R. J. & Puttock, C. F. 1994 b. Macroalgae associated with mangroves in Australia: Rhodophyta. Bot. Mar. 37: 181-191.

King, R. J. & Wheeler, M. D. 1985. Composition and geographic distribution of mangrove macroalgal communities in New South Wales. Proc. Linn. Soc. New South Wales 108: 97-117.

Klas, Z. 1935. Eine neue *Thorea* aus Jugoslawien, *Thorea brodensis* Klas sp. n. Hedwigia 75: 273-284.

近藤貴靖・横山亜紀子・大橋広好・原 慶明 1998. イデユコゴメ藻群(Cyanidian algae)の形態と分類. 藻類 46: 83.

Korch, J. E. & Sheath, R. G. 1989. The phenology of *Audouinella violacea* (Acrochaetiaceae, Rhodophyta) in a Rhode Island stream, USA. Phycologia 28 : 228-236.

Koster, J. T. 1969. Type collection of algae. Taxon 18 : 549-559.

Krishnamurthy, V. 1961a. A note on *Compsopogon leptoclados* Montagne. Rev. Algol., ser. 2, 5 : 260-265.

Krishnamurthy, V. 1961b. A *Compsopogon* occurring in the Reddish Canal, near Manchester. Brit. Phycol. Bull. 2 : 87-88.

Krishnamurthy, V. 1962a. The morphology and taxonomy of the genus *Compsopogon* Montagne. J. Linn. Soc. London, Bot. 58 : 208-222.

Krishnamurthy, V. 1962b. The formation of "microaplanospores" in *Compsopogon coeruleus* (Balbis) Montagne. Curr. Sci. 31 : 99-100.

熊野 茂 1977. 紅藻綱. *In* 広瀬弘幸・山岸高旺 (編著). 日本淡水藻図鑑. 内田老鶴圃, 東京. pp. 157-175.

Kumano, S. 1978a. Notes on freshwater red algae from West Malaysia. Bot. Mag. Tokyo 91 : 97-107.

Kumano, S. 1978b. Occurrence of a new freshwater species of the genus *Acrochaetium*, Rhodophyta, in Japan. Jap. J. Phycol. 26 : 105-108.

Kumano, S. 1979a. Studies on the taxonomy and the phylogenetic relationships of the Batrachospermaceae of Japan and Malaysia. (Doctorate Thesis ; Hokkaido University).

Kumano, S. 1979b. Morphological study of nine txa of Bostrychia (Rhodophyta) from southeastern Japan, Hong Kong and Guam. Micronesica 15 : 13-33.

Kumano, S. 1980. On the distribution of some freshwater red algae in Japan and Southeast Asia. Proceedings of the 1st Workshop for the Promotion of Limnology in Developing Countries, Kyoto. pp. 3-6.

Kumano, S. 1982a. Two taxa of the section *Contorta* of the genus *Batrachospermum* (Rhodophyta, Nemalionales) from Iriomote Jima and Ishigaki Jima, subtropical Japan. Jap. J. Phycol. 30 : 181-187.

Kumano, S. 1982b. Four taxa of the sections *Moniliformia, Hybrida* and *Setacea* of the genus *Batrachospermum* (Rhodophyta, Nemalionales) from temperate Japan. Jap. J. Phycol. 30 : 289-296.

Kumano, S. 1982c. Development of carpogonium and taxonomy of six species of the genus *Sirodotia*, Rhodophyta, from Japan and West Malaysia. Bot. Mag. Tokyo 95 : 125-137.

Kumano, S. 1983. Studies on freshwater Rhodophyta of Papua New Guinea. II. *Batrachospermum woitapense*, sp. nov. from the Papuan Highlands. Jap. J. Phycol. 31 : 76-80.

Kumano, S. 1984a. Studies on freshwater red algae of Malaysia. V. Early development of carposporophytes of *Batrachospermum cylindrocellulare* Kumano and *B. tortuosum* Kumano. Jap. J. Phycol. 32 : 24-28.

Kumano, S. 1984b. Some observations on *Batrachospermum intortum* Jao and B. sinense Jao (Rhodophyta, Nemalionales) from Szechwan in China. Jap. J. Phycol. 32 : 221-226.

Kumano, S. 1986. Studies on freshwater red algae of Malaysia. VI. Morphology of *Batrachospermum gibberosum* (Kumano), comb. nov. Jap. J. Phycol. 34 : 19-24.

Kumano, S. 1989. Freshwater species of the genus *Ballia* (Rhodophyta). Program and Abstracts. Korea-Japan Phycological Symposium. p. 47, 1989.

Kumano, S. 1990. Carpogonium and carposporophytes of Montagne's taxa of *Batrachospermum* (Rhodophyta) from French Guiana. Cryptog. Algol. 11 : 281-292.

Kumano, S. 1993a. Taxonomy of the family Batrachospermaceae (Batrachospermales, Rhodo-

phyta). Jap. J. Phycol. 41 : 253-272.
熊野　茂 1993 b.　*Batrachospermum brasiliense* Necchi. *In* 堀　輝三(編), 藻類の生活史集成. 第 2 巻. 褐藻, 紅藻類. 内田老鶴圃, 東京. pp. 220-221.
熊野　茂 1993 c.　*Sirodotia delicatula* Skuja. *In* 堀　輝三(編), 藻類の生活史集成. 第 2 巻. 褐藻, 紅藻類. 内田老鶴圃, 東京. pp. 224-225.
熊野　茂 1996 a.　*Ballia pygmaea* Montagne. *In* 山岸高旺・秋山　優(編), 淡水藻類写真集. 16 巻. 内田老鶴圃, 東京. p. 7.
熊野　茂 1996 b.　*Batrachospermum ambiguum*. *In* 山岸高旺・秋山　優(編), 淡水藻類写真集. 16 巻. 内田老鶴圃, 東京. p 8.
熊野　茂 1996 c.　*Batrachospermum bakarense*. *In* 山岸高旺・秋山　優(編), 淡水藻類写真集. 16 巻. 内田老鶴圃, 東京. p. 9.
熊野　茂 1996 d.　*Batrachospermum braense*. *In* 山岸高旺・秋山　優(編), 淡水藻類写真集. 16 巻. 内田老鶴圃, 東京. p. 10.
熊野　茂 1996 e.　*Batrachospermum boryanum*. *In* 山岸高旺・秋山　優(編), 淡水藻類写真集. 16 巻. 内田老鶴圃, 東京. p. 11.
熊野　茂 1996 f.　*Batrachospermum brasiliense*. *In* 山岸高旺・秋山　優(編), 淡水藻類写真集. 16 巻. 内田老鶴圃, 東京. p. 12.
熊野　茂 1996 g.　*Batrachospermum cayennense*. *In* 山岸高旺・秋山　優(編), 淡水藻類写真集. 16 巻. 内田老鶴圃, 東京. p. 13.
熊野　茂 1996 h.　*Batrachospermum cipoense*. *In* 山岸高旺・秋山　優(編), 淡水藻類写真集. 16 巻. 内田老鶴圃, 東京. p. 14.
熊野　茂 1996 i.　*Batrachospermum confusum*. *In* 山岸高旺・秋山　優(編), 淡水藻類写真集. 16 巻. 内田老鶴圃, 東京. p. 15.
熊野　茂 1996 j.　*Batrachospermum crispatum*. *In* 山岸高旺・秋山　優(編), 淡水藻類写真集. 16 巻. 内田老鶴圃, 東京. p. 16.
熊野　茂 1996 k.　*Batrachospermum cylindrocellulare*. *In* 山岸高旺・秋山　優(編), 淡水藻類写真集. 16 巻. 内田老鶴圃, 東京. p. 17.
熊野　茂 1996 l.　*Batrachospermum doboense*. *In* 山岸高旺・秋山　優(編), 淡水藻類写真集. 16 巻. 内田老鶴圃, 東京. p. 18.
熊野　茂 1996 m.　*Batrachospermum equisetoideum*. *In* 山岸高旺・秋山　優(編), 淡水藻類写真集. 16 巻. 内田老鶴圃, 東京. p. 19.
熊野　茂 1996 n.　*Batrachospermum faroense*. *In* 山岸高旺・秋山　優(編), 淡水藻類写真集. 16 巻. 内田老鶴圃, 東京. p. 20.
熊野　茂 1996 o.　*Batrachospermum gibberosum*. *In* 山岸高旺・秋山　優(編), 淡水藻類写真集. 16 巻. 内田老鶴圃, 東京. p. 21.
熊野　茂 1996 p.　*Batrachospermum gombakense*. *In* 山岸高旺・秋山　優(編), 淡水藻類写真集. 16 巻. 内田老鶴圃, 東京. p. 22.
熊野　茂 1996 q.　*Batrachospermum guyanense*. *In* 山岸高旺・秋山　優(編), 淡水藻類写真集. 16 巻. 内田老鶴圃, 東京. p. 23.
熊野　茂 1996 r.　*Batrachospermum hirosei*. *In* 山岸高旺・秋山　優(編), 淡水藻類写真集. 16 巻. 内田老鶴圃, 東京. p. 24.
熊野　茂 1996 s.　*Caloglossa ogasawaraensis* var. *latifolia*. *In* 山岸高旺・秋山　優(編), 淡水藻類写真集. 16 巻. 内田老鶴圃, 東京. p. 26.
熊野　茂 1996 t.　*Sirodotia segawae*. *In* 山岸高旺・秋山　優(編), 淡水藻類写真集. 16 巻. 内田老鶴圃, 東

熊野　茂 1996 u. *Ballia pinnulata* Kumano. *In* 山岸高旺・秋山　優(編), 淡水藻類写真集. 17 巻. 内田老鶴圃, 東京. p. 4.

熊野　茂 1996 v. *Batrachospermum hypogynum*. *In* 山岸高旺・秋山　優(編), 淡水藻類写真集. 17 巻. 内田老鶴圃, 東京. p. 5.

熊野　茂 1996 w. *Batrachospermum intortum*. *In* 山岸高旺・秋山　優(編), 淡水藻類写真集. 17 巻. 内田老鶴圃, 東京. p. 6.

熊野　茂 1996 x. *Batrachospermum iriomotense*. *In* 山岸高旺・秋山　優(編), 淡水藻類写真集. 17 巻. 内田老鶴圃, 東京. p. 7.

熊野　茂 1996 y. *Batrachospermum kushiroense*. *In* 山岸高旺・秋山　優(編), 淡水藻類写真集. 17 巻. 内田老鶴圃, 東京. p. 8.

熊野　茂 1996 z. *Batrachospermum macrosporum*. *In* 山岸高旺・秋山　優(編), 淡水藻類写真集. 17 巻. 内田老鶴圃, 東京. p. 9.

熊野　茂 1996 za. *Batrachospermum mahalacense*. *In* 山岸高旺・秋山　優(編), 淡水藻類写真集. 17 巻. 内田老鶴圃, 東京. p. 10.

熊野　茂 1996 zb. *Batrachospermum nechochoense*. *In* 山岸高旺・秋山　優(編), 淡水藻類写真集. 17 巻. 内田老鶴圃, 東京. p. 11.

熊野　茂 1996 zc. *Batrachospermum nodiflorum*. *In* 山岸高旺・秋山　優(編), 淡水藻類写真集. 17 巻. 内田老鶴圃, 東京. p. 12.

熊野　茂 1996 zd. *Batrachospermum nonocense*. *In* 山岸高旺・秋山　優(編), 淡水藻類写真集. 17 巻. 内田老鶴圃, 東京. p. 13.

熊野　茂 1996 ze. *Batrachospermum nova-guineense*. *In* 山岸高旺・秋山　優(編), 淡水藻類写真集. 17 巻. 内田老鶴圃, 東京. p. 14.

熊野　茂 1996 zf. *Batrachospermum omobodense*. *In* 山岸高旺・秋山　優(編), 淡水藻類写真集. 17 巻. 内田老鶴圃, 東京. p. 15.

熊野　茂 1996 zg. *Batrachospermum tabatense*. *In* 山岸高旺・秋山　優(編), 淡水藻類写真集. 17 巻. 内田老鶴圃, 東京. p. 16.

熊野　茂 1996 zh. *Batrachospermum tapirense*. *In* 山岸高旺・秋山　優(編), 淡水藻類写真集. 17 巻. 内田老鶴圃, 東京. p. 17.

熊野　茂 1996 zi. *Batrachospermum tiomanense*. *In* 山岸高旺・秋山　優(編), 淡水藻類写真集. 17 巻. 内田老鶴圃, 東京. p. 18.

熊野　茂 1996 zj. *Batrachospermum torridum*. *In* 山岸高旺・秋山　優(編), 淡水藻類写真集. 17 巻. 内田老鶴圃, 東京. p. 19.

熊野　茂 1996 zk. *Batrachospermum tortuosum* var. *majus*. *In* 山岸高旺・秋山　優(編), 淡水藻類写真集. 17 巻. 内田老鶴圃, 東京. p. 20.

熊野　茂 1996 zl. *Batrachospermum tortuosum* var. *tortuosum*. *In* 山岸高旺・秋山　優(編), 淡水藻類写真集. 17 巻. 内田老鶴圃, 東京. p. 21.

熊野　茂 1996 zm. *Batrachospermum turgidum*. *In* 山岸高旺・秋山　優(編), 淡水藻類写真集. 17 巻. 内田老鶴圃, 東京. p. 22.

熊野　茂 1996 zn. *Batrachospermum virgato-decaisneanum*. *In* 山岸高旺・秋山　優(編), 淡水藻類写真集. 17 巻. 内田老鶴圃, 東京. p. 23.

熊野　茂 1996 zo. *Batrachospermum woitapense*. *In* 山岸高旺・秋山　優(編), 淡水藻類写真集. 17 巻. 内田老鶴圃, 東京. p. 24.

熊野　茂 1996 zp. *Bostrychia tenius* f. *simpliciusculae*. *In* 山岸高旺・秋山　優(編), 淡水藻類写真集. 17

巻. 内田老鶴圃, 東京. p. 25.

熊野　茂　1996 zq.　*Caloglossa ogasawaraensis* var. *ogasawaraensis. In* 山岸高旺・秋山　優(編), 淡水藻類写真集. 17 巻. 内田老鶴圃, 東京. p. 26.

熊野　茂　1996 zr.　*Sirodotia sinica. In* 山岸高旺・秋山　優(編), 淡水藻類写真集. 17 巻. 内田老鶴圃, 東京. p. 74.

熊野　茂　1996 zs.　*Sirodotia yutakae. In* 山岸高旺・秋山　優(編), 淡水藻類写真集. 17 巻. 内田老鶴圃, 東京. p. 75.

熊野　茂　1997 a.　*Ballia prieurii* Montagne. *In* 山岸高旺・秋山　優(編), 淡水藻類写真集. 18 巻. 内田老鶴圃, 東京. p. 7.

熊野　茂　1997 b.　*Batrachospermum atrum. In* 山岸高旺・秋山　優(編), 淡水藻類写真集. 18 巻. 内田老鶴圃, 東京. p. 8.

熊野　茂　1997 c.　*Batrachospermum breutelii. In* 山岸高旺・秋山　優(編), 淡水藻類写真集. 18 巻. 内田老鶴圃, 東京. p. 9.

熊野　茂　1997 d.　*Batrachospermum gelatinosum* var. *obtrullatum. In* 山岸高旺・秋山　優(編), 淡水藻類写真集. 18 巻. 内田老鶴圃, 東京. p. 10.

熊野　茂　1997 e.　*Batrachospermum heteromorphum. In* 山岸高旺・秋山　優(編), 淡水藻類写真集. 18 巻. 内田老鶴圃, 東京. p. 11.

熊野　茂　1997 f.　*Batrachospermum sirodotii. In* 山岸高旺・秋山　優(編), 淡水藻類写真集. 18 巻. 内田老鶴圃, 東京. p. 12.

熊野　茂　1997 g.　*Batrachospermum turfosum* var. *turfosum. In* 山岸高旺・秋山　優(編), 淡水藻類写真集. 18 巻. 内田老鶴圃, 東京. p. 13.

熊野　茂　1997 h.　*Batrachospermum turfosum* var. *undulate-pedicellatum. In* 山岸高旺・秋山　優(編), 淡水藻類写真集. 18 巻. 内田老鶴圃, 東京. p. 14.

熊野　茂　1997 i.　*Bostrychia flagellifera. In* 山岸高旺・秋山　優(編), 淡水藻類写真集. 18 巻. 内田老鶴圃, 東京. p. 15.

熊野　茂　1997 j.　*Bostrychia radicans* f. *moniliforme. In* 山岸高旺・秋山　優(編), 淡水藻類写真集. 18 巻. 内田老鶴圃, 東京. p. 16.

熊野　茂　1997 k.　*Compsopogon prolificus. In* 山岸高旺・秋山　優(編), 淡水藻類写真集. 18 巻. 内田老鶴圃, 東京. p. 22.

熊野　茂　1997 l.　*Sirodotia huillensis. In* 山岸高旺・秋山　優(編), 淡水藻類写真集. 18 巻. 内田老鶴圃, 東京. p. 84.

熊野　茂　1997 m.　*Sirodotia suecica. In* 山岸高旺・秋山　優(編), 淡水藻類写真集. 18 巻. 内田老鶴圃, 東京. p. 85.

熊野　茂　1998.　*Banga atropurpurea* (Roth) Agardh. *In* 山岸高旺・秋山　優(編), 淡水藻類写真集. 19 巻. 内田老鶴圃, 東京. p. 9.

熊野　茂　1999.　カワモズク類の研究と観察. *In* 山岸高旺 (編著), 淡水藻類入門. 内田老鶴圃, 東京. pp. 381-394.

Kumano, S. & Bowden-Kerby, W. A. 1986.　Studies on the freshwater Rhodophyta of Micronesia. I. Six new species of *Batrachospermum* Roth. Jap. J. Phycol. 34 : 107-128.

Kumano, S. & Johnstone, I. M. 1983.　Studies on the freshwater Rhodophyta of Papua New Guinea. I. *Batrachospermum nova-guineense* sp. nov. from the Papuan Lowlands. Jap. J. Phycol. 31 : 65-70.

Kumano, S. & Liao, L. M. 1987.　A new species of the section *Contorta* of the genus *Batrachospermum* (Rhodophyta, Nemalionales) from Nonoc Island, the Philippines. Jap. J. Phycol. 35 : 99-105.

Kumano, S., Hirose, H. & Seto, R. 1962.　On the variation of three species of *Batrachospermum*. Bot.

Mag. Tokyo 75 : 199-204.

Kumano. S. & Necchi, O. Jr. 1985. Studies on the freshwater Rhodophyta of Brazil. II. Two new species of *Batrachospermum* from states of Amazonas and Minas Gerais. Jap. J. Phycol. 33 : 181-189.

Kumano, S. & Necchi, O. Jr. 1990. *Batrachospermum macrosporum* Montagne from South America. Jap. J. Phycol. 38 : 119-123.

Kumano, S. & Ohsaki, M. 1983. *Batrachospermum kushiroense*, sp. nov. (Rhodophyta, Nemalionales) from Kushiro Moor in cool temperate Japan. Jap. J. Phycol. 31 : 156-160.

Kumano, S. & Phang, S. M. 1987. Studies on freshwater red algae of Malaysia. VII. *Batrachospermum tapirense* sp. nov. from Sungai Tapir, Johor, Peninsular Malaysia. Jap. J. Phycol. 35 : 259-264.

Kumano, S. & Phang, S. M. 1990. *Ballia leprieurii* Kützing and the related species (Ceramiales, Rhodophyta). Jap. J. Phycol. 38 : 125-134.

Kumano, S. & Ratnasabapathy, M. 1982. Studies on freshwater red algae of Malaysia. III. Development of carposporophytes of *Batrachospermum cayennense* Montagne, *B. beraense* Kumano and *B. hypogynum* Kumano et Ratnasabapathy. Bot. Mag. Tokyo 95 : 219-228.

Kumano, S. & Ratnasabapathy, M. 1984. Studies on freshwater red algae of Malaysia. IV. *Batrachospermum bakarense* sp. nov. from Sungai Bakar, Kelantan, West Malaysia. Jap. J. Phycol. 32 : 19-23.

熊野　茂・瀬戸良三・広瀬弘幸 1970. 造果器嚢果の発達からみたカワモズク科数種の類縁. 藻類 18 : 116-120.

Kumano, S. & Watanabe, M. 1983. Two new varieties of *Batrachospermum* (Rhodophyta) from Mt. Albert Edward, Papua New Guinea. Bull. Natl. Sci. Mus.[Tokyo], Ser. B, 9 : 85-94.

Kützing, F. T. 1843. Phycologia generalis...Leipzig. XXXII+458 pp.

Kützing, F. T. 1845. Phycologia germanica...Nordhausen. X+340 pp.

Kützing, F. T. 1847. Diagnosen und Bemerkungen zu neuen oder kritischen Algen. Bot. Zeit. 5 : 1-5, 22-25, 33-38, 52-55, 164-167, 177-180, 193-198, 219-223.

Kützing, F. T. 1849. Species algarum. Leipzig. VI+922 pp.

Kützing, F. T. 1857. Tabulae phycologicae...Vol. 7. Nordhausen. II+40 pp., 100 pls.

Kützing, F. T. 1862. Tabulae phycologicae...Vol. 12. Nordhausen. IV+30 pp., 100 pls.

Kylin, H. 1912. Studien über die schwedischen Arten der Gattungen *Batrachospermum* Roth und *Sirodotia* nov. gen. Nova Acta Regiae Soc. Sci. Upsal., ser. 4, 3 (3). 40 pp.

Kylin, H. 1914. Studien über die Entwicklungsgeschichte von *Rhodomela virgata* Kjellm. Svensk. Bot. Tidskr. 8 : 33-69.

Kylin, H. 1916. Über die Befruchtung und Reproduktionsteilung bei *Nemalion multifidum*. Ber. Deutsch. Bot. Ges. 34 : 257-271.

Kylin, H. 1917. Über die Entwicklungsgeschichte von *Batrachospermum moniliforme*. Ber. Deutsch. Bot. Ges. 35 : 155-164.

Kylin, H. 1923. Studien über die Entwicklungsgeschichte der Florideen. Kongl. Svenska Vetenskapsakad. Handl.,[ser. 4], 63 (11). 139 pp.

Kylin, H. 1934. Über den Aufbau der Prokarpien bei den Rhodomelaceen nebst einigen Worten über *Odonthalia dentata*. Förh. Kongl. Fysiogr. Sällsk. Lund 4(9) : 69-90 (1-22 as separate).

Kylin, H. 1937. Über eine marine *Porphyridium*-Art. Förh. Kongl. Fysiogr. Sällsk. Lund 7 (10) : 119-123 (1-5 as separate).

Kylin, H. 1944.　Die Rhodophyceen der schwedischen Westkuste. Lunds Univ. Årsskr., N. F., Avd. 2,40(2). 104 pp.

Kylin, H. 1956.　Die Gattungen der Rhodophyceen. Lund: CWK Gleerup. XV+673 pp.

Lamouroux, J. V. F. 1813.　Essai sur les genres de la famille des thalassiophytes non articulés. Ann. Mus. Hist. Nat.[Paris] 20: 21-47,115-139,267-293.

Le Jolis, A. 1863.　Liste des algues marines de Cherbourg. Soc. Imp. Sci. Nat. Cherbourg, Mm. 10: 1-168.

Lee, R. E. 1989.　Phycology. 2 nd ed. Cambridge: Cambridge University Press. xv+645 pp.

Lee, Y. P. & Lee. I. K. 1988.　Contribution to the generic classification of the Rhodochortaceae (Rhodophyta, Nemaliales). Bot. Mar. 31: 119-131.

Lee, Y. P. & Yoshida, T. 1997.　The Acrochaetiaceae (Acrochaetiales, Rhodophyta) in Hokkaido. Sci. Rep. Inst. Algol. Res., Fac. Sci., Hokkaido Univ. 9: 159-229.

Lee, Y. P. 1980.　Taxonomic study on the Acrochaetiaceae (Rhodophyta). Dr. Sci. Thesis, Hokkaido Univ. Sapporo. 302 pp.

Lichtle, C. & Giraud, G. 1970.　Aspects ultrastructuraux particuliers au plaste du *Batrachospermum virgatum* (Sirdt) -Rhodophycée-Némalionale. J. Phycol. 6: 281-289.

Liebman, F. 1839.　Om et not *Erythroclathrus* af Algernes familie Kröy. Nat. Tidskr., 169-175.

Linnaeus, C. 1753.　Species plantarum.. Vol. 2. Stockholm. pp. 561-1200.

Linnaeus, C. 1755.　Flora suecica…Editio secunda.. Stockholm. XXXII+464 pp.

Lobban, C. S. & Wynne, M. J. (eds.) 1981.　The biology of seaweeds. Berkeley & Los Angeles: University of California Press.[Botanical Monographs 17.]xi+786 pp.

Lowe, C. W. 1923.　Freshwater algae and freshwater diatoms. Report of the Canadian Arctic Expedition 1913-18. Vol. IV: Botany. Part A. Ottawa. 53 pp.

Lowe, C. W. 1927.　Some freshwater algae of southern Quebec. Trans. Roy. Soc. Canada, ser. 3,20: 291-316.

Lyngbye, H. C. 1819.　Tentamen hydrophytologiae danicae.. Copenhagen. XXXII+248 pp.

Magne, F. 1961.　Sur le cycle cytologique de *Nemalion helmintoides* (Velley) Batters. C. R. Acad. Sci. [Paris]252: 157-159.

Magne, F. 1967 a.　Sur l'existence, cehz les *Lemanea* (Rhorophycées, Némalionales), d'une type de cycle de dévelopment encore inconnu chez les algues rouges. C. R. Acad. Sci.[Paris], Sér. D, 264: 2632-2633.

Magne, F. 1967 b.　Sur le déroulement et le lieu de la meiose chez les Lémanéacées (Rhodophycees, Némalionales). C. R. Acad. Sci.[Paris], Sér. D, 265: 670-673.

Magne, F. 1972.　Le cycle de développement des Rhodophycées et son évolution. Mém. Soc. Bot. France 1972: 247-267.

Mann, F. D. & Steinke, T. D. 1988.　Photosynthetic and respiratory responses of the mangrove-associated red algae, *Bostrychia radicans* and *Caloglossa leprieurii*. S. African J. Bot. 54: 203-207.

Matsymura, N. 1895.　Enumeration of selected scientific names of both native and foreign plants, with ramanized names, and in mamy cases Chinese characters. ed. 3. Tokyo. (in Japanse)

Meneghini, G. 1841.　Lettera del Prof. Giusepp. Meneghini al Dott. Corinaldi. Giorn. Tosc. Sci. Med. 1: 186-189.

Merola, A., Castaldo, R., De Luca, P., Gambardella, R., Musacchio, A. & Taddei, R. 1982.　Revision of *Cyanidium caldarium*. Three species of acidophilic algae. Giorn. Bot. Ital. 115 : 189-195.

右田清治 1986. 淡水産紅藻オキチモズクの室内培養. 長崎大学水産学部研究報告 59 : 23-28.

右田清治 1993. *Nemalionopsis tortuosa* Yagi et Yoneda. *In* 堀 輝三(編), 藻類の生活史集成. 第2巻. 褐藻, 紅藻類. 内田老鶴圃, 東京. pp. 228-229.

右田清治・高橋真弓 1991. 新産地甘木市のチスジノリについて. 長崎大学水産学部研究報告 69 : 1-5.

Möbius, M. 1888. Über einige in Portorico gesammelte Süsswasser-und Luft-algen. Hedwigia 9 u 10 : 1-29.

Möbius, M. 1892 a. Beitrag zur Kenntniss der Gattung *Thorea*. Ber. Deutsch. Bot. Ges. 9 : 333-344.

Möbius, M. 1892 b. Über einige brasilianische Algen. Ber. Deutsch. Bot. Ges. 10 : 17-26.

Möbius, M. 1892 c. Australische Süsswasseralgen. Flora 75 : 421-450.

Möbius, M. 1892 d. Bemerkungen über die systematische Stellung von *Thorea* Bory. Ber. Deutsch. Bot. Ges. 10 : 266-270.

Möbius, M. 1894. Australische Süsswasseralgen. II. Abh. Senckenberg. Naturf. Ges. 18 : 309-350.

Moi, Phang Siew & Leong, P. 1987. Freshwater algae from the Ulu Endou area, Johore, Malaysia. Malayan Nat. J. 41 : 145-157.

Montagne, C. 1839. Sertum patagonicum. Cryptogames de la Patagonie. *In* D' Orbigny, A., Voyage dans l' Amerique meridionale...Vol. 7, part 1. Paris. 19 pp.

Montagne, C. 1840. Seconde centurie de plantes cellulaires exotiques nouvelles. Décades I et II. Ann. Sci. Nat. Bot., ser. 2,13 : 193-207.

Montagne, C. 1842 a. Botanique. Plantes cellulaires. *In* Sagra, R. de la, Histoire physique, politique et naturelle de l' île de Cuba. Vol. 11. Paris. x+549 pp.

Montagne, C. 1842 b. *Bostrychia*. Dict. Univ. Hist. Nat.[Orbigny] 2 : 660-661.

Montagne, C. 1845. Plantes cellulaires. *In* Hombron, J. B. & Jacquinot, H., Voyage au Pôle Sud et dans l' Océanie sur les corvettese' Astrolabe et la Zélée...pendant les années 1837-1838-1839-1840, sous le commandement de M. J. DUmont-d' Urville. Botanique. Paris. Vol. 1. XIV+349 pp.

Montagne, C. 1846. Ordo I. Phyceae. *In* Durieu de Maisonneuve, M. C., Exploration scientifique de l' Algérie pendant les années 1840,1841,1842...Sciences physiques. Botanique. Cryptogamie. Paris. pp.[1]-197.

Montagne, C. 1850. Cryptogamia guyanensis, seu plantarum cellularium in Guyana gallica annis 1835-1849 a cl. Leprieur collectarum enumeratio universalis. Ann. Sci. Nat. Bot., ser. 3,14 : 283-309.

森 通保 1953. 熊本県大野川下流水域の藻類群落. 生態学雑誌 1 : 130-132.

森 通保 1961. 日本産アヤギヌの栄養枝と胞子葉の相違について. 藻類 9 : 57-62.

森 通保 1970. *Batrachospermum ectocarpum* Sirodot の分類学的, 生態学的考察. 藻類 18 : 1-8.

Mori, M. 1975. Studies on the genus *Batrachospermum* in Japan. Jap. J. Bot. 20 : 461-485.

森 通保 1977. カワモズク属における原葉の研究. 藻類 25 (増補) : 189-193.

森 通保 1980. 日本におけるアヤギヌ属群落の変遷. 遺伝 34 : 70-73.

森 通保 1984 a. *Batrachospermum bruziense*. *In* 山岸高旺・秋山 優(編), 淡水藻類写真集. 1巻. 内田老鶴圃, 東京. p. 7.

森 通保 1984 b. *Batrachospermum coerurescens*. *In* 山岸高旺・秋山 優(編), 淡水藻類写真集. 1巻. 内田老鶴圃, 東京. p. 8.

森 通保 1984 c. *Batrachospermum ectocarpum*. *In* 山岸高旺・秋山 優(編), 淡水藻類写真集. 1巻. 内田老鶴圃, 東京. p. 9.

森 通保 1984 d. *Batrachospermum radicans*. *In* 山岸高旺・秋山 優(編), 淡水藻類写真集. 1巻. 内田

老鶴圃, 東京. p. 10.

森　通保 1985 a. *Batrachospermum decaisneanum. In* 山岸高旺・秋山　優 (編), 淡水藻類写真集. 3 巻. 内田老鶴圃, 東京. p. 7.

森　通保 1985 b. *Batrachospermum godronianum. In* 山岸高旺・秋山　優 (編), 淡水藻類写真集. 3 巻. 内田老鶴圃, 東京. p. 8.

森　通保 1985 c. *Batrachospermum japonicum. In* 山岸高旺・秋山　優 (編), 淡水藻類写真集. 4 巻. 内田老鶴圃, 東京. p. 6.

森　通保 1985 d. *Batrachospermum rubescens. In* 山岸高旺・秋山　優 (編), 淡水藻類写真集. 4 巻. 内田老鶴圃, 東京. p. 7.

森　通保・池田穂積 1961. 淡水産ホソアヤギヌについて. 陸水学雑誌 22：225-229.

Mostaert, A. S. & King, R. J. 1993. The cell wall of the halotolerant red alga *Caloglossa leprieurii* (Montagne) J. Agardh (Ceramiales, Rhodophyta) from freshwater and marine habitats: effect of changing salinity. Cryptog. Bot. 4: 40-46.

Moul, E. T. & Buell, H. F. 1979. Algae of the Pine Barrens. *In* Forman, R. T. T. (ed.), Pine Barrens; ecosystem and landscape. New York: Academic Press. pp. 425-440.

Mullahy, J. H. 1952. The morphology and cytology of *Lemanea australis* Atk. Bull. Torrey Bot. Club 79: 393-406, 471-484.

Müller, K. M., Gutell, R. R. & Sheath, R. G. 1998. A preliminary analysis of the group I introns in the 18 S rRNA gene of *Bangia* (Bangiales) Rhodophyta. J. Phycol. 34 (suppl.): 102-103. (abstract)

Müller, K. M., Sheath, R. G., Vis, M. L., Crease, T. J. & Cole, K. M. 1998. Biogeography and systematics of *Bangia* (Bangiales, Rhodophyta) based on the Rubisco spacer, *rbc*L gene and 18 S rRNA gene sequences and morphometric analyses. I. North America. Phycologia 37: 195-207.

Müller, K. M., Vis, M. L., Chiasson, W. B., Whittick, A. & Sheath, R. G. 1997. Phenology of a *Batrachospermum* population in a boreal pond and its implications for the systematics of section *Turfosa* (Batrachospermales, Rhodophyta). Phycologia 36: 68-75.

Nagai, M. 1941. Marine algae of the Kurile Islands. II. J. Fac. Agric. Hokkaido Imp. Univ. 46: 139-310.

長島秀行 1993 a. *Cyanidioschyzon merolae* De Luca, Taddei & Varano. *In* 堀　輝三 (編), 藻類の生活史集成. 第 2 巻. 褐藻, 紅藻類. 内田老鶴圃, 東京. pp. 188-189.

長島秀行 1993 b. *Galdieria sulphuraria* (Galdieri) Merola. *In* 堀　輝三 (編), 藻類の生活史集成. 第 2 巻. 褐藻, 紅藻類. 内田老鶴圃, 東京. pp. 186-187.

長島秀行 1993 c. *Cyanidium caldarium* (Tilden) Geitler. *In* 堀　輝三 (編), 藻類の生活史集成. 第 2 巻. 褐藻, 紅藻類. 内田老鶴圃, 東京. pp. 184-185.

長島秀行 1995. 群馬県草津温泉の微細藻類. 温泉科学 45：26-30.

長島秀行 1997. 最も原始的な真核藻類イデユコゴメ類. 遺伝 51：41-46.

Nagashima, H. & Fukuda, I. 1981. Morphological properties of *Cyanidium caldarium* and related algae in Japan. Jap. J. Phycol. 29: 237-242.

Nägeli, C. 1849. Gattungen einzelliger Algen…Neue Denkschr. Allgem. Schweiz. Gesammten Naturwiss. 10[7]. VIII+139 pp.

中村　武 1980. 関東産チスジノリ属藻類について. 藻類 28：249-254.

中村　武 1984 a. *Compsopogon aeruginosus. In* 山岸高旺・秋山　優 (編), 淡水藻類写真集. 1 巻. 内田老鶴圃, 東京. p. 24.

中村　武 1984 b.　*Compsopogon corticrassus*. *In* 山岸高旺・秋山　優（編），淡水藻類写真集．1巻．内田老鶴圃，東京．p. 25.

中村　武 1984 c.　*Compsopogon hookeri*. *In* 山岸高旺・秋山　優（編），淡水藻類写真集．1巻．内田老鶴圃，東京．p. 26.

中村　武 1984 d.　*Compsopogon oishii*. *In* 山岸高旺・秋山　優（編），淡水藻類写真集．1巻．内田老鶴圃，東京．p. 27.

中村　武 1984 e.　*Compsopogonopsis japonoca*. *In* 山岸高旺・秋山　優（編），淡水藻類写真集．1巻．内田老鶴圃，東京．p. 28.

中村　武 1984 f.　*Thorea okadai*. *In* 山岸高旺・秋山　優（編），淡水藻類写真集．1巻．内田老鶴圃，東京．p. 96.

中村　武 1993 a.　*Compsopogonopsis japonica* Chihara. *In* 堀　輝三（編），藻類の生活史集成．第2巻．褐藻，紅藻類．内田老鶴圃，東京．pp. 172-173.

中村　武 1993 b.　*Compsopogon hookeri* Montagne. *In* 堀　輝三（編），藻類の生活史集成．第2巻．褐藻，紅藻類．内田老鶴圃，東京．pp. 174-175.

中村　武 1995．絶滅の恐れのある藻類群（3）淡水紅藻オオイシソウモドキ（*Compsopogonopsis japonica* Chihara）について．南教育センター研究紀要 8：30-33.

中村　武 1996．絶滅の恐れのある植物群の生育状況と保全について…淡水紅藻オオイシソウ類とチスジノリの現状報告と貴重な地域の自然を題材とした環境教育．南教育センター研究紀要 9：20-23.

中村　武 1999．日本産オオイシソウ科藻類の観察と研究．*In* 山岸高旺（編著），淡水藻類入門．内田老鶴圃，東京．pp. 395-404.

Nakamura, T. & Chihara, M. 1977 a.　Occurrence of *Thorea* species (Rhodophyta) in Kanto district, central Japan. Bull. Jap. Soc. Phycol. 25：159-162.

中村　武・千原光雄 1977 b.　淡水産紅藻オオイシソウモドキの生活史について．藻類 25(suppl.)：195-201.

中村　武・千原光雄 1983．淡水産紅藻オオイシソウ属の日本新産2種について．植物研究雑誌 58：54-61.

Nakamura, Y. 1941.　The species of *Rhodochorton* from Japan. I. Sci. Pap. Inst. Algol. Res. Fac. Sci. Hokkaido Imp. Univ. 2：273-291.

Nakamura, Y. 1944.　The species of *Rhodochorton* from Japan. II. Sci. Pap. Inst. Algol. Res. Fac. Sci. Hokkaido Imp. Univ. 3：99-119.

仲田稲造 1963．沖縄に自生するチスジノリについて．沖縄生物教育研究会記念誌（10周年）：39-43.

Nardo, G. D. 1834.　De novo genere algarum cui nomen est *Hildbrandtia prototypus*. Isis (Oken) 1834：675-676.

Nasr, A. H. 1947.　Synopsis of the marine algae of the Egiptian Red Sea coast. Bull. Fac. Sci. Fouad I Univ. 25：1-155.

Necchi, O. Jr. 1986.　Studies on the freshwater Rhodophyta of Brazil-4. Four new species of *Batrachospermum* (section *Contorta*) from the southern state of São Paulo. Revista Brasil. Biol. 46：517-525.

Necchi, O. Jr. 1987 a.　Studies on freshwater Rhodophyta of Brazil-3. *Batrachospermum brasiliense* sp. nov. from the state of São Paulo, southern Brazil. Revista Brasil. Biol. 47：441-446.

Necchi, O. Jr. 1987 b.　Sexual reproduction in *Thorea* Bory (Rhodophyta, Thoreaceae). Jap. J. Phycol. 35：106-112.

Necchi, O. Jr. 1988.　Revisão de gênero *Batrachospermum* Roth (Rhodophyta, Batrachospermales) no Brasil. Ph. D. Thesis. Universidade Estadual Paulista, Julio de Masquita Filho, Rio Caro.

Necchi, O. Jr. 1989. Rhodophyta de água doce do estado de São Paulo : levantamento taxónomico. Bol. Bot. Univ. São Paulo 11 : 11-69.

Necchi, O. Jr. 1990 a. Revision of the genus *Batrachospermum* Roth (Rhodophyta, Batrachospermales) in Brazil. Biblioth. Phycol. 84. iii+201 pp.

Necchi, O. Jr. 1990 b. Geographic distribution of the genus *Batrachospermum* (Rhodophyta, Batrachospermales) in Brazil. Revista Brasil. Biol. 49 : 663-669.

Necchi, O. Jr. 1991 a. Evaluation of numeric taxonomic characters in Brazilian species of *Batrachospermum* (Rhodophyta, Batrachospermales). Revista Brasil. Biol. 50 : 627-641.

Necchi, O. Jr. 1991 b. The section *Sirodotia* of *Batrachospermum* (Rhodophyta, Batrachospermales) in Brazil. Arch. Hydrobiol. Suppl. 89 (Algol. Stud. 62) : 17-30.

Necchi, O. Jr. 1997. Microhabitat and plant structure of *Batrachospermum* (Batrachospermales, Rhodophyta) populations in four streams of São Paulo State, southeastern Brazil. Phycol. Res. 45 : 39-45.

Necchi, O. Jr. & Bicudo, D. de C. 1993. Criptógamos do Parque Estadual das Fontes do Ipiranga, São Paulo, SP. Algas, 3 : Rhodophyceae. Hoehnea 19 : 89-92.

Necchi, O. Jr., Braga, M. R. A. & Moulton, T. P. 1998. Survey and distribution of freshwater Rhodophyta from Cardoso Island, São Paulo State, southeastern Brazil. Arch. Hydrobiol. Suppl. 123 (Algol. Stud. 88) : 111-124.

Necchi, O. Jr. & Branco, C. C. Z. 1999. Phenology of a dioecious population of *Batrachospermum delicatulum* (Batrachospermales, Rhodophyta) in a stream from southeastern Brazil. Phycol. Res. 47 : 251-256.

Necchi, O. Jr. & Dip, M. R. 1992. The family Compsopogonaceae (Rhodophyta) in Brazil. Arch. Hydrobiol. Suppl. 94 (Algol. Stud. 66) : 105-118.

Necchi, O. Jr. & Entwisle, T. J. 1990. A reappraisal of generic and subgeneric classification in the Batrachospermaceae (Rhodophyta). Phycologia 29 : 478-488.

Necchi, O. Jr., Goes, R. M. & Dip, M. R. 1990. Phenology of *Compsopogon coeruleus* (Balbis) Montagne (Compsopogonaceae, Rhodophyta) and evaluation of taxonomic characters of the genus. Jap. J. Phycol. 38 : 1-10.

Necchi, O. Jr. & Kumano, S. 1984. Studies on the freshwater Rhodophyta of Brazil. 1. Three taxa of *Batrachospermum* Roth from the northeastern state of Serigipe. Jap. J. Phycol. 32 : 348-353.

Necchi, O. Jr. & Pascoaloto, D. 1995. Morphometry of *Compsopogon coeruleus* (Compsopogonaceae, Rhodophyta) populations in a tropical river basin of southeastern Brazil. Arch. Hydrobiol. Suppl. 106 (Algol. Stud. 76) : 61-73.

Necchi, O. Jr. & Sheath, R. G. 1992. Karyology of Brazilian species of *Batrachospermum* (Rhodophyta, Batrachospermales). Brit. Phycol. J. 27 : 423-427.

Necchi, O. Jr., Sheath, R. G. & Cole, K. M. 1993 a. Distribution and systematics of the freshwater genus *Sirodotia* (Batrachospermales, Rhodophyta) in North America. J. Phycol. 29 : 236-243.

Necchi, O. Jr., Sheath, R. G. & Cole, K. M. 1993 b. Systematics of freshwater *Audouinella* (Acrochaetiaceae, Rhodophyta) in North America. 1. The reddish species. Arch. Hydrobiol. Suppl. 98 (Algol. Stud. 70) : 11-28.

Necchi, O. Jr., Sheath, R. G. & Cole, K. M. 1993 c. Systematics of freshwater *Audouinella* (Acrochaetiaceae, Rhodophyta) in North America. 2. The bluish species. Arch. Hydrobiol. Suppl. 100 (Algol. Stud. 71) : 13-21.

Necchi, O. Jr. & Zucchi, M. R. 1995 a. Systematics and distribution of freshwater *Audouinella*

(Acrochaetiaceae, Rhodophyta) in Brazil. Eur. J. Phycol. 30: 209-218.

Necchi, O. Jr. & Zucchi, M. R. 1995 b. Record of *Paralemanea* (Lemaneaceae, Rhodophyta) in South America. Arch. Hydrobiol. Suppl. 109 (Algol. Stud. 78): 33-38.

Necchi, O. Jr. & Zucchi, M. R. 1996 ("1995"). Occurrence of the genus *Ballia* (Ceramiaceae, Rhodophyta) in freshwater in Brazil. Hoehnea 22: 229-235.

Necchi, O. Jr. & Zucchi, M. R. 1997 a. Taxonomy and distribution of *Thorea* (Thoreaceae, Rhodophyta) in Brazil. Arch. Hydrobiol. Suppl. 118 (Algol. Stud. 84): 83-90.

Necchi, O. Jr. & Zucchi, M. R. 1997 b. *Audouinella macrospora* (Acrochaetiaceae, Rhodophyta) is the chantransia stage of *Batrachospermum* (Batrachospermaceae). Phycologia 36: 220-224.

根来健一郎 1943. 群馬県草津温泉の藻類植生. 植物学雑誌 57:302-312.

Nichols, H. W. 1964 a. Culture and developmental morphology of *Compsopogon coeruleus*. Amer. J. Bot. 51: 180-188.

Nichols, H. W. 1964 b. Developmental morphology and cytology of *Boldia erythrosiphon*. Amer. J. Bot. 51: 653-659.

Nichols, H. W. 1965. Culture and development of *Hildenbrandia rivularis* from Denmark and North America. Amer. J. Bot. 52: 9-15.

納田美也 1979. 香南台地の紅藻と輪藻. 香南台地及び高山の生物 39-44.

納田美也 1982. 香川県綾川のオオイシソウ採集の新記録. 香川生物 10:109-110.

能登谷正浩・菊池則雄 1993. *Bangia atropurpurea* (Roth) C. Agardh. *In* 堀 輝三 (編), 藻類の生活史集成. 第2巻. 褐藻, 紅藻類. 内田老鶴圃, 東京. pp. 198-199.

大石芳三 1901. ヒメカワモズク. 新撰日本植物図鑑 (松村任三・三好 学編), 下等隠花類部 2(4):79.

大野直枝 1899. カワモズク. 新撰日本植物図鑑 (松村任三・三好 学編), 下等隠花類部 1(2):10.

大野直枝 1901. チノリモ. 新撰日本植物図鑑 (松村任三・三好 学編), 下等隠花類部 2(4):79.

岡田喜一 1939 a. 紅藻類. 隠花植物図鑑 (朝比奈編). 三省堂, 東京.

岡田喜一 1939 b. 「スガー」(鹽川) とその植物相について. 植物研究雑誌 15:48-53.

岡田喜一 1944. 日本淡水産ウシケノリ属の一種タニウシケノリについて. 植物研究雑誌 20:201-204.

岡田喜一 1950 a. チスジノリ新知見 第I報. 植物研究雑誌 25:145-147.

岡田喜一 1950 b. チスジノリ新知見 第II報. 鹿児島水産専門学校研究報告 1:148-150.

岡田喜一・木場一夫 1933. 北千島概観. 日本生物地理学会誌 4:1-46.

岡田喜一・右田清治 1956. オキチモズクの生活史について. 長崎大学水産学部研究報告 4:1-6.

Okamura, K. 1897. On the algae from Ogasawara-jima (Bonin Islands). Bot. Mag. Tokyo 11: 11-17.

岡村金太郎 1900-1902. 日本海藻図説. 敬業社, 東京.

岡村金太郎 1902. 日本藻類名彙. 敬業社, 東京. VII+276 pp.

Okamura, K. 1903 a. Algae japonicae exsiccatae. Tokyo. Fasc. 2. Nos. 51-100.

Okamura, K. 1903 b. Contents of the "Algae japonicae exsiccatae" Fasciculus II. Bot. Mag.[Tokyo] 17: 129-132.

岡村金太郎 1907-1909. 日本藻類図譜. 1巻. 東京. 258 pp., pls. I-L.

岡村金太郎 1913-1915. 日本藻類図譜. 3巻. 東京. 218 pp., pls. CI-CL.

岡村金太郎 1916-1923. 日本藻類図譜. 4巻. 東京.

岡村金太郎 1916. 日本藻類名彙. Ed. 2. 成美堂, 東京. 362 pp.

岡村金太郎 1936. 日本海藻誌. 内田老鶴圃, 東京. 964 pp.

Oltmanns, F. 1904. Morphologie und Biologie der Algen. Vol. 1. Jena: Gustav Fischer. VI+733 pp.

Ortega, M. M. 1984. Cátlogo de algas continentales recientes de México. México: Univ. Nac. Auton. México. 566 pp.

Osterhout, W. J. V. 1900. Befruchtung bei *Batrachospermum*. Flora 87: 109-115.

Ott, F. D. 1973. A review of the synonyms and the taxonomic positions of the algal genus *Porphyridium* Nägeli 1849. Nova Hedwigia 23: 237-289.

Ott, F. D. & Seckbach, J. 1994. New classification for the genus *Cyanidium* Geitler 1933. *In* Seckbach, J. (ed.). Evolutionary pathways and enigmatic algae: Cyanidium caldarium (Rhodophyta) and related cells. Dordrecht etc.: Kluwer Academic Publishers. pp. 145-152.

Ott, F. D. & Sommerfeld, M. R. 1982. Freshwater Rhodophyceae: Introduction and bibliography. *In* Rosowski, J. R. & Parker, B. C. (ed.) Selected papers in Phycology II. Phycol. Soc. America, Lawrence, Kansas, pp. 671-681.

Palmer, C. M. 1941. A study of *Lemanea* in Indiana with notes on its distribution in North America. Butler Univ. Bot. Stud. 5: 1-26.

Palmer, C. M. 1942. *Lemanea* herbarium packets containing more than one species. Butler Univ. Bot. Stud. 5: 222-223.

Palmer, C. M. 1945. A preliminary study of *Sacheria* in western North America. Butler Univ. Bot. Stud. 7: 176-181.

Papenfuss, G. F. 1945. Review of the *Acrochaetium-Rhodochorton* complex of the red algae. Univ. Calif. Publ. Bot. 18: 229-334.

Papenfuss, G. F. 1946. Proposed names for the phyla of algae. Bull. Torrey Bot. Club 73: 217-218.

Papenfuss, G. F. 1947. Further contributions toward an understanding of the *Acrochaetium-Rhodochorton* complex of the red algae. Univ. Calif. Publ. Bot. 18: 433-447.

Papenfuss, G. F. 1955. Classification of algae. *In* A century of progress in the natural sciences, 1853-1953. San Francisco: California Acad. Sci. pp. 115-224.

Papenfuss, G. F. 1958. Notes on algal nomenclature. IV. Taxon 7: 104-109.

Papenfuss, G. F. 1961. The structure and reproduction of *Caloglossa leprieurii*. Phycologia 1: 8-31.

Papenfuss, G. F. 1966. A review of the present system of classification of the Florideophycidae. Phycologia 5: 247-255.

Parker, B. C., Samsel, G. L. Jr. & Preccott, G. W. 1973. Comparison of microhabitats of macroscopic subalpine stream macroalgae. Amer. Midl. Naturalist 90: 143-153.

Pascher, A. & Schiller, J. 1925. Rhodophyta (Rhodophyceen). *In* Pascher, A. (ed.). Die Süsswasser-Flora Deutschlands, Österreichs und der Schweiz. Fasc. 11. Jena: Gustav Fischer. pp. 134-206.

Patel, R. J. 1970. New freshwater species of *Acrochaetium* from Gujarat, India (*Acrochaetium godwardense* sp. nov.). Rev. Algol., ser. 2, 10: 30-36.

Patel, P. J. & Francis, M. A. 1968. On *Batrachospermum* from Gujarat. Proc. Indian Acad. Sci., Sect. B 67: 230-232.

Patel, P. J. & Francis, M. A. 1970. Some interesting observations on *Compsopogon aeruginosus* (J. Ag.) Kützing, a species new to India. Phykos 8: 46-51.

Patel, R. J. 1965. *Compsopogon iyengarii* Krishnamurthy from Gujarat. Curr. Sci. 34: 644-645.

Post, E. 1936. Systematische und pflanzengeographische Notizen zur *Bostrychia-Caloglossa*-Assoziation. Rev. Algol. 9: 1-84.

Post, E. 1939. *Bostrychia tangatensis* spec. nov., eine neue *Bostrychia* der ostafrikanischen Mangrove.

Arch. Protistenk. 92 : 152-156.

Post, E. 1941. *Bostrychia hamana-tokidai* spec. nov., eine neue südjapanische *Bostrychia*. Beih. Bot. Centralbl., Abt. B, 61 : 208-210.

Post, E. 1943. Zur Morphologie und Ökologie von *Caloglossa*. Ergebnisse der Sunda-Expedition der Notgemeinschaft der deutschen Wissenschaft 1929/30. Arch. Protistenk. 96 : 123-220.

Post, E. 1957. Fruktifikationen und Keimlinge bei *Caloglossa*. Hydrobiologia 9 : 105-125.

Post, E. 1963. Zur Verbreitung und Ökologie der *Bostrychia-Caloglossa*-Assoziation. Int. Rev. Gesamten Hydrobiol. 48 : 47-152.

Post, E. 1965. *Caloglossa beccarii* im Golf von Mexico. Hydrobiologia 26 : 184-188.

Post, E. 1966 a. *Caloglossa stipitata* in Florida. Hydrobiologia 27 : 109-112.

Post, E. 1966 b. Neues zur Verbreitungsökologie neuseeländischer und mittel-amerikanischer *Bostrychia-Caloglossa*-Assoziation. Rev. Algol., ser. 2,8 : 127-150.

Post, E. 1966 c. *Caloglossa ogasawaraensis* in Westafrika. Hydrobiologia 27 : 317-322.

Post, E. 1968. Zur Verbreitungs-Ökologie des Bostrychietum. Hydrobiologia 31 : 241-316.

Prescott, G. W. 1951. History of phycology. *In* Smith, G. M. (ed.), Manual of Phycology. Waltham, Massachusetts : Chronica Botanica. pp. 1-11.

Prescott, G. W. 1962. Algae of the Western Great Lakes area...2 nd ed. Dubuque, Iowa : Wm. C. Brown. xiii+977 pp.

Prescott, G. W. 1978. How to know the freshwater algae. 3 rd ed. Dubuque, Iowa : Wm. C. Brown. x+293 pp.

Price, S. R. 1914. Notes on *Batrachospermum*. New Phytol. 13 : 276-279.

Pueschel, C. M. & Cole, K. M. 1982. Rhodophycean pit plugs : an ultrastrucutral survey with taxonomic implications. Amer. J. Bot. 69 : 703-720.

Pueschel, C. M. 1990. Cell structure. *In* Cole, K. M. & Sheath, R. G. (eds.), Biology of the red algae. Cambridge : Cambridge University Press. pp. 7-41.

Pujals, C. 1967. Presencia en la Argentina del género "*Thorea*" (Rhodophycophyta, Florideae). Comun. Mus. Argent. Ci. Nat. "Bernardino Rivadavia", Hidrobiol. 1 : 55-64.

Rabenhorst, L. 1854. *Batrachospermum kuhnianum* Rabenh. Hedwigia 1 : 42, pl. 7, fig. 1.

Rabenhorst, L. 1855. Beitrag zur Kryptogamen-Flora Sd-Afrikas. Pilze und Algen. Allg. Deutsche Naturhist. Zeitung, ser. 2,1 : 280-283.

Rabenhorst, L. 1859. Algen Sachsens...Decades 83/84, nos. 821-840. (exsiccata)

Rabenhorst, L. 1863. Kryptogamen-Flora von Sachsen...Vol. 1. Leipzig. XX+653 pp.

Rabenhorst, L. 1868. Flora europaea algarum aquae dulcis et submarinae. Vol. 3. Leipzig. XX+461 pp.

Raikwar, S. K. S. 1962. A new freshwater species of *Acrochaetium* (*A. indica* sp. nov.). Rev. Algol., ser. 2,6 : 98-104.

Ratnasabapathy, M. 1972. Algae from Gunong Jerai (Kedah Peak), Malaysia. Gard. Bull. Singapore 26 : 95-110.

Ratnasabapathy, M. 1977 ("1975"). Preliminary observations on Gombak river algae at the Field Studies Centre, University of Malaya. Phykos 14 : 15-23.

Ratnasabapathy, M. 1978. Freshwater biology of Pulau Tioman. Kuala Lumpur : Univ. Press. 150 pp.

Ratnasabapathy, M. & Kumano, S. 1982 a. Studies on freshwater red algae of Malaysia. I. Some taxa of the genera *Batrachospermum, Ballia* and *Caloglossa* from Pulau Tioman, West Malaysia. Jap. J. Phycol. 30 : 15-22.

Ratnasabapathy, M. & Kumano, S. 1982 b. Studies on freshwater red algae of Malaysia. II. Three species of *Batrachospermum* from Sungai Gombak and Sungai Pusu, Selangor, West Malaysia. Jap. J. Phycol. 30 : 119-124.

Ratnasabapathy, M. & Seto, R. 1981. *Thorea prowsei* sp. nov. and *Thorea clavata* sp. nov. (Rhodophyta, Nemaliales) from West Malaysia. Jap. J. Phycol. 29 : 243-250.

Raven, P. H., Evert, R. F. & Curtis, H. 1981. Biology of plants. 3 rd ed. New York : Worth Publishers. xvi+686 pp.

Reinsch, P. F. 1875. Contributiones ad algologiam et fungologiam. Nürnberg. XII+103 pp.

Reis, M. P. dos 1954. Contribuição para o conhecimento das espécies de *Batrachospermum* Roth da flora portuguesa. Ciencias[Madrid] 19 : 349-357.

Reis, M. P. dos 1955. Sur le *Batrachospermum corbula* Sirodot var. *alcoense* P. Reis n. var... Compt. Rend. VIII Congr. Int. Bot.[Paris] 17 : 70-71.

Reis, M. P. dos 1958. Subsídios para o conhecimento das Rodofíceas de água doce de Portugal-I. Bol. Soc. Brot., ser. 2,32 : 101-126[127=148=expl. pls.].

Reis, M. P. dos 1959, Variabilidade do tricogínio no gênero *Batrachospermum* Roth. Proc. IX Int. Bot. Congr.[Montreal] 2 : 307.

Reis, M. P. dos 1960 a. Variabilité du trichogyne chez le genre *Batrachospermum* Roth. Bol. Soc. Brot., ser. 2,34 : 29-36.

Reis, M. P. dos 1960 b. Revisão dos espécimes de *Batrachospermum* Roth e *Sirodotia* Kylin dos herbários dos institutos botânicos de Coimbra e Lisboa. Bol. Soc. Brot., ser. 2,34 : 37-55.

Reis, M. P. dos 1961 a. Sobre a identificação de *Chantransia violacea* Kütz. Bol. Soc. Brot., ser. 2,35 : 141-147[149-154=expl. pls.].

Reis, M. P. dos 1961 b. Subsídios para o conhecimento das Rodofíceas de água doce de Portugal. II. Bol. Soc. Brot., ser. 2,35 : 163-178[179-184=expl. pls.].

Reis, M. P. dos 1962 a. Subsídios para o conhecimento das Rodofíceas de água doce de Portugal. III. Mem. Soc. Brot. 15 : 57-71.

Reis, M. P. dos 1962 b. Uma nova espécie de *Lemanea* Bory encontrada em Portugal. Bol. Soc. Brot., ser. 2,36 : 175-176[177-178=expl. pl.].

Reis, M. P. dos 1963. Subsídios para o conhecimento das Rodofíceas de água doce de Portugal. IV. Bol. Soc. Brot., ser. 2,37 : 115-126.

Reis, M. P. dos 1964. On a new species of *Batrachospermum* of the section *Hybrida* from Portugal. Abstr. Tenth Int. Bot. Congr.[Edinburgh], p. 449.

Reis, M. P. dos 1965 a. Subsídios para o conhecimento das Rodofíceas de água doce de Portugal. V. Bol. Soc. Brot., ser. 2,39 : 137-156.

Reis, M. P. dos 1965 b. *Batrachospermum gulbenkianum* sp. nov... Anuário Soc. Brot. 31 : 31-44.

Reis, M. P. dos 1966. Subsídios para o conhecimento das Rodofíceas de água doce de Portugal. VI. Anuário. Soc. Brot. 32 : 33-47.

Reis, M. P. dos 1967. Duas espécies novas de *Batrachospermum* Roth : *B. azeredoi* e *B. ferreri*. Bol. Soc. Brot., ser. 2,41 : 167-189.

Reis, M. P. dos 1969. Subsídios para o conhecimento das Rodofíceas de água doce de Portugal. VII. Bol. Soc. Brot., ser. 2,43 : 183-192.

Reis, M. P. dos 1971. Rhodophyceae novae. Mem. Soc. Brot. 21 : 23-31.

Reis, M. P. dos 1972 a. *Batrachospermum henriquesianum* sp. nov.. Bol. Soc. Brot., ser. 2, 46 : 181-190.

Reis, M. P. dos 1972b. Estudo comparativo de *Batrachospermum helminthosum* Bory, *B. coerulescens* Sirod. e *B. azeredoi* P. Reis e descrição de uma variedade nova. Bol. Soc. Brot., ser. 2, 46 : 191-217.

Reis, M. P. dos 1973. Subsídios para o conhecimento das Rodofíceas de água doce de Portugal. VIII. Bol. Soc. Brot. 47, ser. 2: 139-156.

Reis, M. P. dos 1974. Chaves para a identifição das espécies portuguesas de *Batrachospermum* Roth. Anuário. Soc. Brot. 40 : 37-129.

Reis, M. P. dos 1981. Sobre as Rodofíceas da Ria de Aveiro. Bol. Soc. Brot., ser. 2, 53 : 1407-1436.

Reis, M. P. dos 1982. Novidades ficológicas da Ria de Aveiro.[II]. Bol. Soc. Brot., ser. 2, 55 : 117-119.

Rhodes, R. G. & Terzis, A. J. 1970. Some algae of the upper Cuyahoga River system in Ohio. Ohio J. Sci. 70 : 295-299.

Rider, D. E. & Wagner, R. H. 1972. The relationship of light, temperature, and current to the seasonal distribution of *Batrachospermum* (Rhodophyta). J. Phycol. 8 : 323-331.

Rieth, A. 1979 a. Ein *Batrachospermum* der Sektion *Contorta* Skuja aus Kuba. Kulturpflanze 27 : 265-281.

Rieth, A. 1979 b. Ein Standort der epiphytischen Süsswasser-Rotalge *Balbiania investiens* (Lenormand) Sirodot 1976 in Mitteleuropa. Arch. Protistenk. 121 : 401-416.

Rintoul, T., Sheath, R. G. & Vis, M. L. 1998. Systematics and biogeography of the Compsopogonales (Rhodophyta) with emphasis on freshwater genera in North America. J. Phycol. 34 (suppl.) : 50. (abstract)

Rintoul, T., Sheath, R. G. & Vis, M. L. 1999. Systematics and biogeography of the Compsopogonales (Rhodophyta) with emphasis on freshwater genera in North America. Phycologia. 38 : 517-527.

Roeder, D. R. & Peck, J. H. 1977. *Batrachospermum* Roth (Rhodophyta), a genus of red algae new to Iowa. Proc. Iowa Acad. Sci. 84 : 133-138.

Roeder, D. R. 1977. A floridean red alga new to Iowa : *Audouinella violacea* (Kütz.) Hamel (Acrochaetiaceae, Rhodophyta). Proc. Iowa Acad. Sci. 84 : 139-143.

Roscoe, M. V. 1931. The algae of St. Paul Island. Rhodora 33 : 127-131.

Rosenberg, M. 1935. On the germination of *Lemanea torulosa* in culture. Ann. Bot. (London) 49 : 621-622.

Rosenvinge, L. K. 1918 ("1917"). The marine algae of Denmark...Part II. Rhodophyceae II (Cryptonemiales). Kongel. Danske Vidensk. Selsk. Skr., 7 Raekke, Naturvidensk. og Math. Afd. 7 : 153-284.

Rosenvinge, L. K. 1924 ("1923"). The marine algae of Denmark...III. Rhodophyceae III. (Ceramiales). Kongel. Danske Vidensk. Selsk. Skr., 7 Raekke, Naturvidensk. og Math. Afd. 7 : 285-487.

Roth, A. W. 1797 a. Bemerkungen über das Studium der cryptogamischen Wassergewächse. Hannover. 109 pp.

Roth, A. W. 1797 b. Catalecta botanica... Fasc. 1. Leipzig. VIII+244 pp.

Roth, A. W. 1800. Tentamen florae germanicae. Vol. 3, part 1. Leipzig. vii+578 pp.

Roth, A. W. 1806. Catalecta botanica... Fasc. 2. Leipzig.

Round, F. E. 1965. The biology of the algae. London : Edward Arnold. vii+269 pp.

Round, F. E. 1981. The ecology of algae. Cambridge : Cambridge University Press. Cambridge. vii+

653 pp.

Ruprecht, F. J. 1851. Tange des Ochotskischen Meeres. In Middendorff, A. Th. v., Reise in den äussersten Norden und Osten Sibiriens...Vol. 1, part. 2(1): 191-435. St. Petersburg.

Ruttner, F. 1960. Über die Kohlenstoffaufnahme bei Algen aus der Rhodophyceen-Gattung *Batrachospermum*. Schweiz. Z. Hydrol. 22: 280-291.

Ryan, B. F., Joiner, B. L. & Ryan, T. A. Jr. 1985. MINITAB handbook. 2 nd ed. Boston: Duxbury Press. ix+374 pp.

Saenger, P., Ducker, S. C. & Rowan, K. S. 1971. Two species of Ceramiales from Australia and New Zealand. Phycologia 10: 105-111.

斎田功太郎 1887. バトラコスペルマム属の発生. 植物学雑誌 1: 51-53.

斎田功太郎 1910. 内外普通植物誌下等植物編(Index of native and foreign plants. Part. Crypt.), 東京.

Sanchez Rodriguez, M. E. 1974. Rodofíceas dulceacuícolas de México. Bol. Soc. Bot. México. 33: 31-37.

Sanchez Rodriguez, M. E. & Huerta, M. L. 1969. Una nueva especie de *Lemanea* (Rhodoph., Florid.), para la flora dulceacuícola méxicana. Ciencia[México] 27: 27-30.

三戸信人 1982. 山口市内の川にみられるベニマダラ群落. 山口生物 9: 7-8.

Sankaran, V. 1984. *Batrachospermum desikacharyi* sp. nov. (Rhodophyta) from Valparai, Anamalais, Tamil Nadu. Phykos 23: 163-170.

Sato, H., Anton, A. & Kumano, S. 1999. Freshwater algae of Tabin Wildlife Reserve, Sabah. In Tabin Scientific Expedition (Mohamaed, M., Andau, M., Dalimin, M. N. & Malim T. P. ed.), Universiti Malaysia Sabah, Malaysia. pp. 19-32.

Saunders, De A. 1901. Papers from the Harriman Alaska Expedition. XXV. The algae. Proc. Wash. Acad. Sci. 3: 391-486.

Schmidle, W. 1899 a. Algologische Notizen[VIII. IX.]. Allg. Bot. Zeit. Syst. 5: 2-4.

Schmidle, W. 1899 b. Einiges über die Befruchtung, Keimung und Haarinsertion von *Batrachospermum*. Bot. Zeitung 57: 125-135.

Schmitz, F. 1883. Untersuchungen über die Befuchung der Florideen Sitzungsber. K. Preuss. Akad. Wiss. Berlin 1883(1): 215-258.

Schmitz, F. 1892 a. [6. Klasse Rhodophyceae]2. Unterklasse Florideae. In Engler, A., Syllabus der Vorlesungen über specielle und medicinisch-pharmaceutische Botanik...Grosse Ausgabe. Berlin. pp. 16-23.

Schmitz, F. 1892 b. Die systematische Stellung der Gattung *Thorea* Bory. Ber. Deutsch. Bot. Ges. 10: 115-142.

Schmitz, F. 1893. Die Gatung *Lophothalia* J. Ag. Be. Deutsch Bot. Ges. 11: 212-232.

Schmitz, F. 1896 a. Bangiaceae. *In* Engler, A. & Prantl, K. (eds.), Die natürlichen Pflanzenfamilien..1(2). Leipzig. pp. 307-316.

Schmitz, F. 1896 b. Compsopogonaceae. In Engler, A. & Prantl, K. (eds.), Die natürlichen Pflanzenfamilien...1(2). Leipzig. pp. 318-320.

Schneider, C. W. & Searles, R. B. 1991. Seaweeds of the southeastern United States; Cape Hatteras to Cape Canaveral. Durham, North Carolina: Duke University Press. xiv+553 pp.

Schumacher, G. J. & Whitford, L. A. 1961. Additions to the fresh-water algae in North Carolina. V. J. Elisha Mitchell Sci. Soc. 77: 274-280.

Scott, J. 1983. Mitosis in the freshwater red alga *Batrachospermum ectocarpum*. Protoplasma 118:

56-70.

瀬川宗吉 1939. 「ゆたかかわもずく」属（新称）*Sirodotia* の邦産 2 種. 植物及動物 7：2033-2036.

瀬川宗吉・香村眞德 1960. 琉球列島海藻目録. 琉球大学. 72 pp.

Setchell, W. A. 1890. Concerning the structure and development of *Tuomeya fluviatilis*. Proc. Amer. Acad. Arts & Sci. 25：53-68.

瀬戸良三 1977. 淡水産紅藻ベニマダラ属の 1 種, *Hildenbrandia rivularis* (Liebm.) J. Ag. の栄養繁殖について. 藻類 25：129-136.

Seto, R. 1979. Comparative study of *Thorea gaudichaudii* (Rhodophyta) from Guam and Okinawa. Micronesica 15：35-40.

瀬戸良三 1980. 沖縄産のオオイシソウ科の藻類について. 藻類（増補）25：195-201.

Seto, R. 1982. Notes on the family Compsopogonaceae (Rhodophyta, Bangiales) in Okinawa Prefecture, Japan. Jap. J. Phycol. 30：57-62.

Seto, R. 1985. Typification of *Caloglossa ogasawaraensis* Okamura (Ceramiales, Rhodophyta). Jap. J. Phycol. 33：317-319.

Seto, R. 1987. Study of a freshwater red alga, *Compsopogonopsis fruticosa* (Jao) Seto comb. nov. (Compsopogonales, Rhodophyta) from China. Jap. J. Phycol. 35：265-267.

瀬戸良三 1993 a. *Compsopogon oishii* Okamura. In 堀　輝三（編）, 藻類の生活史集成. 第 2 巻. 褐藻, 紅藻類. 内田老鶴圃, 東京. pp. 170-171.

瀬戸良三 1993 b. *Hildenbrandia rivularis* (Liebman) J. Agardh. In 堀　輝三（編）, 藻類の生活史集成. 第 2 巻. 褐藻, 紅藻類. 内田老鶴圃, 東京. pp. 270-271.

瀬戸良三 1998 a. *Thorea clavata*. In 山岸高旺・秋山　優（編）, 淡水藻類写真集. 20 巻. 内田老鶴圃, 東京. p. 82.

瀬戸良三 1998 b. *Thorea prowsei*. In 山岸高旺・秋山　優（編）, 淡水藻類写真集. 20 巻. 内田老鶴圃, 東京. p. 83.

瀬戸良三・広瀬弘幸・熊野　茂 1974. 淡水産紅藻ベニマダラ属の 1 種, *Hildenbrandia rivularis* の成長について. 藻類 22：10-16.

Seto, R. & Jao, C. C. 1984. Morphological study of the freshwater red alga, *Caloglossa leprieurii* (Mont.) J. Ag. var. angusta Jao (Rhodophyta, Ceramiales) from China. Jap. J. Phycol. 32：216-220.

Seto, R. & Kumano, S. 1993. Reappraisal of some taxa of the genera *Compsopogon* and *Compsopogonopsis* (Compsopogonaceae, Rhodophyta). Jap. J. Phycol. 41：333-340.

瀬戸良三・右田清治・真殿克麿・熊野　茂 1993. 兵庫県安室川産の淡水産紅藻チスジノリとチスジノリ属 2 種の日本における分布. 藻類 41：355-357.

Seto, R., Yadava, R. N. & Kumano, S. 1991. Development of short spinous branchlets of *Compsopogon aeruginosus* var. *catenatum* (Compsopogonaceae, Rhodophyta). Jap. J. Phycol. 39：369-373.

Sheath, R. G. 1984. The biology of freshwater red algae. Progr. Phycol. Res. 3：89-157.

Sheath *et al.* 1986 a.　See Sheath, Morison, Cole & Vanalstyne.

Sheath *et al.* 1986 b.　See Sheath, Morison, Korch, Kacznarczyk & Cole.

Sheath *et al.* 1989.　See Sheath, Hamilton, Hambrook & Cole.

Sheath *et al.* 1996 a.　See Sheath, Müller, Colbo & Cole.

Sheath *et al.* 1996 b.　See Sheath, Müller, Larson & Cole.

Sheath *et al.* 1996 c.　See Sheath, Müller, Vis & Entwisle.

Sheath *et al.* 1996 d.　See Sheath, Müller, Whittick & Cole.

Sheath *et al.* 1996 e.　See Sheath, Vis, Hambrook & Cole.

Sheath, R. G. & Cole, K. M. 1990 a.　Differential alcian blue staining in freshwater Rhodophyta. Brit.

Phycol. J. 25 : 281-285.
Sheath, R. G. & Burkholder, J. M. 1983. Morphometry of *Batrachospermum* populations intermediate between *B. boryanum* and *B. ectocarpum* (Rhodophyta). J. Phycol. 19 : 324-331.
Sheath, R. G. & Burkholder, J. M. 1985. Characteristics of softwater streams in Rhode Island. II. Composition and seasonal dynamics of macroalgal communities. Hydrobiologia 128 : 109-118.
Sheath, R. G. & Cole, K. M. 1980. Distribution and salinity adaptations of *Bangia atropurpurea* (Rhodophyta), a putative migrant into the Laurentian Great Lakes. J. Phycol. 16 : 412-420.
Sheath, R. G. & Cole, K. M. 1984 a. Systematics of *Bangia* (Rhodophyta) in North America. I. Biogeographic trends in morphology. Phycologia 23 : 383-396.
Sheath, R. G. & Cole, K. M. 1984 b. Computerized image analysis of *Batrachospermum* (Rhodophyta) : biogeographic trends in morphometry. J. Phycol. 20 (suppl.) : 7. (abstract)
Sheath, R. G. & Cole, K. M. 1990. *Batrachospermum heterocorticum* sp. nov. and *Polysiphonia subtilissima* (Rhodophyta) from Florida spring-fed streams. J. Phycol. 26 : 563-568.
Sheath, R. G. & Cole, K. M. 1992. Biogeography of stream macroalgae in North America. J. Phycol. 28 : 448-460.
Sheath, R. G. & Cole, K. M. 1993. Distribution and systematics of *Batrachospermum* (Batrachospermales, Rhodophyta) in North America. 2. Chromosome numbers. Phycologia 32 : 304-306.
Sheath, R. G. & Cole, K. M. 1996. Stream macroalgae of the Fiji Islands : a preliminary study. Pacific Sci. 50 : 46-54.
Sheath, R. G. & Hambrook, J. A. 1988. Mechanical adaptations to flow in freshwater red algae. J. Phycol. 24 : 107-111.
Sheath, R. G. & Hambrook, J. A. 1990. Freshwater ecology. In Cole, K. M. & Sheath, R. G. (eds.), Biology of the red algae. Cambridge : Cambridge University Press. pp. 423-453.
Sheath, R. G. & Hymes, B. J. 1980. A preliminary investigation of the freshwater red algae in streams of southern Ontario, Canada. Canad. J. Bot. 58 : 1295-1318.
Sheath, R. G. & Morison, M. O. 1982. Epiphytes on Cladophora glomerata in the Great Lakes and St. Lawrence Seaway with particular reference to the red alga *Chroodactylon ramosum* (=*Asterocytis smargdina*). J. Phycol. 18 : 385-391.
Sheath, R. G., Hamilton, P. B., Hambrook, J. A. & Cole, K. M. 1989. Stream macroalgae of the eastern boreal forest region of North America. Canad. J. Bot. 67 : 3553-3562.
Sheath, R. G., Hellebust, J. A. & Sawa, T. 1979 a. Effects of low light and darkness on structural transformations in plastids of the Rhodophyta. Phycologia 18 : 1-12.
Sheath, R. G., Hellebust, J. A. & Sawa, T. 1979 b. Floridean starch metabolism of *Porphyridium purpureum* (Rhodophyta). I. Changes during ageing of batch cultures. Phycologia 18 : 149-163.
Sheath, R. G., Hellebust, J. A. & Sawa, T. 1979 c. Floridean starch metabolism of *Porphyridium purpureum* (Rhodophyta). II. Changes during the cell cycle. Phycologia 18 : 185-190.
Sheath, R. G., Hellebust, J. A. & Sawa, T. 1981. Floridean starch metabolism of *Porphyridium purpureum* (Rhodophyta). III. Effects of darkness and metabolic inhibitors. Phycologia 20 : 22-31.
Sheath, R. G., Morison, M. O., Cole, K. M. & Vanalstyne, K. L. 1986. A new species of freshwater Rhodophyta, *Batrachospermum carpocontortum*. Phycologia 25 : 321-330.
Sheath, R. G., Morison, M. O., Korch, J. E., Kaczmarczyk, D. & Cole, K. M. 1986. Distribution of stream macroalgae in south-central Alaska. Hydrobiolgia 135 : 259-269.
Sheath, R. G., Müller, K. M., Colbo, M. H. & Cole, K. M. 1996. Incorporation of freshwater Rhodophyta into the case of chironomid larvae (Chironomidae, Diptera) from North America. J. Phycol.

32 : 949-952.

Sheath, R. G., Müller, K. M., Larson, D. J. & Cole, K. M. 1996 ("1995"). Incorporation of freshwater Rhodophyta into the cases of caddisflies (Trichoptera) from North America. J. Phycol. 31 : 889-896.

Sheath, R. G., Müller, K. M., Vis, M. L. & Entwisle, T. J. 1996. A re-examination of the morphology, ultrastructure and classification of genera in the Lemaneaceae (Batrachospermales, Rhodophyta). Phycol. Res. 44 : 233-246.

Sheath, R. G., Müller, K. M., Whittick, A. & Entwisle, T. J. 1996. A re-examination of the morphology and reproduction of *Nothocladus lindaueri* (Batrachospermales, Rhodophyta). Phycol. Res. 44 : 1-10.

Sheath, R. G. & Müller, K. M. 1997. Ultrastructure of carpogonia and carpogonial branches of *Batrachospermum helminthosum* and *Batrachospermum involutum* (Batrachospermales, Rhodophyta). Phycol. Res. 45 : 177-181.

Sheath, R. G. & Müller, K. M. 1998. A proposal for a new red algal order, the Balbianiales. J. Phycol. 34 (suppl.) : 54. (abstract)

Sheath, R. G. & Vis, M. L. 1995. Distribution and systematics of *Batrachospermum* (Batrachospermales, Rhodophyta) in North America. 7. Section Hybrida. Phycologia 34 : 431-438.

Sheath, R. G., Vis, M. L. & Cole, K. M. 1992. Distribution and systematics of *Batrachospermum* (Batrachospermales, Rhodophyta) in North America. 1. Section *Contorta*. J. Phycol. 28 : 237-246.

Sheath, R. G., Vis, M. L. & Cole, K. M. 1993 a. Distribution and systematics of the freshwater red algal family Thoreaceae in North America. Eur. J. Phycol. 28 : 231-241.

Sheath, R. G., Vis, M. L. & Cole, K. M. 1993 b. Distribution and systematics of freshwater Ceramiales (Rhodophyta) in North America. J. Phycol. 29 : 108-117.

Sheath, R. G., Vis, M. L. & Cole, K. M. 1993 c. Distribution and systematics of *Batrachospermum* (Batrachospermales, Rhodophyta) in North America. 3. Section Setacea. J. Phycol. 29 : 719-725.

Sheath, R. G., Vis, M. L. & Cole, K. M. 1994 a. Distribution and systematics of Batrachospermum (Batrachospermales, Rhodophyta) in North America. 4. Section Virescentia. J. Phycol. 30 : 108-117.

Sheath, R. G., Vis, M. L. & Cole, K. M. 1994 b. Distribution and systematics of *Batrachospermum* (Batrachospermales, Rhodophyta) in North America. 5. Section *Aristata*. Phycologia 33 : 404-414.

Sheath, R. G., Vis, M. L. & Cole, K. M. 1994 c. Distribution and systematics of *Batrachospermum* (Batrachospermales, Rhodophyta) in North America. 6. Section *Turfosa*. J. Phycol. 30 : 872-884.

Sheath, R. G., Vis, M. L., Hambrook, J. A. & Cole, K. M. 1996. Tundra stream macroalgae of North America : composition, distribution and physiological adaptations. *In* Kristiansen, J. (ed.), Biogeography of freshwater algae. Dordrecht : Kluwer Academic Publishers. pp. 67-82. (Hydrobiologia 336 : 67-82)

Sheath, R. G. & Whittick, A. 1995. The unique gonimoblast propagules of *Batrachospermum breutelii* (Batrachospermales, Rhodophyta). Phycologia 34 : 33-38.

Sheath, R. G., Whittick, A. & Cole, K. M. 1994. *Rhododraparnaldia oregonica*, a new freshwater red algal genus and species intermediate between the Acrochaetiales and the Batrachospermales. Phycologia 33 : 1-7.

Sherwood, A. R. & Sheath, R. G. 1998. A comparison of freshwater and marine *Hildenbrandia* (Rhodophyta) in North America. J. Phycol. 34 (suppl.) : 54-55. (abstract)

Shi, Z. 1994. Two new species of the genus *Batrachospermum* (Rhodophyta) in China. Acta

Phytotax. Sin. 32 : 275-280.

Shi, Z., Hu, Z. & Kumano, S. 1993. *Batrachospermum heteromorphum*, sp. nov. (Rhodophyta) from Hubei Province, China. Jap. J. Phycol. 41 : 295-302.

Shi, Z., Wie, Y. & Li, Y. 1994. A preliminary investigation on Rhodophyta, Cryptophyta, Pyrrophyta, Chrysophyta, Xanthophyta, Chloromomadophyceae and Charophyta from the Wuling mountain region, China, pp. 218-226. In Compilation of Reports on the Survey of Algal Resources in South-Western China (Shi, Z. *et al.* ed.), Science Press, Beijing, China.

(環境庁)自然保護局野生生物課 1993. 緊急に保護を要する動植物の種の選定調査報告書. 菌類, 地衣類, 藻類, 蘚苔類編. 自然環境研究センター.

Shubert, L. E. (ed.) 1984. Algae as ecological indicators. London etc. : Academic Press. xii+434 pp.

Shyam, R. & Sarma, Y. S. R. K. 1980. Cultural observstions on the morphology, reproduction and cytology of a freshwater alga *Comosopogon* Mont. from Indaia. Nove Hedwigia 32 : 745-765.

Silva, P. C. 1952. A review of nomenclatural conservation in the algae from point of view of the type method. Univ. Calif. Publ. Bot. 25 : 241-323.

Silva, P. C. 1959. Remarks on algal nomenclature. II. Taxon 8 : 60-64.

Silva, P. C. & Cleary, A. P. 1954. The structure and reproduction of the red alga *Platysiphonia*. Amer. J. Bot. 41 : 251-260.

Singh, D. 1960. Occurrence of *Thorea ramosissima* Bory in India. Curr. Sci. 29 : 490.

Singh, M. 1964. Morphology and reproduction of a form of *Compsopogon hookeri* Mont. from Delhi, India. Phykos 3 : 37-40.

Singh, N. B. & Pandey, D. C. 1986. A new form of *Compsopogon aeruginosus* (J. Ag.) Kützing. Phykos 25 : 84-87.

Sirodot, S. 1870. Organes et phénomènes de la fécondation dans le genre Lemanea. Compt. Rend. Acad. Sci.[Paris] 70 : 691=694.

Sirodot, S. 1872. Étude anatonique, organogénique et physiologique sur les algues d' eau doce de la familile des Lémanéacées. Ann. Sci. Nat. Bot., ser. 5,16 : 5-95.

Sirodot, S. 1873 a. Nouvelle classification des algues d' eau douce du genre *Batrachospermum* ; devéloppement ; générations alternantes. Compt. Rend. Acad. Sci.[Paris] 76 : 1216-1220.

Sirodot, S. 1873 b. Développement des algues d' eau douce du genre *Batrachospermum* ; générations alternantes. Compt. Rend. Acad. Sci.[Paris] 76 : 1335-1339.

Sirodot, S. 1874. Observations sur les phénomènes essentiels de la fecondation chez les algues d' eau douce du genre *Batrachospermum*. Compt. Rend. Acad. Sci.[Paris] 79 : 1366-1369.

Sirodot, S. 1875. Observations sur le développement des algues d' eau doce composant le genere *Batrachospermum*. Bull. Soc. Bot. France 22 : 128-145.

Sirodot, S. 1876. Le *Balbiania investiens*. Étude organogénique et physiologique. Ann. Sci. Nat. Bot., ser. 6,3 : 146-174.

Sirodot, S. 1877. Rapports morphologiques entre les anthéridies et les sporules développées dans la ramification verticillé d' une forme particuliére du *Batrachospermum moniliforme*. Compt. Rend. Acad. Sci.[Paris] 84 : 683-684.

Sirodot, S. 1880. Transformation d' une ramification fructifére issue de fécondation, et une végétation prothalliforme. Compt. Rend. Acad. Sci.[Paris] 91 : 862-864.

Sirodot, S. 1884. Les Batrachospermes : organisation, fonctions, développement, classification. Paris. 299 pp., 50 pls.

Skuja, H. 1926. Eine neue Süsswasserbangiacee *Kyliniella latvica* n. g., n. sp. Acta Horti Bot. Univ.

Latv. 1 : 1-6.

Skuja, H. 1928. Vorarbeiten zu einer Algenflora von Lettland. IV. Acta Horti Bot. Univ. Latv. 3 : 103-218.

Skuja, H. 1931 a. Einiges zur Kenntnis der brasilianischen Batrachospermen. Hedwigia 71 : 78-87.

Skuja, H. 1931 b. Untersuchungen ber die Rhodophyceen des Ssswassers.[I, II]. Arch. Protistenk. 74 : 297-309.

Skuja, H. 1933. Untersuchungen über die Rhodophyceen des Süsswassers. III. *Batrachospermum breutelii* Rbh. und seine Brutkrper. Arch. Protistenk. 80 : 357-366.

Skuja, H. 1934. Untersuchungen über die Rhodophyceen des Süsswassers.[IV-VI]. Beih. Bot. Centralb., Abt. B, 52 : 173-192.

Skuja, H. 1938 a. Die Süsswasserrhodophyceen der Deutschen Limnologischen Sunda-Expedition. Arch. Hydrobiol. Suppl. 15 : 603-637.

Skuja, H. 1938 b. Comments on fresh-water Rhodophyceae. Bot. Rev. 4 : 665-676.

Skuja, H. 1939. Versuch einer systematischen Einteilung der Bangioideen oder Protoflorideen. Acta Horti Bot. Univ. Latv. 11/12 : 23-38.

Skuja, H. 1944. Untersuchungen über die Rhodophyceen des Süsswassers.[VII-XII]. Acta Horti Bot. Univ.Latv 14 : 3-64.

Skuja, H. 1964. Weiteres zur Kenntnis der Süsswasserrhodophyceen der Gattung *Nothocladus*. Rev. Algol., ser. 2, 7 : 304-314.

Skuja, H. 1969. Eigentümliche morphologische Anpassung eines *Batrachospermum* gegen mechanishe Schädigung in fliessenden Wasser. Osterr. Bot. Z. 116 : 55-64.

Smith, G. M. 1933. The fresh-water algae of the United States. New York : McGraw-Hill. xi+716 pp.

Smith, G. M. 1938. Cryptogamic botany. Vol. 1. Algae and fungi. New York : McGraw-Hill. viii+545 pp.

Smith, G. M. 1950. The fresh-water algae of the United States. 2 nd ed. New York : McGraw-Hill. vii+719 pp.

Smith, J. E. & Sowerby, J. 1800. English botany. . Vol. 10. London. Pls. 649-720.

Soto, R. 1982. *Caloglossa ogasawaraensis* ['ogassuarensis'] Skuja (Rhodophyta, Ceramiales, Delesseriaceae) en Costa Rica. Brenesia 19/20 : 251-253.

South, G. R. & Whittick, A. 1987. Introduction to phycology. Oxford etc. : Blackwell Scientific Publications. viii+341 pp.

Squires, L. E., Rushforth, S. R. & Brotherson, J. D. 1979. Algal response to a thermal effluent : study of a power station on the Provo River, Utah, USA. Hydrobiologia 63 : 17-32.

Staker, R. D. 1976. Algal composition and seasonal distribution in the Dunk River system, Prince Edward Island. Nova Hedwigia 27 : 731-745.

Starmach, K. 1952. The reproduction of the fresh water Rhodophyceae *Hildenbrandia rivularis* (Liebm.) J. Ag. Acta Soc. Bot. Polon. 21 : 447-474. (in Polish)

Starmach, K. 1969 a. Growth of thalli and reproduction of the red alga *Hildenbrandtia rivularis* (Liebm.) J. Ag. Acta Soc. Bot. Polon. 38 : 523-533.

Starmach, K. 1969 b. *Hildenbrandtia rivularis* and its associated algae in the stream Cedronka near Wejherowo (Gdansk voivode). Fragm. Florist. et Geobot. 15 : 387-398. (in Polish)

Starmach, K. 1969 c. *Hildenbrandtia rivularis* (Liebm.) J. Ag. and *Chamaesiphon fuscoviolaceus* n. sp., and accompanying algae in the stream Lubogoszcz in the Beskid Wyspowy (Polish Western

Carpathians). Fragm. FLorist. et Geobot. 15: 487-501. (in Polish)

Starmach, K. 1975. Algae from montane streams on the island of Mahé, in the Seychelles. Acta Hydrobiol. 17: 201-209.

Starmach, K. 1977. Phaeophyta-brunatnice. Rhodophyta-krasnorosty. In Starmach, K. & Sieminska, J. (eds.), Flora slodkowodna polski. Vol. 14. Warsaw-Kraków: Panstwowe Wydawnictwo Naukowe. 445 pp.

Starmach, K. 1978. *Compsopogon aeruginosus, Pithophora varia* und epiphytische Cyanophyceen im Bassin des Gewachshauses im Botanischen Garten in Krakow. Fragm. Florist. et Geobot. 24: 157-164.

Starmach, K. 1980. *Batrachospermum vagum* (Roth) Ag. und epiphytische Blaualgen im See Silm bei Ilawa. Fragm. Florist. et Geobot. 26: 165-174.

Starmach, K. 1984 a. Red algae in the Kryniczanla stream. Fragm. Florist. et Geobot. 28: 257-293.

Starmach, K. 1984 b. New species to Poland and new localities of some species of *Batrachospermum* Roth (Rhodophyceae). Fragm. Floirst. et Geobot. 28: 303-309. (in Polish)

Starmach, K. 1985. *Chantransia hermannii* (Roth) Desvaux and the systematic position of the genera *Chantransia, Pseudochantransia* and *Audouinella*. Acta Soc. Bot. Polon. 54: 273-284.

Starmach, K. 1988. Some taxa of freshwater red algae (Rhodophyta) from Cuba. Fragm. Florist. et Geobot. 31/32: 473-494.

Stein, J. R. & Borden, C. A. 1980. Checklist of freshwater algae of British Columbia. Syesis 12: 3-39.

Steinman. A. D. & Lamberti, G. A. 1988. Lotic algal communities in the Mt. St. Helens region six years following the eruption. J. Phycol. 24: 482-489.

Swale, E. M. F. 1963. Notes on the morphology and anatomy of *Thorea ramosissima* Bory. J. Linn. Soc. Bot. 58: 429-434.

Swale, E. M. F. & Belcher, J. H. 1963. Morphological observations on wild and cultured material of *Rhodochorton investiens* (Lenormand) nov. comb. (*Balbiania investiens* (Lenorm.) Sirodot.). Ann. Bot. (London), ser. 2, 27: 281-290.

Symoens, J. J. 1975. Une nouvelle station d' *Hildenbrandia rivularis* en Belgique. Bull. Soc. Roy. Bot. Belgique 108: 328-329.

Taft, C. E. & Taft, C. W. 1971. The algae of western Lake Erie. Bull. Ohio Biol. Surv., ser. 2, 4 (1). 185 pp.

Tanaka, J. 1987. Taxonomic studies on Japanese mangrove macroalgae III. Two taxa from the Amami Islands. Bull. Nat. Sci. Mus.[Tokyo], Ser. B (Bot.) 13: 17-23.

田中次郎 1989 a. 紅藻類コケモドキ属の分類. 日本植物分類学会会報 8: 15-23.

Tanaka, J. 1989 b. Morphology of *Bostrychia tenella* (Rhodophyceae) in Indonesia. Bull. Nat. Sci. Mus.[Tokyo], Ser. B (Bot.) 15: 115-124.

Tanaka, J. 1991. Morphology of *Bostrychia radicans* (Montagne) Montagne (Rhodophyceae) in Indonesia. Bull. Nat. Sci. Mus.[Tokyo], Ser. B (Bot.) 17: 5-13.

田中次郎 1991. 西表島網取湾のマングローブ林内に生育する藻類. 東海大学海洋研究所研究報告 11/12: 113-119.

田中次郎 1995. マングローヴの藻類, 特集マングローヴ. プランタ No. 40: 20-26.

Tanaka, J. 1992. Reproductive structure of *Caloglossa leprieurii* f. *continua* (Ceramiales, Rhodophyceae) in Japan. Bull. Nat. Sci. Mus.[Tokyo], Ser. B (Bot.) 18: 139-147.

Tanaka, J. & Chihara, M. 1984. Taxonomic studies of Japanese mangrove macroalgae. I. Genus *Bostrychia* (Ceramiales, Rhodophytceae). (1). Bull. Natl. Sci. Mus.[Tokyo], Ser. B (Bot.), 10: 115-126.

Tanaka, J. & Chihara, M. 1984. Taxonomic studies of Japanese mangrove macroalgae. I. Genus *Bostrychia* (Ceramiales, Rhodophytceae)(2). Bull. Natl. Sci. Mus.[Tokyo], Ser. B (Bot.) 10: 169-176.

Tanaka, J. & Chihara, M. 1985. Taxonomic studies of Japanese mangrove macroalgae. II. Two taxa of *Caloglossa* (Ceramiales, Rhodophyta). Bull. Natl. Sci. Mus.[Tokyo], Ser. B (Bot.) 11: 41-50.

Tanaka, J. & Chihara, M. 1985. Species composition and vertical distribution of macroalgae in brackish waters of Japanese mangrove forests. Bull. Natl. Sci. Mus.[Tokyo], Ser. B (Bot.) 13: 141-150.

Tanaka, J. & Chihara, M. 1988 a. Macroalgae in Indonesian mangrove forests. Bull. Natl. Sci. Mus. [Tokyo], ser. B (Bot.) 14: 93-106.

Tanaka, J. & Chihara, M. 1988 b. Macroalgal flora in mangrove brackish areas of East Indonesia. *In* Ogino, K. & Chihara, M. (eds.), Biological system of mangroves. A report of East Indonesian Mangrove Expedition. Ehime: Ehime University. pp. 21-34.

Tanaka, J. & Kamiya, M. 1993. Reproductive structure of *Caloglossa ogasawaraensis* Okamura (Ceramiales, Rhodophyceae) in nature and culture. Jap. J. Phycol. 41: 113-121.

田中次郎・村上裕重 1996. 横浜市の海藻および汽水藻. 環境保全資料 No. 183, 横浜の川と海の生物. 7報. 海域編. 横浜市環境保全局. pp. 219-230.

田中次郎・小林 敦・樫村 昇 1999. 横浜市の海藻および汽水藻. 環境保全資料 No. 188, 横浜の川と海の生物. 8報. 海域編. 横浜市環境保全局. pp. 125-152.

Tanaka, J. & Shameel, M. 1992. Macroalgae in mangrove forests of Pakistan. Nakaike & Malik (eds.), Cryptogamic flora of Pakistan, National Science Museum, Tokyo. 1: 75-85.

Tanaka, T. 1950. On the species of *Bangia* from Japan. Bot. Mag. Tokyo 63: 163-169.

田中 剛 1964. 鹿児島県下の水産植物. 鹿児島の自然 119-125.

Tanaka, T. & Pham-Hoàng Hô 1962. Notes on some marine algae from Viet-Nam. I. Mem. Fac. Fish. Kagoshima Univ. 11: 24-40.

Taylor, W. R. 1957. Marine algae of the northeastern coast of North America. 2 nd ed. Ann Arbor: University of Michigan Press. ix+509 pp.

Taylor, W. R. 1960. Marine algae of the eastern tropical and subtropical coast of the Americas. University of Michigan Press, Ann Arbor, 870 pp.

Tell, G. 1985. Catálogo de las algas de agua dulce de la República Argentina. Biblioth. Phycol. 70. iii+283 pp.

Thore, J. 1800. Sur la *Conferva hispida*. Mag. Encycl., An 5,6: 398-403.

Thrzien, Y. 1985. Contribution àl'étude des algues d'eau douce de la Guyane Franaise l'exclusion des diatomées. Biblioth. Phycol. 72. 275 pp.

Tiffany, L. H. & Britton, M. E. 1952. The algae of Illinois. Chicago: Univ. Chicago Press. xiv+407 pp.

Tilden, J. E. 1898. Observations on some West American thermal algae. Bot. Gaz. 25: 89-105.

Tilden, J. E. 1935. The algae and their life relations. Minneapolis: Univ. Minnesota Press. xii+550 pp.

Tokida, J. 1938. Phycological observations. IV. Trans. Sapporo Nat. Hist. Soc. 15: 212-222.

時田 旬 1939. 二三海藻に関する知見, 特に邦産コケモドキ属に就きて. 植物及動物 7: 522-530.

時田 旬 1941. 二三海藻に関する知見(2). 植物及動物 9：49-56.

Tomas, X. 1981. *Thorea ramosissima* en un canal del litoral valenciano. Folia Bot. Misc. 2 : 71-74.

Umezaki, I. 1960. On *Sirodotia delicatula* Skuja from Japan. Acta Phytotax. et Geobot. 18 : 208-214.

Umezaki, I. 1967. The tetrasporophyte of *Nemalion vermiculare* Suringar. Rev. Algol., ser. 2, 9 : 19-24.

Vahl, M. 1802. Endeel kryptogamiske Planter fra St. -Croix. Skr. Naturhist. -Selsk. 5(2) : 29-47.

Van Meel, L. I. J. 1939. Sur la répartition du genre *Batrachospermum* en Belgique. Bull. Jard. Bot. État 15 : 319-331.

Van Meel, L. 1943. Sur la répartition du genre *Batrachospermum* en Belgique. II. Bull. Jard. Bot. État 17 : 49-53.

Vis, M. L., Carlson, T. A. & Sheath, R. G. 1991. Phenology of *Lemanea fucina* (Rhodophyta) in a Rhode Island river, USA. Hydrobiologia 222 : 141-146.

Vis, M. L., Saunders, G. W., Sheath, R. G., Dunse, K. & Entwisle, T. J. 1998. Phylogeny of the Batrachospermales (Rhodophyta) inferred from rbcL and 18 S ribosomal RNA gene sequences. J. Phycol. 34 : 341-350.

Vis, M. L. & Sheath, R. G. 1992. Systematics of the freshwater red algal family Lemaneaceae in North America. Phycologia 31 : 164-179.

Vis, M. L. & Sheath, R. G. 1993. Distribution and systematics of *Chroodactylon* and *Kyliniella* (Porphyridiales, Rhodophyta) from North American streams. Jpn. J. Phycol. 41 : 237-241.

Vis, M. L. & Sheath, R. G. 1996. Distribution and systematics of *Batrachospermum* (Batrachospermales, Rhodophyta) in North America. 9. Section *Batrachospermum* : description of five new species. Phycologia 35 : 124-134.

Vis, M. L. & Sheath, R. G. 1997. Biogeography of *Batrachospermum gelatinosum* (Batrachospermales, Rhodophyta) in North America based on molecular and morphological data. J. Phycol. 33 : 520-526.

Vis, M. L. & Sheath, R. G. 1998. A molecular investigation of the systematic relationship among *Sirodotia* species (Batrachospermales, Rhodophyta) in North America. J. Phycol. 34 (suppl.) : 61. (abstract)

Vis, M. L. & Sheath, R. G. 1999. A molecular investigation of the systematic relationship among *Sirodotia* species (Batrachospermales, Rhodophyta) in North America. Phycologia 38 : 261-266.

Vis, M. L., Sheath, R. G. & Cole, K. M. 1996 a. Distribution and systematics of *Batrachospermum* (Batrachospermales, Rhodophyta) in North America. 8a. Section *Batrachospermum* : *Batrachospermum gelatinosum*. Eur. J. Phycol. 31 : 31-40.

Vis, M. L., Sheath, R. G. & Cole, K. M. 1996 b. Distribution and systematics of *Batrachospermum* (Batrachospermales, Rhodophyta) in North America. 8 b. Section *Batrachospermum* : previously described species excluding *Batrachospermum gelatinosum*. Eur. J. Phycol. 31 : 189-199.

Vis, M. L., Sheath, R. G. & Entwisle, T. J. 1995. Morphometric analysis of *Batrachospermum* section *Batrachospermum* (Batrachospermales, Rhodophyta) type specimens. Eur. J. Phycol. 30 : 35-55.

Vis, M. L., Sheath, R. G., Hambrook, J. A. & Cole, K. M.. 1994. Stream macroalgae of the hawaiian Islans : a preliminary study. Pacific Science 48 : 175-187.

Vis, M. L.. Sheath, R. G. & Cole, K. M. 1992. Systematics of the freshwater red algal family Compsopogonaceae in North America, Phycologia 31 : 564-575.

von Stosch, H. A. & Theil, G. 1979. A new mode of life histroy in the freshwater red algal genus *Batrachospermum*. Amer. J. Bot. 66 : 105-107.

渡辺眞之 1994. *Chroodactylon ramosum*. In 川岸高旺・秋川 優(編), 淡水藻類写真集. 12 巻. 内田老鶴圃, 東京. p. 5.

Webber, E. E. 1963. The ecology of some attached algae of Worcester County. Massachusetts. Amer. Midl. Naturalist 70 : 175-186.

Weber-van Bosse, A. 1896. Notes on *Sarcomenia miniata* Ag. J. Bot. 34 : 281-285.

Weber-van Bosse, A. 1921. Liste des algues du Siboga. II. Rhodophyceae. Prmiére partie. Protoflorideae, Nemalionales, Cryptonemiales. Siboga-Exped. Monogr. 59 : 187-310.

Webster, R. N. 1958. The life history of the freshwater red alga *Tuomeya fluviatilis* Harvey. Butler Univ. Bot. Stud. 13 : 141-159.

West, J. A. 1972. Environmental control of hair and sporangial formation in the marine red alga *Acrochaetium proskaueri* sp. nov. Proc. 7 th Int. Seaweed Symp.[Sapporo]. Tokyo. pp. 377-384.

West, W. & West G. S. 1897. Welwitsch's African freshwater algae. J. Bot. 35 : 1-7, 33-42, 77-89, 113-122, 172-183, 235-243, 264-272, 287-304.

West, G. S. & Fritsch, F. E. 1927. A treatise on the British freshwater algae. 2 nd ed. Cambridge. xviii+534 pp.

Whitford, L. A. & Schumacher, G. J. 1963. Communities of algae in North Carolina streams and their seasonal relations. Hydrobiologia 22 : 133-196.

Whitford, L. A. & Schumacher, G. J. 1968. Notes on the ecology of some species of fresh-water algae. Hydrobiologia 32 : 225-236.

Whitford, L. A. 1956. The communities of algae in the springs and spring streams of Florida. Ecology 37 : 433-442.

Whittick, A. 1992. Culture, cytology and reproductive biology of *Callithamnion corymbosum* (Rhodophyceae, Celamiaceae) from a western Newfoundland fjord. Canad. J. Bot. 70 : 1154-1156.

Wittmann, W. 1965. Aceto-iron-haematoxylin-chloral hydrate for chromosomes staining. Stain Technol. 40 : 161-164.

Wittrock, V. & Nordstedt, O. 1883. Algae aquae dulcis exsiccatae..fasc. 11 (501-55) ; 12 (551-600). Holmiae. 25. v. 1883. Bot. Not. 1883 : 145-152.

Woelkerling, W. J. 1971. Morphology and taxonomy of the *Audouinella* complex (Rhodophyta) in southern Australia. Austral. J. Bot. Suppl. 1.91 pp.

Woelkerling, W. J. 1975. Observations on *Batrachospermum* (Rhodophyta) in southeastern Wisconsin streams. Rhodora 77 : 467-477

Wolle, F. 1882. Fresh-water algae. VI. Bull. Torrey Bot. Club. 9 : 25-30.

Wolle, F. 1887. Fresh-water algae of the United States...Bethlehem, Pennsylvania. Pp. i-xx, 21-364.

Womersley, H. B. S. & Shepley, E. A. 1959. Studies on the *Sarcomenia* group of the Rhodophyta. Austral. J. Bot. 7 : 168-223.

Wood, H. C. Jr. 1873 ("1872"). A contribution to the history of the fresh-water algae of North America. Smithsonian Contr. Knowl. 19 (3). ix+262 pp.

Woodson, B. R. & Afzal, M. 1976. The taxonomy and ecology of algae in the Appomattox River, Chesterfield County, Virginia. Virginia J. Sci. 27 : 5-9.

Woodson, B. R. Jr. & Wilson, W. Jr. 1973. A systematic and ecological survey of algae in two streams of Isle of Wight County, Virginia. Castanea 38 : 1-18.

Woolcott, G. W. & King, R. J. 1998. *Porphyra* and *Bangia* (Bangiaceae, Rhodophta) in warm temperate waters of eastern Australia : Morphology and molecular analyses. Phycol. Res. 46 : 111-123.

Wynne, M. J. & De Clerck, O. 1999. Taxonomic notes on *Caloglossa monosticha* and *C. saigonensis* (Delesseriaceae, Rhodophyta). Contribution from the University of Michigan Herbarium 22 : 209-213.

Xie, S. L. & Ling, Y. J. 1998 a. Two new species of *Compsopogon* (Rhodophyta) from Shanxi and Guangxi, China. Acta Phytotax. Sin. 36 : 81-83.

Xie, S. L. & Ling, Y. J. 1998 b. A new species of fresh-water red algae-*Audouinella heterospora* from China. Acta Phytotax. Sin. 36 : 281-283. (in Chinese)

Yabu, H. & Tokida, J. 1966. Application of aceto-iron-haematoxylin-chloral hydrate method to chromosomes staining in marine algae. Bot. Mag. Tokyo 79 : 381.

Yadava, R. N. & Kumano, S. 1985. *Compsopogon prolificus* sp. nov. (Compsopogonaceae, Rhodophyta) from Allahabad, Uttar Pradesh in India. Jap. J. Phycol. 33 : 13-20.

Yadava, R. N. & Pandey, D. C. 1977. An interesting observation on a *Compsopogon* growing at Allahabad. Curr. Sci. 46 : 713-714.

Yadava, R. N. & Pandey, D. C. 1980. Observations on a new variety of *Compsopogon* (*C. aeruginosus* J. Ag. Kützing var. *catenatum* var. nov.). Phykos 19 : 15-22.

八木繁一・米田勇一 1940. 淡水産紅藻の一新種オキチモズクについて. 植物分類地理 9：82-86.

山田幸男 1943. 長崎県下産のチスジノリについて. 植物研究雑誌 19：136-138.

Yamada, Y. 1949. On the species of *Thorea* from the Far Eastern Asia. J. Jap. Bot. 24 : 155-158.

山本虎夫 1981. ホソアヤギヌの新分布地, 陸前高田. 南紀生物 23：40.

山岸高旺 1998. 淡水藻類写真集ガイドブック. 内田老鶴圃, 東京.

山岸高旺(編著) 1999. 淡水藻類入門. 内田老鶴圃, 東京. 49＋646 pp.

山岸高旺・秋山 優(編) 1984-1998. 淡水藻類写真集. 1-20巻. 内田老鶴圃, 東京.

横山亜紀子・近藤貴靖・横山 潤・大橋広好・原 慶明 1998. イデユコゴメ藻群（紅色植物）の分子系統分析. 藻類 46：83.

米田勇一 1949. 美濃国養老村菊水泉の藻類について. 植物研究雑誌 24：169-175.

Yoshida, T. 1959. Life-cycle of a species of *Batrachospermum* found in northern Kyushu, Japan. Jap. J. Bot. 17 : 29-42.

吉田忠生 1993. *Batrachospermum* sp. In 堀 輝三(編), 藻類の生活史集成. 第2巻. 褐藻, 紅藻類. 内田老鶴圃, 東京. pp. 218-219.

吉田忠生 1998. 新日本海藻誌. 内田老鶴圃, 東京. 25＋1222 pp.

Yoshizaki, M. 1986. The morphology and reproduction of *Thorea okadai* (Rhodophyta). Phycologia 25 : 476-481.

吉崎 誠 1993 a. *Thorea okadai* Yamada. In 堀 輝三(編), 藻類の生活史集成. 第2巻. 褐藻, 紅藻類. 内田老鶴圃, 東京. pp. 226-227.

吉崎 誠 1993 b. *Caloglossa ogasawaraensis* Okamura. In 堀 輝三(編), 藻類の生活史集成. 第2巻. 褐藻, 紅藻類. 内田老鶴圃, 東京. pp. 328-329.

吉崎 誠 1998. 第2節. 紅藻植物門. In 県史シリーズ43. 千葉県の自然誌. 本編4. 千葉県の植物1. 細菌, 菌類, 地衣類, 藻類, コケ類. 第5章, 陸と淡水の藻類（千原光雄編）, 千葉県. pp. 331-334.

吉崎 誠・井浦宏司・宮地和幸・加崎英男 1983. アヤギヌ, ホソアヤギヌ九十九里に産す. 南紀生物

25：191-192.
吉崎　誠・鳩貝太郎・藤田隆夫・井浦宏司 1985.　九十九里のアヤギヌ，ホソアヤギヌ. 千葉生物誌 34：49-54.
吉崎　誠・藤田隆夫・鳩貝太郎・井浦宏司 1986.　九十九里のアヤギヌ，ホソアヤギヌ，タニコケモドキの季節的消長. 千葉生物誌 35：64-70.
吉崎　誠・神谷充伸 1999.　紅色植物門. In 千原光雄（編著）. 藻類の多様性と系統. 裳華房, 東京. pp. 177-189.
吉崎　誠・宮地和幸・加崎英男 1983.　千葉県産タニコケモドキ. 藻類 31：280-283.
Yung, Y. -K., Stokes, P. & Gorham, E. 1986. Algae of selected continental and maritime bogs in North America. Canad. J. Bot. 64：1825-1833.

Zanardini, G. 1872 a. Nota intorno ad un viaggio a Borneo recentemente intrapreso dal botanico fiorentino O. Beccari. Atti Reale Ist. Veneto Sci. Lett. ed Arti, ser. 4,1：379-388.
Zanardini, G. 1872 b. Phycearum indicarum pugillus a Cl. Eduardo Beccari ad Borneum, Sincapoore et Ceylanum annis MDCCCLXV-VI-VII collectarum. . Mem. Reale Ist. Veneto Sci. Lett. ed Arti. 17：129-170.
Zuccarello, G. C. & West, J. A. 1997. Hybridization studies in *Bostrychia* ; 2. Correlation of crossing data and plastid DNA sequence data within *B. radicans* and *B. moritziana* (Ceramiales, Rhodophyta). Phycologia 36：293-304.

学名索引

太字で表したのは，本書で採用した学名（目，科，属，種など），他は異名または図版掲載種である

A

Acarposporophytum ···70
Acrochaetiaceae ··39
Acrochaetiales ···39
Acrochaetium amahatanum ·······················41, 43
Acrochaetium godwardense ·····························57
Acrochaetium godwardense ································59
Acrochaetium indica ···57
Acrochaetium indica ···60
Acrochaetium sarmaii ·······································59
Acrochaetium sarmaii ···60
Ambiguum ···205
Anfractutofilum umbracolens ·····························301
Aristata ··166
Asterocystis ··16
Asterocystis ramosa ··16
Audouinella ···40
Audouinella amahatana ····································41
Audouinella amahatana ······································43
Audouinella chalybea ··52
Audouinella chalybea ··54
Audouinella cylindrica ······································55
Audouinella cylindrica ··58
Audouinella eugenea ··42
Audouinella eugenea ······································44, 51
Audouinella eugenea* var. *secunda ···················42
Audouinella glomerata ·····································57
Audouinella glomerata ··58
Audouinella hermannii ····················45, 46, 51, 53, 321
Audouinella hermannii ······································48
Audouinella investiens ··62
Audouinella lanosa ···48
Audouinella lanosa ···58
Audouinella leibleinii ··52
Audouinella macrospora ·························47, 49, 50, 53
Audouinella macrospora ····································50
Audouinella meiospora ····································53, 61
Audouinella pygmaea ·····························50, 53, 54, 56
Audouinella pygmaea ··52
Audouinella serpens ···47
Audouinella serpens ···49
Audouinella sinensis ···55
Audouinella sinensis ··56
Audouinella tenella ···42
Audouinella tenella ······································44, 51, 53

Audouinellaceae ··39

B

Baileya americana ··240
Balbiana ··61
Balbiana investiens ··62
Balbiana investiens ··63
Balbiana meiospora ··53, 62
Balbiana meiospora ···61
Balbianales ···61
Ballia ···297
Ballia pinnulata ··298
Ballia pinnulata ··299
Ballia prieurii ··298, 299, 300, 311
Ballia prieurii ···300
Ballia pygmaea ···299, 300
Balliales ···297
Bangia ··35
Bangia atropurpurea ··35
Bangia atropurpurea ···36
Bangiaceae ···35
Bangiales ···35
Batrachosperma ludibunda [alpha] *confusa* ········75
Batrachospermaceae ··68
Batrachospermales ···67
Batrachospermum ·······································68, 72
Batrachospermum ···72
Batrachospermum abilii ···································165
Batrachospermum alpestre ···································75
Batrachospermum ambiguum ·····························218
Batrachospermum ambiguum ·························225
Batrachospermum anatinum ······················91, 105
Batrachospermum anatinum ··························92, 93
Batrachospermum androinvolucrum ··············127
Batrachospermum androinvolucrum ·················127
Batrachospermum angolense ····························130
Batrachospermum australe ·······························173
Batrachospermum antipodites ························111
Batrachospermum antipodites ·····················112, 113
Batrachospermum antiquum ·························118
Batrachospermum antiquum ····························119
Batrachospermum arcuatoideum ·······················89
Batrachospermum arcuatum ························93, 94
Batrachospermum arcuatum ··················95, 104, 105
Batrachospermum aristatum ····························169
Batrachospermum atrum ································130

Batrachospermum atrum ·················132,133,134
Batrachospermum atrum var. *puiggarianum* ······135
Batrachospermum australicum ················209
Batrachospermum australicum ············211
Batrachospermum azeredoi ················151
Batrachospermum bakarense ···············150
Batrachospermum bakarense ·················151
Batrachospermum basilare ···················225
Batrachospermum beraense ················171
Batrachospermum beraense ···················172
Batrachospermum bicudoi ····················225
Batrachospermum boryanum ················98
Batrachospermum boryanum ···········100,101,102
Batrachospermum brasiliense ··············70
Batrachospermum brasiliense ················71
Batrachospermum breutelii ················160
Batrachospermum breutelii ·············161,162
Batrachospermum breviarticulatum ·········196
Batrachospermum breviarticulatum ···········197
Batrachospermum bruziense ··················155
Batrachospermum campyloclonum ··············109
Batrachospermum campyloclonum ············110
Batrachospermum capense ·················202
Batrachospermum capense ····················204
Batrachospermum capense var. *breviarticulatum*
···196
Batrachospermum capense var. *breviarticulatum*
···197
Batrachospermum capensis ··············202,204
Batrachospermum carpocontortum ···········83
Batrachospermum carpocontortum ·············84
Batrachospermum carpoinvolucrum ··········96
Batrachospermum carpoinvolucrum ············99
Batrachospermum cayennense ··········126,167
Batrachospermum cayennense ············168,169
Batrachospermum cipoense ···············190,200
Batrachospermum coerulescens ···········153,155
Batrachospermum confusum ·················75
Batrachospermum confusum ··············77,78,101
Batrachospermum confusum f. *spermatogloberatum*
···75
Batrachospermum corbula ····················89
Batrachospermum corbula var. *alcoense* ······89
Batrachospermum crispatum ················147
Batrachospermum crispatum ··················147
Batrachospermum crouanianum ··········75,77,78
Batrachospermum curvatum ···················188
Batrachospermum curvatum ·················189
Batrachospermum cylindrocellulare ·········86
Batrachospermum cylindrocellulare ············87
Batrachospermum dasyphillum ···············212
Batrachospermum dasyphillum ················221

Batrachospermum debilis ··················107
Batrachospermum debilis ····················108
Batrachospermum decaisneanum ···············89
Batrachospermum deminutum ·················207
Batrachospermum deminutum ···············210
Batrachospermum densum ···················88,89
Batrachospermum desikacharyi ·············157
Batrachospermum desikacharyi ···············158
Batrachospermum diatyches ·············128,131
Batrachospermum diatyches ···············130
Batrachospermum dillenii ···················130
Batrachospermum dimorphum ·················160
Batrachospermum discorum ············105,112
Batrachospermum discorum ···················114
Batrachospermum distensum ··············75,78
Batrachospermum doboense ··············185,187
Batrachospermum ectocarpoideum ··············98
Batrachospermum ectocarpum ·············91,92
Batrachospermum ectocarpum ···············111
Batrachospermum elegans ··················153
Batrachospermum elegans ···············154,155
Batrachospermum equisetifolium ············174
Batrachospermum equisetifolium ··············175
Batrachospermum equisetoideum ··········189,190
Batrachospermum excelsum ····················173
Batrachospermum exsertum ····················225
Batrachospermum faroense ·················185
Batrachospermum faroense ····················187
Batrachospermum ferreri ···················152
Batrachospermum flagelliforme ················149
Batrachospermum fluitans ··················91
Batrachospermum fruticulosum ················75
Batrachospermum gallaei ···············130,134
Batrachospermum gelatinosum ······87,105,109
Batrachospermum gelatinosum ·············88,90
Batrachospermum gibberosum ···············205
Batrachospermum gibberosum ·················206
Batrachospermum globosporum ···········190,201
Batrachospermum globosporum ··············200
Batrachospermum godronianum ················89
Batrachospermum gombakense ···············148
Batrachospermum gracillimum ···············214
Batrachospermum gracillimun ················216
Batrachospermum graibussoniense ·············155
Batrachospermum gulbenkianum ·············149
Batrachospermum guyanense ················198
Batrachospermum guyanense ··················199
Batrachospermum helminthoideum ·············109
Batrachospermum helminthosum ·······75,156,157
Batrachospermum helminthosum ·············155
Batrachospermum heriquesianum ············182
Batrachospermum heterocorticum ············79,103

Batrachospermum **heterocorticum** ········99
Batrachospermum heteromorphum ········85
***Batrachospermum* heteromorphum** ········86
Batrachospermum hirosei ········206
***Batrachospermum* hirosei** ········211
Batrachospermum huillense ········236
Batrachospermum hybridum ········89
***Batrachospermum* hypogynum** ········174
Batrachospermum hypogynum ········175
***Batrachospermum* intortum** ········178
Batrachospermum intortum ········179
***Batrachospermum* involutum** ········75
Batrachospermum involutum ········76
Batrachospermum iriomotense ········195
***Batrachospermum* iriomotense** ········196
***Batrachospermum* iyengarii** ········217
Batrachospermum iyengarii ········222
Batrachospermum japonicum ········89
Batrachospermum jolyi ········200
Batrachospermum karatophytum ········124, 141, 142
***Batrachospermum* keratophytum** ········140
***Batrachospermum* kraftii** ········115
Batrachospermum kraftii ········116
***Batrachospermum* kushiroense** ········193
Batrachospermum kushiroense ········195
***Batrachospermum* kylinii** ········223
Batrachospermum kylinii ········224
***Batrachospermum* latericiuum** ········128
Batrachospermum latericiuum ········129
Batrachospermum lochmodes ········74
***Batrachospermum* lochmodes** ········75
Batrachospermum ludibundum var. *caerulescens* ········89
Batrachospermum ludibundum var. *pulcherrimum* ········89
Batrachospermum ludibundum var. *stagnale* ······89
***Batrachospermum* longiarticulatum** ········167
Batrachospermum longiarticulatum ········169, 170
***Batrachospermum* longipedicellatum** ········96
Batrachospermum longipedicellatum ········97, 98
Batrachospermum louisianae ········182, 186
***Batrachospermum* louisianae** ········196
Batrachospermum ludibundum var. *confusum* ···75
***Batrachospermum* lusitanicum** ········180
***Batrachospermum* macrosporum** ········171
Batrachospermum macrosporum ········172, 173
Batrachospermum macrosporum var. *excesum* ···171
Batrachospermum macrosporum var. *oxycladum* ········171
Batrachospermum mahabaleshwarensis ········221
***Batrachospermum* mahabaleshwarensis** ········223
***Batrachospermum* mahlacense** ········212

Batrachospermum mahlacense ········213
Batrachospermum mikrogyne ········159, 161, 163, 164
Batrachospermum moniliforme ········88, 90
Batrachospermum moniliforme f. *lipsiensis* ········89
Batrachospermum moniliforme typicum ········89
Batrachospermum moniliforme var. *chlorosum* ···89
Batrachospermum moniliforme var. *helminthoideum* ········89
Batrachospermum moniliforme var. *isoeticola* ······89
Batrachospermum moniliforme var. *obtrullatum* ········89
Batrachospermum moniliforme var. *pisanum* ······89
Batrachospermum moniliforme var. *rubescens* ···89
Batrachospermum moniliforme var. *scopula* ······89
Batrachospermum moniliforme var. *trullatum* ···89
Batrachospermum moniliforme var. *vagum* ······143
***Batrachospermum* nechochoense** ········202
Batrachospermum nechochoense ········203
Batrachospermum nigrescens ········135
***Batrachospermum* nodiflorum** ········213
Batrachospermum nodiflorum ········214
Batrachospermum nodusum ········248
Batrachospermum nonocense ········199
***Batrachospermum* nonocense** ········200
Batrachospermum nothogeae ········128, 130
***Batrachospermum* nova-guineense** ········94
Batrachospermum nova-guineense ········95
Batrachospermum omobodense ········220
***Batrachospermum* omobodense** ········225
Batrachospermum orthostichum ········139
***Batrachospermum* orthostichum** ········139
Batrachospermum oxcesum ········171
Batrachospermum oxycladum ········171, 173
***Batrachospermum* periplocum** ········140
Batrachospermum periplocum ········143, 145
Batrachospermum polycarpum ········89
Batrachospermum* procarpum var. *americanum ········191
Batrachospermum procarpum var. *americanum* ········192
Batrachospermum* procarpum var. *procarpum ········191
Batrachospermum procarpum var. *procarpum* ······192
***Batrachospermum* prominens** ········120
Batrachospermum prominens ········121
***Batrachospermum* pseudocarpum** ········180
Batrachospermum puiggarianum ········134, 136
***Batrachospermum* puiggarianum** ········135
***Batrachospermum* pulchrum** ········77
Batrachospermum pulchrum ········79
Batrachospermum pygmaeum ········89
Batrachospermum pyramidale ········89

Batrachospermum radians ·········89
Batrachospermum ranuliferum ·········116
Batrachospermum ranuliferum ·········117
Batrachospermum reginense ·········89
Batrachospermum rubrum ·········62
Batrachospermum schwacheanum ·········135
Batrachospermum setigerum ·········75
Batrachospermum sinense ·········86
Batrachospermum sinense ·········88
Batrachospermum sirodotii ·········156,157
Batrachospermum skujae ·········71,74
Batrachospermum skujae ·········73
Batrachospermum skujanum ·········203
Batrachospermum skujanum ·········205
Batrachospermum spermatiophorum ·········193
Batrachospermum spermatiophorum ·········194
Batrachospermum spermatoinvolucrum ·········80
Batrachospermum spermatoinvolucrum ·········81
Batrachospermum sporulans ·········73,74
Batrachospermum stagnale ·········89
Batrachospermum suevorum ·········140
Batrachospermum szechwanense ·········83
Batrachospermum szechwanense ·········85
Batrachospermum tabagatense ·········197
Batrachospermum tabagatense ·········198
Batrachospermum tapirense ·········137
Batrachospermum tapirense ·········138
Batrachospermum tenuissimum ·········130
Batrachospermum terawhiticum ·········120
Batrachospermum terawhiticum ·········122
Batrachospermum testale ·········156
Batrachospermum theaquum ·········105
Batrachospermum theaquum ·········106
Batrachospermum tiomanense ·········219
Batrachospermum tiomanense ·········219
Batrachospermum torridum ·········185
Batrachospermum torridum ·········186
Batrachospermum torsivum ·········215
Batrachospermum torsivum ·········217
Batrachospermum tortuosum var. majus ·········184
Batrachospermum tortuosum var. majus ·········184
Batrachospermum tortuosum var. tortuosum ·········183
Batrachospermum tortuosum var. tortuosum
·········183
Batrachospermum trailii ·········189
Batrachospermum trailii ·········190
Batrachospermum transtaganum ·········153
Batrachospermum transtaganum ·········159
Batrachospermum trichocontortum ·········80
Batrachospermum trichocontortum ·········82
Batrachospermum trichofurcatum ·········80
Batrachospermum trichofurcatum ·········81

Batrachospermum turfosum ·········143
Batrachospermum turfosum ·········144,221
Batrachospermum turgidum ·········167
Batrachospermum turgidum ·········170
Batrachospermum vagum ·········143,144,221
Batrachospermum vagum f. *tennuissimum* ·········232
Batrachospermum vagum var. *flagelliforme* ·········149
Batrachospermum vagum var. *guyanense* ·········198
Batrachospermum vagum var. *keratophytum*
·········140,141
Batrachospermum vagum var. *nodiflorum* ·········213
Batrachospermum vagum var. *periplocum* ·········140,145
Batrachospermum vagum var. *torridum* ·········185
Batrachospermum vagum var. *undulatopedicellatum*
·········143
Batrachospermum virgato-decaisneanum
·········159,163,164,165
Batrachospermum virgato-decaisneanum ·········161
Batrachospermum virgato-decaisneanum var.
cochleophilum ·········163
Batrachospermum virgatum ·········156
Batrachospermum vittatum ·········208
Batrachospermum vittatum ·········210
Batrachospermum vogesiacum ·········149
Batrachospermum vogesiacum ·········150
Batrachospermum wattsii ·········124
Batrachospermum wattsii ·········125
Batrachospermum woitapense ·········180
Batrachospermum woitapense ·········181
Batrachospermum zeylanicum ·········220
Batrachospermum zeylanicum ·········222
Batrachospermum gombakense ·········148
Batrachospermum vagum var. *flagelliforme* ·········150
Batrachospermun lindaueri ·········245
Boldia ·········37
Boldia angustata ·········37
Boldia erythrosiphon ·········37
Boldia erythrosiphon ·········38
Boldiaceae ·········37
Bostrychia ·········313
Bostrychia andoi ·········317
Bostrychia flagellifera ·········320
Bostrychia flagellifera ·········323
Bostrychia hamana-tokidae ·········317
Bostrychia moritziana ·········314
Bostrychia moritziana ·········315,316,317
Bostrychia radicans ·········316,319
Bostrychia radicans ·········316
Bostrychia radicans f. *moniliforme* ·········314,317
Bostrychia scorpioides ·········321,322
Bostrychia scorpioides ·········324
Bostrychia simpliciuscula ·········317

Bostrychia simpliciuscula ·················323
Bostrychia tenella ·················316,318
Bostrychia tenella ·················320
Bostrychia tenuis f. *simpliciuscula* ·········317,323

C

Caloglossa ·················304
Caloglossa amboinensis ·················305
Caloglossa beccarii ·················305
Caloglossa beccarii ·················306
Caloglossa bombayensis ·················305
Caloglossa continua ·················307,309
Caloglossa continua ·················311
Caloglossa continua subspecies *saigonensis* ······312
Caloglossa leprieurii ·················308
Caloglossa leprieurii ·················311,321
Caloglossa leprieurii auct. japon ········307,309,311
Caloglossa leprieurii var. *angusta* ·················312
Caloglossa leprieurii var. *continus* ·················311
Caloglossa ogasawaraensis ·················305
Caloglossa ogasawaraensis ·················306,307,311
Caloglossa ogasawaraensis var. *latifolia* ······305,306
Caloglossa saigonensis ·················310
Caloglossa saigonensis ·················312
Caloglossa zanzibariensis ·················305
Carpocontorata ·················72
Ceramiaceae ·················297
Ceramiales ·················297
Chantransia chalybea ·················52,54
Chantransia eugenea ·················42,44
Chantransia hermannii ·················45,48
Chantransia investiens ·················62
Chantransia leibleinii ·················52,54
Chantransia macrospora ·················47,50
Chantransia pygmaea ·················52,56
Chantransia subtilis ·················52
Chantransia tenella ·················42,44
Chantransia violacea ·················48
Chara gelatinosa var. *vaga* ·················143
derivative*Chroodactylon* ·················16
Chroodactylon ornatum ·················17
derivative*Chroodactylon ornatum* ·················17
derivative*Chroodactylon ramosum* ·················16
Chroodactylon ramosum ·················18
derivative*Claviformis* ·················146
derivative*Compsopogon* ·················24
derivative*Compsopogon aeruginosus* ·················24
Compsopogon aeruginosus ·················25
derivative*Compsopogon aeruginosus* var. *catenatum* ···26
Compsopogon aeruginosus var. *catenatum* ······27
derivative*Compsopogon chalybeus* ·················26

Compsopogon chalybeus ·················30
Compsopogon coeruleus ·················30,33
derivative*Compsopogon coeruleus* ·················33
Compsopogon corinaldii ·················26,30
Compsopogon corticrassus ·················28
derivative*Compsopogon corticrassus* ·················28
Compsopogon fruticosus ·················23
Compsopogon hookeri ·················23,29
derivative*Compsopogon hookeri* ·················31
Compsopogon leptoclados ·················21,22
derivative*Compsopogon minutus* ·················31
Compsopogon minutus ·················34
Compsopogon oishii ·················33
Compsopogon prolificus ·················25
derivative*Compsopogon prolificus* ·················26
derivative*Compsopogon sparsus* ·················31
Compsopogon sparsus ·················32
derivative*Compsopogon tenellus* ·················29
Compsopogon tenellus ·················32
Compsopogonaceae ·················20
Compsopogonales ·················20
derivative*Compsopogonopsis* ·················21
Compsopogonopsis fruticosa ·················23
derivative*Compsopogonopsis fruticosa* ·················23
derivative*Compsopogonopsis japonica* ·················21
Compsopogonopsis japonica ·················22
derivative*Compsopogonopsis leptoclados* ·················21
Compsopogonopsis leptoclados ·················22
Conferva atra ·················130
Conferva atropurpurea ·················35
Conferva chalybea ·················52
Conferva coerulea ·················33
Conferva flexuosa ·················283
Conferva fluviatilis ·················260
Conferva gelatinosa ·················89,109
Conferva hermannii ·················48
Conferva hispida ·················283
Conferva ornata ·················17
Contorta ·················176
Cyanidiaceae ·················10
derivative*Cyanidioschyzon* ·················11
derivative*Cyanidioschyzon melolae* ·················11
Cyanidioschyzon melorae ·················12
derivative*Cyanidium* ·················11
Cyanidium caldarium ·················13
derivative*Cyanidium caldarium* ·················14
Cyanidium sulphuraria ·················14

D

Delesseria amboinensis ·················305
Delesseria becharii ·················305

390 索　引

Delesseria leprieurii ················308
Delesseria zanibariensis ················305
Delesseriaceae ················304

E

Entothrix grandis ················269
Erythroclathrus rivularis ················294
Eulemanea ················265

F

Fucus scorpioides ················324
Fucus tenella ················320

G

Galdieria ················14
Galdieria sulphuraria ················13
Galdieria sulphuraria ················14
Gonimopropagulum ················160
Goniotrichiaceae ················16
Goniotrichiales ················16

H

Helminthoidea ················72
Hildenbrandia ················294
Hildenbrandia angolensis ················296
Hildenbrandia angolensis ················296
Hildenbrandia rivularis ················294
Hildenbrandia rivularis ················295
Hildenbrandiaceae ················294
Hildenbrandiales ················294
Hybrida ················161
Hybride ················161

I

Intortum ················178

K

Kushiroense ················193
Kyliniella ················19
Kyliniella latvica ················17
Kyliniella latvica ················19

L

Lemanea ················254
Lemanea ················265

Lemanea annulata ················266,268
Lemanea annulata var. *franciscana* ················272
Lemanea australis ················269,271
Lemanea borealis ················255
Lemanea catenata ················266,267
Lemanea ciliata ················261
Lemanea ciliata ················261
Lemanea condensata ················258
Lemanea corinaldii ················26
Lemanea daldinii ················260
Lemanea feldmannii ················265
Lemanea fluviatilis ················256
Lemanea fluviatilis ················260
Lemanea fucina ················257,258,264
Lemanea fucina ················264
Lemanea fucina var. *mamillosa* ················264
Lemanea fucina var. **parva** ················265
Lemanea fucina var. *rigida* ················262
Lemanea fucina var. *subtilis* ················260
Lemanea fueina var. *mamillosa* ················258
Lemanea grandis ················269,271
Lemanea kalchenbenneri ················260
Lemanea mamillosa ················259
Lemanea mamillosa ················264
Lemanea mamillosa var. *fucina* ················264
Lemanea mexicana ················265
Lemanea nodosa ················266
Lemanea pleocarpa ················266
Lemanea rigida ················262
Lemanea rigida ················263,271
Lemanea simplex ················255
Lemanea simplex ················259
Lemanea sinica ················262
Lemanea sinica ················263
Lemanea subgenus *Paralemanea* ················265
Lemanea subgenus *Sacheria* ················254
Lemanea sudetica ················260
Lemanea sudetica ················261
Lemanea torulosa ················262,271
Lemaneaceae ················253

M

Macrosporum ················171
Moniliformes ················72
Moniliformia ················72
Moniliformia subsection *Capillacea* ················126
Moniliformia subsection *Setacea* ················126

N

Nemalionopsis ················292

Nemalionopsis shawii ·····················282
Nemalionopsis shawii ·····················293
Nemalionopsis shawii f. *caroliniana* ·······287, 293
Nemalionopsis tortuosa ···········282, 287, 292
Nemalionopsis tortuosa ·····················292
Nothocladus ·····················245
Nothocladus afroaustralis ·····················245
Nothocladus afroaustralis ·····················246
Nothocladus lindaueri ·····················245
Nothocladus lindaueri ·····················246, 247
Nothocladus nodosus ·····················248
Nothocladus nodosus ·····················249, 250
Nothocladus tasmanicus ·····················248, 250

P

Paralemanea ·····················265
Paralemanea annulata ·····················266
Paralemanea annulata ·····················268, 269
Paralemanea brandegeei ·····················275
Paralemanea brandegeei ·····················276, 277
Paralemanea californica ·····················274, 277
Paralemanea californica ·····················275
Paralemanea catenata ·····················266
Paralemanea catenata ·····················267
Paralemanea deamii ·····················272
Paralemanea deamii ·····················273
Paralemanea gardnerii ·····················272
Paralemanea gardnerii ·····················274, 277
Paralemanea grandis ·····················269
Paralemanea grandis ·····················271
Paralemanea mexicana ·····················265
Paralemanea parishii ·····················272
Paralemanea parishii ·····················276, 277
Paralemanea tulensis ·····················275
Paralemanea tulensis ·····················276
Pericystis aeruginosa ·····················24
Phragmonemataceae ·····················18
Pleurococcus sulphurarius ·····················14
Plocamium tenellum ·····················320
Polysiphonia ·····················324
Polysiphonia moritziana ·····················314
Polysiphonia subtilissima ·····················311, 325
Polysiphonia subtilissima ·····················324
Porphyridiaceae ·····················10
Porphyridiales ·····················10
Porphyridium ·····················10
Porphyridium cruentum ·····················10
Porphyridium purpureum ·····················10
Porphyridium purpureum ·····················12
Procarpum ·····················189
Protococcus botryoides f. *caldaria* ·····················14

Pseudochantransia chalybea ·····················52
Pseudochantransia leibleinii ·····················52
Pseudochantransia pygmaea ·····················52
Pseudochantransia serpens ·····················47, 49
Psilosiphon ·····················251
Psilosiphon scoparium ·····················251
Psilosiphon scoparium ·····················252
Psilosiphonaceae ·····················251
Ptilothamnion ·····················301
Ptilothamnion richardsii ·····················301
Ptilothamnion richardsii ·····················302, 303
Ptilothamnion umbracolens ·····················301

R

Rhodcoccus caladarius ·····················14
Rhodochortaceae ·····················39
Rhodochorton investiens ·····················62
Rhodochorton violaceum ·····················46, 48
Rhodococcus ·····················11
Rhododraparnaldia ·····················64
Rhododraparnaldia oregonica ·····················64
Rhododraparnaldia oregonica ·····················65
Rhodomela radicans ·····················316
Rhodomelaceae ·····················313

S

Sacheria ·····················254
Sacheria ciliata ·····················261
Sacheria fluviatilis ·····················256, 260
Sacheria fucina ·····················258, 264
Sacheria mamillosa ·····················259, 264
Sacheria rigida ·····················262, 263
Setacea ·····················126
Setaces ·····················126
Sirodotia ·····················226
Sirodotia acuminata ·····················232
Sirodotia angolensis ·····················130
Sirodotia ateleia ·····················236
Sirodotia cirrhosa ·····················236
Sirodotia delicatula ·····················237
Sirodotia delicatula ·····················239
Sirodotia fennica ·····················232, 235
Sirodotia gardneri ·····················238
Sirodotia gardneri ·····················240
Sirodotia geobelii ·····················229
Sirodotia goebelii ·····················231
Sirodotia huillensis ·····················236, 237, 238
Sirodotia huillensis ·····················236
Sirodotia nigrescens ·····················135
Sirodotia segawae ·····················227

Sirodotia segawae ·················228, 234
Sirodotia sinica ·················229
Sirodotia sinica ·················230
Sirodotia sp. ·················234
Sirodotia suecica ·················232
Sirodotia suecica ·················233, 234, 235
Sirodotia tenuissima ·················232, 233
Sirodotia yutakae ·················227
Sirodotia yutakae ·················228, 234

T

Thorea ·················279
Thorea andina ·················283
Thorea bachmannii ·················286
Thorea bachmannii ·················289, 290
Thorea brodensis ·················291
Thorea clavata ·················279
Thorea clavata ·················280, 282
Thorea conturba ·················283
Thorea conturba ·················284
Thorea gaudichaudii ·················291
Thorea hispida ·················282
Thorea hispida ·················283
Thorea lehmannii ·················283
Thorea okadae ·················282, 288
Thorea okadae ·················285
Thorea prowsei ·················281
Thorea prowsei ·················286

Thorea ramosissima ·················283
Thorea riekei ·················286
Thorea riekei ·················287
Thorea trailii ·················189
Thorea violacea ·················281
Thorea violacea ·················282, 290
Thorea zollingeri ·················281
Thorea zollingeri ·················282
Thoreaceae ·················278
Torridum ·················182
Trentepohlia aeruginosa ·················52
Trentepohlia pulchella β *chalybea* ·················52
Tuomeya ·················240
Tuomeya americana ·················240
Tuomeya americana ·················241, 242, 243
Tuomeya fluviatilis ·················240, 241, 242
Tuomeya gibberosa ·················205
Tuomeya grandis ·················269
Turficola ·················137
Turficoles ·················137
Turfosa ·················137
Turfosa ·················137

V

Verts ·················146
Virescentia ·················146
Viridia ·················146

和名索引

太字で表したのは，本書で採用した和名（目，科，属，種など），他は異名または図版掲載種である

あ

- アーキュアツム群 …………………… 104
- アオカワモズク ……………………… 155
- アオカワモズク ……………………… 156
- アクロカエチウム科 …………………… 39
- アクロカエチウム目 …………………… 39
- アツカワオオイシソウ ………………… 28
- アムビグウム亜節 …………………… 205
- アヤギヌ ……………………………… 311
- アヤギヌ属 …………………………… 304
- アリスタタ亜節 ……………………… 166
- アリスタタ節 ………………………… 166
- アンチポジテス群 …………………… 111

い

- イギス科 ……………………………… 297
- イギス目 ……………………………… 297
- イシカワモズク ……………………… 130
- イシカワモズク ……………………… 130
- イデユコゴメ …………………………… 14
- イデユコゴメ科 ………………………… 10
- イデユコゴメ属 ………………………… 11
- イトグサ属 …………………………… 324
- イトヒビダマ属 ……………………… 301
- イバラオオイシソウ …………………… 24
- インドオオイシソウ …………………… 31
- イントルツム亜節 …………………… 178

う

- ヴィレスケンチア節 ………………… 146
- ウシケノリ科 …………………………… 35
- ウシケノリ属 …………………………… 35
- ウシケノリ目 …………………………… 35

え

- エダネコケモドキ …………………… 314

お

- オオイシソウ …………………………… 33
- オオイシソウ …………………………… 33
- オオイシソウ科 ………………………… 20
- オオイシソウ属 ………………………… 24
- オオイシソウ目 ………………………… 20
- オオイシソウモドキ …………………… 21
- オオイシソウモドキ属 ………………… 21
- オージュイネラ属 ……………………… 40
- オキチモズク ………………………… 292
- オキチモズク属 ……………………… 292

か

- カイエネンセ群 ……………………… 126
- ガルジエリア属 ………………………… 14
- カワモズク ……………………………… 87
- カワモズク ……………………………… 89
- カワモズク亜属 ………………………… 72
- カワモズク科 …………………………… 68
- カワモズク節 …………………………… 72
- カワモズク属 …………………………… 68
- カワモズク目 …………………………… 67

き

- キアニジオスキゾン属 ………………… 11
- キリニエラ属 …………………………… 19

く

- クシロエンセ亜節 …………………… 193

け

- ゲラチノスム群 ……………………… 105

こ

- コカワモズク …………………………… 89
- コケモドキ …………………………… 320
- コケモドキ属 ………………………… 313
- ゴニモプロパグルム節 ……………… 160
- コノハノリ科 ………………………… 304
- コントルタ節 ………………………… 176

さ

- ササバアヤギヌ ……………………… 308

し

シマチスジノリ ……………………………291

せ

セタケア節 ……………………………126

た

タニウシケノリ …………………………35
タニカワモズク …………………………155
タニコケモドキ …………………………317
タマツナギ属 ……………………………16
タンスイベニマダラ ……………………294

ち

チスジノリ ………………………………285
チスジノリ科 ……………………………278
チスジノリ属 ……………………………279
チノリモ …………………………………10
チノリモ科 ………………………………10
チノリモ属 ………………………………10
チノリモ目 ………………………………10

つ

ツオメヤ属 ………………………………240
ツルフォサ節 ……………………………137

と

トリズム亜節 ……………………………182

な

ナツノカワモズク …………………………91
ナツノカワモズク …………………………91

に

ニセカワモズク …………………………227
ニホンカワモズク …………………………89

の

ノトクラズス属 …………………………245

は

パラレマネア属 …………………………265
バリア属 …………………………………297
バリア目 …………………………………297
バルビアナ属 ……………………………61
バルビアナ目 ……………………………61

ひ

ヒブリダ節 ………………………………161
ヒメカワモズク …………………………130
ヒメコケモドキ …………………………316
ヒメチスジノリ …………………………286
ヒラカワモズク …………………………89

ふ

フサコケモドキ …………………………320
フサナリカワモズク ………………………89
フジマツモ科 ……………………………313
プシロシフォン科 ………………………251
プシロシフォン属 ………………………251
フラグモネマタ科 …………………………18
プロカルプム亜節 ………………………189
プロミネンス群 …………………………120

へ

ベニカワモズク ……………………………89
ベニマダラ科 ……………………………294
ベニマダラ属 ……………………………294
ベニマダラ目 ……………………………294
ベニミドロ科 ……………………………16
ベニミドロ目 ……………………………16

ほ

ボウチスジノリ …………………………279
ホソアヤギヌ ……………………………305
ホソカワモズク …………………………143
ホソカワモズク …………………………143
ボルジア科 ………………………………37
ボルジア属 ………………………………37

ま

マクロスポルム亜節 ……………………171

み

ミドリカワモズク …………………………153
ミドリカワモズク …………………………153

む

ムカゴオオイシソウ…………………………26
無果胞子体亜属………………………………70

ゆ

ユタカカワモズク …………………………227

ユタカカワモズク属 …………………………226

れ

レマネア科 …………………………………253
レマネア属 …………………………………254

ろ

ロドドラパルナルジア属……………………64

わ

ワッツイ群 …………………………………124

Memorandum

Memorandum

著者略歴

熊野　茂（くまの　しげる）
　　昭和 5 年 (1930)　兵庫県神戸市に生まれる
　　昭和 26 年 (1951)　神戸大学理学部生物学科技術員
　　昭和 47 年 (1972)　神戸大学理学部助手
　　昭和 55 年 (1980)　理学博士（北海道大学）
　　平成 3 年 (1991)　神戸大学理学部助教授
　　平成 6 年 (1994)　神戸親和女子大学講師（非常勤）

著　書
　　日本淡水藻図鑑，淡水藻類写真集，藻類の生活史集成第 2 巻，淡水藻類入門(内田老鶴圃)(共著)他，多数

Taxonomy of Freshwater Rhodophyta

2000 年 6 月 25 日　第 1 版 発 行

世界の淡水産紅藻

著者の了解により検印を省略いたします

著　者 © 熊　野　　茂
発行者　内　田　　悟
印刷者　山　岡　景　仁

発行所　株式会社　内田老鶴圃　〒112-0012 東京都文京区大塚3丁目34-3
電話　(03) 3945-6781(代)・FAX (03) 3945-6782
印刷/三美印刷 K.K.・製本/榎本製本 K.K.

Published by UCHIDA ROKAKUHO PUBLISHING CO., LTD.
3-34-3 Otsuka, Bunkyo-ku, Tokyo, 112-0012, Japan

U. R. No. 503-1

ISBN 4-7536-4088-4 C3045

淡水藻類入門　淡水藻類の形質・種類・観察と研究

山岸　高旺　編著　　B5判・700頁・本体価格25000円

淡水藻類の全体を理解するために必要で，かつ手元の光学顕微鏡で観察できる形態形質と生殖形質を中心に述べる．数多い淡水藻類の全容をとらえ，誰にもわかるよう簡単な形にまとめている．図や写真を数多く取り入れ，これまで知られている事実を正確にわかりやすく解説する．

淡水藻類写真集　1巻～20巻

山岸　高旺・秋山　優　編集　　各巻 B5判・216頁・100シート
1・2巻 4000円，3～10巻 5000円，11～20巻 7000円

1種1シートを原則に，藻体像の顕微鏡写真・部分拡大写真に，走査型電顕写真・線画き詳細図を添えて，分類学的形質が一目でわかるように構成する．解説はすべて和英両文．種名と文献，藻体の性状と寸法，成育状況，細胞の構造，生殖法，生活史，生態分布，類似種との比較等を併記．

淡水藻類写真集ガイドブック

山岸　高旺　著　　B5判・144頁・本体価格3800円

多くの写真で目で見てわかる！写真を見ながら，淡水藻の種類や分類の大筋を理解できる．

新日本海藻誌　日本産海藻類総覧

吉田　忠生　著　　B5判・総頁1248頁・本体価格46000円

本書は名著「日本海藻誌」（岡村，1936）以後の約60年間の研究の進歩を要約し，新たな知見を盛り込んで，日本産として報告のある海藻（緑藻，褐藻，紅藻）約1400種について，形態的な特徴を記載する．植物学・水産学の専門家のみならず，広く関係各方面に必携の書．

日本淡水藻図鑑
廣瀬弘幸・山岸高旺 編集　B5・960p・38000円

図鑑としての特性を最高度に発揮さす為に図版は必ず左頁に，図版の説明は必ず右頁に組まれ，常に図と説明とが同時にみられるように工夫．また随所に総括的な解説や検索表を配し読者の便宜を図る．

藻類の生活史集成　堀 輝三 編

第1巻　緑色藻類　B5・448p(185種)　8000円
第2巻　褐藻・紅藻類　B5・424p(171種)　8000円
第3巻　単細胞性・鞭毛藻類　B5・400p(146種)　7000円

陸上植物の起源　―緑藻から緑色植物へ―
渡邊 信・堀 輝三 共訳　A5・376p・4800円

最初に海で生まれた現生植物の祖先は，どのような進化をたどって陸上に進出したのか――．分子生物学，生化学，発生学，形態学などの成果にもとづく探求の書．海藻のような海産藻類からでなく，淡水域に生息した緑藻，特にシャジクモ類から派生したという推論をたて，陸上植物の出現した約五億年前の地球環境，DNAの構造，シャジクモ類の形態・生態・生理などを総合的に考察する．

藻類多様性の生物学　千原光雄 編著　B5・400p・9000円

藻類の今を見渡し，理解するための最適の書．斯界の第一人者により，藻学および周辺領域の膨大な知識の蓄積が整理され，新しい研究成果も取り入れられている．藻学を学ぶ方，またこの分野に興味のある方の新たなスタンダード．

日本の赤潮生物　―写真と解説―
福代・高野・千原・松岡 共編　B5・430p・13000円

日本近海および日本の淡水域に出現する200種の赤潮生物を収録．赤潮生物の分類・同定に有効な一冊．

原生生物の世界　細菌，藻類，菌類と原生動物の分類
丸山 晃 著・丸山雪江 絵　B5・440p・28000円

原生生物，すなわち細菌，藻類，菌類と原生動物の分類という壮大な世界を緻密な点描画とともに一巻に収めた類例のない書．

藻類の生態
秋山・有賀・坂本・横浜 共編　A5・640p・12800円

日本海藻誌
岡村金太郎 著　B5・1000p・30000円

表示の価格は本体価格ですので，別途消費税が加算されます．

内田老鶴圃